U0871880

误差理论与测量平差

（第三版）

王穗辉　编著

同济大学出版社
TONGJI UNIVERSITY PRESS
·上海·

内 容 提 要

本书是测绘类专业的核心基础课程误差理论与测量平差教材。主要内容包括：观测误差的统计特性及传播规律；经典平差的理论与方法；误差椭圆的理论和应用；统计假设原理在平差中的应用。此外还介绍了近代平差理论中的序贯平差、秩亏自由网(秩亏网)平差、附加系统参数的平差和赫尔墨特方差分量估计法等。书中每章最后均配有相应的习题，书后附有参考答案。同济大学出版社课程网站配有本书 PPT，也可扫描封底二维码获取。

本书既可作为工科院校测绘类专业的教学用书，也可供工程技术人员学习和参考。

图书在版编目(CIP)数据

误差理论与测量平差 / 王穗辉编著. —3 版. —上海：同济大学出版社，2020.12

ISBN 978-7-5608-8889-7

Ⅰ. ①误… Ⅱ. ①王… Ⅲ. ①测量误差—高等学校—教材②测量平差—高等学校—教材 Ⅳ. ①P207

中国版本图书馆 CIP 数据核字(2019)第 268559 号

误差理论与测量平差(第三版)

王穗辉　编著

责任编辑　李　杰　　**责任校对**　徐春莲　　**封面设计**　陈益平

出版发行　同济大学出版社　www.tongjipress.com.cn
(地址：上海市四平路 1239 号　邮编：200092　电话：021-65985622)
经　　销　全国各地新华书店、建筑书店、网络书店
排　　版　南京文脉图文设计制作有限公司
印　　刷　启东市人民印刷有限公司
开　　本　787mm×1092mm　1/16
印　　张　17.5
字　　数　437 000
版　　次　2020 年 12 月第 3 版
印　　次　2023 年 7 月第 2 次印刷
书　　号　ISBN 978-7-5608-8889-7

定　　价　45.00 元

第三版前言

本书是测绘类专业的核心基础课程教材。全书系统地阐述了观测误差的统计特性及传播规律；经典平差的理论与方法；误差椭圆的理论和应用；统计假设原理在平差中的应用。此外还介绍了近代平差理论中的序贯平差、秩亏自由网(秩亏网)平差、附加系统参数的平差和赫尔墨特方差分量估计法等。

本书在内容上保留了经典理论，在公式推导上讲究细节展现，在使用范围上强调理论在工程中的应用。本书针对各章内容，系统性地编制了相应的算例，多角度地演绎了平差理论的适用范围。书中每章最后均配有相应的习题，书后附有参考答案。本书配套 PPT 可至同济大学出版社课程网站(https://press.tongji.edu.cn/download/show/172)或扫描封底二维码获取。

本书内容全面，理论性强，集聚了作者多年的教学经验和工程案例，具有鲜明特色和现势性。本书既可作为工科院校测绘类专业的教学用书，也可供工程技术人员学习和参考。

由于编者水平有限，书中可能存在一些缺点和疏漏之处，敬请读者批评指正。

王穗辉
2019 年秋于同济大学

第二版前言

同济大学出版社 2010 年出版的《误差理论与测量平差》一书，经过测绘类专业本科学生四年时间的使用，普遍反映此书平差知识覆盖面广，理论叙述深入浅出，算例的内容紧密结合实际应用，是一本既可作为平差教材，又适合有一定平差基础的相关人士自学的专业书籍。

本教材第一版在使用过程中，发现了一些编写时存在的问题，有些错漏之处也借此再版之际一并给予了修正。在此，感谢对本书第一版提出宝贵意见和建议的读者，因为有了你们的共同努力，使本书向完美又接近了一步。

由于编者水平有限，书中仍会存在一些缺点和疏漏之处，敬请读者批评指正。

王穗辉

2014 年冬于同济大学

第一版前言

测量平差课程是测绘工程本科专业的一门重要的专业基础课，它为其他后续的专业课打下了有关数据处理方面的基础，也是攻读相关专业研究生的一门必修课程。本书是编者根据测绘和地理信息系统专业的教学要求，在原试用讲义的基础上，根据多年的平差课程的教学经验编写而成。

全书共分9章，第1章对平差学科的研究内容进行了介绍；第2章介绍了测量误差理论、观测误差的特性和衡量精度的标准；第3章介绍了广义传播律；第4章介绍了平差的数学模型和最小二乘原理；第5章介绍了条件平差和附有参数的条件平差；第6章介绍了间接平差和附有限制条件的间接平差；第7章介绍了误差椭圆；第8章介绍了统计假设原理在平差中的应用；第9章对近代平差的一些原理和方法进行了介绍。本书每一章后面都有相应的习题，且在最后附有参考答案。

本书的编写力图做到以下几点：

（1）系统性。由浅入深地对从基本原理到平差应用的一些实际问题作了较详细的介绍。

（2）通俗性。测量平差的许多理论和算法，涉及学科较多，理解和掌握比较困难，编者试图用通俗的方法讲述这些理论的基本思想，以扩大读者的范围。

（3）实用性。测量平差实用性很强，对于大多数读者，学习它是为了解决工作中的问题。因此，本书在叙述中都配有计算实例，便于读者把理论应用到实践中去。

本书在理论阐述上保留了经典，公式推导上尽量化繁为简，平差理论的应用面上也力求有所拓展，编者在书中系统性地编制了大量的平差理论应用例题，通过这些例题，多角度地对经典的测量平差方法进行了演绎。

本书适合工科院校测绘专业的师生学习使用。从发展看，测量平差的应用必将渗透到工程数据处理的各个领域。掌握这方面的知识，对于其他专业人员也大有裨益。

由于编者水平有限，书中难免会存在一些缺点和疏漏之处，敬请读者批评指正。

王穗辉

2009年秋于同济大学

目　　录

1 绪　论

在工程建设和科学研究中，人们采用仪器设备或某些手段对各种类型的目标进行观测，以获得观测数据。观测数据可以是直接观测量，也可以是间接观测量。由于观测数据中总是包含信息和干扰（观测误差），为了对观测结果形成认识上的深化并反映事物内部的规律，从而得出科学的结论，必须运用数学的方法按照一定的准则对获取的观测数据进行分析、处理，尽量排除或减弱干扰对观测数据的影响，得到可用数学方式表达的某种规律。本章的目的就是说明观测误差的不可避免性以及测量平差学科的研究内容等。

1.1 观测误差

观测（测量）是指用一定的仪器、工具、传感器或其他手段获取与地球空间分布有关信息的过程和实际结果，而误差主要来源于观测过程之中。通过实践，人们认识到，任何一种观测都不可避免地会产生误差。当对某个物理量进行重复观测时，无论仪器多么精密，观测如何仔细，观测的方法如何合理，观测结果之间或观测结果与其理论值之间总会存在一些差异。例如，观测一个平面三角形的三个内角值，就会发现其观测值之和不等于 180°。这种在同一个量的各观测值之间或在观测值与其理论值之间存在差异的现象，在测量工作中是普遍存在的，这说明观测值中含有**观测误差**。

观测误差产生的原因可分为三个方面：①仪器误差，由于仪器构造上的缺陷和精密度的限制，使观测值含有误差；②观测者的因素，由于观测者的感观能力的限制，如估读小数和照准目标都会产生一定的误差；③外界条件的影响，指测量时的环境，如不断变化着的空气温度、湿度、风力、明亮度、地球曲率和大气折光等，都会对观测数据产生影响，也必然会给观测值带来误差。通常将上述产生观测误差的三个主要因素统称为测量的**观测条件**。

显而易见，观测条件好，则观测值的误差较小，观测成果的质量较高。但由于各种因素的影响，观测误差的存在是一件不可避免的事情。测量工作的重心，就是采用各种方法尽可能地消除或减少误差对观测结果的影响，合理地分配观测误差及提高估值的精度。

为了掌握误差出现的规律及其对观测结果准确性的影响，应按误差的性质进行分类，以便采取相应的方法加以处理。观测误差按性质可分为偶然误差、系统误差和粗差。

1. 偶然误差

在相同的观测条件下进行了一系列的观测，如果观测误差的数值大小和符号都表现出偶然性，即从单个误差来看，该误差列不存在确定的规律性，这种误差称为**偶然误差**。

偶然误差的产生，有仪器构造上的原因，如度量单位不能尽物体的大小；有观测者感观能力的限制，如仪器没有严格照准目标，水准尺的毫米刻度估读不准确等；有测量时气候变化引起观测数据产生的微小变化等。一般而言，偶然误差是指观测中许多微小偶然误差项的总和，由于影响每项微小偶然误差的偶然因素不断变化，数值忽大忽小，符号或正或负，所以，由它们的总和构成的偶然误差的大小和符号都是不能事先预知的，是随机出现的，也是不可避免的。偶然误差又称为**随机误差**，其分布规律符合或近似符合正态分布。

2. 系统误差

在相同观测条件下进行一系列观测，如果观测误差在数值大小、符号上保持不变，或在观测过程中按一定的规律变化，则称这种误差为**系统误差**。

系统误差按其表现形式主要分为四类：线性系差、恒定系差、周期系差和复杂性系差。例如，用一把含有尺长误差的钢尺丈量距离，距离越长，则累积的误差就越大，这种误差属于系统误差中的线性系差，即误差是随测量时间或其他因素变化而逐渐增加或减少的；恒定系差是指误差不随时间或其他因素而变化，为恒定常数；周期系差是指误差随测量时间或其他因素变化而呈周期性变化，如沉降监测中，在两固定点间每天重复进行水准测量，就会发现，由于温度等外界因素变化而产生以年为周期的周期性误差；复杂性系差是指误差随测量时间或其他因素变化而呈十分复杂的规律，可能是前三种系差的叠加或服从某种较为复杂的分布。

系统误差在相同观测条件下不能通过多次重复测量而减少，它也不像偶然误差那样服从正态分布，其对观测结果的影响一般具有累积作用，对观测成果质量的影响也特别显著。在实际工作中，应采用各种方法来消除或减弱系统误差的影响，达到实际应用中可以忽略不计的程度，即将残余的系统误差控制在小于或至多等于偶然误差的量级内。

消除系统误差的根本原则是使测量和数据处理的过程满足确定的物理模型或理想的假设条件。**消除方法**包括以下三个方面：

(1) 合理选择观测条件。例如，根据经验可知，三角测量中的系统误差来源于观测条件的不同，主要是天气(指太阳照射方向、日间或夜间、风向、风力、气温、气压等)，若观测条件改变，如由日间观测改为夜间观测，则观测值服从另一母体，有另一均值，因而有系统误差，同一观测角值的分群现象也可由此得到解释。所以，利用不同的观测条件进行观测，系统误差就近似于偶然误差，取其平均值，可减少系统误差的影响。

(2) 实验估计法。对在测量中无法消除但可以估计大小和符号的系统误差，可在测量结果中给予改正，如距离丈量中的尺长改正。

(3) 理论计算估计法。在已知系统误差来源但既无法消除又无法测定时，可采用误差分析的方法对系统误差进行估计。

3. 粗差

在测量工作中，除了以上两类误差外，还可能存在粗差。**粗差**一般是指超限误差，即比最大偶然误差还要大的误差，它的存在将极大地危害测量最终成果。随着现代测绘技术的发展，特别是空间技术在对地观测中发挥着越来越大的作用，可以在短时间内通过自动化采集等方法获得大量的观测值，这样难免会有粗差混入观测值中。粗差问题在现今的高新测量技术中尤为突出。识别粗差不是用简单方法就可以实现的，需要通过数据处理方法进行识别和消除其影响。

1.2 测量平差学科的研究对象及任务

测量平差是测绘学中一个有着悠久历史的专有名词。测量平差发展到现在，从其理论构成和计算方法来看，它是集概率统计学、近代代数学、计算机软件、误差理论、测量数据处理技术为一体的一门不断发展和完善的学科，其应用范围十分广泛。

本书的主要内容是关于**经典平差**。经典平差模型主要包括间接平差模型、条件平差模型、附有限制条件的间接平差模型和附有参数的条件平差模型。经典平差是测量平差学科研究的基础内容，也是应用范围最广和理论研究中最重要的基础部分。**经典平差处理的观测值限于仅含有偶然误差**。

当观测值中除了含有偶然误差，还含有系统误差或粗差或两者兼而有之时，这种数据处理的方法就属于近代平差研究的范畴。

无论是经典平差还是近代平差，进行平差计算的前提条件是要有**多余观测值**，即有效观测值的个数多于必要观测值的个数。

经典平差研究的是含有偶然误差的观测值，所以本课程还必须研究偶然误差概率统计理论，包括偶然误差的分布、评定精度的指标、误差的传播规律、误差检验和误差分析等。

经典平差遵循的准则是最小二乘准则。同一个平差问题采用经典平差中不同的模型进行平差时，它们具体的求解过程会不同，但因遵循了相同的平差准则，所以得到的平差结果是相同的。至于采用哪种平差方法，应视具体情况而定。

测量平差学科的任务：依据某种最优化准则，消除观测值之间的矛盾；求定未知量的最优估值(也称平差值、最或然值、最佳估值或最可靠值等)；对测量成果及平差值的精度进行评定。从误差处理的角度，平差的任务还包括：建立误差分析体系，研究误差来源、误差类型、度量误差的指标、误差的传播机制，削弱误差对测绘产品质量的影响，利用统计分析理论进行测绘产品的质量控制等。

习 题 1

[1-1] 在测量工作中，产生误差的原因有哪几种？试举例说明。

[1-2] 什么是观测条件？观测条件与观测误差有什么关系？

[1-3] 粗差对观测成果有何影响？怎样才能避免粗差的产生？

[1-4] 系统误差对观测成果会带来什么影响？怎样削弱或消除它？

[1-5] 为什么在观测成果中一定存在偶然误差？能否将其消除？为什么？

[1-6] 什么是多余观测？为什么要有多余观测？

[1-7] 测量平差的任务是什么？

[1-8] 在测角中用正倒镜观测，水准测量中使前后视距相等，这些规定都是为了消除什么误差？

[1-9] 用钢尺丈量距离，有以下几种情况，使量得的结果含有误差，试分别判定误差的性质及符号(符号的确定：观测误差＝观测值真值－观测值。本题只讨论是含偶然误差还是含系统误差，粗差不予考虑)。

① 尺长不准确；② 尺不水平；③ 估计小数不准确；④ 尺垂曲；⑤ 尺端偏离直线方向。

[1-10] 在水准测量中，有以下几种情况使水准尺读数带有误差，试判别误差的性质及符号(参考[1-9]题对符号的定义)。

① 视准轴与水准轴不平行；② 仪器下沉；③ 读数不准确；④ 水准尺下沉。

2　偶然误差的统计特性及精度指标

测量平差的基本任务是处理一系列带有偶然误差的观测值，求出未知量的最佳估值，并评定测量成果的精度。解决这两个问题的基础是研究观测误差的理论，简称**误差理论**。

由于观测中产生偶然误差的误差源有很多，各误差源所产生的偶然误差都是随机变量且相互独立，在整个偶然误差中各自所占比例也都是很小的，故根据相互独立的随机变量之和渐近服从正态分布的中心极限定理，判定合成的偶然误差服从正态分布，所以正态分布特性也是误差理论的基础理论之一。

偶然误差是一种随机变量，但从大量观测值的偶然误差统计特性来看，可以发现隐藏在偶然性中的必然性。这种规律性可根据概率原理，用统计学的方法进行研究。

为了使用方便，人们希望用一个量化的数字特征来衡量观测值的精度，这个数字特征就称为**精度指标**。本章将对几种主要的精度指标进行介绍。

2.1　正态分布

2.1.1　一维正态分布

正态分布（高斯分布）是一种常用的、重要的连续型分布。偶然误差的概率分布曲线很接近正态分布曲线，且随着观测值个数 n 的无限增大，正态分布就是偶然误差分布的极限分布，所以，偶然误差 Δ 是一种服从正态分布的随机变量。

定义：若连续型随机变量 X 的概率密度函数为

$$f(x)=\frac{1}{\sqrt{2\pi}\sigma}e^{-\frac{(x-\mu)^2}{2\sigma^2}} \tag{2-1-1}$$

则定义 X 服从正态分布，参数 μ 为分布的数学期望，σ^2 为方差，$\sigma>0$，记为 $X\sim N(\mu,\sigma^2)$。在 $(-\infty,+\infty)$ 的范围内，$f(x)$ 的积分为 1。X 相应的分布函数为

$$F(x)=\int_{-\infty}^{x}f(x)\mathrm{d}x=\frac{1}{\sqrt{2\pi}\sigma}\int_{-\infty}^{x}e^{-\frac{(x-\mu)^2}{2\sigma^2}}\mathrm{d}x \tag{2-1-2}$$

任意连续型分布的数学期望和方差的定义式为

$$E(X)=\int_{-\infty}^{\infty}xf(x)\mathrm{d}x \tag{2-1-3}$$

$$D(X)=\int_{-\infty}^{\infty}[x-E(X)]^2f(x)\mathrm{d}x \tag{2-1-4}$$

其中，$f(x)$ 为连续型分布的概率密度函数。若 $X\sim N(\mu,\sigma^2)$，则 $E(X)=\mu$，$D(X)=\sigma^2$。

有时为使用需要，可将随机变量 X 标准化：$\frac{X-\mu}{\sigma}\sim N(0,1)$。在标准正态分布中，期望

$E(X)=0$,方差 $D(X)=1$。标准正态分布的概率密度函数为

$$f(x)=\frac{1}{\sqrt{2\pi}}e^{-\frac{x^2}{2}} \tag{2-1-5}$$

以上为正态分布的一些重要概率特性。此外,正态分布还具有以下特性:

(1) 设有 n 个相互独立的随机变量 $X_1, X_2, \cdots, X_n$,具有有限的数学期望和方差:$E(X_i)=\mu_i, D(X_i)=\sigma_i^2\neq 0, i=1, 2, \cdots, n$。测量学中,常用$[X]$来表示 X_i 之和(即$[X]=X_1+X_2+\cdots+X_n=\sum_{i=1}^{n}X_i$),用$[\mu]$来表示 μ_i 之和,设 $B^2=\sum_{i=1}^{n}\sigma_i^2$,则随机变量

$$Y=\frac{[X]-[\mu]}{B} \tag{2-1-6}$$

在 $n\to\infty$时,$Y\sim N(0, 1)$。即当某些随机变量不知其分布时,只要它们在总和$[X]$中的影响都均匀地小,且观测数较大时,其随机变量之和均可当作正态分布处理,这就给处理分布未知的变量带来很大的方便。如测量中的偶然误差 Δ 是多个相互独立的误差源产生的微小误差之和,可以认为偶然误差 Δ 是服从正态分布的随机变量。

(2) 统计学中有许多种分布,如二项分布、t 分布、χ^2 分布等,在 $n\to\infty$时,它们的极限分布都是正态分布。故某变量不知其分布但观测数 n 较大时,可用正态分布代替。

(3) 正态分布具有可加性(重现性)。设随机变量 $X_1, X_2, \cdots, X_n$ 为相互独立的正态变量,且 $X_i\sim N(\mu_i, \sigma_i^2)$,则变量

$$Y=k_1X_1+k_2X_2+\cdots+k_nX_n \tag{2-1-7}$$

有 $Y\sim N(E(Y), D(Y))$,其中,$k_1, k_2, \cdots, k_n$ 为常数,且

$$E(Y)=k_1\mu_1+k_2\mu_2+\cdots+k_n\mu_n, D(Y)=k_1^2\sigma_1^2+k_2^2\sigma_2^2+\cdots+k_n^2\sigma_n^2 \tag{2-1-8}$$

即正态随机变量的线性函数 Y 仍服从正态分布。

(4) 正态随机变量 $X\sim N(\mu, \sigma^2)$出现在给定区间(x_1, x_2)内的概率为

$$P(x_1<X\leqslant x_2)=F(x_2)-F(x_1)=\int_{x_1}^{x_2}f(x)dx=\frac{1}{\sqrt{2\pi}\sigma}\int_{x_1}^{x_2}e^{-\frac{(x-\mu)^2}{2\sigma^2}}dx \tag{2-1-9}$$

令 $t=\frac{x-\mu}{\sigma}$,可将 $F(x)$变成标准正态分布函数,即

$$P(x_1<X\leqslant x_2)=\frac{1}{\sqrt{2\pi}\sigma}\int_{t_1}^{t_2}e^{-\frac{t^2}{2}}dt=\Phi(t_2)-\Phi(t_1) \tag{2-1-10}$$

式中,$t_1=\frac{x_1-\mu}{\sigma}$, $t_2=\frac{x_2-\mu}{\sigma}$; $\Phi(t_1)=\Phi\left(\frac{x_1-\mu}{\sigma}\right)$, $\Phi(t_2)=\Phi\left(\frac{x_2-\mu}{\sigma}\right)$,由正态分布表查取。

特殊情况下,当 $x_1=-k\sigma, x_2=k\sigma$ 时,即 X 在区间$(-k\sigma, k\sigma)$ 内的概率为

$$P(-k\sigma<X\leqslant k\sigma)=\Phi\left(\frac{k\sigma-\mu}{\sigma}\right)-\Phi\left(\frac{-k\sigma-\mu}{\sigma}\right)=2\Phi\left(\frac{k\sigma-\mu}{\sigma}\right)-1 \tag{2-1-11}$$

2.1.2　n 维正态分布

在测量工作中，通常用纵、横坐标来确定平面点的位置，而纵、横坐标误差就是二维正态随机变量，服从二维正态分布。二维正态随机变量(X, Y)的联合分布概率密度函数为

$$f(x, y)=\frac{1}{2\pi\sigma_x\sigma_y\sqrt{1-\rho^2}}e^{-\frac{1}{2(1-\rho^2)}\left[\frac{(x-\mu_x)^2}{\sigma_x^2}-\frac{2\rho(x-\mu_x)(y-\mu_y)}{\sigma_x\sigma_y}+\frac{(y-\mu_y)^2}{\sigma_y^2}\right]} \quad (2-1-12)$$

式中，参数 μ_x，μ_y，σ_x^2，σ_y^2 和 ρ 分别是随机变量 X 和 Y 的数学期望、方差和相关系数。

当对随机变量 X，Y 分别进行研究时，可求得边缘分布概率密度函数为

$$f_1(x)=\int_{-\infty}^{\infty}f(x, y)\mathrm{d}y=\frac{1}{\sqrt{2\pi}\sigma_x}e^{-\frac{(x-\mu_x)^2}{2\sigma_x^2}} \quad (2-1-13)$$

$$f_2(y)=\int_{-\infty}^{\infty}f(x, y)\mathrm{d}x=\frac{1}{\sqrt{2\pi}\sigma_y}e^{-\frac{(y-\mu_y)^2}{2\sigma_y^2}} \quad (2-1-14)$$

当相关系数 $\rho=\frac{\sigma_{xy}}{\sigma_x\sigma_y}=0$，即 X 和 Y 互不相关时，将 $\rho=0$ 代入式(2－1－12)，有

$$f(x, y)=f_1(x)\cdot f_2(y) \quad (2-1-15)$$

式(2－1－15)说明，正态随机变量 X，Y 相互独立。可见，对于正态随机变量而言，互不相关和互相独立是等价的。

设有 n 维**随机向量** $\boldsymbol{X}=[X_1\quad X_2\quad\cdots\quad X_n]^{\mathrm{T}}$，其中，$X_i$ 是随机变量，$X_i\sim N(\mu_i, \sigma_i^2)$，$i=1, 2, \cdots, n$，则 n 维正态分布向量 $\boldsymbol{X}$ 的概率密度函数为

$$f(x_1, x_2, \cdots, x_n)=\frac{1}{(2\pi)^{\frac{n}{2}}\left|\boldsymbol{D}_{XX}\right|^{\frac{1}{2}}}e^{-\frac{1}{2}(\boldsymbol{x}-\boldsymbol{\mu}_X)^{\mathrm{T}}\boldsymbol{D}_{XX}^{-1}(\boldsymbol{x}-\boldsymbol{\mu}_X)} \quad (2-1-16)$$

式(2－1－16)称为联合分布的概率密度函数。式中随机向量 $\boldsymbol{X}$ 的数学期望 $\boldsymbol{\mu}_X$ 和方差 $\boldsymbol{D}_{XX}$ 为

$$\underset{n\times1}{\boldsymbol{\mu}_X}=\begin{bmatrix}\mu_1\\ \mu_2\\ \vdots\\ \mu_n\end{bmatrix}=\begin{bmatrix}E(X_1)\\ E(X_2)\\ \vdots\\ E(X_n)\end{bmatrix},\ \underset{n\times n}{\boldsymbol{D}_{XX}}=\begin{bmatrix}\sigma_{X_1}^2 & \sigma_{X_1X_2} & \cdots & \sigma_{X_1X_n}\\ \sigma_{X_2X_1} & \sigma_{X_2}^2 & \cdots & \sigma_{X_2X_n}\\ \vdots & \vdots & & \vdots\\ \sigma_{X_nX_1} & \sigma_{X_nX_2} & \cdots & \sigma_{X_n}^2\end{bmatrix} \quad (2-1-17)$$

$\boldsymbol{\mu}_X$ 和 $\boldsymbol{D}_{XX}$ 是 $\boldsymbol{X}$ 的数字特征，记为 $\boldsymbol{X}\sim N(\boldsymbol{\mu}_X, \boldsymbol{D}_{XX})$。$\boldsymbol{\mu}_X$ 中各元素 μ_i 为随机变量 X_i 的数学期望，$\boldsymbol{D}_{XX}$ 中主对角线上的元素 $\sigma_{X_i}^2$ 为 X_i 的方差，非主对角线上的元素 $\sigma_{X_iX_j}$ $(i\neq j)$ 为 X_i 关于 X_j 的协方差，是描述随机变量 X_i 和 X_j 之间相关性的量。

随机向量 $\boldsymbol{X}$ 的方差 $\boldsymbol{D}_{XX}$ 也称为方差-协方差阵，简称方差阵或协方差阵，将在第 3.2 节中对方差阵的性质作详细介绍。

2.2 偶然误差的统计特性

2.2.1 真值与估值

任何一个被观测的量，客观上总是存在着一个能代表其真正大小的数值，这个数值就称为该观测值的**真值**。有些观测值的真值是已知的，如三角形内角之和应等于 180°；有些观测值的真值称为**约定真值**，即相对于观测值而言，约定真值是一个高精度的已知值（约定真值可以是通过高精度观测得到，也可以是高等级控制网平差后的平差值）。

设观测量 L 的真值为 $\widetilde{L}$，观测的真误差（偶然误差）为 Δ，则有

$$\widetilde{L} = L + \Delta \tag{2-2-1}$$

对式(2-2-1)取数学期望，并顾及真误差的数学期望等于零 $[E(\Delta)=0]$ 的统计特性，有

$$\widetilde{L} = E(L) = \lim_{n\to\infty} \frac{1}{n} \sum_{i=1}^{\infty} L_i \tag{2-2-2}$$

式中，L_i 为对真值 $\widetilde{L}$ 的第 i 次观测值。

因此，观测值的真值理论上可用仅含偶然误差的观测值的数学期望来定义。

当观测数量 n 有限时，可用下式计算观测值真值的**估值**：

$$\hat{L} = \frac{1}{n} \sum_{i=1}^{\infty} L_i \tag{2-2-3}$$

估值也称平差值、最或然值，用 $\hat{L}$ 表示。$\hat{L}$ 与真值 $\widetilde{L}$ 的关系是

$$\widetilde{L} = \lim_{n\to\infty} \hat{L} \tag{2-2-4}$$

真值在理论上是一个常数，而由有限个观测值计算出来的估值却带有随机性，**估值是一个随机变量**。

2.2.2 偶然误差的统计规律

由式(2-2-1)得**真误差**的定义式：

$$\Delta_i = \widetilde{L} - L_i \tag{2-2-5}$$

即真误差被定义为真值与观测值之差。

本章所处理的观测值中仅含有偶然误差，不包括系统误差和粗差，而真误差 Δ 也是偶然误差，它具有偶然误差的所有统计特性，并服从正态分布。

在第 1 章的偶然误差特性部分已经指出，就单个偶然误差而言，其大小和符号没有规律性，呈现出一种随机状态，但大量偶然误差却表现出一定的统计规律性，并且误差个数越多，这种规律性就表现得越明显。为了揭示偶然误差的统计规律性，做了这样一个试验：在相同的观测条件下，对某测区 817 个三角形的内角进行独立观测，并按式(2-2-5)计算三角形

内角和的真误差为

$$\Delta_i = 180° - (L_1 + L_2 + L_3)_i \quad (i = 1, 2, \cdots, 817)$$

式中，180°为三角形内角和的真值；$(L_1 + L_2 + L_3)_i$ 为第 i 个三角形内角和的观测值。

由于在观测值中已剔除了粗差，且系统误差已削弱到可以忽略不计，因此，从整体上讲，这些误差均为随机因素所致，它们都是偶然误差，而且各个误差之间相互独立。所谓独立，是指各个误差在数值上和符号上互不影响。与这样一组误差相对应的观测值称为**相互独立的观测值**。

现将误差出现的范围分为若干相等的小区间，每个区间的长度 dΔ 为 0.5″。将这一组误差数值按大小排列，统计出现在各区间内误差的个数 μ_i 以及"误差出现在某个区间内"这一事件的频率 μ_i/n ($n = 817$)，其结果列于表 2－1 中。

表 2－1

误差区间 dΔ	Δ 为负值			Δ 为正值			备　注
	个数 μ_i	频率 μ_i/n	$\frac{\mu_i/n}{d\Delta}$	个数 μ_i	频率 μ_i/n	$\frac{\mu_i/n}{d\Delta}$	
0.0″～0.5″	123	0.151	0.302	121	0.148	0.296	Δ 数值等于区间左端值时，统计在该区间内
0.5″～1.0″	104	0.127	0.254	90	0.110	0.220	
1.0″～1.5″	75	0.092	0.184	78	0.096	0.192	
1.5″～2.0″	55	0.067	0.134	51	0.062	0.124	
2.0″～2.5″	27	0.033	0.066	39	0.048	0.096	
2.5″～3.0″	20	0.025	0.050	15	0.018	0.036	
3.0″～3.5″	10	0.012	0.024	9	0.011	0.022	
3.5″以上	0	0	0	0	0	0	
$\sum$	414	0.507		403	0.493		

从表 2－1 中可以看出，该组误差表现出这样的分布规律：绝对值较小的误差比绝对值较大的误差多；绝对值相等的正误差与负误差个数相近；误差的绝对值有一定限值，最大不超过 3.5″。

为了更直观地表示偶然误差的正负及大小的分布情况，可利用表 2－1 中的数据作图2－1。图中横坐标表示误差的正负和大小，纵坐标表示误差出现在各区间的频率 μ_i/n 与区间长度 dΔ 之比。所有区间按横坐标绘成矩形条，每一误差区间上的矩形条面积就代表了误差出现在该区间内的频率，矩形条面积总和等于 1。图 2－1 在统计学中称之为**频率直方图**。

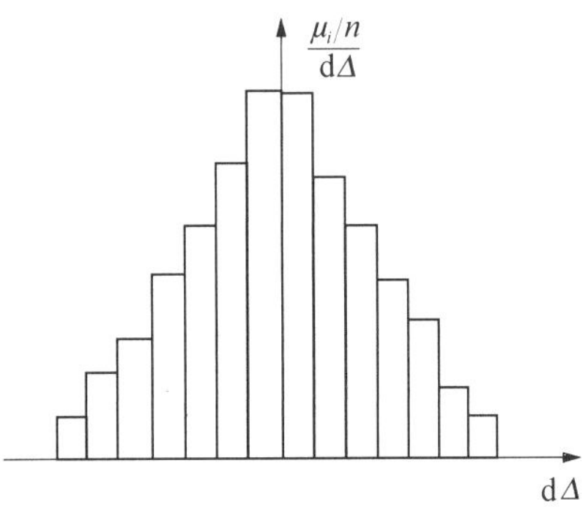

图 2－1

由此可知，在相同观测条件下所得到的一组独立观测误差，只要误差的总个数 n 足够大，那么出现在各区间内误差的频率就会稳定在某一常数（理论频率）附近，而且当观测个数越多时，稳定的程度也就越大，当 $n \to \infty$ 时，各频率也就趋于一个完全确定的数值，这就是误差出现在各区间的概率。

当误差的个数 n 无限增多并无限缩小误差区间 $\mathrm{d}\Delta$ 时，图 2－1 中的各个小矩形条顶边的折线就会变成一条光滑曲线，此曲线为误差分布的概率密度函数曲线，简称**误差曲线**，它与正态分布曲线极为接近，其极限分布就是正态分布。

至此，偶然误差的分布可以用三种方法描述：①列表法，如表 2－1 所示；②作图法，如图 2－1 所示；③概率密度函数法，即用正态分布的概率密度函数来表示偶然误差的分布。由于概率密度函数法简单实用，大多数情况下都采用这种方法。

由式(2－1－1)可知正态分布的概率密度函数为

$$f(x)=\frac{1}{\sqrt{2\pi}\sigma}\mathrm{e}^{-\frac{(x-\mu)^2}{2\sigma^2}} \tag{2-2-6}$$

正态分布的参数为数学期望 μ 和方差 σ^2，这两个参数决定了正态分布概率密度函数曲线的位置和形状。图 2－2 中给出了两条 σ 均为 1 而 μ 不同的曲线，当 $\mu=0$ 时，曲线以纵轴为对称轴；当 $\mu=3$ 时，曲线以直线 $x=3$ 为对称轴，可见 μ 决定了曲线的位置。图 2－3 中给出了三条 μ 均为零而 σ 不同的曲线，当 σ 越小时，曲线形状越陡峭，反之，曲线越平缓。正态分布曲线有两个拐点，它们在横轴上的坐标为 $x_{拐}=\mu\pm\sigma$，可见 σ 决定了曲线的形状。所以，μ 和 σ 是正态分布的两个重要的数字特征。此外，无论概率密度函数曲线形状如何变化，曲线与横轴所包围的面积恒为 1。

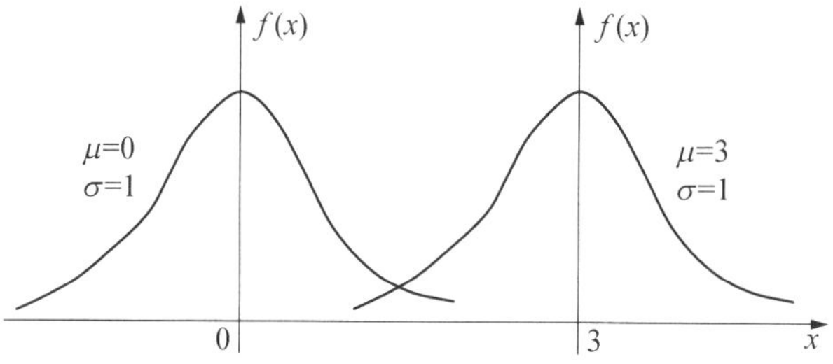

图 2－2

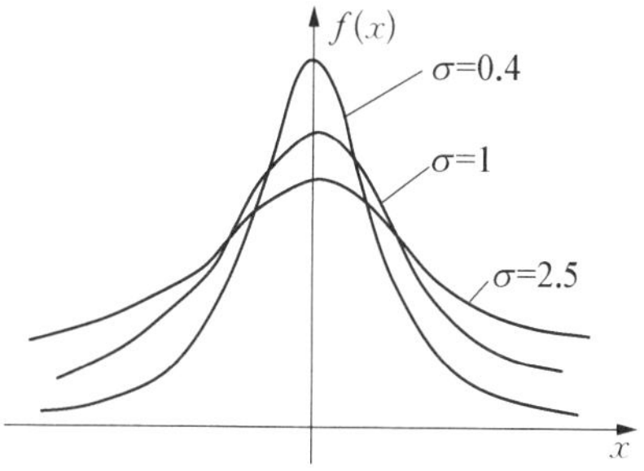

图 2－3

偶然误差特性用概率的术语总结如下：

(1) 在一定的观测条件下，误差的绝对值不会超过一定的限值，或者说，超出一定限值的误差，其出现的概率为零；

(2) 绝对值较小的误差比绝对值较大的误差出现的概率大；

(3) 绝对值相等的正负误差出现的概率相同；

(4) 偶然误差的数学期望为零。

为便于记忆，也可将偶然误差特性简单描述如下：

(1) 误差的**有界性**。设 B 为误差限值，误差在 $[-B, B]$ 区间出现是必然事件，其概率为

$$P(-B<\Delta\leqslant B)=\int_{-B}^{B}f(\Delta)\mathrm{d}\Delta=1 \tag{2-2-7}$$

(2) 误差的**趋向性**。若 $\Delta_1<\Delta_2$，则概率 $P(\Delta_1)>P(\Delta_2)$，或概率密度函数 $f(\Delta_1)>f(\Delta_2)$。

(3) 误差的**对称性**。正负误差出现的概率相等，即

$$P(+\Delta) = P(-\Delta) \tag{2-2-8}$$

(4) 误差的**抵偿性**。

$$E(\Delta) = \lim_{n \to \infty} \frac{1}{n}[\Delta] = 0 \tag{2-2-9}$$

由偶然误差特性(4)可知,偶然误差服从于数学期望为零的正态分布,即$\Delta \sim N(0, \sigma^2)$。所以,**偶然误差的概率密度函数公式**为

$$f(\Delta) = \frac{1}{\sqrt{2\pi}\sigma} e^{-\frac{\Delta^2}{2\sigma^2}} \tag{2-2-10}$$

当观测误差中有系统误差存在时,观测误差的数学期望 $\mu \neq 0$,这时分布曲线以横轴上 $x = \mu$ 处的纵轴为对称轴,以方差 σ^2 值的大小控制曲线的形状。

2.3 精度和衡量精度的指标

测量平差的重要任务之一,就是评定测量成果的精度。**精度**是指观测值或观测误差分布的离散程度。观测值的精度等于其所对应的观测误差的精度[式(3-1-6)证明]。

此外,在相同的观测条件下获得的一组观测值,它们对应着同一种误差分布,即这组观测值中的每一个值都具有相同的精度。如表 2-1 中,统计了 817 个三角形真误差的分布状况,这些误差值有大有小,各不相同,但由于它们是在相同的观测条件下得到的,故这些观测误差属于同一种分布,所以,这 817 个真误差的精度是相同的。结论:**观测精度的高低取决于观测值(或观测误差)分布的离散程度,与观测值的大小无关**。如果观测值分布较为密集,即离散度较小时,表示观测质量好,观测值的精度高,体现在正态分布概率密度函数曲线上就是图形在纵轴处的顶峰点较高,两翼比较陡峭,这种分布中绝对值小的误差出现的概率比较大;如果分布比较离散,则离散度大,此时,图形的顶峰点较低,两翼较平缓,说明分布中绝对值小的误差出现的概率较小,观测质量较差,观测值的精度较低。

因此,相同的观测条件(指仪器、观测者和外界条件三个因素)下会得到相同的误差分布,也会得到同精度的观测值。

以上讨论的是观测值中仅含偶然误差时的精度评定。当观测值中不仅含有偶然误差,同时还存在系统误差时,精度评定的方法会不同。

如图 2-4 所示的三张靶图,其弹孔的分布状况可看作观测值的分布状况。在图2-4(a)中,观测值不存在系统误差,且观测值的数学期望值点与真值点(靶中心)很接近,但由于偶然误差很大,观测值分布得很离散,所以可认为观测精度是不高的;图 2-4(b)中,观测值的重复性很强,观测值围绕其数学期望值的点很密集,但离真值点却很远,系统误差较大,可见图 2-4(b)的观测值分布状况也是不理想的;图 2-4(c)中,观测值点很密集,其数学期望值点离真值点又很近,可见三幅图中只有图 2-4(c)所示的观测值分布状态是最好的。为了将图示的三种状态用误差理论的术语进行描述,下面介绍几种衡量观测质量的指标。

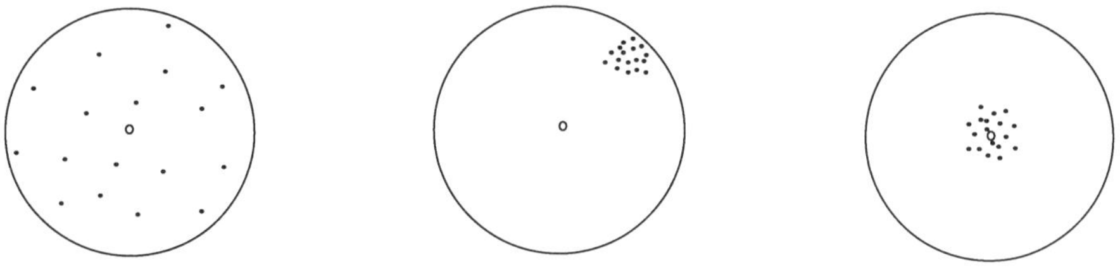

(a) (b) (c)

图 2-4

2.3.1 精度

精度(precision)是指随机变量取值(观测值或观测误差)在其中心位置附近分布的离散程度。衡量数度的指标为中误差(2.3.4 节)。

精度也与观测值的方差直接有关:**方差小,则精度高;方差大,则精度低**。随机变量 X 的方差的定义式为

$$\sigma_X^2 = D(X) = E[(X - E(X))^2] \tag{2-3-1}$$

方差常用 σ_X^2, $D(X)$或 $Var(X)$表示。从方差的定义式可以看出,当观测值 X 与其数学期望 $E(X)$很接近时,方差就小,精度就高。可见图 2-4(a)所示的观测结果含偶然误差比较大,其观测精度很低。

2.3.2 准确度

在观测值存在系统误差时,如图 2-4(b)所示的情况,可用**准确度**(correctness)来描述系统误差:

$$\varepsilon = \widetilde{X} - E(X) \tag{2-3-2}$$

即**准确度** ε 定义为观测值的真值 $\widetilde{X}$ 与数学期望 $E(X)$之差。准确度表征了观测结果中系统误差的影响程度。当不存在系统误差时, $E(X) = \widetilde{X}$,故 $\varepsilon = 0$。

可见图 2-4(b)所示的观测结果准确度很低,系统误差 ε 很大。

2.3.3 精确度

精确度(accuracy)是精度和准确度的合成,是衡量观测值与其真值的接近程度,包括观测值与其数学期望的接近程度和数学期望与其真值的偏差。因此,精确度反映了偶然误差和系统误差联合影响的程度。

精确度的衡量指标为**均方误差**(mean squares error),由高斯提出。设观测值为 X,均方误差的定义式为

$$MSE(X) = E(X - \widetilde{X})^2 \tag{2-3-3}$$

当观测值中仅有偶然误差时,有 $E(X) = \widetilde{X}$, 此时,均方误差即为方差,精确度即为精度。

将式(2-3-3)改写为

$$MSE(X) = E[(X - E(X)) + (E(X) - \widetilde{X})]^2$$
$$= E[X - E(X)]^2 + E[E(X) - \widetilde{X}]^2 + 2E[(X - E(X))(E(X) - \widetilde{X})]$$

因为

$$E[(X - E(X))(E(X) - \widetilde{X})] = E[X - E(X)][E(X) - \widetilde{X}]$$
$$= [E(X) - E(X)][E(X) - \widetilde{X}] = 0$$

故式(2-3-3)也可写成

$$MSE(X) = \sigma_X^2 + [E(X) - \widetilde{X}]^2 = \sigma_X^2 + \varepsilon^2 \tag{2-3-4}$$

即观测值 X 的均方误差等于 X 的偶然误差产生的方差 σ_X^2 与系统误差平方 ε^2 之和。切记，当观测值中同时存在偶然误差和系统误差时，只考虑方差或只考虑系统误差都是不符合实际情况的。图 2-4(c)所示的观测结果精确度最高，因其方差最小且无系统误差存在。

对于随机向量 $\underset{n\times 1}{\boldsymbol{X}}$，其对应的真值向量为 $\underset{n\times 1}{\widetilde{\boldsymbol{X}}}$，其均方误差矩阵的定义式为

$$MSE(\boldsymbol{X}) = E[(\boldsymbol{X} - \widetilde{\boldsymbol{X}})(\boldsymbol{X} - \widetilde{\boldsymbol{X}})^{\mathrm{T}}] \tag{2-3-5}$$

2.3.4 衡量精度的指标

在实际应用中，人们总是希望用一个具体的数字来反映精度的大小，下面介绍几种常用的衡量精度的指标。

1. *方差和中误差*

在介绍精度时已介绍过，精度与观测值的方差直接有关：方差小，则精度高；方差大，则精度低。图 2-3 也给出了这个概念：σ 越小，概率密度函数曲线越为陡峭，观测值中绝对值小的误差较多，误差分布较集中，精度越高；σ 越大，曲线越为平缓，观测值中绝对值小的误差较少，误差分布较离散，精度越低。

由随机变量 X 的方差的定义式(2-3-1)得

$$\sigma_X^2 = D(X) = E[(X - E(X))^2] = \int_{-\infty}^{\infty} [x - E(X)]^2 f(x)\mathrm{d}x \tag{2-3-6}$$

式中，概率密度函数 $f(x)$ 由式(2-2-6)得到。式(2-3-6)中，X 为连续型随机变量。

而对于观测误差 Δ 而言，因其数学期望 $E(\Delta) = 0$，故其方差为

$$\sigma^2 = D(\Delta) = E(\Delta^2) = \int_{-\infty}^{\infty} \Delta^2 f(\Delta)\mathrm{d}\Delta \tag{2-3-7}$$

观测误差 Δ 的概率密度函数 $f(\Delta)$ 可参考式(2-2-10)。当观测误差 Δ 是离散型随机变量时，可用下式计算方差：

$$\sigma^2 = E(\Delta^2) = \lim_{n\to\infty} \frac{1}{n} \sum_{i=1}^{n} \Delta_i^2 = \lim_{n\to\infty} \frac{1}{n}[\Delta\Delta] \tag{2-3-8}$$

σ 就是**中误差**(也称为**标准差**)：

$$\sigma = \sqrt{E(\Delta^2)} = \lim_{n \to \infty} \sqrt{\frac{1}{n}[\Delta\Delta]} \tag{2-3-9}$$

当观测值个数 n 有限时，得到计算中误差估值的实用公式：

$$\hat{\sigma} = \sqrt{\frac{1}{n}[\Delta\Delta]} \tag{2-3-10}$$

计算方差估值的实用公式：

$$\hat{\sigma}^2 = \frac{1}{n}[\Delta\Delta] \tag{2-3-11}$$

与真值及其估值的含义一样，中误差的理论值 σ 是一个常数，而其估值 $\hat{\sigma}$ 是一个随机量，它随着 n 个误差值 Δ_i 的随机选取而变化。在后文中，若不特别强调"估值"的意义时，也将"中误差的估值"简称为"中误差"。

2. 平均误差

在一定的观测条件下，观测误差绝对值的数学期望称为平均误差。设 θ 为平均误差，则有

$$\theta = E(|\Delta|) = \lim_{n \to \infty} \frac{1}{n} \sum_{i=1}^{n} |\Delta_i| \tag{2-3-12}$$

也可以写为

$$\theta = E(|\Delta|) = \int_{-\infty}^{\infty} |\Delta| f(\Delta) \mathrm{d}\Delta = 2\int_0^{\infty} \Delta \frac{1}{\sqrt{2\pi}\sigma} \mathrm{e}^{-\frac{\Delta^2}{2\sigma^2}} \mathrm{d}\Delta$$

$$= \frac{2}{\sqrt{2\pi}} \int_0^{\infty} -\sigma \mathrm{d}\mathrm{e}^{-\frac{\Delta^2}{2\sigma^2}} = \frac{2\sigma}{\sqrt{2\pi}} \left[-\mathrm{e}^{-\frac{\Delta^2}{2\sigma^2}} \right]_0^{\infty}$$

所以有

$$\left.\begin{aligned} \theta &= \sqrt{\frac{2}{\pi}}\sigma \approx 0.797\,9\sigma \approx \frac{4}{5}\sigma \\ \sigma &= \sqrt{\frac{\pi}{2}}\theta \approx 1.253\theta \approx \frac{5}{4}\theta \end{aligned}\right\} \tag{2-3-13}$$

式(2-3-13)为平均误差 θ 与中误差 σ 的理论关系式。

当观测值个数 n 有限时，可得 θ 的估值：

$$\hat{\theta} = \frac{1}{n} \sum_{i=1}^{n} |\Delta_i| \tag{2-3-14}$$

3. 或然误差

或然误差 ρ 的定义：观测误差 Δ 出现在区间 $(-\rho, +\rho)$ 内的概率等于 1/2，即

$$P(-\rho < \Delta < \rho) = \int_{-\rho}^{+\rho} f(\Delta) \mathrm{d}\Delta = 0.5 \tag{2-3-15}$$

由于 $\Delta \sim N(0, \sigma^2)$，将其标准化为

$$\eta = \frac{\Delta}{\sigma} \sim N(0, 1) \tag{2-3-16}$$

当 $\Delta=\pm\rho$ 时，有 $\eta=\pm\dfrac{\rho}{\sigma}$，则

$$P(-\rho<\Delta<\rho)=P\left(-\frac{\rho}{\sigma}<\eta<\frac{\rho}{\sigma}\right)=\Phi\left(\frac{\rho}{\sigma}\right)-\Phi\left(-\frac{\rho}{\sigma}\right)=0.5$$

由此得 $\Phi\left(\dfrac{\rho}{\sigma}\right)=0.75$。查正态分布表得，$\dfrac{\rho}{\sigma}=0.6745$，故 σ 与 ρ 的理论关系式为

$$\left.\begin{aligned}\rho&=0.6745\sigma\approx\frac{2}{3}\sigma\\\sigma&=1.4826\rho\approx\frac{3}{2}\rho\end{aligned}\right\}\qquad(2-3-17)$$

中误差 σ、平均误差 θ 及或然误差 ρ 三种精度指标的特性：

(1) 通常，当 n 越大时，σ，θ，ρ 的估值越接近其理论值；

(2) 当 n 很小时，求出的 σ，θ，ρ 均不可靠；

(3) 当 n 不大时，σ 比 θ 和 ρ 更能灵敏地反映出大的真误差的影响。

因此，世界各国在实用上通常都采用中误差 σ 作为精度指标，我国也统一采用中误差作为衡量精度的标准。

4. 极限误差

观测值的真误差一般都是无法确切知道的，但由偶然误差的第一特性可知，偶然误差的绝对值不会超过一定的限值，该限值即被称为**极限误差**。极限误差也在讨论容许出现的误差最大值为多少时，作为**“容许误差”**使用，一旦观测误差超过此限值，则认为产生了粗差，相应的观测值应舍去不用或重新观测。

极限误差是根据误差出现在某一范围内的概率的大小来定义的。由于误差 Δ 出现在 $(-k\sigma,\ +k\sigma)$ 内的概率相当于变量 η［见式(2-3-16)］出现在 $(-k,\ +k)$ 内的概率，故误差出现在区间 $(-\sigma,\ +\sigma)$，$(-2\sigma,\ +2\sigma)$ 及 $(-3\sigma,\ +3\sigma)$ 内的概率分别为

$$\left.\begin{aligned}P(-\sigma<\Delta<\sigma)&=P(-1<\eta<1)=2\Phi(1)-1=68.3\%\\P(-2\sigma<\Delta<2\sigma)&=P(-2<\eta<2)=2\Phi(2)-1=95.4\%\\P(-3\sigma<\Delta<3\sigma)&=P(-3<\eta<3)=2\Phi(3)-1=99.7\%\end{aligned}\right\}\qquad(2-3-18)$$

可见，大于 3 倍中误差的观测误差，其出现的概率仅为 0.3%，这已经是概率接近于零的小概率事件，所以，一般规定 3 倍中误差为极限误差，即

$$\Delta_{\text{限}}=3\sigma\qquad(2-3-19)$$

实践中，若对观测值要求严格一些，也可采用 2 倍中误差(即 2σ)为极限误差。

式(2-3-18)的概率称为**置信概率**，这个概率式表示在一定的置信概率下，中误差与真误差的关系。例如，真误差 Δ 应以 95.4%的概率出现在区间 $(-2\sigma,\ +2\sigma)$ 内。也就是说，如果已知某量的中误差，在一定的置信概率下，可以对其真误差出现的区间作出估计，这是保证工程质量的一个重要的定量信息。因此，中误差既代表误差分布离散度的大小，又可对其真误差出现的区间作出估计，这是作为精度指标的中误差完整的统计意义。

5. 相对误差

对于某些长度元素的观测结果，有时单靠中误差还不能完全表征观测值精度的高低。

如观测了 100 m 和 500 m 两段距离，设它们的中误差相同，都是 2 cm。从单位长度来看，显然后者的精度比较高，故需要比较单位长度的精度，一般采用相对误差来衡量。相对误差是以误差与观测值之比定义的，由于分子、分母同单位，所以相对误差是无单位(或单位为 1)的，通常用分子为 1、分母为整百数的形式$\left(即\dfrac{1}{N}\right)$表示。如上面两段距离，相对中误差分别为 $\dfrac{2\ \text{cm}}{10\ 000\ \text{cm}}=\dfrac{1}{5\ 000}$ 和 $\dfrac{2\ \text{cm}}{50\ 000\ \text{cm}}=\dfrac{1}{25\ 000}$。可见，后一段 500 m 距离的相对中误差较小，观测精度较高。

常用的相对误差有以下几种：

$$相对中误差=\frac{观测值中误差}{观测值(距离)}$$

$$相对真误差=\frac{观测值闭合差}{观测值(距离)}$$

$$导线全长相对闭合差=\frac{导线全长闭合差}{导线总长}$$

真误差、中误差、平均误差、极限误差等又称为绝对误差。

角度测量一般不采用相对误差，因为其观测误差的产生只与组成角度的两个方向有关，而与角度值的大小无关，因此，实际工作中常设角度测量是等精度观测的。

需要指出的是，以上所述的这些精度指标，即方差(中误差)、平均误差、或然误差、极限误差和相对误差，虽然都含有“误差”二字，但实际上都是用来表征精度高低的，切勿将它们与观测误差混淆。

2.4 测量不确定度

测量结果由于受到不可避免的误差影响而具有不确定性。**不确定性**是指一种广义误差，包括数值上和概念上的误差，可度量和不可度量的误差。如仅研究测量结果的数值误差，即可度量的误差，不确定性与测量误差就是同义词。

不确定度是用来度量不确定性的一种指标体系。采用何种思路来度量测量数据的随机误差和系统误差，反映在不确定度的定义上。

“不确定性”和“不确定度”是两个不同的概念，而在英文中采用的是同一个单词“uncertainty”，但对于中文，这两个名词不宜混用。

几种数据不确定性的来源：

(1) 图形数据的误差来源于地图数据的不确定性，地图固有的误差，材料变形产生的误差，图形数字化误差。

(2) 数据转换误差来源于数据结构变换误差，数据格式交换误差，数据计算交换误差。

(3) GIS 分析处理过程中引起的误差来源于计算误差，拓扑叠加分析引起的数据质量问题，GIS 中的误差传播问题。

设被观测量的真值是$\widetilde{X}$，观测值为 X，真误差 $\Delta_x=\widetilde{X}-X$，则 X 或 Δ_x 的不确定度 U 定义为 Δ_x 绝对值的一个上界，即

$$U = \sup |\Delta_x| \tag{2-4-1}$$

当 Δ_x 的存在主要是受系统误差的影响，表现为单向误差时，则不确定度定义为 Δ_x 的上、下界，即

$$U_1 \leqslant \Delta_x \leqslant U_2 \tag{2-4-2}$$

由于 U 值一般难以准确给出，为此要借助于概率知识。当 Δ_x 的概率分布已知时，则与式(2-4-1)、式(2-4-2)相应，不确定度在给定置信概率 p 或显著性水平 α 时，可由以下两式计算：

$$P(|\Delta_x| \leqslant U) = p = 1 - \alpha \tag{2-4-3}$$

$$P(U_1 \leqslant \Delta_x \leqslant U_2) = p = 1 - \alpha \tag{2-4-4}$$

当 Δ_x 服从对称分布且 $E(\Delta_x) = 0$ 时，用式(2-4-3)计算；当 Δ_x 服从不对称分布时，用式(2-4-4)计算。

例如，观测值服从正态分布，其算术平均值 $\bar{x}$ 在真值 μ 的附近以概率 p 出现，设已知 $\bar{x}$ 的方差估值为 $\hat{\sigma}_{\bar{x}}^2$，则有

$$P(|\bar{x} - \mu| \leqslant t_{\frac{\alpha}{2}} \hat{\sigma}_{\bar{x}}) = p \tag{2-4-5}$$

式中，$\bar{x}$ 的不确定度为

$$U = t_{\frac{\alpha}{2}} \hat{\sigma}_{\bar{x}} \tag{2-4-6}$$

所以，不论 Δ_x 服从何种对称分布，只要其方差 σ_x^2 存在，置信概率 p 已知且 $E(\Delta_x) = 0$，则有概率表达式：

$$P(|\Delta_x| \leqslant k_x \sigma_x) = p \tag{2-4-7}$$

成立，即不确定度为

$$U = k_x \sigma_x \tag{2-4-8}$$

式中，k_x 为与观测次数、置信概率及分布有关的置信分位值，也称为置信系数；σ_x 为欲求其不确定度的观测值的中误差。由此可见，衡量不确定性的基本尺度仍是中误差 σ_x。

当已知 Δ_x 的分布时，k_x 的值容易确定，如式(2-4-6)的 t 分布中，$k_x = t_{\frac{\alpha}{2}}$。当 Δ_x 服从期望为零的标准正态分布、概率 $p = 95.5\%$ 时，$U = k_x\sigma = 2\sigma$；$p = 99.7\%$ 时，$U = k_x\sigma = 3\sigma$，σ 为 Δ_x 的中误差。可见此时不确定度 U 就是在一定置信概率 p 下可能出现的偶然误差的最大值。这是特例，因为 Δ_x 中可以包含各种系统误差。

例如，在 1∶1 000 的地形图中，已知控制绘图误差 $\sigma_1 = 0.6$ mm，碎部绘图误差 $\sigma_2 = 0.6$ mm，制图综合误差 $\sigma_3 = 1.0$ mm，制印误差 $\sigma_4 = 0.2$ mm，其他如控制误差、碎部测量误差、清绘误差等较小，可忽略不计，则图上点位的综合误差可认为是

$$\sigma_W = \sqrt{\sigma_1^2 + \sigma_2^2 + \sigma_3^2 + \sigma_4^2} = 1.3 \text{ mm} \tag{2-4-9}$$

可近似地将综合误差视为正态分布随机量，即 $W \sim N(0,\ 1.3^2)$，现取置信概率 $p = 0.95$，由正态分布表可查得 $k_W = 1.96$，所以，W 的不确定度为 $U_W = k_W \sigma_W = 1.96 \times 1.3 = 2.6$ mm。

综上所述，不确定度评定的关键是要已知 Δ_x 的概率分布及其中误差 σ_x。当概率分布未知时，也可根据经验或其他信息估计测量值的不确定度。纳入不确定度考虑的误差均视为随机误差，误差合成时，特别要注意误差的相关性。

习 题 2

[2-1] 偶然误差具有哪些特性？服从什么分布？

[2-2] 精度的含义是什么？表示精度的方法有哪些？

[2-3] 为什么通常采用标准差作为衡量精度的标准？它的几何意义是什么？

[2-4] 什么是极限误差？它的理论依据是什么？

[2-5] 为鉴定经纬仪的精度，对已精确测定的水平角 ($\alpha = 45°00'00''$) 进行 12 次观测，结果如下：

$$45°00'06'' \quad 44°59'55'' \quad 44°59'58'' \quad 45°00'04''$$
$$45°00'03'' \quad 45°00'04'' \quad 45°00'00'' \quad 44°59'58''$$
$$44°59'59'' \quad 44°59'59'' \quad 45°00'06'' \quad 45°00'03''$$

设 α 不含误差，试求观测值的中误差、平均误差和或然误差(估值)。

[2-6] 对某量进行了两组观测，它们的真误差为

第一组：3，－3，2，4，－2，－1，0，－4，3，－2

第二组：0，－1，－7，2，1，－1，8，0，－3，1

试求两组观测值的平均误差 $\hat{\theta}_1$，$\hat{\theta}_2$，中误差 $\hat{\sigma}_1$，$\hat{\sigma}_2$ 及协方差 $\hat{\sigma}_{12}$，并比较两组观测值的精度。

[2-7] 观测了某一等三角锁 43 个三角形的内角，三角形内角和的真误差如表 2-2 所列。

表 2-2

三角形编号	内角和真误差/(″)	三角形编号	内角和真误差/(″)	三角形编号	内角和真误差/(″)
1	−0.69	16	−0.03	31	−1.10
2	+0.58	17	+0.18	32	+0.71
3	+1.13	18	−0.06	33	−0.70
4	−1.23	19	−0.25	34	−0.99
5	+1.14	20	+0.77	35	+1.12
6	+0.28	21	+0.14	36	+0.09
7	+1.72	22	+0.52	37	−0.13
8	+0.30	23	−0.12	38	−0.30
9	+0.16	24	+0.18	39	−1.17
10	−0.27	25	−0.29	40	+1.60
11	−2.01	26	−0.05	41	−0.56
12	−2.14	27	−0.22	42	+0.40
13	+1.42	28	−1.86	43	+0.64
14	−0.97	29	+1.61		
15	+2.37	30	−0.50		

(1) 试计算三角形内角和的中误差、平均误差以及极限误差。

(2) 试分析该组闭合差是否符合偶然误差的特性。

[2-8] 已知两段距离的长度及其中误差分别为 300.465 m±4.5 cm，600.894 m±4.5 cm，试说明这两个长度的真误差是否相等？它们的最大限差是否相等？它们的中误差是否相等？它们的相对精度是否相等？

3 协方差传播律及权

第 2 章介绍了观测值精度的评定标准，但在实际工作中，绝大多数物理量的值并不是通过直接观测得到的，而是由直接观测值根据一定的函数关系间接计算出来的。

例如，在 1∶2 000 的地形图上量得两点间距离为 d，则这两点间的实际水平距离为 $D = 2\,000 \times d$。

又例如，观测了一个平面三角形的两个内角 α，β，则第三个内角 γ 可表示为直接观测角 α 和 β 的函数形式：$\gamma = 180° - (\alpha + \beta)$。

上两例的直接观测量 d，α 和 β 的观测精度可以根据方差计算公式计算出来，而其函数值 D 和 γ 的精度，就由直接观测量 d，α 和 β 的精度及函数式的结构来决定，所以，将观测值函数与观测值之间的方差、协方差的运算规律称为**协方差传播律**。

本章从随机变量的数字特征着手，介绍数学期望、方差、协方差等的定义式及实用计算公式；讨论平差理论中的权、权阵、协因数、协因数阵等重要概念，导出协方差传播律和协因数传播律；介绍单位权方差的计算公式及具体应用。此外，也将对系统误差与偶然误差之间的合成及传播进行简单介绍。

3.1 随机变量的数字特征

如前所述，观测值可看成是随机变量，如果知道其分布函数，则可了解该随机变量完整的统计特性。但由于求分布函数并不容易，而且有时只需知道随机变量的某些数字特征就可解决问题，所以本节着重介绍随机变量的数字特征问题。

3.1.1 数学期望及其传播

随机变量的数学期望即为随机变量的均值，它描述了随机变量分布沿横轴的位置，是描述分布位置的数字特征。

由式(2-1-3)知，连续型随机变量 X 的数学期望定义式为

$$E(X) = \int_{-\infty}^{\infty} x f(x) \mathrm{d}x \tag{3-1-1}$$

对离散型随机变量 X 而言，设 X 由 N 个($N \to \infty$)等精度随机观测值 x_i 组成，则 X 的数学期望为

$$E(X) = \frac{1}{N} \sum_{k=1}^{N} x_i \tag{3-1-2}$$

还可假设，在 N 个($N \to \infty$)观测值中，将取值相同的观测值合并，合并后共有 n 组，设第 i 组的取值为 x_i，取 x_i 的个数为 $u_i (i = 1, 2, \cdots, n)$，并且 $N = u_1 + u_2 + \cdots + u_n$，则 X 的数

学期望也可定义为

$$E(X)=\frac{u_1x_1+u_2x_2+\cdots+u_nx_n}{u_1+u_2+\cdots+u_n}=\frac{u_1x_1+u_2x_2+\cdots+u_nx_n}{N} \tag{3-1-3}$$

令 $p_i=\frac{u_i}{N}$（观测值取值为 x_i 时的概率），则离散型随机变量 X 的数学期望为

$$E(X)=\sum_{i=1}^{n}p_ix_i \tag{3-1-4}$$

式中，p_i 也可看成是离散随机变量的概率分布：$P\{X=x_i\}=p_i$，$i=1,2,\cdots,n$。

所以，从式(3-1-2)、式(3-1-4)可以看出，数学期望即为观测值 x_i 的算术平均值或以 x_i 的概率为权的加权平均值。

数学期望的特性（也可称为**数学期望的传播律**）：

(1) $E(C)=C$，C 为任意常数

(2) $E(CX)=CE(X)$

(3) $E(X\pm Y)=E(X)\pm E(Y)$，X，Y 不必相互独立

(4) $E(XY)=E(X)E(Y)$，X，Y 必须相互独立

式中，X，Y 为随机变量。

3.1.2 方差的特性

由随机变量 X 的方差的定义式(2-3-1)：

$$\sigma^2=D(X)=E[(X-E(X))^2] \tag{3-1-5}$$

方差的特性（X，Y 为随机变量）：

(1) $D(C)=0$，C 为任意常数

(2) $D(CX)=C^2D(X)$

(3) $D(X)=E(X^2)-[E(X)]^2$

(4) $D(X\pm Y)=D(X)+D(Y)$，X，Y 相互独立

(5) $D(XY)=D(X)D(Y)+D(X)[E(Y)]^2+D(Y)[E(X)]^2$，$X$，$Y$ 相互独立

由式(2-2-1)得观测值、真值及真误差的关系 $L=\tilde{L}-\Delta$，考虑方差的特性(1)和(4)，有

$$D(L)=D(\tilde{L})+D(\Delta)=D(\Delta) \tag{3-1-6}$$

即观测值的精度等于其对应的观测误差的精度。

3.1.3 协方差和相关系数

在精度分析中，除了要对随机变量的方差进行分析外，还要了解变量与变量之间的相关程度，常用协方差和相关系数来描述相关程度。

设有两个随机变量 X，Y，它们之间的**协方差**定义式为

$$D_{xy}=\sigma_{xy}=E[(X-E(X))(Y-E(Y))] \tag{3-1-7}$$

协方差可记为 D_{xy}，σ_{xy}，$D(X, Y)$ 或 $Cov(X, Y)$。

由式(3-1-7)，有

$$\begin{aligned} D_{xy} = \sigma_{xy} &= E[(X-E(X))(Y-E(Y))] \\ &= E[XY - XE(Y) - YE(X) + E(X)E(Y)] \\ &= E(XY) - E(X)E(Y) = \sigma_{yx} = D_{yx} \end{aligned} \tag{3-1-8}$$

由式(3-1-8)可知，两个随机变量 X，Y 之间的协方差，其下标可以互相交换。当 X，Y 相互独立时，将数学期望的特性(4)代入式(3-1-8)，可以得到以下结论：**当两个随机变量相互独立时，它们之间的协方差为零**。即

$$D_{xy} = \sigma_{xy} = 0 \tag{3-1-9}$$

X 的真误差 $\Delta_x = E(X) - X$，Y 的真误差 $\Delta_y = E(Y) - Y$，由协方差定义式(3-1-7)，得到协方差的计算公式为

$$D_{xy} = \sigma_{xy} = E(\Delta_x \Delta_y) = \lim_{n\to\infty} \frac{1}{n} \sum_{i=1}^{n} \Delta_{x_i} \Delta_{y_i} = \lim_{n\to\infty} \frac{1}{n} [\Delta_x \Delta_y] \tag{3-1-10}$$

当观测数 n 有限时，协方差估值计算的实用公式为

$$\hat{\sigma}_{xy} = \frac{1}{n} [\Delta_x \Delta_y] \tag{3-1-11}$$

当希望用一个无量纲的纯量来表征两个随机变量 X，Y 之间的相关程度时，可用相关系数来表示。

定义

$$\rho_{xy} = \frac{\sigma_{xy}}{\sigma_x \cdot \sigma_y} = \frac{D_{xy}}{\sqrt{D(X) \cdot D(Y)}} \tag{3-1-12}$$

为随机变量 X，Y 之间的**相关系数**。式中，σ_x，σ_y 分别为随机变量 X，Y 的中误差；σ_{xy} 为协方差。相关系数 ρ_{xy} 的取值为 $-1 \sim +1$ 之间，即 $-1 \leqslant \rho_{xy} \leqslant +1$。$\rho_{xy}$ 的绝对值大小表示 X，Y 之间的相关程度，$|\rho_{xy}|$ 越接近 1，相关程度越大。

当相关系数 $\rho_{xy}=0$ 时，X，Y 之间不相关，但不一定相互独立。只有当 X，Y 服从正态分布时，不相关和相互独立才是等价的。由于本书涉及的变量基本上都是服从正态分布的，所以在后续的讨论中不相关就等价于相互独立，不再特别申明。

所以，当 $D_{xy} = \sigma_{xy} \neq 0$，即 $\rho_{xy} \neq 0$ 时，表明观测量 X，Y 是相关的，称 X，Y 为**相关观测量**。在测量工作中，直接观测得到的高差、距离、角度和方向观测值等都是**独立观测量**。

3.2 方差-协方差阵及其传播

设有 n 维随机向量(观测量)$\boldsymbol{X}$，求解关于 $\boldsymbol{X}$ 的函数的精度需要用到方差-协方差阵及协方差传播律的知识。

3.2.1 方差-协方差阵

设有 n 维随机向量 $\boldsymbol{X} = [X_1 \quad X_2 \quad \cdots \quad X_n]^{\mathrm{T}}$，其中每一个元素 X_i 都是一个随机变量，

根据式(2-1-17)，$\boldsymbol{X}$ 的数学期望向量为 $E(\boldsymbol{X})=[E(X_1)\quad E(X_2)\quad\cdots\quad E(X_n)]^{\mathrm{T}}$，随机向量 $\boldsymbol{X}$ 的**方差-协方差阵**定义为

$$\underset{n\times n}{\boldsymbol{D}_{XX}}=E[(\boldsymbol{X}-E(\boldsymbol{X}))(\boldsymbol{X}-E(\boldsymbol{X}))^{\mathrm{T}}] \tag{3-2-1}$$

式中，矩阵 $\boldsymbol{D}_{XX}$ 主对角线(从矩阵的左上角到右下角)上的元素是随机变量 X_i 的方差，其余元素分别是 X_i 与 X_j 的协方差，即

$$D_{X_iX_i}=\sigma_i^2=E[(X_i-E(X_i))^2] \tag{3-2-2}$$

$$D_{X_iX_j}=\sigma_{ij}=E[(X_i-E(X_i))(X_j-E(X_j))]\ (i\neq j) \tag{3-2-3}$$

所以，式(3-2-1)表示的方差-协方差阵(也可简称为自协方差阵或协方差阵)为

$$\boldsymbol{D}_{XX}=\begin{bmatrix}\sigma_1^2 & \sigma_{12} & \cdots & \sigma_{1n}\\ \sigma_{21} & \sigma_2^2 & \cdots & \sigma_{2n}\\ \vdots & \vdots & & \vdots\\ \sigma_{n1} & \sigma_{n2} & \cdots & \sigma_n^2\end{bmatrix}=\begin{bmatrix}\sigma_1^2 & \sigma_{12} & \cdots & \sigma_{1n}\\ \sigma_{12} & \sigma_2^2 & \cdots & \sigma_{2n}\\ \vdots & \vdots & & \vdots\\ \sigma_{1n} & \sigma_{2n} & \cdots & \sigma_n^2\end{bmatrix} \tag{3-2-4}$$

式(3-2-4)考虑了式(3-1-8)，有 $\sigma_{ij}=\sigma_{ji}$。可见，协方差阵 $\boldsymbol{D}_{XX}$ 是 $n\times n$ 阶的对称方阵，且主元为方差、非主元为两两协方差。特别地，当随机向量 $\boldsymbol{X}$ 的维数 $n=1$ 时，$\boldsymbol{D}_{XX}=\sigma_x^2$，此时，协方差阵就是随机变量 $\boldsymbol{X}$ 的方差。

此外，对使用符号还有以下规定：对于某一随机变量 X_i 的方差，既可以用 σ_i^2 表示，也可以用 $D_{X_iX_i}$ 表示，而对于某一随机向量 $\boldsymbol{X}$ 的协方差阵，则只能用 $\boldsymbol{D}_{XX}$ 表示。即 σ^2 只能表示某一元素的方差，而 $\boldsymbol{D}_{XX}$ 根据需要，既可表示某个元素的方差，又可表示某个向量的协方差阵。

在式(3-2-4)中，当随机变量 X_i 两两独立(即随机向量 $\boldsymbol{X}$ 中任意两个随机变量都是相互独立)时，有 $\sigma_{ij}=\sigma_{ji}=0, i\neq j$，此时，方差-协方差阵 $\boldsymbol{D}_{XX}$ 变为对角矩阵，即

$$\boldsymbol{D}_{XX}=\begin{bmatrix}\sigma_1^2 & 0 & \cdots & 0\\ 0 & \sigma_2^2 & \cdots & 0\\ \vdots & \vdots & & \vdots\\ 0 & 0 & \cdots & \sigma_n^2\end{bmatrix}=\mathrm{diag}(\sigma_1^2,\ \sigma_2^2,\ \cdots,\ \sigma_n^2) \tag{3-2-5}$$

当随机变量 X_i 两两独立且为等精度观测时，有方差-协方差阵

$$\boldsymbol{D}_{XX}=\begin{bmatrix}\sigma^2 & 0 & \cdots & 0\\ 0 & \sigma^2 & \cdots & 0\\ \vdots & \vdots & & \vdots\\ 0 & 0 & \cdots & \sigma^2\end{bmatrix}=\sigma^2\boldsymbol{I}_n \tag{3-2-6}$$

式中，$\boldsymbol{I}_n$ 为 n 阶单位阵；$\sigma_{X_i}^2=\sigma^2$，$i=1,\ 2,\ \cdots,\ n$。

3.2.2 互协方差阵

如果有两组观测向量 $\underset{n\times 1}{\boldsymbol{X}}$ 和 $\underset{m\times 1}{\boldsymbol{Y}}$，它们的数学期望向量分别为 $E(\underset{n\times 1}{\boldsymbol{X}})$ 和 $E(\underset{m\times 1}{\boldsymbol{Y}})$，可组成向量：

$$\underset{(n+m)\times 1}{\boldsymbol{Z}} = \begin{bmatrix} \boldsymbol{X} \\ \boldsymbol{Y} \end{bmatrix} \tag{3-2-7}$$

则 $\boldsymbol{Z}$ 的方差-协方差阵为

$$\underset{(n+m)\times(n+m)}{\boldsymbol{D}_{ZZ}} = \begin{bmatrix} \underset{n\times n}{\boldsymbol{D}_{XX}} & \underset{n\times m}{\boldsymbol{D}_{XY}} \\ \underset{m\times n}{\boldsymbol{D}_{YX}} & \underset{m\times m}{\boldsymbol{D}_{YY}} \end{bmatrix} \tag{3-2-8}$$

式中，$\boldsymbol{D}_{XX}$，$\boldsymbol{D}_{YY}$分别为随机向量 $\boldsymbol{X}$ 和 $\boldsymbol{Y}$ 的方差-协方差阵，其构成可参考式(3-2-4)，而 $\boldsymbol{D}_{XY}$称为 $\boldsymbol{X}$ 关于 $\boldsymbol{Y}$ 的**互协方差阵**。互协方差阵 $\boldsymbol{D}_{XY}$定义为

$$\underset{n\times m}{\boldsymbol{D}_{XY}} = E[(\boldsymbol{X} - E(\boldsymbol{X}))(\boldsymbol{Y} - E(\boldsymbol{Y}))^{\mathrm{T}}] \tag{3-2-9}$$

根据式(3-2-9)，有

$$\underset{n\times m}{\boldsymbol{D}_{XY}} = \begin{bmatrix} \sigma_{x_1y_1} & \sigma_{x_1y_2} & \cdots & \sigma_{x_1y_m} \\ \sigma_{x_2y_1} & \sigma_{x_2y_2} & \cdots & \sigma_{x_2y_m} \\ \vdots & \vdots & & \vdots \\ \sigma_{x_ny_1} & \sigma_{x_ny_2} & \cdots & \sigma_{x_ny_m} \end{bmatrix} \tag{3-2-10}$$

特别地，当 $\boldsymbol{X}$ 和 $\boldsymbol{Y}$ 的维数 $n=m=1$ 时，$\boldsymbol{D}_{XY}=\sigma_{xy}$，此时，互协方差阵 $\boldsymbol{D}_{XY}$就退化为 $\boldsymbol{X}$ 关于 $\boldsymbol{Y}$ 的协方差 σ_{xy}。同理，σ_{xy}只能表示协方差，不能表示协方差阵，而 $\boldsymbol{D}_{XY}$则既可表示互协方差阵，又可表示协方差。

互协方差阵 $\boldsymbol{D}_{XY}$具有以下特点：

(1) $\boldsymbol{D}_{XY}$一般不是方阵（$n=m$ 时是方阵），矩阵中各元素均为协方差，无方差；

(2) $\boldsymbol{D}_{XY}=\boldsymbol{D}_{YX}^{\mathrm{T}}$，$\boldsymbol{D}_{YX}=\boldsymbol{D}_{XY}^{\mathrm{T}}$；

(3) 当 $\boldsymbol{D}_{XY}=\boldsymbol{0}$ 或 $\boldsymbol{D}_{YX}=\boldsymbol{0}$ 时，两个随机向量 $\boldsymbol{X}$ 与 $\boldsymbol{Y}$ 互不相关。

3.2.3 独立观测值线性函数的误差传播律

当随机观测量 $X_i(i=1,\ 2,\ \cdots,\ n)$两两独立且已知每个观测量 X_i 的方差$\sigma_{X_i}^2$时，利用概率论中方差的特性，可得到表 3-1 中 X_i 的函数 Z（也可称 Z 为间接观测量）的方差计算公式。通过这些计算公式，可以了解函数 Z 的精度是如何受到其自变量 X_i 的精度影响的。这种影响的方式称为**误差传播律**，使用误差传播律必须满足的条件是观测量之间要两两独立。

表 3-1

函数类型	函数表达式	误差传播律
倍数函数	$Z=kX$	$\sigma_Z^2=k^2\sigma_x^2$
和差函数	$Z=X_1\pm X_2\pm\cdots\pm X_n$	$\sigma_Z^2=\sigma_{x_1}^2+\sigma_{x_2}^2+\cdots+\sigma_{x_n}^2$
线性函数	$Z=k_1X_1\pm k_2X_2\pm\cdots\pm k_nX_n$	$\sigma_Z^2=k_1^2\sigma_{x_1}^2+k_2^2\sigma_{x_2}^2+\cdots+k_n^2\sigma_{x_n}^2$
均值函数	$Z=\frac{1}{n}[X]=\frac{1}{n}X_1+\frac{1}{n}X_2+\cdots+\frac{1}{n}X_n$	$\sigma_Z^2=\frac{1}{n}\sigma_x^2$（设 X_i 为等精度，方差均为 σ_x^2）

[**例 3-1**]　在 1∶2 000 的地形图上量得两点间距离为 d，现设 $d=188.5$ mm，其对应

的量测中误差 $\sigma_d = 0.2\ \text{mm}$。试求两点间的地面水平距离 D 及其中误差 σ_D。

解　地面水平距离 $D = 2\,000 \times d = 2\,000 \times 188.5\ \text{mm} = 377.00\ \text{m}$。求 D 的中误差时，根据表 3-1 中倍数函数的误差传播公式，有

$$\sigma_D = 2\,000 \times \sigma_d = 2\,000 \times 0.2\ \text{mm} = 0.40\ \text{m}$$

［**例 3-2**］　设一个平面三角形观测了两个内角 α, β，这两个观测角相互独立且已知观测中误差，$\sigma_\alpha = 3.6''$, $\sigma_\beta = 4.0''$。试求第三个内角 γ 的中误差。

解　γ 可表示为 α, β 的函数形式：

$$\gamma = 180^\circ - (\alpha + \beta)$$

根据表 3-1 中和差函数的传播律，γ 角的中误差为

$$\sigma_\gamma = \sqrt{\sigma_\alpha^2 + \sigma_\beta^2} = 5.4''$$

3.2.4　协方差传播律

第 3.2.3 节介绍的是经典的误差传播律，但经典误差传播律有其局限性：①要求观测量之间必须两两独立，这在实际应用中有时难以满足；②不能同时求出多个函数（观测量的函数）的方差及函数之间的协方差。

这一节将介绍应用更为广泛的协方差传播律。

设有观测向量 $\underset{n\times1}{\boldsymbol{X}}$，其数学期望向量为 $E(\underset{n\times1}{\boldsymbol{X}})$，方差-协方差阵为 $\underset{n\times n}{\boldsymbol{D}_{XX}}$，即

$$\underset{n\times1}{\boldsymbol{X}} = \begin{bmatrix} X_1 \\ X_2 \\ \vdots \\ X_n \end{bmatrix},\ E(\underset{n\times1}{\boldsymbol{X}}) = \begin{bmatrix} E(X_1) \\ E(X_2) \\ \vdots \\ E(X_n) \end{bmatrix},\ \underset{n\times n}{\boldsymbol{D}_{XX}} = \begin{bmatrix} \sigma_1^2 & \sigma_{12} & \cdots & \sigma_{1n} \\ \sigma_{12} & \sigma_2^2 & \cdots & \sigma_{2n} \\ \vdots & \vdots & & \vdots \\ \sigma_{1n} & \sigma_{2n} & \cdots & \sigma_n^2 \end{bmatrix} \tag{3-2-11}$$

现有观测向量（也可称为自变量向量）$\boldsymbol{X}$ 的线性函数：

$$\left.\begin{aligned} \underset{m\times1}{\boldsymbol{F}} &= \underset{m\times n}{\boldsymbol{A}}\,\underset{n\times1}{\boldsymbol{X}} + \underset{m\times1}{\boldsymbol{A}^0} \\ \underset{t\times1}{\boldsymbol{G}} &= \underset{t\times n}{\boldsymbol{B}}\,\underset{n\times1}{\boldsymbol{X}} + \underset{t\times1}{\boldsymbol{B}^0} \end{aligned}\right\} \tag{3-2-12}$$

和另一个观测向量 $\boldsymbol{Y}$ 的线性函数：

$$\underset{k\times1}{\boldsymbol{W}} = \underset{k\times l}{\boldsymbol{C}}\,\underset{l\times1}{\boldsymbol{Y}} + \underset{k\times1}{\boldsymbol{C}^0} \tag{3-2-13}$$

式中，$\boldsymbol{A}$, $\boldsymbol{A}^0$, $\boldsymbol{B}$, $\boldsymbol{B}^0$, $\boldsymbol{C}$, $\boldsymbol{C}^0$ 均为常数矩阵。

观测向量 $\boldsymbol{X}$, $\boldsymbol{Y}$ 的方差阵 $\boldsymbol{D}_{XX}$，$\boldsymbol{D}_{YY}$ 和互协方差阵 $\boldsymbol{D}_{XY}$ 均已知，则有**协方差传播律**：

$$\underset{m\times m}{\boldsymbol{D}_{FF}} = \boldsymbol{A}\boldsymbol{D}_{XX}\boldsymbol{A}^{\mathrm{T}},\ \underset{m\times t}{\boldsymbol{D}_{FG}} = \boldsymbol{A}\boldsymbol{D}_{XX}\boldsymbol{B}^{\mathrm{T}},\ \underset{t\times m}{\boldsymbol{D}_{GF}} = \boldsymbol{B}\boldsymbol{D}_{XX}\boldsymbol{A}^{\mathrm{T}},\ \underset{m\times k}{\boldsymbol{D}_{FW}} = \boldsymbol{A}\boldsymbol{D}_{XY}\boldsymbol{C}^{\mathrm{T}},\ \underset{k\times m}{\boldsymbol{D}_{WF}} = \boldsymbol{C}\boldsymbol{D}_{YX}\boldsymbol{A}^{\mathrm{T}} \tag{3-2-14}$$

即函数 $\boldsymbol{F}$, $\boldsymbol{G}$ 和 $\boldsymbol{W}$ 的自协方差阵和它们之间的互协方差阵可用式（3-2-14）的协方差传播律得到。所以，协方差传播律研究的是自变量向量 $\boldsymbol{X}$ 和 $\boldsymbol{Y}$ 的自协方差阵及其之间的互协方

差阵对其函数的自协方差阵和互协方差阵的影响。现借助互协方差阵的定义式(3-2-9)，证明式(3-2-14)中的第二式成立，余类推。

$$\begin{aligned}\boldsymbol{D}_{FG} &= E[(\boldsymbol{F}-E(\boldsymbol{F}))(\boldsymbol{G}-E(\boldsymbol{G}))^{\mathrm{T}}] \\ &= E[(\boldsymbol{AX}+\boldsymbol{A}^0-E(\boldsymbol{AX}+\boldsymbol{A}^0))(\boldsymbol{BX}+\boldsymbol{B}^0-E(\boldsymbol{BX}+\boldsymbol{B}^0))^{\mathrm{T}}] \\ &= E[\boldsymbol{A}(\boldsymbol{X}-E(\boldsymbol{X}))(\boldsymbol{X}-E(\boldsymbol{X}))^{\mathrm{T}}\boldsymbol{B}^{\mathrm{T}}] \\ &= \boldsymbol{AD}_{XX}\boldsymbol{B}^{\mathrm{T}}\end{aligned}$$

证毕。

[**例 3-3**] 已知观测值向量 $\underset{n\times1}{\boldsymbol{X}}$ 的方差-协方差阵同式(3-2-11)，现有线性函数 $F=a_1X_1+a_2X_2+\cdots+a_nX_n$，求函数的方差-协方差阵 $\boldsymbol{D}_{FF}$。

解 参考式(3-2-12)，将函数 F 写成向量形式：

$$\underset{1\times1}{\boldsymbol{F}}=\underset{1\times n}{\boldsymbol{A}}\ \underset{n\times1}{\boldsymbol{X}}$$

式中，$\boldsymbol{A}$ 为常数阵，$\boldsymbol{A}=[a_1\quad a_2\quad\cdots\quad a_n]$；$n$ 维观测值向量 $\boldsymbol{X}=[X_1\quad X_2\quad\cdots\quad X_n]^{\mathrm{T}}$。

按协方差传播律式(3-2-14)中的第一式，有

$$\begin{aligned}\underset{1\times1}{\boldsymbol{D}_{FF}} &= \boldsymbol{AD}_{XX}\boldsymbol{A}^{\mathrm{T}}=[a_1\quad a_2\quad\cdots\quad a_n]\cdot\begin{bmatrix}\sigma_1^2 & \sigma_{12} & \cdots & \sigma_{1n}\\ \sigma_{12} & \sigma_2^2 & \cdots & \sigma_{2n}\\ \vdots & \vdots & & \vdots\\ \sigma_{1n} & \sigma_{2n} & \cdots & \sigma_n^2\end{bmatrix}\cdot\begin{bmatrix}a_1\\ a_2\\ \vdots\\ a_n\end{bmatrix} \\ &= a_1^2\sigma_1^2+a_2^2\sigma_2^2+\cdots+a_n^2\sigma_n^2+2a_1a_2\sigma_{12}+2a_1a_3\sigma_{13}+\cdots+2a_1a_n\sigma_{1n}+ \\ &\quad 2a_2a_3\sigma_{23}+2a_2a_4\sigma_{24}+\cdots+2a_2a_n\sigma_{2n}+\cdots+2a_{n-1}a_n\sigma_{(n-1)n}\end{aligned}$$

如果观测向量 $\boldsymbol{X}$ 中的 X_i，$X_j(i\neq j)$ 两两独立，即 $\sigma_{ij}=0\ (i\neq j)$，则

$$\underset{1\times1}{\boldsymbol{D}_{FF}}=\boldsymbol{AD}_{XX}\boldsymbol{A}^{\mathrm{T}}=a_1^2\sigma_1^2+a_2^2\sigma_2^2+\cdots+a_n^2\sigma_n^2$$

这就是相互独立观测值的误差传播律。可见误差传播律只是协方差传播律的一种特殊情况，当协方差传播律中的自变量相互独立时，函数的方差可用误差传播律公式进行计算。

[**例 3-4**] 设有函数 $\underset{m\times1}{\boldsymbol{F}}=\underset{m\times n}{\boldsymbol{A}}\ \underset{n\times1}{\boldsymbol{X}}+\underset{m\times t}{\boldsymbol{B}}\ \underset{t\times1}{\boldsymbol{Y}}$，$\boldsymbol{A}$，$\boldsymbol{B}$ 为常数阵。已知 $\boldsymbol{D}_{XX}$，$\boldsymbol{D}_{YY}$，$\boldsymbol{D}_{XY}$，求 $\boldsymbol{D}_{FF}$，$\boldsymbol{D}_{FX}$ 及 $\boldsymbol{D}_{FY}$。

解 (1) 因为 $\boldsymbol{F}=\boldsymbol{AX}+\boldsymbol{BY}=[\boldsymbol{A}\quad\boldsymbol{B}]\begin{bmatrix}\boldsymbol{X}\\ \boldsymbol{Y}\end{bmatrix}$

则

$$\begin{aligned}\boldsymbol{D}_{FF} &= [\boldsymbol{A}\quad\boldsymbol{B}]\begin{bmatrix}\boldsymbol{D}_{XX} & \boldsymbol{D}_{XY}\\ \boldsymbol{D}_{YX} & \boldsymbol{D}_{YY}\end{bmatrix}\begin{bmatrix}\boldsymbol{A}^{\mathrm{T}}\\ \boldsymbol{B}^{\mathrm{T}}\end{bmatrix} \\ &= \boldsymbol{AD}_{XX}\boldsymbol{A}^{\mathrm{T}}+\boldsymbol{AD}_{XY}\boldsymbol{B}^{\mathrm{T}}+\boldsymbol{BD}_{YX}\boldsymbol{A}^{\mathrm{T}}+\boldsymbol{BD}_{YY}\boldsymbol{B}^{\mathrm{T}}\end{aligned}$$

(2) 因为 $\boldsymbol{X}=[\boldsymbol{I}\quad\boldsymbol{0}]\begin{bmatrix}\boldsymbol{X}\\ \boldsymbol{Y}\end{bmatrix}$，$\boldsymbol{Y}=[\boldsymbol{0}\quad\boldsymbol{I}]\begin{bmatrix}\boldsymbol{X}\\ \boldsymbol{Y}\end{bmatrix}$

则

$$\boldsymbol{D}_{FX}=[\boldsymbol{A}\quad\boldsymbol{B}]\begin{bmatrix}\boldsymbol{D}_{XX} & \boldsymbol{D}_{XY}\\ \boldsymbol{D}_{YX} & \boldsymbol{D}_{YY}\end{bmatrix}\begin{bmatrix}\boldsymbol{I}\\ \boldsymbol{0}\end{bmatrix}=\boldsymbol{AD}_{XX}+\boldsymbol{BD}_{YX}$$

(3) $$D_{FY}=\begin{bmatrix}A & B\end{bmatrix}\begin{bmatrix}D_{XX} & D_{XY}\\ D_{YX} & D_{YY}\end{bmatrix}\begin{bmatrix}0\\ I\end{bmatrix}=AD_{XY}+BD_{YY}$$

［**例 3－5**］ 如图 3－1 所示，在测站 A 上测得三个方向值 L_1，L_2，L_3，观测值 L_i 相互独立且中误差均为 σ，求角度 α_1 和 α_2 的方差及其之间的协方差值 $\sigma_{\alpha_1}^2$，$\sigma_{\alpha_2}^2$，$\sigma_{\alpha_1\alpha_2}$。

解 先建立函数与观测值的关系式：

$$\begin{bmatrix}\alpha_1\\ \alpha_2\end{bmatrix}=\begin{bmatrix}L_2-L_1\\ L_3-L_2\end{bmatrix}=\begin{bmatrix}-1 & 1 & 0\\ 0 & -1 & 1\end{bmatrix}\begin{bmatrix}L_1\\ L_2\\ L_3\end{bmatrix}$$

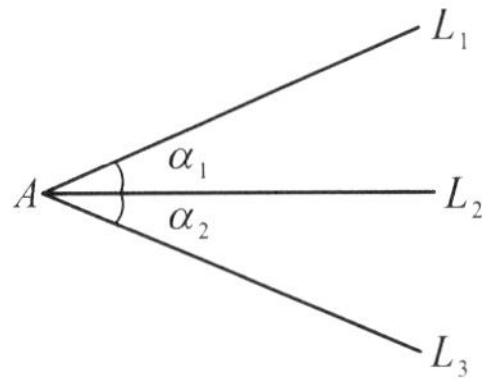

图 3－1

再用协方差传播律：

$$\begin{bmatrix}\sigma_{\alpha_1}^2 & \sigma_{\alpha_1\alpha_2}\\ \sigma_{\alpha_1\alpha_2} & \sigma_{\alpha_2}^2\end{bmatrix}=\begin{bmatrix}-1 & 1 & 0\\ 0 & -1 & 1\end{bmatrix}\begin{bmatrix}\sigma^2 & 0 & 0\\ 0 & \sigma^2 & 0\\ 0 & 0 & \sigma^2\end{bmatrix}\begin{bmatrix}-1 & 0\\ 1 & -1\\ 0 & 1\end{bmatrix}=\begin{bmatrix}2 & -1\\ -1 & 2\end{bmatrix}\sigma^2$$

可得 $\sigma_{\alpha_1}^2=2\sigma^2$，$\sigma_{\alpha_2}^2=2\sigma^2$，$\sigma_{\alpha_1\alpha_2}=-\sigma^2$。由计算结果知，角度 α_1 和 α_2 是相关的。

从此例结果可看出：方差均为正值，协方差可正可负，协方差的符号 $\sigma_{\alpha_1\alpha_2}$ 与方差符号 $\sigma_{\alpha_1}^2$，$\sigma_{\alpha_2}^2$ 相比，虽然没有平方，但它们的单位却是相同的。

［**例 3－6**］ 设等精度独立观测了三角形的三个内角 α，β，γ，角度观测值中误差均为 σ，试求平差（平均分配闭合差）后三个角的方差 $\sigma_{\hat{\alpha}}^2$，$\sigma_{\hat{\beta}}^2$，$\sigma_{\hat{\gamma}}^2$。

解 三角形闭合差为

$$w=180^\circ-(\alpha+\beta+\gamma)$$

观测值的平差值为 $\hat{\alpha}=\alpha+\dfrac{w}{3}$。现将与 α，β，γ 相关的闭合差 w 进行分解，使函数表达式中的自变量相互独立，即

$$\hat{\alpha}=\alpha+\frac{w}{3}=\alpha+\frac{1}{3}(180^\circ-\alpha-\beta-\gamma)=\frac{2}{3}\alpha-\frac{1}{3}\beta-\frac{1}{3}\gamma+60^\circ$$

同理可得平差值 $\hat{\beta}$，$\hat{\gamma}$ 与观测值 α，β，γ 的函数关系式：

$$\begin{bmatrix}\hat{\alpha}\\ \hat{\beta}\\ \hat{\gamma}\end{bmatrix}=\frac{1}{3}\begin{bmatrix}2 & -1 & -1\\ -1 & 2 & -1\\ -1 & -1 & 2\end{bmatrix}\begin{bmatrix}\alpha\\ \beta\\ \gamma\end{bmatrix}+\begin{bmatrix}60^\circ\\ 60^\circ\\ 60^\circ\end{bmatrix}$$

已知 α，β，γ 同精度且相互独立，先组成这三个观测角的方差阵，并根据误差传播律，有

$$\begin{bmatrix}\sigma_{\hat{\alpha}}^2 & \sigma_{\hat{\alpha}\hat{\beta}} & \sigma_{\hat{\alpha}\hat{\gamma}}\\ \sigma_{\hat{\alpha}\hat{\beta}} & \sigma_{\hat{\beta}}^2 & \sigma_{\hat{\beta}\hat{\gamma}}\\ \sigma_{\hat{\alpha}\hat{\gamma}} & \sigma_{\hat{\beta}\hat{\gamma}} & \sigma_{\hat{\gamma}}^2\end{bmatrix}=\frac{1}{3}\begin{bmatrix}2 & -1 & -1\\ -1 & 2 & -1\\ -1 & -1 & 2\end{bmatrix}\cdot\begin{bmatrix}\sigma^2 & 0 & 0\\ 0 & \sigma^2 & 0\\ 0 & 0 & \sigma^2\end{bmatrix}\cdot\frac{1}{3}\begin{bmatrix}2 & -1 & -1\\ -1 & 2 & -1\\ -1 & -1 & 2\end{bmatrix}$$

$$=\frac{\sigma^2}{3}\begin{bmatrix}2 & -1 & -1\\ -1 & 2 & -1\\ -1 & -1 & 2\end{bmatrix}$$

可得 $\sigma_{\hat{\alpha}}^2=\sigma_{\hat{\beta}}^2=\sigma_{\hat{\gamma}}^2=\dfrac{2}{3}\sigma^2$。

使用协方差传播律的方法：首先，建立函数与自变量间的线性函数表达式（非线性函数应进行线性化），并表达成系数阵 $\boldsymbol{A}$ 与自变量向量 $\boldsymbol{X}$ 的乘积形式；其次，根据已知条件构造自变量向量 $\boldsymbol{X}$ 的协方差阵 $\boldsymbol{D}_{XX}$，根据自变量间是否相关来确定协方差阵 $\boldsymbol{D}_{XX}$ 是否为对角阵；最后，运用协方差传播律，求出函数的自协方差阵或互协方差阵。

3.2.5 非线性函数的线性化

在表述协方差传播律的式(3-2-12)—式(3-2-14)中可以看出，该传播律只适用于线性函数。对于在现实应用中大量存在的非线性函数而言，在使用协方差传播律之前，需要对函数表达式进行线性化处理。

设有随机变量 X 的单变量非线性函数 $f(X)$，如果 $f(X)$ 满足条件：在 X 的近似值 X^0 的某邻域 $|X-X^0|<\delta$ 内有定义，在点 X^0 处有 n 阶连续导数 $f^{(n)}(X^0)$ 存在，那么 $f(X)$ 在点 X^0 的邻域内可用泰勒公式展开为

$$
\begin{aligned}
f(X)&=f(X^0)+\frac{f'(X^0)}{1!}(X-X^0)+\frac{f''(X^0)}{2!}(X-X^0)^2+\cdots+\frac{f^{(n)}(X^0)}{n!}(X-X^0)^n+\cdots\\
&=f(X^0)+\frac{f'(X^0)}{1!}\mathrm{d}X+\frac{f''(X^0)}{2!}\mathrm{d}X^2+\cdots+\frac{f^{(n)}(X^0)}{n!}\mathrm{d}X^n+\cdots
\end{aligned}
$$

式中，$f^{(n)}(X^0)$ 为 $f(X)$ 对 X 求 n 次导数后，再用 X^0 替换 X 的值，即 $f^{(n)}(X^0)$ 是一个常数。

泰勒一次项线性展开，就是只取泰勒公式展开式的第一项（常数项）和第二项（X 的一次项）来近似表达 $f(X)$。这种表达方法的前提条件是 X^0 很接近 X，即差值（$\mathrm{d}X=X-X^0$）很小，后面的高次项可忽略。

以上 $f(X)$ 为单变量非线性函数。现有多变量（多元）非线性函数：

$$
Z=f(X_1,\ X_2,\ \cdots,\ X_n) \tag{3-2-15}
$$

将函数 Z 在其自变量 X_1, X_2, …, X_n 的近似值 X_1^0, X_2^0, …, X_n^0 处进行泰勒公式线性展开：

$$
\begin{aligned}
Z&=f(X_1,\ X_2,\ \cdots,\ X_n)=f(X_1^0,\ X_2^0,\ \cdots,\ X_n^0)+\left(\frac{\partial f}{\partial X_1}\right)_{X=X^0}(X_1-X_1^0)+\\
&\quad\left(\frac{\partial f}{\partial X_2}\right)_{X=X^0}(X_2-X_2^0)+\cdots+\left(\frac{\partial f}{\partial X_n}\right)_{X=X^0}(X_n-X_n^0)+\text{二次及二次以上项}\\
&=f^0+\left(\frac{\partial f}{\partial X_1}\right)_{X=X^0}\mathrm{d}X_1+\left(\frac{\partial f}{\partial X_2}\right)_{X=X^0}\mathrm{d}X_2+\cdots+\left(\frac{\partial f}{\partial X_n}\right)_{X=X^0}\mathrm{d}X_n+\text{二次及二次以上项}
\end{aligned}
$$

式中，$\left(\dfrac{\partial f}{\partial X_i}\right)_{X=X^0}$ 是函数对各个自变量求一阶偏导数后，再将近似值 X_1^0, X_2^0, …, X_n^0 代入后计算得到的系数值。当 $\mathrm{d}X_i$ 很小时，二次以及二次以上高次项可忽略不计。

设

$$
\begin{aligned}
\mathrm{d}\boldsymbol{X}&=[X_1-X_1^0\quad X_2-X_2^0\quad \cdots\quad X_n-X_n^0]^{\mathrm{T}}\\
&=[\mathrm{d}X_1\quad \mathrm{d}X_2\quad \cdots\quad \mathrm{d}X_n]^{\mathrm{T}}
\end{aligned} \tag{3-2-16}
$$

$$\boldsymbol{A}=\left[\left(\frac{\partial f}{\partial X_1}\right)_{X=X^0}\quad\left(\frac{\partial f}{\partial X_2}\right)_{X=X^0}\quad\cdots\quad\left(\frac{\partial f}{\partial X_n}\right)_{X=X^0}\right] \tag{3-2-17}$$

则式(3－2－15)变为

$$Z=f(X_1,\ X_2,\ \cdots,\ X_n)=f^0+\boldsymbol{A}\mathrm{d}\boldsymbol{X} \tag{3-2-18}$$

式(3－2－18)即为多元非线性函数 Z 经过泰勒公式展开并取其一次项后的线性化结果。

也可以在自变量近似值 $X_1^0,\ X_2^0,\ \cdots,\ X_n^0$ 处对函数 Z 求全微分，其系数阵 $\boldsymbol{A}$ 的计算方法参考式(3－2－17)，有

$$\mathrm{d}Z=\boldsymbol{A}\mathrm{d}\boldsymbol{X} \tag{3-2-19}$$

比较式(3－2－18)和式(3－2－19)，有 $\mathrm{d}Z=Z-f^0$，其中 f^0 为常数，且原有 $\mathrm{d}\boldsymbol{X}=\boldsymbol{X}-\boldsymbol{X}^0$，$\boldsymbol{X}^0$ 为常数向量，所以，根据 3.1.2 节方差特性(1)和(4)，有

$$D_{\mathrm{d}Z\mathrm{d}Z}=D_{ZZ},\ D_{\mathrm{d}X\mathrm{d}X}=D_{XX} \tag{3-2-20}$$

将协方差传播律用于式(3－2－18)或式(3－2－19)，并考虑式(3－2－20)，有

$$D_{ZZ}=D_{\mathrm{d}Z\mathrm{d}Z}=\boldsymbol{A}D_{\mathrm{d}X\mathrm{d}X}\boldsymbol{A}^{\mathrm{T}}=\boldsymbol{A}D_{XX}\boldsymbol{A}^{\mathrm{T}} \tag{3-2-21}$$

所以，非线性函数使用协方差传播律的过程如下：将非线性函数 Z 用泰勒公式线性展开，得到线性形式［式(3－2－18)］，或者求非线性函数 Z 的全微分，得到线性形式［式(3－2－19)］，然后根据协方差传播律，得到函数 Z 的方差 D_{ZZ}。

说明：若只求函数精度，常采用全微分方法进行函数的线性化，因为若用泰勒公式线性展开，其常数项 f^0 在精度计算中并不起作用。

［例 3－7］ 已知观测值向量 $\boldsymbol{L}=[L_1\quad L_2\quad L_3]^{\mathrm{T}}$ 的方差-协方差阵为

$$\boldsymbol{D}_{LL}=\begin{bmatrix}6&0&-2\\0&4&0\\-2&0&2\end{bmatrix}$$

求 $\boldsymbol{L}$ 的函数 $F=L_1^2+\sqrt{L_3}$ 在 $L_1=2,\ L_3=4$ 时的方差 D_{FF}。

解 先对函数 F 求全微分，将其化为线性形式：

$$\mathrm{d}F=2L_1\mathrm{d}L_1+\frac{1}{2}L_3^{-\frac{1}{2}}\mathrm{d}L_3=4\mathrm{d}L_1+\frac{1}{4}\mathrm{d}L_3=\begin{bmatrix}4&0&\frac{1}{4}\end{bmatrix}\begin{bmatrix}\mathrm{d}L_1\\\mathrm{d}L_2\\\mathrm{d}L_3\end{bmatrix}$$

按协方差传播律，得

$$D_{FF}=\begin{bmatrix}4&0&\frac{1}{4}\end{bmatrix}\begin{bmatrix}6&0&-2\\0&4&0\\-2&0&2\end{bmatrix}\begin{bmatrix}4\\0\\\frac{1}{4}\end{bmatrix}=92\frac{1}{8}=\sigma_F^2$$

［例 3－8］ 在三角高程测量中，水平距离及高差的计算式分别为 $s=D\cos\alpha,\ h=D\sin\alpha$。

现有独立观测值及其中误差分别为 $D=128.374\ \mathrm{m}\pm2.0\ \mathrm{cm}$，$\alpha=32°12'26.7''\pm10.2''$，求函数的中误差 σ_s，σ_h 及它们之间的协方差 σ_{sh}。

解 先将函数式 $s=D\cos\alpha$，$h=D\sin\alpha$ 全微分，得

$$\mathrm{d}s=\cos\alpha\mathrm{d}D-\frac{D\sin\alpha}{\rho''}\mathrm{d}\alpha$$

$$\mathrm{d}h=\sin\alpha\mathrm{d}D+\frac{D\cos\alpha}{\rho''}\mathrm{d}\alpha$$

式中，$\rho''=206\,265''$，是一个弧度化为以"秒"为单位时的角度值。当 $\mathrm{d}\alpha$ 以"秒"为单位时，应除以 ρ'' 以消除"秒"的单位。以"$\mathrm{d}s$"的表达式为例，当除以 ρ'' 后，"$-\frac{D\sin\alpha}{\rho''}\mathrm{d}\alpha$"这一项的单位就变为长度单位，与前面两项"$\mathrm{d}s$"和"$\cos\alpha\mathrm{d}D$"的单位就统一了。若 $\mathrm{d}\alpha$ 以弧度为单位，则微分式中 $\mathrm{d}\alpha$ 不必除以 ρ''，但后面使用到角度中误差 $\sigma_\alpha=10.2''$ 时，应将其化成弧度再使用。

将 $\mathrm{d}s$ 和 $\mathrm{d}h$ 的表达式整理成矩阵形式，并将观测值作为近似值代入计算，得

$$\begin{bmatrix}\mathrm{d}s\\\mathrm{d}h\end{bmatrix}=\begin{bmatrix}\cos\alpha & -\frac{D\sin\alpha}{\rho''}\\\sin\alpha & \frac{D\cos\alpha}{\rho''}\end{bmatrix}\begin{bmatrix}\mathrm{d}D\\\mathrm{d}\alpha\end{bmatrix}=\begin{bmatrix}0.846\,1 & -0.033\,2\\0.533\,0 & 0.052\,7\end{bmatrix}\begin{bmatrix}\mathrm{d}D\\\mathrm{d}\alpha\end{bmatrix}$$

参考式(3-2-21)，得

$$\begin{bmatrix}\sigma_s^2 & \sigma_{sh}\\\sigma_{sh} & \sigma_h^2\end{bmatrix}=\begin{bmatrix}\cos\alpha & -\frac{D\sin\alpha}{\rho''}\\\sin\alpha & \frac{D\cos\alpha}{\rho''}\end{bmatrix}\begin{bmatrix}\sigma_D^2 & 0\\0 & \sigma_\alpha^2\end{bmatrix}\begin{bmatrix}\cos\alpha & \sin\alpha\\-\frac{D\sin\alpha}{\rho''} & \frac{D\cos\alpha}{\rho''}\end{bmatrix}$$

$$=\begin{bmatrix}2.977\,5 & 1.621\,6\\1.621\,6 & 1.425\,3\end{bmatrix}\mathrm{cm}^2$$

得结果：$\sigma_s=\sqrt{2.977\,5}=1.73\ \mathrm{cm}$，$\sigma_h=\sqrt{1.425\,3}=1.19\ \mathrm{cm}$，$\sigma_{sh}=1.62\ \mathrm{cm}^2$。

［**例3-9**］ 如图3-2所示支导线，其中，A，B 为已知点，C 为待定点，α_0 为已知方位角，β 为观测角，其方差 $\sigma_\beta^2=5('')^2$，观测边长 $s=650.65\ \mathrm{m}$，其方差 $\sigma_s^2=1.2\ \mathrm{cm}^2$，观测值 β，s 相互独立。试求 C 点的点位中误差 σ_C。

解 (1) 由图可知，C 点坐标为

$$x_C=x_B+s\cos\alpha$$

$$y_C=y_B+s\sin\alpha$$

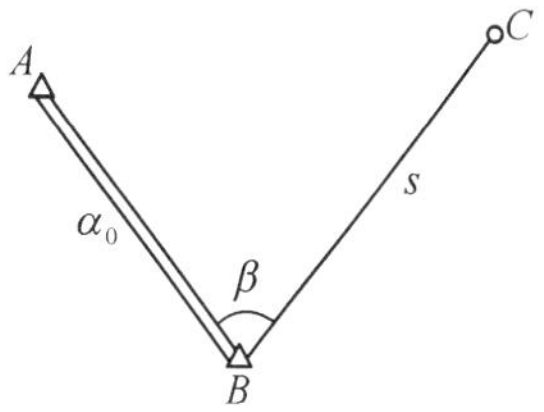

图3-2

式中，$\alpha=\alpha_0+\beta-180°$，$\alpha_0$ 为常数，所以

$$\sigma_\alpha^2=\sigma_\beta^2$$

(2) 对 x_C，y_C 全微分，得

$$\mathrm{d}x_C=\cos\alpha\mathrm{d}s-\frac{s}{\rho''}\sin\alpha\mathrm{d}\alpha=\cos\alpha\mathrm{d}s-\frac{s}{\rho''}\sin\alpha\mathrm{d}\beta$$

$$\mathrm{d}y_C=\sin\alpha\mathrm{d}s+\frac{s}{\rho''}\cos\alpha\mathrm{d}\alpha=\sin\alpha\mathrm{d}s+\frac{s}{\rho''}\cos\alpha\mathrm{d}\beta$$

(3) 由题意知，观测值 s，β 相互独立，即

$$\begin{bmatrix} \sigma_s^2 & 0 \\ 0 & \sigma_\beta^2 \end{bmatrix} = \begin{bmatrix} 1.2 & 0 \\ 0 & 5.0 \end{bmatrix}$$

根据误差传播律，得

$$\sigma_{x_C}^2 = \cos^2\alpha\sigma_s^2 + \left(\frac{s}{\rho''}\right)^2 \sin^2\alpha\sigma_\beta^2$$

$$\sigma_{y_C}^2 = \sin^2\alpha\sigma_s^2 + \left(\frac{s}{\rho''}\right)^2 \cos^2\alpha\sigma_\beta^2$$

(4) 计算 C 点点位中误差

$$\begin{aligned}\sigma_C^2 &= \sigma_{x_C}^2 + \sigma_{y_C}^2 = (\cos^2\alpha + \sin^2\alpha)\sigma_s^2 + \left(\frac{s}{\rho''}\right)^2 (\sin^2\alpha + \cos^2\alpha)\sigma_\beta^2 \\ &= \sigma_s^2 + \left(\frac{s}{\rho''}\right)^2 \sigma_\beta^2 = \sigma_{纵}^2 + \sigma_{横}^2\end{aligned}$$

式中，$\sigma_{x_C}^2$，$\sigma_{y_C}^2$ 分别为 C 点点位方差在 X 轴，Y 轴方向上的方差分量；$\sigma_{纵}^2$，$\sigma_{横}^2$ 分别为 C 点点位方差在图 3-2 中沿 BC 方向和垂直于 BC 方向上的方差分量。从上式可见，$\sigma_C^2 = \sigma_{x_C}^2 + \sigma_{y_C}^2 = \sigma_{纵}^2 + \sigma_{横}^2$，即点位方差等于两个垂直方向的方差分量之和。

将已知数据代入，得

$$\sigma_C^2 = 1.2\ \text{cm}^2 + \frac{(650.65 \times 100\ \text{cm})^2}{(206\ 265'')^2} \times 5('')^2 = 1.70\ \text{cm}^2$$

而 C 点的点位中误差为

$$\sigma_C = 1.3\ \text{cm}$$

线性化计算时应注意：

(1) 有些函数先取对数再求全微分较为方便；

(2) 全微分式中每一项的单位应相同，如果函数式中既有边又有角，需要特别注意单位的统一。

［**例 3-10**］ 设对某量等精度独立观测了 N 次，得观测值 L_1，L_2，…，L_N，每次观测中误差均为 σ，求 N 个观测值的算术平均值的中误差。

解 算术平均值 $\bar{x}$ 与观测值的函数关系为

$$\bar{x} = \frac{1}{N}\sum L_i = \frac{1}{N}L_1 + \frac{1}{N}L_2 + \cdots + \frac{1}{N}L_N \tag{1}$$

应用误差传播律得

$$\sigma_{\bar{x}}^2 = \left(\frac{1}{N}\right)^2\sigma^2 + \left(\frac{1}{N}\right)^2\sigma^2 + \cdots + \left(\frac{1}{N}\right)^2\sigma^2 = \frac{1}{N}\sigma^2 \tag{2}$$

因此，算术平均值中误差与单次观测中误差的关系为

$$\sigma_{\bar{x}} = \frac{\sigma}{\sqrt{N}} \tag{3}$$

可见,算术平均值的精度高于单次观测值的精度。所以要提高观测精度,多观测几次并取平均值,是一个不错的方法。但在实际工作中,在 σ 不变的情况下,如取 $\sigma=1$, 根据式(3)给出了 $\sigma_{\bar{x}}$ 与观测次数 N 的关系曲线(图 3-3)。从图中可以看出,N 增大时,$\sigma_{\bar{x}}$ 刚开始减小得很快,但当观测次数达到一定的数目(如 15 次)后,再增加观测次数,精度提高的速度就变得很慢了。所以,测量工作要从改善观测方法、提高仪器精度及适当地增加观测次数等方面入手,达到改善算术平均值精度的目的。

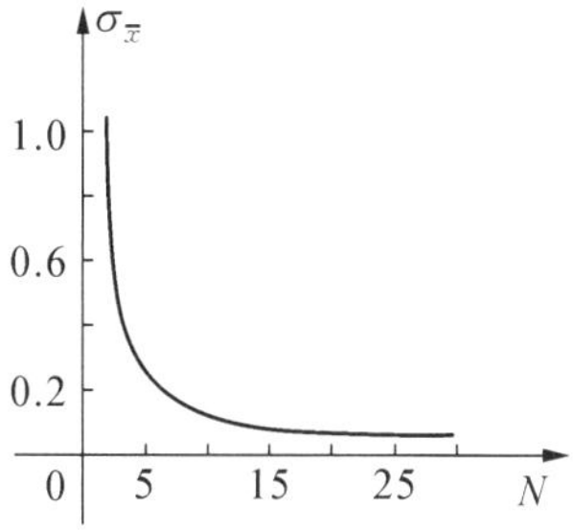

图 3-3

3.3 权与定权的常用方法

在第 2.2 节中,介绍了一定的观测条件对应着一定的误差分布,而一定的误差分布就对应着一个确定的精度(方差或中误差)。因此,中误差是表征精度的一个绝对数字指标。为了比较各观测值之间的精度,除了方差之外,还可以用方差之间的相对数字指标——**权**来衡量观测值之间的精度高低。

3.3.1 权的定义

设有一组不同精度的观测值 L_i,其对应的中误差为 $\sigma_i(i=1, 2, \cdots, n)$,任意选定一个大于零的常数 σ_0,定义权为

$$p_i=\frac{\sigma_0^2}{\sigma_i^2} \tag{3-3-1}$$

称 p_i 为观测值 L_i 的权。对一组已知中误差的观测值而言,若选定一个 σ_0 值,就有一组权与之对应。

各观测值之间权的比例关系为

$$p_1:p_2:\cdots:p_n=\frac{\sigma_0^2}{\sigma_1^2}:\frac{\sigma_0^2}{\sigma_2^2}:\cdots:\frac{\sigma_0^2}{\sigma_n^2}=\frac{1}{\sigma_1^2}:\frac{1}{\sigma_2^2}:\cdots:\frac{1}{\sigma_n^2} \tag{3-3-2}$$

可见,权与权之间的比例关系是不变的,由各观测值的方差决定。

如图 3-4 所示的水准网,A, B, C 为已知点,P 为待定点,观测高差值为 h_1, h_2, h_3,观测水准路线长为 $s_1=2\ \text{km}$, $s_2=6\ \text{km}$, $s_3=3\ \text{km}$。一般而言,同一水准网中每公里高差观测值的精度相等,设为 σ_{km}^2,根据误差传播定律,得到三个高差观测值的方差:

$$\sigma_1^2=s_1\sigma_{\text{km}}^2=2\sigma_{\text{km}}^2$$
$$\sigma_2^2=s_2\sigma_{\text{km}}^2=6\sigma_{\text{km}}^2$$
$$\sigma_3^2=s_3\sigma_{\text{km}}^2=3\sigma_{\text{km}}^2$$

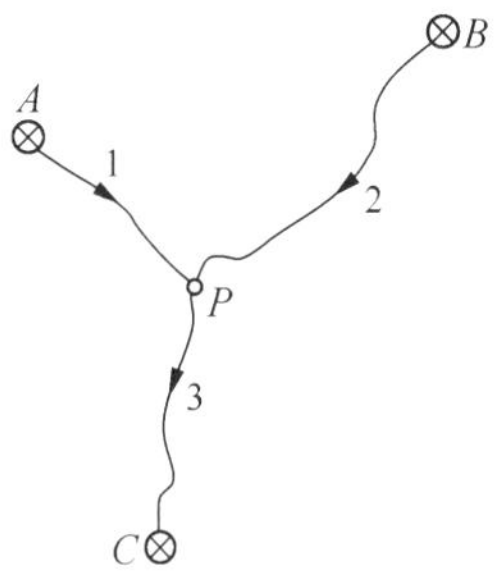

图 3-4

现设 $\sigma_0^2=\sigma_1^2$,则三个观测值的权分别为

$$p_1=1,\ p_2=\frac{2}{6}\doteq 0.33,\ p_3=\frac{2}{3}\doteq 0.67$$

通过该例可以看出“权”的优越性：此题中并不知道每公里观测高差中误差 σ_{km} 的具体值，但可以根据各条水准路线的长度知道其对应的高差观测值权的大小，这样，同样可以反映出观测值间精度的情况。

观测值权的特点：

(1) 权与中误差(或方差)均是衡量观测值精度的指标，但中误差是绝对性指标，权是相对性指标。

(2) 权与方差成反比，观测值的中误差越小，其权越大，表示该观测值越可靠，精度越高；另外，某观测值的权越大，其在平差过程中的影响力越大。

(3) 权的大小随 σ_0 的不同而不同，但权之间的比例关系不变。

(4) 在同一个平差问题中，只能选定一个 σ_0，否则就破坏了权之间的比例关系。

(5) 只要事先给出一定的条件，并不一定要知道观测值的具体精度，就可以确定出观测值的权。

(6) 当一组观测值的精度相等时，既可以称这组观测值为**等精度观测值**，也可以称它们是**等权观测值**。等权观测值的权通常假设为 $p_i=1(i=1, 2, \cdots, n)$。

3.3.2 单位权中误差

综上所述，σ_0 是一个任选值，起到一个比例常数的作用，但 σ_0 一经选定，它还有着具体的含义。当 $\sigma_0=\sigma_i$ 时，由权的定义式(3-3-1)可知，第 i 个观测值的权为 1，即 $p_i=1$，所以定义：将权等于 1 的观测值称为**单位权观测值**；将权等于 1 的观测值的方差称为**单位权方差**，即 σ_0^2 是单位权方差，也称为**方差因子**；权等于 1 的观测值的中误差 σ_0 称为**单位权中误差**。

此外，当所选的 σ_0 与观测值中误差 σ_i 同单位时，观测值的权 p_i 是没有单位的，但当观测值中有两种或两种以上不同类型的观测元素时，权是带单位的。如以边长和角度为观测元素的平面控制网中，可令

$$\sigma_0=\sigma_\beta \tag{3-3-3}$$

即单位权中误差为测角中误差，则有

$$\begin{cases} p_\beta=\dfrac{\sigma_0^2}{\sigma_\beta^2}=1 & (\text{纯量,单位为 }1) \\[2ex] p_{s_i}=\dfrac{\sigma_0^2}{\sigma_{s_i}^2} & \left[\dfrac{('')^2}{\mathrm{cm}^2}\text{或}\dfrac{('')^2}{\mathrm{mm}^2}\right] \end{cases} \tag{3-3-4}$$

式中，p_β 为角度观测值的权；p_{s_i} 为第 i 条边长观测值的权。

3.3.3 测量常用的定权方法

1. 同精度观测值的算术平均值的权

根据误差传播律，得到 N 个同精度独立观测值(设方差均为 σ^2)的算术平均值 $\bar{x}$ 的方差为

$$\sigma_{\bar{x}}^2=\left(\frac{1}{N}\right)^2\sigma^2+\left(\frac{1}{N}\right)^2\sigma^2+\cdots+\left(\frac{1}{N}\right)^2\sigma^2=\frac{1}{N}\sigma^2 \tag{3-3-5}$$

如果取 σ^2 为单位权方差，考虑式(3-3-1)，有

$$\sigma_{\bar{x}}^2 = \frac{\sigma_0^2}{p_{\bar{x}}} = \frac{\sigma^2}{p_{\bar{x}}} \tag{3-3-6}$$

将式(3－3－6)代入式(3－3－5),得算术平均值的权为

$$p_{\bar{x}} = N \tag{3-3-7}$$

说明算术平均值的权与观测次数成正比。

2. 不同精度观测值加权平均值的权

设有一组独立观测值 L_1, L_2, …, L_n,每一个观测值的权为 p_i,方差为 σ_i^2,观测值的加权平均值为

$$x = \frac{p_1L_1 + p_2L_2 + \cdots + p_nL_n}{p_1 + p_2 + \cdots + p_n} = \frac{p_1}{[p]}L_1 + \frac{p_2}{[p]}L_2 + \cdots + \frac{p_n}{[p]}L_n \tag{3-3-8}$$

由误差传播律,有

$$\sigma_x^2 = \left(\frac{p_1}{[p]}\right)^2\sigma_1^2 + \left(\frac{p_2}{[p]}\right)^2\sigma_2^2 + \cdots + \left(\frac{p_n}{[p]}\right)^2\sigma_n^2 \tag{3-3-9}$$

考虑到 $\sigma_i^2 = \frac{\sigma_0^2}{p_i}$,将其代入式(3－3－9),并在等号两边约去 σ_0^2,有

$$\begin{aligned}\frac{1}{p_x} &= \left(\frac{p_1}{[p]}\right)^2\frac{1}{p_1} + \left(\frac{p_2}{[p]}\right)^2\frac{1}{p_2} + \cdots + \left(\frac{p_n}{[p]}\right)^2\frac{1}{p_n}\\ &= \frac{p_1}{[p]^2} + \frac{p_2}{[p]^2} + \cdots + \frac{p_n}{[p]^2} = \frac{1}{[p]}\end{aligned} \tag{3-3-10}$$

即有

$$p_x = [p] = \sum p_i \tag{3-3-11}$$

即不等精度观测值加权平均值的权等于观测值的权之和。

3. 权在水准测量中的应用

(1) 水准测量中,设每站高差观测值独立且等精度,每站高差中误差都是 $\sigma_{站}$。

设某段水准路线的总高差为

$$h = h_1 + h_2 + \cdots + h_n \tag{3-3-12}$$

式中,n 为测站数;h_i 为第 i 站高差观测值(i=1, 2, …, n)。

根据误差传播律,n 站所测的总高差的方差为

$$\sigma_h^2 = n\sigma_{站}^2 \tag{3-3-13}$$

现设 c 站高差观测值的方差为单位权方差,即

$$\sigma_0^2 = c\sigma_{站}^2 \tag{3-3-14}$$

则总高差的权为

$$p_h = \frac{\sigma_0^2}{\sigma_h^2} = \frac{c\sigma_{站}^2}{n\sigma_{站}^2} = \frac{c}{n} \tag{3-3-15}$$

说明**水准测量高差观测值的权与测站数成反比**。即测站数越多，该条水准路线高差观测值的精度越低，其权也越小。

(2) 水准测量中，设每公里水准路线长的高差观测值独立且等精度，每公里高差中误差均为 σ_{km}。

设水准路线长 s km，且 s km 的高差观测值为 h，则有

$$\sigma_h^2 = s\sigma_{\mathrm{km}}^2 \tag{3-3-16}$$

设 c km 观测高差的方差为单位权方差，即

$$\sigma_0^2 = c\sigma_{\mathrm{km}}^2 \tag{3-3-17}$$

则 s km 观测高差的权为

$$p_h = \frac{\sigma_0^2}{\sigma_h^2} = \frac{c\sigma_{\mathrm{km}}^2}{s\sigma_{\mathrm{km}}^2} = \frac{c}{s} \tag{3-3-18}$$

说明**水准测量高差观测值的权与距离成反比**。

在水准测量过程中，平坦地区每公里测站数大致相同，可用公里数定权；山区或通视条件不好要多设转点的地区，每公里测站数相差较大，应以测站数定权。

4. 权在距离测量中的应用

设单位长度(例如 1 km)距离观测值的中误差为 σ_{km}，则全长为 s km 的距离观测值的方差为

$$\sigma_s^2 = s\sigma_{\mathrm{km}}^2 \tag{3-3-19}$$

设 c km 距离观测值的方差为单位权方差，即 $\sigma_0^2 = c\sigma_{\mathrm{km}}^2$，则距离观测值的权为

$$p_s = \frac{\sigma_0^2}{\sigma_s^2} = \frac{c\sigma_{\mathrm{km}}^2}{s\sigma_{\mathrm{km}}^2} = \frac{c}{s} \tag{3-3-20}$$

可见**距离测量值的权与距离成反比**。

若距离为全站仪所测，根据全站仪仪器使用说明书上给出的标称精度及计算公式，s km 的距离观测值的方差为 $(a+b\cdot s_i)^2(\mathrm{mm}^2)$[此式在第 5 章式(5-5-12)有详细解释]，其中 a 和 b 分别为测距的固定误差和比例误差。若取单位权方差 $\sigma_0^2 = c\sigma_{\mathrm{km}}^2(\mathrm{mm}^2)$，则全站仪距离观测值的权为

$$p_{s_i} = \frac{\sigma_0^2}{\sigma_{s_i}^2} = \frac{c\sigma_{\mathrm{km}}^2}{(a+b\cdot s_i)^2} \tag{3-3-21}$$

5. 角度权的定义

在角度测量中，由于误差主要来源于组成角度的两个方向观测值的误差，而与角度值的大小无关，因此，可认为角度观测值是等精度且相互独立的。通常设角度观测值的权阵是单位阵。

有时为了使平差的结果更严密，测角网平差时会将角度测量的相关权阵代入平差。角度相关权阵的内容，将在第 6.5.3 节中介绍。

以上几种定权方法的特点是：它们都以权的定义式为依据，即权与观测值的方差成反比。在实际定权时，有时并不一定知道各观测值方差的具体数值，只要知道测站数、公里数等就可以定权了。只是在使用这些方法定权时，必须注意前提条件，例如，用测站数定高差观

测值的权时，必须满足“每站高差观测值的精度相等”这一前提条件。

权的定义式(3－3－1)不仅适用于计算观测值的权，也适用于计算观测值函数的权。这在本节推导定权公式时，已经多次使用。式(3－3－1)还可写成以下形式：

$$\sigma_i = \sigma_0\sqrt{\frac{1}{p_i}} \tag{3-3-22}$$

当 p_i 为函数的权时，σ_i 就是该函数的中误差，两者是一一对应的。

3.4 协因数阵及其传播

从 3.3 节可知，权是衡量观测值之间精度高低的一个数字特征，也可以用权来比较观测值函数间的精度。因此，同协方差传播律一样，也存在着根据观测值的协因数来求函数协因数的问题。

本节从式(3－3－22)出发，并推广其含义，给出协因数阵的定义，在此基础上再导出观测值函数的协因数阵传播的一般公式，即协因数阵传播律。

3.4.1 协因数与协因数阵

设单位权方差(方差因子)为 σ_0^2，按式(3－3－22)可得观测值 L_i，L_j 的**协因数**(或称**权倒数**)分别为

$$\left.\begin{aligned} Q_{ii} &= \frac{1}{p_i} = \frac{\sigma_i^2}{\sigma_0^2} \\ Q_{jj} &= \frac{1}{p_j} = \frac{\sigma_j^2}{\sigma_0^2} \end{aligned}\right\} \tag{3-4-1}$$

类似地，L_i 关于 L_j 的协因数(或称**相关权倒数**)为

$$Q_{ij} = \frac{\sigma_{ij}}{\sigma_0^2} \tag{3-4-2}$$

式(3－4－1)和式(3－4－2)也可写为

$$\left.\begin{aligned} \sigma_i^2 &= \sigma_0^2 Q_{ii} \\ \sigma_j^2 &= \sigma_0^2 Q_{jj} \\ \sigma_{ij} &= \sigma_0^2 Q_{ij} \end{aligned}\right\} \tag{3-4-3}$$

由式(3－4－1)可知，观测值的协因数 Q_{ii} 是观测值 L_i 的权 p_i 的倒数，所以也称 Q_{ii} 为权倒数，且 Q_{ii} 与 L_i 的方差 σ_i^2 成正比，而协因数 Q_{ij} 与协方差 σ_{ij} 成正比。容易理解，协因数 Q_{ii}，Q_{jj} 与权 p_i，p_j 有类似的作用，它们也是比较观测值精度高低的一种指标，而协因数 Q_{ij} 是比较观测值之间相关程度的一种指标。将式(3－4－3)中的各元素代入式(3－2－4)，得方差-协方差阵及其协因数阵的关系式：

$$\boldsymbol{D}_{XX} = \begin{bmatrix} \sigma_1^2 & \sigma_{12} & \cdots & \sigma_{1n} \\ \sigma_{21} & \sigma_2^2 & \cdots & \sigma_{2n} \\ \vdots & \vdots & & \vdots \\ \sigma_{n1} & \sigma_{n2} & \cdots & \sigma_n^2 \end{bmatrix} = \sigma_0^2 \begin{bmatrix} Q_{11} & Q_{12} & \cdots & Q_{1n} \\ Q_{21} & Q_{22} & \cdots & Q_{2n} \\ \vdots & \vdots & & \vdots \\ Q_{n1} & Q_{n2} & \cdots & Q_{nn} \end{bmatrix} \tag{3-4-4}$$

令

$$\underset{n\times n}{\boldsymbol{Q}_{XX}}=\begin{bmatrix}Q_{11} & Q_{12} & \cdots & Q_{1n}\\ Q_{21} & Q_{22} & \cdots & Q_{2n}\\ \vdots & \vdots & & \vdots\\ Q_{n1} & Q_{n2} & \cdots & Q_{nn}\end{bmatrix}\tag{3-4-5}$$

则式(3-4-4)可写成

$$\boldsymbol{D}_{XX}=\sigma_0^2\boldsymbol{Q}_{XX}\tag{3-4-6}$$

$\underset{n\times n}{\boldsymbol{Q}_{XX}}$就称为观测向量 $\underset{n\times 1}{\boldsymbol{X}}$ 的**协因数阵**,也称为**权逆阵**,其对角线上的主元为各观测量 X_i 的协因数(权倒数),非主元为各两两观测量之间的协因数(相关权倒数)。由于两个观测量之间的协方差存在 $\sigma_{ij}=\sigma_{ji}(i\neq j)$ 关系,所以,协因数也存在着 $Q_{ij}=Q_{ji}(i\neq j)$ 的关系。

若另有观测向量 $\underset{t\times 1}{\boldsymbol{Y}}$,参照式(3-4-6),也有

$$\boldsymbol{D}_{YY}=\sigma_0^2\boldsymbol{Q}_{YY}\tag{3-4-7}$$

将式(3-4-3)中第三式代入互协方差阵式(3-2-10),可得观测向量 $\boldsymbol{X}$ 关于观测向量 $\boldsymbol{Y}$ 的**互协因数阵**$\boldsymbol{Q}_{XY}$,即

$$\underset{n\times t}{\boldsymbol{D}_{XY}}=\begin{bmatrix}\sigma_{x_1y_1} & \sigma_{x_1y_2} & \cdots & \sigma_{x_1y_t}\\ \sigma_{x_2y_1} & \sigma_{x_2y_2} & \cdots & \sigma_{x_2y_t}\\ \vdots & \vdots & & \vdots\\ \sigma_{x_ny_1} & \sigma_{x_ny_2} & \cdots & \sigma_{x_ny_t}\end{bmatrix}=\sigma_0^2\begin{bmatrix}Q_{x_1y_1} & Q_{x_1y_2} & \cdots & Q_{x_1y_t}\\ Q_{x_2y_1} & Q_{x_2y_2} & \cdots & Q_{x_2y_t}\\ \vdots & \vdots & & \vdots\\ Q_{x_ny_1} & Q_{x_ny_2} & \cdots & Q_{x_ny_t}\end{bmatrix}=\sigma_0^2\underset{n\times t}{\boldsymbol{Q}_{XY}}$$

即

$$\boldsymbol{D}_{XY}=\sigma_0^2\boldsymbol{Q}_{XY}\tag{3-4-8}$$

可见互协因数阵 $\boldsymbol{Q}_{XY}$中的各元素就是 X_i 关于 Y_j 的协因数,其中,$i=1, 2, \cdots, n$; $j=1, 2, \cdots, t$。

由式(3-4-6)、式(3-4-8)得出结论,**协方差阵等于单位权方差(方差因子)与协因数阵的乘积**。

与互协方差阵类似,互协因数阵 $\boldsymbol{Q}_{XY}$也有以下性质:

$$\boldsymbol{Q}_{XY}=\boldsymbol{Q}_{YX}^{\mathrm{T}}\text{ 或 }\boldsymbol{Q}_{YX}=\boldsymbol{Q}_{XY}^{\mathrm{T}}\tag{3-4-9}$$

当 $\boldsymbol{Q}_{XY}=\boldsymbol{0}$ 或 $\boldsymbol{Q}_{YX}=\boldsymbol{0}$ 时,表示 X 与 Y 互不相关。

此外,衡量两个随机变量 X, Y 之间相关程度的相关系数 ρ_{xy} 也可以用协因数的值来进行计算。参照相关系数定义式(3-1-12),有

$$\rho_{xy}=\frac{\sigma_{xy}}{\sigma_x\sigma_y}=\frac{\sigma_0^2\,Q_{xy}}{\sigma_0\sqrt{Q_{xx}}\cdot\sigma_0\sqrt{Q_{yy}}}=\frac{Q_{xy}}{\sqrt{Q_{xx}Q_{yy}}}\tag{3-4-10}$$

3.4.2 权阵

设用 $\boldsymbol{P}_{XX}$表示观测值向量 $\boldsymbol{X}$ 的**权阵**,定义

$$P_{XX} = Q_{XX}^{-1} \tag{3-4-11}$$

$$P_{XX}Q_{XX} = Q_{XX}P_{XX} = I \tag{3-4-12}$$

即**权阵与协因数阵(权逆阵)互为逆阵**。

［**例 3-11**］ 设有两两独立的不等权观测值 $X_i(i=1, 2, \cdots, n)$ 组成的观测值向量 $\underset{n\times1}{\boldsymbol{X}}$，单位权方差为 σ_0^2。试写出观测向量 $\boldsymbol{X}$ 的协因数阵 $\boldsymbol{Q}_{XX}$、方差-协方差阵 $\boldsymbol{D}_{XX}$ 及权阵 $\boldsymbol{P}_{XX}$。

解 由题意知

$$\underset{n\times1}{\boldsymbol{Q}_{XX}} = \frac{1}{\sigma_0^2}\boldsymbol{D}_{XX} = \frac{1}{\sigma_0^2}\begin{bmatrix} \sigma_1^2 & 0 & \cdots & 0 \\ 0 & \sigma_2^2 & \cdots & 0 \\ \vdots & \vdots & & \vdots \\ 0 & 0 & \cdots & \sigma_n^2 \end{bmatrix} = \begin{bmatrix} Q_{11} & 0 & \cdots & 0 \\ 0 & Q_{22} & \cdots & 0 \\ \vdots & \vdots & & \vdots \\ 0 & 0 & \cdots & Q_{nn} \end{bmatrix} = \begin{bmatrix} \frac{1}{p_1} & 0 & \cdots & 0 \\ 0 & \frac{1}{p_2} & \cdots & 0 \\ \vdots & \vdots & & \vdots \\ 0 & 0 & \cdots & \frac{1}{p_n} \end{bmatrix} = \boldsymbol{P}_{XX}^{-1}$$

由该例可以看出，对于各元素独立的观测值向量而言，其协方差阵、协因数阵和权阵均为对角阵，且各主元分别为相应观测值的方差、协因数和权。

而对于元素相关的观测值向量来说，其方差-协方差阵 $\boldsymbol{D}_{XX}$ 和协因数阵 $\boldsymbol{Q}_{XX}$ 主对角线上的各元素仍然代表各观测值 X_i 的方差和协因数，但权阵 $\boldsymbol{P}_{XX}$ 主对角线上的各元素将不再是各观测值 X_i 的权 p_i，p_i 由对应的权倒数计算得出：$p_i=Q_{ii}^{-1}$。虽然此时权阵中各个元素不再有权的意义，但是，相关观测值向量的权阵在平差计算中能代换独立观测值向量的权阵(对角阵)并参与其所涉及的所有公式，只是此时的平差称为相关平差。

3.4.3 协因数传播律

由式(3-4-6)和式(3-4-8)可知，协因数阵可由协方差阵乘以常数 σ_0^{-2} 得到，再根据协方差传播律，可以容易地得到由观测向量的协因数阵求其函数的协因数阵的计算公式，这个计算公式就称为协因数传播律。

设有两个观测值向量 $\boldsymbol{X}$ 和 $\boldsymbol{Y}$ 的线性函数为

$$\left.\begin{aligned} \underset{m\times1}{\boldsymbol{F}} &= \underset{m\times n}{\boldsymbol{A}}\ \underset{n\times1}{\boldsymbol{X}} + \underset{m\times1}{\boldsymbol{A}^0} \\ \underset{t\times1}{\boldsymbol{G}} &= \underset{t\times n}{\boldsymbol{B}}\ \underset{n\times1}{\boldsymbol{X}} + \underset{t\times1}{\boldsymbol{B}^0} \\ \underset{k\times1}{\boldsymbol{W}} &= \underset{k\times l}{\boldsymbol{C}}\ \underset{l\times1}{\boldsymbol{Y}} + \underset{k\times1}{\boldsymbol{C}^0} \end{aligned}\right\} \tag{3-4-13}$$

式中，$\boldsymbol{A}, \boldsymbol{B}, \boldsymbol{C}, \boldsymbol{A}^0, \boldsymbol{B}^0, \boldsymbol{C}^0$ 均为常数阵。

观测向量的协因数阵 $\boldsymbol{Q}_{XX}$，$\boldsymbol{Q}_{YY}$，$\boldsymbol{Q}_{XY}$ 已知，且 $\boldsymbol{Q}_{YX}=\boldsymbol{Q}_{XY}^{\mathrm{T}}$，则有**协因数传播律**：

$$\underset{m\times m}{\boldsymbol{Q}_{FF}} = \boldsymbol{A}\boldsymbol{Q}_{XX}\boldsymbol{A}^{\mathrm{T}},\ \underset{m\times t}{\boldsymbol{Q}_{FG}} = \boldsymbol{A}\boldsymbol{Q}_{XX}\boldsymbol{B}^{\mathrm{T}},\ \underset{t\times m}{\boldsymbol{Q}_{GF}} = \boldsymbol{B}\boldsymbol{Q}_{XX}\boldsymbol{A}^{\mathrm{T}},\ \underset{m\times k}{\boldsymbol{Q}_{FW}} = \boldsymbol{A}\boldsymbol{Q}_{XY}\boldsymbol{C}^{\mathrm{T}},\ \underset{k\times m}{\boldsymbol{Q}_{WF}} = \boldsymbol{C}\boldsymbol{Q}_{YX}\boldsymbol{A}^{\mathrm{T}} \tag{3-4-14}$$

协因数传播律又称为**权逆阵传播律**，因其在传播形式上与协方差传播律相同，所以协因数传播律[式(3-4-14)]与协方差传播律[式(3-2-14)]合称为**广义传播律**。

协因数传播律的证明可由协方差传播律导出。现证明式(3-4-14)中第一式，其余各式的证明可类推。

由协方差传播律式(3-2-14)的第一式,有

$$\boldsymbol{D}_{FF}=\boldsymbol{A}\boldsymbol{D}_{XX}\boldsymbol{A}^{\mathrm{T}}$$

参考协方差阵与协因数阵的关系式(3-4-6),有

$$\boldsymbol{D}_{XX}=\sigma_0^2\boldsymbol{Q}_{XX}$$

顾及以上两式,有

$$\boldsymbol{D}_{FF}=\sigma_0^2\boldsymbol{Q}_{FF}=\boldsymbol{A}(\sigma_0^2\boldsymbol{Q}_{XX})\boldsymbol{A}^{\mathrm{T}}=\sigma_0^2\boldsymbol{A}\boldsymbol{Q}_{XX}\boldsymbol{A}^{\mathrm{T}}$$

消去常数 σ_0^2,即得协因数传播律式(3-4-14)的第一式,即

$$\boldsymbol{Q}_{FF}=\boldsymbol{A}\boldsymbol{Q}_{XX}\boldsymbol{A}^{\mathrm{T}}$$

证毕。

现介绍权倒数传播律。设有非线性函数 $F=f(X_1, X_2, \cdots, X_n)$,其中 $X_1, X_2, \cdots, X_n$ 为不等权独立观测值,其对应的方差及权分别为 $\sigma_{X_1}^2, \sigma_{X_2}^2, \cdots, \sigma_{X_n}^2$ 和 $p_1, p_2, \cdots, p_n$,将函数线性化并按误差传播律,得

$$\sigma_F^2=\left(\frac{\partial f}{\partial X_1}\right)_0^2\sigma_{X_1}^2+\left(\frac{\partial f}{\partial X_2}\right)_0^2\sigma_{X_2}^2+\cdots+\left(\frac{\partial f}{\partial X_n}\right)_0^2\sigma_{X_n}^2 \tag{3-4-15}$$

考虑方差与权倒数(协因数)的关系:

$$\sigma_i^2=\sigma_0^2\cdot\frac{1}{p_i}$$

将其代入式(3-4-15),并消去常数 σ_0^2,得到**权倒数传播律**:

$$\frac{1}{p_F}=\left(\frac{\partial f}{\partial X_1}\right)_0^2\cdot\frac{1}{p_1}+\left(\frac{\partial f}{\partial X_2}\right)_0^2\cdot\frac{1}{p_2}+\cdots+\left(\frac{\partial f}{\partial X_n}\right)_0^2\cdot\frac{1}{p_n} \tag{3-4-16}$$

可见,观测值的权是以权倒数传播的形式影响其函数 F 的权倒数的。所以,权倒数传播律是协因数传播律的一种特殊情况:观测值独立时的单个函数的协因数传播律。

[**例 3-12**] 已知条件同协方差传播的[例 3-5]。在测站 A 上测得相互独立的方向观测值 L_1, L_2 和 L_3,观测值等精度(等权)。试求角度 $\alpha=[\alpha_1\quad\alpha_2]^{\mathrm{T}}$ 的协因数阵 $\boldsymbol{Q}_{\alpha\alpha}$。

解 建立函数与观测值的关系式:

$$\alpha=\begin{bmatrix}\alpha_1\\\alpha_2\end{bmatrix}=\begin{bmatrix}L_2-L_1\\L_3-L_2\end{bmatrix}=\begin{bmatrix}-1&1&0\\0&-1&1\end{bmatrix}\begin{bmatrix}L_1\\L_2\\L_3\end{bmatrix}=\boldsymbol{A}\boldsymbol{L}$$

由于观测值 L_1, L_2 和 L_3 相互独立且等权,所以观测值的协因数阵可设为

$$\boldsymbol{Q}_{LL}=\begin{bmatrix}1&0&0\\0&1&0\\0&0&1\end{bmatrix}$$

再用协因数传播律式(3-4-14),得

$$Q_{\alpha\alpha}=\begin{bmatrix}Q_{\alpha_1\alpha_1} & Q_{\alpha_1\alpha_2}\\ Q_{\alpha_1\alpha_2} & Q_{\alpha_2\alpha_2}\end{bmatrix}=\boldsymbol{A}\boldsymbol{Q}_{LL}\boldsymbol{A}^{\mathrm{T}}=\begin{bmatrix}-1 & 1 & 0\\ 0 & -1 & 1\end{bmatrix}\begin{bmatrix}1 & 0 & 0\\ 0 & 1 & 0\\ 0 & 0 & 1\end{bmatrix}\begin{bmatrix}-1 & 0\\ 1 & -1\\ 0 & 1\end{bmatrix}=\begin{bmatrix}2 & -1\\ -1 & 2\end{bmatrix}$$

式中,$Q_{\alpha_1\alpha_2}\neq 0$,结合[例 3-5]的结果,说明当一个测站上有两个以上方向观测值时,由方向观测值计算出的角度之间是相关的。

由于协因数传播律与协方差传播律的传播形式完全相同,非线性函数进行协因数传播时也应先化为线性函数后再计算,所以,协因数传播律的实现步骤将不再细述。

下面将以算例说明,相关观测值的权阵及协因数阵在应用过程中应注意的问题。

[**例 3-13**] 设有观测值向量 $\underset{3\times1}{\boldsymbol{L}}=[L_1\quad L_2\quad L_3]^{\mathrm{T}}$,其权阵为

$$\boldsymbol{P}_{LL}=\frac{1}{8}\begin{bmatrix}5 & -2 & 1\\ -2 & 4 & -2\\ 1 & -2 & 5\end{bmatrix}$$

试问:(1) $\boldsymbol{L}$ 中各观测值是否相互独立?

(2) 设 $\boldsymbol{L}'=[L_1\quad L_2]^{\mathrm{T}}$,求权阵 $\boldsymbol{P}_{L'L'}$。

(3) 设单位权方差 σ_0^2 已知,试求观测值 L_1,L_2 和 L_3 的方差。

解 (1) 判断观测值是否相互独立要看观测值之间的协方差或协因数是否为零,所以,需求出观测值向量 $\boldsymbol{L}$ 的协因数阵:

$$\boldsymbol{Q}_{LL}=\boldsymbol{P}_{LL}^{-1}=8\times\begin{bmatrix}5 & -2 & 1\\ -2 & 4 & -2\\ 1 & -2 & 5\end{bmatrix}^{-1}=\begin{bmatrix}2 & 1 & 0\\ 1 & 3 & 1\\ 0 & 1 & 2\end{bmatrix}$$

从计算结果中可看出,协因数 $Q_{L_1L_3}=0$,所以,观测值 L_1 与 L_3 相互独立。

(2) 因传播是以协因数阵(权逆阵)的形式进行的,所以**无论是分割还是聚集,都必须在协因数阵而非权阵中进行**。例如,此题求 $\boldsymbol{L}'=[L_1\quad L_2]^{\mathrm{T}}$ 的权阵时,应在总的协因数阵 $\boldsymbol{Q}_{LL}$ 中分割出 $\boldsymbol{L}'$ 这部分值的协因数阵 $\boldsymbol{Q}_{L'L'}$,再对 $\boldsymbol{Q}_{L'L'}$ 求逆得其权阵,而不能直接在总的权阵中分割出该部分观测值的权阵。从 $\boldsymbol{Q}_{LL}$ 中分割得到 $\boldsymbol{L}'$ 的协因数阵为

$$\boldsymbol{Q}_{L'L'}=\begin{bmatrix}2 & 1\\ 1 & 3\end{bmatrix}$$

则 $\boldsymbol{L}'$ 的相关权阵为

$$\boldsymbol{P}_{L'L'}=\boldsymbol{Q}_{L'L'}^{-1}=\begin{bmatrix}2 & 1\\ 1 & 3\end{bmatrix}^{-1}=\frac{1}{5}\begin{bmatrix}3 & -1\\ -1 & 2\end{bmatrix}$$

而不能由权阵直接分割得到 $\boldsymbol{L}'$ 的权阵:

$$\boldsymbol{P}_{L'L'}\neq\frac{1}{8}\begin{bmatrix}5 & -2\\ -2 & 4\end{bmatrix}$$

(3) 观测值 L_1，L_2 和 L_3 的方差为

$$\sigma_{L_1}^2=\sigma_0^2 Q_{11}=2\sigma_0^2,\ \sigma_{L_2}^2=\sigma_0^2 Q_{22}=3\sigma_0^2,\ \sigma_{L_3}^2=\sigma_0^2 Q_{33}=2\sigma_0^2$$

3.5 单位权中误差的计算

在式(3-3-1)中，当方差 σ_i^2 已知而权 p_i 未知时，可给单位权方差 σ_0^2 一个假设的值，然后进行各观测值的定权。但有时情况正好相反：观测值的权 p_i(或协因数)是已知的，此时若能确定符合实际情况的 σ_0^2 的值，就可以利用式(3-3-1)计算方差值 σ_i^2。所以，本节的重点内容是确切计算出单位权方差 σ_0^2(或单位权中误差 σ_0)的值(或估值)。

3.5.1 由真误差计算单位权中误差及观测值中误差

(1) 用等精度的观测值真误差计算单位权中误差及观测值中误差。设有 n 个等精度独立观测值 L_i(L_i 为三角形三个内角观测值之和)，$i=1, 2, \cdots, n$，且 $E(L_i)=\mu$，$D(L_i)=\sigma^2$；该观测列对应的真误差为 Δ_i，$i=1, 2, \cdots, n$，由式(2-2-9)可知，观测误差的数学期望 $E(\Delta)=0$；已知 L_i 和 Δ_i 都服从正态分布，且由式(3-1-6)可知：$D(L)=D(\Delta)$，即观测值的精度等于其观测误差的精度。所以观测值 L_i 及其误差 Δ_i 服从的分布分别为

$$\left.\begin{aligned}L_i&\sim N(\mu,\ \sigma^2)\\ \Delta_i&\sim N(0,\ \sigma^2)\end{aligned}\right\}\tag{3-5-1}$$

其中，

$$\Delta_i=\tilde{L}-L_i\tag{3-5-2}$$

式中，$\tilde{L}$ 为真值。

虽然观测误差 Δ_i 的值大小不等，但它们服从同一个分布(或者说它们构成了同一个分布)，故所有的 Δ_i 都是等精度(等权)的，都是单位权观测值，即所有 Δ_i 的中误差都是单位权中误差 σ_0，有：$\sigma_1=\sigma_2=\cdots=\sigma_n=\sigma_0$(式中 $\sigma_i=\sigma_{\Delta_i}$)。由式(2-3-9)得单位权中误差的计算公式：

$$\sigma_0=\lim_{n\to\infty}\sqrt{\frac{1}{n}[\Delta\Delta]}\tag{3-5-3}$$

式(3-5-3)就是用一组等权、独立的真误差计算单位权中误差的基本公式。式中的 Δ_i 可以是对同一个观测对象的观测真误差，也可以是对不同观测对象的观测真误差[此时观测值的分布为 $L_i\sim N(\mu_i,\ \sigma^2)$]。由式(3-5-3)得到的中误差，也是这组 Δ_i 对应的每一个观测值 L_i($i=1, 2, \cdots, n$)的中误差。此外，因为 L_i 等权独立，故 σ_0 也是 L_i 的单位权中误差，即 $\sigma_{L_1}=\sigma_{L_2}=\cdots=\sigma_{L_n}=\sigma_0$。

(2) 用不等精度的观测值真误差计算单位权中误差及观测值中误差。设有 n 个不等精度的独立观测值 L_i，$i=1, 2, \cdots, n$，其中 $E(L_i)=\mu_i$，$D(L_i)=\sigma_i^2$，L_i 对应的真误差为 Δ_i，L_i 和 Δ_i 的权都为 p_i。参照式(3-5-1)，这组观测值及其真误差服从的分布为

$$\left.\begin{aligned}L_i&\sim N(\mu_i,\ \sigma_i^2)\\ \Delta_i&\sim N(0,\ \sigma_i^2)\end{aligned}\right\}\tag{3-5-4}$$

与式(3－5－1)比较发现，每个观测值(及其真误差)的方差是不等的。方差由式(3－3－1)得出：

$$\sigma_i^2 = \frac{\sigma_0^2}{p_i} \tag{3-5-5}$$

式中，σ_0^2 为单位权方差。显然，如果 σ_0^2 及权 p_i 已知，则不难求得各观测值的方差 σ_i^2。

为了能应用方差的基本公式(3－5－3)来计算不等精度真误差 Δ_i 的单位权中误差，需要通过等价变换，将真误差 $\boldsymbol{\Delta}$ 变换成一组等精度(权为 1)且相互独立的等价真误差 $\boldsymbol{\Delta}'$。为此，令

$$\underset{n\times 1}{\boldsymbol{\Delta}'} = \underset{n\times n}{\boldsymbol{C}}\ \underset{n\times 1}{\boldsymbol{\Delta}}$$

根据协因数传播律及 $\boldsymbol{\Delta}'$ 要求满足的条件，矩阵 $\boldsymbol{C}$ 应能使下式成立：

$$\boldsymbol{Q}_{\Delta'\Delta'} = \boldsymbol{C}\boldsymbol{Q}_{\Delta\Delta}\boldsymbol{C}^{\mathrm{T}} = \boldsymbol{I}_n$$

式中，$\boldsymbol{I}_n$ 为 n 阶单位阵。

考虑到 $\boldsymbol{Q}_{\Delta\Delta} = \mathrm{diag}\left(\frac{1}{p_1}, \frac{1}{p_2}, \cdots, \frac{1}{p_n}\right)$，即 $\boldsymbol{\Delta}$ 的协因数阵为对角阵。为满足 $\boldsymbol{C}\boldsymbol{Q}_{\Delta\Delta}\boldsymbol{C}^{\mathrm{T}} = \boldsymbol{I}_n$，矩阵 $\boldsymbol{C}$ 应为

$$\boldsymbol{C} = \mathrm{diag}(\sqrt{p_1}, \sqrt{p_2}, \cdots, \sqrt{p_n})$$

所以，由 $\boldsymbol{\Delta}' = \boldsymbol{C}\boldsymbol{\Delta}$，有

$$\Delta_i' = \sqrt{p_i}\Delta_i \tag{3-5-6}$$

即当不等权的独立真误差 Δ_i 乘以其自身权的算术平方根后，就等价变换成一组等精度、独立的真误差 Δ_i'，有

$$\Delta_i' \sim N(0, \sigma_0^2)$$

所以，根据式(2－3－9)，再顾及式(3－5－6)，得到不等精度真误差的单位权中误差计算公式：

$$\sigma_0 = \lim_{n\to\infty}\sqrt{\frac{[\Delta'\Delta']}{n}} = \lim_{n\to\infty}\sqrt{\frac{[p\Delta\Delta]}{n}} \tag{3-5-7}$$

得到 σ_0 后，第 i 个观测值 L_i 或其真误差 Δ_i 的精度(中误差)为

$$\sigma_i = \sigma_0\sqrt{\frac{1}{p_i}} = \sigma_0\sqrt{Q_{ii}} \tag{3-5-8}$$

可以看出，当观测值等权，$p_i = 1$ 时，式(3－5－7)就变成了式(3－5－3)，所以，式(3－5－3)是式(3－5－7)的一种特殊情况。当观测误差个数有限时，可以求取单位权中误差的估值，参考式(2－3－10)。

3.5.2　由三角形闭合差计算测角中误差

在某些情况下，由若干个等权、独立的观测量(例如角度、长度、高差等)所构成的函数，

其真值是已知的，因而可以求出真误差，并利用式(3-5-3)计算中误差。

设在一个三角网中，以同精度观测了所有三角形的内角，第 i 个三角形的内角值为 α_i，β_i，γ_i，$i=1, 2, \cdots, n$，则三角形闭合差（真误差）为

$$w_i = 180° - (\alpha_i + \beta_i + \gamma_i) \tag{3-5-9}$$

当 n 有限时，参考式(3-5-3)可得闭合差 w 的中误差估值为

$$\hat{\sigma}_w = \sqrt{\frac{[ww]}{n}} \tag{3-5-10}$$

设每一个角度观测值的中误差都是 $\hat{\sigma}_\beta$，且各观测角之间相互独立，则由式(3-5-9)，有

$$\hat{\sigma}_w^2 = 3\hat{\sigma}_\beta^2 \tag{3-5-11}$$

将式(3-5-11)代入式(3-5-10)，得到测角中误差的估值为

$$\hat{\sigma}_\beta = \frac{1}{\sqrt{3}}\hat{\sigma}_w = \sqrt{\frac{[ww]}{3n}} \tag{3-5-12}$$

式(3-5-12)称为**菲列罗公式**。在做平面控制的三角测角网时，经常用它来初步评定测角精度是否达到控制网的等级要求。

3.5.3 由双观测值之差计算观测值中误差

设对 n 个同类量 X_1，X_2，$\cdots$，X_n 各独立观测两次，观测值和权分别为

$$\begin{gathered} L_1', L_2', \cdots, L_n' \\ L_1'', L_2'', \cdots, L_n'' \\ p_1, p_2, \cdots, p_n \end{gathered}$$

其中，L_i' 和 L_i'' 是对量 X_i 的两次观测值，称为**观测对**，在观测对内为等精度观测，即 L_i' 和 L_i'' 的权都是 p_i。对每一个观测对而言，其两次观测值之差的真值应为零，所以，真误差为

$$\Delta_i = 0 - (L_i' - L_i'') = -(L_i' - L_i'') = -d_i \tag{3-5-13}$$

即观测对之差为真误差（反号）。

因 L_i' 和 L_i'' 相互独立，利用权倒数传播律可得观测对之差 $d_i = L_i' - L_i''$ 的权倒数为

$$\frac{1}{p_{d_i}} = \frac{1}{p_i} + \frac{1}{p_i} = \frac{2}{p_i}$$

即

$$p_{d_i} = \frac{1}{2}p_i \tag{3-5-14}$$

所以，由式(3-5-7)得观测对之差的单位权中误差为

$$\hat{\sigma}_0 = \sqrt{\frac{[p_d dd]}{n}} = \sqrt{\frac{[pdd]}{2n}} \tag{3-5-15}$$

再由式(3-5-8)，得观测对之差 $d_i = L_i' - L_i''$ 的中误差为

$$\hat{\sigma}_{d_i}=\hat{\sigma}_0\sqrt{\frac{1}{p_{d_i}}}=\hat{\sigma}_0\sqrt{2\frac{1}{p_i}}=\sqrt{2}\,\hat{\sigma}_{L_i} \tag{3-5-16}$$

则单个观测值的中误差为

$$\hat{\sigma}_{L_i'}=\hat{\sigma}_{L_i''}=\hat{\sigma}_0\sqrt{\frac{1}{p_i}}=\hat{\sigma}_0\sqrt{Q_{ii}} \tag{3-5-17}$$

第 i 个观测对的平均值 $\overline{L}_i=\dfrac{L_i'+L_i''}{2}$ 的中误差为

$$\hat{\sigma}_{\overline{L}}=\frac{\hat{\sigma}_{L_i'}}{\sqrt{2}}=\hat{\sigma}_0\sqrt{\frac{1}{2p_i}} \tag{3-5-18}$$

当所有观测对为等精度时，其单位权中误差由式(3-5-15)得

$$\hat{\sigma}_0=\sqrt{\frac{[dd]}{2n}} \tag{3-5-19}$$

[例 3-14] 设在 A，B 两水准点间进行水准测量，每段往返测的观测高差及距离列于表 3-2。试求：(1)单位权中误差；(2)第 3 段观测高差中误差；(3)全长高差中误差；(4)全长高差往返测平均值的中误差。

表 3-2

段号	s/km	往测高差/m	返测高差/m	d/mm
A—1	2.5	0.184	0.180	4
1—2	3.0	1.636	1.640	−4
2—3	1.5	1.434	1.424	10
3—4	5.0	0.584	0.593	−9
4—B	3.5	0.053	0.063	−10

解 令 $c=1$，则 $p_i=\dfrac{c}{s_i}=\dfrac{1}{s_i}$，由表 3-2 数据计算得

$$\sum_{i=1}^{5}p_id_i^2=\sum_{i=1}^{5}\frac{d_i^2}{s_i}=123.17\ \text{mm}^2$$

(1) 单位权中误差

$$\hat{\sigma}_0=\sqrt{\frac{123.17}{2\times 5}}=3.51\ \text{mm}$$

(2) 第 3 段观测高差中误差

$$\hat{\sigma}_3=\hat{\sigma}_0\sqrt{\frac{1}{p_3}}=3.51\times\sqrt{1.5}=4.30\ \text{mm}$$

(3) 全长观测高差中误差

$$\hat{\sigma}_{全长}=\hat{\sigma}_0\sqrt{\frac{1}{p_{全长}}}=3.51\sqrt{\sum s_i}=3.51\times\sqrt{15.5}=13.82\ \text{mm}$$

(4) 全长高差平均值中误差

$$\hat{\sigma}_{全平}=\frac{\hat{\sigma}_{全长}}{\sqrt{2}}=\frac{13.82}{\sqrt{2}}=9.77\ \mathrm{mm}$$

3.5.4 由改正数计算中误差

由式(3-5-3)和式(3-5-7)计算中误差时,必须知道真误差,即必须知道观测值或观测值函数的真值,但在实际工作中,真值一般是无法知道的,只能在有限观测量的情况下,求得观测值真值的估值 $\hat{L}$,从而计算得到真误差的估值——**改正数 $\boldsymbol{V}$**。本节介绍利用改正数计算中误差的公式。

设对真值为 $\tilde{L}$ 的某量进行 n 次等精度独立观测,得到一组观测值 $\underset{n\times 1}{\boldsymbol{L}}$,设 $\tilde{L}$ 的估值为 $\hat{L}$,可得改正数向量 $\underset{n\times 1}{\boldsymbol{V}}=[v_1\quad v_2\quad \cdots\quad v_n]^{\mathrm{T}}$,定义改正数的计算公式为

$$v_i=\hat{L}-L_i \tag{3-5-20}$$

当观测值个数 n 有限时,利用改正数计算单位权中误差的公式为

$$\hat{\sigma}_0=\sqrt{\frac{[vv]}{n-1}} \tag{3-5-21}$$

式(3-5-21)称为**白塞尔公式**。它适用于等精度观测值真值未知时,利用改正数计算观测精度的公式。

若有一组不等精度独立观测值,且观测对象不止一个而是 t 个 $(t<n)$ 时,利用改正数计算单位权方差的公式为

$$\hat{\sigma}_0^2=\frac{[pvv]}{n-t}=\frac{\boldsymbol{V}^{\mathrm{T}}\boldsymbol{PV}}{n-t} \tag{3-5-22}$$

式中,p 为每个观测值的权;$\boldsymbol{P}$ 为全部观测值的权阵。$\frac{[pvv]}{n-t}$ 称为纯量形式;$\frac{\boldsymbol{V}^{\mathrm{T}}\boldsymbol{PV}}{n-t}$ 称为矩阵形式。

由式(3-5-22)计算的单位权方差估值 $\hat{\sigma}_0^2$,将在 7.4.4 节中证明,它是母体方差 σ_0^2 的无偏估值。

3.6 系统误差的传播与综合

本章前几节讨论的内容,都是关于观测值中只含有偶然误差的情况,即经典平差的适用范围。在本章最后一节,简单地介绍一下有关系统误差的传播及综合计算的方法。

在观测中,要设法消除和减弱系统误差的影响,使偶然误差占主要成分。但系统误差在实际工作中还是存在的,完全消除其影响是很困难甚至是不可能的。因此,除了研究偶然误差对观测成果的影响规律外,还应研究偶然误差与系统误差共同影响下如何进行精度估计的问题。

3.6.1 系统误差与综合误差

设有观测量 L,对应的真值为 $\tilde{L}$,则 L 的综合误差 Ω 可定义为

$$\Omega = \tilde{L} - L$$

当综合误差中仅含有偶然误差 Δ 时，则 $E(\Omega) = E(\Delta) = 0$。

若 Ω 中除偶然误差外，还包含系统误差 ε，则

$$\Omega = \tilde{L} - L = \Delta + \varepsilon \tag{3-6-1}$$

由于系统误差 ε 不是随机变量，所以，Ω 的数学期望为

$$E(\Omega) = E(\Delta) + \varepsilon = \varepsilon \neq 0$$

$$\varepsilon = E(\Omega) = E(\tilde{L} - L) = \tilde{L} - E(L) \tag{3-6-2}$$

式(3-6-2)即为**系统误差的定义式**。在第 2.3.2 节中介绍过，ε 也称为观测值的准确度。ε 越小，准确度越高，观测质量越高。当观测值中既含有偶然误差又有系统误差存在时，由观测值的真误差计算得到的综合误差的方差(均方误差)为

$$MSE(L) = E(\Omega^2) = \sigma_L^2 + \varepsilon^2 \tag{3-6-3}$$

式中，σ_L 是观测值的中误差[该式来源于式(2-3-4)]。

在实际工作中，偶然误差与系统误差这两个独立误差源产生的 σ_L 和 ε，在大小相差悬殊的情况下，可作如下处理：

设系统误差仅为偶然误差计算的中误差的 20%，即 $\varepsilon = 0.2\sigma_L$，则

$$MSE(L) = \sigma_L^2 + 0.04\sigma_L^2 = 1.04\sigma_L^2 \doteq (1.02\sigma_L)^2$$

也就是考虑系统误差影响时，观测结果的中误差只增大 2%，当 $\varepsilon = 0.3\sigma_L$ 时，也只增大 4.4%。所以，在实用上，当系统误差部分不大于偶然误差部分的 $\frac{1}{3}$ 时，系统误差可忽略不计。

3.6.2 已定系差的传播

已定系差是指通过测量或计算可进行准确估计的系统误差。当观测值上有已定系差时，必定会对观测值的函数的精度产生影响，这就是系统误差的传播。

设独立观测值 $L_1, L_2, \cdots, L_n$ 的系统误差为 $\varepsilon_1, \varepsilon_2, \cdots, \varepsilon_n$，系统误差 $\varepsilon_i (i = 1, 2, \cdots, n)$ 按式(2-3-2)的定义，为

$$\varepsilon_i = \tilde{L}_i - E(L_i) \tag{3-6-4}$$

式中，$\tilde{L}_i$ 为第 i 个观测值的真值。

现有观测值的非线性函数 $Z = f(L_1, L_2, \cdots, L_n)$，则函数 Z 的系统误差为

$$\varepsilon_Z = \left(\frac{\partial Z}{\partial L_1}\right)_L \cdot \varepsilon_1 + \left(\frac{\partial Z}{\partial L_2}\right)_L \cdot \varepsilon_2 + \cdots + \left(\frac{\partial Z}{\partial L_n}\right)_L \cdot \varepsilon_n \tag{3-6-5}$$

式(3-6-5)为**系统误差传播**的一般公式。

当 Z 为线性函数时，

$$Z = k_1 L_1 + k_2 L_2 + \cdots + k_n L_n \tag{3-6-6}$$

Z 的系统误差为

$$\varepsilon_Z = k_1\varepsilon_1 + k_2\varepsilon_2 + \cdots + k_n\varepsilon_n \tag{3-6-7}$$

式中，k_1, k_2, $\cdots$, k_n 为常数。

3.6.3 系统误差与偶然误差的联合传播

偶然误差与系统误差的合成影响，在各种数据处理问题中都可能遇到。这里只考虑观测值相互独立的情况。

设有函数

$$Z = k_1L_1 + k_2L_2 + \cdots + k_nL_n$$

观测值 L_i 的综合误差为

$$\Omega_i = \tilde{L} - L_i = \Delta_i + \varepsilon_i \quad (i = 1, 2, \cdots, n)$$

则函数 Z 的综合误差为

$$\Omega_Z = k_1\Omega_1 + k_2\Omega_2 + \cdots + k_n\Omega_n \tag{3-6-8}$$

顾及式(3-6-3)及偶然误差和系统误差的传播形式，函数 Z 的综合误差的方差为

$$D_{ZZ} = E(\Omega_Z^2) = \sum_{i=1}^{n} k_i^2\sigma_i^2 + \left(\sum_{i=1}^{n} k_i\varepsilon_i\right)^2 \tag{3-6-9}$$

当 Z 为非线性函数时，可用它们的微分关系式代替，此时，式(3-6-9)中的系数 k_i 即为偏导数 $\left(\frac{\partial Z}{\partial L_i}\right)_L$。

［**例 3-15**］ 在钢尺量距时，共量测了 n 个尺段，已知每一尺段的读数和照准中误差为 σ，钢尺检定误差为 ε，求全长的综合中误差。

解 距离的总长为 $s = L_1 + L_2 + \cdots + L_n$，结合题意，有

$$L_1 = L_2 = \cdots = L_n = L$$
$$\sigma_1 = \sigma_2 = \cdots = \sigma_n = \sigma$$
$$\varepsilon_1 = \varepsilon_2 = \cdots = \varepsilon_n = \varepsilon$$

由式(3-6-9)知，全长的综合误差为 $\sigma_S^2 = n\sigma^2 + (n\varepsilon)^2$，又因为 $n = \frac{s}{L}$，所以

$$\sigma_s = \sqrt{\frac{s}{L}\sigma^2 + \left(\frac{s}{L}\varepsilon\right)^2}$$

此例说明，在观测值函数为 n 个等量观测值之和的情况下，偶然误差的中误差传播按 $\sqrt{n}$ 增大，而系统误差 ε 则是按 n 倍积累。所以，测量中应充分注意系统误差的处理。

习 题 3

［3-1］ 相关观测值向量 $\underset{t\times1}{\boldsymbol{X}}$ 的协方差阵是如何定义的？试说明 $\underset{t\times t}{\boldsymbol{D}_{XX}}$ 中各元素的含义。当向量 $\underset{t\times1}{\boldsymbol{X}}$ 中的各

个分量两两独立时，其协方差阵有什么特点？

[3-2] 设有观测值向量 $\underset{2\times1}{\boldsymbol{X}}=[L_1 \quad L_2]^{\mathrm{T}}$，已知 $\sigma_{L_1}=2''$，$\sigma_{L_2}=3''$，$\sigma_{L_1L_2}=-2('')^2$，试写出其协方差阵。

[3-3] 设有观测值向量 $\underset{3\times1}{\boldsymbol{X}}=[L_1 \quad L_2 \quad L_3]^{\mathrm{T}}$ 的协方差阵为 $\underset{3\times3}{\boldsymbol{D}_{XX}}=\begin{bmatrix}4 & -2 & 0\\ -2 & 9 & -3\\ 0 & -3 & 16\end{bmatrix}$，试写出观测值 L_1，L_2 及 L_3 的中误差及其间的协方差。

[3-4] 设有函数关系式

$$\boldsymbol{Y}=\boldsymbol{AX}$$
$$\boldsymbol{Z}=\boldsymbol{BY}$$
$$\boldsymbol{R}=\boldsymbol{CZ}$$

式中，$\boldsymbol{A}$，$\boldsymbol{B}$，$\boldsymbol{C}$ 为常数阵。已知 $\boldsymbol{D}_{XX}$，求：(1)$\boldsymbol{D}_{XY}$；(2)$\boldsymbol{D}_{YZ}$；(3)$\boldsymbol{D}_{XZ}$；(4)$\boldsymbol{D}_{YR}$。

[3-5] 设有函数关系式

$$\boldsymbol{Y}=\boldsymbol{AX}$$
$$\boldsymbol{Z}=\boldsymbol{BY}$$
$$\boldsymbol{R}=\boldsymbol{CY}+\boldsymbol{GZ}$$
$$\boldsymbol{W}=\boldsymbol{FZ}+\boldsymbol{HR}$$

式中，$\boldsymbol{A}$，$\boldsymbol{B}$，$\boldsymbol{C}$，$\boldsymbol{G}$，$\boldsymbol{F}$，$\boldsymbol{H}$ 均为常数阵。已知 $\boldsymbol{D}_{XX}$，求：(1)$\boldsymbol{D}_{RR}$；(2)$\boldsymbol{D}_{RZ}$；(3)$\boldsymbol{D}_{RW}$。

[3-6] 已知独立观测值 L_1，L_2 的中误差分别为 σ_1 和 σ_2，试求下列函数的中误差：

(1) $x=L_1-2L_2$；

(2) $y=\dfrac{1}{2}L_1^2+L_1L_2$；

(3) $z=\sin L_1/\sin(L_1+L_2)$。

[3-7] 有函数

$$\psi_1=3L_1-2L_3$$
$$\psi_2=L_1L_2+L_3^2$$

已知观测值的协因数阵为

$$\boldsymbol{Q}_{LL}=\begin{bmatrix}6 & -2 & 1\\ -2 & 4 & 0\\ 1 & 0 & 3\end{bmatrix}$$

单位权方差为 $\sigma_0^2=0.2$。当 $L_1=6$，$L_2=8$，$L_3=10$ 时，试求 ψ_1，ψ_2 的方差 $\sigma_{\psi_1}^2$，$\sigma_{\psi_2}^2$ 以及 ψ_1 对 ψ_2 的协方差 $\sigma_{\psi_1\psi_2}$。

[3-8] 如图 3-5 所示，$\triangle ABC$ 为等边三角形，边长 c 的观测值及精度为 $c=1\,500\ \mathrm{m}\pm0.015\ \mathrm{m}$，角度观测值为 $\alpha=\beta=60°$，各观测值相互独立，且 $\sigma_\alpha=\sigma_\beta$，问：

(1) 若要求推算的边长 a 具有 $\sigma_a=0.02\ \mathrm{m}$ 的精度，则角度 α 和 β 的观测精度应为多少？

(2) 计算边长 a 的相对精度(已知 $\sigma_a=0.02\ \mathrm{m}$)。

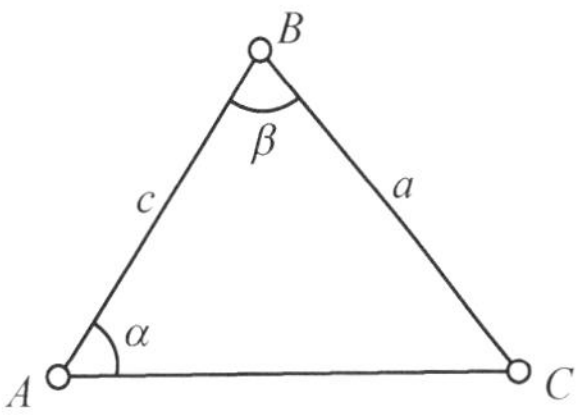

图 3-5

[3-9] 已知 X 的权阵为 $\boldsymbol{P}_{xx}=\begin{bmatrix}2 & 1\\ 1 & 2\end{bmatrix}$，求 x_1 和 x_2 的权倒数，以及 x_1 对 x_2

的相关权倒数。

[3-10]　设 $y_1=2x_1-x_2-6$，$y_2=x_1+3x_2+3$，已知 $D_{xx}=\begin{bmatrix}3 & 1\\1 & 4\end{bmatrix}$。求 $\boldsymbol{Y}=\begin{bmatrix}y_1\\y_2\end{bmatrix}$ 的方差 $\sigma_{y_1}^2$ 及 $\sigma_{y_2}^2$ 以及 y_1 对 y_2 的协方差 $\sigma_{y_1y_2}$。

[3-11]　已知：$x_1=\begin{bmatrix}1 & 3\end{bmatrix}\begin{bmatrix}u_1\\u_2\end{bmatrix}$，$x_2=\begin{bmatrix}1 & 4\end{bmatrix}\begin{bmatrix}u_1\\u_2\end{bmatrix}$，$\boldsymbol{D}_{uu}=\begin{bmatrix}1 & 0\\0 & 2\end{bmatrix}$，现有函数 $y=x_1^2+x_2^2$，如果 $u_1=0$，$u_2=1$，试计算协方差 σ_{x_1y} 及方差 σ_y^2。

[3-12]　已知观测值向量 $\underset{3\times1}{\boldsymbol{L}}$ 的权阵为

$$\boldsymbol{P}_{LL}=\frac{1}{4}\begin{bmatrix}2 & 0 & -1\\0 & 2 & -1\\-1 & -1 & 2\end{bmatrix}$$

问：(1) 三个观测值是否相互独立？

(2) 若以 L_2，L_3 组成向量 $\underset{2\times1}{\boldsymbol{L}'}=\begin{bmatrix}L_2\\L_3\end{bmatrix}$，试写出它的权阵 $\boldsymbol{P}_{L'L'}$，并求 L_1 的权 p_{L_1}。

[3-13]　在相同观测条件下(每一测回的观测精度相同)观测两个角度 $\angle A=30°00'00''$ 和 $\angle B=60°00'00''$，设对 $\angle A$ 观测 9 个测回，其平均值的权为 $p_A=1$，则对 $\angle B$ 观测 16 个测回取平均值的权 p_B 应为多少？

[3-14]　图 3-6 所示为一闭合导线。设每测回角度观测中误差为 $\sigma_\beta=40''$，5 个内角各测了两测回，求：

(1) 该导线角度闭合差的中误差。

(2) 要使角度闭合差的中误差不超过 50″，则每个角度至少应观测几个测回？

(3) 若每个角观测两测回，导线角度闭合差进行调整后，各角值平差后的中误差又是多少？

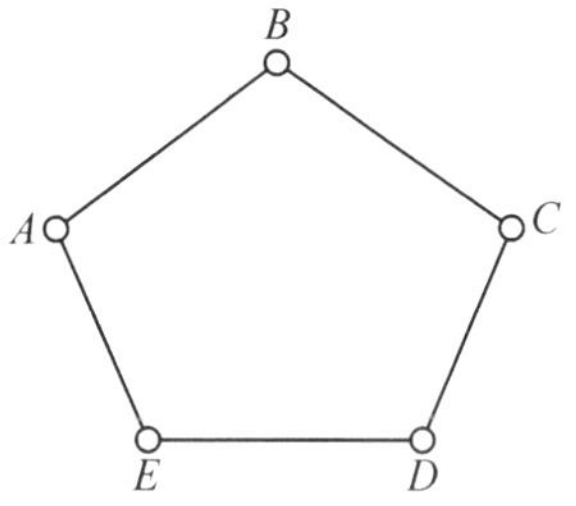

图 3-6

[3-15]　已知观测值向量 $\underset{2\times1}{\boldsymbol{L}}$ 的协方差阵为

$$\boldsymbol{D}_{LL}=\begin{bmatrix}4 & -1\\-1 & 2\end{bmatrix}$$

观测值 L_1 的权 $p_{L_1}=1$，现有函数 $F_1=L_1+3L_2-4$，$F_2=5L_1-L_2+1$。试求：

(1) F_1 与 F_2 是否统计相关？

(2) F_1 与 F_2 的权 p_{F_1} 和 p_{F_2}。

[3-16]　如图 3-7 所示的水准路线，A，B 为已知水准点(设无误差)，C 为待定点，h_1 和 h_2 为高差观测值，s_1 和 s_2 为水准路线长度，设平差后 C 点高程为 $\hat{X}$，求 $\hat{X}$ 对高差观测值 h_1，h_2 的相关协因数 $Q_{\hat{X}h_1}$ 及 $Q_{\hat{X}h_2}$。

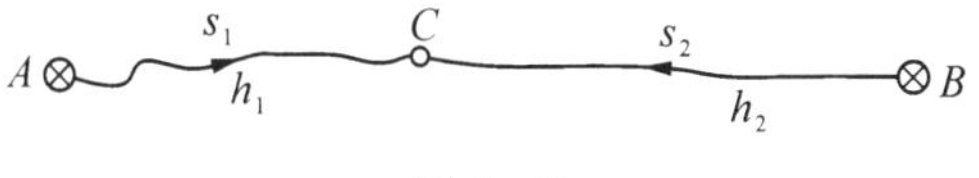

图 3-7

[3-17]　若要在两固定点间布设一条附合水准路线，已知每公里观测中误差为 5.0 mm，欲使平差后线路中点高程中误差不大于 10 mm，问该路线长度最多可达几公里？

[3-18]　对一个梯形的上底、下底和高各自独立观测了 n 次，每一次测量的中误差分别为 $\sigma_{上}$，$\sigma_{下}$，$\sigma_{高}$，设测得上底、下底和高的观测值的平均值分别为 A，B，H，梯形面积的平均值为

$$\overline{S}=(上底+下底)\times高\div2$$

试求该面积值的方差 σ_S^2 的计算表达式。

[3-19] 对$\angle A$进行 4 次等精度独立观测，一次测角中误差为 2.4″，已知 4 次算术平均值的权为 2。试问：

(1) 单位权观测值是什么？

(2) 单位权中误差等于多少？

(3) 欲使$\angle A$的权等于 6，应观测几次？

[3-20] 设对三角形三个内角等精度观测了 10 次，得到 10 个独立闭合差 w_i($i=1, 2, \cdots, 10$)，求三角形每个内角的测角中误差估值 $\hat{\sigma}_\beta$；若 10 个闭合差是不等精度观测[设每个闭合差的权为 p_i($i=1, 2, \cdots, 10$)]，求单位权中误差估值 $\hat{\sigma}_0$ 及每个闭合差 w_i 的中误差估值 $\hat{\sigma}_{w_i}$。

4 平差数学模型与最小二乘原理

本章将介绍平差的基本概念及平差的数学模型，讨论数理统计中的参数估计方法与测量平差的关系，应用参数估计中的极大似然理论推导出最小二乘准则，该准则是经典测量平差所遵循的基本准则。

4.1 平差几何条件概述

在测量工作中，最常见的是要确定某些几何量的大小。如为了确定点的高程而建立水准网，为了确定点的平面位置而建立平面控制网。前者包含点间的高差、点的高程等元素，后者包含角度、边长、边的方位角以及点的二维坐标等元素，这些元素都是几何量，以下统称包含这些几何量的网为**几何模型**。

为了确定一个几何模型，通常并不需要知道该模型中所有元素的大小，而只需要知道其中部分元素的大小就可以了。如根据一点已知的坐标，通过观测的边长和水平角就能算出另一些点的坐标；根据一点已知的高程，通过观测的高差就能算出另一些点的高程等，即某些元素的值可以通过观测值用一定的函数关系推算出来，这种描述观测值与待求元素间的关系式称为**函数模型**。

根据需要解决的问题的不同，需要选择合适的几何模型，而几何模型一经选定，问题也就被指定了，从而也确定了需要观测的元素的最少个数。可以通过下列例子进行说明。

例 1，一个平面三角形的形状（几何模型），需由两个不同的观测量（最少个数）唯一地确定。这两个观测量可以选择三个角中的任意两个角，或三边之比（具体观测量是可以选择的）。

例 2，确定一个平面三角形的形状和大小（与例 1 是有区别的），最少要求观测三个不同的量（确定三角形大小需要一条边长，所以不能全观测角度）。仍然有几种选择，如两角一边、两边一角或三边。

例 3，要确定一个平面三角形在一个指定坐标系中的位置和方向，必须知道 6 个不同的元素。首先，确定三角形的形状和大小需要观测例 2 中所说的三个不同的量，而这三个量都是观测点之间的相对量（如边长、角度等）；其次，还必须至少知道三角形中的一点在该坐标系中的坐标值以及三角形的一条边在该坐标系中的坐标方位角这种绝对量，这三个必须已知的元素（一点坐标和一个方位角）称为**必要起算数据**（简称为**起算数据**）。必要起算数据可将形状和大小已确定的几何模型纳入指定的坐标系统内。

在此规定，能够唯一确定一个几何模型的最少观测元素，称为**必要观测值**，其个数称为必要观测数，用 t 表示。例 1 中，$t=2$；例 2 中，$t=3$。必要起算数据个数用 d 表示。例 3 中，$t=3$，$d=3$。t 和 d 的个数只与几何模型有关，与实际观测值个数 n 无关。

一个几何模型的必要观测值之间应该是**函数独立**的，即 t 个元素中，没有任何函数关系存在。如例 2 中,若必要观测值选择的是三角形的三个内角 α, β, γ,则其间存在函数关系 $\alpha+\beta+\gamma=180°$, 其中任一元素可用其余两个元素计算出来,这说明必要观测值只选择了 $t=2$ 个,漏选了 1 个,这样就不能满足唯一确定几何模型的必要条件。称彼此间不存在函数关系的量为函数独立量,简称**独立量**。综上所述,必要观测值是独立量。

在测量工程中,为了确定一个几何模型的平面或空间位置,就必须进行观测。设总共观测了该模型中 n 个元素的值,若观测值个数 n 少于必要观测值个数 t,即 $n<t$,则无法确定该模型,即出现了观测数据不足的情况;若观测了 t 个独立观测值,即 $n=t$, 则可唯一确定该模型,由于没有多余观测值,故无法检测和发现观测值中可能含有的粗差,这也是测量工作中不允许的。所以,为了能及时发现粗差并改善测量成果的精度,必须使 $n>t$, 令

$$r=n-t \tag{4-1-1}$$

式中,n 为**观测值个数**;t 为**必要观测数**;r 称为**多余观测数**(平差中,这些英文字母的含义不应随意改变或取代)。多余观测数在数据处理中又称为**自由度**。

综上所述,如果只对几何模型中的必要元素进行观测,而没有多余观测,则在观测值之间就不可能产生函数关系,这样也就不存在平差的问题,所以说,**平差的前提条件是要有多余观测**。

4.2 平差的数学模型

就统计意义来讲,平差是一种由观测样本推求母体中有关未知参数估值的方法,在数理统计中也称为参数估计。为此,首先需要建立平差的**数学模型**。数学模型通常是对客观事物的特征及其内在规律的一种描述和概括,可以通过数学模型来研究事物的共性,解决实际问题。

测量平差中的数学模型分为函数模型和随机模型两类。由于测量观测值是一种随机变量,所以,平差的数学模型和传统意义上的数学模型不同,它不仅要考虑描述已知量和待求量之间的函数模型,还要考虑随机模型。在研究任何平差方法时,函数模型和随机模型必须同时予以考虑,并且只有建立了正确的函数模型和随机模型,平差计算才会得到值得信赖的成果。

4.2.1 函数模型

函数模型是描述观测值与待求量之间确定性关系的一种理论上的数学关系式,即观测值和待求量,它们之间的真值(或平差值)应该满足这种数学关系式。同一个平差问题可根据情况采用不同的函数模型,于是也就对应地有了不同的平差方法,如间接平差法、条件平差法等。

函数模型也存在线性形式和非线性形式,**经典平差通常是基于线性形式的函数模型**。

现将经典平差中常用的几种函数模型简介如下。

1. 条件平差的函数模型

在一个平差问题中,应该采用观测值个数 n 多于必要观测数 t 的做法,即要有多余观测值,其目的是发现粗差和提高观测精度。只要有一个多余观测值,观测值之间就会产生一个

函数关系(约束关系),平差中称这种函数关系为**条件方程**(条件式),所以一个平差问题若存在 $r(r=n-t)$ 个多余观测值,就会产生 r 个条件方程。

设在必要观测数为 t 的几何模型中,观测了 n 个观测值 $\underset{n\times1}{\boldsymbol{L}}$ $(n>t)$,观测值真值为 $\underset{n\times1}{\tilde{\boldsymbol{L}}}$,该几何模型的多余观测数为 r $(r=n-t)$,则该平差问题存在 r 个条件方程,这 r 个关系式可写成:

$$f(\tilde{\boldsymbol{L}})=\boldsymbol{0} \tag{4-2-1}$$

式(4-2-1)中只包含了观测量的真值(有时还可能包含一些已知的起算数据和常数等,可用向量 $\boldsymbol{A}_0$ 表示)。若式(4-2-1)的函数关系为线性,并考虑了 $\boldsymbol{A}_0$ 的存在,则式(4-2-1)可写为

$$\underset{r\times n}{\boldsymbol{A}}\,\underset{n\times1}{\tilde{\boldsymbol{L}}}+\underset{r\times1}{\boldsymbol{A}_0}=\underset{r\times1}{\boldsymbol{0}} \tag{4-2-2}$$

用 $\tilde{\boldsymbol{L}}=\boldsymbol{L}+\boldsymbol{\Delta}$ 代入式(4-2-2),并将式(4-2-2)分成两部分:一部分与 $\boldsymbol{\Delta}$ 有关;另一部分是可以计算出来的项,称为**条件方程的闭合差**,用 $\boldsymbol{W}$ 表示,即

$$\boldsymbol{W}=-(\boldsymbol{A}\boldsymbol{L}+\boldsymbol{A}_0) \tag{4-2-3}$$

将式(4-2-2)整理后,得到条件平差模型为

$$\underset{r\times n}{\boldsymbol{A}}\,\underset{n\times1}{\boldsymbol{\Delta}}-\underset{r\times1}{\boldsymbol{W}}=\underset{r\times1}{\boldsymbol{0}} \tag{4-2-4}$$

若式(4-2-1)为非线性,可用泰勒公式线性展开,并舍去二次及二次以上各项(这种线性化处理方法的前提是观测值与其真值的偏离相对较小),考虑 $\boldsymbol{A}_0$ 的存在,式(4-2-1)的线性化形式为

$$f(\tilde{\boldsymbol{L}})+\boldsymbol{A}_0=f(\boldsymbol{L}+\boldsymbol{\Delta})+\boldsymbol{A}_0=\left(\frac{\partial f}{\partial\tilde{\boldsymbol{L}}}\right)_{\tilde{L}=L}\boldsymbol{\Delta}+f(\boldsymbol{L})+\boldsymbol{A}_0=\boldsymbol{A}\boldsymbol{\Delta}+f(\boldsymbol{L})+\boldsymbol{A}_0=\boldsymbol{0} \tag{4-2-5}$$

参考式(4-2-4),此时 $\boldsymbol{\Delta}$ 前的系数阵 $\boldsymbol{A}$ 为

$$\underset{r\times n}{\boldsymbol{A}}=\left(\frac{\partial f}{\partial\tilde{\boldsymbol{L}}}\right)_{\tilde{L}=L}=\begin{bmatrix}\frac{\partial f_1}{\partial\tilde{L}_1} & \frac{\partial f_1}{\partial\tilde{L}_2} & \cdots & \frac{\partial f_1}{\partial\tilde{L}_n}\\ \frac{\partial f_2}{\partial\tilde{L}_1} & \frac{\partial f_2}{\partial\tilde{L}_2} & \cdots & \frac{\partial f_2}{\partial\tilde{L}_n}\\ \vdots & \vdots & & \vdots\\ \frac{\partial f_r}{\partial\tilde{L}_1} & \frac{\partial f_r}{\partial\tilde{L}_2} & \cdots & \frac{\partial f_r}{\partial\tilde{L}_n}\end{bmatrix}_{\tilde{L}=L} \tag{4-2-6}$$

由式(4-2-5),得非线性条件方程线性化后的闭合差 $\boldsymbol{W}$ 为

$$\boldsymbol{W}=-[f(\boldsymbol{L})+\boldsymbol{A}_0] \tag{4-2-7}$$

将式(4－2－6)的系数阵 $\boldsymbol{A}$ 和式(4－2－7)的闭合差 $\boldsymbol{W}$ 代入式(4－2－4)，就得到了非线性模型线性化后的条件平差模型，形式与式(4－2－4)完全相同，式中矩阵 $\boldsymbol{A}$ 的秩为 $\mathrm{rank}(\boldsymbol{A})=r$，矩阵的秩也可写为 $R(\boldsymbol{A})=r$，即 $\boldsymbol{A}$ 为行满秩矩阵。

2. 附有参数的条件平差的函数模型

有时为了便于列条件方程或便于直接求出几何模型中某些未观测量的估值(平差值)，在条件平差中会引入 u 个相互独立的未知参数(非观测量)参与平差。参数个数 u 满足 $0<u<t$。在原有观测值函数关系(约束关系)存在的基础上，每增设一个参数就增加一个条件方程，于是条件方程的个数变为 $c=r+u$。观测值个数和必要观测数仍分别为 n 和 t，多余观测数为 $r=n-t$。

设引入的参数真值为 $\underset{u\times 1}{\tilde{\boldsymbol{X}}}$，参考条件平差模型，附有参数的条件平差函数模型为

$$f(\tilde{\boldsymbol{L}},\ \tilde{\boldsymbol{X}})=\boldsymbol{0} \tag{4-2-8}$$

式(4－2－8)中只包含了观测值的真值和参数的真值(有时还可能包含一些已知的起算数据和常数等，可用向量 $\boldsymbol{A}_0$ 表示)。设式(4－2－8)的函数关系为线性，并考虑 $\boldsymbol{A}_0$ 的存在，则式(4－2－8)可写为

$$\underset{c\times n}{\boldsymbol{A}}\ \underset{n\times 1}{\tilde{\boldsymbol{L}}}+\underset{c\times u}{\boldsymbol{B}}\ \underset{u\times 1}{\tilde{\boldsymbol{X}}}+\underset{c\times 1}{\boldsymbol{A}_0}=\underset{c\times 1}{\boldsymbol{0}} \tag{4-2-9}$$

用 $\tilde{\boldsymbol{L}}=\boldsymbol{L}+\boldsymbol{\Delta}$，$\tilde{\boldsymbol{X}}=\boldsymbol{X}^0+\tilde{\boldsymbol{x}}$ 代入式(4－2－9)，其中，$\boldsymbol{X}^0$ 为**参数近似值**，$\tilde{\boldsymbol{x}}$ 为**参数改正数真值**。将式(4－2－9)整理后得到闭合差为

$$\boldsymbol{W}=-(\boldsymbol{AL}+\boldsymbol{BX}^0+\boldsymbol{A}_0) \tag{4-2-10}$$

根据式(4－2－9)、式(4－2－10)，得到附有参数的条件平差函数模型为

$$\underset{c\times n}{\boldsymbol{A}}\ \underset{n\times 1}{\boldsymbol{\Delta}}+\underset{c\times u}{\boldsymbol{B}}\ \underset{u\times 1}{\tilde{\boldsymbol{x}}}-\underset{c\times 1}{\boldsymbol{W}}=\underset{c\times 1}{\boldsymbol{0}} \tag{4-2-11}$$

若式(4－2－8)是非线性的，考虑到观测值的真值和参数的真值，有 $\tilde{\boldsymbol{L}}=\boldsymbol{L}+\boldsymbol{\Delta}$，$\tilde{\boldsymbol{X}}=\boldsymbol{X}^0+\tilde{\boldsymbol{x}}$，可在其充分近似值点 $\boldsymbol{L}$，$\boldsymbol{X}^0$ 处用泰勒公式线性展开。(在此应说明，对于向量 $\tilde{\boldsymbol{L}}$ 中的各分量而言，观测值向量 $\boldsymbol{L}$ 可作为 $\tilde{\boldsymbol{L}}$ 的近似值，也称为 $\tilde{\boldsymbol{L}}$ 的先验值。而对于向量 $\tilde{\boldsymbol{X}}$ 中的各分量而言，因为不是实际观测量，所以不具备先验值，要根据已有的观测值来计算它们的近似值 $\boldsymbol{X}^0$)。再考虑 $\boldsymbol{A}_0$ 的存在，则式(4－2－8)的线性化形式为

$$f(\tilde{\boldsymbol{L}},\ \tilde{\boldsymbol{X}})+\boldsymbol{A}_0=f(\boldsymbol{L}+\boldsymbol{\Delta},\ \boldsymbol{X}^0+\tilde{\boldsymbol{x}})+\boldsymbol{A}_0=f(\boldsymbol{L},\ \boldsymbol{X}^0)+\left(\frac{\partial f}{\partial \tilde{\boldsymbol{L}}}\right)_{L,\ X^0}\boldsymbol{\Delta}+\left(\frac{\partial f}{\partial \tilde{\boldsymbol{X}}}\right)_{L,\ X^0}\tilde{\boldsymbol{x}}+\boldsymbol{A}_0=\boldsymbol{0} \tag{4-2-12}$$

参照式(4－2－11)，设式(4－2－12)中 $\boldsymbol{\Delta}$ 的系数阵为 $\boldsymbol{A}$，有

$$\underset{c\times n}{\boldsymbol{A}}=\left(\frac{\partial f}{\partial \tilde{\boldsymbol{L}}}\right)_{L,\ X^0} \tag{4-2-13}$$

矩阵 $\boldsymbol{A}$ 的构成可参考式(4－2－6)。式(4－2－12)中 $\tilde{\boldsymbol{x}}$ 的系数阵设为矩阵 $\boldsymbol{B}$，有

$$\underset{c\times u}{\boldsymbol{B}}=\left(\frac{\partial f}{\partial \tilde{\boldsymbol{X}}}\right)_{L,\ X^0}=\begin{bmatrix}\frac{\partial f_1}{\partial \tilde{X}_1} & \frac{\partial f_1}{\partial \tilde{X}_2} & \cdots & \frac{\partial f_1}{\partial \tilde{X}_u}\\ \frac{\partial f_2}{\partial \tilde{X}_1} & \frac{\partial f_2}{\partial \tilde{X}_2} & \cdots & \frac{\partial f_2}{\partial \tilde{X}_u}\\ \vdots & \vdots & & \vdots\\ \frac{\partial f_c}{\partial \tilde{X}_1} & \frac{\partial f_c}{\partial \tilde{X}_2} & \cdots & \frac{\partial f_c}{\partial \tilde{X}_u}\end{bmatrix}_{L,\ X^0} \tag{4-2-14}$$

将式(4-2-13)和式(4-2-14)中矩阵 $\boldsymbol{A}$ 和矩阵 $\boldsymbol{B}$ 的值代入式(4-2-12),并令闭合差为

$$\boldsymbol{W}=-\left[f(\boldsymbol{L},\ \boldsymbol{X}^0)+\boldsymbol{A}_0\right] \tag{4-2-15}$$

就可以得到形式完全相同于式(4-2-11)的附有参数的条件平差函数模型,且式(4-2-11)系数阵 $\boldsymbol{A}$, $\boldsymbol{B}$ 的秩分别为 $R(\boldsymbol{A})=c$, $R(\boldsymbol{B})=u$。

3. 间接平差的函数模型

如第4.1节所述,每一个几何模型都可以通过 t 个必要且函数独立的量唯一确定,因此,该模型中任意一个观测量必然是这 t 个独立量的函数。在间接平差中,选择 t 个独立量作为平差的参数(参数的选择可根据需要解决的问题而定,如布设水准网,通常把待定点的高程真值定为参数,而平面控制网就常选择待定点的平面坐标真值为参数),然后再用每一个观测值的真值与所选择的 t 个独立量的真值建立函数关系式,这就是间接平差的函数模型,如式(4-2-16)所示。

间接平差中参数统一用 $\boldsymbol{X}$ 表示,设 t 个参数的真值为 $\underset{t\times 1}{\tilde{\boldsymbol{X}}}$,则 n 个($n>t$)观测值的真值 $\underset{n\times 1}{\tilde{\boldsymbol{L}}}$ 都应表达为 $\underset{t\times 1}{\tilde{\boldsymbol{X}}}$ 的函数,即间接平差的函数模型为

$$\underset{n\times 1}{\tilde{\boldsymbol{L}}}=f(\underset{t\times 1}{\tilde{\boldsymbol{X}}}) \tag{4-2-16}$$

式(4-2-16)中只包含了参数的真值。当式(4-2-16)的函数关系呈线性并考虑已知起算数据向量 $\boldsymbol{d}$ 时,可将其直接写为

$$\underset{n\times 1}{\tilde{\boldsymbol{L}}}=\underset{n\times t}{\boldsymbol{B}}\,\underset{t\times 1}{\tilde{\boldsymbol{X}}}+\underset{n\times 1}{\boldsymbol{d}} \tag{4-2-17}$$

式(4-2-17)也称为**观测方程**,观测方程描述了观测值真值与参数真值之间的函数关系。

将 $\tilde{\boldsymbol{L}}=\boldsymbol{L}+\boldsymbol{\Delta}$, $\tilde{\boldsymbol{X}}=\boldsymbol{X}^0+\tilde{\boldsymbol{x}}$ 代入式(4-2-17),整理后可得线性化形式的间接平差的函数模型为

$$\underset{n\times 1}{\boldsymbol{\Delta}}=\underset{n\times t}{\boldsymbol{B}}\,\underset{t\times 1}{\tilde{\boldsymbol{x}}}-\underset{n\times 1}{\boldsymbol{l}} \tag{4-2-18}$$

式中,$\boldsymbol{l}$ 是可计算的常数项。有

$$\boldsymbol{l}=\boldsymbol{L}-\boldsymbol{B}\boldsymbol{X}^0-\boldsymbol{d} \tag{4-2-19}$$

若式(4-2-16)为非线性方程,且又考虑了已知起算数据 $\boldsymbol{d}$,则式(4-2-16)的线性化

形式为

$$\tilde{\boldsymbol{L}}=\boldsymbol{L}+\boldsymbol{\Delta}=f(\tilde{\boldsymbol{X}})+\boldsymbol{d}=f(\boldsymbol{X}^0+\tilde{\boldsymbol{x}})+\boldsymbol{d}=\left(\frac{\partial f}{\partial \tilde{\boldsymbol{X}}}\right)_{\tilde{X}=X^0}\tilde{\boldsymbol{x}}+f(\boldsymbol{X}^0)+\boldsymbol{d} \tag{4-2-20}$$

参考式(4-2-18),设 $\tilde{\boldsymbol{x}}$ 的系数阵为矩阵 $\boldsymbol{B}$,有

$$\underset{n\times t}{\boldsymbol{B}}=\left(\frac{\partial f}{\partial \tilde{\boldsymbol{X}}}\right)_{\tilde{X}=X^0} \tag{4-2-21}$$

矩阵 $\boldsymbol{B}$ 的构成可参考式(4-2-14)。线性化后,间接平差函数模型中的常数项为

$$\boldsymbol{l}=\boldsymbol{L}-f(\boldsymbol{X}^0)-\boldsymbol{d} \tag{4-2-22}$$

将矩阵 $\boldsymbol{B}$ 和常数项 $\boldsymbol{l}$ 代入式(4-2-20),就可得到线性化后的间接平差函数模型,其构成形式与式(4-2-18)完全相同。式(4-2-18)中矩阵 $\boldsymbol{B}$ 的秩为 $R(\boldsymbol{B})=t$,即矩阵 $\boldsymbol{B}$ 是一个列满秩矩阵。矩阵 $\boldsymbol{B}$ 也称为**设计矩阵**,因为在控制网平差中,矩阵 $\boldsymbol{B}$ 是由预先设计好的控制网网形决定的。

4. 附有限制条件的间接平差函数模型

有时因平差问题的需要,或者要求参数间满足事先给定的某种条件等原因,平差时选择的参数个数 u 多于必要观测数 t,即 $u>t$,这时参数间就不再保持相互独立了,产生了函数关系(即条件方程),该条件方程与条件平差中的条件方程不同,条件平差的方程是对观测值 $\tilde{\boldsymbol{L}}$ 的约束,而此处的条件方程是对参数 $\tilde{\boldsymbol{X}}$ 的约束。

在 t 个独立参数之外,每增选一个参数,就会产生一个条件方程,于是附有限制条件的间接平差函数模型为

$$\left.\begin{aligned}\tilde{\boldsymbol{L}}&=f(\tilde{\boldsymbol{X}})\\ \Phi(\tilde{\boldsymbol{X}})&=\boldsymbol{0}\end{aligned}\right\} \tag{4-2-23}$$

式(4-2-23)的第一类关系式为间接平差函数模型,第二类关系式相当于变量为 $\tilde{\boldsymbol{X}}$ 的条件平差函数模型,即把不独立的参数间独立的函数关系列立出来。式(4-2-23)中只包含了观测值的真值和参数的真值。若两类关系式均为线性并考虑已知起算数据时,则式(4-2-23)可写为

$$\left.\begin{aligned}\underset{n\times 1}{\tilde{\boldsymbol{L}}}&=\underset{n\times u}{\boldsymbol{B}}\,\underset{u\times 1}{\tilde{\boldsymbol{X}}}+\underset{n\times 1}{\boldsymbol{d}}\\ \underset{s\times u}{\boldsymbol{C}}\,\underset{u\times 1}{\tilde{\boldsymbol{X}}}+\underset{s\times 1}{\boldsymbol{C}_0}&=\underset{s\times 1}{\boldsymbol{0}}\end{aligned}\right\} \tag{4-2-24}$$

式中,$\boldsymbol{d}$ 和 $\boldsymbol{C}_0$ 均为已知起算数据或常数;$s=u-t$。再考虑:$\tilde{\boldsymbol{L}}=\boldsymbol{L}+\boldsymbol{\Delta}$, $\tilde{\boldsymbol{X}}=\boldsymbol{X}^0+\tilde{\boldsymbol{x}}$,对式(4-2-24)整理后,可得到附有限制条件的间接平差函数模型为

$$\left.\begin{aligned}\underset{n\times 1}{\boldsymbol{\Delta}}&=\underset{n\times u}{\boldsymbol{B}}\,\underset{u\times 1}{\tilde{\boldsymbol{x}}}-\underset{n\times 1}{\boldsymbol{l}}\\ \underset{s\times u}{\boldsymbol{C}}\,\underset{u\times 1}{\tilde{\boldsymbol{x}}}-\underset{s\times 1}{\boldsymbol{W}_x}&=\underset{s\times 1}{\boldsymbol{0}}\end{aligned}\right\} \tag{4-2-25}$$

式中，$\boldsymbol{l}$ 和 $\boldsymbol{W}_x$ 分别为误差方程的常数项和条件方程的闭合差，算法可参考式(4-2-19)和式(4-2-10)。系数阵的秩分别为 $R(\boldsymbol{B})=u$，$R(\boldsymbol{C})=s$。

若式(4-2-23)为非线性形式，考虑已知起算数据 $\boldsymbol{d}$ 和 $\boldsymbol{C}_0$，对式(4-2-23)进行线性化后，仍可得到形式为式(4-2-25)的附有限制条件的间接平差函数模型，只是其中的系数阵、常数项及闭合差有所不同。参考式(4-2-14)，线性化后的系数阵为

$$\underset{n\times u}{\boldsymbol{B}}=\left(\frac{\partial f}{\partial \tilde{\boldsymbol{X}}}\right)_{\tilde{X}=X^0},\quad \underset{s\times u}{\boldsymbol{C}}=\left(\frac{\partial \Phi}{\partial \tilde{\boldsymbol{X}}}\right)_{\tilde{X}=X^0} \tag{4-2-26}$$

常数项和闭合差分别为

$$\boldsymbol{l}=\boldsymbol{L}-f(\boldsymbol{X}^0)-\boldsymbol{d},\ \boldsymbol{W}_x=-[\Phi(\boldsymbol{X}^0)+\boldsymbol{C}_0] \tag{4-2-27}$$

以上四种模型就是**经典平差常用的函数模型**。原模型有线性和非线性的区别，虽然最后得到的线性化平差模型形式是一致的，但使用时要注意区分，采用合适的方法计算系数阵、闭合差和常数项等。

以上四种平差函数模型都是用观测值的真误差 $\boldsymbol{\Delta}(\tilde{\boldsymbol{L}}=\boldsymbol{L}+\boldsymbol{\Delta})$ 和参数改正数真值 $\tilde{\boldsymbol{x}}(\tilde{\boldsymbol{X}}=\boldsymbol{X}^0+\tilde{\boldsymbol{x}})$ 来表达的，但实际应用中 $\boldsymbol{\Delta}$ 和 $\tilde{\boldsymbol{x}}$ 通常是未知的。平差的目的之一，就是要运用最小二乘原理，得到 $\boldsymbol{\Delta}$ 和 $\tilde{\boldsymbol{x}}$ 的最佳估值(平差值) $\boldsymbol{V}$ 和 $\hat{\boldsymbol{x}}$。将 $\tilde{\boldsymbol{L}}$ 的估值记为 $\hat{\boldsymbol{L}}$，$\tilde{\boldsymbol{X}}$ 的估值记为 $\hat{\boldsymbol{X}}$，定义：

$$\hat{\boldsymbol{L}}=\boldsymbol{L}+\boldsymbol{V},\ \hat{\boldsymbol{X}}=\boldsymbol{X}^0+\hat{\boldsymbol{x}} \tag{4-2-28}$$

式中，$\boldsymbol{V}$ 为**观测值的改正数向量**，在讨论其统计性质时，$\boldsymbol{V}$ 又被称为**残差**；$\hat{\boldsymbol{x}}$ 为 $\boldsymbol{X}^0$ 的改正数向量，通常称为**参数改正数**。

在后面章节中阐述基本平差原理时，平差的函数模型一般直接用平差值形式代替真值形式列出。鉴于此，四种经典平差的线性形式函数模型可总结如下。

条件平差：

$$\underset{r\times n}{\boldsymbol{A}}\ \underset{n\times 1}{\boldsymbol{V}}-\underset{r\times 1}{\boldsymbol{W}}=\underset{r\times 1}{\boldsymbol{0}} \tag{4-2-29}$$

附有参数的条件平差：

$$\underset{c\times n}{\boldsymbol{A}}\ \underset{n\times 1}{\boldsymbol{V}}+\underset{c\times u}{\boldsymbol{B}}\ \underset{u\times 1}{\hat{\boldsymbol{x}}}-\underset{c\times 1}{\boldsymbol{W}}=\underset{c\times 1}{\boldsymbol{0}} \tag{4-2-30}$$

间接平差：

$$\underset{n\times 1}{\boldsymbol{V}}=\underset{n\times t}{\boldsymbol{B}}\ \underset{t\times 1}{\hat{\boldsymbol{x}}}-\underset{n\times 1}{\boldsymbol{l}} \tag{4-2-31}$$

附有限制条件的间接平差：

$$\left.\begin{aligned}\underset{n\times 1}{\boldsymbol{V}}&=\underset{n\times u}{\boldsymbol{B}}\ \underset{u\times 1}{\hat{\boldsymbol{x}}}-\underset{n\times 1}{\boldsymbol{l}}\\ \underset{s\times u}{\boldsymbol{C}}\ \underset{u\times 1}{\hat{\boldsymbol{x}}}-\underset{s\times 1}{\boldsymbol{W}_x}&=\underset{s\times 1}{\boldsymbol{0}}\end{aligned}\right\} \tag{4-2-32}$$

从以上函数模型可以看出构造模型的元素、方程的个数等内容，本教材将会在第 5 章、第 6 章中详细介绍这几种模型的适用条件及使用方法。

4.2.2 随机模型

随机模型是平差时观测值定权的依据。随机模型描述了随机量(如观测值)的统计性质,即观测值的精度及各观测值之间可能存在的随机相关性等的关系式,它是经验上的一种近似关系。随机模型通常用方差-协方差阵表示,即

$$\underset{n\times n}{\boldsymbol{D}}=\sigma_0^2\underset{n\times n}{\boldsymbol{Q}}=\sigma_0^2\underset{n\times n}{\boldsymbol{P}^{-1}} \tag{4-2-33}$$

式中,$\boldsymbol{D}$, $\boldsymbol{Q}$, $\boldsymbol{P}$ 分别为观测值 $\boldsymbol{L}$ 的方差-协方差阵、协因数阵(权逆阵)和权阵,其中 $\boldsymbol{P}$ 和 $\boldsymbol{Q}$ 互为逆阵,σ_0^2 为单位权方差。

习惯上,只有观测值的 $\boldsymbol{D}$, $\boldsymbol{Q}$, $\boldsymbol{P}$ 三个矩阵是可以省略下标的,除观测值以外的其他随机量,下标不能省略,例如参数估值的方差-协方差阵、协因数阵和权阵要写为 $\boldsymbol{D}_{\hat{X}\hat{X}}$, $\boldsymbol{Q}_{\hat{X}\hat{X}}$, $\boldsymbol{P}_{\hat{X}\hat{X}}$。

观测量 $\boldsymbol{L}$ 的随机性是由观测误差 $\boldsymbol{\Delta}$ 的随机性决定的,参考式(3-1-6),有 $D(\boldsymbol{L})=D(\boldsymbol{\Delta})$,该式称为经典平差的随机模型。

4.2.3 高斯-马尔柯夫模型

高斯-马尔柯夫模型(G-M 模型)是经典测量平差中最基础也是应用最广的一种线性模型。其函数模型和随机模型分别为

$$\tilde{\boldsymbol{L}}=\boldsymbol{L}+\boldsymbol{\Delta}=\boldsymbol{B}\tilde{\boldsymbol{X}},\ E(\boldsymbol{\Delta})=\boldsymbol{0} \tag{4-2-34}$$

$$D(\boldsymbol{L})=D(\boldsymbol{\Delta})=\sigma_0^2\boldsymbol{Q}=\sigma_0^2\boldsymbol{P}^{-1} \tag{4-2-35}$$

式(4-2-34)和式(4-2-35)中,观测值 $L_i\sim N(\mu_i,\ \sigma_i^2)$,观测误差 $\Delta_i\sim N(0,\ \sigma_i^2)$, $i=1,\ 2,\ \cdots,\ n$,矩阵 $\boldsymbol{B}$ 为已知的 $n\times t$ 阶系数阵,$\tilde{\boldsymbol{X}}$ 为 $t\times 1$ 维参数向量。$E(\boldsymbol{\Delta})=0$,表示观测误差 $\boldsymbol{\Delta}$ 中仅含有偶然误差。此外,还要假定随机模型式(4-2-35)中观测值权阵 $\boldsymbol{P}$ 为正定矩阵。

由式(4-2-34)可得到间接平差的函数模型式(4-2-17)。所以,G-M 模型中的函数模型是间接平差的函数模型;而 G-M 模型中的随机模型式(4-2-35),则适用于经典平差所有函数模型中对观测值精度、观测误差精度、观测值的权等的关系的定义。

高斯(Gauss, 1809)利用似然函数由该模型导出最小二乘法,并随后(1823 年)指出该模型可以得到参数的最佳估值;马尔柯夫(Markov, 1912)利用最佳线性无偏估计估求该模型的参数。这就是该模型称为高斯-马尔柯夫模型的原因。以上介绍的 G-M 线性模型也称为 G-M 基本模型,后来学者对该基本模型进行了各种推广和扩展,以满足不同条件下的平差需求。

4.3 参数估计与最小二乘原理

在测绘工作中,观测行为本身就是一种随机抽样。测量平差的过程,就是利用有限个抽样值(观测值)构成一组子样,遵循一定的准则,对母体中未知量的真值进行估求。因此,平差中对真值的估计和精度评定的全过程,其实质就是数理统计中的参数估计问题。

4.3.1 参数估计与测量平差

平差问题是由于有多余观测而产生的，无论何种平差方法，其最终目的都是对参数真值 $\widetilde{\boldsymbol{X}}$ 和观测值真值 $\widetilde{\boldsymbol{L}}$（或真误差 $\boldsymbol{\Delta}$）作出某种估计，并对其方差和协方差作出估计（精度评定），将这种对未知量数值大小的估计和对未知量方差-协方差的估计统称为**平差模型的参数估计**。

常用的点估计（定值估计）方法有：矩法、最大似然法、子样中位数法、截尾法等。平差中采用的是最小二乘法，当观测值母体服从正态分布时，可以从最大似然法导出，故也有将最小二乘法看作是最大似然法的特殊情况。当观测值母体为非正态分布时，最小二乘法也是一种估计方法。

由最小二乘准则得出的估计平差模型参数的方法，称为**最小二乘法**，估值称为**最小二乘估值**。最小二乘法最大的**优点**是，在平差过程中可以抵御观测值中含有的大量随机小误差的影响，得到的未知量估值无偏且方差最小。也就是说，当观测值中仅含有偶然误差时，采用最小二乘法可以得到未知量的最优估值。

4.3.2 估计值的最优性质

同样一组观测值，如果在求估计量过程中采用的估计方法（遵循的准则）不同，可能会得到不同的估值。**最优估计量**（也称为最佳估计量），应满足无偏性、一致性和有效性这三个要求。下面将讨论这些性质的统计意义。

1. 无偏性

估计准则确定后，每一组子样得到的估值会由于抽样的随机性影响而有所不同，所以估计量也是随机变量，随着子样容量 n 的增大，无偏估计量的数学期望等于真值。所以，设未知量的真值（理论值）为 θ，其估计量为 $\hat{\theta}$，当 $\hat{\theta}$ 满足

$$E(\hat{\theta}) = \theta \tag{4-3-1}$$

时，称 $\hat{\theta}$ 为 θ 的无偏估计量。

2. 一致性

一致性是要求参数估计量 $\hat{\theta}$ 依概率收敛于 θ。即对于任意小的正数 ε，有

$$\lim_{n\to\infty} P(|\hat{\theta}-\theta| < \varepsilon) = 1 \tag{4-3-2}$$

式中，n 为子样容量。此外，若 $\hat{\theta}$ 同时满足

$$\left.\begin{aligned} &E(\hat{\theta}) = \theta \\ &\lim_{n\to\infty} D(\hat{\theta}) = \lim_{n\to\infty} E[\hat{\theta}-E(\hat{\theta})]^2 = 0 \end{aligned}\right\} \tag{4-3-3}$$

则称 $\hat{\theta}$ 为 θ 的严格一致性估计量。严格一致性估计量一定是一致性估计量（有时证明某估计量满足严格一致性反而要比证明它满足一致性更方便一些）。

3. 有效性

设 $\hat{\theta}_1$，$\hat{\theta}_2$ 是 θ 的两个无偏估计量，若

$$D(\hat{\theta}_1) < D(\hat{\theta}_2) \tag{4-3-4}$$

则称在估计 θ 时 $\hat{\theta}_1$ 比 $\hat{\theta}_2$ 更有效。

此外，在同一参数的所有无偏估计量中，各估计量的方差存在一个下限 $\sigma^2_{\min}$，称为最小方差。若有无偏估计量 $\hat{\theta}$，其方差满足 $D(\hat{\theta})=\sigma^2_{\min}$，则认为 $\hat{\theta}$ 是 θ 的最有效估计量，称为最优估计量。

抽样过程应具备两个重要特性：

(1) 代表性。设 $x_1, x_2, \cdots, x_n$ 为在母体 $\boldsymbol{X}$ 中随机抽取的一组子样（观测值），抽样规定：每一个子样 x_i 应该与母体 $\boldsymbol{X}$ 同分布，并且具有相同的期望和方差，即

$$E(x_i) = E(\boldsymbol{X}) = \mu;\ D(x_i) = D(\boldsymbol{X}) = \sigma^2 \tag{4-3-5}$$

(2) 独立性。抽取的子样之间应相互独立。即

$$\sigma_{x_i x_j} = 0,\ i \neq j \tag{4-3-6}$$

［**例 4-1**］ 子样均值 $\overline{x}$ 是否是母体期望 μ 的无偏估计量？

解　子样均值为 $\overline{x} = \frac{1}{n}(x_1 + x_2 + \cdots + x_n)$，对 $\overline{x}$ 取期望，并根据抽样应具备的代表性，有

$$\begin{aligned} E(\overline{x}) &= \frac{1}{n}[E(x_1) + E(x_2) + \cdots + E(x_n)] \\ &= \frac{1}{n}(\mu + \mu + \cdots + \mu) = \mu \end{aligned}$$

由于 $E(\overline{x})=\mu$，所以，子样均值 $\overline{x}$ 是母体期望 μ 的无偏估计量。

［**例 4-2**］ 子样方差 s^2 是否是母体方差 σ^2 的无偏估计量？

解　子样方差为 $s^2 = \frac{1}{n}\sum_{i=1}^{n}(x_i - \overline{x})^2$

$$\begin{aligned} E(s^2) &= \frac{1}{n}E\Big[\sum_{i=1}^{n}(x_i - \overline{x})^2\Big] \\ &= \frac{1}{n}E\Big\{\sum_{i=1}^{n}[(x_i - \mu) - (\overline{x} - \mu)]^2\Big\} \\ &= \frac{1}{n}[n\sigma^2 - nE(\overline{x} - \mu)^2] \\ &= \frac{n-1}{n}\sigma^2 \end{aligned}$$

由于 $E(s^2) = \frac{n-1}{n}\sigma^2 \neq \sigma^2$，所以，子样方差 s^2 是母体方差 σ^2 的有偏估计量。

测量中常用的**子样无偏方差**（简称方差）的计算式为

$$\hat{\sigma}^2 = \frac{n}{n-1}s^2 = \frac{1}{n-1}\sum_{i=1}^{n}(x_i - \overline{x})^2 = \frac{[VV]}{n-1} \tag{4-3-7}$$

因为 $E(\hat{\sigma}^2) = \frac{n}{n-1}E(s^2) = \frac{n}{n-1} \cdot \frac{n-1}{n}\sigma^2 = \sigma^2$，所以，$\hat{\sigma}^2$ 为母体方差 σ^2 的无偏估计

量，故它也被称为子样无偏方差。

［**例 4 - 3**］ 设对母体 $X \sim N(0, \sigma^2)$ 进行了 $n(n>2)$ 次独立观测，得到 n 个子样观测值 $x_1, x_2, \cdots, x_n$，现分别用任意一个子样 x_i、子样均值 $\overline{x}$、子样中位数 $x_{中}$（将子样值从小到大进行排列，当 n 为奇数时，取最中间的一个子样值为 $x_{中}$，当 n 为偶数时，取最中间两个子样值的平均值为 $x_{中}$）这三种方法对母体期望 μ 进行估计。试问哪一种估计方法能得到最优估计量？

解 从抽样无偏性考虑：$E(x_i)=0$，$E(\overline{x})=0$，$E(x_{中})=0$，故这三种估计方法都是无偏的，所以，对估计量仅有无偏性要求是不够的。

从三种估计方法的方差考虑：$D(x_i)=\sigma^2$，$D(\overline{x})=\dfrac{\sigma^2}{n}$，$D(x_{中})=\dfrac{\pi}{2n}\sigma^2$（观测个数 n 很大时），可见在三种估计法中，子样均值估计法的方差最小且无偏，即该方法具有最优性。

所以，当观测值中仅含有偶然误差时，用子样均值对单一母体的数学期望进行估计，将会得到母体数学期望的最优无偏估计。在第 7.4 节中将证明，经典平差法得到的最小二乘估值是最优估值。

4.3.3 最小二乘原理

下面以一个简单的线性方程拟合为例，说明最小二乘原理的应用。

为了确定某质点的近似线性运动的轨迹，获取了多个坐标值 (t_i, y_i)，如图 4 - 1 所示。设纵坐标值 y_i 为因变量（是观测值，有观测误差），横坐标（时间轴）值 t_i 为自变量（无观测误差），可以拟合出线性方程来表示质点的运动轨迹：

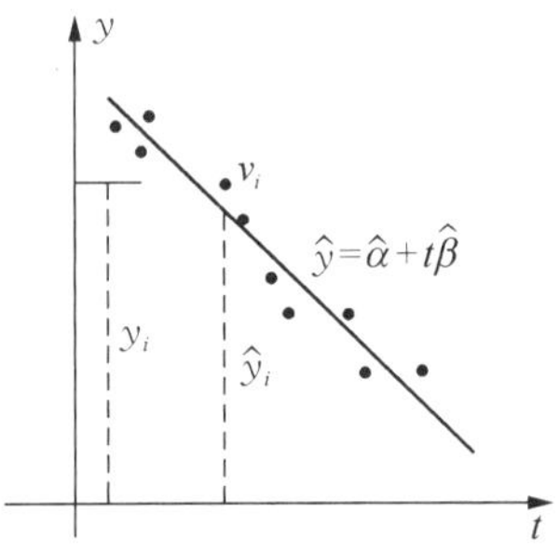

图 4 - 1

$$\hat{y}=\hat{\alpha}+t\hat{\beta} \tag{4-3-8}$$

式中，$\hat{\alpha}$ 和 $\hat{\beta}$ 是未知的待估参数。理论上，如果观测值不存在误差，则只要在任意两个时间点 $t_i, t_j (i \neq j)$ 观测到质点的两个纵坐标值 y_i, y_j，并分别将这两组坐标值 (t_i, y_i)，(t_j, y_j) 代入式（4 - 3 - 8）建立两个方程，就可解出参数值。但在实际过程中，y_i 是有观测误差的，所以必须要有较多的多余观测，以便减少观测误差对参数估值的影响。

如图 4 - 1 所示，以时间 t 为横轴，观测值 y 为纵轴绘制观测散点图。最理想的状态是选择的估值 $\hat{\alpha}$ 和 $\hat{\beta}$ 可以使拟合的直线通过所有的散点，但由于观测误差的存在，无法满足这个要求。退而求其次，可以要求拟合的直线离每一个观测点都很近，即每一点（设为第 i 点）与该拟合直线在 y 轴上的偏差量 v_i 达到最小，并且该拟合直线能描述出质点运动轨迹的总体趋势，该拟合直线方程也称为回归方程。

设在不同时刻 $t_1, t_2, \cdots, t_n$ 得到质点位置的观测值为 $y_1, y_2, \cdots, y_n$，观测值对应的改正数（或称为残差）设为 $v_1, v_2, \cdots, v_n$。其中，$v_i=\hat{y}_i-y_i$，$\hat{y}_i$ 为拟合直线在 t 轴值为 t_i 时 y 轴上的值，也称为观测值 y_i 的平差值（估值）。将式（4 - 3 - 8）构造的 t_i 和 $\hat{y}_i$ 的关系式代入改正数公式：$v_i=\hat{y}_i-y_i$，可建立 n 个误差方程：

$$v_i=\hat{y}_i-y_i=\hat{\alpha}+t_i\hat{\beta}-y_i,\ i=1, 2, \cdots, n \tag{4-3-9}$$

回归分析（拟合）中的误差方程都可以照式（4 - 3 - 9）列立，即残差总是等于估值 $\hat{y}_i$ 减去

观测值 y_i，然后用 $\hat{y}_i$ 代入回归方程中的待估参数，构成误差方程。

若令

$$\underset{n\times1}{\boldsymbol{Y}}=\begin{bmatrix}y_1\\y_2\\\vdots\\y_n\end{bmatrix},\ \underset{n\times2}{\boldsymbol{B}}=\begin{bmatrix}1&t_1\\1&t_2\\\vdots&\vdots\\1&t_n\end{bmatrix},\ \underset{2\times1}{\hat{\boldsymbol{X}}}=\begin{bmatrix}\hat{\alpha}\\\hat{\beta}\end{bmatrix},\ \underset{n\times1}{\boldsymbol{V}}=\begin{bmatrix}v_1\\v_2\\\vdots\\v_n\end{bmatrix}$$

则式(4－3－9)的矩阵形式为

$$\boldsymbol{V}=\boldsymbol{B}\hat{\boldsymbol{X}}-\boldsymbol{Y}\tag{4-3-10}$$

式(4－3－10)也是间接平差的函数模型。式中，方程有 n 个，待求未知量是改正数 $\boldsymbol{V}$ 和参数估值 $\hat{\boldsymbol{X}}$，共有 $n+t(t=2)$ 个，所以方程组解不定。为使方程组的参数解唯一，必须引入某种附加准则。现讨论以下这些准则是否适用：

（1）残差代数和最小原则：$\sum_{i=1}^{n}v_i=v_1+v_2+\cdots+v_n=\min$。因为残差中有正有负，取代数和时会抵消一部分而不能反映出真实的误差，所以这个准则是不合适的。

（2）残差绝对值代数和最小原则：$\sum_{i=1}^{n}|v_i|=|v_1|+|v_2|+\cdots+|v_n|=\min$。这个准则理论上是可以使用的，它可以保证在各观测值的改正数 v_i 最小的情况下对参数进行估计。但由于取绝对值会给计算带来一定的麻烦，所以经典平差也不采用这个原则（近代平差的稳健估计法中会使用此准则）。

（3）**最小二乘原则**：$\sum_{i=1}^{n}v_i^2=v_1^2+v_2^2+\cdots+v_n^2=\min$。这一准则既不用考虑残差的符号问题，又可以满足残差最小的要求，所以是具有实用性的准则，也是经典平差遵循的准则。最小二乘原则的矩阵形式为

$$\boldsymbol{V}^{\mathrm{T}}\boldsymbol{V}=\min\tag{4-3-11}$$

当观测值不等权时，设观测值的权阵为 $\boldsymbol{P}$，最小二乘原则为

$$\boldsymbol{V}^{\mathrm{T}}\boldsymbol{P}\boldsymbol{V}=\min\tag{4-3-12}$$

将最小二乘原则式(4－3－11)作用于式(4－3－10)，有

$$\boldsymbol{V}^{\mathrm{T}}\boldsymbol{V}=(\boldsymbol{B}\hat{\boldsymbol{X}}-\boldsymbol{Y})^{\mathrm{T}}(\boldsymbol{B}\hat{\boldsymbol{X}}-\boldsymbol{Y})=\min\tag{4-3-13}$$

在此准则下，可求出参数的最小二乘估值 $\hat{\boldsymbol{X}}$（即 $\hat{\alpha}$，$\hat{\beta}$）。概率论与数理统计中，$\hat{\alpha}$，$\hat{\beta}$的求解过程如下：

将式(4－3－11)的最小二乘准则作用于式(4－3－9)的误差方程上，有

$$Q(\hat{\alpha},\hat{\beta})=v_1^2+v_2^2+\cdots+v_n^2=\sum_{i=1}^{n}(\hat{\alpha}+t_i\hat{\beta}-y_i)^2=\min\tag{4-3-14}$$

为使 $\hat{\alpha}$ 和 $\hat{\beta}$ 的取值能满足式(4－3－14)，可用 $Q(\hat{\alpha},\hat{\beta})$分别对 $\hat{\alpha}$ 和 $\hat{\beta}$ 求偏导并令其为零，即

$$\left.\begin{aligned}\frac{\partial Q(\hat{\alpha},\ \hat{\beta})}{\partial \hat{\alpha}} = 0 \\ \frac{\partial Q(\hat{\alpha},\ \hat{\beta})}{\partial \hat{\beta}} = 0\end{aligned}\right\} \tag{4-3-15}$$

由式(4-3-15)得到两个关于 $\hat{\alpha}$, $\hat{\beta}$ 的方程,由这两个方程可求得 $\hat{\alpha}$, $\hat{\beta}$ 的唯一解,也称为最小二乘解。再将参数估值 $\hat{\alpha}$ 和 $\hat{\beta}$ 代入式(4-3-8),就可得到关于观测值 y 和自变量 t 的一元线性拟合方程(回归方程)。

以上就是用最小二乘原理建立一元线性方程的方法。所以,只要是形如式(4-3-10)的线性模型参数估计问题,且观测值服从正态分布,都可以按照最小二乘原则进行参数估计。

平差过程中,当观测值等权时,其权阵 $\boldsymbol{P}=\boldsymbol{I}$,按 $\boldsymbol{V}^{\mathrm{T}}\boldsymbol{V} = \sum_{i=1}^{n} v_i^2 = v_1^2 + v_2^2 + \cdots + v_n^2 = \min$ 的原则平差;当观测值不等权但相互独立时,其权阵 $\boldsymbol{P}$ 为对角阵,按 $\boldsymbol{V}^{\mathrm{T}}\boldsymbol{P}\boldsymbol{V} = \sum_{i=1}^{n} p_i v_i^2 = p_1 v_1^2 + p_2 v_2^2 + \cdots + p_n v_n^2 = \min$ 的原则平差;当观测值之间相关时,其权阵 $\boldsymbol{P}$ 为非对角阵,仍按 $\boldsymbol{V}^{\mathrm{T}}\boldsymbol{P}\boldsymbol{V} = \min$ 的原则平差,此时的平差称为**相关平差**。

4.3.4 最小二乘原则与极大似然原则

极大似然法常用于估计母体分布中的参数,也称其为最大或然法、最或然法,按此法估计得到的参数估值称为**最或然值**。极大似然原理:设母体分布的概率密度函数为 $f(x,\ \theta_1,\ \theta_2,\ \cdots,\ \theta_k)$,从母体中抽得子样 $x_1,\ x_2,\ \cdots,\ x_n$,设各子样相互独立,故它们的联合分布概率密度函数为

$$G = G(x_1,\ x_2,\ \cdots,\ x_n;\ \theta_1,\ \theta_2,\ \cdots,\ \theta_k) = \prod_{i=1}^{n} f(x_i;\ \theta_1,\ \theta_2,\ \cdots,\ \theta_k) \tag{4-3-16}$$

式中,$\theta_1,\ \theta_2,\ \cdots,\ \theta_k$ 被看作是固定但未知的参数。如果将 $x_1,\ x_2,\ \cdots,\ x_n$ 看成是固定值,则 G 就是关于 $\theta_1,\ \theta_2,\ \cdots,\ \theta_k$ 的函数,称其为似然函数。一种直观的想法是,哪一组参数值使已经抽取的样本值 $x_1,\ x_2,\ \cdots,\ x_n$ 出现的可能性最大,那这一组参数可能就是最接近真值的参数,就将它作为参数的估值。从似然函数也是概率密度函数的角度来看,如果一组参数的估值使概率密度函数达到最大,则观测的子样值出现的可能性也达到最大。所以,求参数的极大似然估值,就归结为求似然函数 G 的最大值点。

设有观测值向量及其期望和方差-协方差阵为

$$\boldsymbol{L} = \begin{bmatrix} L_1 \\ L_2 \\ \vdots \\ L_n \end{bmatrix},\ \boldsymbol{\mu}_L = \begin{bmatrix} \mu_1 \\ \mu_2 \\ \vdots \\ \mu_n \end{bmatrix},\ \boldsymbol{D} = \boldsymbol{D}_{LL} = \begin{bmatrix} \sigma_1^2 & \sigma_{12} & \cdots & \sigma_{1n} \\ \sigma_{21} & \sigma_2^2 & \cdots & \sigma_{2n} \\ \vdots & \vdots & & \vdots \\ \sigma_{n1} & \sigma_{n2} & \cdots & \sigma_n^2 \end{bmatrix} \tag{4-3-17}$$

设观测值向量服从正态分布,即 $L_i \sim N(\mu_i,\ \sigma_i^2)$。当观测值相互独立时,其方差-协方差阵 $\boldsymbol{D}$ 为对角阵。

由极大似然准则可知,似然函数 G[即 n 维正态随机变量的联合分布概率密度函数式

(2-1-16)]为

$$G = f(L_1, L_2, \cdots, L_n) = \frac{1}{(2\pi)^{\frac{n}{2}} \mid \boldsymbol{D}_{LL} \mid^{\frac{1}{2}}} e^{-\frac{1}{2}(\boldsymbol{L}-\boldsymbol{\mu}_L)^{\mathrm{T}}\boldsymbol{D}^{-1}(\boldsymbol{L}-\boldsymbol{\mu}_L)} \tag{4-3-18}$$

根据极大似然原理，在似然函数 G 达到最大时，对参数进行估计。观察式(4-3-18)，似然函数 G 是一个负指数函数，故要求 G 取最大值时，必须使指数函数最小，即正态分布的极大似然准则也可为

$$(\boldsymbol{L}-\boldsymbol{\mu}_L)^{\mathrm{T}}\boldsymbol{D}^{-1}(\boldsymbol{L}-\boldsymbol{\mu}_L) = \min \tag{4-3-19}$$

式(4-3-19)中，设 $\boldsymbol{\Delta}=\boldsymbol{\mu}_L-\boldsymbol{L}$，$\boldsymbol{\Delta}$ 是真误差。顾及式(4-2-35)，式(4-3-19)可写为

$$\boldsymbol{\Delta}^{\mathrm{T}}\boldsymbol{D}^{-1}\boldsymbol{\Delta} = \sigma_0^{-2}\boldsymbol{\Delta}^{\mathrm{T}}\boldsymbol{P}\boldsymbol{\Delta} = \min \tag{4-3-20}$$

式中，σ_0^{-2} 为常量。所以式(4-3-20)可简化为

$$\boldsymbol{\Delta}^{\mathrm{T}}\boldsymbol{P}\boldsymbol{\Delta} = \min \tag{4-3-21}$$

若在式(4-3-19)中用观测值的估值 $\hat{\boldsymbol{L}}$ 取代其期望值 $\boldsymbol{\mu}_L$，顾及改正数 $\boldsymbol{V}=\hat{\boldsymbol{L}}-\boldsymbol{L}$，推导过程同上，同样可得：

$$\boldsymbol{V}^{\mathrm{T}}\boldsymbol{P}\boldsymbol{V} = \min \tag{4-3-22}$$

式(4-3-22)即为最小二乘原则。从以上过程也可以看出，改正数 $\boldsymbol{V}$ 作为 $\boldsymbol{\Delta}$ 的估值，它具有与 $\boldsymbol{\Delta}$ 相同的统计性质。

由以上过程可见，观测值为正态随机变量时，可以从极大似然准则推导出最小二乘准则，所以参数的最小二乘估值也称为最或然值。此外，在使用极大似然法时，必须知道母体的分布，由此法得到的参数估值也是渐近有效的；而使用最小二乘法时可以不知道母体服从什么分布，只要知道观测值的权阵(或方差阵)，就可以进行参数估计，且由最小二乘法得到的参数估值，也是最优无偏的(观测值仅含偶然误差时)。这也是两种估计法的区别所在。

1826 年，高斯为了使最小二乘法得到广泛应用，放弃了观测误差服从正态分布的假定，证明只要观测值相互独立，观测误差的数学期望 $E(\boldsymbol{\Delta})=\boldsymbol{0}$，用矩阵 $\boldsymbol{D}$ 代表观测值精度，也可导出同样的最小二乘准则；1974 年，田斯特拉(J. M. Tiestra)提出了相关平差的理论，将经典最小二乘法观测值之间相互独立的要求，推广到了观测值之间相关的情况，其适用公式的形式均满足式(4-3-21)和式(4-3-22)。

习　题　4

[4-1]　什么是参数估计？为什么说测量平差实质上就是参数估计？

[4-2]　母体、子样和统计量都是什么量？各有什么特点？

[4-3]　什么是抽样？对抽样有哪些要求？

[4-4]　什么是最大似然估计？什么是最小二乘估计？两者有何关系？

[4-5]　点估计评选标准中的无偏性和有效性指的是什么？为什么要同时提出这两个要求？

[4-6]　什么是最优无偏估值？最小二乘估值是否是最优无偏估值？

5 条件平差

条件平差问题，是利用观测值之间存在的函数关系列出条件方程（前提是要有多余观测值），再引入最小二乘原则进行约束，求出改正数和观测值的平差值，并评定平差值（及平差值函数）的精度。本章阐述了条件平差原理，介绍了控制网条件方程数的确定、条件方程的列立及条件平差过程。此外，对附有参数的条件平差法也进行了介绍。

5.1 条件平差原理

平差的前提条件是有多余观测，条件平差法自然也不例外。用 r 表示多余观测数，则有

$$r=n-t \tag{5-1-1}$$

即多余观测数等于观测值个数 n 减去必要观测数 t。当观测值个数多于 t 个时，每增加一个观测值，就会产生一个相应的函数关系式，这种函数关系式就称为条件方程，可见，**条件方程个数就是多余观测数** r。

确定了条件方程个数后，接下来就是列立条件方程式。其方法是将观测值的平差值之间独立的几何关系或物理关系用函数式表示出来，非线性函数式要线性化，得到如式(4-2-2)的条件平差函数模型：

$$\underset{r\times n}{\boldsymbol{A}}\ \underset{n\times 1}{\hat{\boldsymbol{L}}}+\underset{r\times 1}{\boldsymbol{A}_0}=\underset{r\times 1}{\boldsymbol{0}} \tag{5-1-2}$$

式(5-1-2)称为平差值条件方程式，就是消除几何矛盾以后，观测值的平差值 $\hat{\boldsymbol{L}}$ 应该满足的函数关系式。条件方程的列立可以从该式入手。

考虑到，

$$\underset{n\times 1}{\hat{\boldsymbol{L}}}=\underset{n\times 1}{\boldsymbol{L}}+\underset{n\times 1}{\boldsymbol{V}} \tag{5-1-3}$$

将式(5-1-3)代入式(5-1-2)，整理后得

$$\underset{r\times n}{\boldsymbol{A}}\ \underset{n\times 1}{\boldsymbol{V}}-\underset{r\times 1}{\boldsymbol{W}}=\underset{r\times 1}{\boldsymbol{0}} \tag{5-1-4}$$

式(5-1-4)称为**改正数条件方程**（简称**条件方程**或**条件式**）。式中，$\boldsymbol{A}$ 为系数阵；$\boldsymbol{V}$ 为改正数向量；$\boldsymbol{W}$ 为闭合差向量。闭合差的计算式为

$$\underset{r\times 1}{\boldsymbol{W}}=-(\underset{r\times n}{\boldsymbol{A}}\ \underset{n\times 1}{\boldsymbol{L}}+\underset{r\times 1}{\boldsymbol{A}_0}) \tag{5-1-5}$$

式中，$\boldsymbol{L}$ 为观测值向量；$\boldsymbol{A}_0$ 为常数向量。

非线性形式的条件方程的线性化与闭合差的计算式可参考式(4-2-5)—式(4-2-7)。

条件平差的随机模型为

$$\underset{n\times n}{\boldsymbol{D}} = \sigma_0^2 \underset{n\times n}{\boldsymbol{Q}} = \sigma_0^2 \underset{n\times n}{\boldsymbol{P}}^{-1} \tag{5-1-6}$$

式中，$\boldsymbol{D}$, $\boldsymbol{Q}$, $\boldsymbol{P}$ 分别为观测值向量的方差阵、协因数阵和权阵(参考 4.2.2 节)。

平差的准则为

$$\boldsymbol{V}^{\mathrm{T}}\boldsymbol{PV} = \min \tag{5-1-7}$$

5.1.1 条件方程的列立

先举一个简单的例子：平面三角形观测了三个内角值 L_1, L_2, L_3，求观测值的平差值 $\hat{L}_1$, $\hat{L}_2$, $\hat{L}_3$。

该例中，观测值个数 $n=3$，而确定一个三角形形状只需观测 2 个内角，即必要观测数 $t=2$，所以，多余观测数 $r=n-t=1$，即该例的条件方程个数等于 1。

由于有多余观测值及观测误差存在，观测值间会产生矛盾：$L_1+L_2+L_3\neq 180°$，故需要进行平差计算。

可以这样考虑，观测值经平差后，得到平差值 $\hat{L}_1$, $\hat{L}_2$, $\hat{L}_3$，它们之间已消除了几何矛盾，应该满足关系式：

$$\hat{L}_1+\hat{L}_2+\hat{L}_3=180° \tag{5-1-8}$$

式(5-1-8)即为平差值条件式。对照式(5-1-2)，有

$$\boldsymbol{A}=[1\quad 1\quad 1],\ \hat{\boldsymbol{L}}=[\hat{L}_1\quad \hat{L}_2\quad \hat{L}_3]^{\mathrm{T}},\ A_0=-180°$$

考虑 $\hat{L}_i=L_i+v_i$，将平差值条件式(5-1-8)分解为

$$v_1+v_2+v_3+L_1+L_2+L_3-180°=0$$

得条件方程及其闭合差：

$$v_1+v_2+v_3-W=0 \tag{5-1-9}$$

$$W=-(L_1+L_2+L_3-180°) \tag{5-1-10}$$

所以，**列条件方程的步骤**是：确定条件方程的个数 r；根据几何关系列立线性不相关的平差值条件式(非线性关系式还须化为线性)；再将平差值条件式分解为包含改正数的 $\boldsymbol{AV}$ 部分和闭合差 $\boldsymbol{W}$ 部分($\boldsymbol{W}$ 包含观测值 $\boldsymbol{L}$ 及常数 $\boldsymbol{A}_0$)，并且 $\boldsymbol{W}$ 取负号。

再以一个水准网为例。图 5-1 所示为一水准网，已知 A 点高程 H_A，观测值为各段高差 $h_1\sim h_8$，求待定点 a, b, c, d 的高程(如图 5-1 所示，水准控制网中，已知点用“⊗”表示，待定点用“○”表示)。

当网中有一个已知高程点时，水准网平差的必要观测数为网中的待定点数，即 $t=4$。

该水准网列平差值条件式的思路为：若观测高差之间消除了几何矛盾，则依某一方向绕行图中任一环线并回到起点，其高差闭合差必须等于零。现选择 4 个独立闭合小环线 $cAdc$, $AadA$, $abda$, $bcdb$，将每个环内的高差平差值之和等于零构成函数关系，并注意：顺着箭头方向的高差值符号不变，反箭头方

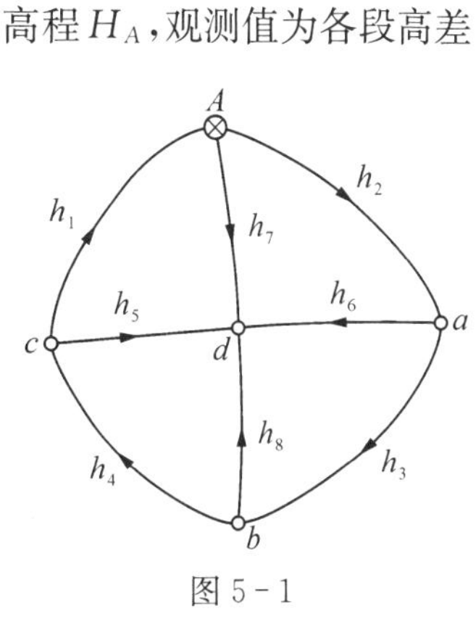

图 5-1

向的高差值反号。

此题：$n=8$，$t=4$，$r=4$，故有 4 个条件方程。

平差值条件式为

$$\left.\begin{aligned}\hat{h}_1-\hat{h}_5+\hat{h}_7=0\\ \hat{h}_2+\hat{h}_6-\hat{h}_7=0\\ \hat{h}_3-\hat{h}_6+\hat{h}_8=0\\ \hat{h}_4+\hat{h}_5-\hat{h}_8=0\end{aligned}\right\}$$

将上式化为条件方程为

$$\left.\begin{aligned}v_1-v_5+v_7-w_a=0\\ v_2+v_6-v_7-w_b=0\\ v_3-v_6+v_8-w_c=0\\ v_4+v_5-v_8-w_d=0\end{aligned}\right\}$$

闭合差为

$$\left.\begin{aligned}w_a=-(h_1-h_5+h_7)\\ w_b=-(h_2+h_6-h_7)\\ w_c=-(h_3-h_6+h_8)\\ w_d=-(h_4+h_5-h_8)\end{aligned}\right\}$$

对照式(5-1-4)，有

系数阵 $\boldsymbol{A}=\begin{bmatrix}1&0&0&0&-1&0&1&0\\0&1&0&0&0&1&-1&0\\0&0&1&0&0&-1&0&1\\0&0&0&1&1&0&0&-1\end{bmatrix}$，常数向量 $\boldsymbol{A}_0=\begin{bmatrix}0\\0\\0\\0\end{bmatrix}$，

闭合差向量 $\boldsymbol{W}=\begin{bmatrix}w_a\\w_b\\w_c\\w_d\end{bmatrix}$，改正数向量 $\boldsymbol{V}=\begin{bmatrix}v_1&v_2&v_3&v_4&v_5&v_6&v_7&v_8\end{bmatrix}^{\mathrm{T}}$。

可见条件方程中，矩阵 $\boldsymbol{A}$、向量 $\boldsymbol{A}_0$ 和 $\boldsymbol{W}$ 都可根据已知条件及观测值等计算出矩阵中元素的值。换言之，一般情况下它们可视为常数矩阵，而向量 $\boldsymbol{V}$ 为未知量，需要通过平差确定它的值。

在列条件方程时要注意：①**条件方程应该足数且彼此间线性不相关**；②列条件方程时要把所有的观测值都用到，即每一个观测值如无特殊情况，均应参与平差。

条件平差时，只要列立了一组足数且彼此间线性不相关的条件方程进行平差，其得到的观测值平差值 $\hat{L}_i$ 肯定会满足与这些独立条件方程线性相关但未列出来参与平差的那些条件方程。以图 5-1 为例，观测值的平差值只是同时满足了 4 个独立环线的几何条件，但平差后，整个图形中所有环线的几何条件均会满足，即观测值之间的矛盾都已消除。这种情形并不限于水准网，它适用于所有的平差问题。

在一个平差问题中，条件方程的个数是固定不变的，至于选择哪一组线性无关的条件方程，可以根据计算的方便而决定。

5.1.2 法方程及改正数方程

条件方程式(5-1-4)为

$$\boldsymbol{A}\boldsymbol{V}-\boldsymbol{W}=\boldsymbol{0} \tag{5-1-11}$$

式中,系数阵的秩为 $R(\boldsymbol{A})=r$,增广矩阵的秩为 $R(\boldsymbol{A}|\boldsymbol{W})=r$,所以式(5-1-11)是相容线性方程组,有确定解。但该方程组中,方程式个数为 r,未知数 $\boldsymbol{V}$ 的个数为 n,而 $n>r$,因此,方程组有解但解不唯一,要遵循最小二乘原则,得到方程组的唯一解。

为了使改正数 $\boldsymbol{V}$ 的解既满足条件方程式(5-1-11),又能遵循最小二乘原则 $\boldsymbol{V}^{\mathrm{T}}\boldsymbol{P}\boldsymbol{V}=\min$,可按求条件极值的拉格朗日乘数法,构成拉格朗日函数:

$$\boldsymbol{\Phi}=\boldsymbol{V}^{\mathrm{T}}\boldsymbol{P}\boldsymbol{V}-2\boldsymbol{K}^{\mathrm{T}}(\boldsymbol{A}\boldsymbol{V}-\boldsymbol{W}) \tag{5-1-12}$$

式中,$-2\boldsymbol{K}^{\mathrm{T}}$ 为拉格朗日乘系数向量(平差中又称为**联系数**向量),有

$$\underset{r\times1}{\boldsymbol{K}^{\mathrm{T}}}=[k_{\mathrm{a}}\quad k_{\mathrm{b}}\quad\cdots\quad k_r] \tag{5-1-13}$$

用 $\boldsymbol{\Phi}$ 对 $\boldsymbol{V}$ 求一阶导数,并令求导方程等于零,有

$$\left.\begin{aligned}\frac{\mathrm{d}\boldsymbol{\Phi}}{\mathrm{d}\boldsymbol{V}}&=2\boldsymbol{V}^{\mathrm{T}}\boldsymbol{P}-2\boldsymbol{K}^{\mathrm{T}}\boldsymbol{A}=\boldsymbol{0}\\ \boldsymbol{V}^{\mathrm{T}}\boldsymbol{P}-\boldsymbol{K}^{\mathrm{T}}\boldsymbol{A}&=\boldsymbol{0}\end{aligned}\right\} \tag{5-1-14}$$

将式(5-1-14)转置得

$$\boldsymbol{P}^{\mathrm{T}}\boldsymbol{V}-\boldsymbol{A}^{\mathrm{T}}\boldsymbol{K}=\boldsymbol{0} \tag{5-1-15}$$

考虑到观测值权阵 $\boldsymbol{P}$ 为对称阵,有 $\boldsymbol{P}=\boldsymbol{P}^{\mathrm{T}}$,且协因数阵 $\boldsymbol{Q}=\boldsymbol{P}^{-1}$,可从式(5-1-15)得到

$$\underset{n\times1}{\boldsymbol{V}}=\underset{n\times n}{\boldsymbol{P}^{-1}}\underset{n\times r}{\boldsymbol{A}^{\mathrm{T}}}\underset{r\times1}{\boldsymbol{K}}=\boldsymbol{Q}\boldsymbol{A}^{\mathrm{T}}\boldsymbol{K} \tag{5-1-16}$$

式(5-1-16)称为**改正数方程**。

由求导数等于零得到的式(5-1-16)和条件方程式(5-1-11),可组成**基础方程**:

$$\left.\begin{aligned}\boldsymbol{A}\boldsymbol{V}-\boldsymbol{W}&=\boldsymbol{0}\\ \boldsymbol{V}&=\boldsymbol{Q}\boldsymbol{A}^{\mathrm{T}}\boldsymbol{K}\end{aligned}\right\} \tag{5-1-17}$$

将基础方程的两式合并,得

$$\underset{r\times n}{\boldsymbol{A}}\underset{n\times n}{\boldsymbol{Q}}\underset{n\times r}{\boldsymbol{A}^{\mathrm{T}}}\underset{r\times1}{\boldsymbol{K}}-\underset{r\times1}{\boldsymbol{W}}=\underset{r\times1}{\boldsymbol{0}} \tag{5-1-18}$$

式(5-1-18)称为联系数**法方程**(简称法方程),可见法方程是由最小二乘原则作用于条件方程而产生的。法方程中有 r 个方程,求 r 个未知数 $\underset{r\times1}{\boldsymbol{K}}$。

将法方程的系数阵用 $\boldsymbol{N}$ 表示:

$$\boldsymbol{N}=\boldsymbol{A}\boldsymbol{Q}\boldsymbol{A}^{\mathrm{T}} \tag{5-1-19}$$

则法方程式(5-1-18)简化为

$$\underset{r\times r}{\boldsymbol{N}}\underset{r\times1}{\boldsymbol{K}}-\underset{r\times1}{\boldsymbol{W}}=\underset{r\times1}{\boldsymbol{0}} \tag{5-1-20}$$

法方程系数阵 **N** 的秩为

$$R(\underset{r\times r}{\boldsymbol{N}}) = R(\boldsymbol{AQA}^{\mathrm{T}}) = r \tag{5-1-21}$$

即 **N** 是一个满秩对称方阵，可逆，且只有唯一逆。所以，由法方程可得到联系数向量 **K** 的唯一解：

$$\boldsymbol{K} = \boldsymbol{N}^{-1}\boldsymbol{W} \tag{5-1-22}$$

得到 **K** 不是最终目标，只有将解得的 **K** 代入改正数方程式(5-1-16)，计算出观测值的改正数向量 **V** 才是最终目的。计算出的改正数向量 **V** 不仅满足所有条件方程，也满足 $\boldsymbol{V}^{\mathrm{T}}\boldsymbol{PV}=\min$ 的要求。然后，可求得观测值的平差值 $\hat{\boldsymbol{L}}$：

$$\hat{\boldsymbol{L}} = \boldsymbol{L} + \boldsymbol{V} \tag{5-1-23}$$

通过观测值的平差值 $\hat{\boldsymbol{L}}$，可以进一步计算一些未知量(如待定点的高程、待定点的坐标以及边的长度、某一方向的方位角等)的最或然值(平差值)。

由法方程的解[式(5-1-22)]可知，保证法方程有唯一解的关键是法方程的系数阵 **N** 是一个满秩方阵，矩阵 **N** 满秩的前提是 r 个条件方程是线性不相关的，即条件方程的系数阵 **A** 是行满秩的。因此，在列条件方程时一定要注意保持条件方程间线性无关。

5.2 条件平差法求平差值的计算步骤

综上所述，条件平差法求平差值的计算步骤如下：

(1) 根据实际问题，计算出条件方程的个数 r，r 为多余观测数，即 $r=n-t$；

(2) 确定观测值的权阵 **P**，权阵中观测值的权 p_i 的排列顺序应与改正数 **V** 的顺序完全相同；

(3) 参照式(5-1-4)，列立条件方程，得到条件方程组的系数阵 **A** 和闭合差向量 **W**；

(4) 参照式(5-1-18)，组成法方程，得到法方程的系数阵 **N**，**N** 的阶数为 $r\times r$；

(5) 根据式(5-1-22)解算法方程，得到 r 个联系数 **K** 的值；

(6) 将得到的联系数向量 **K** 代入改正数方程式(5-1-16)，计算出观测值的改正数向量 **V**，并根据式(5-1-23)计算出观测值的平差值 $\hat{\boldsymbol{L}}$。

现以一个简单的水准网为例，用条件平差法进行平差计算。

[例 5-1] 在图 5-2 所示水准网中，A，B，C，D 是已知水准点，E，F 为待定点。已知水准点的高程、各水准路线的长度及观测的高差值，如表 5-1 所列。

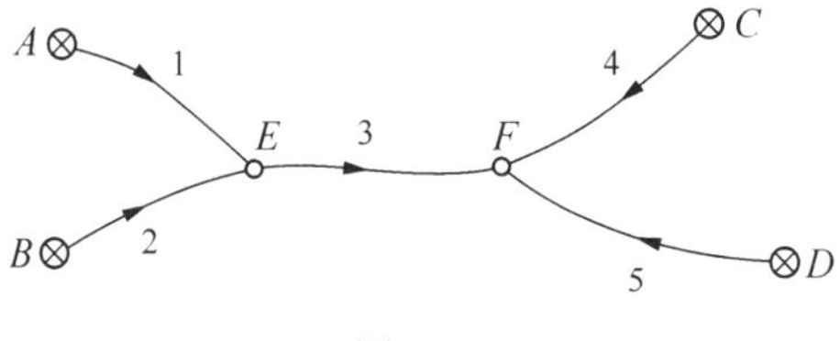

图 5-2

表 5-1

线号	高差观测值 h/m	路线长度 s/km	改正数 v/mm	高差平差值 $(\hat{h}=h+v)$/m	已知高程 H/m
1	+14.135	4.2	15.1	14.1501	$H_A=170.832$
2	+4.970	2.2	−3.9	4.9661	$H_B=180.016$
3	−2.470	3.1	5.6	−2.4645	$H_C=194.320$
4	−11.793	4.0	−9.4	−11.8024	$H_D=198.631$
5	−16.116	4.8	2.6	−16.1134	

求 E, F 两点平差后的高程值 H_E, H_F。

解 本题中，$n=5$, $t=2$, $r=n-t=3$，即有三个条件方程。

平差值条件方程为

$$\left.\begin{aligned} \hat{h}_1-\hat{h}_2 \qquad\qquad\qquad &+H_A-H_B=0 \\ \hat{h}_4-\hat{h}_5 &+H_C-H_D=0 \\ \hat{h}_1 \quad +\hat{h}_3-\hat{h}_4 \qquad &+H_A-H_C=0 \end{aligned}\right\}$$

将 $\hat{h}_i=h_i+v_i$ 代入上式，得条件方程：

$$\left.\begin{aligned} v_1-v_2 \qquad\qquad\qquad &-w_a=0 \\ v_4-v_5 &-w_b=0 \\ v_1 \quad +v_3-v_4 \qquad &-w_c=0 \end{aligned}\right\}$$

闭合差为

$$\left.\begin{aligned} w_a &=-(h_1-h_2+H_A-H_B)=19\text{ mm} \\ w_b &=-(h_4-h_5+H_C-H_D)=-12\text{ mm} \\ w_c &=-(h_1+h_3-h_4+H_A-H_C)=30\text{ mm} \end{aligned}\right\}$$

条件方程系数阵及闭合差向量分别为

$$\boldsymbol{A}=\begin{bmatrix}1 & -1 & 0 & 0 & 0 \\ 0 & 0 & 0 & 1 & -1 \\ 1 & 0 & 1 & -1 & 0\end{bmatrix}, \boldsymbol{W}=\begin{bmatrix}19 \\ -12 \\ 30\end{bmatrix}\text{ mm}$$

闭合差用什么单位取决于闭合差的值的大小，若闭合差的值很小，一般会采用“大值小单位”的原则，即单位变小，数值放大(若闭合差的值太小，在计算中可能会受到数据截尾的影响)。在单一种类观测值条件方程中，改正数 v_i 的单位是由闭合差的单位决定的。在该题中，闭合差取“mm”为单位，以后计算出来的 v_i 的单位就是“mm”。

设以 1 km 水准路线长的观测高差的方差为单位权方差 σ_0^2，则观测值的权阵和协因数阵分别为

$$\boldsymbol{P}=\begin{bmatrix}4.2^{-1} & & & & \\ & 2.2^{-1} & & & \\ & & 3.1^{-1} & & \\ & & & 4.0^{-1} & \\ & & & & 4.8^{-1}\end{bmatrix}, \boldsymbol{Q}=\boldsymbol{P}^{-1}=\begin{bmatrix}4.2 & & & & \\ & 2.2 & & & \\ & & 3.1 & & \\ & & & 4.0 & \\ & & & & 4.8\end{bmatrix}$$

权阵中每个观测值的权 p_i 的计算参考式(3-3-18);权阵与协因数阵的关系参考式(3-4-11)。

法方程系数阵 $\boldsymbol{N}=\boldsymbol{AQA}^{\mathrm{T}}=\begin{bmatrix}6.4 & 0 & 4.2\\0 & 8.8 & -4.0\\4.2 & -4.0 & 11.3\end{bmatrix}$,则法方程为

$$\begin{bmatrix}6.4 & 0 & 4.2\\0 & 8.8 & -4.0\\4.2 & -4.0 & 11.3\end{bmatrix}\begin{bmatrix}K_{\mathrm{a}}\\K_{\mathrm{b}}\\K_{\mathrm{c}}\end{bmatrix}-\begin{bmatrix}19\\-12\\30\end{bmatrix}=0$$

解算法方程,得联系数 K_{a}, K_{b}, K_{c}:

$$\begin{bmatrix}K_{\mathrm{a}}\\K_{\mathrm{b}}\\K_{\mathrm{c}}\end{bmatrix}=\boldsymbol{N}^{-1}\boldsymbol{W}=\begin{bmatrix}0.2203 & -0.0444 & -0.0976\\-0.0444 & 0.1444 & 0.0676\\-0.0976 & 0.0676 & 0.1487\end{bmatrix}\begin{bmatrix}19\\-12\\30\end{bmatrix}=\begin{bmatrix}1.7905\\-0.5484\\1.7954\end{bmatrix}$$

计算改正数 $\boldsymbol{V}$(单位:mm)及观测值的平差值 $\hat{h}_i$:

$$\boldsymbol{V}=\boldsymbol{QA}^{\mathrm{T}}\boldsymbol{K}=[15.1 \quad -3.9 \quad 5.5 \quad -9.4 \quad 2.6]^{\mathrm{T}}\ \mathrm{mm}$$
$$\hat{h}_i=h_i+v_i$$

改正数 $\boldsymbol{V}$ 及观测高差平差值 $\hat{\boldsymbol{h}}$ 均列在表 5-1 中。计算 $\hat{h}_i$ 时要注意将改正数 v_i 的单位改回到"m"。计算结束后,应任意找几条水准路线进行检验,看经过平差后是否消除了观测值之间的矛盾。检验:

$$H_{\mathrm{A}}+\hat{h}_1+\hat{h}_3-\hat{h}_5-H_{\mathrm{D}}=170.832+14.1501-2.4645+16.1134-198.631=0$$
$$H_{\mathrm{B}}+\hat{h}_2+\hat{h}_3-\hat{h}_5-H_{\mathrm{D}}=180.016+4.9661-2.4645+16.1134-198.631=0$$

以上检验结果说明:观测值的平差值已化解了每一条水准路线上观测值之间的矛盾;检验的两条水准路线在条件方程中并未列出,但正确的平差结果仍能满足它们之间的几何关系要求;由观测值的平差值构成的网形中,从已知点出发,经由不同的路线计算同一个待求值,得到的结果将完全一致。如图 5-1 中,无论是从路线 *Aa* 计算,还是从路线 *Acbda* 计算,得到的 *a* 点高程都会是相同的。

最后,计算待定点高程平差值:

$$H_E=H_A+\hat{h}_1=170.832+14.1501=184.9821\ \mathrm{m}$$
$$H_F=H_C+\hat{h}_4=194.320-11.8024=182.5176\ \mathrm{m}$$

5.3 条件平差精度评定

平差计算中,经常需要估算某些量在平差后的精度,例如观测值的平差值、观测值的平差值函数的精度等。精度评定由两部分组成:单位权方差估值 $\hat{\sigma}_0^2$ 以及协因数阵的计算。也就是说,利用平差后得到的单位权方差估值及某量的协因数阵,可以得到某量平差后的方差-协方差阵。

5.3.1 单位权中误差计算

由式(3-4-6)可知,若已知单位权方差 σ_0^2(方差因子)及协因数阵 $\boldsymbol{Q}_{XX}$,根据 $\boldsymbol{D}_{XX}=\sigma_0^2\boldsymbol{Q}_{XX}$ 可求得随机向量 $\boldsymbol{X}$ 的方差-协方差阵。可见,知道单位权方差的值对精度评定极为重要。

通常,σ_0^2 代表了先验方差(平差前已决定的方差。如二等水准测量,规范要求 $\sigma_0=1$ mm,即单位权中误差应在 1 mm 以内)。在平差中,用有限个观测值的改正数 $\boldsymbol{V}$ 计算出单位权方差估值 $\hat{\sigma}_0^2$(后验方差),$\hat{\sigma}_0^2$ 代表了实际观测和平差所能达到的精度。理论上,$\hat{\sigma}_0^2$ 与 σ_0^2 不应该有太大差异,在第 8.4 节会专门讨论两者之间的关系。

由式(3-5-22),得单位权方差的估计公式:

$$\hat{\sigma}_0^2=\frac{\boldsymbol{V}^{\mathrm{T}}\boldsymbol{P}\boldsymbol{V}}{n-t}=\frac{\boldsymbol{V}^{\mathrm{T}}\boldsymbol{P}\boldsymbol{V}}{r} \tag{5-3-1}$$

或单位权中误差的估计公式:

$$\hat{\sigma}_0=\sqrt{\frac{\boldsymbol{V}^{\mathrm{T}}\boldsymbol{P}\boldsymbol{V}}{r}} \tag{5-3-2}$$

式中,$\boldsymbol{V}^{\mathrm{T}}\boldsymbol{P}\boldsymbol{V}$ 的计算方法有以下几种:

(1) 直接计算。纯量形式为

$$\boldsymbol{V}^{\mathrm{T}}\boldsymbol{P}\boldsymbol{V}=[pvv]=p_1v_1^2+p_2v_2^2+\cdots+p_nv_n^2 \tag{5-3-3}$$

(2) 用法方程系数阵 $\boldsymbol{N}$、联系数 $\boldsymbol{K}$ 计算:

$$\boldsymbol{V}^{\mathrm{T}}\boldsymbol{P}\boldsymbol{V}=(\boldsymbol{Q}\boldsymbol{A}^{\mathrm{T}}\boldsymbol{K})^{\mathrm{T}}\boldsymbol{P}(\boldsymbol{Q}\boldsymbol{A}^{\mathrm{T}}\boldsymbol{K})=\boldsymbol{K}^{\mathrm{T}}\boldsymbol{A}\boldsymbol{Q}\boldsymbol{P}\boldsymbol{Q}\boldsymbol{A}^{\mathrm{T}}\boldsymbol{K}=\boldsymbol{K}^{\mathrm{T}}\boldsymbol{N}\boldsymbol{K} \tag{5-3-4}$$

(3) 用闭合差 $\boldsymbol{W}$、联系数 $\boldsymbol{K}$ 计算:

$$\boldsymbol{V}^{\mathrm{T}}\boldsymbol{P}\boldsymbol{V}=\boldsymbol{V}^{\mathrm{T}}\boldsymbol{P}(\boldsymbol{Q}\boldsymbol{A}^{\mathrm{T}}\boldsymbol{K})=\boldsymbol{V}^{\mathrm{T}}\boldsymbol{A}^{\mathrm{T}}\boldsymbol{K}=(\boldsymbol{A}\boldsymbol{V})^{\mathrm{T}}\boldsymbol{K}=\boldsymbol{W}^{\mathrm{T}}\boldsymbol{K} \tag{5-3-5}$$

5.3.2 协因数阵计算

协因数阵的计算依据的是协因数传播律,其方法是:先建立起函数与自变量的线性函数表达式,并已知自变量的协因数阵,然后进行协因数传播。因为一般只能知道观测值向量 $\boldsymbol{L}$ 的方差阵 $\boldsymbol{D}$ 或权阵 $\boldsymbol{P}$(不考虑起算数据误差的影响),所以首先应该建立起待求精度的函数与观测值向量 $\boldsymbol{L}$ 的线性函数表达式。

条件平差的基本向量(观测值向量 $\boldsymbol{L}$、闭合差向量 $\boldsymbol{W}$、联系数向量 $\boldsymbol{K}$、改正数向量 $\boldsymbol{V}$ 和观测值的平差值向量 $\hat{\boldsymbol{L}}$)都可以表达成与观测值向量 $\boldsymbol{L}$ 有关的函数:

$$\begin{gathered}
\boldsymbol{L}=\boldsymbol{L}\\
\boldsymbol{W}=-\boldsymbol{A}\boldsymbol{L}-\boldsymbol{A}_0\\
\boldsymbol{K}=\boldsymbol{N}^{-1}\boldsymbol{W}=-\boldsymbol{N}^{-1}(\boldsymbol{A}\boldsymbol{L}+\boldsymbol{A}_0)=-\boldsymbol{N}^{-1}\boldsymbol{A}\boldsymbol{L}-\boldsymbol{N}^{-1}\boldsymbol{A}_0\\
\boldsymbol{V}=\boldsymbol{P}^{-1}\boldsymbol{A}^{\mathrm{T}}\boldsymbol{K}=-\boldsymbol{P}^{-1}\boldsymbol{A}^{\mathrm{T}}\boldsymbol{N}^{-1}\boldsymbol{A}\boldsymbol{L}-\boldsymbol{P}^{-1}\boldsymbol{A}^{\mathrm{T}}\boldsymbol{N}^{-1}\boldsymbol{A}_0\\
\hat{\boldsymbol{L}}=\boldsymbol{L}+\boldsymbol{V}=(\boldsymbol{I}-\boldsymbol{P}^{-1}\boldsymbol{A}^{\mathrm{T}}\boldsymbol{N}^{-1}\boldsymbol{A})\boldsymbol{L}-\boldsymbol{P}^{-1}\boldsymbol{A}^{\mathrm{T}}\boldsymbol{N}^{-1}\boldsymbol{A}_0
\end{gathered}$$

将向量 $\boldsymbol{L}, \boldsymbol{W}, \boldsymbol{K}, \boldsymbol{V}, \hat{\boldsymbol{L}}$组成列向量，并以 $\boldsymbol{Z}$ 表示，有

$$\boldsymbol{Z}=\begin{bmatrix}\boldsymbol{L}\\ \boldsymbol{W}\\ \boldsymbol{K}\\ \boldsymbol{V}\\ \hat{\boldsymbol{L}}\end{bmatrix}=\begin{bmatrix}\boldsymbol{I}\\ -\boldsymbol{A}\\ -\boldsymbol{N}^{-1}\boldsymbol{A}\\ -\boldsymbol{P}^{-1}\boldsymbol{A}^{\mathrm{T}}\boldsymbol{N}^{-1}\boldsymbol{A}\\ \boldsymbol{I}-\boldsymbol{P}^{-1}\boldsymbol{A}^{\mathrm{T}}\boldsymbol{N}^{-1}\boldsymbol{A}\end{bmatrix}\boldsymbol{L}+\begin{bmatrix}\boldsymbol{0}\\ -\boldsymbol{A}_0\\ -\boldsymbol{N}^{-1}\boldsymbol{A}_0\\ -\boldsymbol{P}^{-1}\boldsymbol{A}^{\mathrm{T}}\boldsymbol{N}^{-1}\boldsymbol{A}_0\\ -\boldsymbol{P}^{-1}\boldsymbol{A}^{\mathrm{T}}\boldsymbol{N}^{-1}\boldsymbol{A}_0\end{bmatrix} \tag{5-3-6}$$

式中，等号右端第二项是常数项向量，它不参与传播计算。按协因数传播律，得 $\boldsymbol{Z}$ 的协因数阵为

$$\begin{bmatrix}\boldsymbol{Q}_{LL} & \boldsymbol{Q}_{LW} & \boldsymbol{Q}_{LK} & \boldsymbol{Q}_{LV} & \boldsymbol{Q}_{L\hat{L}}\\ \boldsymbol{Q}_{WL} & \boldsymbol{Q}_{WW} & \boldsymbol{Q}_{WK} & \boldsymbol{Q}_{WV} & \boldsymbol{Q}_{W\hat{L}}\\ \boldsymbol{Q}_{KL} & \boldsymbol{Q}_{KW} & \boldsymbol{Q}_{KK} & \boldsymbol{Q}_{KV} & \boldsymbol{Q}_{K\hat{L}}\\ \boldsymbol{Q}_{VL} & \boldsymbol{Q}_{VW} & \boldsymbol{Q}_{VK} & \boldsymbol{Q}_{VV} & \boldsymbol{Q}_{V\hat{L}}\\ \boldsymbol{Q}_{\hat{L}L} & \boldsymbol{Q}_{\hat{L}W} & \boldsymbol{Q}_{\hat{L}K} & \boldsymbol{Q}_{\hat{L}V} & \boldsymbol{Q}_{\hat{L}\hat{L}}\end{bmatrix}$$

$$=\begin{bmatrix}\boldsymbol{Q} & -\boldsymbol{QA}^{\mathrm{T}} & -\boldsymbol{QA}^{\mathrm{T}}\boldsymbol{N}^{-1} & -\boldsymbol{QA}^{\mathrm{T}}\boldsymbol{N}^{-1}\boldsymbol{AQ} & \boldsymbol{Q}-\boldsymbol{QA}^{\mathrm{T}}\boldsymbol{N}^{-1}\boldsymbol{AQ}\\ -\boldsymbol{AQ} & \boldsymbol{N} & \boldsymbol{I} & \boldsymbol{AQ} & \boldsymbol{0}\\ -\boldsymbol{N}^{-1}\boldsymbol{AQ} & \boldsymbol{I} & \boldsymbol{N}^{-1} & \boldsymbol{N}^{-1}\boldsymbol{AQ} & \boldsymbol{0}\\ -\boldsymbol{QA}^{\mathrm{T}}\boldsymbol{N}^{-1}\boldsymbol{AQ} & \boldsymbol{QA}^{\mathrm{T}} & \boldsymbol{QA}^{\mathrm{T}}\boldsymbol{N}^{-1} & \boldsymbol{QA}^{\mathrm{T}}\boldsymbol{N}^{-1}\boldsymbol{AQ} & \boldsymbol{0}\\ \boldsymbol{Q}-\boldsymbol{QA}^{\mathrm{T}}\boldsymbol{N}^{-1}\boldsymbol{AQ} & \boldsymbol{0} & \boldsymbol{0} & \boldsymbol{0} & \boldsymbol{Q}-\boldsymbol{QA}^{\mathrm{T}}\boldsymbol{N}^{-1}\boldsymbol{AQ}\end{bmatrix} \tag{5-3-7}$$

式(5-3-7)推导时顾及了：$\boldsymbol{P}=\boldsymbol{P}^{\mathrm{T}}$, $\boldsymbol{N}=\boldsymbol{N}^{\mathrm{T}}$(权阵 $\boldsymbol{P}$、法方程系数阵 $\boldsymbol{N}$ 均为对称矩阵)及 $\boldsymbol{N}=\boldsymbol{AQA}^{\mathrm{T}}$, $\boldsymbol{P}^{-1}=\boldsymbol{Q}$。从式中可以看出，观测值的平差值 $\hat{\boldsymbol{L}}$ 与 $\boldsymbol{W}, \boldsymbol{K}, \boldsymbol{V}$ 相互独立。

平差时，可根据需要从式(5-3-7)中选择相应的公式，如 $\hat{\boldsymbol{L}}$ 的协因数阵计算式为

$$\boldsymbol{Q}_{\hat{L}\hat{L}}=\boldsymbol{Q}-\boldsymbol{QA}^{\mathrm{T}}\boldsymbol{N}^{-1}\boldsymbol{AQ} \tag{5-3-8}$$

平差值向量 $\hat{\boldsymbol{L}}$ 的方差-协方差阵为

$$\boldsymbol{D}_{\hat{L}\hat{L}}=\hat{\sigma}_0^2\boldsymbol{Q}_{\hat{L}\hat{L}} \tag{5-3-9}$$

单位权方差 $\hat{\sigma}_0^2$ 由式(5-3-1)计算得到。由式(5-3-8)和式(5-3-9)可知，观测值平差值的精度高于观测值的精度。

5.3.3 平差值函数的协因数阵

平差后，得到了观测值的平差值 $\hat{\boldsymbol{L}}$，也能算出平差值的精度，如水准网是指高差观测值的平差值，导线网是指角度和边长观测值的平差值，等等。而进行测量的目的，想要知道的往往并非是这些直接观测量，而是直接观测量的函数，如水准网中是待定点的高程、导线网中是待定点的平面坐标值，这些待求值都是观测值的平差值 $\hat{\boldsymbol{L}}$ 的函数：$\hat{F}=f(\hat{\boldsymbol{L}})$，因此不仅要求出函数值$\hat{F}$的最佳估值，还要评定该估值的精度 $\boldsymbol{D}_{\hat{F}\hat{F}}$。

设平差值 $\hat{\boldsymbol{L}}$ 的函数为

$$\hat{F}=f(\hat{L}_1, \hat{L}_2, \cdots, \hat{L}_n) \tag{5-3-10}$$

将式(5-3-10)全微分，得**权函数式**(为进行协因数传播而构造的线性关系式)：

$$\mathrm{d}\hat{F}=f_1\mathrm{d}\hat{L}_1+f_2\mathrm{d}\hat{L}_2+\cdots+f_n\mathrm{d}\hat{L}_n \tag{5-3-11}$$

式中，

$$\mathrm{d}\hat{\boldsymbol{L}}=\tilde{\boldsymbol{L}}-\hat{\boldsymbol{L}},\ f_i=\left(\frac{\partial f}{\partial \hat{L}_i}\right)_{\hat{L}_i=L_i} \tag{5-3-12}$$

系数项 f_i 理论上应以真值 $\tilde{L}_i$ 代入并计算，但因为真值无法得知，故只能用 L_i 代替。设

$$\boldsymbol{f}^{\mathrm{T}}=[f_1\quad f_2\quad\cdots\quad f_n];\quad \mathrm{d}\hat{\boldsymbol{L}}=[\mathrm{d}\hat{L}_1\quad \mathrm{d}\hat{L}_2\quad\cdots\quad \mathrm{d}\hat{L}_n]^{\mathrm{T}} \tag{5-3-13}$$

则权函数式(5-3-11)可表示为

$$\mathrm{d}\hat{F}=\boldsymbol{f}^{\mathrm{T}}\mathrm{d}\hat{\boldsymbol{L}} \tag{5-3-14}$$

式中，$\boldsymbol{f}^{\mathrm{T}}$ 为权函数式的系数阵。

将式(5-3-14)按协因数传播，得

$$\boldsymbol{Q}_{\hat{F}\hat{F}}=\boldsymbol{f}^{\mathrm{T}}\boldsymbol{Q}_{\hat{L}\hat{L}}\boldsymbol{f} \tag{5-3-15}$$

将式(5-3-8)代入式(5-3-15)，得

$$\boldsymbol{Q}_{\hat{F}\hat{F}}=\boldsymbol{f}^{\mathrm{T}}\boldsymbol{Q}\boldsymbol{f}-\boldsymbol{f}^{\mathrm{T}}\boldsymbol{Q}\boldsymbol{A}^{\mathrm{T}}\boldsymbol{N}^{-1}\boldsymbol{A}\boldsymbol{Q}\boldsymbol{f} \tag{5-3-16}$$

根据式(5-3-1)计算出单位权方差 $\hat{\sigma}_0^2$，则该平差值函数 $\hat{F}$ 的方差为

$$\hat{\boldsymbol{D}}_{\hat{F}\hat{F}}=\hat{\sigma}_0^2\boldsymbol{Q}_{\hat{F}\hat{F}} \tag{5-3-17}$$

计算时要注意：在式(5-3-14)中，$\mathrm{d}\hat{\boldsymbol{L}}$ 代表了所有观测值的平差值的微分，共有 n 项，所以其系数阵 $\boldsymbol{f}^{\mathrm{T}}$ 内也应有 n 个元素与之对应。若函数式中某些观测值的平差值并未用到，则系数阵 $\boldsymbol{f}^{\mathrm{T}}$ 中与这些平差值对应的元素应取零值填充。

[例 5-2] 算例延续[例 5-1]，进行该算例的精度评定。

求：(1) E，F 两点平差后高程值的精度及两点间高差平差值 $\hat{h}_3$ 的中误差；

(2) 观测值平差值 $\hat{\boldsymbol{L}}$ 的协因数阵 $\boldsymbol{Q}_{\hat{L}\hat{L}}$ 及改正数 $\boldsymbol{V}$ 的协因数阵 $\boldsymbol{Q}_{VV}$。

解 先计算单位权中误差。将[例 5-1]中计算得到的改正数 $\boldsymbol{V}$ 和权阵 $\boldsymbol{P}$ 代入式(5-3-2)，得单位权中误差估值为

$$\hat{\sigma}_0=\sqrt{\frac{\boldsymbol{V}^{\mathrm{T}}\boldsymbol{P}\boldsymbol{V}}{r}}=\sqrt{\frac{94.45}{3}}=5.6\ \mathrm{mm}$$

(1) 用求观测值平差值 $\hat{\boldsymbol{L}}$ 的函数中误差的方法求 E，F 两点平差后高程的精度及高差平差值 $\hat{h}_3$ 的精度。

E，F 两点平差后的高程函数式分别为 $H_E=H_A+\hat{h}_1$ 和 $H_F=H_C+\hat{h}_4$。关于 $\hat{h}_3$ 的精度，有两种求法：一种是用式(5-3-8)，先计算出所有观测值的平差值的协因数阵 $\boldsymbol{Q}_{\hat{L}\hat{L}}$，再从中得到 $\hat{h}_3$ 的协因数，进而计算 $\hat{h}_3$ 的精度；另一种是将 $\hat{h}_3$ 看成是平差值 $\hat{h}_3$ 的函数，有 $\hat{h}_3=1\times\hat{h}_3$，再通过求平差值函数精度的方法求其精度。本例采用第二种方法。

将函数式 H_E，H_F，$\hat{h}_3$ 三式合并，得到观测值平差值的函数$\hat{\boldsymbol{F}}$：

$$\hat{\boldsymbol{F}}=\begin{bmatrix}H_E\\H_F\\\hat{h}_3\end{bmatrix}=\begin{bmatrix}1&0&0&0&0\\0&0&0&1&0\\0&0&1&0&0\end{bmatrix}\begin{bmatrix}\hat{h}_1\\\hat{h}_2\\\vdots\\\hat{h}_5\end{bmatrix}+\begin{bmatrix}H_A\\H_C\\0\end{bmatrix}=\boldsymbol{f}^{\mathrm{T}}\hat{\boldsymbol{h}}+\begin{bmatrix}H_A\\H_C\\0\end{bmatrix}$$

$\hat{\boldsymbol{F}}$ 中三式均为线性,不必再线性化。根据式(5-3-16),得函数 $\hat{\boldsymbol{F}}$ 的协因数阵为

$$\boldsymbol{Q}_{\hat{F}\hat{F}}=\boldsymbol{f}^{\mathrm{T}}\boldsymbol{Q}\boldsymbol{f}-\boldsymbol{f}^{\mathrm{T}}\boldsymbol{Q}\boldsymbol{A}^{\mathrm{T}}\boldsymbol{N}^{-1}\boldsymbol{A}\boldsymbol{Q}\boldsymbol{f}$$

从[例 5-1]取得矩阵 $\boldsymbol{Q}$, $\boldsymbol{A}$, $\boldsymbol{N}^{-1}$ 的值,并代入上式,得到:

$$\boldsymbol{Q}_{\hat{F}\hat{F}}=\begin{bmatrix}1.1338&0.4684&-0.6655\\0.4684&1.4740&1.0057\\-0.6655&1.0057&1.6711\end{bmatrix}=\begin{bmatrix}\boldsymbol{Q}_{H_EH_E}&\boldsymbol{Q}_{H_EH_F}&\boldsymbol{Q}_{H_E\hat{h}_3}\\\boldsymbol{Q}_{H_FH_E}&\boldsymbol{Q}_{H_FH_F}&\boldsymbol{Q}_{H_F\hat{h}_3}\\\boldsymbol{Q}_{\hat{h}_3H_E}&\boldsymbol{Q}_{\hat{h}_3H_F}&\boldsymbol{Q}_{\hat{h}_3\hat{h}_3}\end{bmatrix}$$

所以,E, F 两点平差后高程中误差及 $\hat{h}_3$ 的中误差分别为

$$\hat{\sigma}_{H_E}=\hat{\sigma}_0\sqrt{Q_{H_EH_E}}=5.6\times\sqrt{1.1338}=6.0\ mm$$
$$\hat{\sigma}_{H_F}=\hat{\sigma}_0\sqrt{Q_{H_FH_F}}=5.6\times\sqrt{1.4740}=6.8\ \mathrm{mm}$$
$$\hat{\sigma}_{\hat{h}_3}=\hat{\sigma}_0\sqrt{Q_{\hat{h}_3\hat{h}_3}}=5.6\times\sqrt{1.6711}=7.2\ \mathrm{mm}$$

(2) 观测值的平差值向量 $\hat{\boldsymbol{L}}$ 的协因数阵 $\boldsymbol{Q}_{\hat{L}\hat{L}}$ 和观测值的改正数向量 $\boldsymbol{V}$ 的协因数阵 $\boldsymbol{Q}_{VV}$,参照式(5-3-7),有

$$\boldsymbol{Q}_{\hat{L}\hat{L}}=\boldsymbol{Q}_{\hat{h}\hat{h}}=\boldsymbol{Q}-\boldsymbol{Q}\boldsymbol{A}^{\mathrm{T}}\boldsymbol{N}^{-1}\boldsymbol{A}\boldsymbol{Q}=\begin{bmatrix}1.1338&1.1338&-0.6655&0.4684&0.4684\\1.1338&1.1338&-0.6655&0.4684&0.4684\\-0.6655&-0.6655&1.6711&1.0057&1.0057\\0.4684&0.4684&1.0057&1.4740&1.4740\\0.4684&0.4684&1.0057&1.4740&1.4740\end{bmatrix}$$

$$\boldsymbol{Q}_{VV}=\boldsymbol{Q}\boldsymbol{A}^{\mathrm{T}}\boldsymbol{N}^{-1}\boldsymbol{A}\boldsymbol{Q}=\begin{bmatrix}3.0662&-1.1338&0.6655&-0.4684&-0.4684\\-1.1338&1.0662&0.6655&-0.4684&-0.4684\\0.6655&0.6655&1.4289&-1.0057&-1.0057\\-0.4684&-0.4684&-1.0057&2.5260&-1.4740\\-0.4684&-0.4684&-1.0057&-1.4740&3.3260\end{bmatrix}$$

从以上两式可以看出,观测值的平差值之间、观测值的改正数之间,均是相关关系。

5.4 三角网条件方程

在第 5.3 节中,以水准网平差为例,介绍了条件方程的列立和条件平差的过程,从中可以看到,只要根据具体的平差问题正确地建立了条件方程式,并且正确地确定了观测值的权阵 **P**(或 **Q** 阵),剩下的就是一个规范化的运算过程,通过运算就可得到观测值的平差值。所以,如何正确列立条件方程是非常重要的。本节讨论的重点是三角网(测角网和边角网)条

件方程的列法及非线性条件方程的线性化问题。经典平差的绝大多数公式都是基于线性函数的，所以非线性函数要经过线性化后才能使用这些公式。

5.4.1 网中条件方程数的确定(独立网)

在测量工作中，水准网常用于高程控制，所以水准网又称**高程控制网**；三角网常用于平面控制，所以三角网又称**平面控制网**。凡是构成控制网的连接点都称为**控制点**。

三角网测量的目的，是通过观测三角形的角度和边长，从已知坐标点推算出待定点的坐标、待定边的长度及待定方位角等的最或然值。仅观测角度的三角网称为**测角网**，仅观测边长的三角网称为**测边网**，既测角又量边的三角网称为**边角网**。列条件方程时要注意总结条件方程的类型及组成规律。

从第 5.1 节已知，条件方程数等于多余观测数 r，$r=n-t$，所以关键是要确定观测值个数 n 和必要观测数 t。

在确定网中必要观测数 t 之前，先介绍两个基本概念。

1. 起算数据

欲将一个几何模型纳入一个指定的高程系统或坐标系统内，必须知道的外配置元素称为**起算数据**。起算数据的个数用 d 表示(参阅第 4.1 节)。

起算数据的作用在于：建立控制网时，观测量均为相对量，如高差、水平角、水平距离等，得到的控制网是一个相对网形，要把这样一个相对网形纳入到一个绝对的坐标(或高程)系统，就必须知道控制网中的一个(或多个)控制点在指定坐标(或高程)系中的坐标(或高程)，还必须知道平面控制网中某条边在指定坐标系中的方位角及边长等。所以起算数据也称为**已知数据**，是在平差前给定的外配置元素。

(1) **水准网必要起算数据个数**：$d=1$。

只要给定网中一点的高程，就可以通过计算将水准网中所有点的高程值纳入指定的高程系统。

(2) **测角网起算数据个数**：$d=4$。

图 5-3 所示为测角网，测角网是指观测了网中三角形所有的(或部分的)内角值，如果要将该测角网纳入指定坐标系统，必须知道测角网中至少一个点在指定坐标系中的坐标(设为 X_A，Y_A)，此举完成了测角网**定位**。此时测角网还可以绕着 A 点(已知点)旋转，所以还需要知道网中某一条边在指定坐标系中的方位角(设已知 α_{AB})，完成测角网**定向**工作。由于测角网只要保持相对角度不变，网形还能伸缩，所以还必须已知网中某条边的边长(设已知 s_{AB})，完成测角网**定形**工作。因此，测角网的必要起算数据为 X_A，Y_A，α_{AB}，s_{AB}，这 4 个值已知也等价于 A，B 两点坐标已知。所以，测角网平差的必要起算数据是 4 个，即 $d=4$。测角网起算数据的特点是，当起算点坐标或起算方位角未知时均可赋予一个假定值，但唯独一条边长必须是已知边长(**不能假定**)。

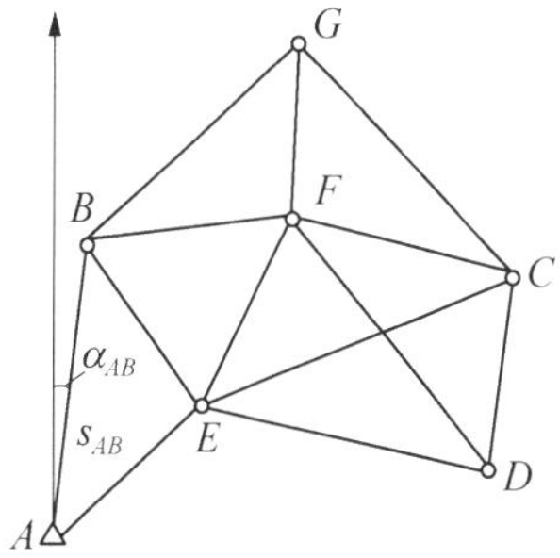

图 5-3

(3) **测边网、边角网起算数据个数**：$d=3$。

试将图 5-3 作为测边网或边角网。由于有边长观测值，控制网网形已构成一个刚体，只要一点坐标已知(定位)、一条边的方位角已知(定向)，控制网就可以纳入指定坐标系统。

2. 独立网

独立网也称自由网，即控制网中仅有必要起算数据(已知数据)，没有多余的已知数据。

在经典平差中，当控制网中只有必要起算数据或起算数据不足但已假定了某些未知量是已知的时候，都可视为独立网的情况。独立网的必要观测值个数为

$$\text{水准网}: t = \text{网中待定点数} \tag{5-4-1}$$

$$\text{测角网}: t = \text{网中待定点数} \times 2 \tag{5-4-2}$$

$$\text{测边网、边角网}: t = (\text{网中待定点数} \times 2 - 1) \tag{5-4-3}$$

在此特别强调：上面三个计算式中的“网中待定点数”在起算数据不足时，要将网中个别待定点假定为已知点，在扣除了这些“已知点”后网中剩下的待定控制点的个数。所以，只有在正确了解控制网必要起算数据个数 d 后，才能正确确定必要观测数 t。(注意：以上有关必要观测数 t 的计算式并不一定适合所有控制网。t 的确定有时需要根据具体情况而定。)

5.4.2 测角网条件方程的列立

测角三角网的条件方程只有三种类型：图形条件、圆周角条件和极条件。下面介绍测角三角网几种典型图形条件方程的列立方法。

1. 单三角形测角网

图 5-4 是一个单三角形测角网，观测了三个内角值：L_1，L_2，L_3。其中 A，B 两点为已知点(已知点用小三角形表示)，C 为待定点(待定点用小圆圈表示)。A，B 两点坐标已知，则两点之间的边长也就已知，所以 AB 边用双线表示。这是一个最简单的测角网，已知的起算数据 $d=4$(已知 A，B 两点的坐标)，观测值个数 $n=3$，必要观测数 $t=2$(待定点 C 的坐标)，多余观测数 $r=n-t=1$。因此，有 1 个条件方程(即三角形内角和条件)，也称为**图形条件**。参照式(5-1-9)和式(5-1-10)，列立条件方程：

$$v_1 + v_2 + v_3 - w = 0, \text{闭合差}: w = -(L_1 + L_2 + L_3 - 180^\circ) \tag{5-4-4}$$

由条件方程式(5-4-4)构成法方程后，解算得到改正数 v_1，v_2，v_3，进一步得到观测值的平差值 $\hat{L}_1$，$\hat{L}_2$，$\hat{L}_3$，再由已知点坐标和观测值的平差值，可计算出 C 点坐标的平差值。单三角形测角网用条件平差法求坐标估值的过程到此完成。

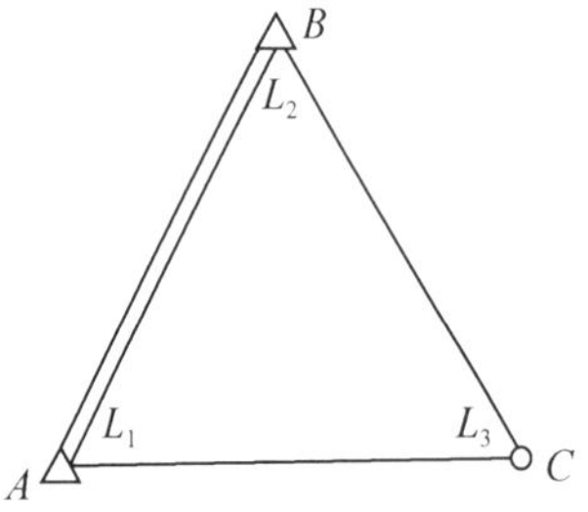

图 5-4

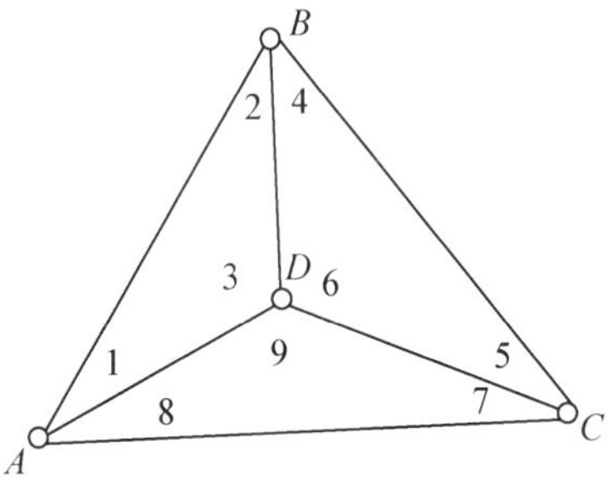

图 5-5

2. 中点多边形测角网

图 5-5 是一个中点三边形测角网，有 9 个角度观测值 L_1—L_9，网中没有已知点。按规

定，测角网必须有 4 个已知的起算数据，所以假定 A，B 两点为已知点，这样，待定点就是剩下的 C，D 两点。有

$$n=9,\ t=2\times 2=4,\ r=n-t=5$$

即存在 5 个条件方程，其中有 3 个图形条件，1 个**圆周角条件**，1 个**极条件**。

3 个图形条件存在于 3 个独立三角形中，其条件方程及其闭合差为

$$\left.\begin{aligned} v_1+v_2+v_3-w_1&=0\\ v_4+v_5+v_6-w_2&=0\\ v_7+v_8+v_9-w_3&=0 \end{aligned}\right\},\quad \left.\begin{aligned} w_1&=-(L_1+L_2+L_3-180^\circ)\\ w_2&=-(L_4+L_5+L_6-180^\circ)\\ w_3&=-(L_7+L_8+L_9-180^\circ) \end{aligned}\right\} \tag{5-4-5}$$

1 个圆周角条件方程为(圆周角条件多存在于中点多边形中)

$$v_3+v_6+v_9-w_4=0，闭合差：w_4=-(L_3+L_6+L_9-360^\circ) \tag{5-4-6}$$

极条件的意义：图 5-5 中，AB 的边长已知，平差后要计算 CD 的边长，可以用正弦定理从 $AB\to BD\to CD$ 或者从 $AB\to AD\to CD$ 两条路线推算 CD 的边长。正确的平差结果应该是无论走哪条路线，所得 CD 边长是一致的，即

$$\overline{CD}=\overline{AB}\frac{\sin\hat{L}_1}{\sin\hat{L}_3}\frac{\sin\hat{L}_4}{\sin\hat{L}_5}=\overline{AB}\frac{\sin\hat{L}_2}{\sin\hat{L}_3}\frac{\sin\hat{L}_8}{\sin\hat{L}_7} \tag{5-4-7}$$

将式(5-4-7)整理后，平差后的角值应该满足式(5-4-8)的条件(该条件称为**极条件**)：

$$\frac{\sin\hat{L}_1}{\sin\hat{L}_2}\frac{\sin\hat{L}_4}{\sin\hat{L}_5}\frac{\sin\hat{L}_7}{\sin\hat{L}_8}=1 \tag{5-4-8}$$

极条件也称为边条件。为简单起见，列极条件时可以 D 点为极，按正弦定理从某边出发，推算与相邻三角形的共用边长，经过不同的三角形最后又回到出发边，理论上应该等于 1，再用边长之比代入对应的角度平差值之比，有

$$\frac{\overline{DB}}{\overline{DA}}\cdot\frac{\overline{DC}}{\overline{DB}}\cdot\frac{\overline{DA}}{\overline{DC}}=\frac{\sin\hat{L}_1}{\sin\hat{L}_2}\frac{\sin\hat{L}_4}{\sin\hat{L}_5}\frac{\sin\hat{L}_7}{\sin\hat{L}_8}=1 \tag{5-4-9}$$

比较式(5-4-8)和式(5-4-9)，可见角度平差值条件方程式是完全一样的，式(5-4-7)是描述极条件产生的原因，但用式(5-4-9)的思路列极条件更加简便。由于式(5-4-9)为非线性函数，还需进行线性化。设

$$G=\frac{\sin\hat{L}_1}{\sin\hat{L}_2}\frac{\sin\hat{L}_4}{\sin\hat{L}_5}\frac{\sin\hat{L}_7}{\sin\hat{L}_8}=1,\ Q=\frac{\sin L_1}{\sin L_2}\frac{\sin L_4}{\sin L_5}\frac{\sin L_7}{\sin L_8} \tag{5-4-10}$$

将函数 G 在观测值点 L_1—L_9 上用泰勒公式展开并取至一次项，并考虑 $\hat{L}_i=L_i+v_i$，有

$$\begin{aligned} G=&\frac{\sin L_1}{\sin L_2}\frac{\sin L_4}{\sin L_5}\frac{\sin L_7}{\sin L_8}+\left(\frac{\partial G}{\partial\hat{L}_1}\right)_{\hat{L}=L}\frac{1}{\rho''}(\hat{L}_1-L_1)+\left(\frac{\partial G}{\partial\hat{L}_2}\right)_{\hat{L}=L}\frac{1}{\rho''}(\hat{L}_2-L_2)+\\ &\left(\frac{\partial G}{\partial\hat{L}_4}\right)_{\hat{L}=L}\frac{1}{\rho''}(\hat{L}_4-L_4)+\left(\frac{\partial G}{\partial\hat{L}_5}\right)_{\hat{L}=L}\frac{1}{\rho''}(\hat{L}_5-L_5)+\\ &\left(\frac{\partial G}{\partial\hat{L}_7}\right)_{\hat{L}=L}\frac{1}{\rho''}(\hat{L}_7-L_7)+\left(\frac{\partial G}{\partial\hat{L}_8}\right)_{\hat{L}=L}\frac{1}{\rho''}(\hat{L}_8-L_8) \end{aligned}$$

$$= Q + \left(\frac{\partial G}{\partial \hat{L}_1}\right)_{\hat{L}=L}\frac{v_1}{\rho''} + \left(\frac{\partial G}{\partial \hat{L}_2}\right)_{\hat{L}=L}\frac{v_2}{\rho''} + \left(\frac{\partial G}{\partial \hat{L}_4}\right)_{\hat{L}=L}\frac{v_4}{\rho''} + \left(\frac{\partial G}{\partial \hat{L}_5}\right)_{\hat{L}=L}\frac{v_5}{\rho''} +$$

$$\left(\frac{\partial G}{\partial \hat{L}_7}\right)_{\hat{L}=L}\frac{v_7}{\rho''} + \left(\frac{\partial G}{\partial \hat{L}_8}\right)_{\hat{L}=L}\frac{v_8}{\rho''} = 1 \qquad (5-4-11)$$

式中，$\rho'' = 206\,265''$，第 3 章[例 3-8] 对 ρ'' 已作解释。

对 G 表达式中分子、分母项求导的规律为

$$\left(\frac{\partial G}{\partial \hat{L}_1}\right)_{\hat{L}=L} = Q\cot L_1, \left(\frac{\partial G}{\partial \hat{L}_2}\right)_{\hat{L}=L} = -Q\cot L_2$$

可见，分子上观测值求偏导后为正号，分母上观测值求偏导后为负号，且均为观测角的余弦。代入式(5-4-11)，得

$$G = Q + \frac{Q}{\rho''}(\cot L_1 v_1 - \cot L_2 v_2 + \cot L_4 v_4 - \cot L_5 v_5 + \cot L_7 v_7 - \cot L_8 v_8) = 1$$

即 $\cot L_1 v_1 - \cot L_2 v_2 + \cot L_4 v_4 - \cot L_5 v_5 + \cot L_7 v_7 - \cot L_8 v_8 + \left(1 - \frac{1}{Q}\right)\rho'' = 0$

整理后得极条件式(5-4-9)线性化后的改正数条件方程为

$$\cot L_1 v_1 - \cot L_2 v_2 + \cot L_4 v_4 - \cot L_5 v_5 + \cot L_7 v_7 - \cot L_8 v_8 - w_5 = 0 \qquad (5-4-12)$$

闭合差为

$$w_5 = -\left(1 - \frac{1}{Q}\right)\rho'' = -\left(1 - \frac{\sin L_2 \sin L_5 \sin L_8}{\sin L_1 \sin L_4 \sin L_7}\right)\rho'' \qquad (5-4-13)$$

[例 5-3] 在图 5-5 所示的测角网中，9 个同精度观测角值见表 5-2。试按条件平差法求各观测角的平差值。

表 5-2

角号	观测角值 L			平差后角值 $\hat{L}$			角号	观测角值 L			平差后角值 $\hat{L}$		
	°	′	″	°	′	″		°	′	″	°	′	″
1	28	00	05.6	28	00	07.1	6	118	52	30.2	118	52	28.6
2	40	44	49.2	40	44	49.9	7	28	09	33.9	28	09	34.3
3	111	15	02.7	111	15	03.0	8	21	57	57.9	21	57	57.2
4	32	12	10.8	32	12	10.3	9	129	52	29.3	129	52	28.5
5	28	55	22.4	28	55	21.1							

解 由于 $n=9$，$t=4$，$r=n-t=5$，故有 5 个条件方程。其中 3 个图形条件、1 个圆周角条件和 1 个极条件。

图形条件为

$$v_1 + v_2 + v_3 - 2.5'' = 0 \qquad (1)$$

$$v_4 + v_5 + v_6 + 3.4'' = 0 \qquad (2)$$

$$v_7 + v_8 + v_9 + 1.1'' = 0 \qquad (3)$$

圆周角条件为

$$v_3 + v_6 + v_9 + 2.2'' = 0 \tag{4}$$

极条件为

$$1.88v_1 - 1.16v_2 + 1.59v_4 - 1.81v_5 + 1.87v_7 - 2.48v_8 - 5.89'' = 0 \tag{5}$$

对比条件方程 $\boldsymbol{AV}-\boldsymbol{W}=\boldsymbol{0}$，顾及 9 个角度观测值是等权且独立的，故观测值权阵为 9 阶单位阵，有

$$\boldsymbol{A}=\begin{bmatrix}1 & 1 & 1 & 0 & 0 & 0 & 0 & 0 & 0\\0 & 0 & 0 & 1 & 1 & 1 & 0 & 0 & 0\\0 & 0 & 0 & 0 & 0 & 0 & 1 & 1 & 1\\0 & 0 & 1 & 0 & 0 & 1 & 0 & 0 & 1\\1.88 & -1.16 & 0 & 1.59 & -1.81 & 0 & 1.87 & -2.48 & 0\end{bmatrix},\ \boldsymbol{W}=\begin{bmatrix}2.5\\-3.4\\-1.1\\-2.2\\5.89\end{bmatrix},\ \boldsymbol{P}=\boldsymbol{I}_9$$

参考式(5-1-20)，得法方程为

$$\begin{bmatrix}3 & 0 & 0 & 1 & 0.72\\0 & 3 & 0 & 1 & -0.22\\0 & 0 & 3 & 1 & -0.61\\1 & 1 & 1 & 3 & 0\\0.72 & -0.22 & -0.61 & 0 & 20.33\end{bmatrix}\begin{bmatrix}K_a\\K_b\\K_c\\K_d\\K_e\end{bmatrix}-\begin{bmatrix}2.5\\-3.4\\-1.1\\-2.2\\5.89\end{bmatrix}=\boldsymbol{0}$$

解法方程，得联系数向量为

$$\boldsymbol{K}=[1.0317 \quad -0.8590 \quad -0.0609 \quad -0.7698 \quad 0.2423]^{\mathrm{T}}$$

再由式(5-1-16)，得观测值的改正数为

$$\boldsymbol{V}=[1.5 \quad 0.7 \quad 0.3 \quad -0.5 \quad -1.3 \quad -1.6 \quad 0.4 \quad -0.7 \quad -0.8]''^{\mathrm{T}}$$

角度平差值计算参考式(5-1-23)，结果列于表 5-2 中。

3. 大地四边形测角网

图 5-6 所示是一个大地四边形测角网。有 8 个观测角值 L_1—L_8，两个已知点 A，B，满足起算数据要求。有两个待定点 C，D。

$$n=8,\ t=2\times2=4,\ r=n-t=4$$

存在 4 个条件方程，有 3 个图形条件、1 个极条件。3 个图形条件存在于 3 个独立三角形△ABC，△ACD，△ABD 之中。

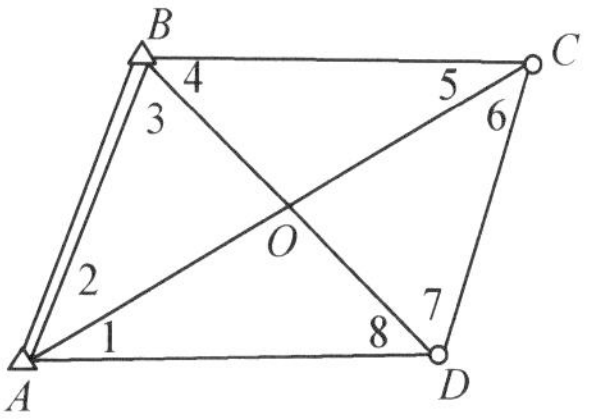

图 5-6

极条件列法(极条件只有 1 个，但有不同列法)：

(1) 以"O"点为极的平差值极条件(O 点仅是两条视线的交汇点而非设站点)：

$$\frac{\overline{OB}}{\overline{OA}}\cdot\frac{\overline{OC}}{\overline{OB}}\cdot\frac{\overline{OD}}{\overline{OC}}\cdot\frac{\overline{OA}}{\overline{OD}}=\frac{\sin\hat{L}_2}{\sin\hat{L}_3}\frac{\sin\hat{L}_4}{\sin\hat{L}_5}\frac{\sin\hat{L}_6}{\sin\hat{L}_7}\frac{\sin\hat{L}_8}{\sin\hat{L}_1}=1 \tag{5-4-14}$$

式(5－4－14)线性化后成为改正数条件方程的方法同式(5－4－12),闭合差计算参考式(5－4－13),在此就不再重复。

(2) 以“D”点为极的极条件:有时由于观测条件所限,在某些站点(设为 D 点)无法设站观测或测站上某条视线(设为 DB)通视困难,使得图 5－6 中的 L_7 和 L_8 可能没有观测或是合并成一个角观测,这时选 D 点为极的平差值极条件式为

$$\frac{\overline{DB}}{\overline{DA}}\cdot\frac{\overline{DC}}{\overline{DB}}\cdot\frac{\overline{DA}}{\overline{DC}}=\frac{\sin(\hat{L}_1+\hat{L}_2)}{\sin\hat{L}_3}\,\frac{\sin\hat{L}_4}{\sin(\hat{L}_5+\hat{L}_6)}\,\frac{\sin\hat{L}_6}{\sin\hat{L}_1}=1 \qquad (5-4-15)$$

从式(5－4－15)能发现选 D 点为极的好处:未用到 D 点的角度 L_7 和 L_8。式(5－4－15)的线性化改正数条件方程及闭合差为

$$\left.\begin{aligned}&[\cot(L_1+L_2)-\cot L_1]v_1+\cot(L_1+L_2)v_2-\cot L_3v_3+\cot L_4v_4-\\&\cot(L_5+L_6)v_5+[\cot L_6-\cot(L_5+L_6)]v_6-w=0\\&w=-\left[1-\frac{\sin L_3\sin(L_5+L_6)\sin L_1}{\sin(L_1+L_2)\sin L_4\sin L_6}\right]\rho''\end{aligned}\right\} \qquad (5-4-16)$$

4. 混合测角网

混合测角网列条件方程的原则是以“化整为零”为指导思想,将控制网分解成各种基本图形,并将共用部分的条件方程合并。

图 5－7 所示是一个混合测角网,已知 A 点坐标及 AB 边的方位角和边长,现要求说明该控制网中各类型的条件方程个数。

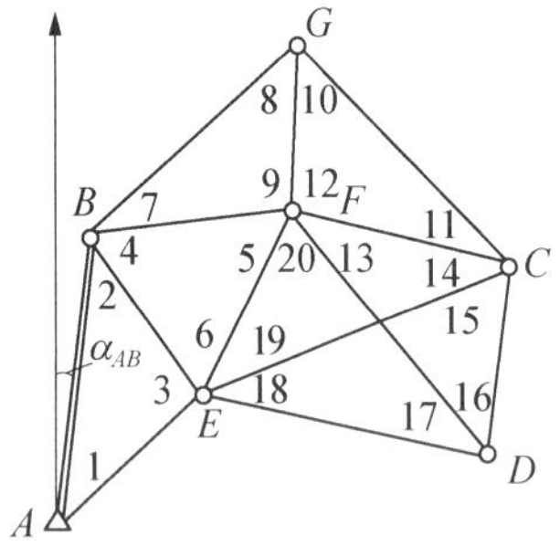

图 5－7

根据已知条件,相当于 A, B 两点是已知点,根据题意有

$$n=20,\ t=5\times2=10,\ r=n-t=10$$

图形条件:大地四边形 $CDEF$ 中有 3 个独立的图形条件,中点四边形 $BGCE$ 中有 3 个独立的图形条件($\triangle EFC$ 的图形条件已经在大地四边形 $CDEF$ 中用过了);独立$\triangle ABE$ 中有 1 个图形条件,所以共有图形条件 7 个。

圆周角条件:存在于中点多边形 $BGCE$ 中,有 1 个圆周角条件。

极条件:中点多边形 $BGCE$ 中有 1 个极条件,以“F”为极;大地四边形 $CDEF$ 中存在另一个极条件。所以,极条件有 2 个。

5. 求某一待定边平差后的边长相对中误差

测角网平差后,可能会要求了解某一条边平差后的精度是多少,但边长精度一般都是用相对中误差表征,即用“边长中误差与边长之比”的分数形式来表示,该分数是分子为 1、分母为整百数的形式。如图 5－5 所示的中点三边形测角网,需要计算出平差后 CD 边的边长相对中误差。

因为测角网中只有 AB 边长已知,所以 CD 边平差后的长度只能从 AB 边用正弦定理通过平差后的角度值传递过去,因此求 CD 边长的中误差,就是一个求观测值平差值的函数精度问题。

传递边:$AB\rightarrow AD\rightarrow CD$。函数式为

$$\hat{s}_{CD} = \overline{AB}\frac{\sin\hat{L}_2}{\sin\hat{L}_3}\frac{\sin\hat{L}_8}{\sin\hat{L}_7} \tag{5-4-17}$$

将式(5－4－17)全微分，在观测值的真值点展开，得到 CD 边长全微分式为

$$\begin{aligned} \mathrm{d}\hat{s}_{CD} &= \frac{\overline{AB}\sin L_2 \sin L_8}{\rho''\sin L_3 \sin L_7}(\cot L_2 \mathrm{d}\hat{L}_2 - \cot L_3 \mathrm{d}\hat{L}_3 - \cot L_7 \mathrm{d}\hat{L}_7 + \cot L_8 \mathrm{d}\hat{L}_8) \\ &= \frac{s_{CD}}{\rho''}\boldsymbol{f}^{\mathrm{T}}\mathrm{d}\hat{\boldsymbol{L}} \end{aligned} \tag{5-4-18}$$

根据式(5－4－18)，可得 CD 边长求相对中误差的权函数式为

$$\frac{\mathrm{d}\hat{s}_{CD}}{s_{CD}} = \frac{1}{\rho''}(\cot L_2 \mathrm{d}\hat{L}_2 - \cot L_3 \mathrm{d}\hat{L}_3 - \cot L_7 \mathrm{d}\hat{L}_7 + \cot L_8 \mathrm{d}\hat{L}_8) = \frac{1}{\rho''}\boldsymbol{f}^{\mathrm{T}}\mathrm{d}\hat{\boldsymbol{L}} \tag{5-4-19}$$

式中，$\boldsymbol{f}^{\mathrm{T}} = [0 \quad \cot L_2 \quad -\cot L_3 \quad 0 \quad 0 \quad 0 \quad -\cot L_7 \quad \cot L_8 \quad 0]$。

全微分后自变量的微分项为

$$\mathrm{d}\hat{\boldsymbol{L}} = [\mathrm{d}\hat{L}_1 \quad \mathrm{d}\hat{L}_2 \quad \mathrm{d}\hat{L}_3 \quad \mathrm{d}\hat{L}_4 \quad \mathrm{d}\hat{L}_5 \quad \mathrm{d}\hat{L}_6 \quad \mathrm{d}\hat{L}_7 \quad \mathrm{d}\hat{L}_8 \quad \mathrm{d}\hat{L}_9]^{\mathrm{T}} \tag{5-4-20}$$

由式(5－4－19)，采用协因数传播律，有

$$\frac{Q_{s_{CD}}}{(s_{CD})^2} = \left(\frac{1}{\rho''}\right)^2 \boldsymbol{f}^{\mathrm{T}}\boldsymbol{Q}_{\hat{L}\hat{L}}\boldsymbol{f} \tag{5-4-21}$$

式中，$\boldsymbol{f}^{\mathrm{T}}\boldsymbol{Q}_{\hat{L}\hat{L}}\boldsymbol{f}$ 的计算可参照式(5－3－16)，有

$$\boldsymbol{f}^{\mathrm{T}}\boldsymbol{Q}_{\hat{L}\hat{L}}\boldsymbol{f} = \boldsymbol{f}^{\mathrm{T}}\boldsymbol{Q}\boldsymbol{f} - \boldsymbol{f}^{\mathrm{T}}\boldsymbol{Q}\boldsymbol{A}^{\mathrm{T}}\boldsymbol{N}^{-1}\boldsymbol{A}\boldsymbol{Q}\boldsymbol{f} \tag{5-4-22}$$

式(5－4－21)等式两边同乘单位权方差 $\hat{\sigma}_0^2$，再开根号，整理后可得到 CD 边相对中误差计算公式为

$$\frac{\hat{\sigma}_{s_{CD}}}{s_{CD}} = \frac{\hat{\sigma}_0\sqrt{\boldsymbol{f}^{\mathrm{T}}\boldsymbol{Q}_{\hat{L}\hat{L}}\boldsymbol{f}}}{\rho''} \tag{5-4-23}$$

[例 5－4] 如图 5－8 所示的独立测角网，A，B 两点已知，AB 为起算边，角度观测值列于表 5－3 中。求平差后：

(1) 各角度观测值的改正数；

(2) CE 边长相对中误差。

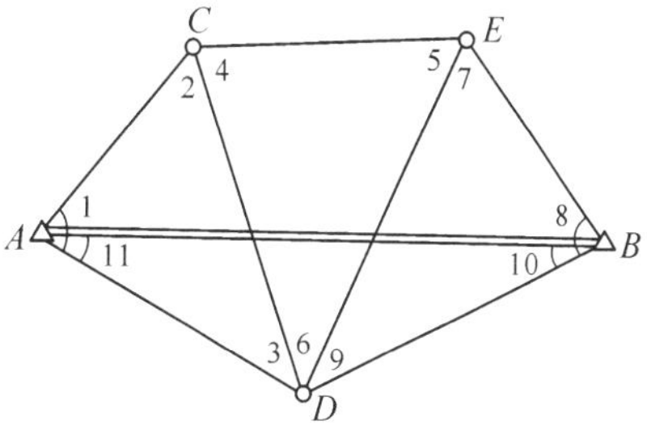

图 5－8

表 5－3

$\beta_1 = 68°27'26.0''$	$\beta_4 = 66°30'47.6''$	$\beta_7 = 45°38'51.1''$	$\beta_{10} = 20°39'49.8''$
$\beta_2 = 58°39'26.5''$	$\beta_5 = 62°47'01.8''$	$\beta_8 = 95°08'15.7''$	$\beta_{11} = 16°32'00.4''$
$\beta_3 = 52°53'09.4''$	$\beta_6 = 50°42'09.5''$	$\beta_9 = 39°12'52.5''$	

解 依题意 $n = 11$，$t = 3 \times 2 = 6$，$r = 5$，所以，该题有 5 个条件方程，其中图形条件 4 个，极条件 1 个。

(1) 图形条件为

$$\left.\begin{aligned} v_1+v_2+v_3-w_1&=0\\ v_4+v_5+v_6-w_2&=0\\ v_7+v_8+v_9-w_3&=0\\ v_3+v_6+v_9+v_{10}+v_{11}-w_4&=0 \end{aligned}\right\}$$

闭合差为

$$\left.\begin{aligned} w_1&=-(\beta_1+\beta_2+\beta_3-180^\circ)=-1.9''\\ w_2&=-(\beta_4+\beta_5+\beta_6-180^\circ)=1.1''\\ w_3&=-(\beta_7+\beta_8+\beta_9-180^\circ)=0.7''\\ w_4&=-(\beta_3+\beta_6+\beta_9+\beta_{10}+\beta_{11}-180^\circ)=-1.6'' \end{aligned}\right\}$$

极条件:极条件存在于测角网的中点多边形、大地四边形和扇形这三种典型图形之中。该题图形是扇形,以“D”点为极,平差值极条件为

$$\frac{\overline{DC}}{\overline{DA}}\cdot\frac{\overline{DE}}{\overline{DC}}\cdot\frac{\overline{DB}}{\overline{DE}}\cdot\frac{\overline{DA}}{\overline{DB}}=\frac{\sin\hat{\beta}_1}{\sin\hat{\beta}_2}\frac{\sin\hat{\beta}_4}{\sin\hat{\beta}_5}\frac{\sin\hat{\beta}_7}{\sin\hat{\beta}_8}\frac{\sin\hat{\beta}_{10}}{\sin\hat{\beta}_{11}}=1$$

线性化后的极条件改正数方程为

$$\cot\beta_1 v_1-\cot\beta_2 v_2+\cot\beta_4 v_4-\cot\beta_5 v_5+\cot\beta_7 v_7-\cot\beta_8 v_8+\\ \cot\beta_{10} v_{10}-\cot\beta_{11} v_{11}-w_5=0$$

代入观测的角值,得极条件改正数方程的系数,并放入系数阵 **A** 的最后一行。

极条件的闭合差为

$$w_5=-\left(1-\frac{\sin\beta_0\sin\beta_5\sin\beta_0\sin\beta_{11}}{\sin\beta_1\sin\beta_4\sin\beta_7\sin\beta_{10}}\right)\rho''=10.97''$$

整理后得条件方程的系数阵和闭合差向量为

$$\boldsymbol{A}=\begin{bmatrix} 1 & 1 & 1 & & & & & & & & \\ & & & 1 & 1 & 1 & & & & & \\ & & & & & & 1 & 1 & 1 & & \\ & & 1 & & & 1 & & & 1 & 1 & 1\\ 0.3948 & -0.6090 & 0 & 0.4345 & -0.5142 & 0 & 0.9776 & 0.0899 & 0 & 2.6515 & -3.3687 \end{bmatrix}$$

$$\boldsymbol{W}=[w_1\quad w_2\quad w_3\quad w_4\quad w_5]^{\mathrm{T}}=[-1.9\quad 1.1\quad 0.7\quad -1.6\quad 10.97]^{\mathrm{T}}$$

矩阵 **A** 中空缺的元素均为零。观测值的权阵 $\boldsymbol{P}=\boldsymbol{I}_{11}$。计算得法方程系数阵为

$$\boldsymbol{N}=\boldsymbol{AQA}^{\mathrm{T}}=\begin{bmatrix} 3 & 0 & 0 & 1 & -0.2142\\ 0 & 3 & 0 & 1 & -0.0797\\ 0 & 0 & 3 & 1 & 1.0675\\ 1 & 1 & 1 & 5 & -0.7172\\ -0.2142 & -0.0797 & 1.0675 & -0.7172 & 20.3223 \end{bmatrix}$$

联系数 $\boldsymbol{K}=\boldsymbol{N}^{-1}\boldsymbol{W}=[-0.5079\quad 0.4688\quad 0.1367\quad -0.2650\quad 0.5198]^{\mathrm{T}}$

将联系数代入改正数方程，得改正数 $\boldsymbol{V}$(单位：秒)为

$$\boldsymbol{V}=\boldsymbol{Q}\boldsymbol{A}^{\mathrm{T}}\boldsymbol{K}=[-0.30\quad -0.83\quad -0.77\quad 0.69\quad 0.20\quad 0.21\quad 0.65\quad 0.18\quad -0.13\quad 1.11\quad -2.02]^{\mathrm{T}}$$

再由 $\hat{\boldsymbol{\beta}}=\boldsymbol{\beta}+\boldsymbol{V}$，可算得各角平差值(略)。可用平差后的角值依据几何图形作一些几何条件的检验(略)。

(2) 单位权中误差估值为

$$\hat{\sigma}_0=\sqrt{\frac{\boldsymbol{V}^{\mathrm{T}}\boldsymbol{P}\boldsymbol{V}}{n-t}}=\sqrt{\frac{7.7020}{5}}=1.24''$$

CE 边长的平差值函数式为

$$\hat{s}_{CE}=s_{AB}\frac{\sin\hat{\beta}_{10}}{\sin(\hat{\beta}_3+\hat{\beta}_6+\hat{\beta}_9)}\frac{\sin\hat{\beta}_1}{\sin\hat{\beta}_2}\frac{\sin\hat{\beta}_6}{\sin\hat{\beta}_5}$$

线性化后，得 CE 边长相对中误差的权函数式为

$$\begin{aligned}\frac{\mathrm{d}\hat{s}_{CE}}{s_{CE}}&=\frac{1}{\rho''}\{\cot\beta_1\mathrm{d}\hat{\beta}_1-\cot\beta_2\mathrm{d}\hat{\beta}_2-\cot(\beta_3+\beta_6+\beta_9)\mathrm{d}\hat{\beta}_3-\cot\beta_5\mathrm{d}\hat{\beta}_5+\\&\quad[\cot\beta_6-\cot(\beta_3+\beta_6+\beta_9)]\mathrm{d}\hat{\beta}_6-\cot(\beta_3+\beta_6+\beta_9)\mathrm{d}\hat{\beta}_9+\cot\beta_{10}\mathrm{d}\hat{\beta}_{10}\}\\&=\frac{1}{\rho''}\boldsymbol{f}^{\mathrm{T}}\mathrm{d}\hat{\beta}\end{aligned}$$

将观测值代入 $\boldsymbol{f}^{\mathrm{T}}$ 中，得

$$\boldsymbol{f}^{\mathrm{T}}=[0.3948\quad -0.6090\quad 1.3176\quad 0\quad -0.5142\quad 2.1360\quad 0\quad 0\quad 1.3176\quad 2.6515\quad 0]$$

参照式(5-4-22)，得 $\boldsymbol{f}^{\mathrm{T}}\boldsymbol{Q}_{\hat{\beta}\hat{\beta}}\boldsymbol{f}$ 的值为

$$\boldsymbol{f}^{\mathrm{T}}\boldsymbol{Q}_{\hat{\beta}\hat{\beta}}\boldsymbol{f}=\boldsymbol{f}^{\mathrm{T}}\boldsymbol{Q}\boldsymbol{f}-\boldsymbol{f}^{\mathrm{T}}\boldsymbol{Q}\boldsymbol{A}^{\mathrm{T}}\boldsymbol{N}^{-1}\boldsymbol{A}\boldsymbol{Q}\boldsymbol{f}=0.6945$$

所以，参照式(5-4-23)，得 CE 边长相对中误差为

$$\frac{\hat{\sigma}_{s_{CE}}}{s_{CE}}=\frac{\hat{\sigma}_0\sqrt{\boldsymbol{f}^{\mathrm{T}}\boldsymbol{Q}_{\hat{\beta}\hat{\beta}}\boldsymbol{f}}}{\rho''}=\frac{1.24''\times\sqrt{0.6945}}{206\,265''}=\frac{1}{199\,600}$$

从计算过程可以看出，本题中并未告知已知边长 AB 的具体长度，但这并不妨碍平差后待定边边长相对中误差的计算。

6. 附合测角网平差的条件方程

5.4.1 节中已介绍，独立网是指网中仅有必要起算数据的控制网。但有时希望布设的控制网能尽量跟其所在区域或周边的高等级的已知控制点进行联测，其目的一是为了提高新布设的控制网的精度，二是为了使新的控制网与高等级的控制网有更好的衔接。在这种情况下，控制网中已知点的个数就会比较多，如测角控制网，当已知点个数超过 2 个时，称为附合测角网。

附合网——网中已知数据个数超过必要起算数据个数 d。附合网也称为非独立网。本书主要讨论附合测角网。

由于测角网中有了多余的已知数据，相对于独立测角网而言必然会产生新的约束条件，这种条件称为**附合条件**或**强制附合条件**。附合网中条件方程数仍为网中多余观测数：$r=n-t$，其中，n 仍为观测值个数，t 仍为必要观测个数。这时，条件方程主要分为两部分内容：

$$r = r_1 + r_2$$

式中,r_1 为独立网条件方程个数。不考虑网中多余的已知条件,仅留下必要的起算数据,按照独立网列出 r_1 个条件方程。这些条件方程可以是图形条件、圆周角条件和极条件。r_2 为附合条件方程个数。r_2 等于网中多余的已知数据个数。

附合条件方程的类型有以下三种形式:

(1) **边长条件**。是指边长的附合条件,即从一条已知边出发,推算到另一条已知边时,该边的推算长度要与已知长度完全相等。边长条件方程数等于多余已知边数。

(2) **方位角条件**(又称固定角条件)。是指从一个已知方位角出发,推算到另一个已知方位角时,方位角的推算值要与已知值完全相等。方位角条件方程数等于多余已知方位角数。

(3) **纵横坐标条件**。是指从一个已知点的纵、横坐标出发,推算到不同已知点组中另一个已知点时,其纵、横坐标的推算值要与已知值完全相等。纵横坐标条件方程数=多余已知点组个数×2。(已知点组——当几个已知点通过已知边和已知方位角相连在一起时,称为一个已知点组。如图 5-9 所示,虽然有 3 个已知点,但该三点由两条已知边相连,属于一个已知点组,故没有纵横坐标条件。纵横坐标条件将在 5.5.1 节中介绍。)

[**例 5-5**] 图 5-9 所示是一个有 3 个已知点的附合测角网,观测值等权独立,要求列出所有条件方程。

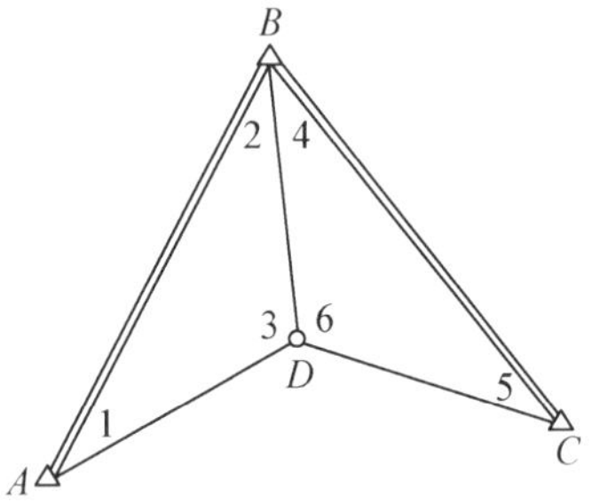

图 5-9

解 该题 $n=6$, $t=1\times2=2$, $r=n-t=4$, 共有 4 个条件方程。其中,属于独立网条件的有 2 个图形条件,$r_1=2$;附合条件也是 2 个, $r_2=2$,一个是边长条件,另一个是方位角条件。

2 个图形条件在此省略。现列附合条件方程。

(1) 边长条件的平差值条件方程为

$$\overline{BC} = \overline{AB}\,\frac{\sin\hat{L}_1}{\sin\hat{L}_3}\,\frac{\sin\hat{L}_6}{\sin\hat{L}_5}$$

线性化后的改正数条件方程为

$$\cot\beta_1 v_1 - \cot\beta_3 v_3 - \cot\beta_5 v_5 + \cot\beta_6 v_6 - w_s = 0$$

其中边长条件闭合差为

$$w_s = -\left(1 - \frac{\overline{BC}}{\overline{AB}}\,\frac{\sin L_3}{\sin L_1}\,\frac{\sin L_5}{\sin L_6}\right)\rho''$$

(2) 方位角条件的平差值条件方程为

$$\alpha_{BA} - \alpha_{BC} = \hat{L}_2 + \hat{L}_4$$

方位角条件的条件方程和闭合差分别为

$$v_2 + v_4 - w_\alpha = 0,\ w_\alpha = -(L_2 + L_4 + \alpha_{BC} - \alpha_{BA})$$

将所有的条件方程排列起来,组成条件方程组,就可以按照条件平差法的步骤进行平差计算了。

5.5 条件平差法计算单导线

5.5.1 单导线平差条件方程列立

导线由于布设灵活且测量方便，是目前常用的平面控制测量方法之一。它的观测值有角度和距离，观测值权阵的构成方法将在本节介绍。本节主要内容是单一附合导线的条件平差方法。

图 5-10 所示为一条附合单导线。导线中有 $n-2$ 个点待求坐标平差值，观测了 n 个角值和 $n-1$ 条边长；此外还有两个已知点 B, C 及两个已知方位角 α_{AB} 和 α_{CD}，这样就构成了两个已知点组(A, B)和(C, D)。有

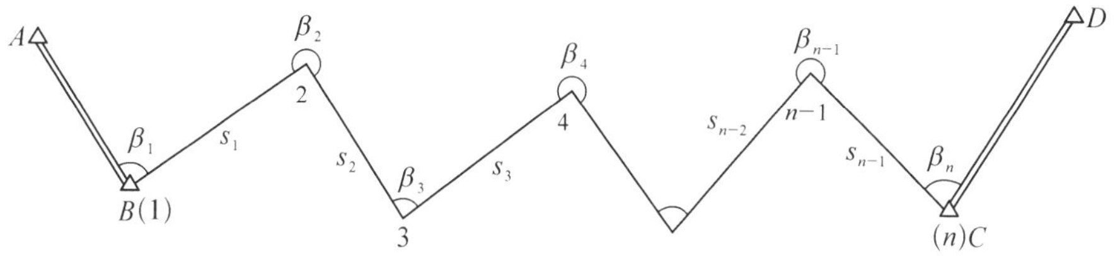

图 5-10

$$\text{观测值个数} = n_{\text{角}} + (n-1)_{\text{边}} = 2n-1$$
$$\text{待定值个数}: t = (n-2)\times 2 = 2n-4$$
$$\text{多余观测数}: r = (2n-1)-(2n-4) = 3$$

"观测值个数"在前面章节里常用 n 表示，这里为避免和导线中的 n 混淆，特用文字表示。从上式可以看出，单导线(包括附合导线和闭合导线)条件方程个数的一个特别之处：无论导线中待定点有多少，永远只存在 3 个条件方程。由于有多余已知点组，所以存在 3 个强制附合条件：1 个方位角条件和 2 个坐标条件。

1. 方位角条件

方位角平差值条件方程(图 5-10 的导线观测的是左角)：

$$\alpha_{CD} = \alpha_{AB} + \hat{\beta}_1 + \hat{\beta}_2 + \cdots + \hat{\beta}_n - n\times 180^\circ \tag{5-5-1}$$

得方位角条件方程(记 $\hat{\beta}_i = \beta_i + v_i$) 及闭合差分别为

$$v_1 + v_2 + \cdots + v_n - w_\alpha = 0 \tag{5-5-2}$$

$$w_\alpha = -(\alpha_{AB} + \beta_1 + \beta_2 + \cdots + \beta_n - \alpha_{CD} - n\times 180^\circ) = -(\alpha_{CD}^0 - \alpha_{CD}) \tag{5-5-3}$$

α_{CD}^0 是从已知的起始方位角 α_{AB} 用观测的角度值 β_i 推算出来的 CD 边的方位角近似值，它与已知的 α_{CD} 是有差异的，这个差异就是方位角条件的闭合差。

2. 纵、横坐标条件

以纵坐标条件为例，其平差值条件方程为

$$X_B + \Delta\hat{X}_{12} + \Delta\hat{X}_{23} + \cdots + \Delta\hat{X}_{n-1,\,n} - X_C = 0 \tag{5-5-4}$$

式中，$\Delta\hat{X}_{i,\,i+1}$ 为平差后 i 点到 $i+1$ 点间的纵坐标增量的平差值，它由这两点间的边长和方

位角的平差值 $\hat{s}_i$ 和 $\hat{\alpha}_{i,\ i+1}$ 计算得到。为方便起见，将 $\hat{\alpha}_{i,\ i+1}$ 记为 $\hat{\alpha}_i$。导线上每一条边的方位角的平差值为

$$\left.\begin{aligned}
\hat{\alpha}_1 &= \alpha_{AB} + \hat{\beta}_1 - 180^\circ = \alpha_{AB} + \beta_1 + v_1 - 180^\circ = \alpha_1^0 + v_1 \\
\hat{\alpha}_2 &= \hat{\alpha}_1 + \hat{\beta}_2 - 180^\circ = \alpha_1^0 + v_1 + \beta_2 + v_2 - 180^\circ = \alpha_2^0 + v_1 + v_2 \\
&\ \vdots \\
\hat{\alpha}_{n-1} &= \alpha_{n-1}^0 + v_1 + v_2 + \cdots + v_{n-1}
\end{aligned}\right\}$$

记

$$\hat{\alpha}_i = \alpha_i^0 + \sum_{j=1}^{i} v_j = \alpha_i^0 + v_{\alpha_i},\ i = 1,\ 2,\ \cdots,\ n-1 \tag{5-5-5}$$

所以，式(5-5-4)中的任意一项用泰勒公式展开并取其一次项后(边长记为：$\hat{s}_i = s_i + v_{s_i}$，方位角记为：$\hat{\alpha}_i = \alpha_i^0 + \sum\limits_{j=1}^{i} v_j$)，有

$$\begin{aligned}
\Delta\hat{X}_{i,\ i+1} &= \hat{s}_i \cos\ \hat{\alpha}_i \\
&= s_i \cos \alpha_i^0 + \cos \alpha_i^0 v_{s_i} - \frac{s_i \sin \alpha_i^0}{\rho''} \sum_{j=1}^{i} v_j \\
&= \Delta X_{i,\ i+1}^0 + \cos \alpha_i^0 v_{s_i} - \frac{\Delta Y_{i,\ i+1}^0}{\rho''} \sum_{j=1}^{i} v_j
\end{aligned} \tag{5-5-6}$$

式中，$i = 1,\ 2,\ \cdots,\ n-1$，将 i 依次取值的 $\Delta\hat{X}_{i,\ i+1}$ 的各项按式(5-5-6)进行线性化，然后全部代入式(5-5-4)，并按 v_i 集项[详见式(5-5-11)]，得单导线条件平差的**纵坐标条件改正数条件方程**：

$$\sum_{i=1}^{n-1} \cos \alpha_i^0 v_{s_i} - \frac{1}{\rho''} \sum_{i=1}^{n-1} (Y_n^0 - Y_i^0) v_i - w_x = 0 \tag{5-5-7}$$

同理，单导线条件平差的**横坐标条件改正数条件方程**为

$$\sum_{i=1}^{n-1} \sin \alpha_i^0 v_{s_i} + \frac{1}{\rho''} \sum_{i=1}^{n-1} (X_n^0 - X_i^0) v_i - w_y = 0 \tag{5-5-8}$$

纵、横坐标条件的**闭合差**分别为

$$w_x = -\left(X_B + \sum_{i=1}^{n-1} \Delta X_{i,\ i+1}^0 - X_C\right) = -(X_n^0 - X_C) \tag{5-5-9}$$

$$w_y = -\left(Y_B + \sum_{i=1}^{n-1} \Delta Y_{i,\ i+1}^0 - Y_C\right) = -(Y_n^0 - Y_C) \tag{5-5-10}$$

式中，X_n^0，Y_n^0 是表示从已知点 B 通过未平差的导线左角观测值 β_i 和观测边长 s_i 推算得到的 n 点(即 C 点)的坐标值。所以，导线纵、横坐标条件的闭合差就是 C 点的已知坐标值与推算坐标值之差。

现解释将式(5-5-6)各项代入式(5-5-4)后按 v_i 集项的过程。将式(5-5-6)中各项代入式(5-5-4)时，为简单起见，这里只考虑式(5-5-6)中的最后一项(该项中常数 $-\frac{1}{\rho''}$ 也暂不考虑)，有

$$\Delta\hat{X}_{12}+\Delta\hat{X}_{23}+\cdots+\Delta\hat{X}_{n-1,n}\Rightarrow\Delta Y_{12}^0v_1+\Delta Y_{23}^0(v_1+v_2)+\cdots+\Delta Y_{n-1,n}^0(v_1+v_2+\cdots+v_{n-1})$$
$$=(\Delta Y_{12}^0+\Delta Y_{23}^0+\cdots+\Delta Y_{n-1,n}^0)v_1+(\Delta Y_{23}^0+\Delta Y_{34}^0+\cdots+\Delta Y_{n-1,n}^0)v_2+\cdots+\Delta Y_{n-1,n}^0v_{n-1}$$
$$=(Y_n^0-Y_1^0)v_1+(Y_n^0-Y_2^0)v_2+\cdots+(Y_n^0-Y_{n-1}^0)v_{n-1}$$
$$=\sum_{i=1}^{n-1}(Y_n^0-Y_i^0)v_i \tag{5-5-11}$$

以上结果再乘以$-\frac{1}{\rho''}$,就得到了纵坐标条件方程式(5－5－7)中的第二项,有关角度改正数 v_i 的集项内容。

5.5.2　边角同测时观测值定权及 $\boldsymbol{V}^{\mathrm{T}}\boldsymbol{PV}$ 计算

边角网(导线网也是边、角同测的平面控制网,可视为边角网的一种类型)平差中包含两类不同性质的观测值:角度和边长,两者的量纲不同,边长的观测精度也各不相等,关键是如何确定这两类观测值之间的权比问题。根据全站仪仪器使用说明书上给出的测距精度计算式:

$$\sigma_{s_i}=a+b\cdot s_i \tag{5-5-12}$$

式中,s_i 为观测边长,单位取 km;a 为固定误差,单位是 mm;b 为比例误差,单位是 ppm(即 10^{-6}),或 mm/km。例如,某全站仪的标称精度为 $\sigma_{s_i}=3\ \text{mm}+2\cdot s_i$,即 $a=3$ mm, $b=2$ mm/km。若用该仪器观测的距离 $s_i=1\,003.576$ m,则测距中误差 $\sigma_{s_i}=5.0$ mm。[注:也有一些教材中测距中误差计算公式为 $\sigma_{s_i}=\sqrt{a^2+(b\cdot s_i)^2}$]

观测角度的中误差根据观测方法和仪器等因素确定。当观测角同精度(设测角中误差为 σ_β)时,取单位权中误差 $\sigma_0=\sigma_\beta('')$,则角度观测值的权和边长观测值的权可分别定为

$$p_\beta=\frac{\sigma_0^2}{\sigma_\beta^2}=1 \tag{5-5-13}$$

$$p_{s_i}=\frac{\sigma_0^2}{\sigma_{s_i}^2}=\frac{\sigma_\beta^2}{\sigma_{s_i}^2} \tag{5-5-14}$$

式中,p_β 是无量纲的(即单位为 1),p_{s_i} 的单位与 $\sigma_{s_i}^2$ 的单位有关,当 $\sigma_{s_i}^2$ 取 mm^2 为单位时,p_{s_i} 的单位为$('')^2/\text{mm}^2$。这时要**注意**:为了与权的单位相匹配,条件方程中角度改正数 v_{β_i} 要取('')为单位,边长改正数 v_{s_i} 要取 mm 为单位,这样计算 $\boldsymbol{V}^{\mathrm{T}}\boldsymbol{PV}$ 时,$[pvv]_{角度}$ 和 $[pvv]_{边长}$ 的单位才会统一为$('')^2$。

设边角网中共有 n_1 个角度观测值和 n_2 个边长观测值,并设这两类观测值相互独立,所以观测值的权阵为

$$\boldsymbol{P}=\begin{bmatrix}\boldsymbol{P}_\beta & \boldsymbol{0}\\ \boldsymbol{0} & \boldsymbol{P}_s\end{bmatrix}=\begin{bmatrix}\boldsymbol{I}_{n_1} & \boldsymbol{0}\\ \boldsymbol{0} & \boldsymbol{P}_s\end{bmatrix} \tag{5-5-15}$$

式中,$\boldsymbol{I}_{n_1}$ 为 n_1 阶的单位阵;$\boldsymbol{P}_s$ 为边长观测值的权阵,是对角阵,有

$$\underset{n_2\times n_2}{\boldsymbol{P}_s}=\begin{bmatrix}p_{s_1} & & \boldsymbol{0}\\ & \ddots & \\ \boldsymbol{0} & & p_{s_{n_2}}\end{bmatrix} \tag{5-5-16}$$

计算单位权中误差时，因边角网中有两类不同的观测值，且这两类观测值对应着不同类型的权，所以，$\boldsymbol{V}^{\mathrm{T}}\boldsymbol{PV}$ 的计算如下：

$$\boldsymbol{V}^{\mathrm{T}}\boldsymbol{PV}=[pvv]_{角}+[pvv]_{边}=\sum_{i=1}^{n_1}p_{\beta_i}v_{\beta_i}^2+\sum_{j=1}^{n_2}p_{s_j}v_{s_j}^2 \tag{5-5-17}$$

将得到的 $\boldsymbol{V}^{\mathrm{T}}\boldsymbol{PV}$ 代入式(5-3-2)，且已知 $r=3$，可算出导线平差的单位权中误差估值。

[例 5-6] 在单一附合导线(图 5-11)上独立观测了 4 个左角和 3 条边长，B, C 为已知点，P, G 为待定导线点，观测值列于表 5-4 中。

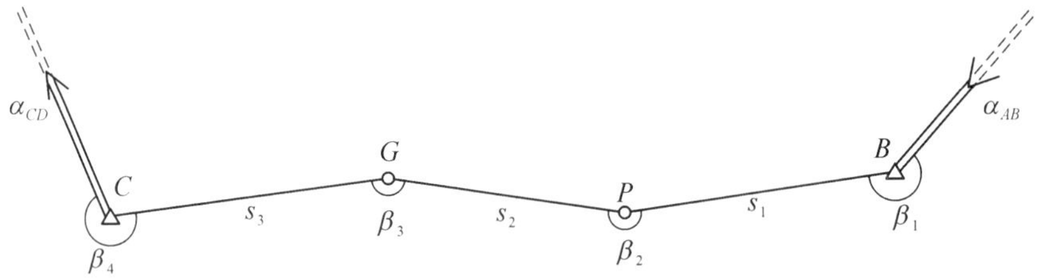

图 5-11

表 5-4

角号	观测值/(°	′	″)	边号	边长/m
β_1	230	32	37	s_1	204.952
β_2	180	00	42	s_2	200.130
β_3	170	39	22	s_3	345.153
β_4	236	48	37		

已知起算数据为

$$\left.\begin{aligned}X_B&=203\,020.348\ \mathrm{m}\\Y_B&=-59\,049.801\ \mathrm{m}\end{aligned}\right\},\quad\left.\begin{aligned}X_C&=203\,059.503\ \mathrm{m}\\Y_C&=-59\,796.549\ \mathrm{m}\end{aligned}\right\}$$

$$\alpha_{AB}=226°44'59'',\ \alpha_{CD}=324°46'03''$$

观测值的测角中误差 $\sigma_\beta=5''$，边长中误差为 $\sigma_{s_i}=0.5\sqrt{s_i}$ mm(s_i 以 m 为单位)。试按条件平差法计算：

(1) 观测值的平差值；

(2) P, G 两点平差后的坐标值；

(3) G 点平差后的点位精度。

解 该题的导线图和常见的导线图略有不同，它是从右到左布设的，但计算方法和过程与从左到右布设的导线是完全相同的。从 5.5.1 节的内容可知，该题的条件方程数是 3 个，即方位角条件和纵、横坐标条件。

(1) 各边的方位角近似值：

$$\alpha_{BP}^0=\alpha_{AB}+\beta_1-180°=277°17'36'',\ \alpha_{PG}^0=\alpha_{BP}^0+\beta_2-180°=277°18'18''$$
$$\alpha_{GC}^0=\alpha_{PG}^0+\beta_3-180°=267°57'40'',\ \alpha_{CD}^0=\alpha_{GC}^0+\beta_4-180°=324°46'17''$$

用以上方位角近似值及各边长观测值，可计算出每一段导线的坐标增量，故有各导线点的近似坐标值：

$$\left.\begin{array}{l}X_P^0=203\,046.366\,5\text{ m}\\ Y_P^0=-59\,253.094\,8\text{ m}\end{array}\right\},\quad \left.\begin{array}{l}X_G^0=203\,071.813\,3\text{ m}\\ Y_G^0=-59\,451.600\,4\text{ m}\end{array}\right\},\quad \left.\begin{array}{l}X_C^0=203\,059.533\,5\text{ m}\\ Y_C^0=-59\,796.534\,9\text{ m}\end{array}\right\}$$

参照式(5-5-3)、式(5-5-9)和式(5-5-10)，得改正数条件方程闭合差为

$$w_\alpha=-(\alpha_{CD}^0-\alpha_{CD})=-14''$$
$$w_x=-(X_C^0-X_C)=-30.5\text{ mm}$$
$$w_y=-(Y_C^0-Y_C)=-14.1\text{ mm}$$

由式(5-5-2)、式(5-5-7)和式(5-5-8)，得方位角条件和纵、横坐标条件的条件方程为

$$v_1+v_2+v_3+v_4-w_\alpha=0 \tag{1}$$

$$\sum_{i=1}^{3}\cos\alpha_i^0 v_{s_i}-\frac{1}{206\,265''}\sum_{i=1}^{3}(Y_C^0-Y_i^0)v_i-w_x=0 \tag{2}$$

$$\sum_{i=1}^{3}\sin\alpha_i^0 v_{s_i}+\frac{1}{206\,265''}\sum_{i=1}^{3}(X_C^0-X_i^0)v_i-w_y=0 \tag{3}$$

式中，当 $i=1$ 时，$X_1^0=X_B$，$Y_1^0=Y_B$，$\alpha_1^0=\alpha_{BP}^0$。

将观测数据和闭合差代入式(1)—式(3)，得条件方程的系数阵、闭合差向量及改正数向量分别为

$$\boldsymbol{A}=\begin{bmatrix}0&0&0&1&1&1&1\\0.127&0.127&-0.036&3.620&2.634&1.672&0\\-0.992&-0.992&-0.999&0.190&0.064&-0.060&0\end{bmatrix},\ \boldsymbol{W}=\begin{bmatrix}-14.0\\-30.5\\-14.1\end{bmatrix}$$

$$\boldsymbol{V}=\begin{bmatrix}v_{s_1}&v_{s_2}&v_{s_3}&v_1&v_2&v_3&v_4\end{bmatrix}^{\mathrm{T}}$$

由边长中误差计算式 $\sigma_{s_i}=0.5\sqrt{s_i}$ mm，将边长观测值以 m 为单位代入，得各边长的方差为

$$\sigma_{s_1}^2=51.238\text{ mm}^2,\ \sigma_{s_2}^2=50.033\text{ mm}^2,\ \sigma_{s_3}^2=86.288\text{ mm}^2$$

观测值的权阵是对角阵，前三项是测边的权，权的计算方法见式(5-5-14)，单位为(秒/mm)^2，后四项是测角的权，权的计算方法见式(5-5-13)，单位为1。设 $\sigma_0=\sigma_\beta=5''$。**构造权阵时注意：**权 p_i 的排列顺序一定要与条件方程中改正数 v_i 的排列顺序一致。权阵为

$$\boldsymbol{P}=\mathrm{diag}(0.49\quad 0.50\quad 0.29\quad 1.00\quad 1.00\quad 1.00\quad 1.00)$$

经计算，得到法方程系数阵和联系数向量为

$$\boldsymbol{N}=\boldsymbol{AQA}^{\mathrm{T}}=\begin{bmatrix}4.000\,0&7.926\,0&0.194\,0\\7.926\,0&22.907\,6&0.371\,0\\0.194\,0&0.371\,0&7.461\,6\end{bmatrix},\ \boldsymbol{K}=\begin{bmatrix}-2.646\,9\\-0.386\,4\\-1.801\,6\end{bmatrix}$$

将联系数 $\boldsymbol{K}$ 代入改正数方程 $\boldsymbol{V}=\boldsymbol{QA}^{\mathrm{T}}\boldsymbol{K}$，得观测值的改正数为

$$\boldsymbol{V}=\boldsymbol{QA}^{\mathrm{T}}\boldsymbol{K}=[3.55\text{ mm}\quad 3.48\text{ mm}\quad 6.25\text{ mm}\quad -4.39''\quad -3.78''\quad -3.18''\quad -2.65'']^{\mathrm{T}}$$

观测值加上改正数，可得观测值的平差值。

平差后角值：

$\hat{\beta}_1 = 230°32'32.6''$，$\hat{\beta}_2 = 180°00'38.2''$，$\hat{\beta}_3 = 170°39'18.8''$，$\hat{\beta}_4 = 236°48'34.4''$

平差后边长：$\hat{s}_1 = 204.955\,6\ \mathrm{m}$，$\hat{s}_2 = 200.133\,5\ \mathrm{m}$，$\hat{s}_3 = 345.159\,3\ \mathrm{m}$

(2) 从已知点 B 出发，用平差后的边长和角度，计算得到平差后 P，G 点的坐标值为

$$\left.\begin{aligned}\hat{X}_P &= 203\,046.362\,6\ \mathrm{m}\\ \hat{Y}_P &= -59\,253.098\,9\ \mathrm{m}\end{aligned}\right\},\quad \left.\begin{aligned}\hat{X}_G &= 203\,071.801\,9\ \mathrm{m}\\ \hat{Y}_G &= -59\,451.609\,0\ \mathrm{m}\end{aligned}\right\}$$

检核：由 G 点平差后的坐标值再推算到已知点 C，得 C 点坐标 $\hat{X}_C = 203\,059.502\,9\ \mathrm{m}$，$\hat{Y}_C = -59\,796.549\,1\ \mathrm{m}$，比较后可看出，$C$ 点坐标平差值与该点的已知值是相同的，而与 C 点坐标的近似值就相差很多，这是因为近似坐标是用未改正的观测值直接计算的。所以，平差能够消除观测值之间、观测值与已知值之间的矛盾。

(3) G 点平差后的点位精度

平差后，G 点坐标计算的函数式为

$$\begin{aligned}\hat{X}_G &= X_B + \Delta\hat{X}_1 + \Delta\hat{X}_2 = X_B + \hat{s}_1\cos\,\hat{\alpha}_{BP} + \hat{s}_2\cos\,\hat{\alpha}_{PG}\\ \hat{Y}_G &= Y_B + \Delta\hat{Y}_1 + \Delta\hat{Y}_2 = Y_B + \hat{s}_1\sin\,\hat{\alpha}_{BP} + \hat{s}_2\sin\,\hat{\alpha}_{PG}\end{aligned}$$

全微分后得 G 点坐标平差值的权函数式为

$$\begin{aligned}\mathrm{d}\hat{X}_G &= \cos\alpha_{BP}^0\,\mathrm{d}\hat{s}_1 + \cos\alpha_{PG}^0\,\mathrm{d}\hat{s}_2 - \frac{1}{\rho''}(Y_G^0 - Y_B)\mathrm{d}\hat{\beta}_1 - \frac{1}{\rho''}(Y_G^0 - Y_P^0)\mathrm{d}\hat{\beta}_2\\ \mathrm{d}\hat{Y}_G &= \sin\alpha_{BP}^0\,\mathrm{d}\hat{s}_1 + \sin\alpha_{PG}^0\,\mathrm{d}\hat{s}_2 + \frac{1}{\rho''}(X_G^0 - X_B)\mathrm{d}\hat{\beta}_1 + \frac{1}{\rho''}(X_G^0 - X_P^0)\mathrm{d}\hat{\beta}_2\end{aligned}$$

式中含有 $\frac{1}{\rho''}$ 的内容，是按 $\mathrm{d}\hat{\beta}_i$ 集项而得，可参考式(5-5-11)。代入数据，得权函数式的系数阵为

$$\boldsymbol{f}^{\mathrm{T}} = \begin{bmatrix} 0.127\,0 & 0.127\,2 & 0 & 1.948\,0 & 0.962\,4 & 0 & 0\\ -0.991\,9 & -0.991\,9 & 0 & 0.249\,5 & 0.123\,3 & 0 & 0\end{bmatrix}$$

且有

$$\mathrm{d}\hat{\boldsymbol{L}} = [\mathrm{d}\hat{s}_1\quad \mathrm{d}\hat{s}_2\quad \mathrm{d}\hat{s}_3\quad \mathrm{d}\hat{\beta}_1\quad \mathrm{d}\hat{\beta}_2\quad \mathrm{d}\hat{\beta}_3\quad \mathrm{d}\hat{\beta}_4]$$

设 $\hat{\boldsymbol{F}} = \begin{bmatrix}\hat{X}_G\\ \hat{Y}_G\end{bmatrix}$，则按式(5-3-15)进行计算，得函数的协因数阵为

$$\boldsymbol{Q}_{\hat{F}\hat{F}} = \boldsymbol{f}^{\mathrm{T}}\boldsymbol{Q}_{\hat{L}\hat{L}}\boldsymbol{f} = \boldsymbol{f}^{\mathrm{T}}\boldsymbol{Q}\boldsymbol{f} - \boldsymbol{f}^{\mathrm{T}}\boldsymbol{Q}\boldsymbol{A}^{\mathrm{T}}\boldsymbol{N}^{-1}\boldsymbol{A}\boldsymbol{Q}\boldsymbol{f} = \begin{bmatrix} 0.566\,9 & -0.051\,3\\ -0.051\,3 & 1.857\,1\end{bmatrix}$$

根据式(5-5-17)计算 $\boldsymbol{V}^{\mathrm{T}}\boldsymbol{P}\boldsymbol{V}$(若 $\boldsymbol{V}$ 和 $\boldsymbol{P}$ 的元素按观测值排列的顺序相同，单位也匹配，可直接用 $\boldsymbol{V}$ 和 $\boldsymbol{P}$ 计算 $\boldsymbol{V}^{\mathrm{T}}\boldsymbol{P}\boldsymbol{V}$)，并计算单位权中误差：

$$\boldsymbol{V}^{\mathrm{T}}\boldsymbol{P}\boldsymbol{V} = [pvv]_{角} + [pvv]_{边} = \sum_{j=1}^{3} p_{s_j} v_{s_j}^2 + \sum_{i=1}^{4} v_{\beta_i}^2 = 74.246\,0('')^2$$

$$\hat{\sigma}_0 = \sqrt{\frac{\boldsymbol{V}^{\mathrm{T}}\boldsymbol{P}\boldsymbol{V}}{r}} = \sqrt{\frac{74.246}{3}} = 4.97''$$

因此，G 点平差后的点位中误差为

$$\hat{\sigma}_G = \hat{\sigma}_0 \sqrt{Q_{\hat{X}_G\hat{X}_G} + Q_{\hat{Y}_G\hat{Y}_G}} = 4.97 \times \sqrt{0.5669 + 1.8571} = 7.7\ \text{mm}$$

5.6 观测坐标构成的条件方程

观测坐标是指通过野外坐标数据采集、对遥感或航摄像片等进行数字化坐标采集得到的坐标值，由于观测过程或数字化过程中会产生随机误差，在某些情况下需要对这些坐标观测值进行平差，即通过对这些坐标观测值的微小调整（平差），使它们满足某些几何条件和指定要求。

设$(x_i,\ y_i)$ $(i=1,\ 2,\ \cdots,\ n)$为数字化坐标值，其平差值为$(\hat{x}_i,\ \hat{y}_i)$，相应的改正数为v_{x_i}，v_{y_i}，则有

$$\hat{x}_i = x_i + v_{x_i},\ \hat{y}_i = y_i + v_{y_i} \tag{5-6-1}$$

5.6.1 坐标点构成的角度型条件方程

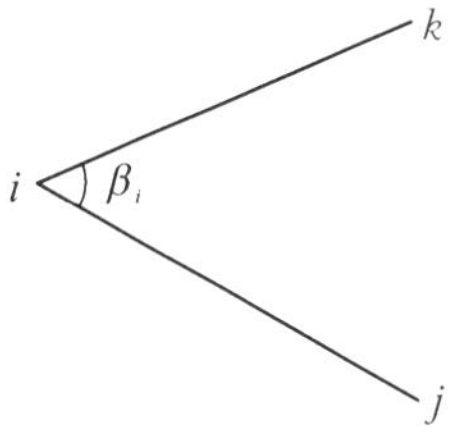

图 5-12

如图 5-12 所示，i，j，k 三点的平面坐标值构成了一个平面角β_i，若这三点的坐标是通过测量得到的，而β_i 又必须满足一个指定的角值（如等于直角，即$\beta_i=90°$，或三点构成了一条直线，即$\beta_i=180°$等），就可以通过平差的手段，对 i，j，k 三点的坐标观测值进行微小的调整，以满足这些指定的角值。

在由坐标观测值构成的 N 个直角（或平角）图形中，若需对观测值进行平差，则观测数：$n=2N$，必要观测数：$t=N+1$，多余观测数：$r=N-1$，即可列出 $N-1$ 个独立的直角（或直线）条件。平差后的坐标值将同时满足图形中的所有直角（或直线）条件。

角度平差值条件方程为

$$\beta_i = \hat{\alpha}_{ij} - \hat{\alpha}_{ik} = \arctan\frac{\hat{y}_j - \hat{y}_i}{\hat{x}_j - \hat{x}_i} - \arctan\frac{\hat{y}_k - \hat{y}_i}{\hat{x}_k - \hat{x}_i} \tag{5-6-2}$$

式中，β_i 是一个指定角值，所以可以看成是常数。

将式(5-6-2)的方位角平差值$\hat{\alpha}_{ij}$用泰勒公式在其观测值点展开，并取至一次项，有

$$\hat{\alpha}_{ij} = \arctan\frac{y_j - y_i}{x_j - x_i} + \left(\frac{\partial\hat{\alpha}_{ij}}{\partial\hat{x}_j}\right)_{\hat{L}=L} v_{x_j} + \left(\frac{\partial\hat{\alpha}_{ij}}{\partial\hat{y}_j}\right)_{\hat{L}=L} v_{y_j} + \left(\frac{\partial\hat{\alpha}_{ij}}{\partial\hat{x}_i}\right)_{\hat{L}=L} v_{x_i} + \left(\frac{\partial\hat{\alpha}_{ij}}{\partial\hat{y}_i}\right)_{\hat{L}=L} v_{y_i} \tag{5-6-3}$$

令

$$\alpha_{ij}^0 = \arctan\frac{y_j - y_i}{x_j - x_i} \tag{5-6-4}$$

$$\mathrm{d}\hat{\alpha}_{ij} = \left(\frac{\partial\hat{\alpha}_{ij}}{\partial\hat{x}_j}\right)_{\hat{L}=L} v_{x_j} + \left(\frac{\partial\hat{\alpha}_{ij}}{\partial\hat{y}_j}\right)_{\hat{L}=L} v_{y_j} + \left(\frac{\partial\hat{\alpha}_{ij}}{\partial\hat{x}_i}\right)_{\hat{L}=L} v_{x_i} + \left(\frac{\partial\hat{\alpha}_{ij}}{\partial\hat{y}_i}\right)_{\hat{L}=L} v_{y_i} \tag{5-6-5}$$

则方位角平差值为

$$\hat{\alpha}_{ij} = \alpha_{ij}^0 + \mathrm{d}\hat{\alpha}_{ij} \tag{5-6-6}$$

式(5-6-5)中，各坐标改正数的系数计算式为

$$\left(\frac{\partial\hat{\alpha}_{ij}}{\partial\hat{x}_i}\right)_{\hat{L}=L}=\frac{\Delta y_{ij}}{(s_{ij}^0)^2}=\frac{\sin\alpha_{ij}^0}{s_{ij}^0},\ \left(\frac{\partial\hat{\alpha}_{ij}}{\partial\hat{y}_i}\right)_{\hat{L}=L}=-\frac{\Delta x_{ij}}{(s_{ij}^0)^2}=-\frac{\cos\alpha_{ij}^0}{s_{ij}^0}$$

$$\left(\frac{\partial\hat{\alpha}_{ij}}{\partial\hat{x}_j}\right)_{\hat{L}=L}=-\frac{\Delta y_{ij}}{(s_{ij}^0)^2}=-\frac{\sin\alpha_{ij}^0}{s_{ij}^0},\ \left(\frac{\partial\hat{\alpha}_{ij}}{\partial\hat{y}_j}\right)_{\hat{L}=L}=\frac{\Delta x_{ij}}{(s_{ij}^0)^2}=\frac{\cos\alpha_{ij}^0}{s_{ij}^0}$$

将以上各关系式代入式(5－6－5)，并考虑该式中各项的单位要相同，则有

$$\mathrm{d}\hat{\alpha}_{ij}=\frac{\rho''\sin\alpha_{ij}^0}{s_{ij}^0}v_{x_i}-\frac{\rho''\cos\alpha_{ij}^0}{s_{ij}^0}v_{y_i}-\frac{\rho''\sin\alpha_{ij}^0}{s_{ij}^0}v_{x_j}+\frac{\rho''\cos\alpha_{ij}^0}{s_{ij}^0}v_{y_j} \tag{5－6－7}$$

令

$$a_{ij}=\frac{\rho''\sin\alpha_{ij}^0}{s_{ij}^0},\ b_{ij}=-\frac{\rho''\cos\alpha_{ij}^0}{s_{ij}^0} \tag{5－6－8}$$

则有

$$\mathrm{d}\hat{\alpha}_{ij}=a_{ij}v_{x_i}+b_{ij}v_{y_i}-a_{ij}v_{x_j}-b_{ij}v_{y_j} \tag{5－6－9}$$

根据式(5－6－3)—式(5－6－9)分别求出方位角 $\hat{\alpha}_{ij}$，$\hat{\alpha}_{ik}$ 的线性化式，再一起代入式(5－6－2)，得角度条件方程和闭合差分别为

$$\left.\begin{aligned}(a_{ij}-a_{ik})v_{x_i}+(b_{ij}-b_{ik})v_{y_i}-a_{ij}v_{x_j}-b_{ij}v_{y_j}+a_{ik}v_{x_k}+b_{ik}v_{y_k}-w_i=0\\ w_i=-(\alpha_{ij}^0-\alpha_{ik}^0-\beta_i)\end{aligned}\right\} \tag{5－6－10}$$

上面所有公式中的 α^0 和 s^0，都是用坐标观测值计算得到的对应边的方位角和边长的近似值。

5.6.2 坐标点构成的距离型条件方程

设观测坐标值的两点 $i(x_i,\ y_i)$，$j(x_j,\ y_j)$之间的距离 $s_{已知}$为已知，则其平差值条件方程为

$$\sqrt{(\hat{x}_j-\hat{x}_i)^2+(\hat{y}_j-\hat{y}_i)^2}-s_{已知}=0 \tag{5－6－11}$$

即由 i，j 两点坐标平差值计算出的距离值一定要和已知距离 $s_{已知}$相等。设

$$f=\sqrt{(\hat{x}_j-\hat{x}_i)^2+(\hat{y}_j-\hat{y}_i)^2} \tag{5－6－12}$$

则式(5－6－11)用泰勒公式在观测值点线性展开为

$$f=s_{ij}^0+\left(\frac{\partial f}{\partial\hat{x}_i}\right)_{x,\ y}v_{x_i}+\left(\frac{\partial f}{\partial\hat{y}_i}\right)_{x,\ y}v_{y_i}+\left(\frac{\partial f}{\partial\hat{x}_j}\right)_{x,\ y}v_{x_j}+\left(\frac{\partial f}{\partial\hat{y}_j}\right)_{x,\ y}v_{y_j} \tag{5－6－13}$$

其中，用坐标观测值计算得到：

$$s_{ij}^0=\sqrt{(x_j-x_i)^2+(y_j-y_i)^2} \tag{5－6－14}$$

式(5－6－13)中各坐标改正数的系数计算式为

$$\left(\frac{\partial f}{\partial\hat{x}_i}\right)_{x,\ y}=-\frac{x_j-x_i}{s_{ij}^0}=-\frac{\Delta x_{ij}^0}{s_{ij}^0}=-\cos\alpha_{ij}^0,\ \left(\frac{\partial f}{\partial\hat{y}_i}\right)_{x,\ y}=-\frac{y_j-y_i}{s_{ij}^0}=-\frac{\Delta y_{ij}^0}{s_{ij}^0}=-\sin\alpha_{ij}^0$$

$$\left(\frac{\partial f}{\partial \hat{x}_j}\right)_{x,\,y} = \frac{\Delta x_{ij}^0}{s_{ij}^0} = \cos\alpha_{ij}^0\,,\ \left(\frac{\partial f}{\partial \hat{y}_j}\right)_{x,\,y} = \frac{\Delta y_{ij}^0}{s_{ij}^0} = \sin\alpha_{ij}^0$$

将以上关系式代入式(5-6-13),再考虑式(5-6-11),得距离改正数条件方程为

$$-\frac{\Delta x_{ij}^0}{s_{ij}^0}v_{x_i} - \frac{\Delta y_{ij}^0}{s_{ij}^0}v_{y_i} + \frac{\Delta x_{ij}^0}{s_{ij}^0}v_{x_j} + \frac{\Delta y_{ij}^0}{s_{ij}^0}v_{y_j} - w_s = 0 \qquad (5-6-15)$$

或者也可以写成

$$-\cos\alpha_{ij}^0 v_{x_i} - \sin\alpha_{ij}^0 v_{y_i} + \cos\alpha_{ij}^0 v_{x_j} + \sin\alpha_{ij}^0 v_{y_j} - w_s = 0 \qquad (5-6-16)$$

闭合差为

$$w_s = -(s_{ij}^0 - s_{\text{已知}}) = -\left[\sqrt{(x_j - x_i)^2 + (y_j - y_i)^2} - s_{\text{已知}}\right] \qquad (5-6-17)$$

5.6.3 坐标点构成的面积型条件方程

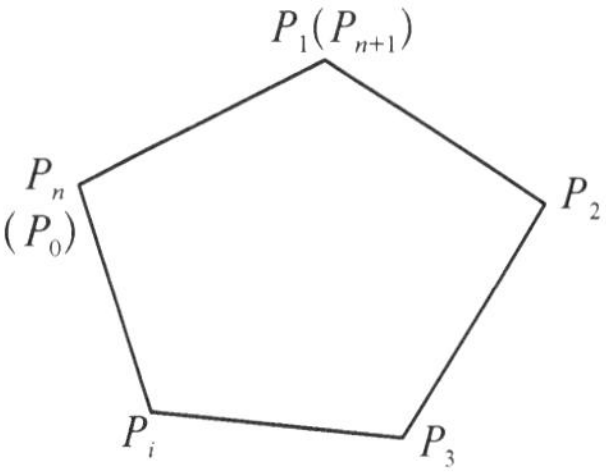

图 5-13

图 5-13 所示是由 n 个观测坐标点 P_1—P_n 构成的封闭多边形,其面积为给定值 A。当封闭的**多边形为凸多边形且多边形的顶点编号为顺时针**时,存在如下面积计算公式:

$$A = \frac{1}{2}\sum_{i=1}^{n}\hat{x}_i(\hat{y}_{i+1} - \hat{y}_{i-1}) \qquad (5-6-18)$$

即坐标平差值面积条件方程为

$$\frac{1}{2}\sum_{i=1}^{n}\hat{x}_i(\hat{y}_{i+1} - \hat{y}_{i-1}) - A = 0 \qquad (5-6-19)$$

由图可知编号规律:$P_n = P_0$,$P_{n+1} = P_1$。

将式(5-6-19)线性化后得到面积改正数条件方程:

$$\sum_{i=1}^{n}a_i v_{x_i} + \sum_{i=1}^{n}b_i v_{y_i} - w_A = 0 \qquad (5-6-20)$$

式中,

$$\left.\begin{aligned} a_i &= \frac{1}{2}(y_{i+1} - y_{i-1}) \\ b_i &= \frac{1}{2}(x_{i+1} - x_{i-1}) \\ w_A &= -\left[\frac{1}{2}\sum_{i=1}^{n}x_i(y_{i+1} - y_{i-1}) - A\right] \end{aligned}\right\} \qquad (5-6-21)$$

以上介绍了观测坐标点为满足一些指定条件而构成条件方程的过程。在实际应用中,还可能碰到如两直线平行条件、两直线垂直条件、圆弧上测的点要满足圆曲线条件等,这些就需要使用者根据条件平差的原理灵活运用。平差时将所有条件式组成条件方程组一起平差,得出的坐标平差值将同时满足所有的条件方程所代表的条件。

5.7 附有参数的条件平差

经典平差中，有时为了便于条件方程式的列立或为了得到某些未观测量的估值，会在条件方程中除了观测量之外，再引入 $u\ (0<u<t)$ 个独立量作为参数参与平差，而每增加一个参数，就会增加一个条件方程，这种平差方法就称为附有参数的条件平差法。

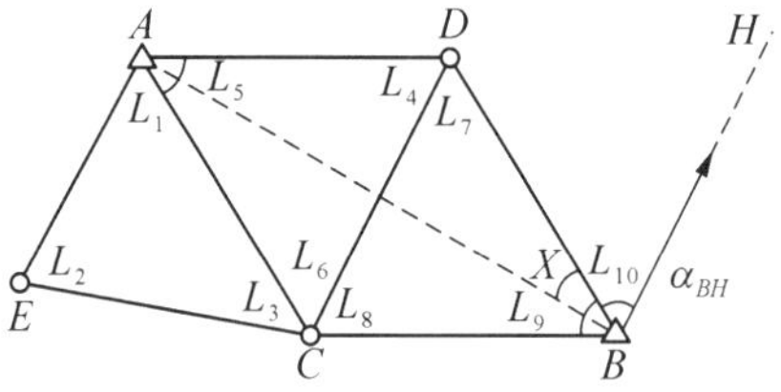

图 5-14

如图 5-14 所示测角网，A，B 为已知点，α_{BH} 为已知方位角，C，D，E 为待定点，$n=10$，$t=6$，$r=10-6=4$，即用条件平差法可列 4 个条件方程：3 个图形条件，1 个固定角$\angle ABH$ 条件。但该固定角条件的列立是比较困难的，为此，可设一个非观测量$\angle ABD$ 作为参数$\hat{X}$，参数个数 $u=1$，从而使固定角条件的列立变得方便。此时，条件方程数变为 $c=r+u=4+1=5$，即由于增设了参数 $\hat{X}$，除了原来的 3 个图形条件和 1 个固定角条件外，再增加 1 个极条件方程。

3 个图形条件方程由观测角 L_1—L_9 构成，这里就不再列出。

固定角平差值条件式为

$$\hat{L}_{10}+\hat{X}=\alpha_{BH}-\alpha_{BA}+360^\circ \tag{5-7-1}$$

平差值极条件式(以 A 点为极)为

$$\frac{\overline{AB}}{\overline{AD}}\cdot\frac{\overline{AC}}{\overline{AB}}\cdot\frac{\overline{AD}}{\overline{AC}}=\frac{\sin(\hat{L}_4+\hat{L}_7)\sin(\hat{L}_9-\hat{X})\sin\hat{L}_6}{\sin\hat{X}\sin(\hat{L}_6+\hat{L}_8)\sin\hat{L}_4}=1 \tag{5-7-2}$$

从式(5-7-1)和式(5-7-2)可见，条件方程中除了观测值的平差值 $\hat{L}$ 以外，还含有参数平差值$\hat{X}$。这 5 个条件方程联合起来一起进行平差，就是附有参数的条件平差法，它是经典平差的基本方法之一。

5.7.1 平差原理

附有参数的条件平差的函数模型由式(4-2-11)可得[将 $\boldsymbol{\Delta}$，$\tilde{\boldsymbol{x}}$ 用其估值 $\boldsymbol{V}$，$\hat{\boldsymbol{x}}$ 替代，即式(4-2-30)]：

$$\underset{c\times n}{\boldsymbol{A}}\ \underset{n\times 1}{\boldsymbol{V}}+\underset{c\times u}{\boldsymbol{B}}\ \underset{u\times 1}{\hat{\boldsymbol{x}}}-\underset{c\times 1}{\boldsymbol{W}}=\underset{c\times 1}{\boldsymbol{0}} \tag{5-7-3}$$

式中，n 为观测值个数；u 为参数个数，$0<u<t$；c 为条件方程个数，$c=r+u<n$；$\boldsymbol{V}$ 为观测值 $\boldsymbol{L}$ 的改正数；$\hat{\boldsymbol{x}}$ 为参数近似值 $\boldsymbol{X}^0$ 的改正数，即

$$\hat{\boldsymbol{L}}=\boldsymbol{L}+\boldsymbol{V},\ \hat{\boldsymbol{X}}=\boldsymbol{X}^0+\hat{\boldsymbol{x}}$$

系数阵的秩分别为 $R(\boldsymbol{A})=c$，$R(\boldsymbol{B})=u$。即 $\boldsymbol{A}$ 为行满秩矩阵，$\boldsymbol{B}$ 为列满秩矩阵。

式(5-7-3)中，闭合差 $\boldsymbol{W}$ 由式(4-2-10)可得：

$$\boldsymbol{W}=-(\boldsymbol{AL}+\boldsymbol{BX}^0+\boldsymbol{A}_0) \tag{5-7-4}$$

式中，$\boldsymbol{A}_0$ 是由已知数据构成的常数向量。

式(5－7－3)也可称为**附有参数的条件平差的条件方程**。如果原附有参数的条件方程是非线性的,可参考式(4－2－12)—式(4－2－15),从而得到式(5－7－3)中的矩阵 $\boldsymbol{A}$、矩阵 $\boldsymbol{B}$ 及闭合差 $\boldsymbol{W}$ 的计算方法。

附有参数的条件平差的随机模型为

$$\underset{n\times n}{\boldsymbol{D}} = \sigma_0^2 \underset{n\times n}{\boldsymbol{Q}} = \sigma_0^2 \boldsymbol{P}^{-1} \tag{5-7-5}$$

平差准则为

$$\boldsymbol{V}^{\mathrm{T}}\boldsymbol{P}\boldsymbol{V} = \min \tag{5-7-6}$$

条件方程组[式(5－7－3)]是相容方程,有解但解不唯一:方程有 c 个,待求量是改正数 $\boldsymbol{V}$ 和参数改正数 $\hat{\boldsymbol{x}}$,共有 $n+u$ 个未知量,$c<n+u$。因此需要引入最小二乘原则,在多组解中得到能满足 $\boldsymbol{V}^{\mathrm{T}}\boldsymbol{P}\boldsymbol{V}=\min$ 的唯一的那组最优解。

根据求条件极值的拉格朗日乘数法,组成拉格朗日函数:

$$\Phi = \boldsymbol{V}^{\mathrm{T}}\boldsymbol{P}\boldsymbol{V} - 2\boldsymbol{K}^{\mathrm{T}}(\boldsymbol{A}\boldsymbol{V} + \boldsymbol{B}\hat{\boldsymbol{x}} - \boldsymbol{W}) \tag{5-7-7}$$

式中,$\underset{c\times 1}{\boldsymbol{K}}$ 为拉格朗日函数中的乘数,平差中称其为联系数向量。

为求 Φ 的极小值,将 Φ 分别对 $\boldsymbol{V}$ 和 $\hat{\boldsymbol{x}}$ 求一阶导数并令其为零,有

$$\frac{\partial\Phi}{\partial\boldsymbol{V}} = 2\boldsymbol{V}^{\mathrm{T}}\boldsymbol{P} - 2\boldsymbol{K}^{\mathrm{T}}\boldsymbol{A} = 0$$

$$\frac{\partial\Phi}{\partial\hat{\boldsymbol{x}}} = -2\boldsymbol{K}^{\mathrm{T}}\boldsymbol{B} = 0$$

转置后,得

$$\underset{n\times n}{\boldsymbol{P}}\,\underset{n\times 1}{\boldsymbol{V}} - \underset{n\times c}{\boldsymbol{A}^{\mathrm{T}}}\,\underset{c\times 1}{\boldsymbol{K}} = \underset{n\times 1}{\boldsymbol{0}} \tag{5-7-8}$$

$$\underset{u\times c}{\boldsymbol{B}^{\mathrm{T}}}\,\underset{c\times 1}{\boldsymbol{K}} = \underset{u\times 1}{\boldsymbol{0}} \tag{5-7-9}$$

式中,$\boldsymbol{P}$ 为观测值的权阵。于是,由原方程式(5－7－3)以及式(5－7－8)、式(5－7－9)组成了附有参数的条件平差法的基础方程[其中第二式由式(5－7－8)整理所得]:

$$\left.\begin{aligned} &\boldsymbol{A}\boldsymbol{V} + \boldsymbol{B}\hat{\boldsymbol{x}} - \boldsymbol{W} = \boldsymbol{0} \\ &\boldsymbol{V} = \boldsymbol{P}^{-1}\boldsymbol{A}^{\mathrm{T}}\boldsymbol{K} = \boldsymbol{Q}\boldsymbol{A}^{\mathrm{T}}\boldsymbol{K} \\ &\boldsymbol{B}^{\mathrm{T}}\boldsymbol{K} = \boldsymbol{0} \end{aligned}\right\} \tag{5-7-10}$$

将基础方程中能合并的方程进行合并(第二式代入第一式),就得到**附有参数的条件平差法的法方程**:

$$\left.\begin{aligned} &\underset{c\times n}{\boldsymbol{A}}\,\underset{n\times n}{\boldsymbol{Q}}\,\underset{n\times c}{\boldsymbol{A}^{\mathrm{T}}}\,\underset{c\times 1}{\boldsymbol{K}} + \underset{c\times u}{\boldsymbol{B}}\,\underset{u\times 1}{\hat{\boldsymbol{x}}} - \underset{c\times 1}{\boldsymbol{W}} = \underset{c\times 1}{\boldsymbol{0}} \\ &\underset{u\times c}{\boldsymbol{B}^{\mathrm{T}}}\,\underset{c\times 1}{\boldsymbol{K}} = \underset{u\times 1}{\boldsymbol{0}} \end{aligned}\right\} \tag{5-7-11}$$

令 $\boldsymbol{N} = \boldsymbol{A}\boldsymbol{Q}\boldsymbol{A}^{\mathrm{T}}$,法方程也可以写成下面的形式:

$$\begin{bmatrix} \boldsymbol{N} & \boldsymbol{B} \\ \boldsymbol{B}^{\mathrm{T}} & \boldsymbol{0} \end{bmatrix}\begin{bmatrix} \boldsymbol{K} \\ \hat{\boldsymbol{x}} \end{bmatrix} - \begin{bmatrix} \boldsymbol{W} \\ \boldsymbol{0} \end{bmatrix} = \boldsymbol{0} \tag{5-7-12}$$

法方程系数阵为$(c+u)\times(c+u)$的满秩对称方阵，未知量是$\boldsymbol{K}$和$\hat{\boldsymbol{x}}$，共有$c+u$个。故通过解法方程，未知量可得到唯一解。法方程的解为

$$\begin{bmatrix}\boldsymbol{K}\\ \hat{\boldsymbol{x}}\end{bmatrix}=\begin{bmatrix}\boldsymbol{N} & \boldsymbol{B}\\ \boldsymbol{B}^{\mathrm{T}} & \boldsymbol{0}\end{bmatrix}^{-1}\begin{bmatrix}\boldsymbol{W}\\ \boldsymbol{0}\end{bmatrix} \tag{5-7-13}$$

也可以用下面的方法单独对$\hat{\boldsymbol{x}}$求解。由法方程式(5－7－11)的第一式，得联系数向量：

$$\boldsymbol{K}=-\boldsymbol{N}^{-1}(\boldsymbol{B}\hat{\boldsymbol{x}}-\boldsymbol{W}) \tag{5-7-14}$$

再用$\boldsymbol{B}^{\mathrm{T}}\boldsymbol{N}^{-1}$左乘式(5－7－11)的第一式，并与第二式相减，得

$$\boldsymbol{B}^{\mathrm{T}}\boldsymbol{N}^{-1}\boldsymbol{B}\hat{\boldsymbol{x}}-\boldsymbol{B}^{\mathrm{T}}\boldsymbol{N}^{-1}\boldsymbol{W}=\boldsymbol{0} \tag{5-7-15}$$

现令$\boldsymbol{N}_{\mathrm{B}}=\boldsymbol{B}^{\mathrm{T}}\boldsymbol{N}^{-1}\boldsymbol{B}$，因$R(\underset{u\times u}{\boldsymbol{N}_{\mathrm{B}}})=R(\underset{u\times c}{\boldsymbol{B}^{\mathrm{T}}}\underset{c\times c}{\boldsymbol{N}^{-1}}\underset{c\times u}{\boldsymbol{B}})=R(\boldsymbol{B})=u$，且因$\boldsymbol{N}^{-1}$对称，所以可知$\boldsymbol{N}_{\mathrm{B}}$是满秩对称方阵，则由式(5－7－15)，有

$$\hat{\boldsymbol{x}}=(\boldsymbol{B}^{\mathrm{T}}\boldsymbol{N}^{-1}\boldsymbol{B})^{-1}\boldsymbol{B}^{\mathrm{T}}\boldsymbol{N}^{-1}\boldsymbol{W}=\boldsymbol{N}_{\mathrm{B}}^{-1}\boldsymbol{B}^{\mathrm{T}}\boldsymbol{N}^{-1}\boldsymbol{W} \tag{5-7-16}$$

将算得的$\hat{\boldsymbol{x}}$代入式(5－7－14)，可得联系数向量$\boldsymbol{K}$的值，再将$\boldsymbol{K}$代入式(5－7－10)的第二式，就能得到观测值的改正数向量$\boldsymbol{V}$。最后，可计算观测值平差值和参数平差值的估计量：

$$\hat{\boldsymbol{L}}=\boldsymbol{L}+\boldsymbol{V} \tag{5-7-17}$$

$$\hat{\boldsymbol{X}}=\boldsymbol{X}^{0}+\hat{\boldsymbol{x}} \tag{5-7-18}$$

5.7.2 精度评定

1. 单位权中误差估计式

$$\hat{\sigma}_{0}=\sqrt{\frac{\boldsymbol{V}^{\mathrm{T}}\boldsymbol{P}\boldsymbol{V}}{r}}=\sqrt{\frac{\boldsymbol{V}^{\mathrm{T}}\boldsymbol{P}\boldsymbol{V}}{c-u}} \tag{5-7-19}$$

可见，$\hat{\sigma}_0$与平差时是否增选参数无关。

2. 参数改正数$\hat{\boldsymbol{x}}$的协因数阵

由式(5－7－16)及式(5－7－4)得

$$\hat{\boldsymbol{x}}=\boldsymbol{N}_{\mathrm{B}}^{-1}\boldsymbol{B}^{\mathrm{T}}\boldsymbol{N}^{-1}\boldsymbol{W}=-\boldsymbol{N}_{\mathrm{B}}^{-1}\boldsymbol{B}^{\mathrm{T}}\boldsymbol{N}^{-1}(\boldsymbol{A}\boldsymbol{L}+\boldsymbol{B}\boldsymbol{X}^{0}+\boldsymbol{A}_{0}) \tag{5-7-20}$$

式中，$\boldsymbol{X}^0$，$\boldsymbol{A}_0$均为常数向量。

按协因数传播律，得$\hat{\boldsymbol{x}}$的协因数阵为

$$\begin{aligned}\boldsymbol{Q}_{\hat{x}\hat{x}}&=\boldsymbol{N}_{\mathrm{B}}^{-1}\boldsymbol{B}^{\mathrm{T}}\boldsymbol{N}^{-1}\boldsymbol{A}\boldsymbol{Q}\boldsymbol{A}^{\mathrm{T}}\boldsymbol{N}^{-1}\boldsymbol{B}\boldsymbol{N}_{\mathrm{B}}^{-1}\\&=\boldsymbol{N}_{\mathrm{B}}^{-1}=\boldsymbol{Q}_{\hat{X}\hat{X}}\end{aligned} \tag{5-7-21}$$

3. 观测值改正数$\boldsymbol{V}$的协因数阵

由式(5－7－4)，按协因数传播律，得闭合差向量$\boldsymbol{W}$的协因数阵：

$$Q_{WW}=AQA^{\mathrm{T}}=N \tag{5-7-22}$$

由式(5－7－10)中的第二式、式(5－7－14)及式(5－7－20)，有

$$V=QA^{\mathrm{T}}K=-QA^{\mathrm{T}}N^{-1}(BN_{\mathrm{B}}^{-1}B^{\mathrm{T}}N^{-1}-I)W \tag{5-7-23}$$

对式(5－7－23)进行协因数传播，并顾及式(5－7－22)，可得 V 的协因数阵为

$$\begin{aligned}Q_{VV}&=QA^{\mathrm{T}}N^{-1}(BN_{\mathrm{B}}^{-1}B^{\mathrm{T}}N^{-1}-I)N(N^{-1}BN_{\mathrm{B}}^{-1}B^{\mathrm{T}}-I)N^{-1}AQ\\&=QA^{\mathrm{T}}N^{-1}(N-BN_{\mathrm{B}}^{-1}B^{\mathrm{T}})N^{-1}AQ\\&=QA^{\mathrm{T}}N^{-1}AQ-QA^{\mathrm{T}}N^{-1}BN_{\mathrm{B}}^{-1}B^{\mathrm{T}}N^{-1}AQ\end{aligned} \tag{5-7-24}$$

4. 观测值的平差值 $\hat{L}$ 的协因数阵

因为

$$\hat{L}=L+V$$

由协因数传播律，得

$$Q_{\hat{L}\hat{L}}=Q+Q_{LV}+Q_{VL}+Q_{VV} \tag{5-7-25}$$

式中，Q 为观测值的协因数阵；Q_{VV} 可由式(5－7－24)算出，现推导 Q_{LV} 和 Q_{VL} 的计算式。

由式(5－7－23)、式(5－7－4)，有

$$\begin{aligned}Q_{VL}&=-QA^{\mathrm{T}}N^{-1}(BN_{\mathrm{B}}^{-1}B^{\mathrm{T}}N^{-1}-I)(-A)QI^{\mathrm{T}}\\&=QA^{\mathrm{T}}N^{-1}(BN_{\mathrm{B}}^{-1}B^{\mathrm{T}}-N)N^{-1}AQ\\&=-Q_{VV}=Q_{LV}^{\mathrm{T}}=Q_{LV}\end{aligned} \tag{5-7-26}$$

将式(5－7－26)的结果代入式(5－7－25)，得

$$Q_{\hat{L}\hat{L}}=Q-Q_{VV}-Q_{VV}+Q_{VV}=Q-Q_{VV} \tag{5-7-27}$$

5. 参数 $\hat{X}$ 与 $\hat{L}$ 的互协因数阵

$\hat{X}$ 和 $\hat{L}$ 可表示为

$$\hat{L}=L+V=\begin{bmatrix}0 & I & I\end{bmatrix}\begin{bmatrix}\hat{X}\\L\\V\end{bmatrix},\ \hat{X}=\begin{bmatrix}I & 0 & 0\end{bmatrix}\begin{bmatrix}\hat{X}\\L\\V\end{bmatrix}$$

所以，按协因数传播律，$\hat{X}$ 与 $\hat{L}$ 的互协因数阵为

$$Q_{\hat{X}\hat{L}}=Q_{\hat{X}L}+Q_{\hat{X}V}=Q_{\hat{L}\hat{X}}^{\mathrm{T}} \tag{5-7-28}$$

由式(5－7－20)，得

$$Q_{\hat{X}L}=-N_{\mathrm{B}}^{-1}B^{\mathrm{T}}N^{-1}AQ \tag{5-7-29}$$

再由式(5－7－20)、式(5－7－23)和式(5－7－22)，得

$$\begin{aligned}Q_{\hat{X}V}&=-N_{\mathrm{B}}^{-1}B^{\mathrm{T}}N^{-1}Q_{WW}[QA^{\mathrm{T}}N^{-1}(BN_{\mathrm{B}}^{-1}B^{\mathrm{T}}N^{-1}-I)]^{\mathrm{T}}\\&=-N_{\mathrm{B}}^{-1}B^{\mathrm{T}}(N^{-1}BN_{\mathrm{B}}^{-1}B^{\mathrm{T}}N^{-1}AQ-N^{-1}AQ)\\&=-N_{\mathrm{B}}^{-1}B^{\mathrm{T}}N^{-1}AQ+N_{\mathrm{B}}^{-1}B^{\mathrm{T}}N^{-1}AQ=0\end{aligned} \tag{5-7-30}$$

所以，有

$$Q_{\hat{X}\hat{L}} = Q_{\hat{X}L} = -N_B^{-1}B^TN^{-1}AQ = Q_{\hat{L}\hat{X}}^T \tag{5-7-31}$$

6. 平差值函数的协因数阵

设平差值的函数为

$$\hat{F} = f(\hat{L}_1, \hat{L}_2, \cdots, \hat{L}_n, \hat{X}_1, \hat{X}_2, \cdots, \hat{X}_u) \tag{5-7-32}$$

该函数中既有观测值平差值，又有参数平差值。将式(5-7-32)在观测值的真值点和参数的近似值点上取全微分，得权函数式为

$$d\hat{F} = f_1 d\hat{L}_1 + f_2 d\hat{L}_2 + \cdots + f_n d\hat{L}_n + f_{x_1}\hat{x}_1 + f_{x_2}\hat{x}_2 + \cdots + f_{x_u}\hat{x}_u \tag{5-7-33}$$

式中，

$$f_i = \left(\frac{\partial f}{\partial \hat{L}_i}\right)_{\hat{L}=L,\hat{X}=X^0},\ f_{x_j} = \left(\frac{\partial f}{\partial \hat{x}_j}\right)_{\hat{L}=L,\hat{X}=X^0},\ i = 1, 2, \cdots, n;\ j = 1, 2, \cdots, u$$

设

$$f^T = [f_1 \quad f_2 \quad \cdots \quad f_n],\ f_x^T = [f_{x_1} \quad f_{x_2} \quad \cdots \quad f_{x_u}]$$

$$d\hat{L} = [d\hat{L}_1 \quad d\hat{L}_2 \quad \cdots \quad d\hat{L}_n]^T,\ \hat{x} = [\hat{x}_1 \quad \hat{x}_2 \quad \cdots \quad \hat{x}_u]^T$$

则权函数式(5-7-33)可表示为

$$d\hat{F} = f^T d\hat{L} + f_x^T \hat{x} \tag{5-7-34}$$

按协因数传播律，有

$$Q_{\hat{F}\hat{F}} = f^TQ_{\hat{L}\hat{L}}f + f^TQ_{\hat{L}\hat{X}}f_x + f_x^TQ_{\hat{X}\hat{L}}f + f_x^TQ_{\hat{X}\hat{X}}f_x \tag{5-7-35}$$

式中，$Q_{\hat{L}\hat{L}}$，$Q_{\hat{L}\hat{X}}$，$Q_{\hat{X}\hat{L}}$，$Q_{\hat{X}\hat{X}}$可分别从式(5-7-27)、式(5-7-31) 和式(5-7-21)中得到。

[**例 5-7**] 如图 5-14 所示测角网，10 个水平角观测值列于表 5-5，试用附有参数的条件平差法求参数平差值和单位权中误差。

已知数据：

$$\left.\begin{aligned} X_A &= 97\,689.562\ \text{m} \\ Y_A &= 31\,970.853\ \text{m} \end{aligned}\right\},\quad \left.\begin{aligned} X_B &= 95\,466.248\ \text{m} \\ Y_B &= 36\,625.546\ \text{m} \end{aligned}\right\},\quad \left.\begin{aligned} \alpha_{BA} &= 295°31'53.3'' \\ \alpha_{BH} &= 14°57'29.5'' \end{aligned}\right\}$$

表 5-5

角号	观测值 L/ (°)	(′)	(″)	改正数 v/(″)	平差值 $\hat{L}$/ (°)	(′)	(″)	角号	观测值 L/ (°)	(′)	(″)	改正数 v/(″)	平差值 $\hat{L}$/ (°)	(′)	(″)
1	60	05	11.4	−0.50	60	05	10.90	6	63	57	27.7	−1.35	63	57	26.35
2	56	30	12.5	−0.50	56	30	12.00	7	65	23	03.9	0.73	65	23	04.63
3	63	24	37.6	−0.50	63	24	37.10	8	60	34	45.2	−0.41	60	34	44.79
4	66	40	43.9	0.45	66	40	44.35	9	54	02	11.8	−1.22	54	02	10.58
5	49	21	49.8	−0.50	49	21	49.30	10	54	14	40.2	−2.83	54	14	37.37

解 将∠ABD 的平差值设为参数，这样，参数个数 $u=1$。该题 $n=10$，$t=6$，$r=4$，若以附有参数的条件平差法进行平差，将会有 $c=r+u=4+1=5$ 个条件方程，包括 3 个图

形条件、1 个固定角条件和 1 个极条件。

(1) 参数近似值计算

利用固定角条件式(5-7-1),即

$$X^0 = \alpha_{BH} - \alpha_{BA} - L_{10} + 360° = 25°10'56''$$

(2) 条件方程列立

3 个图形条件(略)。图形条件会在下面的系数阵 **A**, **B** 和闭合差 **W** 中体现出来。

1 个固定角条件式(5-7-1)(因为参数近似值是由该条件式计算出来的,所以该条件式的闭合差必为零):

$$v_{10} + \hat{x} = 0$$

1 个极条件。式(5-7-2)的极条件线性化式及闭合差计算式为

$$[\cot(L_4+L_7) - \cot L_4]v_4 + [\cot L_6 - \cot(L_6+L_8)]v_6 + \cot(L_4+L_7)v_7 - \cot(L_6+L_8)v_8 + \cot(L_9 - X^0)v_9 - [\cot(L_9 - X^0) + \cot X^0]\hat{x} - w_{极} = 0$$

$$w_{极} = -\left[1 - \frac{\sin X^0 \sin(L_6+L_8)\sin L_4}{\sin(L_4+L_7)\sin(L_9-X^0)\sin L_6}\right]\rho'' = -16.5067''$$

将观测值和参数近似值代入,得线性化后的极条为

$$-1.3335v_4 + 1.1768v_6 - 0.9024v_7 + 0.6882v_8 + 1.8149v_9 - 3.9417\hat{x} + 16.5067 = 0$$

参照附有参数的条件方程的矩阵式(5-7-3):

$$\boldsymbol{AV} + \boldsymbol{B}\hat{\boldsymbol{x}} - \boldsymbol{W} = 0$$

有

$$\boldsymbol{A} = \begin{bmatrix} 1 & 1 & 1 & 0 & 0 & 0 & 0 & 0 & 0 & 0 \\ 0 & 0 & 0 & 1 & 1 & 1 & 0 & 0 & 0 & 0 \\ 0 & 0 & 0 & 0 & 0 & 0 & 1 & 1 & 1 & 0 \\ 0 & 0 & 0 & 0 & 0 & 0 & 0 & 0 & 0 & 1 \\ 0 & 0 & 0 & -1.3335 & 0 & 1.1768 & -0.9024 & 0.6882 & 1.8149 & 0 \end{bmatrix}, \boldsymbol{P} = \boldsymbol{I}_{10}$$

$$\boldsymbol{B} = [0 \quad 0 \quad 0 \quad 1 \quad -3.9417]^{\mathrm{T}}, \boldsymbol{W} = [-1.5 \quad -1.4 \quad -0.9 \quad 0 \quad -16.5067]^{\mathrm{T}}$$

(3) 组成并解算法方程

由式(5-7-12),法方程为

$$\begin{bmatrix} \boldsymbol{AQA}^{\mathrm{T}} & \boldsymbol{B} \\ \boldsymbol{B}^{\mathrm{T}} & \boldsymbol{0} \end{bmatrix} \begin{bmatrix} \boldsymbol{K} \\ \hat{\boldsymbol{x}} \end{bmatrix} - \begin{bmatrix} \boldsymbol{W} \\ \boldsymbol{0} \end{bmatrix} = \boldsymbol{0}$$

所以,此算例的法方程为

$$\begin{bmatrix} 3 & 0 & 0 & 0 & 0 & 0 \\ 0 & 3 & 0 & 0 & -0.1567 & 0 \\ 0 & 0 & 3 & 0 & 1.6007 & 0 \\ 0 & 0 & 0 & 1 & 0 & 1 \\ 0 & -0.1567 & 1.6007 & 0 & 7.7449 & -3.9417 \\ 0 & 0 & 0 & 1 & -3.9417 & 0 \end{bmatrix} \begin{bmatrix} K_a \\ K_b \\ K_c \\ K_d \\ K_e \\ \hat{x} \end{bmatrix} - \begin{bmatrix} -1.5 \\ -1.4 \\ -0.9 \\ 0 \\ -16.5067 \\ 0 \end{bmatrix} = \boldsymbol{0}$$

参照式(5-7-13),解法方程得

$$K=[-0.5000\quad -0.5042\quad 0.0832\quad -2.8306\quad -0.7181]^{T}$$
$$\hat{x}=2.8306''$$

将 **K** 代入式(5-7-10)的第二式得到 **V**。观测值的改正数填写在表 5-5 中。

(4) 参数平差值及单位权中误差计算

参数平差值为

$$\hat{\boldsymbol{X}}=\boldsymbol{X}^{0}+\hat{\boldsymbol{x}}=25^{\circ}10'56''+2.83''=25^{\circ}10'58.83''$$

检核:$\alpha_{BH}-\alpha_{BA}+360^{\circ}=79^{\circ}25'36.2''=\hat{X}+\hat{L}_{10}=25^{\circ}10'58.83''+54^{\circ}14'37.37''=79^{\circ}25'36.2''$(检核通过)。

单位权中误差估值为

$$\hat{\sigma}_0=\sqrt{\frac{\boldsymbol{V}^{T}\boldsymbol{PV}}{r}}=\sqrt{\frac{13.2348}{5-1}}=1.82''$$

对于附有参数的条件平差法的应用,下面再举一个有关无定向导线的算例。无定向导线是指附合导线的两端均未联测已知方位角的导线,它常用于 GPS 网次级线路的控制网布设。

[例 5-8] 如图 5-15 所示导线,为便于比较,本例采用了[例 5-6]所用的附合导线的部分已知数据和观测数据,已知数据中去掉两个已知方位角,观测角度也少了与两个已知方位角的联测角,只留下中间的两个观测角。观测值列于表 5-6 中。图中 B, C 为已知点,P, G 为待定导线点,已知起算数据为

$$\begin{cases}X_B=203\,020.348\text{ m}\\Y_B=-59\,049.801\text{ m}\end{cases},\quad\begin{cases}X_C=203\,059.503\text{ m}\\Y_C=-59\,796.549\text{ m}\end{cases}$$

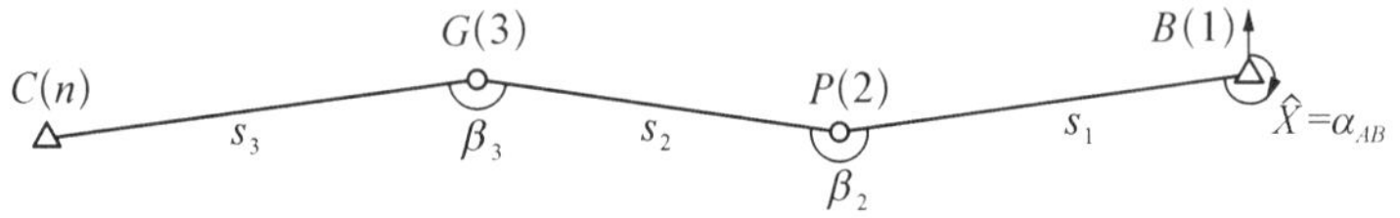

注:图中圆括号里的编号,是为了配合后面给出的纵横坐标条件方程式里的编号。

图 5-15

表 5-6

角号	观测值/(°	′	″)	边号	边长/m
β_2	180	00	42	s_1	204.952
β_3	170	39	22	s_2	200.130
				s_3	345.153

已知观测值的测角中误差 $\sigma_\beta=5''$,边长中误差 $\sigma_{s_i}=0.5\sqrt{s_i}$ mm(s_i 以 m 为单位),试按附有参数的条件平差法:

(1) 求观测值的平差值;

(2) 计算 P, G 两点平差后的坐标值;

(3) 求 G 点平差后的点位精度。

解 有 n 个点(包括已知点)的无定向导线的观测值个数 $=(n-2)_{角}+(n-1)_{边}=2n-3$,必要观测数 $t=(n-2)_{点}\times 2=2n-4$,多余观测数 $r=n-t=1$。所以,对于无定向单导线而言,无论导线中的待定点有多少个(图 5-15 中只有 2 个),都只存在 1 个条件方程,可见无定向导线的几何约束力是比较弱的。

由于一个条件方程列立困难,所以设起始方位角 $\hat{X}=\hat{\alpha}_{BP}$ 为参数,这样参数个数 $u=1$,条件方程个数 $c=r+u=1+1=2$,正好可以列 1 个纵坐标条件和 1 个横坐标条件。

1. 计算参数近似值

(1) 按导线的大致走向给起算边 BP 一个假设的方位角,并以该方位角计算出终点(C 点)的计算坐标。

可设 $\alpha'_{BP}=\alpha'_1=270°$,由已知的 B 点坐标和观测值,推算得到 C 点的计算坐标(C'点)为

$$X'_C=X_B+s_1\cos\alpha'_1+s_2\cos(\alpha'_1+\beta_2-180°)+s_3\cos(\alpha'_1+\beta_2+\beta_3-360°)=202\,964.419\,2\text{ m}$$
$$Y'_C=Y_B+s_1\sin\alpha'_1+s_2\sin(\alpha'_1+\beta_2-180°)+s_3\sin(\alpha'_1+\beta_2+\beta_3-360°)=-59\,795.467\,8\text{ m}$$

由 B 点到 C'点的方位角设为 α'_{BC}。由 B 点坐标和(X'_C, Y'_C)计算得

$$\alpha'_{BC}=265°42'38.01''$$

(2) 如图 5-16 所示,已知点 B 到已知点 C 的应有方位角为 α_{BC},由已知坐标算得 $\alpha_{BC}=273°00'05.4''$,应将 α'_{BC} 调整到 α_{BC}。这个调整在 BP 边假设的方位角 α'_1 上进行:以 B 点为转轴,将 α'_1 加上一个旋转角 $\Delta\alpha=\alpha_{BC}-\alpha'_{BC}$,可以将假设的起始方位角调整到正确位置。这样,起始方位角的近似值(参数近似值)应为

$$\begin{aligned}X^0&=\alpha_1^0\\&=\alpha'_1+\alpha_{BC}-\alpha'_{BC}\\&=\alpha'_1+\Delta\alpha\\&=277°17'27.39''\end{aligned}$$

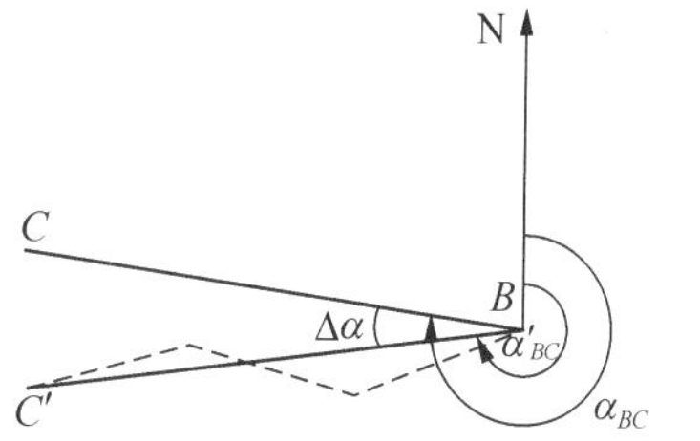

图 5-16

根据参数近似值及观测的角度和边长,算出了各边的方位角近似值及待定点 P, G 的近似坐标值:

$$\begin{cases}\alpha_1^0=\alpha_{BP}^0=277°17'27.39''\\\alpha_2^0=\alpha_{PG}^0=277°18'09.39''\\\alpha_3^0=\alpha_{GC}^0=267°57'31.39''\end{cases}$$

$$P(2\text{ 点})\begin{cases}X_2^0=203\,046.358\,0\text{ m}\\Y_2^0=-59\,253.095\,9\text{ m}\end{cases},\quad G(3\text{ 点})\begin{cases}X_3^0=203\,071.796\,5\text{ m}\\Y_3^0=-59\,451.602\,5\text{ m}\end{cases},$$

$$C(n\text{ 点})\begin{cases}X_n^0=203\,059.502\,3\text{ m}\\Y_n^0=-59\,796.536\,5\text{ m}\end{cases}$$

2. 列立条件方程

仿照导线条件方程式(5-5-4)—式(5-5-7)的推导思路,得到无定向导线用附有参数的条件平差法平差时的纵、横坐标条件方程为

$$\sum_{i=1}^{n-1}\cos\alpha_i^0 v_{s_i}-\frac{1}{\rho''}\sum_{i=2}^{n-1}(Y_n^0-Y_i^0)v_i-\frac{Y_n^0-Y_1}{\rho''}\hat{x}-w_x=0$$

$$\sum_{i=1}^{n-1}\sin\alpha_i^0 v_{s_i}+\frac{1}{\rho''}\sum_{i=2}^{n-1}(X_n^0-X_i^0)v_i+\frac{X_n^0-X_1}{\rho''}\hat{x}-w_y=0$$

其中，闭合差为

$$\left.\begin{aligned}w_x&=-(X_n^0-X_C)\\w_y&=-(Y_n^0-Y_C)\end{aligned}\right\}$$

将观测值和参数近似值代入条件方程，有

$$0.1269v_{s_1}+0.1271v_{s_2}-0.0356v_{s_3}+2.6347v_2+1.6723v_3+3.6203\hat{x}-0.7=0$$
$$-0.9919v_{s_1}-0.9919v_{s_2}-0.9994v_{s_3}+0.0637v_2-0.0596v_3+0.1898\hat{x}+12.5=0$$

参照附有参数的条件方程式(5-7-3)，有

$$\boldsymbol{A}=\begin{bmatrix}0.1269&0.1271&-0.0356&2.6347&1.6723\\-0.9919&-0.9919&-0.9994&0.0637&-0.0596\end{bmatrix}$$

$$\boldsymbol{B}=\begin{bmatrix}3.6203\\0.1898\end{bmatrix},\quad \boldsymbol{W}=\begin{bmatrix}0.7\\-12.5\end{bmatrix}\text{mm}$$

由题目所给计算式，得各边长的观测方差为

$$\sigma_{s_1}^2=51.238\ \text{mm}^2,\ \sigma_{s_2}^2=50.033\ \text{mm}^2,\ \sigma_{s_3}^2=86.288\ \text{mm}^2$$

下面是观测值的权阵，前三项是测边的权，单位是$[('')/\text{mm}]^2$，后两项是测角的权，单位为1。

$$\boldsymbol{P}=\text{diag}(0.49\quad 0.50\quad 0.29\quad 1.00\quad 1.00)$$

3. 组成并解算法方程

由式(5-7-13)，组成并解算法方程：

$$\begin{bmatrix}K_a\\K_b\\\hat{x}\end{bmatrix}=\begin{bmatrix}\boldsymbol{N}&\boldsymbol{B}\\\boldsymbol{B}^{\mathrm{T}}&\boldsymbol{0}\end{bmatrix}^{-1}\begin{bmatrix}\boldsymbol{W}\\\boldsymbol{0}\end{bmatrix}=\begin{bmatrix}9.8078&-0.3182&3.6203\\-0.3182&7.4274&0.1898\\3.6203&0.1898&0\end{bmatrix}^{-1}\begin{bmatrix}0.7\\-12.5\\0\end{bmatrix}=\begin{bmatrix}0.0878\\-1.6743\\-0.1916\end{bmatrix}$$

将$\boldsymbol{K}$代入式(5-7-10)中的改正数方程，有

$$\begin{aligned}\boldsymbol{V}=\boldsymbol{QA}^{\mathrm{T}}\boldsymbol{K}&=[v_{s_1}\quad v_{s_2}\quad v_{s_3}\quad v_1\quad v_2]^{\mathrm{T}}\\&=[3.41\ \text{mm}\quad 3.34\ \text{mm}\quad 5.76\ \text{mm}\quad 0.12''\quad 0.25'']^{\mathrm{T}}\end{aligned}$$

参数平差值为

$$\hat{X}=X^0+\hat{x}=277°17'27.39''-0.19''=277°17'27.20''$$

观测值平差值为

$$\hat{s}_1=204.9554\ \text{m},\ \hat{s}_2=200.1333\ \text{m},\ \hat{s}_3=345.1588\ \text{m}$$
$$\hat{\beta}_1=180°00'42.12'',\ \hat{\beta}_2=170°39'22.25''$$

4. 计算各点坐标平差值及检核

由参数平差值($\hat{X}=\hat{\alpha}_1$作为起算方位角)和B点的已知坐标开始，使用平差后的边长及

角度值，得到平差后的待定点坐标为

$$\left.\begin{aligned}\hat{X}_P &= 203\,046.358\,2\text{ m}\\ \hat{Y}_P &= -59\,253.099\,3\text{ m}\end{aligned}\right\},\quad \left.\begin{aligned}\hat{X}_G &= 203\,071.797\,1\text{ m}\\ \hat{Y}_G &= -59\,451.609\,2\text{ m}\end{aligned}\right\},\quad \left.\begin{aligned}\hat{X}_C &= 203\,059.503\,0\text{ m}\\ \hat{Y}_C &= -59\,796.549\,0\text{ m}\end{aligned}\right\}$$

可见，用平差值推算出的 C 点的坐标，与 C 点的已知坐标值相同，说明平差无误。

5. 精度评定

单位权中误差估值为

$$\hat{\sigma}_0 = \sqrt{\frac{\boldsymbol{V}^{\mathrm{T}}\boldsymbol{P}\boldsymbol{V}}{r}} = \sqrt{\frac{20.990\,2}{5-4}} = 4.58''$$

其中，

$$\boldsymbol{V}^{\mathrm{T}}\boldsymbol{P}\boldsymbol{V} = [pvv]_{边} + [pvv]_{角} = 20.990\,2('')^2$$

现计算 G 点平差后的点位精度。G 点平差后的坐标计算式为

$$\begin{aligned}\hat{X}_G &= X_B + \Delta\hat{X}_1 + \Delta\hat{X}_2 = X_B + \hat{s}_1\cos\hat{X} + \hat{s}_2\cos(\hat{X}+\hat{\beta}_2-180^\circ)\\ \hat{Y}_G &= Y_B + \Delta\hat{Y}_1 + \Delta\hat{Y}_2 = Y_B + \hat{s}_1\sin\hat{X} + \hat{s}_2\sin(\hat{X}+\hat{\beta}_2-180^\circ)\end{aligned}$$

将坐标计算式全微分，得权函数式为

$$\mathrm{d}\hat{X}_G = \cos X^0\,\mathrm{d}\hat{s}_1 + \cos\alpha_2^0\,\mathrm{d}\hat{s}_2 - \frac{s_2\sin\alpha_2^0}{\rho''}\mathrm{d}\hat{\beta}_2 - \frac{1}{\rho''}(s_1\sin X^0 + s_2\sin\alpha_2^0)\,\hat{x}$$

$$\mathrm{d}\hat{Y}_G = \sin X^0\,\mathrm{d}\hat{s}_1 + \sin\alpha_2^0\,\mathrm{d}\hat{s}_2 + \frac{s_2\sin\alpha_2^0}{\rho''}\mathrm{d}\hat{\beta}_2 + \frac{1}{\rho''}(s_1\cos X^0 + s_2\cos\alpha_2^0)\,\hat{x}$$

参照式(5-7-34)，权函数式的形式为

$$\mathrm{d}\hat{F} = \boldsymbol{f}^{\mathrm{T}}\mathrm{d}\hat{\boldsymbol{L}} + \boldsymbol{f}_x^{\mathrm{T}}\hat{\boldsymbol{x}}$$

本题中有

$$\boldsymbol{f}^{\mathrm{T}} = \begin{bmatrix} 0.126\,9 & 0.127\,1 & 0 & 0.962\,4 & 0\\ -0.991\,9 & -0.991\,9 & 0 & 0.123\,3 & 0\end{bmatrix},\quad \boldsymbol{f}_x^{\mathrm{T}} = \begin{bmatrix}1.948\,0\\ 0.249\,4\end{bmatrix}$$

$$\mathrm{d}\hat{\boldsymbol{L}} = [\mathrm{d}\hat{s}_1 \quad \mathrm{d}\hat{s}_2 \quad \mathrm{d}\hat{s}_3 \quad \mathrm{d}\hat{\beta}_2 \quad \mathrm{d}\hat{\beta}_3]^{\mathrm{T}}$$

由式(5-7-21)—式(5-7-31)，可分别算得

$$\boldsymbol{Q}_{\hat{X}\hat{X}} = \boldsymbol{N}_{\mathrm{B}}^{-1} = 0.741\,2$$

$$\boldsymbol{Q}_{\hat{X}\hat{L}} = [0.009\,0 \quad 0.008\,9 \quad -0.139\,5 \quad 0.725\,5 \quad 0.457\,4] = \boldsymbol{Q}_{\hat{L}\hat{X}}^{\mathrm{T}}$$

$$\boldsymbol{Q}_{\hat{L}\hat{L}} = \begin{bmatrix} 1.486\,2 & -0.543\,5 & -0.936\,2 & -0.020\,3 & -0.040\,1\\ -0.543\,5 & 1.467\,3 & -0.917\,5 & -0.019\,9 & -0.039\,3\\ -0.936\,2 & -0.917\,5 & 1.868\,1 & -0.034\,2 & -0.067\,7\\ -0.020\,3 & -0.019\,9 & -0.034\,2 & 0.999\,3 & -0.001\,5\\ -0.040\,1 & -0.039\,3 & -0.067\,7 & -0.001\,5 & 0.997\,1\end{bmatrix}$$

将以上结果代入式(5-7-35)，得到 G 点坐标平差值的协因数阵为

$$
\begin{aligned}
\boldsymbol{Q}_{\hat{F}\hat{F}} &= \boldsymbol{f}^{\mathrm{T}}\boldsymbol{Q}_{\hat{L}\hat{L}}\boldsymbol{f} + \boldsymbol{f}^{\mathrm{T}}\boldsymbol{Q}_{\hat{L}\hat{X}}\boldsymbol{f}_x + \boldsymbol{f}_x^{\mathrm{T}}\boldsymbol{Q}_{\hat{X}\hat{L}}\boldsymbol{f} + \boldsymbol{f}_x^{\mathrm{T}}\boldsymbol{Q}_{\hat{X}\hat{X}}\boldsymbol{f}_x \\
&= \begin{bmatrix} 6.4876 & 0.5957 \\ 0.5957 & 1.9433 \end{bmatrix} = \begin{bmatrix} \boldsymbol{Q}_{\hat{X}_G\hat{X}_G} & \boldsymbol{Q}_{\hat{X}_G\hat{Y}_G} \\ \boldsymbol{Q}_{\hat{Y}_G\hat{X}_G} & \boldsymbol{Q}_{\hat{Y}_G\hat{Y}_G} \end{bmatrix}
\end{aligned}
$$

平差后 G 点的点位中误差为

$$\hat{\sigma}_G = \hat{\sigma}_0\sqrt{6.4876 + 1.9433} = 13.3\ \mathrm{mm}$$

与[例 5-6]的附合导线平差结果相比较，可见无定向导线中 P，G 两点平差后的坐标值是有一定差异的，而且点位精度也有所降低。总的来说，无定向导线的准确性是不如单导线的，因为无定向导线的已知条件减少，约束力减弱。

对于无定向导线网的平差，也可参考本算例的平差方式。如第 6 章图 6-15，假设已知 A，B，C 三点的坐标，三个方位角 α_{AD}，α_{BE}，α_{CF} 未知，三条单导线交汇于结点 P_2，构成了无定向单结点导线网。无论这三条单导线上设置了多少个待定点，它的条件方程个数总是 4 个，即 $r=4$，除了 P_2 点上有一个圆周角条件之外，其余的 3 个条件方程较难列立。这时仍可采用附有参数的条件平差法：设某一已知点与其相连的第一个待定点的方位角为参数，这样，参数个数 $u=1$，参数近似值的求法参考[例 5-8]，条件方程的个数为 $c=r+u=5$，除了 P_2 点上 1 个圆周角条件外，还可以从 A 点到 B 点、A 点到 C 点两条路线上各列 2 个纵、横坐标条件，这样就有了 5 个独立的条件方程，满足平差要求。

习 题 5

[5-1] 设某一平差问题的观测值个数为 n，必要观测数为 t，若按条件平差法进行平差，其条件方程、法方程及改正数方程的个数各为多少？

[5-2] 如图 5-17 所示，在测站 O 上观测了 4 个方向 A,B,C,D，得到 6 个等精度角度观测值 $L_i(i=1, 2, \cdots, 6)$。试列出用条件平差法时的条件方程及闭合差计算式。

[5-3] 在图 5-18 所示的水准网中，测得高差 $h_i(i=1, 2, \cdots, 9)$，$P_j(j=1, 2, \cdots, 5)$ 为待定点，A 为已知点。试列出全部的改正数条件方程。

[5-4] 同精度观测了 α, β, γ 和 δ 角(图 5-19)，试按条件平差法导出求 γ 角最或然值的计算式。

[5-5] 在图 5-20 所示的水准网中，A 为已知点，B, C, D 为待定点，已知点高程 $H_A=10.000\ \mathrm{m}$，观测的 5 条路线的高差分别为

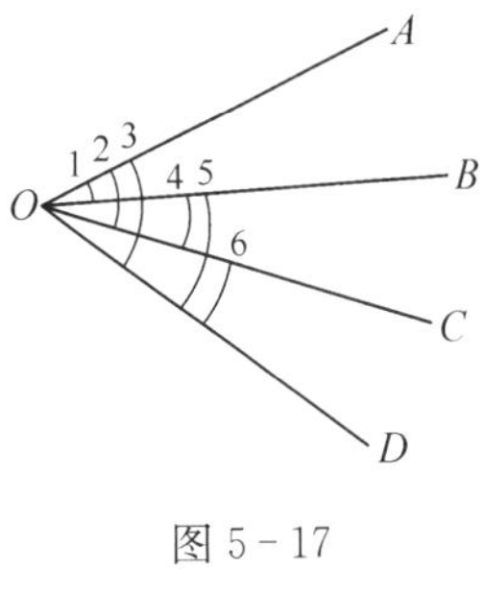

图 5-17

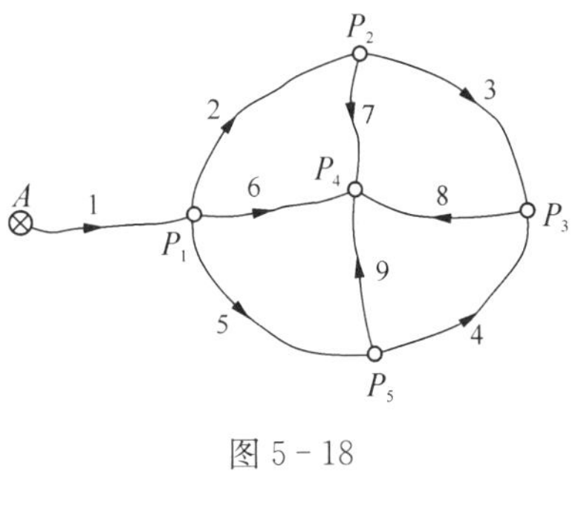

图 5-18

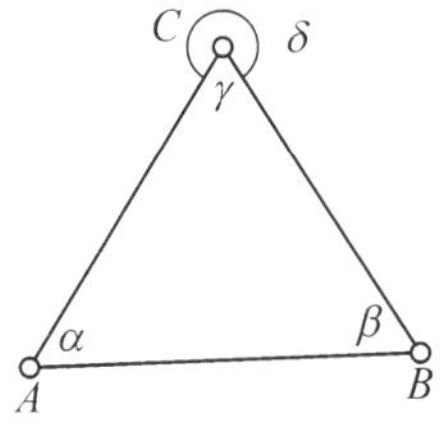

图 5 - 19

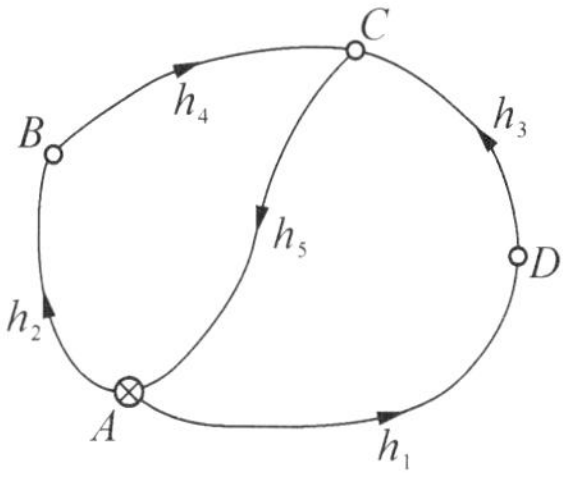

图 5 - 20

$h_1 = 1.628\ \mathrm{m}$, $h_2 = 0.821\ \mathrm{m}$, $h_3 = 0.715\ \mathrm{m}$, $h_4 = 1.502\ \mathrm{m}$, $h_5 = -2.331\ \mathrm{m}$

设各观测路线长度相等，试求：

(1) 改正数条件方程；

(2) 各段高差改正数及高差平差值。

[5 - 6] 如图 5 - 21 所示的独立大地四边形测角网，试确定条件方程的个数及其性质，并列出平差值条件方程。

[5 - 7] 如图 5 - 22 所示的独立测角网，试确定条件方程的个数及其性质，并列出平差值条件方程及平差后 CD 边长相对中误差的权函数式。

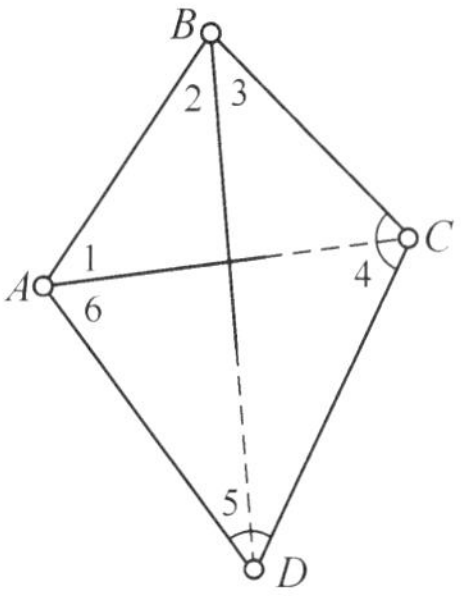

图 5 - 21

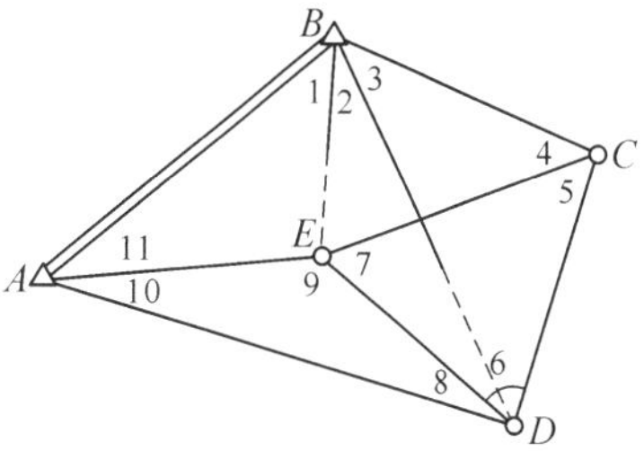

图 5 - 22

[5 - 8] 在不同的系统中得到同一个控制点的两套平面坐标值及精度分别如下：

$$\text{第一套：}\begin{cases} x = 1\,220.328\ \mathrm{m} \\ y = 3\,637.894\ \mathrm{m} \end{cases},\ D_1 = \begin{bmatrix} \sigma_x^2 & \sigma_{xy} \\ \sigma_{xy} & \sigma_y^2 \end{bmatrix} = \begin{bmatrix} 0.5 & 0.1 \\ 0.1 & 0.6 \end{bmatrix} \mathrm{mm}^2;$$

$$\text{第二套：}\begin{cases} x = 1\,220.337\ \mathrm{m} \\ y = 3\,637.890\ \mathrm{m} \end{cases},\ D_2 = \begin{bmatrix} \sigma_x^2 & \sigma_{xy} \\ \sigma_{xy} & \sigma_y^2 \end{bmatrix} = \begin{bmatrix} 0.7 & 0.2 \\ 0.2 & 0.9 \end{bmatrix} \mathrm{mm}^2$$

试用条件平差法求该点坐标的最佳估值($\sigma_0 = 1\ \mathrm{mm}$)。

[5 - 9] 如图 5 - 23 所示大地四边形，A, C 为已知点，B, D 为待定点，同精度观测了 8 个角度，观测值分别为

$$L_1 = 63°14'25.02'',\quad L_2 = 23°28'50.06'',\quad L_3 = 23°31'35.31'',\quad L_4 = 69°45'14.74'',$$
$$L_5 = 61°40'57.38'',\quad L_6 = 25°02'19.23'',\quad L_7 = 27°24'08.77'',\quad L_8 = 65°52'35.08''$$

试求：

(1) 各观测角的改正数及单位权中误差；

(2) 各观测角平差值的中误差估值；

(3) 平差后 BD 边长相对中误差的值(路线 $AC \to AB \to BD$)。

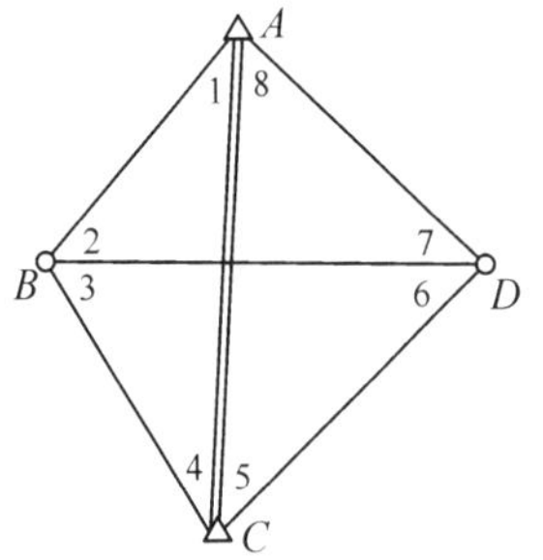

图 5-23

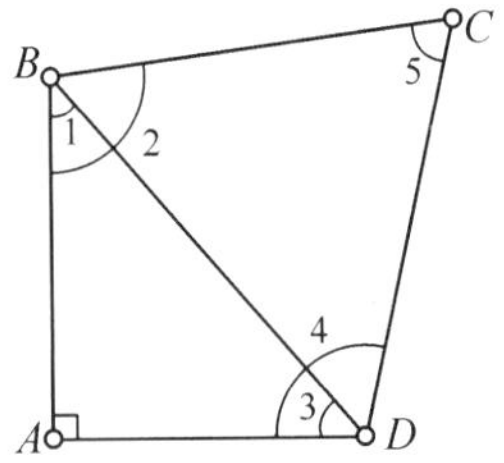

图 5-24

[5-10] 在图 5-24 所示的测角网中，A，B，C，D 均为待定点，观测了 5 个角度，观测值分别为

$$\beta_1 = 40°00'20'', \quad \beta_2 = 100°00'30'', \quad \beta_3 = 50°00'20'', \quad \beta_4 = 120°00'00'', \quad \beta_5 = 50°00'20''$$

其中，$\angle A$ 为固定值 $90°00'00''$。试按条件平差法求各角平差值及平差值的协因数阵。

[5-11] 如图 5-25 所示测角网，$\angle 1$，$\angle 2$，$\angle 5$ 分别观测 1 测回，$\angle 3$，$\angle 4$，$\angle 6$ 分别观测 2 测回，每测回等精度。AB 和 CD 边的方位角 α_1，α_2 及边长 s_1，s_2 均已知。现要求：

(1) 列出所有平差值条件方程并计算观测值的协因数阵；

(2) 用矩阵形式表示计算改正数 $\mathbf{V}$ 的过程。

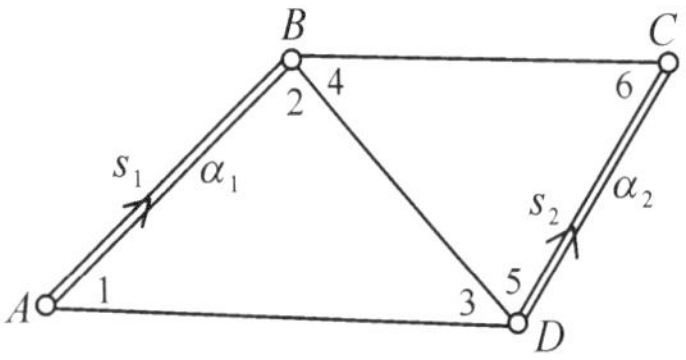

图 5-25

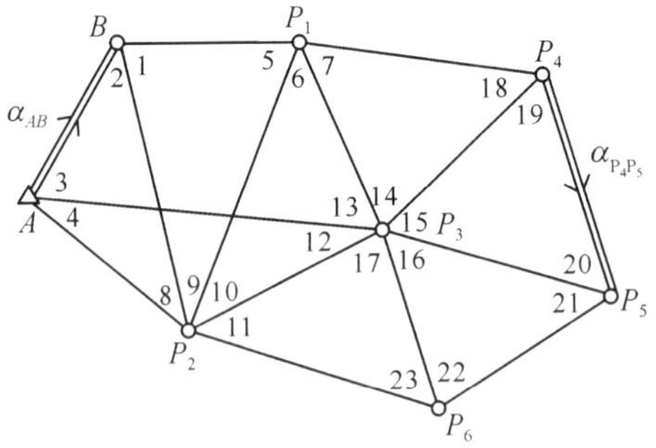

图 5-26

[5-12] 如图 5-26 所示测角网，已知 A 点坐标及 AB 和 P_4P_5 两条边的方位角，P_1—P_6 为待定点，观测角为 β_i($i = 1, 2, \cdots, 23$)。试问：

(1) 该题的必要起算数据是否足够？不够的话，还有什么量应该是已知的？

(2) 共有几个条件方程？各为什么条件？各类非线性平差值条件方程请分别列一个(不必线性化)。

[5-13] 如图 5-27 所示三角网，A，B 为已知点，P_1—P_4 为待定点，又已知 P_2P_3 边的边长和方位角分别为 s_0 和 α_0，现观测得到角度 L_i($i=1, 2, \cdots, 14$)。试问：

(1) 对该网进行条件平差时，共有几个条件方程？每种条件各几个？

(2) 列出边长 AB 到边长 P_2P_3 的平差值边长条件方程。

(3) 平差后计算 P_1P_4 边长及方位角的精度时所需的平差值函数式(不必线性化)。

[5-14] 如图 5-28 所示的闭合导线，观测了 4 条边和 5 个左转折角，已知测角中误差 $\sigma_\beta = 5''$，边长中误差按 $\sigma_{s_i} = 3\ \text{mm} + 2 \times s_i\ \text{mm}$ 计算，起算数据为 $X_A = 2\,272.045\ \text{m}$；$Y_A = 5\,071.330\ \text{m}$；$X_B = 2\,343.895\,1\ \text{m}$；$Y_B = 5\,140.882\,6\ \text{m}$。观测值列于表 5-7。试按条件平差法：

(1) 列出条件方程；

(2) 求改正数 $\mathbf{V}$ 和平差值 $\hat{\mathbf{L}}$；

(3) 求导线点 2，3，4 的坐标平差值及点位精度。

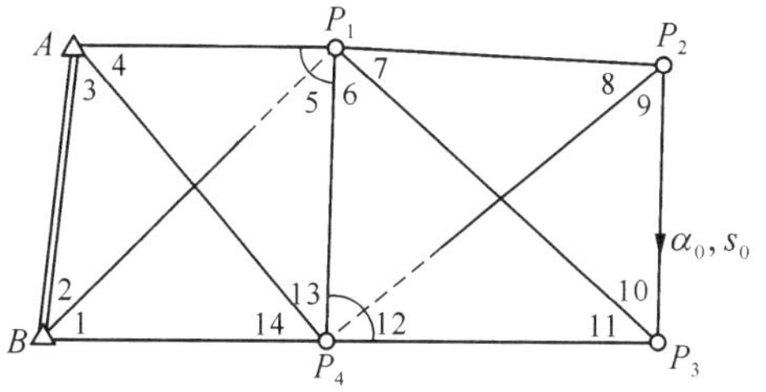

图 5 - 27

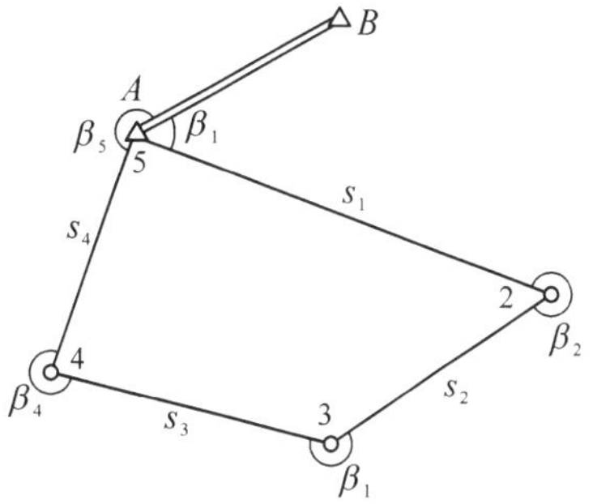

图 5 - 28

表 5 - 7

角号	观测角值β/ (°	′	″)	边号	观测边长/m
1	92	49	43	1	805.191
2	316	43	58	2	269.486
3	205	08	16	3	272.718
4	235	44	38	4	441.596
5	229	33	06		

[5 - 15] 如图 5 - 29 所示，有一矩形建筑物，其转折角的数字化测量坐标观测值列于表 5 - 8，设各观测值等精度。试用条件平差的方法，求：

(1) 数字化点的坐标平差值；

(2) 各点坐标平差值的方差和协方差；

(3) 平差后矩形面积的方差。

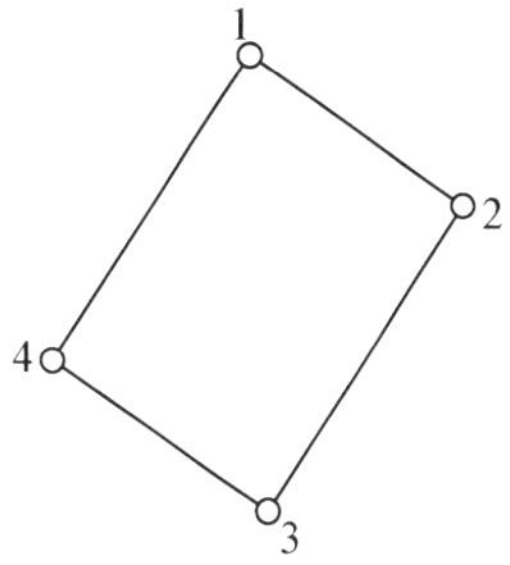

图 5 - 29

表 5 - 8

点　号	1	2	3	4
x 坐标/m	89 539.402	89 538.107	89 529.801	89 530.982
y 坐标/m	23 013.739	23 017.005	23 013.882	23 010.565

注：此题解算时，可将网中的所有点都视为观测点（不设起算数据），列出所有独立的角度条件式后一起平差，平差后每一个点的坐标都会有改正数及方差-协方差阵。这样可以得到一个消除所有观测值矛盾的最佳矩形。

[5 - 16] 已知附有参数的条件方程（观测值等精度）为

$$\left.\begin{aligned} v_1 + v_3 - \hat{x} + 2 = 0 \\ v_3 - v_4 + 3 = 0 \\ v_2 + \hat{x} - 3 = 0 \end{aligned}\right\}$$

试求：(1) 该题的 n, t, r, u, c 各为多少？

(2) 参数估值 $\hat{\boldsymbol{x}}$ 及改正数向量 $\mathbf{V}$ 的值。

[5 - 17] 如图 5 - 30 所示，已知高程为 $H_A = 53$ m, $H_B = 58$ m，设观测路线等长，测得高差分别为：$h_1 = 2.95$ m, $h_2 = 2.97$ m, $h_3 = 2.08$ m, $h_4 = 2.06$ m。现令 P 点的高程平差值为参数 $\hat{X}$，试按附有参数的条件平差法，求：

(1) 观测高差的平差值 $\hat{\boldsymbol{h}}$，P 点高程的平差值 $\hat{X}$；

(2) P 点的高程平差值 $\hat{X}$ 的协因数 $Q_{\hat{X}\hat{X}}$。

[5-18] 如图 5-31 所示的大地四边形测角网，A，B 为已知点，C，D 为待定点，观测了 8 个角值 L_1—L_8。现将 CD 边的边长设为参数 $\hat{X}$，问：

(1) 用附有参数的条件平差法平差此题时，条件方程的个数是多少？各为什么条件？

(2) 列出含有参数的平差值条件方程(不必线性化)；

(3) 给出参数近似值 X^0 的计算式。

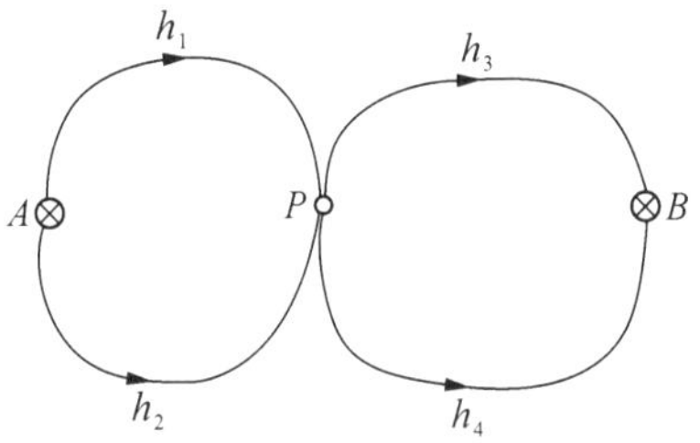

图 5-30

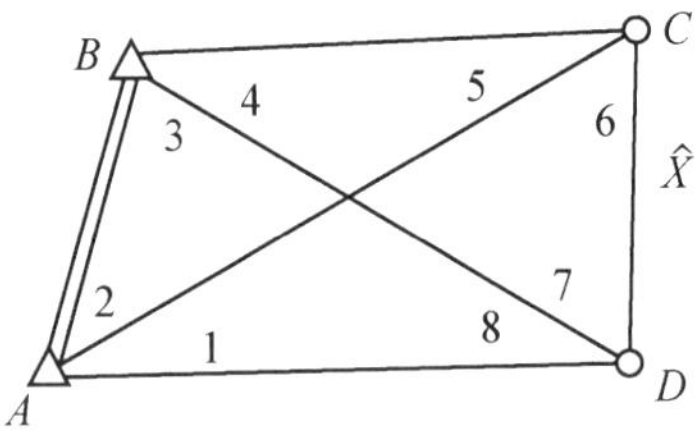

图 5-31

6 间 接 平 差

间接平差也称为参数平差。在一个有多余观测值的平差问题中，通过选定与观测值有一定函数关系的、彼此之间函数独立的、能够唯一确定控制网几何模型(参见 4.1 节)的 t 个未知量作为**参数**，并将每个观测值与这 t 个参数建立函数关系，构成函数模型，再利用最小二乘原理，求出参数的最佳估值(也称最小二乘估值)及观测值的平差值，并进行精度评定。这个方法就称为间接平差法。

6.1 间接平差原理

6.1.1 误差方程

在第 4.1 节中介绍：能够唯一地确定一个几何模型的最少的观测元素称为必要观测值，其个数称为必要观测数，用 t 表示，必要观测值之间必须是函数独立的。

在用间接平差法进行平差时，选择的参数个数应等于必要观测数 t，并且参数的个数固定，参数的选择可以根据问题的需要进行调整，但**必须保证参数间函数独立，参数是自由变量**。此外，参数的选择还应该考虑参数与观测值的函数关系要相对简单，便于列出函数式。

参数个数＝网中必要观测值个数 t。

图 6－1 是一个简单的水准网，其中 A 点高程 H_A 已知，h_1，h_2，h_3 为高差观测值，对应的水准路线长为 s_1，s_2，s_3，现要求用间接平差法计算 B，C 两点高程的平差值。

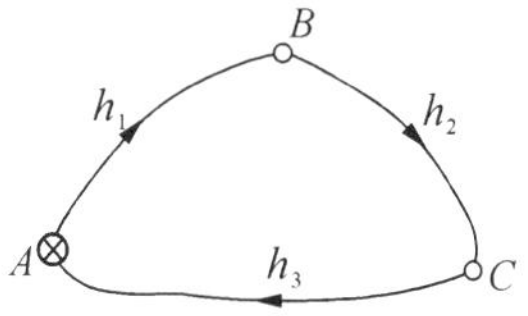

图 6－1

在该题中，观测值个数 $n=3$，必要观测数 $t=2$，应设 2 个参数。现设 B，C 两点平差后的高程为参数平差值 $\hat{X}_1$，$\hat{X}_2$，则每一个观测值平差值与参数平差值之间应存在如下函数关系(也称为**观测方程**)：

$$\left.\begin{aligned}\hat{h}_1 &= \hat{X}_1 - H_A\\ \hat{h}_2 &= \hat{X}_2 - \hat{X}_1\\ \hat{h}_3 &= H_A - \hat{X}_2\end{aligned}\right\} \tag{6-1-1}$$

考虑 $\hat{h}_i = h_i + v_i$，将式(6－1－1)表示为矩阵形式：

$$\begin{bmatrix}\hat{h}_1\\ \hat{h}_2\\ \hat{h}_3\end{bmatrix} = \begin{bmatrix}h_1\\ h_2\\ h_3\end{bmatrix} + \begin{bmatrix}v_1\\ v_2\\ v_3\end{bmatrix} = \begin{bmatrix}1 & 0\\ -1 & 1\\ 0 & -1\end{bmatrix}\begin{bmatrix}\hat{X}_1\\ \hat{X}_2\end{bmatrix} + \begin{bmatrix}-H_A\\ 0\\ H_A\end{bmatrix} \tag{6-1-2}$$

因此，可得观测方程：

$$\underset{n\times1}{\hat{\boldsymbol{L}}}=\underset{n\times t}{\boldsymbol{B}}\underset{t\times1}{\hat{\boldsymbol{X}}}+\underset{n\times1}{\boldsymbol{d}} \tag{6-1-3}$$

式中，$\hat{\boldsymbol{L}}$和 $\hat{\boldsymbol{X}}$分别为观测值和参数的平差值向量；$\boldsymbol{L}$ 为观测值向量；$\boldsymbol{B}$ 为参数的系数阵，又称为**设计矩阵**，由于参数间函数独立，故矩阵 $\boldsymbol{B}$ 的秩为 $R(\underset{n\times t}{\boldsymbol{B}})=t$，即矩阵 $\boldsymbol{B}$ 为列满秩矩阵；$\boldsymbol{d}$ 为常数向量。

用 $\hat{\boldsymbol{X}}=\boldsymbol{X}^0+\hat{\boldsymbol{x}}$，$\hat{\boldsymbol{L}}=\boldsymbol{L}+\boldsymbol{V}$ 代入式(6-1-3)(其中，$\boldsymbol{X}^0$ 为参数近似值向量，$\hat{\boldsymbol{x}}$ 为参数改正数向量，$\boldsymbol{V}$ 为观测值改正数向量)，整理后得间接平差函数模型[式(4-2-31)]，即

$$\underset{n\times1}{\boldsymbol{V}}=\underset{n\times t}{\boldsymbol{B}}\underset{t\times1}{\hat{\boldsymbol{x}}}-\underset{n\times1}{\boldsymbol{l}} \tag{6-1-4}$$

式(6-1-4)称为间接平差的**误差方程**。误差方程描述了观测值与参数之间的线性函数关系，是平差理论中一个重要的数学表达式。式中的 $\boldsymbol{l}$ 称为误差方程的**常数项**，其计算式为

$$\underset{n\times1}{\boldsymbol{l}}=\underset{n\times1}{\boldsymbol{L}}-\underset{n\times t}{\boldsymbol{B}}\underset{t\times1}{\boldsymbol{X}^0}-\underset{n\times1}{\boldsymbol{d}} \tag{6-1-5}$$

若观测方程式(6-1-3)是非线性的，将其线性化后得到的误差方程形式与式(6-1-4)相同，而设计矩阵 $\boldsymbol{B}$ 的构造参考式(4-2-14)，常数项 $\boldsymbol{l}$ 的构造参考式(4-2-22)。

间接平差的随机模型为

$$\underset{n\times n}{\boldsymbol{D}}=\sigma_0^2\underset{n\times n}{\boldsymbol{Q}}=\sigma_0^2\boldsymbol{P}^{-1} \tag{6-1-6}$$

平差的准则为

$$\boldsymbol{V}^{\mathrm{T}}\boldsymbol{P}\boldsymbol{V}=\min \tag{6-1-7}$$

列误差方程时应该注意：

(1) 有 n 个观测值就会产生 n 个误差方程，它们是一一对应的。

(2) 通常将待求值设为参数 $\hat{\boldsymbol{X}}$。$\hat{\boldsymbol{X}}=\boldsymbol{X}^0+\hat{\boldsymbol{x}}$，参数的近似值 $\boldsymbol{X}^0$ 不具备参数 $\hat{\boldsymbol{X}}$ 的属性，$\hat{\boldsymbol{X}}$ 的固有性质全部反映在参数改正数 $\hat{\boldsymbol{x}}$ 上，所以在不引起混淆时也可以称 $\hat{\boldsymbol{x}}$ 为参数。

(3) 参数近似值 $\boldsymbol{X}^0$ 一经取定，计算每个误差方程的常数项 $l_i(i=1,\ 2,\ \cdots,\ n)$时就不能再变动，且由于常数项 $\boldsymbol{l}$ 的值通常会很小，为减小计算时截尾误差的影响，$\boldsymbol{l}$ 可采用“大值小单位”的原则。

(4) 如果误差方程原本就是线性的，可以不用取参数近似值进行线性化，此时误差方程为

$$\underset{n\times1}{\boldsymbol{V}}=\underset{n\times t}{\boldsymbol{B}}\underset{t\times1}{\hat{\boldsymbol{X}}}-\underset{n\times1}{\boldsymbol{L}} \tag{6-1-8}$$

式(6-1-8)与式(6-1-4)的属性完全相同，由式(6-1-4)推导出来的所有公式也适用于式(6-1-8)，以后不再专门强调。

6.1.2 法方程

误差方程组式(6-1-4)中，观测值改正数 $\boldsymbol{V}$ 和参数估值 $\hat{\boldsymbol{x}}$都是待求的未知量，所以方程组中有 $n+t$ 个未知量，却只有 n 个误差方程，所以方程组有多组解，解不定。此时可以引入最小二乘原则 $\boldsymbol{V}^{\mathrm{T}}\boldsymbol{P}\boldsymbol{V}=\min$ 加以约束，从而得到多组解中满足最小二乘原则的唯一的一组解。

因参数 $\hat{\boldsymbol{x}}$ 是函数独立的自由变量，可以通过求函数自由极值的方法，将函数$\boldsymbol{V}^{\mathrm{T}}\boldsymbol{PV}$ 对 $\hat{\boldsymbol{x}}$ 求导（误差方程中，$\boldsymbol{V}$ 是 $\hat{\boldsymbol{x}}$的显函数，$\boldsymbol{V}=\boldsymbol{B}\hat{\boldsymbol{x}}-\boldsymbol{l}$），并令其等于零，得

$$\frac{\partial \boldsymbol{V}^{\mathrm{T}}\boldsymbol{PV}}{\partial \hat{\boldsymbol{x}}}=2\boldsymbol{V}^{\mathrm{T}}\boldsymbol{P}\frac{\partial \boldsymbol{V}}{\partial \hat{\boldsymbol{x}}}=2\boldsymbol{V}^{\mathrm{T}}\boldsymbol{PB}=\boldsymbol{0}$$

转置后，得

$$\underset{t\times n}{\boldsymbol{B}^{\mathrm{T}}}\underset{n\times n}{\boldsymbol{P}}\underset{n\times 1}{\boldsymbol{V}}=\boldsymbol{0} \tag{6-1-9}$$

式中，$\boldsymbol{P}$ 为 n 个观测值的权阵。

由式(6－1－9)和误差方程式(6－1－4)联立，得到间接平差的**基础方程**：

$$\left.\begin{aligned}\boldsymbol{V}&=\boldsymbol{B}\hat{\boldsymbol{x}}-\boldsymbol{l}\\ \boldsymbol{B}^{\mathrm{T}}\boldsymbol{PV}&=\boldsymbol{0}\end{aligned}\right\} \tag{6-1-10}$$

将基础方程的两式合并[将式(6－1－10)的第一式代入第二式]，就可得到**间接平差的法方程**：

$$\boldsymbol{B}^{\mathrm{T}}\boldsymbol{PB}\hat{\boldsymbol{x}}-\boldsymbol{B}^{\mathrm{T}}\boldsymbol{Pl}=\boldsymbol{0} \tag{6-1-11}$$

可见，法方程就是最小二乘原理施加于误差方程后，产生的新的关系式。令法方程的系数阵（简称**法矩阵**）和常数项向量为

$$\underset{t\times t}{\boldsymbol{N}_{\mathrm{bb}}}=\boldsymbol{B}^{\mathrm{T}}\boldsymbol{PB},\ \underset{t\times 1}{\boldsymbol{U}}=\boldsymbol{B}^{\mathrm{T}}\boldsymbol{Pl} \tag{6-1-12}$$

则式(6－1－11)的法方程可简写为

$$\underset{t\times t}{\boldsymbol{N}_{\mathrm{bb}}}\underset{t\times 1}{\hat{\boldsymbol{x}}}-\underset{t\times 1}{\boldsymbol{U}}=\boldsymbol{0} \tag{6-1-13}$$

由于 $R(\underset{n\times t}{\boldsymbol{B}})=t$，即误差方程的系数阵 $\boldsymbol{B}$ 为列满秩矩阵，权阵 $R(\underset{n\times n}{\boldsymbol{P}})=n$，可知 $\boldsymbol{N}_{\mathrm{bb}}=\boldsymbol{B}^{\mathrm{T}}\boldsymbol{PB}$ 为满秩对称方阵，且$R(\boldsymbol{N}_{\mathrm{bb}})=t$，$\boldsymbol{N}_{\mathrm{bb}}$有唯一逆矩阵 $\boldsymbol{N}_{\mathrm{bb}}^{-1}$存在，所以通过解法方程，可得到参数向量 $\hat{\boldsymbol{x}}$ 的唯一解：

$$\hat{\boldsymbol{x}}=\boldsymbol{N}_{\mathrm{bb}}^{-1}\boldsymbol{U}=(\boldsymbol{B}^{\mathrm{T}}\boldsymbol{PB})^{-1}\boldsymbol{B}^{\mathrm{T}}\boldsymbol{Pl} \tag{6-1-14}$$

将解得的 $\hat{\boldsymbol{x}}$ 代入误差方程式(6－1－4)，可得改正数向量 $\boldsymbol{V}$ 的值：$\boldsymbol{V}=\boldsymbol{B}\hat{\boldsymbol{x}}-\boldsymbol{l}$，从而得到平差值向量估计式：

$$\hat{\boldsymbol{L}}=\boldsymbol{L}+\boldsymbol{V},\ \hat{\boldsymbol{X}}=\boldsymbol{X}^{0}+\hat{\boldsymbol{x}} \tag{6-1-15}$$

式中，$\hat{\boldsymbol{L}}$为观测值的平差值；$\hat{\boldsymbol{X}}$为参数的平差值。

6.2 间接平差法求平差值的计算步骤

(1) 根据平差问题的性质，确定 t 个独立量作为参数。

(2) 建立观测方程式(6－1－3)（若函数为非线性，应求出参数的充分近似值 $\boldsymbol{X}^{0}$，并将函数线性化），并由式(6－1－4)得到误差方程，误差方程的个数等于观测值个数 n。再确定观测值的权阵 $\boldsymbol{P}$。

(3) 组成法方程,法方程的个数等于参数个数 t。

(4) 解法方程,求参数改正数 $\hat{\boldsymbol{x}}$,计算参数平差值 $\hat{\boldsymbol{X}}=\boldsymbol{X}^0+\hat{\boldsymbol{x}}$。

(5) 由误差方程计算改正数 $\boldsymbol{V}$,求出观测值的平差值 $\hat{\boldsymbol{L}}=\boldsymbol{L}+\boldsymbol{V}$。

[例 6-1] 用间接平差法,对[例 5-1]水准网(图 6-2)进行平差。求待定点 E, F 的高程平差值及观测值的平差值 $\hat{h}_i(i=1, 2, \cdots, 5)$,相关数据列于表 6-1。

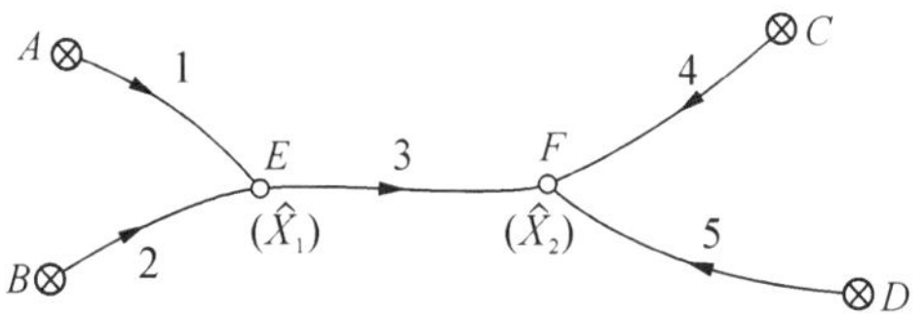

图 6-2

表 6-1

线号	高差观测值 h/m	路线长度 s/km	权 $p=1/s$	改正数 v/cm	高差平差值 $\hat{h}=h+v$	已知高程 H/m
1	+14.135	4.2	0.24	1.51	14.150 1	$H_A=170.832$
2	+4.970	2.2	0.45	−0.39	4.966 1	$H_B=180.016$
3	−2.470	3.1	0.32	0.56	−2.464 4	$H_C=194.320$
4	−11.793	4.0	0.25	−0.94	−11.802 4	$H_D=198.631$
5	−16.116	4.8	0.21	0.26	−16.113 4	

解 本题中 $n=5$, $t=2$,所以有 5 个误差方程,2 个参数。

(1) 选取 E, F 两点的高程平差值作为参数 $\hat{X}_1$, $\hat{X}_2$,其近似值为

$$X_1^0=H_A+h_1=184.967\ \text{m},\ X_2^0=H_C+h_4=182.527\ \text{m}$$

此题观测方程为线性,参数可不取近似值而直接进行平差。但为了体现近似值的计算方法和应用,仍采用参数近似值的方法。

(2) 列立误差方程。由图 6-2 得观测方程:

$$\left.\begin{aligned}
\hat{h}_1&=h_1+v_1=\hat{X}_1-H_A=\hat{x}_1+X_1^0-H_A\\
\hat{h}_2&=h_2+v_2=\hat{X}_1-H_B=\hat{x}_1+X_1^0-H_B\\
\hat{h}_3&=h_3+v_3=-\hat{X}_1+\hat{X}_2=-\hat{x}_1+\hat{x}_2-X_1^0+X_2^0\\
\hat{h}_4&=h_4+v_4=\hat{X}_2-H_C=\hat{x}_2+X_2^0-H_C\\
\hat{h}_5&=h_5+v_5=\hat{X}_2-H_D=\hat{x}_2+X_2^0-H_D
\end{aligned}\right\}$$

将有关数据代入,整理后得误差方程:

$$\left.\begin{aligned}
v_1&=\hat{x}_1-(h_1-X_1^0+H_A)&&=\hat{x}_1&&+0\\
v_2&=\hat{x}_1-(h_2-X_1^0+H_B)&&=\hat{x}_1&&-1.9\\
v_3&=-\hat{x}_1+\hat{x}_2-(h_3+X_1^0-X_2^0)&&=-\hat{x}_1+\hat{x}_2&&+3\\
v_4&=\hat{x}_2-(h_4-X_2^0+H_C)&&=\hat{x}_2&&+0\\
v_5&=\hat{x}_2-(h_5-X_2^0+H_D)&&=\hat{x}_2&&+1.2
\end{aligned}\right\}$$

注意:误差方程应该按照观测值的顺序依次列立,而且观测值的权阵、平差后得到的改

正数以及计算观测值平差值的顺序都应以误差方程的排列顺序为准(特别是观测值有不同类型时,如边角同测,整理好排列顺序是非常重要的)。

由此得到误差方程系数阵、常数项及观测值的权阵(对角阵)分别为

$$\boldsymbol{B}=\begin{bmatrix}1&0\\1&0\\-1&1\\0&1\\0&1\end{bmatrix},\ \boldsymbol{l}=\begin{bmatrix}0\\1.9\\-3\\0\\-1.2\end{bmatrix}\text{cm},\ \boldsymbol{P}=\boldsymbol{Q}^{-1}=\begin{bmatrix}0.24&&&&\\&0.45&&&\\&&0.32&&\\&&&0.25&\\&&&&0.21\end{bmatrix}$$

(3) 组成法方程。参照式(6-1-11),法方程为

$$\begin{bmatrix}1.0152&-0.3226\\-0.3226&0.7809\end{bmatrix}\begin{bmatrix}\hat{x}_1\\\hat{x}_2\end{bmatrix}-\begin{bmatrix}1.8314\\-1.2177\end{bmatrix}=\boldsymbol{0}$$

(4) 解法方程,得参数改正数(参数改正数$\hat{\boldsymbol{x}}$的单位由常数项$\boldsymbol{l}$的单位决定)为

$$\begin{bmatrix}\hat{x}_1\\\hat{x}_2\end{bmatrix}=\boldsymbol{N}_{\mathrm{bb}}^{-1}\boldsymbol{U}=\begin{bmatrix}1.1339&0.4684\\0.4684&1.4741\end{bmatrix}\begin{bmatrix}1.8314\\-1.2177\end{bmatrix}=\begin{bmatrix}1.51\\-0.94\end{bmatrix}\text{cm}$$

则 E, F 两点的高程平差值为

$$\hat{X}_1=X_1^0+\hat{x}_1=184.967+0.0151=184.9821\ \text{m}$$
$$\hat{X}_2=X_2^0+\hat{x}_2=182.527-0.0094=182.5176\ \text{m}$$

(5) 求观测值的改正数$\boldsymbol{V}$及其平差值$\hat{\boldsymbol{L}}$。将$\hat{\boldsymbol{x}}$代入误差方程,得改正数$\boldsymbol{V}$,再由$\hat{\boldsymbol{L}}=\hat{\boldsymbol{h}}=\boldsymbol{h}+\boldsymbol{V}$算得观测值的平差值。$\boldsymbol{V}$及$\hat{\boldsymbol{h}}$的计算结果列于表 6-1 中。

(6) 计算检核。任选两条检核路线:

$$H_A+\hat{h}_1+\hat{h}_3-\hat{h}_4-H_C=170.832+14.1501-2.4645+11.8024-194.320=0$$
$$H_B+\hat{h}_2+\hat{h}_3-\hat{h}_5-H_D=180.016+4.9661-2.4645+16.1134-198.631=0$$

比较以上算例在[例 5-1]中用条件平差法计算的结果可以发现,间接平差法和条件平差法虽然采用的函数模型不同,但它们都是在最小二乘准则下进行的,所以两种方法得到的观测值的平差值和待定点 E, F 的高程平差值是相同的。只是条件平差法要先得到观测值的平差值,再计算 E, F 两点的高程值,要分两步走。而间接平差法可将 E, F 两点的高程平差值设为参数,平差后可直接得到参数的平差值。

6.3 间接平差精度评定

6.3.1 单位权中误差计算

单位权方差σ_0^2的估值$\hat{\sigma}_0^2$,间接平差法中其估计式仍然是$\boldsymbol{V}^{\mathrm{T}}\boldsymbol{P}\boldsymbol{V}$除以其自由度(多余观测数),即

$$\hat{\sigma}_0^2=\frac{\boldsymbol{V}^{\mathrm{T}}\boldsymbol{P}\boldsymbol{V}}{n-t}=\frac{\boldsymbol{V}^{\mathrm{T}}\boldsymbol{P}\boldsymbol{V}}{r}\tag{6-3-1}$$

中误差估值为

$$\hat{\sigma}_0 = \sqrt{\frac{\boldsymbol{V}^{\mathrm{T}}\boldsymbol{PV}}{r}} \tag{6-3-2}$$

式中，$\boldsymbol{V}^{\mathrm{T}}\boldsymbol{PV}$ 可以用改正数向量 $\boldsymbol{V}$ 和观测值的权阵 $\boldsymbol{P}$ 直接计算，也可以将误差方程 $\boldsymbol{V} = \boldsymbol{B}\hat{\boldsymbol{x}} - \boldsymbol{l}$ 代入后计算：

$$\boldsymbol{V}^{\mathrm{T}}\boldsymbol{PV} = (\boldsymbol{B}\hat{\boldsymbol{x}} - \boldsymbol{l})^{\mathrm{T}}\boldsymbol{PV} = \hat{\boldsymbol{x}}^{\mathrm{T}}\boldsymbol{B}^{\mathrm{T}}\boldsymbol{PV} - \boldsymbol{l}^{\mathrm{T}}\boldsymbol{PV}$$

顾及式(6-1-10)，有 $\boldsymbol{B}^{\mathrm{T}}\boldsymbol{PV} = \boldsymbol{0}$，得 $\boldsymbol{V}^{\mathrm{T}}\boldsymbol{PV}$ 的计算式：

$$\boldsymbol{V}^{\mathrm{T}}\boldsymbol{PV} = -\boldsymbol{l}^{\mathrm{T}}\boldsymbol{P}(\boldsymbol{B}\hat{\boldsymbol{x}} - \boldsymbol{l}) = \boldsymbol{l}^{\mathrm{T}}\boldsymbol{Pl} - (\boldsymbol{B}^{\mathrm{T}}\boldsymbol{Pl})^{\mathrm{T}}\hat{\boldsymbol{x}} = \boldsymbol{l}^{\mathrm{T}}\boldsymbol{Pl} - \boldsymbol{U}^{\mathrm{T}}\hat{\boldsymbol{x}} \tag{6-3-3}$$

6.3.2 协因数阵计算

平差计算时，通常只知道观测值 $\boldsymbol{L}$ 的方差阵 $\boldsymbol{D}_{LL}$ 或权阵 $\boldsymbol{P}$，所以首先应该建立起待求精度的函数与观测值 $\boldsymbol{L}$ 的线性表达式。此外，由于 $\hat{\boldsymbol{X}} = \boldsymbol{X}^0 + \hat{\boldsymbol{x}}$，$\boldsymbol{l} = \boldsymbol{L} - \boldsymbol{BX}^0 - \boldsymbol{d}$，所以有 $\boldsymbol{Q}_{\hat{X}\hat{X}} = \boldsymbol{Q}_{\hat{x}\hat{x}}$，$\boldsymbol{Q}_{ll} = \boldsymbol{Q}_{LL} = \boldsymbol{Q} = \boldsymbol{P}^{-1}$，即参数平差值 $\hat{\boldsymbol{X}}$ 的协因数阵等于参数改正数 $\hat{\boldsymbol{x}}$ 的协因数阵；误差方程中常数项 $\boldsymbol{l}$ 的协因数阵等于观测值 $\boldsymbol{L}$ 的协因数阵，这些关系式在以后的公式推导中会经常用到。

函数关系式有：

$$\boldsymbol{L} = \boldsymbol{l} + \boldsymbol{BX}^0 + \boldsymbol{d} = \boldsymbol{l} + \boldsymbol{L}^0 \tag{6-3-4}$$

$$\hat{\boldsymbol{x}} = (\boldsymbol{B}^{\mathrm{T}}\boldsymbol{PB})^{-1}\boldsymbol{B}^{\mathrm{T}}\boldsymbol{Pl} = \boldsymbol{N}_{bb}^{-1}\boldsymbol{B}^{\mathrm{T}}\boldsymbol{Pl} \tag{6-3-5}$$

$$\boldsymbol{V} = \boldsymbol{B}\hat{\boldsymbol{x}} - \boldsymbol{l} = (\boldsymbol{BN}_{bb}^{-1}\boldsymbol{B}^{\mathrm{T}}\boldsymbol{P} - \boldsymbol{I})\boldsymbol{l} \tag{6-3-6}$$

$$\hat{\boldsymbol{L}} = \boldsymbol{L} + \boldsymbol{V} = \boldsymbol{L} + \boldsymbol{B}\hat{\boldsymbol{x}} - \boldsymbol{l} = \boldsymbol{BN}_{bb}^{-1}\boldsymbol{B}^{\mathrm{T}}\boldsymbol{Pl} + \boldsymbol{BX}^0 + \boldsymbol{d} \tag{6-3-7}$$

即 $\boldsymbol{L}$，$\hat{\boldsymbol{x}}$，$\boldsymbol{V}$，$\hat{\boldsymbol{L}}$ 均可表达为 $\boldsymbol{L}$(或 $\boldsymbol{l}$)的函数，上列公式中等号右端除了 $\boldsymbol{l}$ 向量，其余的矩阵均为常数矩阵，现要求出这 4 个函数的协因数阵和它们之间的互协因数阵的计算式。按误差传播定律，得表 6-2 中的关系式。

表 6-2

矩阵	$\boldsymbol{L}$	$\hat{\boldsymbol{x}}$	$\boldsymbol{V}$	$\hat{\boldsymbol{L}}$
$\boldsymbol{L}$	$\boldsymbol{Q}$	$\boldsymbol{BN}_{bb}^{-1}$	$\boldsymbol{BN}_{bb}^{-1}\boldsymbol{B}^{\mathrm{T}} - \boldsymbol{Q}$	$\boldsymbol{BN}_{bb}^{-1}\boldsymbol{B}^{\mathrm{T}}$
$\hat{\boldsymbol{x}}$	$\boldsymbol{N}_{bb}^{-1}\boldsymbol{B}^{\mathrm{T}}$	$\boldsymbol{N}_{bb}^{-1}$	$\boldsymbol{0}$	$\boldsymbol{N}_{bb}^{-1}\boldsymbol{B}^{\mathrm{T}}$
$\boldsymbol{V}$	$\boldsymbol{BN}_{bb}^{-1}\boldsymbol{B}^{\mathrm{T}} - \boldsymbol{Q}$	$\boldsymbol{0}$	$\boldsymbol{Q} - \boldsymbol{BN}_{bb}^{-1}\boldsymbol{B}^{\mathrm{T}}$	$\boldsymbol{0}$
$\hat{\boldsymbol{L}}$	$\boldsymbol{BN}_{bb}^{-1}\boldsymbol{B}^{\mathrm{T}}$	$\boldsymbol{BN}_{bb}^{-1}$	$\boldsymbol{0}$	$\boldsymbol{BN}_{bb}^{-1}\boldsymbol{B}^{\mathrm{T}}$

例如，由式(6-3-5)可得到：

$$\boldsymbol{Q}_{\hat{x}\hat{x}} = \boldsymbol{N}_{bb}^{-1}\boldsymbol{B}^{\mathrm{T}}\boldsymbol{PQPBN}_{bb}^{-1} = \boldsymbol{N}_{bb}^{-1} = (\boldsymbol{B}^{\mathrm{T}}\boldsymbol{PB})^{-1} \tag{6-3-8}$$

将式(6-3-8)的结果填入表 6-2 的第三行与第三列的交汇处，就是 $\boldsymbol{Q}_{\hat{x}\hat{x}}$ 的计算式。式(6-3-8)的意义为：**参数平差值的协因数阵 $\boldsymbol{Q}_{\hat{x}\hat{x}}$ 等于法方程系数阵的逆阵**。矩阵 $\boldsymbol{Q}_{\hat{x}\hat{x}}$ 的元素

构成为

$$\underset{t\times t}{\boldsymbol{Q}_{\hat{x}\hat{x}}}=\begin{bmatrix}Q_{\hat{x}_1\hat{x}_1} & Q_{\hat{x}_1\hat{x}_2} & \cdots & Q_{\hat{x}_1\hat{x}_t}\\ Q_{\hat{x}_2\hat{x}_1} & Q_{\hat{x}_2\hat{x}_2} & \cdots & Q_{\hat{x}_2\hat{x}_t}\\ \vdots & \vdots & & \vdots\\ Q_{\hat{x}_t\hat{x}_1} & Q_{\hat{x}_t\hat{x}_2} & \cdots & Q_{\hat{x}_t\hat{x}_t}\end{bmatrix} \tag{6-3-9}$$

而第 j 个参数 $\hat{X}_j(j=1,2,\cdots,t)$ 的中误差估值为

$$\hat{\sigma}_{\hat{x}_j}=\hat{\sigma}_0\sqrt{Q_{\hat{x}_j\hat{x}_j}} \tag{6-3-10}$$

式中,$Q_{\hat{x}_j\hat{x}_j}$ 为参数 $\hat{X}_j$ 的协因数(权倒数),是 $\boldsymbol{Q}_{\hat{x}\hat{x}}$ 中的第 j 个主元。

此外,从表 6-2 中还可得

$$\boldsymbol{Q}_{\hat{x}V}=\boldsymbol{0},\ \boldsymbol{Q}_{\hat{L}V}=\boldsymbol{0}$$

这说明 $\hat{\boldsymbol{x}}$ 与 $\boldsymbol{V}$, $\hat{\boldsymbol{L}}$ 和 $\boldsymbol{V}$ 之间统计不相关,这是两个重要的结论。表中以位于主对角线上的几个计算式最为常用,即除了式(6-3-8)的 $\boldsymbol{Q}_{\hat{x}\hat{x}}$ 的算式外,还有

$$\boldsymbol{Q}_{VV}=\boldsymbol{Q}-\boldsymbol{B}\boldsymbol{N}_{bb}^{-1}\boldsymbol{B}^{\mathrm{T}} \tag{6-3-11}$$

$$\boldsymbol{Q}_{\hat{L}\hat{L}}=\boldsymbol{B}\boldsymbol{N}_{bb}^{-1}\boldsymbol{B}^{\mathrm{T}} \tag{6-3-12}$$

6.3.3 参数函数的协因数阵

设参数平差值的函数为

$$\hat{F}=f(\hat{X}_1,\hat{X}_2,\cdots,\hat{X}_t) \tag{6-3-13}$$

以 $\hat{X}_j=X_j^0+\hat{x}_j$ 代入并按泰勒公式展开取至一次项,得

$$\hat{F}=f_0+f_1\hat{x}_1+f_2\hat{x}_2+\cdots+f_t\hat{x}_t \tag{6-3-14}$$

式中,f_0 为常数,$f_0=f(X_1^0,X_2^0,\cdots,X_t^0)$;$f_j=\left(\dfrac{\partial f}{\partial \hat{X}_j}\right)_{\hat{X}=X^0}$,是函数 f 对参数$\hat{X}_i$ 求偏导后,再将参数近似值 X^0 代入计算得到的值。

由式(6-3-14)得到 $\hat{F}$ 的权函数式为

$$\mathrm{d}\hat{F}=f_1\hat{x}_1+f_2\hat{x}_2+\cdots+f_t\hat{x}_t=\boldsymbol{f}^{\mathrm{T}}\hat{\boldsymbol{x}} \tag{6-3-15}$$

式中,系数阵为

$$\boldsymbol{f}^{\mathrm{T}}=[f_1\quad f_2\quad \cdots\quad f_t] \tag{6-3-16}$$

由式(6-3-15),根据协因数传播律得到参数函数 $\hat{F}$ 的协因数为

$$Q_{\hat{F}\hat{F}}=\boldsymbol{f}^{\mathrm{T}}\boldsymbol{Q}_{\hat{x}\hat{x}}\boldsymbol{f}=\boldsymbol{f}^{\mathrm{T}}\boldsymbol{N}_{bb}^{-1}\boldsymbol{f} \tag{6-3-17}$$

当参数的函数有 m 个时,其权函数式为

$$\underset{m\times 1}{\mathrm{d}\hat{\boldsymbol{F}}}=\underset{m\times t}{\boldsymbol{f}^{\mathrm{T}}}\ \underset{t\times 1}{\hat{\boldsymbol{x}}} \tag{6-3-18}$$

此时，函数向量 $\hat{\boldsymbol{F}}$ 的协因数阵为

$$\underset{m\times m}{\boldsymbol{Q}_{\hat{F}\hat{F}}} = \boldsymbol{f}^{\mathrm{T}}\boldsymbol{Q}_{\hat{x}\hat{x}}\boldsymbol{f} = \boldsymbol{f}^{\mathrm{T}}\mathbf{N}_{\mathrm{bb}}^{-1}\boldsymbol{f} \tag{6-3-19}$$

$\hat{\boldsymbol{F}}$ 的方差阵为

$$\underset{m\times m}{\boldsymbol{D}_{\hat{F}\hat{F}}} = \sigma_0^2\boldsymbol{Q}_{\hat{F}\hat{F}} = \sigma_0^2(\boldsymbol{f}^{\mathrm{T}}\mathbf{N}_{\mathrm{bb}}^{-1}\boldsymbol{f}) \tag{6-3-20}$$

若只知道单位权方差 σ_0^2 的估值 $\hat{\sigma}_0^2$，根据式(6-3-20)得到的就是 $\hat{\boldsymbol{F}}$ 的方差阵的估值：

$$\underset{m\times m}{\hat{\boldsymbol{D}}_{\hat{F}\hat{F}}} = \hat{\sigma}_0^2\boldsymbol{Q}_{\hat{F}\hat{F}} = \hat{\sigma}_0^2(\boldsymbol{f}^{\mathrm{T}}\mathbf{N}_{\mathrm{bb}}^{-1}\boldsymbol{f}) \tag{6-3-21}$$

[**例 6-2**]　在[例 6-1]中完成了平差值的计算之后，现进行该水准网的精度评定。试求：

(1) E，F 两点平差后高程值的精度及两点间高差平差值 $\hat{h}_3$ 的中误差；

(2) 观测值的平差值 $\hat{\boldsymbol{L}}$ 的协因数阵 $\boldsymbol{Q}_{\hat{L}\hat{L}}$ 和改正数 $\boldsymbol{V}$ 的协因数阵 $\boldsymbol{Q}_{VV}$。

解　(1) 在[例 6-1]中，将 E，F 两点平差后的高程值设为参数 $\hat{X}_1$，$\hat{X}_2$，所以现在应求出这两个参数的中误差。根据式(6-3-8)及[例 6-1]中的计算结果，有

$$\boldsymbol{Q}_{\hat{X}\hat{X}} = \boldsymbol{Q}_{\hat{x}\hat{x}} = \mathbf{N}_{\mathrm{bb}}^{-1} = (\boldsymbol{B}^{\mathrm{T}}\boldsymbol{P}\boldsymbol{B})^{-1} = \begin{bmatrix} 1.1339 & 0.4684 \\ 0.4684 & 1.4741 \end{bmatrix}$$

从矩阵中得到参数 $\hat{X}_1$，$\hat{X}_2$ 的协因数(权倒数)：$\boldsymbol{Q}_{\hat{X}_1\hat{X}_1} = 1.1339$，$\boldsymbol{Q}_{\hat{X}_2\hat{X}_2} = 1.4741$。

根据[例 6-1]中得到的改正数向量 $\boldsymbol{V}$ 和权阵 $\boldsymbol{P}$，可计算单位权中误差估值为

$$\hat{\sigma}_0 = \sqrt{\frac{\boldsymbol{V}^{\mathrm{T}}\boldsymbol{P}\boldsymbol{V}}{r}} = \sqrt{\frac{94.45\ \mathrm{mm}^2}{5-2}} = 5.6\ \mathrm{mm}$$

因此，E，F 两点平差后高程值的中误差为

$$\hat{\sigma}_{\hat{H}_E} = \hat{\sigma}_{\hat{X}_1} = \hat{\sigma}_0\sqrt{Q_{\hat{X}_1\hat{X}_1}} = 5.6\times\sqrt{1.1339} = 5.96\ \mathrm{mm}$$
$$\hat{\sigma}_{\hat{H}_F} = \hat{\sigma}_{\hat{X}_2} = \hat{\sigma}_0\sqrt{Q_{\hat{X}_2\hat{X}_2}} = 5.6\times\sqrt{1.4741} = 6.80\ \mathrm{mm}$$

$\hat{h}_3$ 的中误差有两种计算方法：第一种是根据式(6-3-12)先求出 $\boldsymbol{Q}_{\hat{L}\hat{L}}$，再用 $\hat{\boldsymbol{D}}_{\hat{L}\hat{L}} = \hat{\sigma}_0^2\boldsymbol{Q}_{\hat{L}\hat{L}}$ 求出所有观测值平差值的方差-协方差阵，这样 $\hat{h}_3$ 的中误差就可以从该方差阵中提取得到；第二种是将 $\hat{h}_3$ 构造成参数的函数，用求参数的函数精度的方法来计算。现用第二种方法计算。设

$$\hat{F} = \hat{h}_3 = -\hat{X}_1 + \hat{X}_2 = -\hat{x}_1 + \hat{x}_2 + (-X_1^0 + X_2^0)$$

对照式(6-3-15)，权函数式为

$$\mathrm{d}\hat{h}_3 = \boldsymbol{f}^{\mathrm{T}}\hat{\boldsymbol{x}} = [-1\quad 1]\begin{bmatrix}\hat{x}_1 \\ \hat{x}_2\end{bmatrix}$$

所以，

$$Q_{\hat{F}\hat{F}}=Q_{\hat{h}_3\hat{h}_3}=\boldsymbol{f}^{\mathrm{T}}\boldsymbol{Q}_{\hat{x}\hat{x}}\boldsymbol{f}=\begin{bmatrix}-1 & 1\end{bmatrix}\begin{bmatrix}1.1339 & 0.4684\\0.4684 & 1.4741\end{bmatrix}\begin{bmatrix}-1\\1\end{bmatrix}=1.6712$$

得 $\hat{h}_3$ 的中误差为

$$\hat{\sigma}_{\hat{h}_3}=\hat{\sigma}_0\sqrt{Q_{\hat{h}_3\hat{h}_3}}=5.6\times\sqrt{1.6712}=7.2\ \mathrm{mm}$$

（2）由表 6-2，有

$$\boldsymbol{Q}_{\hat{L}\hat{L}}=\boldsymbol{B}\boldsymbol{N}_{bb}^{-1}\boldsymbol{B}^{\mathrm{T}}=\begin{bmatrix}1.1338 & 1.1338 & -0.6655 & 0.4684 & 0.4684\\1.1338 & 1.1338 & -0.6655 & 0.4684 & 0.4684\\-0.6655 & -0.6655 & 1.6711 & 1.0057 & 1.0057\\0.4684 & 0.4684 & 1.0057 & 1.4740 & 1.4740\\0.4684 & 0.4684 & 1.0057 & 1.4740 & 1.4740\end{bmatrix}$$

$$\boldsymbol{Q}_{VV}=\boldsymbol{Q}-\boldsymbol{B}\boldsymbol{N}_{bb}^{-1}\boldsymbol{B}^{\mathrm{T}}=\begin{bmatrix}3.0662 & -1.1338 & 0.6655 & -0.4684 & -0.4684\\-1.1338 & 1.0662 & 0.6655 & -0.4684 & -0.4684\\0.6655 & 0.6655 & 1.4289 & -1.0057 & -1.0057\\-0.4684 & -0.4684 & -1.0057 & 2.5260 & -1.4740\\-0.4684 & -0.4684 & -1.0057 & -1.4740 & 3.3260\end{bmatrix}$$

可以看出，间接平差精度计算的结果和[例 5-1]条件平差的精度计算结果是相同的。

在实际工作中，平差方法的应用可以是多方面的，并不只限于测量控制网。只要计算问题中有多余观测、观测误差具有偶然误差特性等，都可以采用平差的方法来求解参数的最优估值并进行精度评定。下面的两个算例可以说明这个问题。

[例 6-3] 某精密工件的截面为圆形，现对它的半径、周长、面积值进行了测量，设观测值及其相应的测量精度为 $r\pm\sigma_r$，$c\pm\sigma_c$，$s\pm\sigma_s$。试求半径的最佳估值。

解 该题中，$n=3$，$t=1$，$r=2$，有两次多余观测。

平差参数设为 $\hat{X}=\hat{r}$，即参数设为工件半径观测值的平差值。参数近似值可取三个观测值计算出的圆半径的平均值：$X^0=\frac{1}{3}\left(r+\frac{c}{2\pi}+\sqrt{\frac{s}{\pi}}\right)$，这样做的目的是使参数近似值 X^0 更接近其平差值 $\hat{X}$。

观测方程为

$$\left.\begin{aligned}\hat{r}&=\hat{X}\\\hat{c}&=2\pi\hat{X}\\\hat{s}&=\pi\hat{X}^2\end{aligned}\right\}$$

在列观测方程时应注意：等式的右端应该用参数专用符号 $\hat{X}$ 表示，而不要写成如 $\hat{c}=2\pi\hat{r}$，因为 $\hat{c}$ 和 $\hat{r}$ 都代表观测值的平差值，而一个观测方程中不能同时出现两个观测值的平差值。此外，第三个方程 $\hat{s}=\pi\hat{X}^2$ 是非线性的，所以还应线性化。

将参数近似值代入观测方程并整理后，得误差方程及有关矩阵：

$$\left.\begin{aligned}v_1&=v_r=\hat{x}-(r-X^0)=\hat{x}-l_1\\v_2&=v_c=2\pi\hat{x}-(c-2\pi X^0)=2\pi\hat{x}-l_2\\v_3&=v_s=2\pi X^0\hat{x}-[s-\pi(X^0)^2]=2\pi X^0\hat{x}-l_3\end{aligned}\right\},\ \underset{3\times1}{\boldsymbol{B}}=\begin{bmatrix}1\\2\pi\\2\pi X^0\end{bmatrix},\ \underset{3\times1}{\boldsymbol{l}}=\begin{bmatrix}l_1\\l_2\\l_3\end{bmatrix}$$

设单位权中误差为 σ_0，与 σ_r，σ_c 同单位，均为长度单位，则观测值的权为

$$p_1 = \frac{\sigma_0^2}{\sigma_r^2},\ p_2 = \frac{\sigma_0^2}{\sigma_c^2},\ p_3 = \frac{\sigma_0^2}{\sigma_s^2}$$

其中，p_1，p_2 单位为 1；p_3 的单位是 $\frac{1}{(\text{长度单位})^2}$。

观测值的权阵为 $\boldsymbol{P}=\mathrm{diag}(p_1,\ p_2,\ p_3)$。

在构造好了误差方程和观测值的权阵后，就可以进行平差了，平差后将得到半径（参数）的最佳估值。

［**例 6-4**］ 设对某物理量进行了 n 次不等权独立观测，试用间接平差法求该物理量的最或然值及最或然值的权倒数。

解 设观测值为 L_1，L_2，…，L_n，其各自对应的权为 p_1，p_2，…，p_n，设该物理量的最或然值为参数 $\hat{X}$（一般将待求值设为参数）。误差方程及有关矩阵为

$$\left.\begin{aligned} v_1 &= \hat{X} - L_1 \\ v_2 &= \hat{X} - L_2 \\ &\vdots \\ v_n &= \hat{X} - L_n \end{aligned}\right\}$$

其中，

$$\boldsymbol{B} = \begin{bmatrix} 1 \\ 1 \\ \vdots \\ 1 \end{bmatrix},\ \boldsymbol{L} = \begin{bmatrix} L_1 \\ L_2 \\ \vdots \\ L_n \end{bmatrix},\text{权阵 } \boldsymbol{P} = \begin{bmatrix} p_1 & & & \\ & p_2 & & \\ & & \ddots & \\ & & & p_n \end{bmatrix}$$

本题的误差方程均为线性，其矩阵形式为

$$\boldsymbol{V} = \boldsymbol{B}\hat{\boldsymbol{X}} - \boldsymbol{L}$$

法方程的系数阵和常数项为

$$\boldsymbol{N}_{\mathrm{bb}} = \boldsymbol{B}^{\mathrm{T}}\boldsymbol{P}\boldsymbol{B} = \sum_{i=1}^{n} p_i = [p],\ \boldsymbol{U} = \boldsymbol{B}^{\mathrm{T}}\boldsymbol{P}\boldsymbol{L} = \sum_{i=1}^{n} p_i L_i = [pL]$$

所以参数解为

$$\hat{\boldsymbol{X}} = \boldsymbol{N}_{\mathrm{bb}}^{-1}\boldsymbol{U} = \frac{[pL]}{[p]}$$

参数权倒数为

$$\boldsymbol{Q}_{\hat{X}\hat{X}} = \frac{1}{p_{\hat{X}}} = \boldsymbol{N}_{\mathrm{bb}}^{-1} = \frac{1}{[p]}$$

从计算结果可以看出：该物理量的最或然值就是它的加权平均值，所以加权平均值（等权时就是算术平均值）的计算规律是符合最小二乘原则的，即**加权平均值（或算术平均值）是最小二乘估值**，它具备最小二乘估值在统计意义上的一切优良性质。

在间接平差中，参数的协因数阵等于法方程系数阵的逆阵（即 $\boldsymbol{Q}_{\hat{x}\hat{x}}=\boldsymbol{N}_{bb}^{-1}$）的特性，可以用来求取某些直接观测量或非直接观测量的精度。如[例 6－5]所示。

[例 6－5] 如图 6－3 所示的水准网，观测值为 3 个高差值：h_1，h_2，h_3，水准路线长度标于图上，A，B 为已知点，C，D 为待定点，设观测值的权 $p_i=1/s_i$。试求：

(1) 平差后 D 点高程的协因数；

(2) 平差后 D 点高程与第三段水准路线高差的相关协因数。

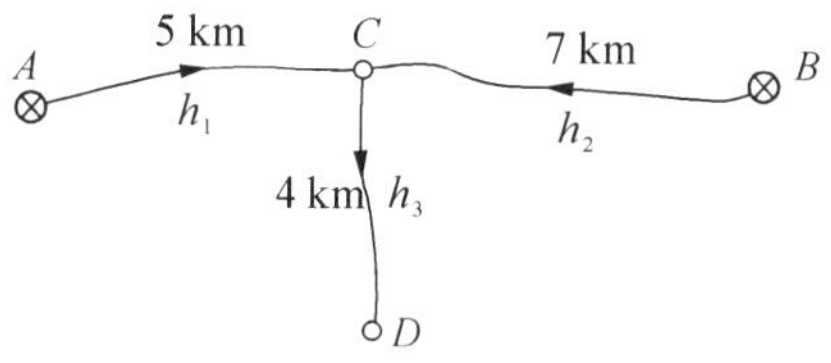

图 6－3

解法一 该水准网内共有 2 个待定点，$t=2$，通常会设两个待定点的高程为参数，但根据此题第(2)题的需要，可将 h_3 的平差值 $\hat{h}_3$ 设为参数 $\hat{X}_1$，将 D 点高程平差值设为 $\hat{X}_2$（h_3 为直接观测量，H_D 为非直接观测量）。

观测方程及误差方程为

$$\left.\begin{aligned}\hat{h}_1&=-\hat{X}_1+\hat{X}_2-H_A\\\hat{h}_2&=-\hat{X}_1+\hat{X}_2-H_B\\\hat{h}_3&=\hat{X}_1\end{aligned}\right\}\Rightarrow\left.\begin{aligned}v_1&=-\hat{X}_1+\hat{X}_2-l_1\\v_2&=-\hat{X}_1+\hat{X}_2-l_2\\v_3&=\hat{X}_1-l_3\end{aligned}\right\}$$

则矩阵 $\boldsymbol{B}$ 及观测值权阵 $\boldsymbol{P}$ 为

$$\boldsymbol{B}=\begin{bmatrix}-1&1\\-1&1\\1&0\end{bmatrix},\ \boldsymbol{P}=\begin{bmatrix}\frac{1}{5}&&\\&\frac{1}{7}&\\&&\frac{1}{4}\end{bmatrix}=\begin{bmatrix}0.2000&&\\&0.1429&\\&&0.2500\end{bmatrix}$$

故法矩阵 $\boldsymbol{N}_{bb}$、参数协因数阵 $\boldsymbol{Q}_{\hat{X}\hat{X}}(=\boldsymbol{N}_{bb}^{-1})$ 分别为

$$\boldsymbol{N}_{bb}=\boldsymbol{B}^{T}\boldsymbol{P}\boldsymbol{B}=\begin{bmatrix}0.5929&-0.3429\\-0.3429&0.3429\end{bmatrix}$$

$$\boldsymbol{Q}_{\hat{X}\hat{X}}=\boldsymbol{N}_{bb}^{-1}=\begin{bmatrix}Q_{\hat{X}_1\hat{X}_1}&Q_{\hat{X}_1\hat{X}_2}\\Q_{\hat{X}_2\hat{X}_1}&Q_{\hat{X}_2\hat{X}_2}\end{bmatrix}=\begin{bmatrix}4.0000&4.0000\\4.0000&6.9167\end{bmatrix}$$

因此，平差后 D 点高程的协因数 $Q_{\hat{X}_2\hat{X}_2}=6.9167$；平差后 D 点高程与 $\hat{h}_3$ 的相关协因数 $Q_{\hat{X}_2\hat{X}_1}=4.0000$。

解法二 此题也可按惯例设 C，D 两点平差后的高程为参数 $\hat{X}_1$，$\hat{X}_2$，则误差方程及矩阵 $\boldsymbol{B}$ 分别为

$$\begin{bmatrix}v_1\\v_2\\v_3\end{bmatrix}=\begin{bmatrix}1&0\\1&0\\-1&1\end{bmatrix}\begin{bmatrix}\hat{X}_1\\\hat{X}_2\end{bmatrix}-\begin{bmatrix}l_1\\l_2\\l_3\end{bmatrix},\ \boldsymbol{B}=\begin{bmatrix}1&0\\1&0\\-1&1\end{bmatrix}$$

权阵同解法一中的结果。现得法矩阵及协因数阵分别为

$$N_{bb}=\begin{bmatrix}0.5929 & -0.2500\\ -0.2500 & 0.2500\end{bmatrix},\ Q_{\hat{X}\hat{X}}=N_{bb}^{-1}=\begin{bmatrix}2.9163 & 2.9163\\ 2.9163 & 6.9163\end{bmatrix}$$

(1) 平差后 D 点高程的协因数 $Q_{\hat{X}_2\hat{X}_2}=6.9163$，与解法一的结果有微小差异；

(2) 对于第三段水准路线高差平差值 $\hat{h}_3$，有：$\hat{h}_3=\hat{X}_2-\hat{X}_1$，即将 $\hat{h}_3$ 表达为参数平差值的函数关系，则平差后的 $\hat{X}_2$ 与 $\hat{h}_3$ 分别为

$$\hat{X}_2=\begin{bmatrix}0 & 1\end{bmatrix}\begin{bmatrix}\hat{X}_1\\ \hat{X}_2\end{bmatrix},\ \hat{h}_3=\begin{bmatrix}-1 & 1\end{bmatrix}\begin{bmatrix}\hat{X}_1\\ \hat{X}_2\end{bmatrix}$$

根据协因数传播律，得平差后 D 点高程与第三段高差的相关协因数为

$$Q_{\hat{X}_2\hat{h}_3}=\begin{bmatrix}0 & 1\end{bmatrix}\begin{bmatrix}Q_{\hat{X}_1\hat{X}_1} & Q_{\hat{X}_1\hat{X}_2}\\ Q_{\hat{X}_2\hat{X}_1} & Q_{\hat{X}_2\hat{X}_2}\end{bmatrix}\begin{bmatrix}-1\\ 1\end{bmatrix}=Q_{\hat{X}_2\hat{X}_2}-Q_{\hat{X}_2\hat{X}_1}=4.0000$$

解法二与解法一的答案相同。与解法一相比，解法二的参数设置符合常规，再用求参数函数精度的方法解决其他要求。

从[例 6-5]的计算可以看出：该题观测值 h_1，h_2，h_3 和已知高程并没有给出具体的值，但这仅仅影响了常数项 $\boldsymbol{l}$ 的计算(只估算参数平差后的精度时，并不需要知道 $\boldsymbol{l}$ 的值)，却并不影响矩阵 $\boldsymbol{B}$、法矩阵 $\boldsymbol{N}_{bb}$、参数协因数阵 $\boldsymbol{Q}_{\hat{X}\hat{X}}$ 的求取，此时只要确定了单位权中误差 σ_0 的值，就可以估算待求参数的精度。间接平差的这个特点对**控制网网形设计**是非常有帮助的：在还未具体实施野外测量之前，在原有地形图上先设计控制网网形(包括高程网和平面网)，得到设计矩阵 $\boldsymbol{B}$ 和权阵 $\boldsymbol{P}$ 的概略值，就可对控制网测量后的精度进行估算，若估算出的精度过低，可在测量前对控制网的网形进行调整，如增加观测线路(即增加观测量)、提高观测精度等级等。而测量前单位权中误差 σ_0 的值，可以根据该控制网设计的等级标准，在相关测量规范中查取。当然，参数真实的精度值还是要等测量以后通过平差计算来确定。

6.4 测边网坐标平差

在[例 6-1]和[例 6-2]中，以高程(水准)控制网为例，对间接平差的全过程进行了演绎。本节将以平面控制网——测边三角网为主要内容，详述其误差方程的列立。通过水准网平差可以看出，只要能正确列出误差方程和观测值的权阵，其他如参数估值的计算、参数精度的计算等，按照间接平差过程的固有模式进行，就能得到所需结果。因此，间接平差中列误差方程是一项重要内容，如果误差方程列立有误，会导致平差结果不正确而达不到平差的目的。

相较于线性的水准网观测方程而言，平面控制网的观测方程大多都是非线性的，所以如何取参数近似值、不同种类观测值的观测方程线性化后的标准形式如何等，都是本节及后面几节所关注的重点。通常平面控制网平差中，将待定点的平面坐标值设为参数，所以平面控制网平差又称为**坐标平差**。

6.4.1 控制网参数个数的确定

在列误差方程之前，应清楚地知道平差控制网中参数的个数 t 是多少，参数选少了，平

差无法进行；参数选多了，则会造成参数之间的不独立，同样不适用于间接平差法。

先复习一下第 5 章条件平差中控制网平差所需的必要起算数据个数 d，水准网 $d=1$，测角网 $d=4$，测边网和边角网 $d=3$。(详情请参阅第 5.4.1 节“网中条件方程数的确定”)

参数个数 t 的确定有三种情况：

(1) 网中起算数据个数正好等于 d(独立网)。网中参数个数：水准网 $t=p$；测角网 $t=2\times p$；测边网和边角网 $t=2\times p-1$。其中，p 为网中待定点个数。

(2) 网中起算数据个数少于规定的 d 个。这时应将网中的一些待定点假设为已知点，余下的待定点个数定为 p，仍按照情况(1)的原则计算参数个数 t(此时 p 值应少于网中实际的待定点数，这是由于一些待定点已假设为已知点的缘故)。

(3) 网中起算数据个数多于 d 个。这时的控制网称为**附合控制网**。如果按条件平差法，在除了独立网的条件方程之外，还会有强制附合条件产生。但在间接平差中就没有这么复杂，只要将网中所有的待定点个数设为 p(此时 p 值应小于该网作为独立网时的 p 值)，再按照情况(1)的原则计算参数个数 t，按常规方法列出误差方程，再把已知点上的坐标参数增量定为 $\hat{x}=0$，$\hat{y}=0$ 即可。

当然，控制网中必要起算数据个数和必要观测值个数有时也并不完全按照上面所说的情况计算，它还取决于每一个控制网的具体情况，学习平差的人只有多看算例、多做练习，才会熟能生巧，掌握这方面的知识。

6.4.2 测边误差方程列立

在图 6-4 中，设边长 L_i 是测边网中的一条观测边，两端点 j 和 k 均为待定点，现选待定点坐标平差值 $\hat{X}_j$，$\hat{Y}_j$，$\hat{X}_k$，$\hat{Y}_k$ 作为参数，有

$$\left.\begin{aligned}\hat{X}_j&=X_j^0+\hat{x}_j\\ \hat{Y}_j&=Y_j^0+\hat{y}_j\end{aligned}\right\},\quad \left.\begin{aligned}\hat{X}_k&=X_k^0+\hat{x}_k\\ \hat{Y}_k&=Y_k^0+\hat{y}_k\end{aligned}\right\}$$

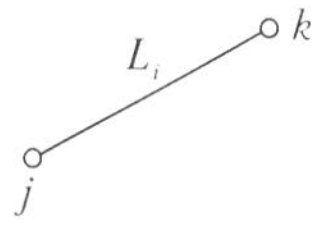

图 6-4

由图 6-4 可得观测方程：

$$\hat{L}_i=\sqrt{(\hat{X}_k-\hat{X}_j)^2+(\hat{Y}_k-\hat{Y}_j)^2}=f(\hat{X}_j,\hat{Y}_j,\hat{X}_k,\hat{Y}_k)\tag{6-4-1}$$

式(6-4-1)为非线性函数，在参数近似值点(X_j^0，Y_j^0)，(X_k^0，Y_k^0)处用泰勒公式展开并取至一次项，得

$$L_i+v_i=s_{jk}^0+\left(\frac{\partial f}{\partial \hat{X}_j}\right)_0\hat{x}_j+\left(\frac{\partial f}{\partial \hat{Y}_j}\right)_0\hat{y}_j+\left(\frac{\partial f}{\partial \hat{X}_k}\right)_0\hat{x}_k+\left(\frac{\partial f}{\partial \hat{Y}_k}\right)_0\hat{y}_k\tag{6-4-2}$$

式中，边长近似值为

$$s_{jk}^0=\sqrt{(X_k^0-X_j^0)^2+(Y_k^0-Y_j^0)^2}\tag{6-4-3}$$

$$\left.\begin{aligned}\left(\frac{\partial f}{\partial \hat{X}_j}\right)_0&=-\frac{\Delta X_{jk}^0}{s_{jk}^0}=-\cos\alpha_{jk}^0,\quad \left(\frac{\partial f}{\partial \hat{X}_k}\right)_0=\frac{\Delta X_{jk}^0}{s_{jk}^0}=\cos\alpha_{jk}^0\\ \left(\frac{\partial f}{\partial \hat{Y}_j}\right)_0&=-\frac{\Delta Y_{jk}^0}{s_{jk}^0}=-\sin\alpha_{jk}^0,\quad \left(\frac{\partial f}{\partial \hat{Y}_k}\right)_0=\frac{\Delta Y_{jk}^0}{s_{jk}^0}=\sin\alpha_{jk}^0\end{aligned}\right\}\tag{6-4-4}$$

将以上关系式代入式(6-4-2),整理后得**边长误差方程**:

$$v_i = -\frac{\Delta X_{jk}^0}{s_{jk}^0}\hat{x}_j - \frac{\Delta Y_{jk}^0}{s_{jk}^0}\hat{y}_j + \frac{\Delta X_{jk}^0}{s_{jk}^0}\hat{x}_k + \frac{\Delta Y_{jk}^0}{s_{jk}^0}\hat{y}_k - l_i \tag{6-4-5}$$

也可从式(6-4-5)得到边长误差方程的另一种形式:

$$v_i = -\cos\alpha_{jk}^0\hat{x}_j - \sin\alpha_{jk}^0\hat{y}_j + \cos\alpha_{jk}^0\hat{x}_k + \sin\alpha_{jk}^0\hat{y}_k - l_i \tag{6-4-6}$$

误差方程中的常数项为

$$l_i = L_i - s_{jk}^0 = L_i - \sqrt{(X_k^0 - X_j^0)^2 + (Y_k^0 - Y_j^0)^2} \tag{6-4-7}$$

式(6-4-5)—式(6-4-7)就是边长误差方程的一般形式。

上面所有算式中的 ΔX_{jk}^0,ΔY_{jk}^0,s_{jk}^0,α_{jk}^0 分别是用参数近似值计算出来的坐标增量、边长及方位角的近似值。

应该注意,在线性化式(6-4-2)中,所取的坐标参数近似值 X_j^0,Y_j^0,X_k^0,Y_k^0 与其平差值 $\hat{X}_j$,$\hat{Y}_j$,$\hat{X}_k$,$\hat{Y}_k$ 应该是很接近的,这样可以保证参数改正数 $\hat{x}_j$,$\hat{y}_j$,$\hat{x}_k$,$\hat{y}_k$ 是微小量,用泰勒公式展开后就可以舍去其中的二次及二次以上各项,以达到线性化的目的。若参数近似值取得不够好,参数改正数不够微小时,贸然舍去二次及二次以上各项将会给平差的函数模型带来模型误差(模型误差的检验参考第 9 章 9.4 节)。补救方法是:将第一次平差得到的参数平差值 $\hat{X}_j$,$\hat{Y}_j$,$\hat{X}_k$,$\hat{Y}_k$ 作为参数近似值,再进行一次平差。根据需要,这种做法可重复进行(简称为迭代),直到前后两次平差得到的参数改正数很接近为止。这种用迭代法改善参数近似值的方法对确定性函数模型(即函数模型中变量之间的函数关系是确定的)是适用的,对非确定性函数模型(如回归模型等)是不适用的。

此外,边长误差方程式(6-4-5)是在假设观测边的两端点都是待定点的情况下导出的,具体计算时,可按不同情况灵活运用:

(1) 当 j 为已知点时,有 $\hat{x}_j = 0$,$\hat{y}_j = 0$,则误差方程变为

$$v_i = \frac{\Delta X_{jk}^0}{s_{jk}^0}\hat{x}_k + \frac{\Delta Y_{jk}^0}{s_{jk}^0}\hat{y}_k - l_i \tag{6-4-8}$$

(2) 当 k 为已知点时,有 $\hat{x}_k = 0$,$\hat{y}_k = 0$,则误差方程变为

$$v_i = -\frac{\Delta X_{jk}^0}{s_{jk}^0}\hat{x}_j - \frac{\Delta Y_{jk}^0}{s_{jk}^0}\hat{y}_j - l_i \tag{6-4-9}$$

(3) 若 j,k 两点均为已知点,则该边为固定边(已知边),不需要观测,所以也就不存在误差方程。

观测边的误差方程,按 $j \to k$ 方向列立或按 $k \to j$ 方向列立,其结果相同。

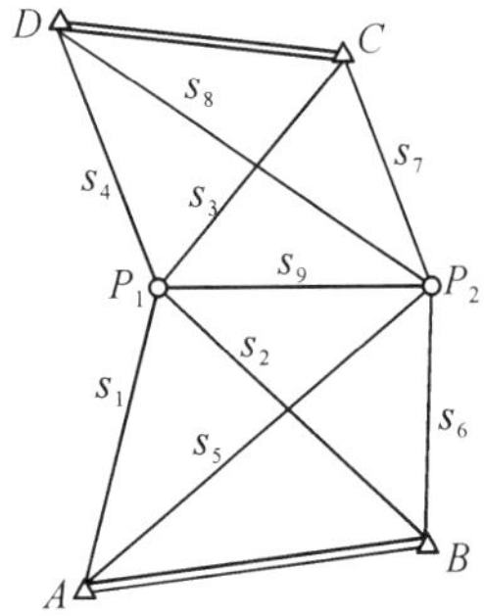

图 6-5

[例 6-6] 在图 6-5 所示的测边网中,A,B,C,D 为已知点,P_1,P_2 为待定点,起算数据和观测值列于表 6-3,试按间接平差法求待定点的坐标平差值及其中误差,并评定 P_1P_2 边的相对中误差(本例边长相差不大,平差可按等精度处理)。

表 6-3

点名	X/m	Y/m	已知点间距离和方位角
A	97 174.166	15 827.515	$s_{AB}=1\,049.633$ m
B	97 502.227	16 824.563	$\alpha_{AB}=71°47'13.6''$
C	99 557.904	15 633.200	$s_{CD}=707.218$ m
D	99 467.103	14 931.835	$\alpha_{CD}=262°37'24.0''$

边号	观测边长/m	边号	观测边长/m	边号	观测边长/m
s_1	1 346.086	s_4	1 119.035	s_7	1 215.664
s_2	1 789.382	s_5	1 643.490	s_8	1 733.123
s_3	1 208.030	s_6	1 231.132	s_9	1 231.457

解 本题观测值个数 $n=9$，故有 9 个误差方程。待定点个数为 2，每确定一个待定点的平面位置，必要观测值为两条边，故 $t=2\times2=4$，即有 4 个参数。现选取待定点的坐标平差值为参数，即 $\hat{\boldsymbol{X}}=[\hat{X}_1\quad\hat{Y}_1\quad\hat{X}_2\quad\hat{Y}_2]^{\mathrm{T}}$（参数排列时要注意，为了平差后精度计算时使用方便，不采用 $\hat{\boldsymbol{X}}=[\hat{X}_1\quad\hat{X}_2\quad\hat{Y}_1\quad\hat{Y}_2]^{\mathrm{T}}$ 这种排列顺序）。

(1) 计算待定点的近似坐标值。如图 6-6 所示，待定点 P 的近似坐标值可由已知点 A、已知方位角 α_{AB} 及观测边长 a，b，c 计算得到。具体方法如下：

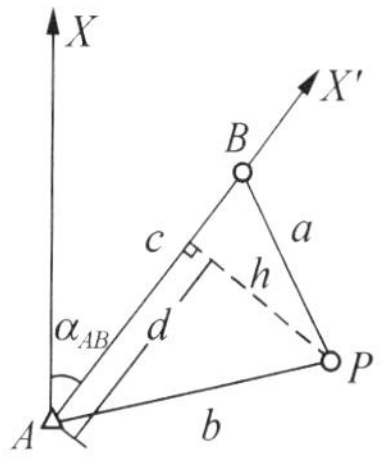

图 6-6

设以 A 点为原点，将原坐标系 XOY 顺时针旋转 α_{AB} 角，产生以 AB 方向（X' 方向）为主轴的新坐标系，根据坐标转换公式，P 点在新旧坐标系中存在关系式：

$$\begin{bmatrix}X_P\\Y_P\end{bmatrix}=\begin{bmatrix}X_A\\Y_A\end{bmatrix}+\begin{bmatrix}\cos\alpha_{AB} & -\sin\alpha_{AB}\\ \sin\alpha_{AB} & \cos\alpha_{AB}\end{bmatrix}\begin{bmatrix}d\\h\end{bmatrix}\tag{1}$$

其中，P 点在原坐标系 XOY 的坐标为 $(X_P,\ Y_P)$，其在新坐标系中的坐标为 $(d,\ h)$（h 为 $\triangle ABP$ 中 AB 边上的高）。根据图 6-6，d，h 的值可根据观测边长 a，b，c 计算：

$$\left.\begin{aligned}d&=b\cos\angle BAP=b\cdot\frac{b^2+c^2-a^2}{2bc}=\frac{b^2+c^2-a^2}{2c}\\h&=\sqrt{b^2-d^2}\end{aligned}\right\}\tag{2}$$

将式(2)代入式(1)，就可算得 P 点坐标 $(X_P,\ Y_P)$，可作为 P 点的近似坐标值 $(X_P^0,\ Y_P^0)$ 使用。

此外，若待定点 P 是位于已知边 AB 的左侧，则式(1)中的 h 前面应加一个负号，表示 P 点在新坐标系的 Y' 轴方向上是一个负值。

当测边网中待定点很多时，首先应逐个算出各待定点的近似坐标值。如图 6-7 所示的测边网，M，N 和 P，Q 为已知点，观测边的编号标于图上。可由 M，N 两点和边长 s_1，s_2 算出 P_1 点的近似坐标，由 N，P_1 和 s_3，s_9 算出 P_2 点的近似坐标，由 N，P_2 和 s_4，s_5 算出 P_3 点的近似坐标。如果为了让近似坐标值更加准确，还可以从另一对已知点 P，Q 出发，按同样的方法推导出 P_1，P_2，P_3 三点的近似坐标，再与从 M，N 两点推导出的这三点的近似坐标值分别取平均，将该平均值作为各待定点的近似坐标值[坐标计算式(1)中方位角的值应该由已知的两点的坐标计算得到]。

所以，图 6-5 的算例从 A 点出发求 P_1 点的近似坐标值时，式(2)中的 $a=s_2$，$b=s_1$，$c=s_{AB}$，即 b 是指推算已知点 A 到待定点 P_1 的距离，a 是指推算已知点 B 到待定点 P_1 的距离，而 c 则是已知点 A，B 之间的距离，且用式(2)算出的 h 代入式(1)时要取负值；若是从 D 点推算 P_1 点的近似坐标值，则 $a=s_3$，$b=s_4$，$c=s_{CD}$，且式(1)中的 α_{AB} 用 α_{DC} 取代，h 取正值。据此，分别从 A 点和 D 点出发，推算得 P_1，P_2 两点的近似坐标值并取平均值为

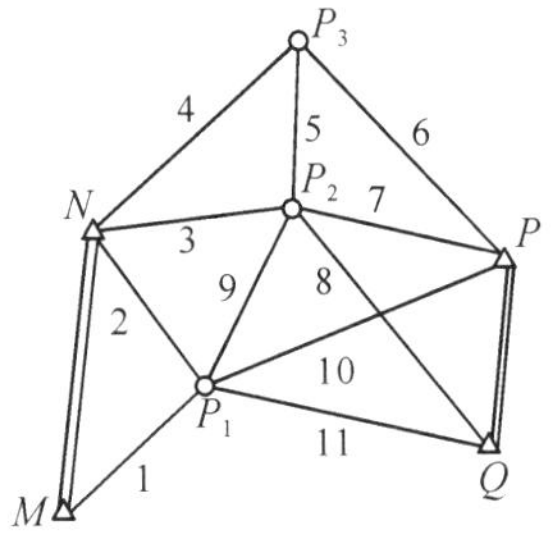

图 6-7

$$A(AB)\text{ 推算：}\left.\begin{aligned}X_1'&=98\,403.236\\Y_1'&=15\,278.576\end{aligned}\right\}\left.\begin{aligned}X_2'&=98\,683.522\\Y_2'&=16\,477.824\end{aligned}\right\}，D(CD)\text{ 推算：}\left.\begin{aligned}X_1''&=98\,403.101\\Y_1''&=15\,278.448\end{aligned}\right\}\left.\begin{aligned}X_2''&=98\,683.324\\Y_2''&=16\,477.606\end{aligned}\right\}，\text{平均近似值：}\left.\begin{aligned}X_1^0&=98\,403.169\text{ m}\\Y_1^0&=15\,278.512\text{ m}\end{aligned}\right\}\left.\begin{aligned}X_2^0&=98\,683.423\text{ m}\\Y_2^0&=16\,477.715\text{ m}\end{aligned}\right\}$$

(2) 按式(6-4-5)计算误差方程系数阵，按式(6-4-7)计算误差方程的常数项，得

$$\boldsymbol{B}=\begin{bmatrix}0.913\,0 & -0.407\,9 & 0.000\,0 & 0.000\,0\\0.503\,5 & -0.864\,0 & 0.000\,0 & 0.000\,0\\-0.955\,9 & -0.293\,6 & 0.000\,0 & 0.000\,0\\-0.950\,8 & 0.309\,8 & 0.000\,0 & 0.000\,0\\0.000\,0 & 0.000\,0 & 0.918\,4 & 0.395\,7\\0.000\,0 & 0.000\,0 & 0.959\,5 & -0.281\,7\\0.000\,0 & 0.000\,0 & -0.719\,3 & 0.694\,7\\0.000\,0 & 0.000\,0 & -0.452\,2 & 0.891\,9\\-0.227\,5 & -0.973\,8 & 0.227\,5 & 0.973\,8\end{bmatrix},\ \boldsymbol{l}=\begin{bmatrix}0.352\,3\\-0.229\,8\\0.496\,6\\0.441\,6\\1.346\,7\\0.643\,6\\-0.344\,0\\-0.530\,8\\-0.583\,8\end{bmatrix}\text{dm},\ \boldsymbol{P}=\boldsymbol{I}_9$$

(3) 组成并解算法方程

$$\begin{bmatrix}2.956\,6 & -0.599\,8 & -0.051\,8 & -0.221\,5\\-0.599\,8 & 2.043\,3 & -0.221\,5 & -0.948\,3\\-0.051\,8 & -0.221\,5 & 2.537\,7 & -0.588\,4\\-0.221\,5 & -0.948\,3 & -0.588\,4 & 2.462\,3\end{bmatrix}\begin{bmatrix}\hat{x}_1\\\hat{y}_1\\\hat{x}_2\\\hat{y}_2\end{bmatrix}-\begin{bmatrix}-0.555\,8\\0.614\,4\\2.209\,0\\-0.929\,3\end{bmatrix}=\boldsymbol{0}$$

法方程系数阵的逆阵及参数改正数(单位取决于常数项 $\boldsymbol{l}$ 的单位)为

$$\boldsymbol{Q}_{\hat{x}\hat{x}}=\boldsymbol{N}_{\mathrm{bb}}^{-1}=\begin{bmatrix}0.381\,6 & 0.168\,7 & 0.048\,2 & 0.110\,8\\0.168\,7 & 0.701\,8 & 0.138\,6 & 0.318\,5\\0.048\,2 & 0.138\,6 & 0.445\,2 & 0.164\,1\\0.110\,8 & 0.318\,5 & 0.164\,1 & 0.578\,0\end{bmatrix}$$

$$\hat{\boldsymbol{x}}=\boldsymbol{N}_{\mathrm{bb}}^{-1}U=\begin{bmatrix}\hat{x}_1\\\hat{y}_1\\\hat{x}_2\\\hat{y}_2\end{bmatrix}=\begin{bmatrix}-0.105\,0\\0.347\,4\\0.889\,2\\-0.040\,6\end{bmatrix}\text{dm}$$

(4) 待定点 P_1，P_2 的坐标平差值为

$$\left.\begin{aligned}\hat{X}_1 &= X_1^0 + \hat{x}_1 = 98\,403.159\ \text{m}\\ \hat{Y}_1 &= Y_1^0 + \hat{y}_1 = 15\,278.547\ \text{m}\end{aligned}\right\},\quad \left.\begin{aligned}\hat{X}_2 &= X_2^0 + \hat{x}_2 = 98\,683.512\ \text{m}\\ \hat{Y}_2 &= Y_2^0 + \hat{y}_2 = 16\,477.711\ \text{m}\end{aligned}\right\}$$

(5) 观测值改正数(单位取决于常数项 $\boldsymbol{l}$)及平差值为

$$\boldsymbol{V}=[-0.589\,9\quad -0.123\,2\quad -0.498\,2\quad -0.234\,2\quad -0.546\,1\quad 0.221\,1\quad -0.323\,8\quad 0.092\,5\quad 0.432\,1]^{\mathrm{T}}\ \text{dm}$$

$$\begin{aligned}&\hat{s}_1 = 1\,346.027\ \text{m} && \hat{s}_4 = 1\,119.012\ \text{m} && \hat{s}_7 = 1\,215.632\ \text{m}\\ &\hat{s}_2 = 1\,789.370\ \text{m} && \hat{s}_5 = 1\,643.435\ \text{m} && \hat{s}_8 = 1\,733.132\ \text{m}\\ &\hat{s}_3 = 1\,207.980\ \text{m} && \hat{s}_6 = 1\,231.154\ \text{m} && \hat{s}_9 = 1\,231.500\ \text{m}\end{aligned}$$

检核:由坐标平差值计算的边长值与边长平差值是相等的。

(6) 计算单位权中误差:

$$\hat{\sigma}_0 = \sqrt{\frac{\boldsymbol{V}^{\mathrm{T}}\boldsymbol{PV}}{n-t}} = \sqrt{\frac{1.313\,4}{5}} = 0.513\ \text{dm} = 5.13\ \text{cm}$$

(7) 计算待定点坐标中误差及点位误差:

$$\left.\begin{aligned}\hat{\sigma}_{\hat{X}_1} &= 5.13\times\sqrt{0.381\,6} = 3.17\ \text{cm}\\ \hat{\sigma}_{\hat{Y}_1} &= 5.13\times\sqrt{0.701\,8} = 4.30\ \text{cm}\end{aligned}\right\},\quad \left.\begin{aligned}\hat{\sigma}_{\hat{X}_2} &= 5.13\times\sqrt{0.445\,2} = 3.42\ \text{cm}\\ \hat{\sigma}_{\hat{Y}_2} &= 5.13\times\sqrt{0.578\,0} = 3.90\ \text{cm}\end{aligned}\right\}$$

$$\hat{\sigma}_{P_1} = \sqrt{3.17^2 + 4.30^2} = 5.34\ \text{cm},\ \hat{\sigma}_{P_2} = \sqrt{3.42^2 + 3.90^2} = 5.19\ \text{cm}$$

(8) P_1P_2 边的相对中误差。P_1P_2 边长平差值是参数平差值的函数,设为$\hat{F}$,即

$$\hat{F} = \sqrt{(\hat{X}_2 - \hat{X}_1)^2 + (\hat{Y}_2 - \hat{Y}_1)^2}$$

将 $\hat{F}$ 全微分(即 $\hat{s}_9$ 边的全微分式),得权函数式为

$$\mathrm{d}\hat{F} = -\frac{\Delta X_{12}^0}{s_{12}^0}\hat{x}_1 - \frac{\Delta Y_{12}^0}{s_{12}^0}\hat{y}_1 + \frac{\Delta X_{12}^0}{s_{12}^0}\hat{x}_2 + \frac{\Delta Y_{12}^0}{s_{12}^0}\hat{y}_2$$

由此得系数阵

$$\boldsymbol{f}^{\mathrm{T}} = \left[-\frac{\Delta X_{12}^0}{s_{12}^0}\quad -\frac{\Delta Y_{12}^0}{s_{12}^0}\quad \frac{\Delta X_{12}^0}{s_{12}^0}\quad \frac{\Delta Y_{12}^0}{s_{12}^0}\right] = [-0.227\,5\quad -0.973\,8\quad 0.227\,5\quad 0.973\,8]$$

按式(6-3-17),得协因数为

$$Q_{\hat{F}\hat{F}} = \boldsymbol{f}^{\mathrm{T}}\boldsymbol{Q}_{\hat{x}\hat{x}}\boldsymbol{f} = 0.684\,2$$

于是平差后,P_1P_2 边长中误差为

$$\hat{\sigma}_{\hat{F}} = \hat{\sigma}_0\sqrt{Q_{\hat{F}\hat{F}}} = 5.13\times\sqrt{0.684\,2} = 4.24\ \text{cm}$$

最后得 P_1P_2 边的相对中误差为

$$\frac{\hat{\sigma}_{\hat{F}}}{\hat{F}} = \frac{4.24}{123\,150} = \frac{1}{29\,000}$$

6.5 测角网坐标平差

在三角网中，以角度(或方向)为观测值的控制网，称为**测角网**。测角网坐标平差有两种情况：一种是按方向坐标平差；另一种是按角度坐标平差。本节主要讨论这两种方法。

6.5.1 按方向坐标平差

如图 6-8 所示，j 为测站点，k 为照准点，L_{jk} 为在 j 点上对 k 点的方向观测值。设 j，k 两点均为待定点，将其坐标平差值设为参数：

$$\left.\begin{array}{l}\hat{X}_j = X_j^0 + \hat{x}_j \\ \hat{Y}_j = Y_j^0 + \hat{y}_j\end{array}\right\},\quad \left.\begin{array}{l}\hat{X}_k = X_k^0 + \hat{x}_k \\ \hat{Y}_k = Y_k^0 + \hat{y}_k\end{array}\right\}$$

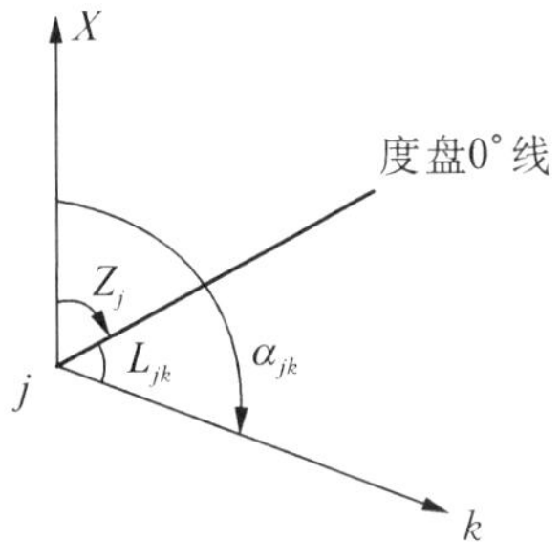

图 6-8

建立观测方程的原则，就是建立观测值的平差值与参数平差值之间的函数关系，再线性化后得到误差方程。现观测值 L_{jk} 是从水平度盘 0°线顺时针到 jk 方向的角值，它的大小取决于 0°线所在的位置，与 j，k 两点的坐标参数没有直接的函数关系，所以为建立观测方程，必须在测站点 j 上设一辅助参数——**定向角参数** $\hat{Z}_j$(度盘 0°线的方位角)，这时有观测方程：

$$\hat{Z}_j + \hat{L}_{jk} = \hat{\alpha}_{jk} = \arctan\frac{\hat{Y}_k - \hat{Y}_j}{\hat{X}_k - \hat{X}_j} \tag{6-5-1}$$

式中，$\hat{\alpha}_{jk}$ 为 jk 方向的方位角。式(6-5-1)整理后有

$$\hat{L}_{jk} = L_{jk} + v_{jk} = -\hat{Z}_j + \hat{\alpha}_{jk} \tag{6-5-2}$$

设定向角参数 $\hat{Z}_j = Z_j^0 + \hat{z}_j$，方位角 $\hat{\alpha}_{jk} = \alpha_{jk}^0 + \mathrm{d}\hat{\alpha}_{jk}$，由式(6-5-2)得 jk 方向的误差方程：

$$v_{jk} = -\hat{Z}_j + \hat{\alpha}_{jk} - L_{jk} = -\hat{z}_j + \mathrm{d}\hat{\alpha}_{jk} - l_{jk} \tag{6-5-3}$$

式中，$\mathrm{d}\hat{\alpha}_{jk}$ 称为坐标方位角改正数，它与坐标改正数 $\hat{x}_j$，$\hat{y}_j$，$\hat{x}_k$，$\hat{y}_k$ 之间的线性化关系如下：

$$\begin{aligned}\hat{\alpha}_{jk} &= \arctan\frac{\hat{Y}_k - \hat{Y}_j}{\hat{X}_k - \hat{X}_j} \\ &= \arctan\frac{Y_k^0 - Y_j^0}{X_k^0 - X_j^0} + \left(\frac{\partial\hat{\alpha}_{jk}}{\partial\hat{X}_j}\right)_0 \hat{x}_j + \left(\frac{\partial\hat{\alpha}_{jk}}{\partial\hat{Y}_j}\right)_0 \hat{y}_j + \left(\frac{\partial\hat{\alpha}_{jk}}{\partial\hat{X}_k}\right)_0 \hat{x}_k + \left(\frac{\partial\hat{\alpha}_{jk}}{\partial\hat{Y}_k}\right)_0 \hat{y}_k \\ &= \alpha_{jk}^0 + \mathrm{d}\hat{\alpha}_{jk}\end{aligned} \tag{6-5-4}$$

所以，

$$\mathrm{d}\hat{\alpha}_{jk} = \left(\frac{\partial\hat{\alpha}_{jk}}{\partial\hat{X}_j}\right)_0 \hat{x}_j + \left(\frac{\partial\hat{\alpha}_{jk}}{\partial\hat{Y}_j}\right)_0 \hat{y}_j + \left(\frac{\partial\hat{\alpha}_{jk}}{\partial\hat{X}_k}\right)_0 \hat{x}_k + \left(\frac{\partial\hat{\alpha}_{jk}}{\partial\hat{Y}_k}\right)_0 \hat{y}_k \tag{6-5-5}$$

参考第 5 章 5.6.1 节中式(5-6-5)—式(5-6-9)的推导，反正切函数式(6-5-1)线性化后求偏导的部分为

$$\mathrm{d}\hat{\alpha}_{jk}=a_{jk}\hat{x}_j+b_{jk}\hat{y}_j-a_{jk}\hat{x}_k-b_{jk}\hat{y}_k \tag{6-5-6}$$

只是在式(5-6-9)中,v_{x_i}, v_{y_i}, v_{x_j}, v_{y_j} 是观测值(坐标)的改正数,是 $\boldsymbol{V}$ 的属性;式(6-5-6)中,$\hat{x}_j$, $\hat{y}_j$, $\hat{x}_k$, $\hat{y}_k$ 是参数的改正数,是 $\hat{\boldsymbol{x}}$ 的属性。参照式(5-6-8),式(6-5-6)中的系数计算式为

$$a_{jk}=\frac{\rho''\sin\alpha_{jk}^0}{s_{jk}^0},\qquad b_{jk}=-\frac{\rho''\cos\alpha_{jk}^0}{s_{jk}^0} \tag{6-5-7}$$

将式(6-5-6)代入式(6-5-4),得 jk **方向观测值误差方程**为

$$v_{jk}=-\hat{z}_j+a_{jk}\hat{x}_j+b_{jk}\hat{y}_j-a_{jk}\hat{x}_k-b_{jk}\hat{y}_k-l_{jk} \tag{6-5-8}$$

式中,常数项为

$$l_{jk}=L_{jk}+Z_j^0-\alpha_{jk}^0 \tag{6-5-9}$$

其中,

$$\alpha_{jk}^0=\arctan\frac{Y_k^0-Y_j^0}{X_k^0-X_j^0} \tag{6-5-10}$$

Z_j^0(**定向角参数近似值**)的计算方法:若在测站点 j 上共观测了 n 个方向的方向值,则

$$Z_j^0=\frac{1}{n}[(\alpha_{j1}^0-L_{j1})+(\alpha_{j2}^0-L_{j2})+\cdots+(\alpha_{jn}^0-L_{jn})] \tag{6-5-11}$$

式中,α_{ji}^0 为在 j 点上测的第 i 个方向的方位角近似值,由 j, i 两点的近似坐标值代入式(6-5-10)算出;L_{ji} 为第 i 个方向上的方向观测值。

方向坐标平差的误差方程具有以下特点:

(1) 所设参数包括两类:坐标平差值参数和定向角参数。参数个数计算式:$t=$**测角网参数个数**$+$**设站点数** M,其中,“测角网参数个数”的计算可参阅第 6.4.1 节中有关测角网定参数个数的部分;“设站点”是指架设过仪器并对其他控制点进行过方向观测的测站点,包括设站的已知点和待定点。因为平差时每个设站点上都要设一个定向角参数。在各测站的误差方程中,只会出现本站的定向角参数,且其系数均为“-1”。

(2) 当 jk 方向的两端均为待定点时,其坐标平差值 $\hat{X}_j$ 与 $\hat{X}_k$, $\hat{Y}_j$ 与 $\hat{Y}_k$ 的系数的数值相等而符号相反[参考式(6-5-8)]。

(3) 方向观测值 L_{kj}(jk 方向的**对向观测值**)的误差方程[参考式(6-5-8)]为

$$v_{kj}=-\hat{z}_k+a_{kj}\hat{x}_k+b_{kj}\hat{y}_k-a_{kj}\hat{x}_j-b_{kj}\hat{y}_j-l_{kj} \tag{6-5-12}$$

式中,常数项为

$$l_{kj}=L_{kj}+Z_k^0-\alpha_{kj}^0 \tag{6-5-13}$$

由于

$$\left.\begin{aligned}a_{kj}&=\frac{\rho''\sin\alpha_{kj}^0}{s_{kj}^0}=\frac{\rho''\sin(\alpha_{jk}^0\pm180^\circ)}{s_{jk}^0}=-a_{jk}\\ b_{kj}&=-\frac{\rho''\cos\alpha_{kj}^0}{s_{kj}^0}=-\frac{\rho''\cos(\alpha_{jk}^0\pm180^\circ)}{s_{jk}^0}=-b_{jk}\end{aligned}\right\} \tag{6-5-14}$$

将式(6-5-14)代入式(6-5-12),得对向观测值 L_{kj} 方向的误差方程为

$$v_{kj}=-\hat{z}_k+a_{jk}\hat{x}_j+b_{jk}\hat{y}_j-a_{jk}\hat{x}_k-b_{jk}\hat{y}_k-l_{kj} \tag{6-5-15}$$

将式(6-5-15)与式(6-5-8)作比较,可以得到以下**结论**:对向观测的两个误差方程中,相同坐标平差值的系数完全一样,但定向角参数和常数项则完全不同,所以是两个不同的误差方程。

(4) 当测站点 j 为已知点时,有 $\hat{x}_j=\hat{y}_j=0$,则 jk 方向的误差方程为

$$v_{jk}=-\hat{z}_j-a_{jk}\hat{x}_k-b_{jk}\hat{y}_k-l_{jk} \tag{6-5-16}$$

当照准点 k 为已知点时,有 $\hat{x}_k=\hat{y}_k=0$,则 jk 方向的误差方程为

$$v_{jk}=-\hat{z}_j+a_{jk}\hat{x}_j+b_{jk}\hat{y}_j-l_{jk} \tag{6-5-17}$$

(5) 当测站点 j、照准点 k 均为已知点时,jk 方向的误差方程为

$$v_{jk}=-\hat{z}_j-l_{jk} \tag{6-5-18}$$

可见,在两端点的坐标都已知时,仍然是存在方向观测值的误差方程的,而且从式(6-5-16)和式(6-5-18)可知,已知点 j 上仍然是要设定向角参数 $\hat{Z}_j$ 的,所以测方向网计算参数个数时,设站点的个数必须包括设站的已知点在内。

[**例 6-7**] 在图 6-9 所示的三角网中,A, B, C 为已知点,P_1, P_2 为待定点,起算数据列于表 6-4,方向观测值列于表 6-5,试按间接平差,求待定点 P_1, P_2 的坐标平差值及其点位中误差。

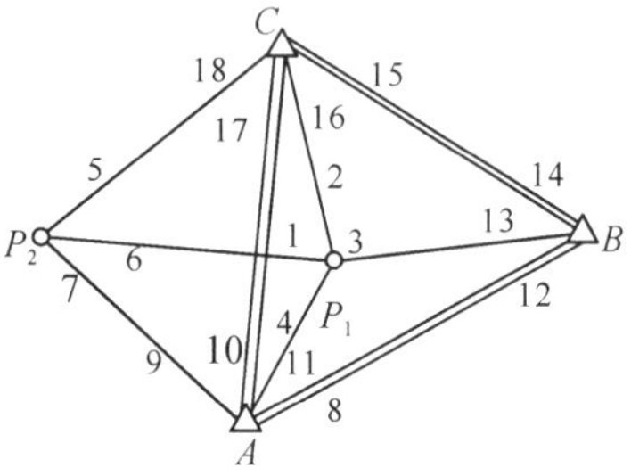

图 6-9

表 6-4

点名	坐标/m X	坐标/m Y	方位角/(°	′	″)	边长/m
A	5 074 743.471	−10 552.338	63	32	11.5	2 632.075
B	5 075 916.395	−8 196.055	327	54	01.0	2 366.421
C	5 077 921.048	−9 453.558				

表 6-5

测站	照准点		方向观测值/(°	′	″)	测站	照准点		方向观测值/(°	′	″)
P_1	P_2	1	0	00	00.0	A	B	8	0	00	00.0
	C	2	66	13	40.0		P_2	9	295	35	24.3
	B	3	159	41	19.4		C	10	315	32	18.1
	A	4	280	51	59.2		P_1	11	333	51	53.4
P_2	C	5	0	00	00.0	B	A	12	0	00	00.0
	P_1	6	76	28	16.2		P_1	13	32	41	15.4
	A	7	139	03	48.5		C	14	84	21	49.6
						C	B	15	0	00	00.0
							P_1	16	34	51	41.3
							A	17	51	10	27.6
							P_2	18	72	09	46.0

解　本题观测方向数为 18 个，即 $n=18$，参数个数 $=2$(点)$\times 2=4$，设站点数 $M=5$，所以参数总个数 $t=4+5=9$。将 P_1，P_2 点坐标平差值设为参数 $\hat{X}_1$，$\hat{Y}_1$，$\hat{X}_2$，$\hat{Y}_2$，定向角平差值为 $\hat{Z}_1$，$\hat{Z}_2$，$\hat{Z}_A$，$\hat{Z}_B$，$\hat{Z}_C$。

由于方向观测值是等权且相互独立的，所以观测值的权阵 $\boldsymbol{P}=\boldsymbol{I}$。

(1) 用前方交会公式计算待定点近似坐标。如图 6-10 所示，图中 A，B 为已知点，j 为待求坐标点，观测值为两个角度 L_1，L_2(可用方向观测值相减得到)。

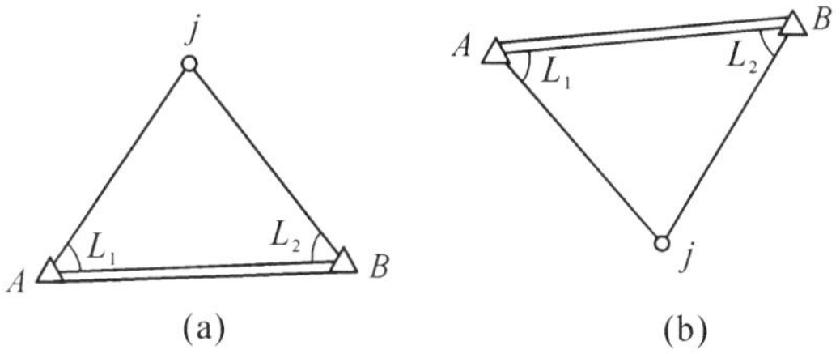

图 6-10

当已知点 A 到待定点 j 的方位角 $\alpha_{Aj}=\alpha_{AB}-L_1$ 时，即图 6-10(a)的情况，用前方交会法可得到 j 点的近似坐标值为

$$\left.\begin{aligned} X_j^0 &= \frac{X_A\cot L_2+X_B\cot L_1-Y_A+Y_B}{\cot L_1+\cot L_2} \\ Y_j^0 &= \frac{Y_A\cot L_2+Y_B\cot L_1+X_A-X_B}{\cot L_1+\cot L_2} \end{aligned}\right\} \tag{1}$$

当方位角 $\alpha_{Aj}=\alpha_{AB}+L_1$ 时，即图 6-10(b)的情况，可用下式得到 j 点的近似坐标值为

$$\left.\begin{aligned} X_j^0 &= \frac{X_A\cot L_2+X_B\cot L_1+Y_A-Y_B}{\cot L_1+\cot L_2} \\ Y_j^0 &= \frac{Y_A\cot L_2+Y_B\cot L_1-X_A+X_B}{\cot L_1+\cot L_2} \end{aligned}\right\} \tag{2}$$

因此，本例用式(1)计算得到 P_1，P_2 两点的近似坐标值为

$$\left.\begin{aligned} X_1^0 &= 5\,076\,063.298\ \text{m} \\ Y_1^0 &= -9\,543.183\ \text{m} \end{aligned}\right\},\qquad \left.\begin{aligned} X_2^0 &= 5\,076\,581.202\ \text{m} \\ Y_2^0 &= -10\,580.352\ \text{m} \end{aligned}\right\}$$

(2) 由已知点坐标和待定点近似坐标值计算各边的方位角近似值 α^0、边长近似值 s^0 和误差方程系数 a 和 b，结果列于表 6-6。

表 6-6

方向	ΔX^0/m	ΔY^0/m	近似边长 s^0/m	近似方位角 α^0/ (°	′	″)	a/ [(″)·dm^{-1}]	b/ [(″)·dm^{-1}]
P_1—P_2	517.904	−1 037.169	1 159.286	296	32	05.89	−15.922	−7.951
C	1 857.750	89.625	1 859.911	2	45	43.30	0.534	−11.077
B	−146.903	1 347.128	1 355.114	96	13	24.45	15.133	1.650
A	−1 319.827	−1 009.155	1 661.426	217	24	07.01	−7.543	9.865
P_2—C	1 339.846	1 126.794	1 750.672	40	03	48.32	7.582	−9.015
A	−1 837.731	28.014	1 837.944	179	07	35.98	0.171	11.221

表中，$$a=\frac{\rho''\sin\alpha^{0}}{10\times s^{0}}('')/\text{dm},\qquad b=-\frac{\rho''\cos\alpha^{0}}{10\times s^{0}}('')/\text{dm}$$

(3) 按式(6-5-11)计算定向角近似值 Z^{0}：

$$Z_{1}^{0}=296^{\circ}32'05.5'',\ Z_{2}^{0}=40^{\circ}03'48.50''$$
$$Z_{A}^{0}=63^{\circ}32'12.15'',\ Z_{B}^{0}=243^{\circ}32'10.63'',\ Z_{C}^{0}=147^{\circ}54'01.90''$$

根据式(6-5-13)，计算常数项 $\boldsymbol{l}$ 的值：

$$\boldsymbol{l}=[-0.400\quad 2.200\quad 0.500\quad -2.300\quad 0.200\quad -1.200\quad 1.000\quad 0.650\quad 0.450\quad 0.350\quad -1.450\quad -0.867\quad 1.633\quad -0.767\quad 0.900\quad -0.100\quad -0.400\quad -0.400]^{\mathrm{T}}('')$$

(4) 根据表 6-6 中系数 a，b 及常数项 $\boldsymbol{l}$ 的值，可按式(6-5-8)组成各方向的误差方程(其中，已知点的坐标改正数为 0，如 $\hat{x}_{A}=0$，$\hat{y}_{A}=0$)：

$$\left.\begin{aligned}
v_{1}&=-\hat{z}_{1}-15.922\,\hat{x}_{1}-7.951\,\hat{y}_{1}+15.922\,\hat{x}_{2}+7.951\,\hat{y}_{2}+0.400\\
v_{2}&=-\hat{z}_{1}+0.534\,\hat{x}_{1}-11.077\,\hat{y}_{1}-2.200\\
v_{3}&=-\hat{z}_{1}+15.133\,\hat{x}_{1}+1.650\,\hat{y}_{1}-0.500\\
v_{4}&=-\hat{z}_{1}-7.543\,\hat{x}_{1}+9.865\,\hat{y}_{1}+2.300\\
v_{5}&=-\hat{z}_{2}+7.582\,\hat{x}_{2}-9.015\,\hat{y}_{2}-0.200\\
v_{6}&=-\hat{z}_{2}-15.922\,\hat{x}_{1}-7.951\,\hat{y}_{1}+15.922\,\hat{x}_{2}+7.951\,\hat{y}_{2}+1.200\\
v_{7}&=-\hat{z}_{2}+0.171\,\hat{x}_{2}+11.221\,\hat{y}_{2}-1.000\\
v_{8}&=-\hat{z}_{A}-0.650\\
v_{9}&=-\hat{z}_{A}+0.171\,\hat{x}_{2}+11.221\,\hat{y}_{2}-0.450\\
v_{10}&=-\hat{z}_{A}-0.350\\
v_{11}&=-\hat{z}_{A}-7.543\,\hat{x}_{1}+9.685\,\hat{y}_{1}+1.450\\
v_{12}&=-\hat{z}_{B}+0.867\\
v_{13}&=-\hat{z}_{B}+15.133\,\hat{x}_{1}+1.650\,\hat{y}_{1}-1.633\\
v_{14}&=-\hat{z}_{B}+0.767\\
v_{15}&=-\hat{z}_{C}-0.900\\
v_{16}&=-\hat{z}_{C}+0.534\,\hat{x}_{1}-11.077\,\hat{y}_{1}+0.100\\
v_{17}&=-\hat{z}_{C}+0.400\\
v_{18}&=-\hat{z}_{C}+7.582\,\hat{x}_{2}-9.015\,\hat{y}_{2}+0.400
\end{aligned}\right\}$$

以上误差方程可证明，对向观测的误差方程(如 v_{1} 和 v_{6})参数改正数及其系数部分是完全相同的。

(5) 法方程系数阵及参数的协因数阵为

$$\boldsymbol{N}_{\mathrm{bb}}=\begin{bmatrix}
0.0040 & 0.0000 & 0.0000 & 0.0000 & 0.0000 & 0.0078 & 0.0075 & -0.0159 & -0.0080\\
0.0000 & 0.0030 & 0.0000 & 0.0000 & 0.0000 & 0.0159 & 0.0080 & -0.0237 & -0.0102\\
0.0000 & 0.0000 & 0.0040 & 0.0000 & 0.0000 & 0.0075 & -0.0099 & -0.0002 & -0.0112\\
0.0000 & 0.0000 & 0.0000 & 0.0030 & 0.0000 & -0.0151 & -0.0017 & 0.0000 & 0.0000\\
0.0000 & 0.0000 & 0.0000 & 0.0000 & 0.0040 & -0.0005 & 0.0111 & -0.0076 & 0.0090\\
0.0078 & 0.0159 & 0.0075 & -0.0151 & -0.0005 & 1.0794 & 0.1425 & -0.5070 & -0.2532\\
0.0075 & 0.0080 & -0.0099 & -0.0017 & 0.0111 & 0.1425 & 0.5719 & -0.2532 & -0.1264\\
-0.0159 & -0.0237 & -0.0002 & 0.0000 & -0.0076 & -0.5070 & -0.2532 & 0.6221 & 0.1203\\
-0.0080 & -0.0102 & -0.0112 & 0.0000 & 0.0090 & -0.2532 & -0.1264 & 0.1203 & 0.5408
\end{bmatrix}\times 10^{3}$$

$$
N_{bb}^{-1}=\begin{bmatrix}
0.3143 & 0.1182 & 0.0114 & 0.0271 & 0.0141 & 0.0052 & 0.0015 & 0.0164 & 0.0060\\
0.1182 & 0.5565 & 0.0277 & 0.0399 & 0.0226 & 0.0074 & 0.0048 & 0.0305 & 0.0102\\
0.0114 & 0.0277 & 0.2961 & 0.0016 & -0.0386 & -0.0006 & 0.0084 & 0.0022 & 0.0087\\
0.0271 & 0.0399 & 0.0016 & 0.3889 & 0.0035 & 0.0106 & 0.0036 & 0.0115 & 0.0044\\
0.0141 & 0.0226 & -0.0386 & 0.0035 & 0.2931 & 0.0014 & -0.0067 & 0.0046 & -0.0070\\
0.0052 & 0.0074 & -0.0006 & 0.0106 & 0.0014 & 0.0021 & 0.0004 & 0.0021 & 0.0008\\
0.0015 & 0.0048 & 0.0084 & 0.0036 & -0.0067 & 0.0004 & 0.0027 & 0.0014 & 0.0009\\
0.0164 & 0.0305 & 0.0022 & 0.0115 & 0.0046 & 0.0021 & 0.0014 & 0.0054 & 0.0009\\
0.0060 & 0.0102 & 0.0087 & 0.0044 & -0.0070 & 0.0008 & 0.0009 & 0.0009 & 0.0028
\end{bmatrix}
$$

(6) 参数平差值计算($\hat{x}$ 的单位,由计算系数 a, b 时的分母 s^0 取的长度单位决定)。

$$
\begin{aligned}
\hat{x} &= N_{bb}^{-1}U \\
&= [\hat{z}_1 \quad \hat{z}_2 \quad \hat{z}_A \quad \hat{z}_B \quad \hat{z}_C \quad \hat{x}_1 \quad \hat{y}_1 \quad \hat{x}_2 \quad \hat{y}_2]^T \\
&= [-0.0202'' \quad -0.3264'' \quad -0.4325'' \quad 0.4833'' \quad 0.2598'' \\
&\qquad 0.1080\ \text{dm} \quad -0.1125\ \text{dm} \quad -0.0140\ \text{dm} \quad 0.0176\ \text{dm}]^T
\end{aligned}
$$

坐标平差值为

$$
\left.\begin{aligned}
\hat{X}_1 &= X_1^0 + \hat{x}_1 = 5\,076\,063.308\,8\ \text{m} \\
\hat{Y}_1 &= Y_1^0 + \hat{y}_1 = -9\,543.194\,3\ \text{m}
\end{aligned}\right\}
$$

$$
\left.\begin{aligned}
\hat{X}_2 &= X_2^0 + \hat{x}_2 = 5\,076\,581.200\,6\ \text{m} \\
\hat{Y}_2 &= Y_2^0 + \hat{y}_2 = -10\,580.350\,2\ \text{m}
\end{aligned}\right\}
$$

观测值改正数向量为

$$
\begin{aligned}
V = [&-0.49 \quad -0.88 \quad 0.97 \quad 0.40 \quad -0.14 \quad 0.62 \quad -0.48 \quad -0.22 \quad 0.18 \\
&0.08 \quad -0.04 \quad 0.38 \quad -0.67 \quad 0.28 \quad -1.16 \quad 1.14 \quad 0.14 \quad -0.12]^T('')
\end{aligned}
$$

(7) 精度评定。

单位权中误差估值为

$$
\hat{\sigma}_0 = \sqrt{\frac{6.1811}{18-9}} = 0.83''
$$

待定点点位精度计算:

$$
\left.\begin{aligned}
\hat{\sigma}_{\hat{X}_1} &= 0.83 \times \sqrt{0.0021} = 0.38\ \text{cm} \\
\hat{\sigma}_{\hat{Y}_1} &= 0.83 \times \sqrt{0.0027} = 0.43\ \text{cm}
\end{aligned}\right\},\quad
\left.\begin{aligned}
\hat{\sigma}_{\hat{X}_2} &= 0.83 \times \sqrt{0.0054} = 0.61\ \text{cm} \\
\hat{\sigma}_{\hat{Y}_2} &= 0.83 \times \sqrt{0.0028} = 0.44\ \text{cm}
\end{aligned}\right\}
$$

$$
\hat{\sigma}_{P_1} = \sqrt{0.38^2 + 0.43^2} = 0.57\ \text{cm},\quad \hat{\sigma}_{P_2} = \sqrt{0.61^2 + 0.44^2} = 0.75\ \text{cm}
$$

6.5.2 按角度坐标平差

当控制网中的观测值为水平角,并将待定点的坐标平差值设为参数时,称为**按角度坐标平差**。如图 6-11 所示,角度观测值 L_i 其实是由两个方向观测值之差构成。设 h, j, k 三点均为待定点,将它们的坐标平差值都设为参数:

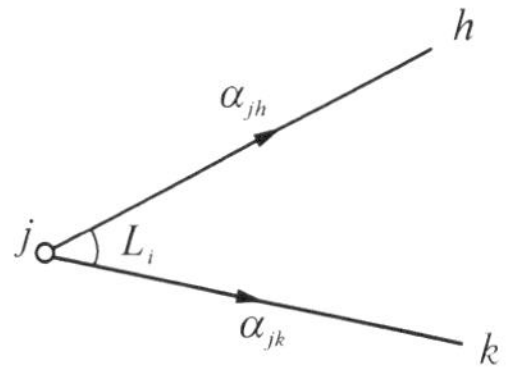

图 6-11

$$\left.\begin{array}{l}\hat{X}_h = X_h^0 + \hat{x}_h \\ \hat{Y}_h = Y_h^0 + \hat{y}_h\end{array}\right\},\ \left.\begin{array}{l}\hat{X}_j = X_j^0 + \hat{x}_j \\ \hat{Y}_j = Y_j^0 + \hat{y}_j\end{array}\right\},\ \left.\begin{array}{l}\hat{X}_k = X_k^0 + \hat{x}_k \\ \hat{Y}_k = Y_k^0 + \hat{y}_k\end{array}\right\} \tag{6-5-19}$$

从图 6－11 可得出观测方程：

$$L_i + v_i = \hat{\alpha}_{jk} - \hat{\alpha}_{jh} = \arctan\frac{\hat{Y}_k - \hat{Y}_j}{\hat{X}_k - \hat{X}_j} - \arctan\frac{\hat{Y}_h - \hat{Y}_j}{\hat{X}_h - \hat{X}_j} \tag{6-5-20}$$

根据式(6－5－4)，得角度坐标误差方程为

$$v_i = \mathrm{d}\hat{\alpha}_{jk} - \mathrm{d}\hat{\alpha}_{jh} - l_i \tag{6-5-21}$$

由式(6－5－6)可以得到误差方程式(6－5－21)中两个方向的坐标方位角改正数 $\mathrm{d}\hat{\alpha}_{jk}$，$\mathrm{d}\hat{\alpha}_{jh}$ 的计算式，再将计算式代入式(6－5－21)，得到**角度误差方程**：

$$v_i = (a_{jk} - a_{jh})\hat{x}_j + (b_{jk} - b_{jh})\hat{y}_j - a_{jk}\hat{x}_k - b_{jk}\hat{y}_k + a_{jh}\hat{x}_h + b_{jh}\hat{y}_h - l_i \tag{6-5-22}$$

由式(6－5－20)、式(6－5－4)及式(6－5－21)，得角度误差方程常数项为

$$l_i = L_i - (\alpha_{jk}^0 - \alpha_{jh}^0) \tag{6-5-23}$$

角度误差方程与方向误差方程相比，有两个特点：一是不含定向角参数；二是在一个误差方程中，可能含有三对坐标平差值。

［**例 6－8**］ 将［例 6－7］的方向观测值改算成角度观测值，如图 6－12 所示，试进行角度坐标间接平差，求待定点 P_1，P_2 的坐标平差值及其点位中误差。已知数据与表 6－4 相同。角度观测值列于表 6－7。设角度观测值相互独立且等权，即权阵 $\boldsymbol{P} = \boldsymbol{I}$。

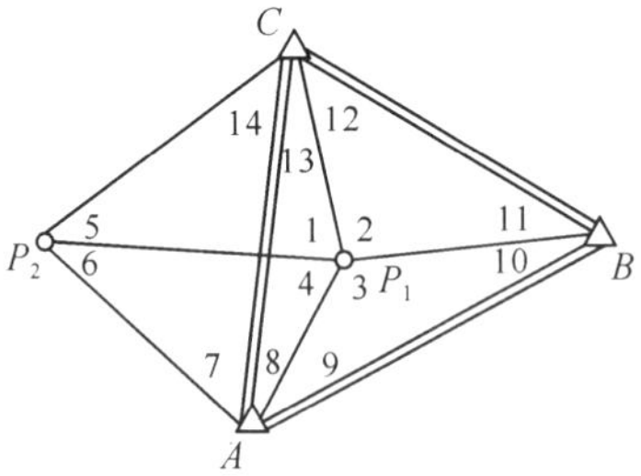

图 6－12

表 6－7

角号	观测值/(°	′	″)	角号	观测值/(°	′	″)	角号	观测值/(°	′	″)
1	66	13	40.0	6	62	35	32.3	11	51	40	34.2
2	93	27	39.4	7	19	56	53.8	12	34	51	41.3
3	121	10	39.8	8	18	19	35.3	13	16	18	46.3
4	79	08	00.8	9	26	08	06.6	14	20	59	18.4
5	76	28	16.2	10	32	41	15.4				

解 参数近似值的计算方法与［例 6－7］相同，在此就不再列出。同样，将网中待定点 P_1，P_2 的坐标平差值 $\hat{X}_1$，$\hat{Y}_1$，$\hat{X}_2$，$\hat{Y}_2$ 设为参数。

(1) 根据式(6－5－22)，列出角度误差方程。其中已知点的坐标改正数为 0，如 $\hat{x}_A = 0$，$\hat{y}_A = 0$。P_1，P_2 点的坐标改正数用$(\hat{x}_1, \hat{y}_1)$，$(\hat{x}_2, \hat{y}_2)$表示。

参数的系数值 a_{jk}，b_{jk} 由式(6－5－7)计算，该式中的方位角和边长近似值 α_{jk}^0 和 s_{jk}^0，由各

点已知坐标和近似坐标算得,因这部分工作已在[例 6-7]中做过,所以可在表 6-6 中直接取得 a_{jk},b_{jk} 的值。再考虑 $a_{jk}=-a_{kj}$,$b_{jk}=-b_{kj}$,可得角度误差方程为

$$
\left.\begin{aligned}
v_1 &= 16.456\hat{x}_1-3.126\hat{y}_1-15.922\hat{x}_2-7.951\hat{y}_2-2.59''\\
v_2 &= 14.599\hat{x}_1+12.727\hat{y}_1+1.75\\
v_3 &= -22.676\hat{x}_1+8.215\hat{y}_1+2.76\\
v_4 &= -8.379\hat{x}_1-17.816\hat{y}_1+15.922\hat{x}_2+7.951\hat{y}_2-1.92\\
v_5 &= -15.922\hat{x}_1-7.951\hat{y}_1+8.340\hat{x}_2+16.966\hat{y}_2+1.37\\
v_6 &= 15.922\hat{x}_1+7.951\hat{y}_1-15.751\hat{x}_2+3.270\hat{y}_2-2.21\\
v_7 &= -0.171\hat{x}_2-11.221\hat{y}_2+0.09\\
v_8 &= -7.543\hat{x}_1+9.865\hat{y}_1+1.84\\
v_9 &= 7.543\hat{x}_1-9.865\hat{y}_1-2.11\\
v_{10} &= 15.133\hat{x}_1+1.650\hat{y}_1-2.45\\
v_{11} &= -15.133\hat{x}_1-1.650\hat{y}_1+2.35\\
v_{12} &= 0.534\hat{x}_1-11.077\hat{y}_1+1.00\\
v_{13} &= -0.534\hat{x}_1+11.077\hat{y}_1+0.27\\
v_{14} &= 7.582\hat{x}_2-9.015\hat{y}_2+0.05
\end{aligned}\right\}
$$

(2) 法方程及其参数的协因数阵为

$$
\begin{bmatrix}
2.1477 & 0.2398 & -0.7790 & -0.4144\\
0.2398 & 1.1286 & -0.4254 & -0.2257\\
-0.7790 & -0.4254 & 0.8822 & 0.2767\\
-0.4144 & -0.2257 & 0.2767 & 0.6322
\end{bmatrix}\times 10^3\times\begin{bmatrix}\hat{x}_1\\ \hat{y}_1\\ \hat{x}_2\\ \hat{y}_2\end{bmatrix}-\begin{bmatrix}222.6151\\ -81.7447\\ -57.2670\\ -19.8833\end{bmatrix}=\mathbf{0}
$$

$$
\boldsymbol{N}_{bb}^{-1}=\begin{bmatrix}
0.7266 & 0.1319 & 0.6267 & 0.2504\\
0.1319 & 1.1255 & 0.5866 & 0.2318\\
0.6267 & 0.5866 & 2.0575 & -0.2794\\
0.2504 & 0.2318 & -0.2794 & 1.9515
\end{bmatrix}\times 10^{-3}
$$

(3) 参数平差值计算($\hat{x}$ 的单位,由计算系数 a,b 时的分母 s^0 取的长度单位决定)。

$$
\begin{aligned}
\hat{\boldsymbol{x}} &= \boldsymbol{N}_{bb}^{-1}\boldsymbol{U}=[\hat{x}_1\quad \hat{y}_1\quad \hat{x}_2\quad \hat{y}_2]^{\mathrm{T}}\\
&= [0.1101\quad -0.1008\quad -0.0207\quad 0.0140]^{\mathrm{T}}\ \mathrm{dm}
\end{aligned}
$$

坐标平差值为

$$
\left.\begin{aligned}
\hat{X}_1 &= X_1^0+\hat{x}_1=5\,076\,063.3090\ \mathrm{m}\\
\hat{Y}_1 &= Y_1^0+\hat{y}_1=-9\,543.1931\ \mathrm{m}
\end{aligned}\right\}
$$

$$
\left.\begin{aligned}
\hat{X}_2 &= X_2^0+\hat{x}_2=5\,076\,581.1999\ \mathrm{m}\\
\hat{Y}_2 &= Y_2^0+\hat{y}_2=-10\,580.3506\ \mathrm{m}
\end{aligned}\right\}
$$

角度观测值改正数及平差值列于表 6-8 中。

表 6-8

角号	改正数(″)	平差值/(°	′	″)	角号	改正数(″)	平差值/(°	′	″)	角号	改正数(″)	平差值/(°	′	″)
1	−0.24	66	13	39.76	6	−0.89	62	35	31.41	11	0.85	51	40	35.05
2	2.07	93	27	41.47	7	−0.06	19	56	53.74	12	2.18	34	51	43.48
3	−0.57	121	10	39.24	8	0.01	18	19	35.31	13	−0.91	16	18	45.39
4	−1.26	79	07	59.54	9	−0.28	26	08	06.32	14	−0.23	20	59	18.17
5	0.48	76	28	16.68	10	−0.95	32	41	14.45					

(4) 精度评定。

单位权中误差估值为

$$\hat{\sigma}_0=\sqrt{\frac{\boldsymbol{V}^{\mathrm{T}}\boldsymbol{P}\boldsymbol{V}}{r}}=\sqrt{\frac{14.62}{14-4}}=1.21''$$

待定点点位误差：

$$\left.\begin{aligned}\hat{\sigma}_{\hat{X}_1}&=1.21\times\sqrt{0.7266\times10^{-3}}=0.32\ \mathrm{cm}\\ \hat{\sigma}_{\hat{Y}_1}&=1.21\times\sqrt{1.1255\times10^{-3}}=0.41\ \mathrm{cm}\end{aligned}\right\},\quad \left.\begin{aligned}\hat{\sigma}_{\hat{X}_2}&=1.21\times\sqrt{2.0575\times10^{-3}}=0.55\ \mathrm{cm}\\ \hat{\sigma}_{\hat{Y}_2}&=1.21\times\sqrt{1.9515\times10^{-3}}=0.53\ \mathrm{cm}\end{aligned}\right\}$$

$$\hat{\sigma}_{P_1}=\sqrt{0.32^2+0.41^2}=0.52\ \mathrm{cm},\quad \hat{\sigma}_{P_2}=\sqrt{0.55^2+0.53^2}=0.76\ \mathrm{cm}$$

分析[例 6-7]、[例 6-8]两例的平差情况，可以看出，同样的方向观测数据用不同的方法(按方向独立观测值及按角度独立观测值)进行平差，得到的参数(P_1，P_2 点的坐标平差值)是有差异的。那么哪种结果更准确呢？由于方向观测值之间一般情况下确实是相互独立的，所以按方向独立平差法(即[例 6-7])得到的平差结果更准确。而角度观测值都是用方向观测值相减得到的，当一个测站点上的观测方向是两个以上时，同一测站上的水平角之间实际上是不独立的，[例 3-5]可以说明这个问题。所以如果按角度平差，且将各角值之间视为等权独立，是一种近似的定权方法，得到的平差结果是不严密的，故与[例 6-7]相比，[例 6-8]的平差结果是不严密的。在要求不是很高的情况下，测角网可以采用[例 6-8]的平差方法。

但同时也看到，按角度观测值平差有其优越性：①与按方向观测值平差相比，其观测值数量 n(即误差方程个数)减少；②不必设立定向角参数，这样参数个数 t 也减少，使平差变得简洁。因此，在精度要求比较高的测角网平差中，可采用角度观测值平差，但观测值的权使用**相关权阵**(将在 6.5.3 节介绍)，这样的平差方法称为**相关间接平差**，平差的过程和平差公式与常用的完全相同，只是使用的观测值权阵 $\boldsymbol{P}$ 不再是对角矩阵。使用相关间接平差法既可以得到按角度观测值平差带来的简洁，又可以得到按方向观测值平差的严密平差效果。

6.5.3 相关权阵的构成

图 6-13 是一个以方向为观测值的中点三边形。图中方向观测值编号为 1～12，用 L_1～L_{12}表示，用这 12 个方向值计算得到的水平角观测值在图中编号为①～⑧，用符号 α_1～α_8 表示。如图 α_1 和 α_2 两个角，计算时都用到了观测方向值 L_2，所以 α_1 和 α_2 两个角值之间是统计相关的。现参考[例 3-5]的计算结果，得到 α_1 与 α_2 之间的方差阵为

$$\begin{bmatrix}\sigma_{\alpha_1}^2 & \sigma_{\alpha_1\alpha_2}\\ \sigma_{\alpha_1\alpha_2} & \sigma_{\alpha_2}^2\end{bmatrix}=\begin{bmatrix}2 & -1\\ -1 & 2\end{bmatrix}\sigma^2 \tag{6-5-24}$$

式中，σ 为方向观测值的中误差。如果设单位权中误差也是 σ，则 α_1，α_2 的协因数阵为

$$\begin{bmatrix} Q_{\alpha_1} & Q_{\alpha_1\alpha_2} \\ Q_{\alpha_1\alpha_2} & Q_{\alpha_2} \end{bmatrix} = \begin{bmatrix} 2 & -1 \\ -1 & 2 \end{bmatrix} \tag{6-5-25}$$

其权阵为

$$\underset{2\times2}{\boldsymbol{P}_\alpha} = \begin{bmatrix} Q_{\alpha_1} & Q_{\alpha_1\alpha_2} \\ Q_{\alpha_1\alpha_2} & Q_{\alpha_2} \end{bmatrix}^{-1} = \frac{1}{3}\begin{bmatrix} 2 & 1 \\ 1 & 2 \end{bmatrix} \tag{6-5-26}$$

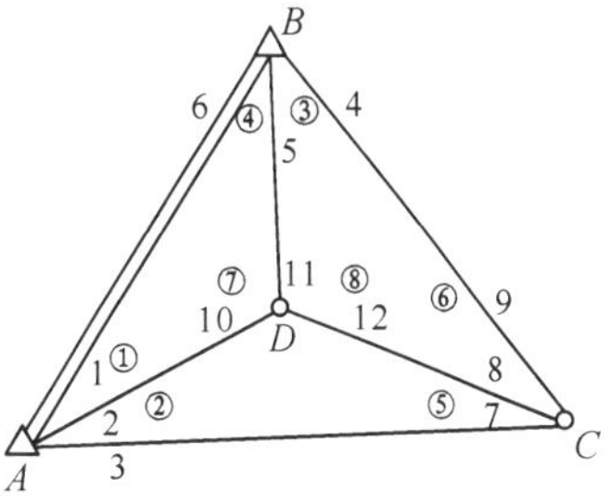

图 6-13

同理，α_3 与 α_4，α_5 与 α_6 的协因数阵及权阵也分别与式(6-5-25)和式(6-5-26)相同。

在图 6-13 的中点三边形的中点 D 上，观测了三个方向，应该产生三个角值，但现在只设了两个角 α_7 和 α_8，其原因是如果设$\angle ADC$ 为第 9 个角 α_9，参照[例 3-5]，有角度和方向的线性函数关系：

$$\boldsymbol{\alpha}' = \begin{bmatrix} \alpha_7 \\ \alpha_8 \\ \alpha_9 \end{bmatrix} = \begin{bmatrix} -1 & 1 & 0 \\ 0 & -1 & 1 \\ -1 & 0 & 1 \end{bmatrix} \begin{bmatrix} L_{10} \\ L_{11} \\ L_{12} \end{bmatrix}$$

式中，三个方向是独立等精度观测值，其协因数阵是单位阵，所以用协因数传播律得

$$\boldsymbol{Q}_{\alpha'\alpha'} = \begin{bmatrix} -1 & 1 & 0 \\ 0 & -1 & 1 \\ -1 & 0 & 1 \end{bmatrix} \begin{bmatrix} 1 & & \\ & 1 & \\ & & 1 \end{bmatrix} \begin{bmatrix} -1 & 0 & -1 \\ 1 & -1 & 0 \\ 0 & 1 & 1 \end{bmatrix} = \begin{bmatrix} 2 & -1 & -1 \\ -1 & 2 & -1 \\ -1 & -1 & 2 \end{bmatrix}$$

矩阵 $\boldsymbol{Q}_{\alpha'\alpha'}$ 的行列式的值为 $|\boldsymbol{Q}_{\alpha'\alpha'}| = 0$，即矩阵 $\boldsymbol{Q}_{\alpha'\alpha'}$ 是一个秩亏阵，秩亏数为 1，这样就无法利用 $\boldsymbol{Q}_{\alpha'\alpha'}$ 来求这三个角之间的相关权阵。

所以用相关权平差时，中点多边形的外围若有 S 条边，则中点处只须取其中任意 $(S-1)$ 个中心角参与平差即可。因此，D 点上只能设两个角 α_7 和 α_8，其协因数阵同式(6-5-25)。

图 6-13 的测角网若按相关权平差，角度观测值只有 8 个，$n=8$，且同一测站上观测的角值之间是相关的，不同测站点观测的角值之间是相互独立的。而若不考虑角度相关因素，将角值看成是等权独立时，应该看成有 9 个角度观测值，$n=9$，其权阵 $\boldsymbol{P} = \boldsymbol{I}_9$。

角度观测值按它们的编号顺序排列，其相关协因数阵及相关权阵分别为

$$\boldsymbol{Q} = \begin{bmatrix} 2 & -1 & & & & & & \\ -1 & 2 & & & & & & \\ & & 2 & -1 & & & & \\ & & -1 & 2 & & & & \\ & & & & 2 & -1 & & \\ & & & & -1 & 2 & & \\ & & & & & & 2 & -1 \\ & & & & & & -1 & 2 \end{bmatrix}, \boldsymbol{P} = \boldsymbol{Q}^{-1} = \frac{1}{3}\begin{bmatrix} 2 & 1 & & & & & & \\ 1 & 2 & & & & & & \\ & & 2 & 1 & & & & \\ & & 1 & 2 & & & & \\ & & & & 2 & 1 & & \\ & & & & 1 & 2 & & \\ & & & & & & 2 & 1 \\ & & & & & & 1 & 2 \end{bmatrix} \tag{6-5-27}$$

求相关权阵时应注意:

(1) 在[例 3-13]中曾说明,只能在协因数阵上进行分割或聚集,所以首先应该把所有观测角的相关协因数阵按角度编号顺序放入同一个矩阵——观测值的相关协因数阵 $\boldsymbol{Q}$ 中,然后再求其逆阵(相关权阵 $\boldsymbol{P}$)。

(2) 因相关协因数阵的形式是矩阵主对角线上存在一些相互独立的子矩阵块,所以求权阵时只需将各子矩阵的逆阵求出并分别填入即可,它和矩阵整体求逆的效果是一样的。

(3) 如果相关权阵是作为验前权阵(平差前的权阵),它们的公共因子——矩阵前面的系数[如式(6-5-27)中的"$\frac{1}{3}$"]可以去掉,这并不会影响平差结果。但是平差后得到的任何协因数阵都不能去掉任何公共系数,去掉的话就意味着平差结果精度的改变。

[**例 6-9**] 试用相关权平差的方法,对[例 6-8]进行间接平差。

解 如图 6-12 所示,在测站 B 点和测站 P_2 点上,都只观测了三个方向,其构成的两个角度值之间的互协因数阵与式(6-5-25)相同,此题中用 $\boldsymbol{Q}_2$ 表示;而在 A, C, P_1 三点上,都观测了四个方向,构成三个角度(P_1 点是中点四边形 $ABCP_2$ 的中点,只能设立三个中心角观测值),参照[例 3-5]的算法,得到三个角值之间的互协因数阵为

$$\boldsymbol{Q}_3=\begin{bmatrix}2&-1&0\\-1&2&-1\\0&-1&2\end{bmatrix}$$

该题的角度观测值是 13 个,图 6-12 中的$\angle 4$ 在本题中没有设置,为能借用[例 6-8]的测角误差方程,要将其中第四个有关 v_4 的误差方程剔除,不参与平差,于是剩下的 13 个观测值的协因数阵为

$$\boldsymbol{Q}=\begin{bmatrix}
2&-1&&&&&&&&&&&\\
-1&2&-1&&&&&&&&&&\\
&-1&2&&&&&&&&&&\\
&&&2&-1&&&&&&&&\\
&&&-1&2&&&&&&&&\\
&&&&&2&-1&&&&&&\\
&&&&&-1&2&-1&&&&&\\
&&&&&&-1&2&&&&&\\
&&&&&&&&2&-1&&&\\
&&&&&&&&-1&2&&&\\
&&&&&&&&&&2&-1&\\
&&&&&&&&&&-1&2&-1\\
&&&&&&&&&&&-1&2
\end{bmatrix}$$

在上面矩阵中可以很明显地看到:五组角度值(L_1, L_2, L_3),(L_5, L_6),(L_7, L_8, L_9),(L_{10}, L_{11})和(L_{12}, L_{13}, L_{14}),它们组内各角是相关的,而组与组之间(或称块与块之间)是相互独立的。将该协因数阵求逆,就可得到相关间接平差所需的观测值的相关权阵 $\boldsymbol{P}$。

平差后得参数协因数阵为

$$Q_{\hat{x}\hat{x}} = N_{bb}^{-1} = \begin{bmatrix} 2.0612 & 0.4235 & 2.1358 & 0.7683 \\ 0.4235 & 2.6584 & 1.3930 & 0.9074 \\ 2.1358 & 1.3930 & 5.3761 & 0.9134 \\ 0.7683 & 0.9074 & 0.9134 & 2.7930 \end{bmatrix} \times 10^{-3}$$

参数改正数为

$$[\hat{x}_1 \quad \hat{y}_1 \quad \hat{x}_2 \quad \hat{y}_2]^{\mathrm{T}} = [0.1058 \quad -0.1137 \quad -0.0164 \quad 0.0187]^{\mathrm{T}} \text{ dm}$$

$$v = [-0.38 \quad 1.85 \quad -0.57 \quad 0.77 \quad -1.11 \quad -0.12 \quad -0.08 \quad -0.19 \quad -1.04 \quad 0.94 \quad 2.31 \quad -1.05 \quad -0.24]''^{\mathrm{T}}$$

单位权中误差估值及点位精度估值分别为

$$\hat{\sigma}_0 = \sqrt{\frac{V^{\mathrm{T}}PV}{n-t}} = \sqrt{\frac{6.03}{13-4}} = 0.82''$$

$$\hat{\sigma}_{P_1} = \sqrt{0.37^2 + 0.42^2} = 0.56 \text{ cm}, \hat{\sigma}_{P_2} = \sqrt{0.60^2 + 0.43^2} = 0.74 \text{ cm}$$

比较后可知，相关权阵法平差的结果，无论是单位权中误差估值 $\hat{\sigma}_0$，还是参数改正数估值 $\hat{x}$，都更加接近按方向观测值平差的结果。

6.6 边角网坐标平差

边长和角度(或者方向值)都是观测值，并且由连续三角形组成的控制网称为边角网。可将导线网作为边角网的一种特殊形式。边角网平差时参数也设为待定点的坐标平差值，而且其角度(方向)观测值的误差方程与测角网相同，边长观测值的误差方程与测边网相同。由于边角网中有两类观测值，所以处理观测值的权的问题时要特别注意，这个问题在第 5.5.2 节中已进行了介绍，在下面的例题计算中也会涉及。

6.6.1 边角网间接平差示例

[例 6-10] 图 6-14 是一个单三角形边角网，观测了三个内角 L_1，L_2，L_3 和两条边长 s_1，s_2，观测值及观测精度如下：

$$L_1 = 40°23'17.8'', \sigma_{L_1} = 1.2''$$
$$L_2 = 93°59'58.7'', \sigma_{L_2} = 1.2''$$
$$L_3 = 45°36'39.1'', \sigma_{L_3} = 1.2''$$
$$s_1 = 1\,786.372 \text{ m}, \sigma_{s_1} = 1.1 \text{ cm}$$
$$s_2 = 2\,493.721 \text{ m}, \sigma_{s_2} = 1.6 \text{ cm}$$

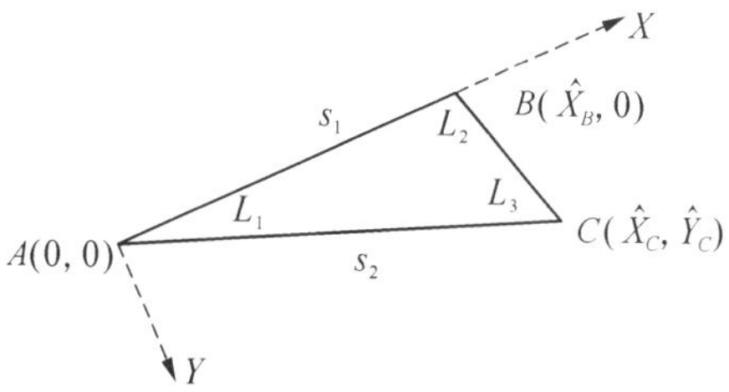

图 6-14

试按间接平差法，求出 A，B，C 三点坐标的最或然值及单位权中误差估值。

解 从 5.4.1 节可知，边角网的必要起算数据为：已知一点坐标及一条边的方位角，即 $d=3$。该题中未给任何已知数据，所以可以假设 A 点为坐标原点、AB 方向为 X 轴方向[即假设 A 点坐标及 AB 方向为已知(且 $\alpha_{AB}=0°$)，作为起算数据使用]。

本题观测值个数 $n=2+3=5$，有 5 个误差方程，其中 2 个是边误差方程，3 个是角误差方程。去掉设为已知数据的 A 点坐标和 AB 方向后，此题的必要观测数 $t=3$，参数设为坐标平差值 $\hat{X}_B$，$\hat{X}_C$，$\hat{Y}_C$（因设 AB 方向为 X 轴方向，所以 $\hat{Y}_B=0$ 是已知的）。

(1) 根据假设的已知数据计算参数近似坐标值：

$$X_B^0 = 1\,786.372 \text{ m}$$

$$X_C^0 = 1\,899.374 \text{ m},\ Y_C^0 = 1\,615.841 \text{ m}$$

(2) 列误差方程。

由式(6-4-6)、式(6-4-7)得边误差方程及常数项计算公式：

$$v_i = -\cos\alpha_{jk}^0\,\hat{x}_j - \sin\alpha_{jk}^0\,\hat{y}_j + \cos\alpha_{jk}^0\,\hat{x}_k + \sin\alpha_{jk}^0\,\hat{y}_k - l_i$$

$$l_i = L_{jk} - s_{jk}^0$$

由式(6-5-22)、式(6-5-23)得角度误差方程及常数项计算公式：

$$v_i = (a_{jk}-a_{jh})\,\hat{x}_j + (b_{jk}-b_{jh})\,\hat{y}_j - a_{jk}\,\hat{x}_k - b_{jk}\,\hat{y}_k + a_{jh}\,\hat{x}_h + b_{jh}\,\hat{y}_h - l_i$$

$$l_i = L_i - (\alpha_{jk}^0 - \alpha_{jh}^0)$$

式中，$a_{jk}=\dfrac{\rho''\sin\alpha_{jk}^0}{s_{jk}^0}$，$b_{jk}=-\dfrac{\rho''\cos\alpha_{jk}^0}{s_{jk}^0}$。

分析以上边和角两个误差方程式，方程的系数项计算时均要用到由待定点近似坐标计算出来的各边的近似边长及近似方位角，计算结果列于表 6-9。

表 6-9

方向	α^0/ (°	′	″)	s^0/m	a/[(″)·cm^{-1}]	b/[(″)·cm^{-1}]	$\sin\alpha^0$	$\cos\alpha^0$
AB	0	00	00.0	1 786.372	0	−1.154 6	0	1.000 0
AC	40	23	18.9	2 493.705	0.536 0	−0.630 0	0.648 0	0.761 7
BC	85	59	58.5	1 619.788	1.270 3	−0.089 0	0.997 5	0.069 8

角和边的误差方程为

$$\begin{bmatrix} v_{L_1} \\ v_{L_2} \\ v_{L_3} \\ v_{s_1} \\ v_{s_2} \end{bmatrix} = \begin{bmatrix} 0 & -0.536\,0 & 0.630\,0 \\ -1.270\,3 & 1.270\,3 & -0.089\,0 \\ 1.270\,3 & -0.734\,3 & -0.541\,0 \\ 1 & 0 & 0 \\ 0 & 0.761\,7 & 0.648\,0 \end{bmatrix} \begin{bmatrix} \hat{x}_B \\ \hat{x}_C \\ \hat{y}_C \end{bmatrix} - \begin{bmatrix} -1.1'' \\ -2.8'' \\ -0.5'' \\ 0 \text{ cm} \\ 1.6 \text{ cm} \end{bmatrix}$$

(3) 观测值的权。

参照式(5-5-13)，设测角中误差等于单位权中误差，即 $\sigma_L=\sigma_0=1.21''$，则角度观测值的权为

$$p_{L_1} = p_{L_2} = p_{L_3} = \frac{1.2^2}{1.2^2} = 1 \qquad (单位为 1)$$

再参照式(5-5-14),边长观测值的权分别为

$$p_{s_1} = \frac{1.2^2}{1.1^2} = 1.19,\ p_{s_2} = \frac{1.2^2}{1.6^2} = 0.56 \qquad [单位为('')^2/cm^2]$$

所以,观测值的权阵 $\boldsymbol{P} = \mathrm{diag}(1 \quad 1 \quad 1 \quad 1.19 \quad 0.56)$(权阵的排列顺序与误差方程中 v_i 的顺序相同)。

(4) 法方程及其解。

法方程为

$$\begin{bmatrix} 4.4173 & -2.5464 & -0.5742 \\ -2.5464 & 2.7651 & 0.2229 \\ -0.5742 & 0.2229 & 0.9326 \end{bmatrix} \begin{bmatrix} \hat{x}_B \\ \hat{x}_C \\ \hat{y}_C \end{bmatrix} - \begin{bmatrix} 2.9217 \\ -1.9176 \\ 0.4073 \end{bmatrix} = \boldsymbol{0}$$

解法方程得

$$\begin{bmatrix} \hat{x}_B \\ \hat{x}_C \\ \hat{y}_C \end{bmatrix} = \begin{bmatrix} 0.7187 \\ -0.1046 \\ 0.9042 \end{bmatrix} \text{cm}$$

进而得 A, B, C 三点坐标平差值为(X_A, Y_A, Y_B 已假设为已知值):

$$\begin{cases} X_A = 0 \\ Y_A = 0 \end{cases}$$

$$\begin{cases} \hat{X}_B = X_B^0 + \hat{x}_B = 1\,786.372 + 0.0072 = 1\,786.3792 \text{ m} \\ Y_B = 0 \end{cases}$$

$$\begin{cases} \hat{X}_C = X_C^0 + \hat{x}_C = 1\,899.374 - 0.0010 = 1\,899.3730 \text{ m} \\ \hat{Y}_C = Y_C^0 + \hat{y}_C = 1\,615.841 + 0.0090 = 1\,615.8500 \text{ m} \end{cases}$$

平差后,如果知道了 A 点在指定坐标系内的坐标值及在该坐标系内的方位角 α_{AB} 的值,可将图 6-14 采用的坐标系进行平移、旋转,这样就能得到 A, B, C 三点在指定坐标系内平差后的坐标值。

观测值的改正数为

$$\boldsymbol{V} = [1.72'' \quad 1.67'' \quad 1.00'' \quad 0.7187 \text{ cm} \quad -1.0938 \text{ cm}]^{\mathrm{T}}$$

(5) 精度评定。

参照式(5-5-17),有

$$\boldsymbol{V}^{\mathrm{T}}\boldsymbol{P}\boldsymbol{V} = [pvv]_{角} + [pvv]_{边} = 8.0651('')^2$$

所以,单位权中误差(即测角中误差)估值为

$$\hat{\sigma}_0 = \sqrt{\frac{\boldsymbol{V}^{\mathrm{T}}\boldsymbol{P}\boldsymbol{V}}{n-t}} = \sqrt{\frac{8.0651}{5-3}} = 2.00''$$

边角网平差时要注意单位问题：两类误差方程的常数项 l_i、角误差方程的系数项 a，b 及观测值的权 p_i 在计算时，对应的长度和角度的单位都应该统一，这样才能得到正确的平差结果。单位的问题在不同观测值联合平差时应给予充分注意。

6.6.2 导线网间接平差示例

无论是单导线还是导线网，其间接平差的方法和边角网是一样的，即将待定点坐标平差值设为参数，然后将每个观测角值列出角（或方向）误差方程，每条观测边列出边长误差方程，再将两种误差方程一起构成一个误差方程组进行间接平差。观测值的权分为两类：一类是测角的权，一类是测边的权，列误差方程时要注意同类观测值及精度的单位要统一。

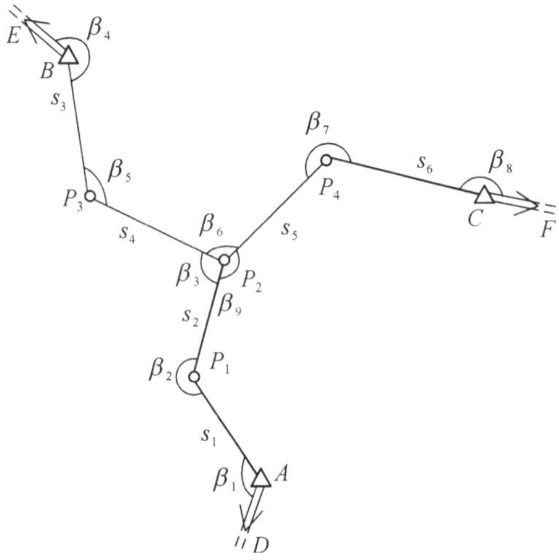

图 6－15

［**例 6－11**］ 图 6－15 是有一个节点的导线网。其中 A，B，C 为已知点，已知起算数据列在表 6－10 中。P_1，P_2，P_3，P_4 为待定点，观测了 9 个角度和 6 条边长，观测值列在表 6－11 中。已知测角中误差 $\sigma_\beta = 10''$，测边中误差 $\sigma_{s_i} = \sqrt{s_i}$(mm) ($i = 1, 2, \cdots, 6$；$s_i$ 以 m 为单位)。按间接平差法求待定点坐标平差值及点位精度。

表 6－10

点	已知坐标/m		至点	已知方位角/			点	近似坐标值/m	
	X	Y		(°	′	″)		X^0	Y^0
A	619.943	347.832	D	202	42	54.1	P_1	663.380 2	323.587 9
B	822.790	281.202	E	313	57	29.2	P_2	719.888 1	348.815 7
C	785.482	509.202	F	130	57	20.1	P_3	754.207 1	298.349 1
							P_4	778.424 6	431.552 1

表 6－11

角号	角观测值/			边号	边观测值/m
	(°	′	″)		
1	128	07	02.1	1	49.745
2	233	13	24.6	2	61.883
3	100	09	33.7	3	70.694
4	212	00	16.4	4	61.048
5	138	15	09.6	5	101.356
6	110	30	46.3	6	77.970
7	210	04	42.5		
8	226	08	55.6		
9	149	19	42.8		

解 (1) 设待定点坐标平差值为参数，从已知点 A，B，C 出发，利用观测的角度和边长计算出各待定点的近似坐标值，而节点 P_2 的近似坐标值可取三条路线推算值的平均值。近

似坐标值列于表 6－10 中。

误差方程系数值的计算列于表 6－12 中[系数 a_{jk}，b_{jk} 的计算参考式(6－5－7)]。

表 6－12

方向	α^0/(°	′	″)	s^0/m	a/[(″)·mm^{-1}]	b/[(″)·mm^{-1}]	$\sin\alpha^0$	$\cos\alpha^0$
AP_1	330	49	56.20	49.7450	−2.0208	−3.6207	−0.4874	0.8732
P_1P_2	24	03	29.68	61.8836	1.3588	−3.0436	0.4077	0.9131
BP_3	165	57	45.60	70.6940	0.7077	2.8306	0.2426	−0.9701
P_3P_2	124	13	01.31	61.0301	2.7947	1.9005	0.8269	−0.5623
CP_4	264	48	24.50	77.9700	−2.6346	0.2394	−0.9959	−0.0905
P_4P_2	234	43	13.30	101.3501	−1.6614	1.1754	−0.8163	−0.5776

整理后得到 9 个观测角、6 个观测边的误差方程的系数、常数项和权，列于表 6－13 中。

表 6－13

	$\hat{x}_1$	$\hat{y}_1$	$\hat{x}_2$	$\hat{y}_2$	$\hat{x}_3$	$\hat{y}_3$	$\hat{x}_4$	$\hat{y}_4$	l	p	v
β_1	2.0208	3.6207							0.00″	1	2.28″
β_2	−0.6620	−6.6643	−1.3588	3.0436					−8.88	1	−0.76
β_3	−1.3588	3.0436	−1.4359	−4.9441	2.7947	1.9005			2.07	1	0.02
β_4					−0.7077	−2.8306			0.00	1	4.12
β_5			−2.7947	−1.9005	3.5024	4.7311			−6.11	1	−3.28
β_6			4.4561	0.7251	−2.7947	−1.9005	−1.6614	1.1754	34.31	1	−5.74
β_7			−1.6614	1.1754			4.2960	−1.4148	−28.70	1	0.10
β_8							−2.6346	0.2394	0.00	1	5.29
β_9	1.3588	−3.0436	−3.0202	4.2190			1.6614	−1.1754	−33.58	1	2.92
s_1	0.8732	−0.4874							0.00 mm	2.01	0.27 mm
s_2	−0.9131	−0.4077	0.9131	0.4077					−0.60	1.62	6.44
s_3					−0.9701	0.2426			0.00	1.41	−8.21
s_4			−0.5623	0.8269	0.5623	−0.8269			17.90	1.64	−14.03
s_5			−0.5776	−0.8163			0.5776	0.8163	5.90	0.99	−3.38
s_6							−0.0905	−0.9959	0.00	1.28	−9.24

其中，角度观测值的权都等于 1，单位为 1；边长观测值的权为

$$p_{s_i}=\frac{\sigma_\beta^2}{\sigma_{s_i}^2}=\frac{10^2}{s_i}\qquad[(″)^2/\mathrm{mm}^2]$$

(2) 平差后参数协因数阵为

$$\boldsymbol{Q}_{\hat{x}\hat{x}}=\boldsymbol{N}_{\mathrm{bb}}^{-1}=\begin{bmatrix}0.2516 & -0.1029 & 0.1042 & -0.1154 & 0.0973 & -0.0441 & 0.0360 & -0.0744\\ -0.1029 & 0.0774 & -0.0545 & 0.0836 & -0.0360 & 0.0246 & -0.0199 & 0.0614\\ 0.1042 & -0.0545 & 0.1832 & -0.0110 & 0.1886 & -0.0249 & 0.0498 & -0.0889\\ -0.1154 & 0.0836 & -0.0110 & 0.1401 & 0.0420 & 0.0243 & -0.0111 & 0.0910\\ 0.0973 & -0.0360 & 0.1886 & 0.0420 & 0.3340 & -0.0971 & 0.0495 & -0.0120\\ -0.0441 & 0.0246 & -0.0249 & 0.0243 & -0.0971 & 0.0885 & -0.0086 & 0.0082\\ 0.0360 & -0.0199 & 0.0498 & -0.0111 & 0.0495 & -0.0086 & 0.0752 & 0.0627\\ -0.0744 & 0.0614 & -0.0889 & 0.0910 & -0.0120 & 0.0082 & 0.0627 & 0.4152\end{bmatrix}$$

(3) 平差值计算。

平差后得待定点坐标平差值为

$$P_1\text{点：}\begin{cases}\hat{X}_1=X_1^0+\hat{x}_1=663.380\,02+0.5\text{ mm}=663.380\,7\text{ m}\\ \hat{Y}_1=Y_1^0+\hat{y}_1=323.587\,9+0.3\text{ mm}=323.588\,2\text{ m}\end{cases}$$

$$P_2\text{点：}\begin{cases}\hat{X}_2=X_2^0+\hat{x}_2=719.888\,1+6.7\text{ mm}=719.894\,8\text{ m}\\ \hat{Y}_2=Y_2^0+\hat{y}_2=348.815\,7+0.7\text{ mm}=348.816\,4\text{ m}\end{cases}$$

$$P_3\text{点：}\begin{cases}\hat{X}_3=X_3^0+\hat{x}_3=754.207\,1+7.6\text{ mm}=754.214\,7\text{ m}\\ \hat{Y}_3=Y_3^0+\hat{y}_3=298.349\,1-3.4\text{ mm}=298.345\,7\text{ m}\end{cases}$$

$$P_4\text{点：}\begin{cases}\hat{X}_4=X_4^0+\hat{x}_4=778.424\,6-1.2\text{ mm}=778.423\,4\text{ m}\\ \hat{Y}_4=Y_4^0+\hat{y}_4=431.552\,1+9.4\text{ mm}=431.561\,5\text{ m}\end{cases}$$

观测值的改正数列于表 6-13 中。

(4) 精度评定。

单位权中误差估值：

$$\boldsymbol{V}^{\mathrm{T}}\boldsymbol{PV}=[pvv]_{\text{角}}+[pvv]_{\text{边}}=708.871\,8('')^2$$

$$\hat{\sigma}_0=\sqrt{\frac{708.871\,8}{15-8}}=10.06''$$

各待定点平差后的点位中误差分别为

$$\hat{\sigma}_{P_1}=\hat{\sigma}_0\sqrt{Q_{\hat{X}_1\hat{X}_1}+Q_{\hat{Y}_1\hat{Y}_1}}=10.06\times\sqrt{0.251\,6+0.077\,4}=5.8\text{ mm}$$

$$\hat{\sigma}_{P_2}=\hat{\sigma}_0\sqrt{Q_{\hat{X}_2\hat{X}_2}+Q_{\hat{Y}_2\hat{Y}_2}}=10.06\times\sqrt{0.183\,2+0.140\,1}=5.7\text{ mm}$$

$$\hat{\sigma}_{P_3}=\hat{\sigma}_0\sqrt{Q_{\hat{X}_3\hat{X}_3}+Q_{\hat{Y}_3\hat{Y}_3}}=10.06\times\sqrt{0.334\,0+0.088\,5}=6.5\text{ mm}$$

$$\hat{\sigma}_{P_4}=\hat{\sigma}_0\sqrt{Q_{\hat{X}_4\hat{X}_4}+Q_{\hat{Y}_4\hat{Y}_4}}=10.06\times\sqrt{0.075\,2+0.415\,2}=7.0\text{ mm}$$

6.7 间接平差法的应用

6.7.1 GPS 网平差

由 GPS 相对定位所测定的一组 GPS 点构成的网称为 GPS 网。GPS 网的观测值是在 WGS-84 坐标系下的三维坐标差(常称为 GPS 基线向量)。为了提高定位结果的精度和可靠性，通常需要将不同时段观测的基线向量联结成网，进行整体平差。因基线向量本身已包含了三维地心坐标系中的定向及尺度信息，所以 GPS 网平差时的必要起算数据仅为一个 GPS 点的三维坐标，必要观测数 $t=3m$，其中 m 为待定点个数[若网中没有已知点，则需假设一点坐标为已知，此时 $t=3(m-1)$]。一般 GPS 网采用间接平差法求坐标参数的平差值。

1. 函数模型

将 GPS 网中各待定点的空间直角坐标平差值设为参数，则网中第 i 点的坐标参数为

$$\begin{bmatrix}\hat{X}_i\\\hat{Y}_i\\\hat{Z}_i\end{bmatrix}=\begin{bmatrix}X_i^0\\Y_i^0\\Z_i^0\end{bmatrix}+\begin{bmatrix}\hat{x}_i\\\hat{y}_i\\\hat{z}_i\end{bmatrix} \tag{6-7-1}$$

GPS 基线向量观测值为$[\Delta X_{ij} \quad \Delta Y_{ij} \quad \Delta Z_{ij}]^{\mathrm{T}}$,即观测值为两点间的三维坐标差。当基线向量两端点 i 和 j 的三维坐标平差值为参数时,观测方程为

$$\begin{bmatrix}\Delta\hat{X}_{ij}\\\Delta\hat{Y}_{ij}\\\Delta\hat{Z}_{ij}\end{bmatrix}=\begin{bmatrix}\Delta X_{ij}+v_{X_{ij}}\\\Delta Y_{ij}+v_{Y_{ij}}\\\Delta Z_{ij}+v_{Z_{ij}}\end{bmatrix}=\begin{bmatrix}\hat{X}_j\\\hat{Y}_j\\\hat{Z}_j\end{bmatrix}-\begin{bmatrix}\hat{X}_i\\\hat{Y}_i\\\hat{Z}_i\end{bmatrix} \tag{6-7-2}$$

基线向量的误差方程为

$$\begin{bmatrix}v_{X_{ij}}\\v_{Y_{ij}}\\v_{Z_{ij}}\end{bmatrix}=\begin{bmatrix}\hat{x}_j\\\hat{y}_j\\\hat{z}_j\end{bmatrix}-\begin{bmatrix}\hat{x}_i\\\hat{y}_i\\\hat{z}_i\end{bmatrix}-\begin{bmatrix}\Delta X_{ij}-\Delta X_{ij}^0\\\Delta Y_{ij}-\Delta Y_{ij}^0\\\Delta Z_{ij}-\Delta Z_{ij}^0\end{bmatrix} \tag{6-7-3}$$

式中,ΔX_{ij}，ΔY_{ij}，ΔZ_{ij} 为观测值;ΔX_{ij}^0，ΔY_{ij}^0，ΔZ_{ij}^0 为用参数近似值计算得到的坐标差。令

$$\underset{3\times1}{\boldsymbol{V}_K}=\begin{bmatrix}v_{X_{ij}}\\v_{Y_{ij}}\\v_{Z_{ij}}\end{bmatrix},\ \underset{3\times1}{\boldsymbol{X}_i^0}=\begin{bmatrix}X_i^0\\Y_i^0\\Z_i^0\end{bmatrix},\ \underset{3\times1}{\boldsymbol{X}_j^0}=\begin{bmatrix}X_j^0\\Y_j^0\\Z_j^0\end{bmatrix},\ \underset{3\times1}{\hat{\boldsymbol{x}}_i}=\begin{bmatrix}\hat{x}_i\\\hat{y}_i\\\hat{z}_i\end{bmatrix},\ \underset{3\times1}{\hat{\boldsymbol{x}}_j}=\begin{bmatrix}\hat{x}_j\\\hat{y}_j\\\hat{z}_j\end{bmatrix},\ \underset{3\times1}{\Delta\boldsymbol{X}_{ij}}=\begin{bmatrix}\Delta X_{ij}\\\Delta Y_{ij}\\\Delta Z_{ij}\end{bmatrix}$$

式中,$\underset{3\times1}{\boldsymbol{V}_K}$为观测值改正数;$\underset{3\times1}{X_i^0}$,$\underset{3\times1}{X_j^0}$为 i，j 两点的坐标参数近似值;$\underset{3\times1}{\hat{x}_i}$，$\underset{3\times1}{\hat{x}_j}$ 为 i,j 两点的坐标参数改正数;$\underset{3\times1}{\Delta X_{ij}}$为观测值向量,则编号为 K 的基线向量误差方程为

$$\underset{3\times1}{\boldsymbol{V}_K}=\underset{3\times1}{\hat{\boldsymbol{x}}_j}-\underset{3\times1}{\hat{\boldsymbol{x}}_i}-\underset{3\times1}{\boldsymbol{l}_K} \tag{6-7-4}$$

式中,

$$\underset{3\times1}{\boldsymbol{l}_K}=\underset{3\times1}{\Delta\boldsymbol{X}_{ij}}-\underset{3\times1}{\Delta\boldsymbol{X}_{ij}^0}=\underset{3\times1}{\Delta\boldsymbol{X}_{ij}}-(\underset{3\times1}{\boldsymbol{X}_j^0}-\underset{3\times1}{\boldsymbol{X}_i^0}) \tag{6-7-5}$$

当网中有 m 个待定点、n 条基线时,GPS 控制网的误差方程为

$$\underset{3n\times1}{\boldsymbol{V}}=\underset{3n\times3m}{\boldsymbol{B}}\ \underset{3m\times1}{\hat{\boldsymbol{x}}}-\underset{3n\times1}{\boldsymbol{l}} \tag{6-7-6}$$

2. 随机模型

GPS 网平差的随机模型的一般形式仍为

$$\boldsymbol{D}_L=\boldsymbol{D}_\Delta=\sigma_0^2\boldsymbol{P}^{-1}=\sigma_0^2\boldsymbol{Q} \tag{6-7-7}$$

现以两台 GPS 接收机测得的数据为例,说明 GPS 控制网平差的随机模型。

用两台 GPS 接收机测量,在一个时段内只能得到一条观测基线向量$[\Delta X_{ij} \quad \Delta Y_{ij} \quad \Delta Z_{ij}]^{\mathrm{T}}$,这三个观测坐标差之间是相关的,观测基线向量的方差-协方差直接由软件给出,已知为

$$\underset{3\times3}{\boldsymbol{D}_{ij}} = \begin{bmatrix} \sigma^2_{\Delta X_{ij}} & \sigma_{\Delta X_{ij}\Delta Y_{ij}} & \sigma_{\Delta X_{ij}\Delta Z_{ij}} \\ \sigma_{\Delta Y_{ij}\Delta X_{ij}} & \sigma^2_{\Delta Y_{ij}} & \sigma_{\Delta Y_{ij}\Delta Z_{ij}} \\ \sigma_{\Delta Z_{ij}\Delta X_{ij}} & \sigma_{\Delta Z_{ij}\Delta Y_{ij}} & \sigma^2_{\Delta Z_{ij}} \end{bmatrix} \tag{6-7-8}$$

假设整个 GPS 控制网中，不同的观测基线向量之间是相互独立的，则观测值的方差-协方差阵是如式(6-7-9)所示的块对角矩阵，对角线上的每一个矩阵形如式(6-7-8)的矩阵 $\boldsymbol{D}_{ij}$：

$$\boldsymbol{D} = \begin{bmatrix} \underset{3\times3}{\boldsymbol{D}_1} & 0 & \cdots & 0 \\ 0 & \underset{3\times3}{\boldsymbol{D}_2} & \cdots & 0 \\ & & \ddots & \\ 0 & 0 & & \underset{3\times3}{\boldsymbol{D}_g} \end{bmatrix} \tag{6-7-9}$$

式中，$\boldsymbol{D}$ 的下标 1，2，…，g 为各观测基线向量编号。

对于多台 GPS 接收机测量的随机模型组成，其原理上，全网的方差-协方差阵也是一个块对角阵，但其中对角子块 $\boldsymbol{D}_j$ 是多个同步基线向量的方差-协方差阵。

由式(6-7-7)可得观测值的权阵为

$$\boldsymbol{P} = \sigma_0^2 \boldsymbol{D}^{-1} \tag{6-7-10}$$

式中，σ_0^2 可任意选定，最简单的方法是设为 1，但为了使权阵中元素不要过大，可选取适当的 σ_0^2。权阵也是块对角阵。

6.7.2 最优坐标转换参数计算

坐标转换是指点位坐标从一种坐标系统变换到另一种坐标系统的过程，是通过建立两个坐标系统之间一一对应的关系来实现的，也是各种比例尺的地图测量和编绘中建立地图数学基础所必不可少的部分。

以工程测量为例，为了设计和施工的方便，施工所用的建筑坐标系与工程所在地的城市坐标系并不统一，在设计及施工过程中，经常对两个坐标系中的坐标进行转换，所以需要用到坐标转换方程。本节介绍的是最为常见的平面直角坐标系之间的坐标转换问题。

如图 6-16 所示，同时存在原坐标系 XOY 和新坐标系 $AO'B$。所谓坐标转换，就是 i 点在原坐标系的坐标(X_i，Y_i)和在新坐标系的坐标(A_i，B_i)可以通过坐标转换方程进行自由换算。

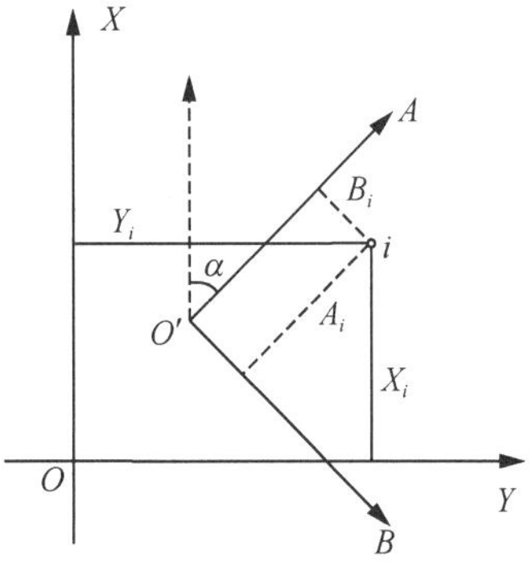

图 6-16

两坐标系之间的**坐标转换方程**为

$$\begin{bmatrix} X_i \\ Y_i \end{bmatrix} = \begin{bmatrix} X_0 \\ Y_0 \end{bmatrix} + \mu \begin{bmatrix} \cos\alpha & -\sin\alpha \\ \sin\alpha & \cos\alpha \end{bmatrix} \begin{bmatrix} A_i \\ B_i \end{bmatrix} \tag{6-7-11}$$

式(6-7-11)是由 i 点在新坐标系中的坐标(A_i，B_i)，计算出它在原坐标系中的坐标(X_i，Y_i)。如果要求用(X_i，Y_i)

计算出(A_i, B_i)，则对式(6-7-11)进行调整即可。式中，(X_0, Y_0)是新坐标系 $AO'B$ 的原点 O' 在原坐标系中的坐标；μ 为尺度比因子(指新坐标系中单位长度与原坐标系中单位长度之比，近似等于 1)；α 为新坐标系的主轴在原坐标系中的方位角。X_0，Y_0，μ，α 这四个元素，称为**坐标转换参数**，它们取值的好坏，是决定转换后坐标值可靠性的重要因素。

为求取坐标转换参数的最佳估值，需要有一定数量的**公共点**($n \geqslant 2$，n 为公共点点数)。公共点是指在两个坐标系中的坐标都是已知的这种点。

为计算方便，可在式(6-7-11)中令

$$a = X_0,\ b = Y_0,\ c = \mu\cos\alpha,\ d = \mu\sin\alpha \tag{6-7-12}$$

则式(6-7-11)可写为

$$\left.\begin{aligned} X_i &= a + A_i c - B_i d \\ Y_i &= b + B_i c + A_i d \end{aligned}\right\} \tag{6-7-13}$$

式(6-7-13)是指当参数值和坐标值都不存在误差时，它们之间应该满足的理论关系式。将坐标转换参数的估值 $\hat{a}$，$\hat{b}$，$\hat{c}$，$\hat{d}$ 代入，由 i 点在新坐标系中的坐标值(A_i, B_i)就能计算出 i 点在原坐标系中的坐标估值$(\hat{X}_i, \hat{Y}_i)$：

$$\begin{bmatrix} \hat{X}_i \\ \hat{Y}_i \end{bmatrix} = \begin{bmatrix} \hat{a} \\ \hat{b} \end{bmatrix} + \begin{bmatrix} \hat{c} & -\hat{d} \\ \hat{d} & \hat{c} \end{bmatrix} \begin{bmatrix} A_i \\ B_i \end{bmatrix} \tag{6-7-14}$$

最小二乘原理在求最佳坐标转换参数中的应用是这样考虑的：希望公共点 i 点通过坐标转换参数得到的坐标估值$(\hat{X}_i, \hat{Y}_i)$与该点已知的坐标值(X_i, Y_i)之差的平方和在达到最小($\boldsymbol{V}^{\mathrm{T}}\boldsymbol{P}\boldsymbol{V} = \min$)的情况下，对转换参数 $\hat{a}$，$\hat{b}$，$\hat{c}$，$\hat{d}$ 进行估计。所以误差方程为

$$\left.\begin{aligned} v_{X_i} &= \hat{X}_i - X_i = \hat{a} + A_i\hat{c} - B_i\hat{d} - X_i \\ v_{Y_i} &= \hat{Y}_i - Y_i = \hat{b} + B_i\hat{c} + A_i\hat{d} - Y_i \end{aligned}\right\} \tag{6-7-15}$$

列拟合回归类误差方程的特点：总是用观测值的估值减去已知观测值，然后用估值的计算式代入待估参数(也称拟合参数)而形成误差方程，然后在最小二乘原理下求参数的最佳估值。

当公共点超过 2 个，即 $i = 1, 2, \cdots, n$ 时，可由式(6-7-15)列出如下误差方程：

$$\begin{bmatrix} v_{X_1} \\ v_{Y_1} \\ v_{X_2} \\ v_{Y_2} \\ \vdots \\ v_{X_n} \\ v_{Y_n} \end{bmatrix} = \begin{bmatrix} 1 & 0 & A_1 & -B_1 \\ 0 & 1 & B_1 & A_1 \\ 1 & 0 & A_2 & -B_2 \\ 0 & 1 & B_2 & A_2 \\ \vdots & \vdots & \vdots & \vdots \\ 1 & 0 & A_n & -B_n \\ 0 & 1 & B_n & A_n \end{bmatrix} \begin{bmatrix} \hat{a} \\ \hat{b} \\ \hat{c} \\ \hat{d} \end{bmatrix} - \begin{bmatrix} X_1 \\ Y_1 \\ X_2 \\ Y_2 \\ \vdots \\ X_n \\ Y_n \end{bmatrix} = \boldsymbol{B}\hat{\boldsymbol{x}} - \boldsymbol{l} \tag{6-7-16}$$

因观测值都是坐标值，故其权阵 $\boldsymbol{P} = \boldsymbol{I}$。由式(6-7-16)的误差方程得到法方程，再从法方程解得坐标转换参数最佳估值的计算式为

$$
\left.\begin{aligned}
\hat{a} &= \frac{[X]}{n} - \hat{c}\frac{[A]}{n} + \hat{d}\frac{[B]}{n} \\
\hat{b} &= \frac{[Y]}{n} - \hat{c}\frac{[B]}{n} - \hat{d}\frac{[A]}{n} \\
\hat{c} &= \frac{[AX]+[BY]-\frac{1}{n}([A][X]+[B][Y])}{[AA]+[BB]-\frac{1}{n}([A][A]+[B][B])} \\
\hat{d} &= \frac{[AY]-[BX]-\frac{1}{n}([A][Y]-[B][X])}{[AA]+[BB]-\frac{1}{n}([A][A]+[B][B])}
\end{aligned}\right\} \tag{6-7-17}
$$

式中，$[X]=\sum_{i=1}^{n} X_i$，其余类推。将式(6-7-17)得到的参数估计量代入式(6-7-12)，就得到坐标转换参数的最佳估值为

$$
\hat{X}_0 = \hat{a},\ \hat{Y}_0 = \hat{b},\ \hat{\mu} = \sqrt{\hat{c}^2 + \hat{d}^2},\ \hat{\alpha} = \arctan\left(\frac{\hat{d}}{\hat{c}}\right) \tag{6-7-18}
$$

所以，只要用在两个坐标系中位置分布比较均匀的、少量的、已知两套坐标的公共点(多于 2 点)，求出最佳坐标转换参数，构造出坐标转换方程后，就可以用该转换方程对两个坐标系中大量的非公共点进行自由的坐标转换。

6.7.3 自由设站法站点坐标确定

自由设站法也称为边角联合后方交会定点法，其原理如图 6-17 所示，XOY 为施工坐标系，该坐标系内有 $n(n>2)$ 个已知点，在这些已知点环绕的任意位置上设了一个 P 点(P 点通视条件良好，便于测量和放样)，在 P 点架设仪器，对这 n 个已知点进行观测，再对观测值进行平差计算，就能得到 P 点在 XOY 坐标系内的坐标值(最佳估值)，对 P 点的精度也能进行估算。

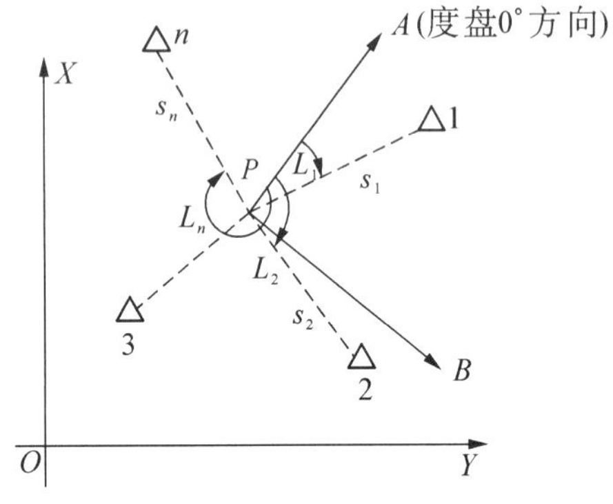

图 6-17

获得了仪器架设点 P 点的坐标值后，只要以任意已知点(如 1 点)为后视，就能对周围的点进行测量或放样。放样好点位后，即使 P 点位置被施工破坏了也不要紧，只要再找到一个合适的地方，重新架设仪器重复上述的步骤，马上又可以得到一个新的 P 点及其坐标值。由于架设仪器位置的自由性，这种方法被称为自由设站法。

图 6-17 中，P 点为待定坐标点(设站点)，P 点周围已知点的坐标值为$(X_i,\ Y_i)(i=1,\ 2,\ 3,\ \cdots,\ n,\ n>2)$，在 P 点对这些已知点的观测值为 L_i，s_i(方向和边长)。

由于方向观测值 L_i 都以 P 点仪器上的水平度盘 0°线为起点，可以设 0°方向为 A 轴方向，与 A 轴垂直并顺时针旋转 90°的方向为 B 轴方向，再以 P 点为坐标原点，相当于建立了新坐标系 APB，已知点 1, 2, 3, …, n 在 APB 坐标系内的坐标值为

$$1\text{点}:\begin{cases}A_1 = s_1\cos L_1\\ B_1 = s_1\sin L_1\end{cases},\ 2\text{点}:\begin{cases}A_2 = s_2\cos L_2\\ B_2 = s_2\sin L_2\end{cases},\ \cdots,\ n\text{点}:\begin{cases}A_n = s_n\cos L_n\\ B_n = s_n\sin L_n\end{cases} \tag{6-7-19}$$

于是问题又变成了求坐标转换参数问题：点 1, 2, 3, …, n 在 XOY 坐标系中已知坐标值为(X_i, Y_i)，在 APB 坐标系中的坐标值由式(6-7-19)给出，所以 APB 坐标系的坐标原点 P 在 XOY 坐标系中的坐标即为式(6-7-11)中的$(\hat{X}_0, \hat{Y}_0)$，它就是要求的设站点 P 在 XOY 坐标系中的坐标估值$(\hat{X}_P, \hat{Y}_P)$。根据式(6-7-17)就可求出 $\hat{a}$, $\hat{b}$ 即$(\hat{X}_P, \hat{Y}_P)$的值。

单位权方差的求法：将式(6-7-17)求出的参数估值代入式(6-7-16)，就可算得观测值的改正数向量 $\mathbf{V}$，则单位权方差估值为

$$\hat{\sigma}_0^2 = \frac{\mathbf{V}^{\mathrm{T}}\mathbf{V}}{2n-4} = \frac{\sum_{i=1}^{n}(\hat{X}_i - X_i)^2 + \sum_{i=1}^{n}(\hat{Y}_i - Y_i)^2}{2n-4} \tag{6-7-20}$$

于是 P 点的点位中误差为

$$\hat{\sigma}_P = \sqrt{2}\,\hat{\sigma}_0 \tag{6-7-21}$$

"自由设站法"的观测及计算程序，在全站仪中已被设置，该方法给工程测量带来很大的灵活性，计算也由全站仪中设置的程序自动完成，使用方便。

6.8 附有限制条件的间接平差

在使用间接平差法时，应设立 t 个函数独立的参数，以保证法方程的系数阵为满秩方阵，参数有唯一且最优解。当在这 t 个独立参数之外，又多选择了一些参数，使参数的个数变为 u 个，即 $u>t$，$u-t=s(s>0)$时，参数间"函数独立"的要求不再满足，它们之间会产生 s 个函数关系式(约束条件)，这种情况下间接平差法不再适用。因此，当平差问题中参数个数超过 t(必要观测数)时，应采用**附有限制条件的间接平差法**。

图 6-18 是一个测角网，观测了 16 个角值，为了提高观测质量，又高精度地观测了 P_3P_4 边的边长和方位角，即 s_{34}，α_{34}是已知值。该题只有 6 个函数独立的参数，即 $t=6$，可设 P_1，P_2，P_3 三点的坐标平差值为参数，P_4 点的坐标值可由 P_3 点通过已知的 s_{34}，α_{34}计算出来，即

$$\left.\begin{aligned}\hat{X}_4 &= \hat{X}_3 + s_{34}\cos\alpha_{34}\\ \hat{Y}_4 &= \hat{Y}_3 + s_{34}\sin\alpha_{34}\end{aligned}\right\} \tag{6-8-1}$$

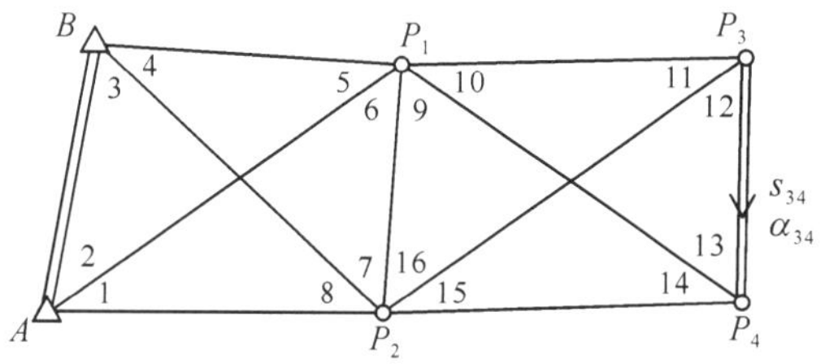

图 6-18

但用式(6-8-1)表示的 P_4 点坐标在列误差方程时使用不方便，所以通常仍将 P_4 点坐标平差值设为参数，即参数个数 $u=8$ ($u>t=6$)。所选的 8 个参数中，只有 $t=6$ 个独立参数，将会产生 $s(s=u-t=2)$ 个参数之间的约束条件，这 2 个约束条件除了式(6-8-1)的两式，还可以为以下两式：

$$\left.\begin{aligned}&\sqrt{(\hat{X}_4-\hat{X}_3)^2+(\hat{Y}_4-\hat{Y}_3)^2}-s_{34}=0\\&\arctan\frac{\hat{Y}_4-\hat{Y}_3}{\hat{X}_4-\hat{X}_3}-\alpha_{34}=0\end{aligned}\right\}\tag{6-8-2}$$

约束条件的特点是：条件方程中只有参数平差值和已知数据，无任何观测值参与。约束条件的个数等于不独立参数的个数 s。

因此，用附有限制条件的间接平差法平差图 6-18 的测角网时，除了有与 8 个参数有关的 16 个误差方程之外，还有 2 个约束条件方程也要考虑其中。然后应用最小二乘原理，求出参数的最佳估值。

注意：所选择的 u 个参数中，必须包括能唯一确定几何模型形状的 t 个必要的、函数独立的参数。在附有限制条件的间接平差中，条件方程是约束有函数关系的参数平差值的；而条件平差中的条件方程，是约束有函数关系的观测值平差值的。虽然都是条件方程，但它们约束的对象各不相同。

6.8.1 平差原理

附有限制条件的间接平差函数模型在 4.2.1 节中已经介绍过。式(4-2-23)是平差的函数模型，线性化后，得到有关真值间函数关系的线性化模型式(4-2-25)，用估值代替真值，得到附有限制条件的间接平差法的函数模型式(4-2-32)，即

$$\left.\begin{aligned}\underset{n\times1}{\boldsymbol{V}}&=\underset{n\times u}{\boldsymbol{B}}\,\underset{u\times1}{\hat{\boldsymbol{x}}}-\underset{n\times1}{\boldsymbol{l}}\\\underset{s\times u}{\boldsymbol{C}}\,\underset{u\times1}{\hat{\boldsymbol{x}}}&-\underset{s\times1}{\boldsymbol{W}_x}=\boldsymbol{0}\end{aligned}\right\}\tag{6-8-3}$$

式中，常数项和闭合差分别为

$$\boldsymbol{l}=\boldsymbol{L}-\boldsymbol{B}\boldsymbol{X}^0-\boldsymbol{d},\ \boldsymbol{W}_x=-(\boldsymbol{C}\boldsymbol{X}^0+\boldsymbol{C}_0)\tag{6-8-4}$$

式中，$\boldsymbol{X}^0$ 为参数近似值；$\boldsymbol{d}$，$\boldsymbol{C}_0$ 为已知的起算数据。如果原观测方程为非线性，则函数模型中的常数项 $\boldsymbol{l}$ 和闭合差 $\boldsymbol{W}_x$ 的计算式可以参考式(4-2-27)。

式(6-8-3)中，矩阵的秩为

$$R(\boldsymbol{B})=u,\ R(\boldsymbol{C})=s,\ u<n,\ s<u\tag{6-8-5}$$

即矩阵 $\boldsymbol{B}$ 为列满秩阵，矩阵 $\boldsymbol{C}$ 为行满秩阵。在式(6-8-3)中，共有未知数：n 个改正数 v 和 u 个参数改正数 $\hat{x}$，而方程数共有 $n+s$ 个，故方程数少于未知数个数，是一组有无穷多组解的相容方程，为求其唯一解，可应用最小二乘原理。

附有限制条件的间接平差有两种解法：

解法一　利用约束条件[式(6-8-3)第二式]，将多设的参数表示成独立参数的函数，

并将该函数代入误差方程[式(6－8－3)第一式]中,替换了多设的参数,使有约束变成无约束,然后用间接平差的方法求解。

如图6－18所示例题,可将由约束条件构成的函数式(6－8－1)代入其设有8个参数的误差方程(这里未列出这16个误差方程),替换误差方程中的参数 $\hat{X}_4$, $\hat{Y}_4$,使方程中只剩下6个参数 $\hat{X}_1$, $\hat{Y}_1$, $\hat{X}_2$, $\hat{Y}_2$, $\hat{X}_3$, $\hat{Y}_3$,这些参数相互独立,此时误差方程与间接平差的误差方程完全相同,可用间接平差的方法进行求解。当约束条件式很简单时,用解法一效果不错;当约束条件较多较复杂时,可用下面的解法二。

解法二 遵循最小二乘原理,根据求条件极值的理论,组成拉格朗日函数:

$$\Phi = \boldsymbol{V}^{\mathrm{T}}\boldsymbol{PV} + 2\boldsymbol{K}_s^{\mathrm{T}}(\boldsymbol{C}\hat{\boldsymbol{x}} - \boldsymbol{W}_x) \tag{6-8-6}$$

式中,$\underset{s\times 1}{\boldsymbol{K}_s}$ 为对应于约束条件[式(6－8－3)第二式]的联系数向量,简称联系数。为求 Φ 的极小值,将 Φ 对 $\hat{\boldsymbol{x}}$ 求偏导并令其为零,有

$$\frac{\partial\Phi}{\partial\hat{\boldsymbol{x}}} = 2\boldsymbol{V}^{\mathrm{T}}\boldsymbol{P}\frac{\partial\boldsymbol{V}}{\partial\hat{\boldsymbol{x}}} + 2\boldsymbol{K}_s^{\mathrm{T}}\boldsymbol{C} = 2\boldsymbol{V}^{\mathrm{T}}\boldsymbol{PB} + 2\boldsymbol{K}_s^{\mathrm{T}}\boldsymbol{C} = \boldsymbol{0}$$

即

$$\boldsymbol{V}^{\mathrm{T}}\boldsymbol{PB} + \boldsymbol{K}_s^{\mathrm{T}}\boldsymbol{C} = \boldsymbol{0}$$

转置后得

$$\underset{u\times n}{\boldsymbol{B}^{\mathrm{T}}}\underset{n\times n}{\boldsymbol{P}}\underset{n\times 1}{\boldsymbol{V}} + \underset{u\times s}{\boldsymbol{C}^{\mathrm{T}}}\underset{s\times 1}{\boldsymbol{K}_s} = \underset{u\times 1}{\boldsymbol{0}} \tag{6-8-7}$$

式(6－8－7)加式(6－8－3),构成了基础方程:

$$\left.\begin{aligned}
&\underset{u\times n}{\boldsymbol{B}^{\mathrm{T}}}\underset{n\times n}{\boldsymbol{P}}\underset{n\times 1}{\boldsymbol{V}} + \underset{u\times s}{\boldsymbol{C}^{\mathrm{T}}}\underset{s\times 1}{\boldsymbol{K}_s} = \underset{u\times 1}{\boldsymbol{0}}\\
&\underset{n\times 1}{\boldsymbol{V}} = \underset{n\times u}{\boldsymbol{B}}\underset{u\times 1}{\hat{\boldsymbol{x}}} - \underset{n\times 1}{\boldsymbol{l}}\\
&\underset{s\times u}{\boldsymbol{C}}\underset{u\times 1}{\hat{\boldsymbol{x}}} - \underset{s\times 1}{\boldsymbol{W}_x} = \underset{s\times 1}{\boldsymbol{0}}
\end{aligned}\right\} \tag{6-8-8}$$

将式(6－8－8)中的第二式代入第一式,就得到了**附有限制条件的间接平差法的法方程**:

$$\left.\begin{aligned}
&\boldsymbol{B}^{\mathrm{T}}\boldsymbol{PB}\hat{\boldsymbol{x}} + \boldsymbol{C}^{\mathrm{T}}\boldsymbol{K}_s - \boldsymbol{B}^{\mathrm{T}}\boldsymbol{Pl} = \boldsymbol{0}\\
&\boldsymbol{C}\hat{\boldsymbol{x}} - \boldsymbol{W}_x = \boldsymbol{0}
\end{aligned}\right\} \tag{6-8-9}$$

令

$$\boldsymbol{N}_{\mathrm{bb}} = \boldsymbol{B}^{\mathrm{T}}\boldsymbol{PB},\ \boldsymbol{U} = \boldsymbol{B}^{\mathrm{T}}\boldsymbol{Pl} \tag{6-8-10}$$

也可得法方程的另一形式:

$$\begin{bmatrix} \underset{u\times u}{\boldsymbol{N}_{\mathrm{bb}}} & \underset{u\times s}{\boldsymbol{C}^{\mathrm{T}}} \\ \underset{s\times u}{\boldsymbol{C}} & \underset{s\times s}{\boldsymbol{0}} \end{bmatrix}\begin{bmatrix} \underset{u\times 1}{\hat{\boldsymbol{x}}} \\ \underset{s\times 1}{\boldsymbol{K}_s} \end{bmatrix} - \begin{bmatrix} \underset{u\times 1}{\boldsymbol{U}} \\ \underset{s\times 1}{\boldsymbol{W}_x} \end{bmatrix} = \boldsymbol{0} \tag{6-8-11}$$

式(6－8－11)的法方程中,未知数 $\hat{\boldsymbol{x}}$, $\boldsymbol{K}_s$ 的个数为 $u+s$,法方程个数为 $u+s$,即方程个

数等于未知数个数，而矩阵 $\boldsymbol{B}$ 为列满秩阵(保证了 $\mathbf{N}_{\mathrm{bb}}$ 为满秩方阵)、矩阵 $\boldsymbol{C}$ 为行满秩阵的条件，使得法方程系数阵为满秩方阵，法方程式(6-8-11)有唯一解。直接解法方程，得 $\hat{\boldsymbol{x}}$，$\boldsymbol{K}_s$ 的估值：

$$\begin{bmatrix}\hat{\boldsymbol{x}}\\ \boldsymbol{K}_s\end{bmatrix}=\begin{bmatrix}\mathbf{N}_{\mathrm{bb}} & \boldsymbol{C}^{\mathrm{T}}\\ \boldsymbol{C} & \mathbf{0}\end{bmatrix}^{-1}\begin{bmatrix}\boldsymbol{U}\\ \boldsymbol{W}_x\end{bmatrix} \tag{6-8-12}$$

再将求得的 $\hat{\boldsymbol{x}}$ 代入误差方程式(6-8-3)，得观测值的改正数 $\mathbf{V}$，于是，参数估值及观测值的估计量分别为

$$\hat{\boldsymbol{X}}=\boldsymbol{X}^0+\hat{\boldsymbol{x}} \tag{6-8-13}$$

$$\hat{\boldsymbol{L}}=\boldsymbol{L}+\boldsymbol{V} \tag{6-8-14}$$

6.8.2 精度评定

1. 单位权中误差估计式

$$\hat{\sigma}_0^2=\frac{\boldsymbol{V}^{\mathrm{T}}\boldsymbol{P}\boldsymbol{V}}{r}=\frac{\boldsymbol{V}^{\mathrm{T}}\boldsymbol{P}\boldsymbol{V}}{n-u+s} \tag{6-8-15}$$

此处多余观测数 $r=n-t=n-u+s$，其中 t 为必要观测数，也是独立参数个数。

2. 参数的协因数阵

由式(6-8-12)得法方程的解：

$$\begin{bmatrix}\hat{\boldsymbol{x}}\\ \boldsymbol{K}_s\end{bmatrix}=\begin{bmatrix}\mathbf{N}_{\mathrm{bb}} & \boldsymbol{C}^{\mathrm{T}}\\ \boldsymbol{C} & \mathbf{0}\end{bmatrix}^{-1}\begin{bmatrix}\boldsymbol{U}\\ \boldsymbol{W}_x\end{bmatrix} \tag{6-8-16}$$

其中，设

$$\begin{bmatrix}\mathbf{N}_{\mathrm{bb}} & \boldsymbol{C}^{\mathrm{T}}\\ \boldsymbol{C} & \mathbf{0}\end{bmatrix}^{-1}=\begin{bmatrix}\boldsymbol{Q}_{uu} & \boldsymbol{Q}_{us}\\ \boldsymbol{Q}_{su} & \boldsymbol{Q}_{ss}\end{bmatrix} \tag{6-8-17}$$

则参数 $\hat{\boldsymbol{X}}$ 的协因数阵就是 $\boldsymbol{Q}_{uu}$，即有

$$\boldsymbol{Q}_{\hat{X}\hat{X}}=\boldsymbol{Q}_{uu} \tag{6-8-18}$$

现证明如下。

由式(6-8-16)及式(6-8-17)，有

$$\hat{\boldsymbol{x}}=\boldsymbol{Q}_{uu}\boldsymbol{U}+\boldsymbol{Q}_{us}\boldsymbol{W}_x=\boldsymbol{Q}_{uu}\boldsymbol{B}^{\mathrm{T}}\boldsymbol{P}\boldsymbol{l}+\boldsymbol{Q}_{us}\boldsymbol{W}_x \tag{6-8-19}$$

式(6-8-19)的第二项为常数向量，按协方差传播律，得

$$\boldsymbol{Q}_{\hat{X}\hat{X}}=\boldsymbol{Q}_{\hat{x}\hat{x}}=\boldsymbol{Q}_{uu}\boldsymbol{B}^{\mathrm{T}}\boldsymbol{P}\boldsymbol{B}\boldsymbol{Q}_{uu}=\boldsymbol{Q}_{uu}\mathbf{N}_{\mathrm{bb}}\boldsymbol{Q}_{uu} \tag{6-8-20}$$

又由式(6-8-17)，得

$$\left.\begin{aligned}\mathbf{N}_{\mathrm{bb}}\boldsymbol{Q}_{uu}+\boldsymbol{C}^{\mathrm{T}}\boldsymbol{Q}_{su}&=\boldsymbol{I}\\ \boldsymbol{C}\boldsymbol{Q}_{uu}&=\mathbf{0}\end{aligned}\right\} \tag{6-8-21}$$

将式(6-8-21)代入式(6-8-20)，有

$$Q_{\hat{X}\hat{X}}=Q_{uu}(I-C^{T}Q_{su})=Q_{uu}-Q_{uu}C^{T}Q_{su}=Q_{uu} \qquad (6-8-22)$$

证毕。

Q_{uu}的求法是将法方程式(6－8－11)的系数阵整体求逆后，在该逆阵中取出左上角的一块 $u\times u$ 阶的方阵，该方阵即为 Q_{uu} 阵。

此外，由式(6－8－17)，根据矩阵分块求逆的公式，也可得 $Q_{\hat{X}\hat{X}}$(即 Q_{uu})的直接计算式：

$$Q_{\hat{X}\hat{X}}=Q_{uu}=N_{bb}^{-1}-N_{bb}^{-1}C^{T}(CN_{bb}^{-1}C^{T})^{-1}CN_{bb}^{-1} \qquad (6-8-23)$$

式(6－8－23)使用时注意：$(CN_{bb}^{-1}C^{T})^{-1}$ 求逆的负号是不能拿到括号中去的，因为矩阵 C 不可能是一个满秩方阵。

3. 观测值改正数的协因数阵

由式(6－8－23)得到了有关所有参数(包括不独立参数)的协因数阵，而包括所有参数的误差方程为

$$\underset{n\times 1}{V}=\underset{n\times u}{B}\ \underset{u\times 1}{\hat{x}}-\underset{n\times 1}{l}$$

将式(6－8－19)有关参数 $\hat{x}$ 的计算式代入误差方程，得

$$\begin{aligned}V&=B\hat{x}-l=BQ_{uu}B^{T}Pl+BQ_{us}W_{x}-l\\&=(BQ_{uu}B^{T}P-I)l+BQ_{us}W_{x}\end{aligned} \qquad (6-8-24)$$

因 $BQ_{us}W_{x}$ 是常数向量，故按协因数传播律可得到 V 的协因数阵为

$$\begin{aligned}Q_{VV}&=(BQ_{uu}B^{T}P-I)Q(BQ_{uu}B^{T}P-I)^{T}\\&=BQ_{uu}N_{bb}Q_{uu}B^{T}-2BQ_{uu}B^{T}+Q\\&=BQ_{uu}B^{T}-2BQ_{uu}B^{T}+Q\\&=Q-BQ_{uu}B^{T}\\&=Q-BQ_{\hat{X}\hat{X}}B^{T}\end{aligned} \qquad (6-8-25)$$

式(6－8－25)的推导过程中参考了式(6－8－20)和式(6－8－18)。

4. 观测值平差值 $\hat{L}$ 的协因数阵

观测值的平差值估计式为

$$\begin{aligned}\hat{L}&=L+V=L+B\hat{x}-l=L+B\hat{x}-(L-BX^{0}-d)\\&=B\hat{x}+BX^{0}+d\end{aligned} \qquad (6-8-26)$$

其中，$BX^{0}+d$ 为常数向量。所以 $\hat{L}$ 的协因数阵为

$$Q_{\hat{L}\hat{L}}=BQ_{\hat{X}\hat{X}}B^{T} \qquad (6-8-27)$$

5. 参数函数的协因数

设 u 个参数估值 $\hat{X}$ 的函数为

$$\hat{F}=f(\hat{X}_{1}\quad \hat{X}_{2}\quad \cdots\quad \hat{X}_{u}) \qquad (6-8-28)$$

将式(6－8－28)全微分，得到权函数式

$$\mathrm{d}\hat{F}=f_{1}\hat{x}_{1}+f_{2}\hat{x}_{2}+\cdots+f_{u}\hat{x}_{u}=f^{T}\hat{x} \qquad (6-8-29)$$

式中，

$$\boldsymbol{f}^{\mathrm{T}}=[f_1 \quad f_2 \quad \cdots \quad f_u]=\left[\frac{\partial f}{\partial \hat{X}_1} \quad \frac{\partial f}{\partial \hat{X}_2} \quad \cdots \quad \frac{\partial f}{\partial \hat{X}_u}\right]_{\hat{X}=X^0} \tag{6-8-30}$$

则参数函数的协因数为

$$\boldsymbol{Q}_{\hat{F}\hat{F}}=\boldsymbol{f}^{\mathrm{T}}\boldsymbol{Q}_{\hat{X}\hat{X}}\boldsymbol{f} \tag{6-8-31}$$

参数函数的中误差为

$$\hat{\sigma}_{\hat{F}}=\hat{\sigma}_0\sqrt{\boldsymbol{Q}_{\hat{F}\hat{F}}} \tag{6-8-32}$$

6.8.3 附有限制条件的间接平差示例

［**例 6－12**］ 现有 3 个点的观测数据，欲拟合抛物线方程：$y=ax^2+b$。观测数据列于表6－14 中。

表 6－14

点号	1^*	2^*	3^*
x	1	2	3
y	7.50	20.50	42.00

其中 x 为自变量，认为其不含误差；y 为观测值，y_i 间互不相关且等权。现要求：

（1）利用最小二乘原理，求出参数 a，b 的最佳估值。

（2）若该抛物线被强制要求通过 2^* 点，参数 a，b 的最佳估值又为多少？

（3）当抛物线被强制要求通过 2^* 点时，参数估值 $\hat{a}$，$\hat{b}$ 的协因数的值。

解 参考式(6－7－15)列误差方程的思路，用观测值估值减去已知观测值，然后用估值的计算式代入待估参数而形成误差方程：

$$v_i=\hat{y}_i-y_i=x_i^2\hat{a}+\hat{b}-y_i$$

其中，$\hat{y}_i$ 为用参数最佳估值 $\hat{a}$，$\hat{b}$ 及自变量 x_i 拟合出来的 i 点上的 y_i 估值；y_i 为 i 点上的观测值。

（1）误差方程为

$$\left.\begin{aligned}v_1&=1^2\,\hat{a}+\hat{b}-7.50\\v_2&=2^2\,\hat{a}+\hat{b}-20.50\\v_3&=3^2\,\hat{a}+\hat{b}-42.00\end{aligned}\right\} \tag{1}$$

法方程为

$$\begin{bmatrix}98 & 14\\14 & 3\end{bmatrix}\begin{bmatrix}\hat{a}\\\hat{b}\end{bmatrix}-\begin{bmatrix}467.50\\70.00\end{bmatrix}=\mathbf{0} \tag{2}$$

解法方程，得参数最佳估值为

$$\begin{bmatrix}\hat{a}\\\hat{b}\end{bmatrix}=\boldsymbol{N}_{\mathrm{bb}}^{-1}\boldsymbol{U}=\begin{bmatrix}0.0306 & -0.1428\\-0.1428 & 1.0000\end{bmatrix}\begin{bmatrix}467.50\\70.00\end{bmatrix}=\begin{bmatrix}4.3095\\3.2410\end{bmatrix} \tag{3}$$

即抛物线的拟合方程为

$$\hat{y}=4.3095x^2+3.2410 \tag{4}$$

(2) 当抛物线被强制要求通过2*点时，即认为2*点的 $y_2=20.50$ 没有观测误差，将与2*点有关的值代入抛物线方程，有约束条件

$$4\hat{a}+\hat{b}-20.50=0 \tag{5}$$

存在，即参数之间有了一个约束关系。此时如果按间接平差处理，只需设一个独立参数，但一个参数怎样设，误差方程如何列，还需进行另一番考虑。现在仍按常规做法，设两个参数 a, b，列了误差方程式(1)，再考虑约束条件，用附有限制条件的间接平差法来解题。

误差方程和约束条件为

$$\left.\begin{aligned}v_1&=1^2\hat{a}+\hat{b}-7.50\\v_2&=2^2\hat{a}+\hat{b}-20.50\\v_3&=3^2\hat{a}+\hat{b}-42.00\\4\hat{a}+\hat{b}&-20.50=0\end{aligned}\right\} \tag{6}$$

解法一 利用约束条件，有

$$\hat{b}=-4\hat{a}+20.50 \tag{7}$$

将其代入误差方程，消除了多设的参数 $\hat{b}$，得误差方程：

$$\begin{bmatrix}v_1\\v_3\end{bmatrix}=\begin{bmatrix}-3\\5\end{bmatrix}\hat{a}-\begin{bmatrix}-13\\21.5\end{bmatrix}$$

按间接平差法，得

$$\hat{a}=4.3088 \tag{8}$$

将其代入式(7)，得参数 $\hat{b}$ 的估值：

$$\hat{b}=3.2648 \tag{9}$$

解法二 由约束条件式(5)，参照式(6-8-4)，有

$$\boldsymbol{C}=[4\quad 1],\qquad W_x=20.50 \tag{10}$$

再由式(2)算得的法方程系数阵 $\boldsymbol{N}_{\mathrm{bb}}$ 和常数项向量 $\boldsymbol{U}$ 的值，并考虑式(6-8-11)，得法方程为

$$\begin{bmatrix}98 & 14 & 4\\14 & 3 & 1\\4 & 1 & 0\end{bmatrix}\begin{bmatrix}\hat{a}\\\hat{b}\\K_s\end{bmatrix}-\begin{bmatrix}467.50\\70.00\\20.50\end{bmatrix}=\boldsymbol{0} \tag{11}$$

解之得

$$\begin{bmatrix}\hat{a}\\ \hat{b}\\ K_s\end{bmatrix}=\begin{bmatrix}\boldsymbol{N}_{\mathrm{bb}} & \boldsymbol{C}^{\mathrm{T}}\\ \boldsymbol{C} & \boldsymbol{0}\end{bmatrix}^{-1}\begin{bmatrix}\boldsymbol{U}\\ \boldsymbol{W}_x\end{bmatrix}$$

$$=\begin{bmatrix}0.0294 & -0.1176 & -0.0588\\ -0.1176 & 0.4706 & 1.2353\\ -0.0588 & 1.2353 & -2.8824\end{bmatrix}\begin{bmatrix}467.50\\ 70.00\\ 20.50\end{bmatrix} \tag{12}$$

$$=\begin{bmatrix}4.3088\\ 3.2648\\ -0.1176\end{bmatrix}$$

得参数估值

$$\hat{a}=4.3088,\ \hat{b}=3.2648$$

解法二的结果与解法一的结果相同。将解法二的结果与式(3)比较,可见抛物线强制通过 2^* 点时,其参数估值是有变化的。

此时,抛物线的拟合方程为

$$\hat{y}=4.3088x^2+3.2648$$

注意:关于**方程拟合**问题,是需要有较多观测值参与才能达到比较好的拟合效果的,此题为计算方便仅用了三点的观测值,实际上是远远不够的。而且得到拟合方程以后,还应该用方差分析等方法检验拟合方程的有效性等问题,在此不作深入讨论。

(3) 当抛物线被强制要求通过 2^* 点时,参考式(6-8-22)和式(12),可得平差后参数的协因数阵为

$$\boldsymbol{Q}_{\hat{X}\hat{X}}=\boldsymbol{Q}_{uu}=\begin{bmatrix}0.0294 & -0.1176\\ -0.1176 & 0.4706\end{bmatrix}$$

参数估值 $\hat{a}$, $\hat{b}$ 的协因数分别为

$$Q_{\hat{a}\hat{a}}=0.0294,\ Q_{\hat{b}\hat{b}}=0.4706$$

习 题 6

[6-1] 在间接平差中,误差方程为 $\boldsymbol{V}=\boldsymbol{B}\hat{\boldsymbol{x}}-\boldsymbol{l}$。式中,$\boldsymbol{l}=\boldsymbol{L}-(\boldsymbol{B}\boldsymbol{X}^0+\boldsymbol{d})$,观测值 $\boldsymbol{L}$ 的权阵为 $\boldsymbol{P}$,已知参数 $\hat{\boldsymbol{X}}=\boldsymbol{X}^0+\hat{\boldsymbol{x}}$ 的协因数阵 $\boldsymbol{Q}_{\hat{X}\hat{X}}=(\boldsymbol{B}^{\mathrm{T}}\boldsymbol{P}\boldsymbol{B})^{-1}=\boldsymbol{N}_{\mathrm{bb}}^{-1}$。现应用协因数传播律,由误差方程得 $\boldsymbol{Q}_{VV}=\boldsymbol{B}\boldsymbol{Q}_{\hat{X}\hat{X}}\boldsymbol{B}^{\mathrm{T}}=\boldsymbol{B}\boldsymbol{N}_{\mathrm{bb}}^{-1}\boldsymbol{B}^{\mathrm{T}}$。以上做法是否正确? 为什么?

[6-2] 在间接平差中,已知观测值的权阵为 $\boldsymbol{P}$。设参数平差值的函数 $\hat{\boldsymbol{F}}=\boldsymbol{f}^{\mathrm{T}}\hat{\boldsymbol{X}}+\boldsymbol{f}_0$,观测值平差值的函数 $\hat{\boldsymbol{G}}=\boldsymbol{g}^{\mathrm{T}}\hat{\boldsymbol{L}}+\boldsymbol{g}_0$。式中,$\boldsymbol{f}^{\mathrm{T}}$, $\boldsymbol{g}^{\mathrm{T}}$ 为系数阵;$\boldsymbol{f}_0$, $\boldsymbol{g}_0$ 为常数。试求 $\boldsymbol{Q}_{\hat{F}\hat{G}}$。

[6-3] 在图 6-19 所示的水准网中,A 点为已知点,其高程 $H_A=10\ \mathrm{m}$, P_1, P_2 为待定点,在其间进行水准测量,测得高差及水准路线长度分别为:$h_1=1.335\ \mathrm{m}$, $h_2=1.055\ \mathrm{m}$, $h_3=-2.396\ \mathrm{m}$; $s_1=2\ \mathrm{km}$, $s_2=2\ \mathrm{km}$, $s_3=3\ \mathrm{km}$。试用间接平差法求各高差的平差值。

[6-4] 在图 6-20 所示三角形中,以不等精度测得角值:$\alpha=78°23'12''$, $p_\alpha=1$; $\beta=85°30'06''$, $p_\beta=2$; $\gamma=16°06'32''$, $p_\gamma=1$; $\delta=343°53'24''$, $p_\delta=1$。试用间接平差法求各角的平差值。

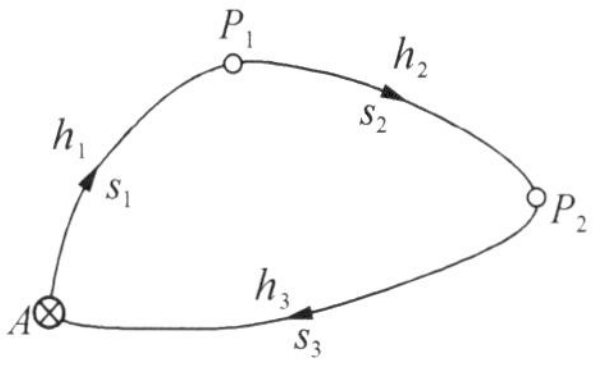

图 6 - 19

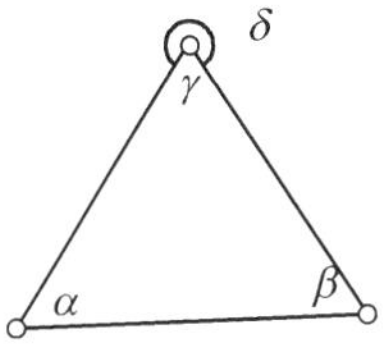

图 6 - 20

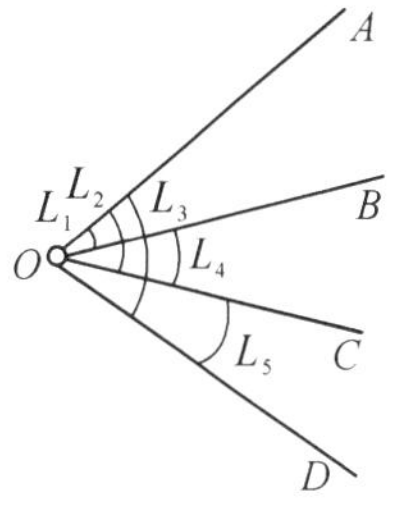

图 6 - 21

[6 - 5]　如图 6 - 21 所示,在测站点 O 观测了 4 个方向间的角度,得同精度独立观测值: $L_1 = 43°18'15''$, $L_2 = 81°43'18''$, $L_3 = 116°03'48''$, $L_4 = 38°25'12''$, $L_5 = 34°20'30''$。试用间接平差法求各角值的最或然值。

[6 - 6]　用间接平差法求单一附合水准路线(图 6 - 22)中各观测值的最或然值(观测高差和路线长度用图中符号代替)。

[6 - 7]　如图 6 - 23 所示水准网,A, B 为已知水准点,P_1, P_2, P_3 为待定点,已知各水准路线的长度标于图上,现规定用 1 km 水准路线的高差中误差作为单位权中误差。试用间接平差法求平差后 P_1, P_2, P_3 三点高程的协因数。

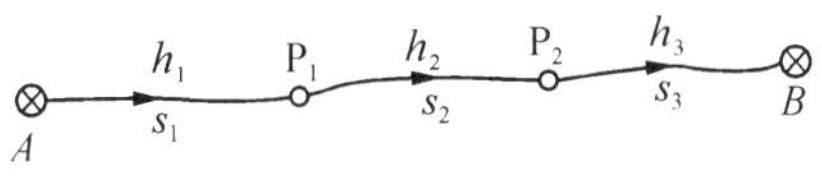

图 6 - 22

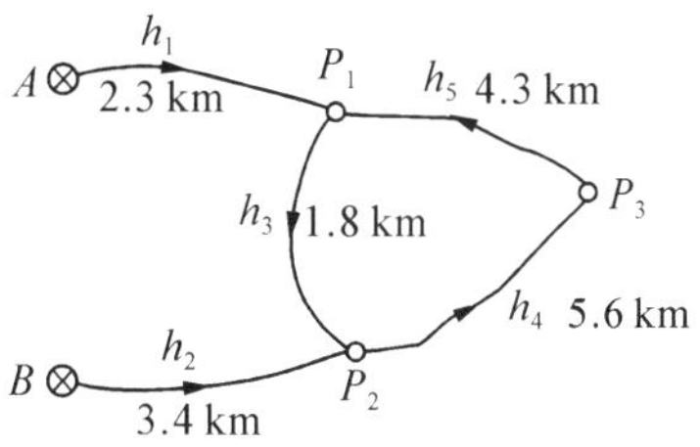

图 6 - 23

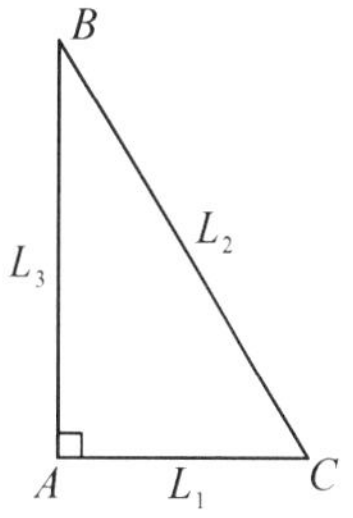

图 6 - 24

[6 - 8]　如图 6 - 24 所示直角三角形中,测得三边之长为 L_1, L_2, L_3,若设参数 $\hat{\boldsymbol{X}} = [\hat{X}_1 \quad \hat{X}_2]^{\mathrm{T}} = [\hat{L}_1 \quad \hat{L}_3]^{\mathrm{T}}$,试用间接平差法列出该图中所有的误差方程式。

[6 - 9]　用间接平差法证明:测角单三角形闭合差平均分配法则的正确性。

[6 - 10]　在航测像片上有一块长方形水田(图 6 - 25),用卡规量得水田的长 $L_1 = 50\ \mathrm{cm} \pm 0.6\ \mathrm{cm}$,宽 $L_2 = 30\ \mathrm{cm} \pm 0.6\ \mathrm{cm}$,又用求积仪量得该水田的面积 $L_3 = 1\,535\ \mathrm{cm}^2 \pm 6\ \mathrm{cm}^2$。试按间接平差法计算:

(1) 该水田面积的最小二乘估值;

(2) 若航测像片的比例尺为 1∶2 000(无误差),试求该水田的实际面积及其中误差。

[6 - 11]　如图 6 - 26 所示的大地四边形测边网,A, B 为已知点,C, D 为待定点,已知点坐标及待定点的近似坐标为

$$\begin{cases} X_A = 0\ \mathrm{m} \\ Y_A = 0\ \mathrm{m} \end{cases}, \begin{cases} X_B = 6\,735.446\ \mathrm{m} \\ Y_B = 0\ \mathrm{m} \end{cases}, \begin{cases} X_C^0 = 6\,822.794\ \mathrm{m} \\ Y_C^0 = 3\,537.986\ \mathrm{m} \end{cases}, \begin{cases} X_D^0 = 1\,483.890\ \mathrm{m} \\ Y_D^0 = 4\,719.660\ \mathrm{m} \end{cases}$$

边长观测值 $s_1 = 3\,539.064\ \mathrm{m}$, $s_2 = 7\,685.562\ \mathrm{m}$, $s_3 = 5\,468.063\ \mathrm{m}$, $s_4 = 4\,947.436\ \mathrm{m}$, $s_5 = 7\,060.739\ \mathrm{m}$,各观测边的权 $p_i = 1/s_i$。求:

(1) 列出误差方程,计算法方程;

(2) C, D 点坐标最或然值及其中误差;

(3) 平差后 CD 边长相对中误差。

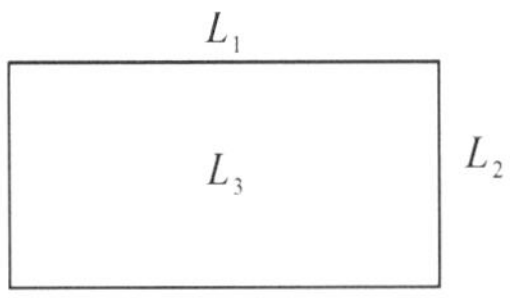

图 6-25

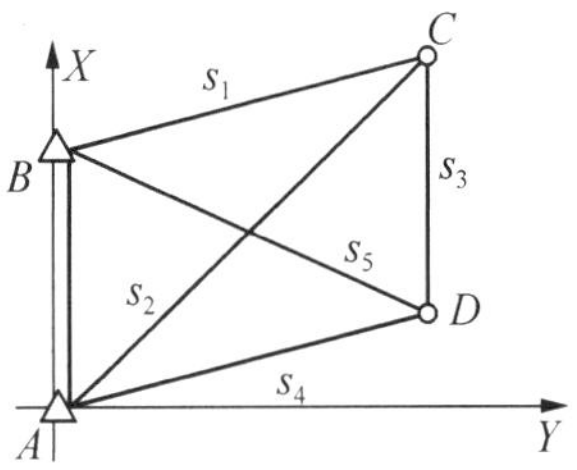

图 6-26

[6-12]　图 6-27 为一个准备实施的测边网，A，B，C 三点为已知点，P 为待定点，现在图上量得距离的概值：$s_1 = 187.40\ \text{m}$，$s_2 = 259.78\ \text{m}$，$s_3 = 190.62\ \text{m}$。欲用标称精度 $\sigma_{s_i} = (3 + 2 \cdot s_i)\text{mm}$ 的测距仪实施测距，由于边长相差不大，设为等精度单位权观测值。已知点坐标值：$\begin{cases} X_A = 603.984\ \text{m} \\ Y_A = 414.420\ \text{m} \end{cases}$，$\begin{cases} X_B = 807.665\ \text{m} \\ Y_B = 496.094\ \text{m} \end{cases}$，$\begin{cases} X_C = 889.339\ \text{m} \\ Y_C = 308.546\ \text{m} \end{cases}$，$P$ 点近似坐标值：$\begin{cases} X_P^0 = 705.802\ \text{m} \\ Y_P^0 = 257.105\ \text{m} \end{cases}$。要求：

(1) 估算 P 点点位中误差；

(2) 当要求 P 点点位中误差小于 3 mm 时，每条边长应平均观测几次？

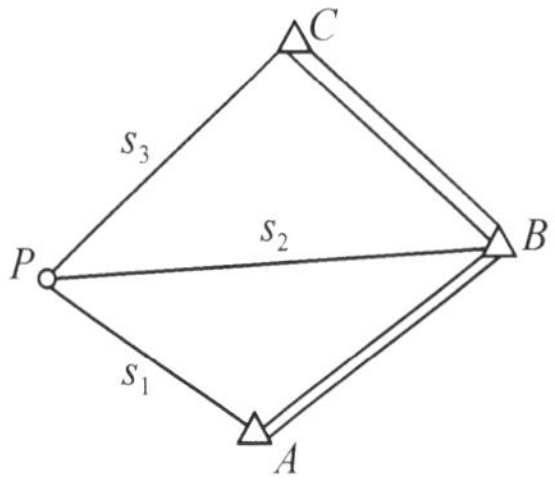

图 6-27

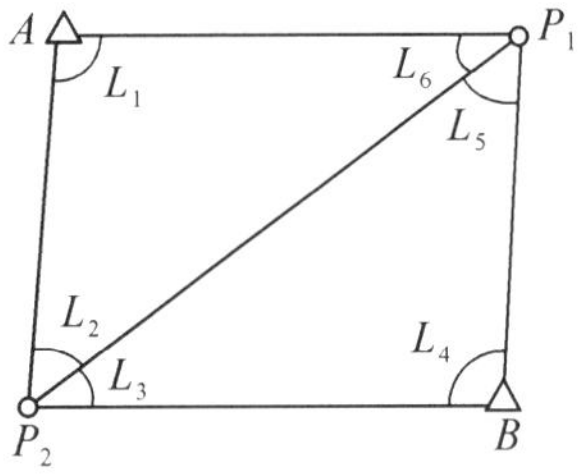

图 6-28

[6-13]　在图 6-28 所示的测角网中，A，B 为已知点，P_1，P_2 为待定点，已知点坐标 $X_A = 867.156\ \text{m}$，$Y_A = 252.080\ \text{m}$，$X_B = 638.267\ \text{m}$，$Y_B = 446.686\ \text{m}$，角度观测值 $L_1 = 94°15'21''$，$L_2 = 43°22'42''$，$L_3 = 38°26'00''$，$L_4 = 102°35'52''$，$L_5 = 38°58'01''$，$L_6 = 42°21'43''$。设 P_1，P_2 点坐标平差值为参数 $\hat{\boldsymbol{X}} = [\hat{X}_1 \quad \hat{Y}_1 \quad \hat{X}_2 \quad \hat{Y}_2]^{\mathrm{T}}$，已知参数的近似值为 $X_1^0 = 855.050\ \text{m}$，$Y_1^0 = 491.050\ \text{m}$；$X_2^0 = 634.240\ \text{m}$，$Y_2^0 = 222.820\ \text{m}$。试按坐标平差法(考虑观测值的相关权阵)求：

(1) P_1，P_2 点坐标平差值及其点位中误差；

(2) 观测值的平差值 $\hat{\boldsymbol{L}}$；

(3) 最弱边 $s_{P_1P_2}$ 的相对精度。

[6-14]　如图 6-29 所示，A，B 为已知点，为确定 P 点坐标，观测了两条边长 s_1，s_2，并在 P 点观测了方向观测值 γ_1，γ_2，设观测值相互独立且观测精度为 σ_{s_1}，σ_{s_2} 和 σ_γ。现要求：

(1) 计算观测值个数 n、必要观测数 t 及多余观测数 r；

(2) 用间接平差法列出平差值观测方程(不必线性化)；

(3) 用条件平差法列出平差值条件方程(不必线性化)；

(4) 观测值的权阵如何确定？

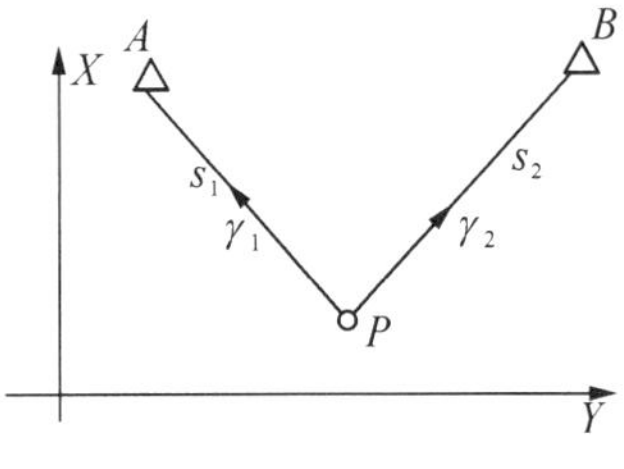

图 6-29

[6-15]　为拟合抛物线方程 $y^2 = ax$，观测了 5 组数据(表 6-18)，已知 x_i 无误差，y_i 为相互独立的等精度观测值。试求：

(1) 抛物线方程中，系数 a 的最优估值 $\hat{a}$；

(2) 估值 $\hat{a}$ 的中误差。

表 6-18

序号	x/cm	y/cm
1	1	1.90
2	2	2.70
3	3	3.35
4	4	3.80
5	5	4.32

[6-16] 如图 6-30 所示，设 A 为已知点，其坐标为 $X_A=2\ 000$ m，$Y_A=2\ 000$ m。由 GPS 测量得到各条基线两端点的平面坐标差观测值为

$$\begin{cases}\Delta X_1=64.238\text{ m}\\ \Delta Y_1=358.150\text{ m}\end{cases}\quad \begin{cases}\Delta X_2=-521.655\text{ m}\\ \Delta Y_2=23.246\text{ m}\end{cases}\quad \begin{cases}\Delta X_3=585.887\text{ m}\\ \Delta Y_3=334.900\text{ m}\end{cases}$$

$$\begin{cases}\Delta X_4=46.110\text{ m}\\ \Delta Y_4=453.557\text{ m}\end{cases}\quad \begin{cases}\Delta X_5=539.786\text{ m}\\ \Delta Y_5=-118.650\text{ m}\end{cases}$$

各组观测值的方差阵均为

$$\begin{bmatrix}\sigma_{\Delta x}^2 & \sigma_{\Delta x\Delta y}\\ \sigma_{\Delta x\Delta y} & \sigma_{\Delta y}^2\end{bmatrix}=\begin{bmatrix}1 & 0.3\\ 0.3 & 1\end{bmatrix}\ \text{cm}^2$$

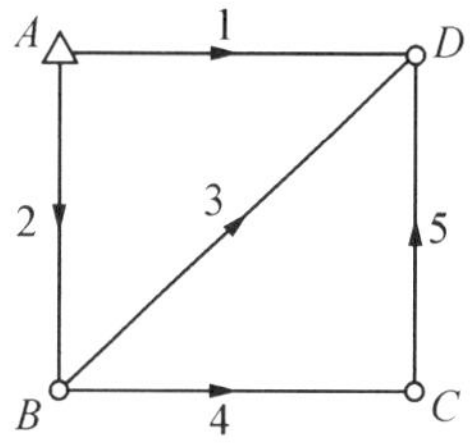

图 6-30

设两组观测值 $(\Delta X_i,\ \Delta Y_i)$ 与 $(\Delta X_j,\ \Delta Y_j)(i\neq j)$ 之间的互协方差阵为零矩阵，单位权方差 $\sigma_0^2=1\text{ cm}^2$。

(1) 列出条件方程，用条件平差法求观测值的改正数；

(2) 以 B, C, D 三点的坐标估值为参数，列出误差方程，求出参数平差值及各点的点位精度。

[6-17] 条件平差中的条件方程、附有限制条件的间接平差中的约束条件、附合网条件平差中的强制附合条件，均是对某种特定对象进行约束。请简单介绍以上三种平差方式中的条件式(约束式)的约束对象各为什么？设立约束条件的目的各是什么？

[6-18] 某平差问题中有 4 个等权独立观测值，现按附有限制条件的间接平差法进行平差。误差方程式为

$$\left.\begin{aligned} v_1&=\hat{x}_1 && -1\\ v_2&=\hat{x}_1 && -2\\ v_3&= && \hat{x}_2+1\\ v_4&=\hat{x}_1 && +\hat{x}_2+2\end{aligned}\right\}$$

约束条件方程式为 $\hat{x}_1+2\hat{x}_2+3=0$。现有未知数的函数 $\hat{F}$，其权函数式为 $\mathrm{d}\hat{F}=3\hat{x}_1-5\hat{x}_2$。要求：

(1) 组成法方程式并求其参数解向量 $\hat{\boldsymbol{x}}$；

(2) 计算函数 $\hat{F}$ 的协因数 $Q_{\hat{F}\hat{F}}$。

[6-19] 如图 6-31 所示水准网，已知 A, B 两点的高程为 $H_A=1.00$ m，$H_B=10.00$ m，P_1，P_2 两点为待定点，观测高差 $h_1=3.58$ m，$h_2=5.40$ m，$h_3=4.11$ m，$h_4=4.85$ m，$h_5=0.50$ m，设观测值等权。现选 AP_1，P_1P_2，P_2B 三段的高差平差值为参数 $\hat{X}_1$，$\hat{X}_2$，$\hat{X}_3$。试按附有限制条件的间接平差法求：

(1) 改正数向量 $\boldsymbol{V}$ 及单位权方差估值；

(2) P_1，P_2 点高程平差值及其方差阵。

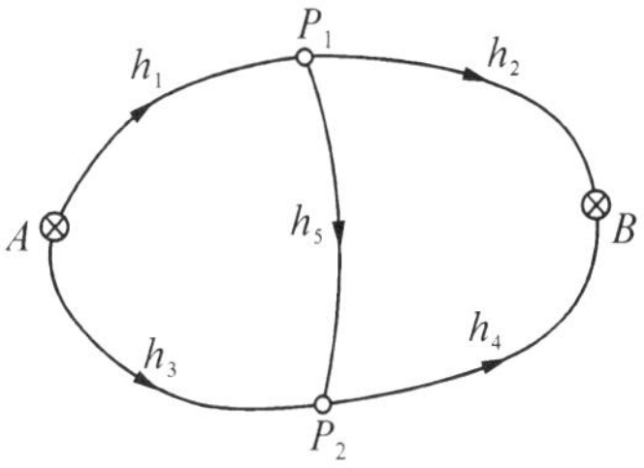

图 6-31

[6-20] 如图 6-32 所示，将一个大矩形分为两个小矩形(设各角度均为 90°)。下列观测值等权且相互独立：$L_1=2.00$ m，$L_2=3.00$ m，$L_3=4.10$ m，$L_4=1.00$ m，$L_5=1.94$ m。

(1) 计算面积 S_1 及 S_2 的最小二乘估值及其协因数；

(2) 若有强制附合条件 $S_1=3S_2$，试列出约束条件并重新计算面积 S_1 及 S_2 的最小二乘估值。

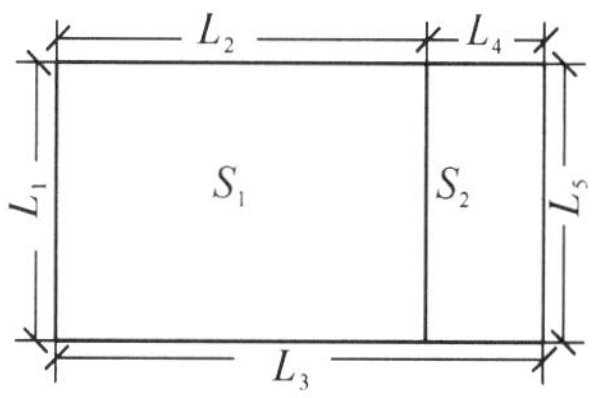

图 6-32

7 概括平差函数模型

7.1 经典平差法的概括平差函数模型

第 4 章介绍了经典平差中最常用的四种函数模型：条件平差函数模型，附有参数的条件平差函数模型，间接平差函数模型和附有限制条件的间接平差函数模型，并在第 5,6 章对这四种函数模型的应用作了详细的介绍。

本章将介绍一种新的函数模型：概括平差函数模型（也称为附有限制条件的条件平差模型），这种模型通过一些限制和定义，就可以变换成上述四种经典平差函数模型中指定的一种。概括平差函数模型只用于理论分析，在实际工作中并不会采用。因此，只要能够证明附有限制条件的条件平差法得到的估值在统计意义上是最优的，就能够证明：采用四种经典平差法中的任何一种方法进行平差，得到平差值都是最优估值。

7.1.1 附有限制条件的条件平差模型

在一个经典平差问题中，当观测值个数为 n，能够唯一确定一个几何模型的必要观测数（独立参数个数）为 t 时，多余观测数为 $r=n-t$。r 也是条件平差法中条件方程的个数。

如果为了某种需要，在条件平差时选了 u 个参数参与平差，则应该列出 $c=r+u$ 个方程，此时即为附有参数的条件平差法。当在这 u 个参数中（包括 $u<t$，$u=t$ 或 $u>t$，但其中没有 t 个参数独立的情况），有 s 个参数是不独立的，那么，一定可以列出 s 个参数间的限制条件方程来反映这 u 个参数之间的函数关系。这时，前面附有参数的条件方程个数应该减为：$c=r+u-s$，即 s 个参数约束条件已经单独列出。因此，可以得到**附有限制条件的条件平差函数模型**如下：

$$\left.\begin{aligned} f(\widetilde{\boldsymbol{L}},\ \widetilde{\boldsymbol{X}}) &= \mathbf{0} \\ \Phi(\widetilde{\boldsymbol{X}}) &= \mathbf{0} \end{aligned}\right\} \tag{7-1-1}$$

根据 4.2.1 节的内容，参考式（4-2-30）和式（4-2-32）的第二式，可以得到式（7-1-1）用估值取代真值后的线性化函数式为

$$\left.\begin{aligned} \underset{c\times n}{\boldsymbol{A}}\,\underset{n\times 1}{\boldsymbol{V}} + \underset{c\times u}{\boldsymbol{B}}\,\underset{u\times 1}{\hat{\boldsymbol{x}}} - \underset{c\times 1}{\boldsymbol{W}} &= \underset{c\times 1}{\mathbf{0}} \\ \underset{s\times u}{\boldsymbol{C}}\,\underset{u\times 1}{\hat{\boldsymbol{x}}} - \underset{s\times 1}{\boldsymbol{W}_x} &= \underset{s\times 1}{\mathbf{0}} \end{aligned}\right\} \tag{7-1-2}$$

参照式（4-2-10），闭合差计算式为

$$\left.\begin{aligned} \boldsymbol{W} &= -(\boldsymbol{AL} + \boldsymbol{BX}^0 + \boldsymbol{A}_0) \\ \boldsymbol{W}_x &= -(\boldsymbol{CX}^0 + \boldsymbol{C}_0) \end{aligned}\right\} \tag{7-1-3}$$

附有参数的条件方程个数为：$c=r+u-s$，即应满足关系式：

$$c+s=r+u \text{ 且 } c>r,\ s<u \tag{7-1-4}$$

列方程时应注意：如果 $c+s<r+u$，则表示条件方程少列了，平差后得到的结果将无法使平差的几何模型完全闭合；若 $c+s>r+u$，则表示条件方程多列了，方程间存在线性相关的情况，这将会造成参数解算的困难。

式(7-1-2)系数阵的秩分别为

$$R(\boldsymbol{A})=c,\ R(\boldsymbol{B})=u,\ R(\boldsymbol{C})=s \tag{7-1-5}$$

即矩阵 $\boldsymbol{A}$, $\boldsymbol{C}$ 为行满秩阵，矩阵 $\boldsymbol{B}$ 为列满秩阵。说明式(7-1-2)中的各条件方程相互独立。

随机模型为

$$\underset{n\times n}{\boldsymbol{D}}=\sigma_0^2\underset{n\times n}{\boldsymbol{Q}}=\sigma_0^2\boldsymbol{P}^{-1} \tag{7-1-6}$$

平差的准则为

$$\boldsymbol{V}^{\mathrm{T}}\boldsymbol{P}\boldsymbol{V}=\min \tag{7-1-7}$$

7.1.2 概括平差函数模型与经典平差函数模型的关系

在概括平差函数模型即附有限制条件的条件平差模型式(7-1-2)中，当参数的选择不同时，会有与经典平差法相同的函数模型产生。现讨论如下：

(1) 条件平差。条件平差法是一种没有任何参数参与的平差方法，即参数个数：$u=0$，$s=0$，系数阵：$\boldsymbol{B}=\boldsymbol{0}$，$\boldsymbol{C}=\boldsymbol{0}$，此时 $c=r$，因此，式(7-1-2)的第二式消失，第一式变为：$\underset{r\times n}{\boldsymbol{A}}\underset{n\times 1}{\boldsymbol{V}}-\underset{r\times 1}{\boldsymbol{W}}=\underset{r\times 1}{\boldsymbol{0}}$ 的条件平差模型。

(2) 间接平差。当选取的参数是 u 个独立的且能唯一确定几何模型的参数时，即 $u=t$ 时，有 $s=0$，$\boldsymbol{C}=\boldsymbol{0}$，方程数变为 $c=r+u=r+t=n$，即式(7-1-2)的第二式消失，第一式的个数变为 n 个，有：$\underset{n\times n}{\boldsymbol{A}}\underset{n\times 1}{\boldsymbol{V}}+\underset{n\times t}{\boldsymbol{B}}\underset{t\times 1}{\hat{\boldsymbol{x}}}-\underset{n\times 1}{\boldsymbol{W}}=\underset{n\times 1}{\boldsymbol{0}}$，这时总可以使每个条件方程中只含有一个观测值，并使其系数均为-1，即矩阵 $\boldsymbol{A}=-\boldsymbol{I}_n$，于是有：$\underset{n\times 1}{\boldsymbol{V}}=\underset{n\times t}{\boldsymbol{B}}\underset{t\times 1}{\hat{\boldsymbol{x}}}-\underset{n\times 1}{\boldsymbol{l}}$ 的间接平差模型。

(3) 附有参数的条件平差。当选取 u 个函数独立的参数，且 $u<t$，$\boldsymbol{C}=\boldsymbol{0}$ 时，式(7-1-2)的第二式消失，第一式的方程数为 $c=r+u$，故有：$\underset{c\times n}{\boldsymbol{A}}\underset{n\times 1}{\boldsymbol{V}}+\underset{c\times u}{\boldsymbol{B}}\underset{u\times 1}{\hat{\boldsymbol{x}}}-\underset{c\times 1}{\boldsymbol{W}}=\underset{c\times 1}{\boldsymbol{0}}$ 的附有参数的条件平差模型。

(4) 附有限制条件的间接平差。当选取的 $u(u>t)$ 个参数中已经包含了 t 个独立的参数(能唯一确定几何模型)、s 个与 t 个独立参数函数相关的参数时，式(7-1-2)的第一式的条件方程数为 $c=r+u-s=r+t=n$，此时一定可以使每个条件方程中只含有一个观测值，并使其系数均为-1，即矩阵 $\boldsymbol{A}=-\boldsymbol{I}_n$，且式(7-1-2)的第二式保留。因此可以从式(7-1-2)得到附有限制条件的间接平差模型：$\left.\begin{array}{l}\underset{n\times 1}{\boldsymbol{V}}=\underset{n\times u}{\boldsymbol{B}}\underset{u\times 1}{\hat{\boldsymbol{x}}}-\underset{n\times 1}{\boldsymbol{l}}\\ \underset{s\times u}{\boldsymbol{C}}\underset{u\times 1}{\hat{\boldsymbol{x}}}-\underset{s\times 1}{\boldsymbol{W}_x}=\underset{s\times 1}{\boldsymbol{0}}\end{array}\right\}$。

从以上讨论不难看出，所有平差方法的函数模型都可以看成是附有限制条件的条件平差模型的一种特例。由于能够唯一确定一个几何模型的独立参数个数为 t 个，所以函数模

型中独立参数个数 u 的取值范围为

$$0 \leqslant u \leqslant t \tag{7-1-8}$$

在某个平差问题中，多余观测数为 $r=n-t$，若又选择了 u 个独立参数，则总共应该列出的一般条件方程个数为 $c=r+u$ 个。因此，一般条件方程个数的取值范围为

$$r \leqslant c \leqslant n \tag{7-1-9}$$

从式(7-1-8)和式(7-1-9)可以看出，当独立参数个数 u 取其下限值 $u=0$ 时，应该列出 $c=r$ 个一般条件方程；当 u 取其上限值 $u=t$ 时，应该列出 $c=r+t=n$ 个一般条件方程。事实上，前者就是条件平差的情况，后者就是间接平差的情况。可见，对于独立参数而言，条件平差法和间接平差法是两种极限状况。

7.2 附有限制条件的条件平差原理

7.2.1 平差值计算公式

由式(7-1-1)得附有限制条件的条件平差法线性化后的模型为

$$\left.\begin{aligned} \underset{c\times n}{\boldsymbol{A}}\,\underset{n\times 1}{\boldsymbol{V}}+\underset{c\times u}{\boldsymbol{B}}\,\underset{u\times 1}{\hat{\boldsymbol{x}}}-\underset{c\times 1}{\boldsymbol{W}}=\underset{c\times 1}{\boldsymbol{0}} \\ \underset{s\times u}{\boldsymbol{C}}\,\underset{u\times 1}{\hat{\boldsymbol{x}}}-\underset{s\times 1}{\boldsymbol{W}_x}=\underset{s\times 1}{\boldsymbol{0}} \end{aligned}\right\} \tag{7-2-1}$$

该线性方程中，未知数系数阵的秩等于其增广矩阵的秩，即

$$R\begin{bmatrix}\boldsymbol{A} & \boldsymbol{B}\\ \boldsymbol{0} & \boldsymbol{C}\end{bmatrix}=R\begin{bmatrix}\boldsymbol{A} & \boldsymbol{B} & \vdots & \boldsymbol{W}\\ \boldsymbol{0} & \boldsymbol{C} & \vdots & \boldsymbol{W}_x\end{bmatrix}=c+s \tag{7-2-2}$$

所以式(7-2-1)为相容方程，有确定解。但该方程组中方程数为 $c+s$ 个，未知数 v 和 $\hat{x}$ 的个数为 $n+u$ 个，因 $c<n$，$s<u$，所以 $c+s<n+u$，即方程个数少于未知数个数，方程的解不唯一。应采用最小二乘原则，使未知数的解唯一。可按求条件极值的拉格朗日乘数法，构成拉格朗日函数：

$$\Phi=\boldsymbol{V}^{\mathrm{T}}\boldsymbol{P}\boldsymbol{V}-2\boldsymbol{K}^{\mathrm{T}}(\boldsymbol{A}\boldsymbol{V}+\boldsymbol{B}\hat{\boldsymbol{x}}-\boldsymbol{W})-2\boldsymbol{K}_{\mathrm{s}}^{\mathrm{T}}(\boldsymbol{C}\hat{\boldsymbol{x}}-\boldsymbol{W}_x) \tag{7-2-3}$$

式中，$\underset{c\times 1}{\boldsymbol{K}}$，$\underset{s\times 1}{\boldsymbol{K}_{\mathrm{s}}}$ 为对应于两个条件方程的联系数向量。将 Φ 对 $\boldsymbol{V}$ 和 $\hat{\boldsymbol{x}}$ 求偏导数并令其等于零，有

$$\frac{\partial\Phi}{\partial\boldsymbol{V}}=2\boldsymbol{V}^{\mathrm{T}}\boldsymbol{P}-2\boldsymbol{K}^{\mathrm{T}}\boldsymbol{A}=\boldsymbol{0},\ \frac{\partial\Phi}{\partial\hat{\boldsymbol{x}}}=-2\boldsymbol{K}^{\mathrm{T}}\boldsymbol{B}-2\boldsymbol{K}_{\mathrm{s}}^{\mathrm{T}}\boldsymbol{C}=\boldsymbol{0}$$

转置后，有

$$\boldsymbol{P}\boldsymbol{V}-\boldsymbol{A}^{\mathrm{T}}\boldsymbol{K}=\boldsymbol{0},\ \boldsymbol{B}^{\mathrm{T}}\boldsymbol{K}+\boldsymbol{C}^{\mathrm{T}}\boldsymbol{K}_{\mathrm{s}}=\boldsymbol{0}$$

再与原方程式(7-2-1)联立，得到基础方程：

$$\left.\begin{aligned} \boldsymbol{AV}+\boldsymbol{B\hat{x}}-\boldsymbol{W}=\boldsymbol{0} \\ \boldsymbol{C\hat{x}}-\boldsymbol{W}_x=\boldsymbol{0} \\ \boldsymbol{PV}-\boldsymbol{A}^{\mathrm{T}}\boldsymbol{K}=\boldsymbol{0} \\ \boldsymbol{B}^{\mathrm{T}}\boldsymbol{K}+\boldsymbol{C}^{\mathrm{T}}\boldsymbol{K}_s=\boldsymbol{0} \end{aligned}\right\} \tag{7-2-4}$$

基础方程中，由第三式解得：$\underset{n\times1}{\boldsymbol{V}}=\underset{n\times n}{\boldsymbol{P}^{-1}}\underset{n\times r}{\boldsymbol{A}^{\mathrm{T}}}\underset{r\times1}{\boldsymbol{K}}=\boldsymbol{QA}^{\mathrm{T}}\boldsymbol{K}$，将其代入第一式，并与剩下的两式组成法方程：

$$\left.\begin{aligned} \boldsymbol{NK}+\boldsymbol{B\hat{x}}-\boldsymbol{W}=\boldsymbol{0} \\ \boldsymbol{C\hat{x}}-\boldsymbol{W}_x=\boldsymbol{0} \\ \boldsymbol{B}^{\mathrm{T}}\boldsymbol{K}+\boldsymbol{C}^{\mathrm{T}}\boldsymbol{K}_s=\boldsymbol{0} \end{aligned}\right\} \tag{7-2-5}$$

式中，$\boldsymbol{N}=\boldsymbol{AQA}^{\mathrm{T}}$，其秩为 $R\left(\underset{c\times c}{\boldsymbol{N}}\right)=c$。将式(7-2-5)三式合写，得法方程的另一形式为

$$\begin{bmatrix} \underset{c\times c}{\boldsymbol{N}} & \underset{c\times s}{\boldsymbol{0}} & \underset{c\times u}{\boldsymbol{B}} \\ \underset{s\times c}{\boldsymbol{0}} & \underset{s\times s}{\boldsymbol{0}} & \underset{s\times u}{\boldsymbol{C}} \\ \underset{u\times c}{\boldsymbol{B}^{\mathrm{T}}} & \underset{u\times s}{\boldsymbol{C}^{\mathrm{T}}} & \underset{u\times u}{\boldsymbol{0}} \end{bmatrix}\begin{bmatrix} \underset{c\times1}{\boldsymbol{K}} \\ \underset{s\times1}{\boldsymbol{K}_s} \\ \underset{u\times1}{\boldsymbol{\hat{x}}} \end{bmatrix}-\begin{bmatrix} \underset{c\times1}{\boldsymbol{W}} \\ \underset{s\times1}{\boldsymbol{W}_x} \\ \underset{u\times1}{\boldsymbol{0}} \end{bmatrix}=\underset{(c+s+u)\times1}{\boldsymbol{0}} \tag{7-2-6}$$

法方程系数阵为满秩对称方阵，阶数为$(c+s+u)\times(c+s+u)$。解法方程能得到两个联系数向量 $\boldsymbol{K}$, $\boldsymbol{K}_s$ 和参数 $\boldsymbol{\hat{x}}$ 的唯一解。下面将给出参数 $\boldsymbol{\hat{x}}$ 和改正数 $\boldsymbol{V}$ 的计算公式。

由式(7-2-5)第一式，有

$$\boldsymbol{K}=\boldsymbol{N}^{-1}(\boldsymbol{W}-\boldsymbol{B\hat{x}}) \tag{7-2-7}$$

将式(7-2-7)代入式(7-2-5)第三式，整理后得

$$\boldsymbol{B}^{\mathrm{T}}\boldsymbol{N}^{-1}\boldsymbol{B\hat{x}}-\boldsymbol{C}^{\mathrm{T}}\boldsymbol{K}_s-\boldsymbol{B}^{\mathrm{T}}\boldsymbol{N}^{-1}\boldsymbol{W}=\boldsymbol{0} \tag{7-2-8}$$

令

$$\boldsymbol{N}_{\mathrm{bb}}=\boldsymbol{B}^{\mathrm{T}}\boldsymbol{N}^{-1}\boldsymbol{B},\ \boldsymbol{W}_{\mathrm{e}}=\boldsymbol{B}^{\mathrm{T}}\boldsymbol{N}^{-1}\boldsymbol{W} \tag{7-2-9}$$

则式(7-2-8)可写成：

$$\boldsymbol{N}_{\mathrm{bb}}\boldsymbol{\hat{x}}-\boldsymbol{C}^{\mathrm{T}}\boldsymbol{K}_s-\boldsymbol{W}_{\mathrm{e}}=\boldsymbol{0} \tag{7-2-10}$$

式中，矩阵 $\boldsymbol{N}_{\mathrm{bb}}$的秩为：$R(\boldsymbol{N}_{\mathrm{bb}})=R(\underset{u\times c}{\boldsymbol{B}^{\mathrm{T}}}\underset{c\times c}{\boldsymbol{N}^{-1}}\underset{c\times u}{\boldsymbol{B}})=R(\boldsymbol{B})=u$，故 $\boldsymbol{N}_{\mathrm{bb}}$仍为满秩对称方阵。由式(7-2-10)得：

$$\boldsymbol{\hat{x}}=\boldsymbol{N}_{\mathrm{bb}}^{-1}(\boldsymbol{W}_{\mathrm{e}}+\boldsymbol{C}^{\mathrm{T}}\boldsymbol{K}_s)=\boldsymbol{N}_{\mathrm{bb}}^{-1}\boldsymbol{W}_{\mathrm{e}}+\boldsymbol{N}_{\mathrm{bb}}^{-1}\boldsymbol{C}^{\mathrm{T}}\boldsymbol{K}_s \tag{7-2-11}$$

从式(7-2-11)可以看出，若参数之间没有约束条件，即 $s=0$，则式(7-2-1)的第二式不存在，式(7-2-11)的第二项 $\boldsymbol{C}^{\mathrm{T}}\boldsymbol{K}_s$ 也不存在，此时的参数解就与附有参数的条件平差法的参数解式(5-7-16)相同。式(7-2-11)的第二项是由于增加了参数间的约束条件后对参数解 $\boldsymbol{\hat{x}}$ 产生的影响。

将式(7-2-11)代入式(7-2-5)的第二式，整理后得

$$CN_{bb}^{-1}C^{T}K_{s}+CN_{bb}^{-1}W_{e}-W_{x}=0 \tag{7-2-12}$$

为书写简便,令

$$N_{cc}=CN_{bb}^{-1}C^{T} \tag{7-2-13}$$

式中,N_{cc}仍为满秩对称方阵,其秩为:$R(N_{cc})=R(C)=s$。故由式(7-2-12)可得

$$K_{s}=N_{cc}^{-1}(W_{x}-CN_{bb}^{-1}W_{e})=N_{cc}^{-1}W_{x}-N_{cc}^{-1}CN_{bb}^{-1}W_{e} \tag{7-2-14}$$

将式(7-2-14)代入式(7-2-11),整理后得参数解为

$$\hat{x}=N_{bb}^{-1}(I_{u}-C^{T}N_{cc}^{-1}CN_{bb}^{-1})W_{e}+N_{bb}^{-1}C^{T}N_{cc}^{-1}W_{x} \tag{7-2-15}$$

式中,I_u 为 u 阶单位阵。此外,由式(7-2-4)的基础方程中的第三式可得改正数方程 $V=QA^{T}K$,再将式(7-2-7)代入改正数方程,可得到改正数向量的计算公式:

$$V=QA^{T}K=QA^{T}N^{-1}(W-B\hat{x}) \tag{7-2-16}$$

从式(7-2-15)和式(7-2-16)可以看出,只要有了条件方程式(7-2-1)中的系数阵 A, B, C 和它们的闭合差向量 W, W_x,就可以计算出 N^{-1}, N_{bb}^{-1}, N_{cc}^{-1} 和 W_e。因此,可以直接解算出 $\hat{x}$ 和 V 的值(联系数向量 K, K_s 如果不需要,可以不用解算出来)。

经过以上计算,得平差值为

$$\hat{X}=X^{0}+\hat{x},\ \hat{L}=L+V \tag{7-2-17}$$

7.2.2 精度评定

1. 单位权中误差估计式

$$\hat{\sigma}_{0}=\sqrt{\frac{V^{T}PV}{c-u+s}}=\sqrt{\frac{V^{T}PV}{r}} \tag{7-2-18}$$

$V^{T}PV$ 的计算,除了直接用改正数 V 和权阵 P 计算外,还有以下方法:

$V^{T}PV=V^{T}P(QA^{T}K)=(AV)^{T}K$,再依次顾及式(7-2-4)中的第一式、第四式和第三式,有

$$V^{T}PV=(AV)^{T}K=(W-B\hat{x})^{T}K=W^{T}K+\hat{x}^{T}C^{T}K_{s}=W^{T}K+W_{x}^{T}K_{s} \tag{7-2-19}$$

将式(7-2-7)中 K 的表达式代入式(7-2-19),并顾及式(7-2-9),整理后得:

$$V^{T}PV=W^{T}N^{-1}W-W_{e}^{T}\hat{x}+W_{x}^{T}K_{s} \tag{7-2-20}$$

2. 协因数阵的计算

在附有限制条件的条件平差法中,所使用的基本向量有观测值向量 L,闭合差向量 W,参数向量 $\hat{X}$,联系数向量 K, K_s,改正数向量 V 和观测值的平差值向量 $\hat{L}$。由 $Q_{LL}=Q$,可以推导出各主要向量的自协因数阵和两两向量间的互协因数阵。

向量的基本表达式为

$$L=L \tag{7-2-21}$$

$$\boldsymbol{W} = -(\boldsymbol{AL} + \boldsymbol{BX}^0 + \boldsymbol{A}_0) = -\boldsymbol{AL} - \boldsymbol{W}^0 \tag{7-2-22}$$

$$\boldsymbol{W}_e = \boldsymbol{B}^T\boldsymbol{N}^{-1}\boldsymbol{W} \tag{7-2-23}$$

$$\hat{\boldsymbol{X}} = \boldsymbol{X}^0 + \boldsymbol{N}_{bb}^{-1}(\boldsymbol{I}_u - \boldsymbol{C}^T\boldsymbol{N}_{cc}^{-1}\boldsymbol{CN}_{bb}^{-1})\boldsymbol{W}_e + \boldsymbol{N}_{bb}^{-1}\boldsymbol{C}^T\boldsymbol{N}_{cc}^{-1}\boldsymbol{W}_x \tag{7-2-24}$$

$$\boldsymbol{V} = \boldsymbol{QA}^T\boldsymbol{N}^{-1}\boldsymbol{W} - \boldsymbol{QA}^T\boldsymbol{N}^{-1}\boldsymbol{B}\hat{\boldsymbol{x}} \tag{7-2-25}$$

$$\hat{\boldsymbol{L}} = \boldsymbol{L} + \boldsymbol{V} \tag{7-2-26}$$

在推导过程中应顾及 $\boldsymbol{W}_x$ 是由参数近似值算出的闭合差,可视为常量,对推求精度没有影响。现将常用的协因数阵推导如下:

$$\begin{aligned}
\boldsymbol{Q}_{WW} &= \boldsymbol{AQ}_{LL}\boldsymbol{A}^T = \boldsymbol{AQA}^T = \boldsymbol{N} \\
\boldsymbol{Q}_{W_eW_e} &= \boldsymbol{B}^T\boldsymbol{N}^{-1}\boldsymbol{Q}_{WW}\boldsymbol{N}^{-1}\boldsymbol{B} = \boldsymbol{B}^T\boldsymbol{N}^{-1}\boldsymbol{B} = \boldsymbol{N}_{bb} \\
\boldsymbol{Q}_{\hat{X}\hat{X}} &= \boldsymbol{N}_{bb}^{-1}(\boldsymbol{I}_u - \boldsymbol{C}^T\boldsymbol{N}_{cc}^{-1}\boldsymbol{CN}_{bb}^{-1})\boldsymbol{Q}_{W_eW_e}[\boldsymbol{N}_{bb}^{-1}(\boldsymbol{I}_u - \boldsymbol{C}^T\boldsymbol{N}_{cc}^{-1}\boldsymbol{CN}_{bb}^{-1})]^T \\
&= \boldsymbol{N}_{bb}^{-1}(\boldsymbol{I}_u - \boldsymbol{C}^T\boldsymbol{N}_{cc}^{-1}\boldsymbol{CN}_{bb}^{-1}) \\
\boldsymbol{Q}_{VV} &= \boldsymbol{QA}^T\boldsymbol{N}^{-1}(\boldsymbol{Q}_{WW} - \boldsymbol{Q}_{W\hat{X}}\boldsymbol{B}^T - \boldsymbol{BQ}_{\hat{X}W} + \boldsymbol{BQ}_{\hat{X}\hat{X}}\boldsymbol{B}^T)(\boldsymbol{QA}^T\boldsymbol{N}^{-1})^T
\end{aligned}$$

而

$$\boldsymbol{Q}_{\hat{X}W} = \boldsymbol{N}_{bb}^{-1}(\boldsymbol{I}_u - \boldsymbol{C}^T\boldsymbol{N}_{cc}^{-1}\boldsymbol{CN}_{bb}^{-1})\boldsymbol{B}^T\boldsymbol{N}^{-1}\boldsymbol{Q}_{WW} = \boldsymbol{Q}_{\hat{X}\hat{X}}\boldsymbol{B}^T = \boldsymbol{Q}_{W\hat{X}}^T$$

故

$$\begin{aligned}
\boldsymbol{Q}_{VV} &= \boldsymbol{QA}^T\boldsymbol{N}^{-1}(\boldsymbol{Q}_{WW} - \boldsymbol{Q}_{W\hat{X}}\boldsymbol{B}^T - \boldsymbol{BQ}_{\hat{X}W} + \boldsymbol{BQ}_{\hat{X}\hat{X}}\boldsymbol{B}^T)(\boldsymbol{QA}^T\boldsymbol{N}^{-1})^T \\
&= \boldsymbol{QA}^T\boldsymbol{N}^{-1}\boldsymbol{AQ} - \boldsymbol{QA}^T\boldsymbol{N}^{-1}\boldsymbol{BQ}_{\hat{X}\hat{X}}\boldsymbol{B}^T\boldsymbol{N}^{-1}\boldsymbol{AQ} \\
\boldsymbol{Q}_{\hat{L}\hat{L}} &= \boldsymbol{Q} + \boldsymbol{Q}_{LV} + \boldsymbol{Q}_{VL} + \boldsymbol{Q}_{VV}
\end{aligned}$$

而

$$\boldsymbol{Q}_{VL} = \boldsymbol{QA}^T\boldsymbol{N}^{-1}(\boldsymbol{Q}_{WL} - \boldsymbol{BQ}_{\hat{X}L}) = -\boldsymbol{QA}^T\boldsymbol{N}^{-1}(\boldsymbol{AQ} - \boldsymbol{BQ}_{\hat{X}\hat{X}}\boldsymbol{B}^T\boldsymbol{N}^{-1}\boldsymbol{AQ}) = -\boldsymbol{Q}_{VV} = \boldsymbol{Q}_{LV}^T$$

故

$$\boldsymbol{Q}_{\hat{L}\hat{L}} = \boldsymbol{Q} - \boldsymbol{Q}_{VV} - \boldsymbol{Q}_{VV} + \boldsymbol{Q}_{VV} = \boldsymbol{Q} - \boldsymbol{Q}_{VV}$$

以上过程说明了协因数阵的推导过程,其余协因数阵的推导将不再一一列举。现将附有限制条件的条件平差法中各主要向量的协因数阵列于表 7-1 中。

表 7-1

	$\hat{\boldsymbol{X}}$	$\hat{\boldsymbol{L}}$	$\boldsymbol{V}$	$\boldsymbol{W}$
$\hat{\boldsymbol{X}}$	$\boldsymbol{N}_{bb}^{-1}(\boldsymbol{I}_u - \boldsymbol{C}^T\boldsymbol{N}_{cc}^{-1}\boldsymbol{CN}_{bb}^{-1})$	$-\boldsymbol{Q}_{\hat{X}\hat{X}}\boldsymbol{B}^T\boldsymbol{N}^{-1}\boldsymbol{AQ}$	$\boldsymbol{0}$	$\boldsymbol{Q}_{\hat{X}\hat{X}}\boldsymbol{B}^T$
$\hat{\boldsymbol{L}}$	$-\boldsymbol{QA}^T\boldsymbol{N}^{-1}\boldsymbol{BQ}_{\hat{X}\hat{X}}$	$\boldsymbol{Q} - \boldsymbol{Q}_{VV}$	$\boldsymbol{0}$	$-\boldsymbol{QA}^T\boldsymbol{N}^{-1}\boldsymbol{BQ}_{\hat{X}\hat{X}}\boldsymbol{B}^T$
$\boldsymbol{V}$	$\boldsymbol{0}$	$\boldsymbol{0}$	$\boldsymbol{QA}^T\boldsymbol{N}^{-1}(\boldsymbol{I}_c - \boldsymbol{BQ}_{\hat{X}\hat{X}}\boldsymbol{B}^T\boldsymbol{N}^{-1})\boldsymbol{AQ}$	$\boldsymbol{QA}^T(\boldsymbol{I}_c - \boldsymbol{N}^{-1}\boldsymbol{BQ}_{\hat{X}\hat{X}}\boldsymbol{B}^T)$
$\boldsymbol{W}$	$\boldsymbol{BQ}_{\hat{X}\hat{X}}$	$-\boldsymbol{BQ}_{\hat{X}\hat{X}}\boldsymbol{B}^T\boldsymbol{N}^{-1}\boldsymbol{AQ}$	$(\boldsymbol{I}_c - \boldsymbol{BQ}_{\hat{X}\hat{X}}\boldsymbol{B}^T\boldsymbol{N}^{-1})\boldsymbol{AQ}$	$\boldsymbol{N}$

7.3 经典平差各种方法的共性与特性

本书介绍了五种不同的平差方法：条件平差、间接平差、附有参数的条件平差、附有限制条件的间接平差和附有限制条件的条件平差。不同的平差方法对应着形式不同的函数模型（五种方法的随机模型是相同的）。它们的共同特点是：①都必须有多余观测；②都具有（或设有）必要的起算数据；③处理的观测数据都是含有随机小误差（偶然误差）的观测值，即观测误差都要求服从或接近服从正态分布；④函数模型中待求量的个数都多于其方程的个数；⑤都采用最小二乘准则作为约束条件，来求取最优解。对同一个平差问题，无论采用这几种经典平差模型中的哪一种进行平差，其最后结果都是相同的。

尽管如此，由于每种平差方法都有其自身的特点，有些特点是其他方法难以代替的，所以在实际应用时，应综合考虑计算工作量的大小、方程列立的难易程度、所要解决问题的性质及要求等因素，选择合适的平差方法。当前使用较多的是间接平差法和附有限制条件的间接平差法。

条件平差法是一种不选任何参数的平差方法，条件方程的个数为 $c=r$ 个，通过平差可以直接求得观测值的平差值，是一种基本的平差方法。它的优点是在有些情况下可以列立较少的条件方程。相对于间接平差法而言，条件平差法的缺点是精度评定较为复杂，对于已知点较多的大型平面网，条件式列立复杂且规律不明显。

附有参数的条件平差法需要选择 u 个参数，且 $u<t$，参数之间要求必须独立，通过列立观测值之间或观测值与参数之间应该满足的条件方程来建立函数模型，方程的个数为 $c=r+u$ 个，法方程的个数为 $c+u$ 个。附有参数的条件平差法常适用于下述情况：当要求个别非直接观测量的平差值和精度时，可以将这些量设为参数；当仅用直接观测量难以列立条件方程式时，可以增选非观测量作为参数，以解决列立条件式的困难。

间接平差法需要选择 $u=t$ 个参数，而且要求这 t 个参数必须函数独立。模型建立的方法是将每一个观测值表示为所选参数的函数，方程的个数为 n 个，法方程的个数为 t 个，通过解算法方程可以直接求得参数的平差值。该方法最大的优点是：①方程列立的规律性强，便于计算机编程解算；②所选参数通常就是平差后所需要的成果，精度评定也非常便利。

附有限制条件的间接平差法与间接平差法类似，不同的是所选参数的个数 $u>t$，但要求必须包含 t 个独立参数，不独立参数的个数为 $s=u-t$，因此建立模型时，除按间接平差法对每一个观测值列立一个方程外，还要列出由于参数相关而构成的 s 个限制条件方程，方程的总数为 $n+s$ 个，法方程的个数为 $u+s$ 个。

附有限制条件的条件平差法也称为概括平差函数模型，在 7.1.2 节中也介绍了概括平差函数模型与经典平差模型的关系，即只要将该模型中的系数阵 $\boldsymbol{A}$，$\boldsymbol{B}$，$\boldsymbol{C}$ 用“$\boldsymbol{0}$”或“$-\boldsymbol{I}$”代替，则附有限制条件的条件平差模型就可以变换成其他四种经典平差模型中的一种，所以，本章所有的求估值及求精度的公式可称之为“通用公式”，这不仅便于应用，而且也能够加深对各种平差方法之间的联系和变通关系的理解。

7.4 最小二乘估计量的统计性质

在第 4.3.2 节中阐述了对参数估计量统计性质最优性的评价标准：无偏性、有效性和一致性。本节内容将说明，若观测值有多余观测且只含随机误差，即假定观测误差的数学期望 $E(\boldsymbol{\Delta})=\mathbf{0}$ 成立时，最小二乘平差法将给出参数的最小方差线性无偏估计量，即最优估值。由于所有的平差方法都是附有限制条件的条件平差法的特例，所以下面只讨论在这种模型下估值的统计特性，当然它的结论适用于经典平差的所有方法。

为证明时使用方便，现将有关公式汇集如下：

$$\boldsymbol{A\Delta}+\boldsymbol{B}\tilde{\boldsymbol{x}}-\boldsymbol{W}=\mathbf{0} \tag{7-4-1}$$

$$\boldsymbol{C}\tilde{\boldsymbol{x}}-\boldsymbol{W}_x=\mathbf{0} \tag{7-4-2}$$

$$\boldsymbol{\Delta}=\tilde{\boldsymbol{L}}-\boldsymbol{L} \tag{7-4-3}$$

$$\boldsymbol{K}=\boldsymbol{N}^{-1}(\boldsymbol{W}-\boldsymbol{B}\hat{\boldsymbol{x}}) \tag{7-4-4}$$

$$\boldsymbol{V}=\boldsymbol{QA}^{\mathrm{T}}\boldsymbol{K}=\boldsymbol{QA}^{\mathrm{T}}\boldsymbol{N}^{-1}\boldsymbol{W}-\boldsymbol{QA}^{\mathrm{T}}\boldsymbol{N}^{-1}\boldsymbol{B}\hat{\boldsymbol{x}} \tag{7-4-5}$$

$$\hat{\boldsymbol{x}}=\boldsymbol{N}_{\mathrm{bb}}^{-1}(\boldsymbol{I}_u-\boldsymbol{C}^{\mathrm{T}}\boldsymbol{N}_{\mathrm{cc}}^{-1}\boldsymbol{C}\boldsymbol{N}_{\mathrm{bb}}^{-1})\boldsymbol{W}_{\mathrm{e}}+\boldsymbol{N}_{\mathrm{bb}}^{-1}\boldsymbol{C}^{\mathrm{T}}\boldsymbol{N}_{\mathrm{cc}}^{-1}\boldsymbol{W}_x \tag{7-4-6}$$

顾及表 7－1 中 $\boldsymbol{Q}_{\hat{X}\hat{X}}=\boldsymbol{N}_{\mathrm{bb}}^{-1}(\boldsymbol{I}_u-\boldsymbol{C}^{\mathrm{T}}\boldsymbol{N}_{\mathrm{cc}}^{-1}\boldsymbol{C}\boldsymbol{N}_{\mathrm{bb}}^{-1})$ 及式(7－2－23) $\boldsymbol{W}_{\mathrm{e}}=\boldsymbol{B}^{\mathrm{T}}\boldsymbol{N}^{-1}\boldsymbol{W}$，式(7－4－6)也可以写为

$$\hat{\boldsymbol{x}}=\boldsymbol{Q}_{\hat{X}\hat{X}}\boldsymbol{B}^{\mathrm{T}}\boldsymbol{N}^{-1}\boldsymbol{W}+\boldsymbol{N}_{\mathrm{bb}}^{-1}\boldsymbol{C}^{\mathrm{T}}\boldsymbol{N}_{\mathrm{cc}}^{-1}\boldsymbol{W}_x \tag{7-4-7}$$

7.4.1 估计量 $\hat{\boldsymbol{X}}$, $\hat{\boldsymbol{L}}$ 具有无偏性

根据无偏性[式(4－3－1)]的要求，若估计量 $\hat{\boldsymbol{X}}$, $\hat{\boldsymbol{L}}$ 是其真值的无偏估值，则必须满足

$$E(\hat{\boldsymbol{x}})=\tilde{\boldsymbol{x}},\ E(\hat{\boldsymbol{L}})=\tilde{\boldsymbol{L}}$$

因为 $\hat{\boldsymbol{X}}=\boldsymbol{X}^0+\hat{\boldsymbol{x}}$, $\tilde{\boldsymbol{X}}=\boldsymbol{X}^0+\tilde{\boldsymbol{x}}$，所以当 $E(\hat{\boldsymbol{x}})=\tilde{\boldsymbol{x}}$ 时，$E(\hat{\boldsymbol{X}})=\tilde{\boldsymbol{X}}$。

对式(7－4－1)和式(7－4－2)取期望，得

$$E(\boldsymbol{W})=\boldsymbol{A}E(\boldsymbol{\Delta})+\boldsymbol{B}E(\tilde{\boldsymbol{x}}),\ E(\boldsymbol{W}_x)=\boldsymbol{C}E(\tilde{\boldsymbol{x}}) \tag{7-4-8}$$

考虑到偶然误差 $\boldsymbol{\Delta}$ 的统计特性，有 $E(\boldsymbol{\Delta})=\mathbf{0}$；而 $\tilde{\boldsymbol{x}}=\tilde{\boldsymbol{X}}-\boldsymbol{X}^0$，即 $\tilde{\boldsymbol{x}}$ 作为常数之差，也是常数，故 $E(\tilde{\boldsymbol{x}})=\tilde{\boldsymbol{x}}$。代入式(7－4－8)得到：

$$E(\boldsymbol{W})=\boldsymbol{B}\tilde{\boldsymbol{x}},\ E(\boldsymbol{W}_x)=\boldsymbol{C}\tilde{\boldsymbol{x}} \tag{7-4-9}$$

对式(7－4－6)取期望，并顾及 $\boldsymbol{W}_{\mathrm{e}}=\boldsymbol{B}^{\mathrm{T}}\boldsymbol{N}^{-1}\boldsymbol{W}$[见式(7－2－23)]及式(7－4－9)，有

$$\begin{aligned}E(\hat{\boldsymbol{x}})&=\boldsymbol{N}_{\mathrm{bb}}^{-1}(\boldsymbol{I}_u-\boldsymbol{C}^{\mathrm{T}}\boldsymbol{N}_{\mathrm{cc}}^{-1}\boldsymbol{C}\boldsymbol{N}_{\mathrm{bb}}^{-1})\boldsymbol{B}^{\mathrm{T}}\boldsymbol{N}^{-1}E(\boldsymbol{W})+\boldsymbol{N}_{\mathrm{bb}}^{-1}\boldsymbol{C}^{\mathrm{T}}\boldsymbol{N}_{\mathrm{cc}}^{-1}E(\boldsymbol{W}_x)\\&=\boldsymbol{N}_{\mathrm{bb}}^{-1}(\boldsymbol{I}_u-\boldsymbol{C}^{\mathrm{T}}\boldsymbol{N}_{\mathrm{cc}}^{-1}\boldsymbol{C}\boldsymbol{N}_{\mathrm{bb}}^{-1})\boldsymbol{B}^{\mathrm{T}}\boldsymbol{N}^{-1}\boldsymbol{B}\tilde{\boldsymbol{x}}+\boldsymbol{N}_{\mathrm{bb}}^{-1}\boldsymbol{C}^{\mathrm{T}}\boldsymbol{N}_{\mathrm{cc}}^{-1}\boldsymbol{C}\tilde{\boldsymbol{x}}\end{aligned} \tag{7-4-10}$$

由式(7－2－9)有 $\boldsymbol{N}_{\mathrm{bb}}=\boldsymbol{B}^{\mathrm{T}}\boldsymbol{N}^{-1}\boldsymbol{B}$，代入式(7－4－10)，得

$$E(\hat{\boldsymbol{x}})=\boldsymbol{N}_{\mathrm{bb}}^{-1}(\boldsymbol{I}_u-\boldsymbol{C}^{\mathrm{T}}\boldsymbol{N}_{\mathrm{cc}}^{-1}\boldsymbol{C}\boldsymbol{N}_{\mathrm{bb}}^{-1})\boldsymbol{N}_{\mathrm{bb}}\tilde{\boldsymbol{x}}+\boldsymbol{N}_{\mathrm{bb}}^{-1}\boldsymbol{C}^{\mathrm{T}}\boldsymbol{N}_{\mathrm{cc}}^{-1}\boldsymbol{C}\tilde{\boldsymbol{x}}=\tilde{\boldsymbol{x}} \tag{7-4-11}$$

此结果即为 $E(\hat{\boldsymbol{x}})=\tilde{\boldsymbol{x}}$，证明 $\hat{\boldsymbol{X}}$ 是 $\tilde{\boldsymbol{X}}$ 的无偏估值。

再对式(7－4－5)取期望，并顾及式(7－4－9)和式(7－4－11)两式，有

$$E(\boldsymbol{V})=\boldsymbol{QA}^{\mathrm{T}}\boldsymbol{N}^{-1}E(\boldsymbol{W})-\boldsymbol{QA}^{\mathrm{T}}\boldsymbol{N}^{-1}\boldsymbol{B}E(\hat{\boldsymbol{x}})=\boldsymbol{QA}^{\mathrm{T}}\boldsymbol{N}^{-1}\boldsymbol{B}\tilde{\boldsymbol{x}}-\boldsymbol{QA}^{\mathrm{T}}\boldsymbol{N}^{-1}\boldsymbol{B}\tilde{\boldsymbol{x}}=\boldsymbol{0} \tag{7-4-12}$$

即改正数向量的数学期望等于零，再参考式(7-4-3)及 $E(\boldsymbol{\Delta})=\boldsymbol{0}$，$\hat{\boldsymbol{L}}=\boldsymbol{L}+\boldsymbol{V}$，于是有

$$E(\hat{\boldsymbol{L}})=E(\boldsymbol{L})+E(\boldsymbol{V})=\tilde{\boldsymbol{L}} \tag{7-4-13}$$

此结果即为 $E(\hat{\boldsymbol{L}})=\tilde{\boldsymbol{L}}$，说明 $\hat{\boldsymbol{L}}$ 是 $\tilde{\boldsymbol{L}}$ 的无偏估值。

可见，最小二乘法求得的参数平差值及观测值平差值均为其真值的无偏估值。

7.4.2 参数估计量 $\hat{\boldsymbol{X}}$ 具有最小方差(有效性)

参数估计量 $\underset{u\times 1}{\hat{\boldsymbol{X}}}$ 的方差-协方差阵为 $\underset{u\times u}{\boldsymbol{D}_{\hat{X}\hat{X}}}=\hat{\sigma}_0^2\boldsymbol{Q}_{\hat{X}\hat{X}}$，$\boldsymbol{D}_{\hat{X}\hat{X}}$ 为 u 阶对称方阵，其主对角线上的元素即为对应的各参数的方差。所以要证明 $\hat{\boldsymbol{X}}$ 的方差最小，即证明：

$$tr(\boldsymbol{D}_{\hat{X}\hat{X}})=\min,\text{或 } tr(\boldsymbol{Q}_{\hat{X}\hat{X}})=\min \tag{7-4-14}$$

式中，$tr(\cdot)$为矩阵的迹，定义为任意阶数的方阵主对角线上的元素之和，即方阵主元之和称为矩阵的迹。

由式(7-4-7)知，参数估计量 $\hat{\boldsymbol{x}}$ 是闭合差 $\boldsymbol{W}$ 和 $\boldsymbol{W}_x$ 的线性函数。现假设参数真值 $\tilde{\boldsymbol{x}}$ 除了有最小二乘估计量 $\hat{\boldsymbol{x}}$ 之外，还另有与 $\boldsymbol{W}$，$\boldsymbol{W}_x$ 有关的线性无偏估计量 $\underline{\boldsymbol{x}}$：

$$\underset{u\times 1}{\underline{\boldsymbol{x}}}=\underset{u\times c}{\boldsymbol{H}_1}\underset{c\times 1}{\boldsymbol{W}}+\underset{u\times s}{\boldsymbol{H}_2}\underset{s\times 1}{\boldsymbol{W}_x} \tag{7-4-15}$$

即 $\underline{\boldsymbol{x}}$ 应满足：$E(\underline{\boldsymbol{x}})=\tilde{\boldsymbol{x}}$。现讨论：当系数阵 $\boldsymbol{H}_1$，$\boldsymbol{H}_2$ 取何值时，能使估计量 $\underline{\boldsymbol{x}}$ 的方差最小，即 $tr(\boldsymbol{Q}_{\underline{x}\underline{x}})=\min$。

参照式(7-4-15)及式(7-4-9)，若 $\underline{\boldsymbol{x}}$ 要满足无偏的假设条件，则

$$E(\underline{\boldsymbol{x}})=\boldsymbol{H}_1E(\boldsymbol{W})+\boldsymbol{H}_2E(\boldsymbol{W}_x)=\boldsymbol{H}_1\boldsymbol{B}\tilde{\boldsymbol{x}}+\boldsymbol{H}_2\boldsymbol{C}\tilde{\boldsymbol{x}}=\tilde{\boldsymbol{x}}$$

即

$$\boldsymbol{H}_1\boldsymbol{B}+\boldsymbol{H}_2\boldsymbol{C}=\boldsymbol{I} \tag{7-4-16}$$

即线性函数 $\underline{\boldsymbol{x}}$ 要满足无偏性，系数阵必须满足关系式(7-4-16)。

由式(7-4-15)，考虑到 $\boldsymbol{W}_x$ 是由参数近似值算出的闭合差，与推求精度无关，可得到

$$\boldsymbol{Q}_{\underline{x}\underline{x}}=\boldsymbol{H}_1\boldsymbol{Q}_{WW}\boldsymbol{H}_1^{\mathrm{T}}=\boldsymbol{H}_1\boldsymbol{N}\boldsymbol{H}_1^{\mathrm{T}} \tag{7-4-17}$$

式(7-4-17)中顾及了 $\boldsymbol{Q}_{WW}=\boldsymbol{N}$。现在就是要找出能使 $tr(\boldsymbol{Q}_{\underline{x}\underline{x}})=\min$ 并且满足约束条件式(7-4-16)的矩阵 $\boldsymbol{H}_1$，$\boldsymbol{H}_2$。构造求条件极值的拉格朗日函数为

$$\Phi=tr(\boldsymbol{H}_1\boldsymbol{N}\boldsymbol{H}_1^{\mathrm{T}})+tr[2(\boldsymbol{H}_1\boldsymbol{B}+\boldsymbol{H}_2\boldsymbol{C}-\boldsymbol{I})\boldsymbol{K}_1^{\mathrm{T}}]$$

式中，$\boldsymbol{K}_1$ 为 $u\times u$ 阶的联系数矩阵。

将函数 Φ 分别对 $\boldsymbol{H}_1$，$\boldsymbol{H}_2$ 求偏导并令其等于零，有

$$\frac{\partial\Phi}{\partial\boldsymbol{H}_1}=2\boldsymbol{H}_1\boldsymbol{N}+2\boldsymbol{K}_1\boldsymbol{B}^{\mathrm{T}}=\boldsymbol{0},\ \frac{\partial\Phi}{\partial\boldsymbol{H}_2}=2\boldsymbol{K}_1\boldsymbol{C}^{\mathrm{T}}=\boldsymbol{0} \tag{7-4-18}$$

由式(7-4-18)第一式可得 $\boldsymbol{H}_1$：

$$\boldsymbol{H}_1 = -\boldsymbol{K}_1\boldsymbol{B}^{\mathrm{T}}\boldsymbol{N}^{-1} \tag{7-4-19}$$

再将 $\boldsymbol{H}_1$ 代入式(7-4-16)，得

$$-\boldsymbol{K}_1\boldsymbol{B}^{\mathrm{T}}\boldsymbol{N}^{-1}\boldsymbol{B}+\boldsymbol{H}_2\boldsymbol{C}=\boldsymbol{I} \tag{7-4-20}$$

考虑式(7-2-9)中 $\boldsymbol{N}_{\mathrm{bb}}=\boldsymbol{B}^{\mathrm{T}}\boldsymbol{N}^{-1}\boldsymbol{B}$，式(7-4-20)可写为

$$\boldsymbol{K}_1 = (\boldsymbol{H}_2\boldsymbol{C}-\boldsymbol{I})\boldsymbol{N}_{\mathrm{bb}}^{-1} \tag{7-4-21}$$

将式(7-4-21)代入式(7-4-18)中的第二式，有

$$(\boldsymbol{H}_2\boldsymbol{C}-\boldsymbol{I})\boldsymbol{N}_{\mathrm{bb}}^{-1}\boldsymbol{C}^{\mathrm{T}} = \boldsymbol{0} \tag{7-4-22}$$

顾及式(7-2-13)的 $\boldsymbol{N}_{\mathrm{cc}}=\boldsymbol{C}\boldsymbol{N}_{\mathrm{bb}}^{-1}\boldsymbol{C}^{\mathrm{T}}$，代入式(7-4-22)，得

$$\boldsymbol{H}_2 = \boldsymbol{N}_{\mathrm{bb}}^{-1}\boldsymbol{C}^{\mathrm{T}}\boldsymbol{N}_{\mathrm{cc}}^{-1} \tag{7-4-23}$$

将式(7-4-23)代入式(7-4-21)，得

$$\boldsymbol{K}_1 = \boldsymbol{N}_{\mathrm{bb}}^{-1}\boldsymbol{C}^{\mathrm{T}}\boldsymbol{N}_{\mathrm{cc}}^{-1}\boldsymbol{C}\boldsymbol{N}_{\mathrm{bb}}^{-1}-\boldsymbol{N}_{\mathrm{bb}}^{-1} \tag{7-4-24}$$

再将 $\boldsymbol{K}_1$ 代入式(7-4-19)，有

$$\boldsymbol{H}_1 = (\boldsymbol{N}_{\mathrm{bb}}^{-1}-\boldsymbol{N}_{\mathrm{bb}}^{-1}\boldsymbol{C}^{\mathrm{T}}\boldsymbol{N}_{\mathrm{cc}}^{-1}\boldsymbol{C}\boldsymbol{N}_{\mathrm{bb}}^{-1})\boldsymbol{B}^{\mathrm{T}}\boldsymbol{N}^{-1} \tag{7-4-25}$$

将式(7-4-25)和式(7-4-23)得到的 $\boldsymbol{H}_1$，$\boldsymbol{H}_2$ 代入式(7-4-15)，得线性无偏估计量 $\underline{\boldsymbol{x}}$ 为

$$\underline{\boldsymbol{x}} = (\boldsymbol{N}_{\mathrm{bb}}^{-1}-\boldsymbol{N}_{\mathrm{bb}}^{-1}\boldsymbol{C}^{\mathrm{T}}\boldsymbol{N}_{\mathrm{cc}}^{-1}\boldsymbol{C}\boldsymbol{N}_{\mathrm{bb}}^{-1})\boldsymbol{B}^{\mathrm{T}}\boldsymbol{N}^{-1}\boldsymbol{W}+\boldsymbol{N}_{\mathrm{bb}}^{-1}\boldsymbol{C}^{\mathrm{T}}\boldsymbol{N}_{\mathrm{cc}}^{-1}\boldsymbol{W}_x \tag{7-4-26}$$

式(7-4-26)中的估值 $\underline{\boldsymbol{x}}$ 是在无偏与方差最小的情况下得出的，对照式(7-4-6)可知，$\underline{\boldsymbol{x}}=\hat{\boldsymbol{x}}$，即可证明最小二乘估计量 $\hat{\boldsymbol{x}}$(或 $\hat{\boldsymbol{X}}$)具有无偏性和最小方差(有效性)，是其真值 $\tilde{\boldsymbol{x}}$ 的最优无偏估计。

7.4.3 估计量 $\hat{\boldsymbol{L}}$ 具有最小方差

与 7.4.2 节证明的 $\hat{\boldsymbol{X}}$ 具有最小方差类似，要证明 $\hat{\boldsymbol{L}}$ 具有最小方差，只需证明

$$tr(\boldsymbol{D}_{\hat{L}\hat{L}}) = \min, 或\ tr(\boldsymbol{Q}_{\hat{L}\hat{L}}) = \min \tag{7-4-27}$$

已知最小二乘估计所得观测值平差值为

$$\hat{\boldsymbol{L}} = \boldsymbol{L}+\boldsymbol{V} = \boldsymbol{L}+\boldsymbol{Q}\boldsymbol{A}^{\mathrm{T}}\boldsymbol{N}^{-1}\boldsymbol{W}-\boldsymbol{Q}\boldsymbol{A}^{\mathrm{T}}\boldsymbol{N}^{-1}\boldsymbol{B}\hat{\boldsymbol{x}} \tag{7-4-28}$$

式(7-4-28)参考了式(7-4-5)。再将式(7-4-7)代入，得

$$\hat{\boldsymbol{L}} = \boldsymbol{L}+\boldsymbol{Q}\boldsymbol{A}^{\mathrm{T}}\boldsymbol{N}^{-1}(\boldsymbol{I}_c-\boldsymbol{B}\boldsymbol{Q}_{\hat{X}\hat{X}}\boldsymbol{B}^{\mathrm{T}}\boldsymbol{N}^{-1})\boldsymbol{W}-\boldsymbol{Q}\boldsymbol{A}^{\mathrm{T}}\boldsymbol{N}^{-1}\boldsymbol{B}\boldsymbol{N}_{\mathrm{bb}}^{-1}\boldsymbol{C}^{\mathrm{T}}\boldsymbol{N}_{\mathrm{cc}}^{-1}\boldsymbol{W}_x \tag{7-4-29}$$

即 $\hat{\boldsymbol{L}}$ 是 $\boldsymbol{W}$ 和 $\boldsymbol{W}_x$ 的线性函数。

现设真值 $\tilde{\boldsymbol{L}}$ 在最小二乘估计量 $\hat{\boldsymbol{L}}$ 之外，另有一线性无偏估计量 $\underline{\boldsymbol{L}}$，且该估计量也是 $\boldsymbol{W}$ 和

$\boldsymbol{W}_x$ 的线性函数：

$$\underset{n\times1}{\underline{\boldsymbol{L}}}=\underset{n\times1}{\boldsymbol{L}}+\underset{n\times c}{\boldsymbol{G}_1}\underset{c\times1}{\boldsymbol{W}}+\underset{n\times s}{\boldsymbol{G}_2}\underset{s\times1}{\boldsymbol{W}_x} \tag{7-4-30}$$

顾及式(7-4-9)，可得式(7-4-30)的数学期望为

$$E(\underline{\boldsymbol{L}})=E(\boldsymbol{L})+\boldsymbol{G}_1E(\boldsymbol{W})+\boldsymbol{G}_2E(\boldsymbol{W}_x)=\tilde{\boldsymbol{L}}+(\boldsymbol{G}_1\boldsymbol{B}+\boldsymbol{G}_2\boldsymbol{C})\tilde{\boldsymbol{x}} \tag{7-4-31}$$

若要使 $\underline{\boldsymbol{L}}$ 为 $\tilde{\boldsymbol{L}}$ 的无偏估计，则必须满足

$$\boldsymbol{G}_1\boldsymbol{B}+\boldsymbol{G}_2\boldsymbol{C}=\boldsymbol{0} \tag{7-4-32}$$

式中，$\boldsymbol{G}_1$，$\boldsymbol{G}_2$ 均为待定矩阵。对式(7-4-30)应用协因数传播律，顾及 $\boldsymbol{W}_x$ 不是随机变量，则有

$$\boldsymbol{Q}_{\underline{L}\underline{L}}=\boldsymbol{Q}+\boldsymbol{G}_1\boldsymbol{Q}_{WL}+\boldsymbol{Q}_{LW}\boldsymbol{G}_1^{\mathrm{T}}+\boldsymbol{G}_1\boldsymbol{Q}_{WW}\boldsymbol{G}_1^{\mathrm{T}} \tag{7-4-33}$$

须在满足式(7-4-32)的条件下求 $tr(\boldsymbol{Q}_{\underline{L}\underline{L}})=\min$ 的解。因此，构成拉格朗日函数：

$$\Phi=tr\,(\boldsymbol{Q}_{\underline{L}\underline{L}})+tr\left[2(\boldsymbol{G}_1\boldsymbol{B}+\boldsymbol{G}_2\boldsymbol{C})\boldsymbol{K}_2^{\mathrm{T}}\right] \tag{7-4-34}$$

式中，$\boldsymbol{K}_2$ 为 $n\times u$ 阶联系数矩阵。

将 Φ 函数分别对 $\boldsymbol{G}_1$，$\boldsymbol{G}_2$ 求偏导并令其等于零，顾及式(7-4-33)，有

$$\frac{\partial\Phi}{\partial\boldsymbol{G}_1}=2\boldsymbol{Q}_{LW}+2\boldsymbol{G}_1\boldsymbol{Q}_{ww}+2\boldsymbol{K}_2\boldsymbol{B}^{\mathrm{T}}=\boldsymbol{0},\ \frac{\partial\Phi}{\partial\boldsymbol{G}_2}=2\boldsymbol{K}_2\boldsymbol{C}^{\mathrm{T}}=\boldsymbol{0} \tag{7-4-35}$$

式中，$\boldsymbol{Q}_{ww}=\boldsymbol{N}$，$\boldsymbol{Q}_{LW}=-\boldsymbol{Q}\boldsymbol{A}^{\mathrm{T}}$[此式可由式(7-2-22)得出]，由式(7-4-35)第一式得

$$\boldsymbol{G}_1=(\boldsymbol{Q}\boldsymbol{A}^{\mathrm{T}}-\boldsymbol{K}_2\boldsymbol{B}^{\mathrm{T}})\boldsymbol{N}^{-1} \tag{7-4-36}$$

将式(7-4-36)代入式(7-4-32)，得

$$\boldsymbol{Q}\boldsymbol{A}^{\mathrm{T}}\boldsymbol{N}^{-1}\boldsymbol{B}-\boldsymbol{K}_2\boldsymbol{B}^{\mathrm{T}}\boldsymbol{N}^{-1}\boldsymbol{B}+\boldsymbol{G}_2\boldsymbol{C}=\boldsymbol{0}$$

顾及 $\boldsymbol{B}^{\mathrm{T}}\boldsymbol{N}^{-1}\boldsymbol{B}=\boldsymbol{N}_{\mathrm{bb}}$，得

$$\boldsymbol{K}_2=\boldsymbol{Q}\boldsymbol{A}^{\mathrm{T}}\boldsymbol{N}^{-1}\boldsymbol{B}\boldsymbol{N}_{\mathrm{bb}}^{-1}+\boldsymbol{G}_2\boldsymbol{C}\boldsymbol{N}_{\mathrm{bb}}^{-1} \tag{7-4-37}$$

将式(7-4-37)代入式(7-4-35)的第二式，得

$$\boldsymbol{Q}\boldsymbol{A}^{\mathrm{T}}\boldsymbol{N}^{-1}\boldsymbol{B}\boldsymbol{N}_{\mathrm{bb}}^{-1}\boldsymbol{C}^{\mathrm{T}}+\boldsymbol{G}_2\boldsymbol{C}\boldsymbol{N}_{bb}^{-1}\boldsymbol{C}^{\mathrm{T}}=\boldsymbol{Q}\boldsymbol{A}^{\mathrm{T}}\boldsymbol{N}^{-1}\boldsymbol{B}\boldsymbol{N}_{\mathrm{bb}}^{-1}\boldsymbol{C}^{\mathrm{T}}+\boldsymbol{G}_2\boldsymbol{N}_{\mathrm{cc}}=\boldsymbol{0}$$

故得

$$\boldsymbol{G}_2=-\boldsymbol{Q}\boldsymbol{A}^{\mathrm{T}}\boldsymbol{N}^{-1}\boldsymbol{B}\boldsymbol{N}_{\mathrm{bb}}^{-1}\boldsymbol{C}^{\mathrm{T}}\boldsymbol{N}_{\mathrm{cc}}^{-1} \tag{7-4-38}$$

将式(7-4-38)代入式(7-4-37)并整理，得

$$\boldsymbol{K}_2=\boldsymbol{Q}\boldsymbol{A}^{\mathrm{T}}\boldsymbol{N}^{-1}\boldsymbol{B}(\boldsymbol{I}_u-\boldsymbol{N}_{\mathrm{bb}}^{-1}\boldsymbol{C}^{\mathrm{T}}\boldsymbol{N}_{\mathrm{cc}}^{-1}\boldsymbol{C})\boldsymbol{N}_{\mathrm{bb}}^{-1}=\boldsymbol{Q}\boldsymbol{A}^{\mathrm{T}}\boldsymbol{N}^{-1}\boldsymbol{B}\boldsymbol{Q}_{\hat{X}\hat{X}} \tag{7-4-39}$$

式中，$\boldsymbol{Q}_{\hat{X}\hat{X}}$ 参考表 7-1。

再将式(7-4-39)代入式(7-4-36)，得

$$\boldsymbol{G}_1=\boldsymbol{Q}\boldsymbol{A}^{\mathrm{T}}\boldsymbol{N}^{-1}(\boldsymbol{I}_c-\boldsymbol{B}\boldsymbol{Q}_{\hat{X}\hat{X}}\boldsymbol{B}^{\mathrm{T}}\boldsymbol{N}^{-1}) \tag{7-4-40}$$

最后，将式(7-4-40)和式(7-4-38)代入式(7-4-30)，得

$$\underline{\boldsymbol{L}} = \boldsymbol{L} + \boldsymbol{Q}\boldsymbol{A}^{\mathrm{T}}\boldsymbol{N}^{-1}(\boldsymbol{I}_c - \boldsymbol{B}\boldsymbol{Q}_{\hat{X}\hat{X}}\boldsymbol{B}^{\mathrm{T}}\boldsymbol{N}^{-1})\boldsymbol{W} - \boldsymbol{Q}\boldsymbol{A}^{\mathrm{T}}\boldsymbol{N}^{-1}\boldsymbol{B}\boldsymbol{N}_{\mathrm{bb}}^{-1}\boldsymbol{C}^{\mathrm{T}}\boldsymbol{N}_{\mathrm{cc}}^{-1}\boldsymbol{W}_x \quad (7-4-41)$$

式(7-4-41)中的估计量 $\underline{\boldsymbol{L}}$ 是在无偏及方差最小的条件下得到的。将式(7-4-41)与式(7-4-29)相比较，可知 $\underline{\boldsymbol{L}}=\hat{\boldsymbol{L}}$，即最小二乘估计量 $\hat{\boldsymbol{L}}$ 是其真值 $\widetilde{\boldsymbol{L}}$ 的无偏且方差最小的估计量，即最优无偏估计量。

7.4.4 单位权方差估计量 $\hat{\sigma}_0^2$ 具有无偏性

概括平差函数模型的单位权方差估值 $\hat{\sigma}_0^2$ 的计算式(7-2-18)为

$$\hat{\sigma}_0^2 = \frac{\boldsymbol{V}^{\mathrm{T}}\boldsymbol{P}\boldsymbol{V}}{c-u+s} \quad (7-4-42)$$

本节将证明：

$$E(\hat{\sigma}_0^2) = \sigma_0^2 \quad (7-4-43)$$

证明过程中要用到矩阵迹的特性之一：

$$tr(\boldsymbol{A}+\boldsymbol{B}) = tr(\boldsymbol{A}) + tr(\boldsymbol{B}) \quad (7-4-44)$$

矩阵迹的特性之二：

$$tr(\boldsymbol{A}\boldsymbol{B}) = tr(\boldsymbol{B}\boldsymbol{A}) \quad (7-4-45)$$

式(7-4-45)成立的前提条件是：矩阵 $\boldsymbol{AB}$ 和矩阵 $\boldsymbol{BA}$ 都是方阵。

考虑到改正数向量 $\boldsymbol{V}$ 具有 $E(\boldsymbol{V})=\boldsymbol{0}$ 及 $\boldsymbol{D}_{VV}=\sigma_0^2\boldsymbol{Q}_{VV}$ 的特性，再参考表 7-1 中 $\boldsymbol{Q}_{VV}$ 的计算式，有

$$\begin{aligned} E(\boldsymbol{V}^{\mathrm{T}}\boldsymbol{P}\boldsymbol{V}) &= E[tr(\boldsymbol{V}^{\mathrm{T}}\boldsymbol{P}\boldsymbol{V})] = tr[\boldsymbol{P}\cdot E(\boldsymbol{V}\boldsymbol{V}^{\mathrm{T}})] = tr[\boldsymbol{P}\boldsymbol{D}_{VV}] = \sigma_0^2 tr(\boldsymbol{P}\boldsymbol{Q}_{VV}) \\ &= \sigma_0^2 tr[\boldsymbol{P}\boldsymbol{Q}\boldsymbol{A}^{\mathrm{T}}\boldsymbol{N}^{-1}(\boldsymbol{I}_c - \boldsymbol{B}\boldsymbol{Q}_{\hat{X}\hat{X}}\boldsymbol{B}^{\mathrm{T}}\boldsymbol{N}^{-1})\boldsymbol{A}\boldsymbol{Q}] \\ &= \sigma_0^2 tr(\boldsymbol{I}_c - \boldsymbol{B}\boldsymbol{Q}_{\hat{X}\hat{X}}\boldsymbol{B}^{\mathrm{T}}\boldsymbol{N}^{-1}) \\ &= \sigma_0^2[c - tr(\boldsymbol{Q}_{\hat{X}\hat{X}}\boldsymbol{N}_{\mathrm{bb}})] \end{aligned} \quad (7-4-46)$$

再利用表 7-1 中的 $\boldsymbol{Q}_{\hat{X}\hat{X}}$ 的计算式并顾及 $\boldsymbol{N}_{\mathrm{cc}}=\boldsymbol{C}\boldsymbol{N}_{\mathrm{bb}}^{-1}\boldsymbol{C}^{\mathrm{T}}$，则有

$$\begin{aligned} tr(\boldsymbol{Q}_{\hat{X}\hat{X}}\boldsymbol{N}_{\mathrm{bb}}) &= tr[\boldsymbol{N}_{\mathrm{bb}}^{-1}(\boldsymbol{I}_u - \boldsymbol{C}^{\mathrm{T}}\boldsymbol{N}_{\mathrm{cc}}^{-1}\boldsymbol{C}\boldsymbol{N}_{\mathrm{bb}}^{-1})\boldsymbol{N}_{\mathrm{bb}}] \\ &= tr(\boldsymbol{I}_u - \boldsymbol{C}^{\mathrm{T}}\boldsymbol{N}_{\mathrm{cc}}^{-1}\boldsymbol{C}\boldsymbol{N}_{\mathrm{bb}}^{-1}) = u - tr(\boldsymbol{N}_{\mathrm{cc}}^{-1}\boldsymbol{N}_{\mathrm{cc}}) = u - s \end{aligned} \quad (7-4-47)$$

将式(7-4-47)代入式(7-4-46)，得

$$E(\boldsymbol{V}^{\mathrm{T}}\boldsymbol{P}\boldsymbol{V}) = \sigma_0^2[c-(u-s)] = \sigma_0^2(c-u+s)$$

也可写为

$$E(\hat{\sigma}_0^2) = E\left(\frac{\boldsymbol{V}^{\mathrm{T}}\boldsymbol{P}\boldsymbol{V}}{c-u+s}\right) = \sigma_0^2 \quad (7-4-48)$$

式(7-4-48)证明了单位权方差估计量 $\hat{\sigma}_0^2$ 是其母体方差 σ_0^2 的无偏估计量，即式(7-4-43)得证。

需要指出的是，$c-u+s$ 为概括平差函数模型的自由度，即等于平差问题中的多余观测数，由本章开始时的式(7-1-4)得知，多余观测数 $r=c-u+s$，所以，常用的经典平差方法中单位权方差估计公式为

$$\hat{\sigma}_0^2=\frac{\boldsymbol{V}^{\mathrm{T}}\boldsymbol{PV}}{r}=\frac{\boldsymbol{V}^{\mathrm{T}}\boldsymbol{PV}}{n-t} \tag{7-4-49}$$

与式(7-4-42)是完全相同的。

上述有关无偏和方差最小的统计性质是从概括平差函数模型(附有限制条件的条件平差法)出发推证的，由于其他所有的平差函数模型都是它的特例，故其推证的结论也必然适用于其他任一种平差方法。由此可知，最小二乘估计量具有最优无偏的统计性质。

习 题 7

[7-1] 何谓一般条件方程？何谓限制条件方程？它们之间的约束对象有何不同？

[7-2] 平差函数模型中，字母 n, t, r, u, s, c 各代表什么量？它们之间有何关系？

[7-3] 如果参数 $u=t$ 但不独立，或 $u>t$ 但没有包含 t 个独立参数，用何种平差模型进行平差比较合适？

[7-4] 某平差问题有15个等精度观测值，必要观测数等于8，现选取8个参数，且参数之间有2个限制条件。若按附有限制条件的条件平差法进行平差，应分别列出多少个条件方程和限制条件方程？由其组成的法方程有几个？

[7-5] 如图7-1所示，在测站 O 上观测了4个方向 A, B, C, D，得到6个等精度角度观测值 $L_i(i=1, 2, \cdots, 6)$。若选参数 $\hat{\boldsymbol{X}}=[\hat{X}_1\quad \hat{X}_2\quad \hat{X}_3]^{\mathrm{T}}=[\hat{L}_1\quad \hat{L}_2\quad \hat{L}_4]^{\mathrm{T}}$。试用附有限制条件的条件平差法，列出平差值条件方程和限制条件方程。

[7-6] 图7-2所示测角控制网有两个已知点 A, B，待定点为 C, D, E 三点，观测了9个角值 $L_1\sim L_9$。现设 AD 之间的距离和 D 点坐标为参数，即参数为 $\hat{\boldsymbol{X}}=[\hat{X}_s\quad \hat{X}_D\quad \hat{Y}_D]^{\mathrm{T}}$。试用附有限制条件的条件平差法，列出平差值条件方程和限制条件方程。

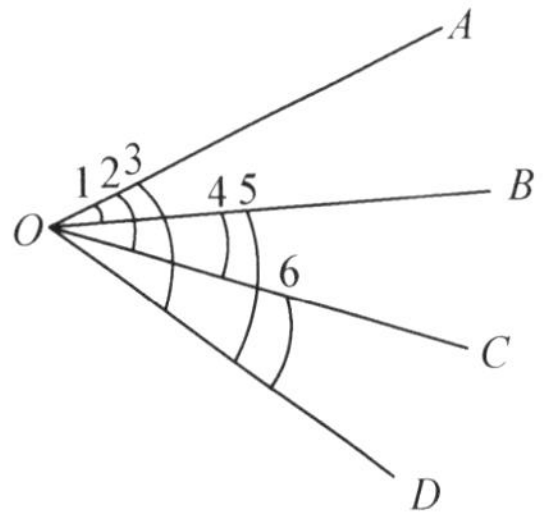

图7-1

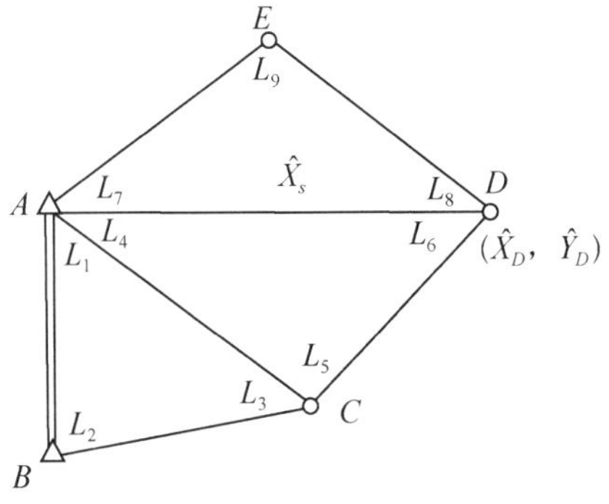

图7-2

8 误差椭圆

经过平差计算，得到了待定点的平面坐标平差值$(\hat{x},\ \hat{y})$及其方差-协方差阵：$\boldsymbol{D}_{\hat{x}\hat{x}}=\begin{bmatrix}\sigma_x^2 & \sigma_{xy}\\ \sigma_{yx} & \sigma_y^2\end{bmatrix}=\sigma_0^2\begin{bmatrix}Q_{xx} & Q_{xy}\\ Q_{yx} & Q_{yy}\end{bmatrix}$(本章为书写方便，在不引起误会的情况下，将坐标平差值、平差后的方差和协因数等元素的写法取消了估值的符号，如$\hat{\sigma}_{\hat{x}}^2$简成写σ_x^2)。其中，σ_x，σ_y为待定点在x轴和y轴方向上的位差。**位差**是指以平差值$(\hat{x},\ \hat{y})$为坐标确定的待定点在平面上某个指定方向上的中误差。

在前几章介绍的经典平差法中，对坐标平差值的方差阵$\boldsymbol{D}_{\hat{x}\hat{x}}$和协因数阵$\boldsymbol{Q}_{\hat{x}\hat{x}}$的计算方法已有论述，在此基础上，本节将介绍测量中常用的评定待定点点位精度的方法，特别是要介绍使用误差椭圆来描述待定点平差后的点位精度及如何求取指定方向的位差等问题。

8.1 点位精度的定义

8.1.1 点位误差

如图8-1所示，设P为某点的真实位置，其坐标值为$(\tilde{x},\ \tilde{y})$，P'为经平差后得到的P点最或然位置，其坐标估值为$(\hat{x},\ \hat{y})$，图中x轴、y轴为过P点的纵、横坐标轴，则P'点的坐标真误差为

$$\left.\begin{aligned}\Delta x&=\tilde{x}-\hat{x}\\ \Delta y&=\tilde{y}-\hat{y}\end{aligned}\right\}\qquad(8-1-1)$$

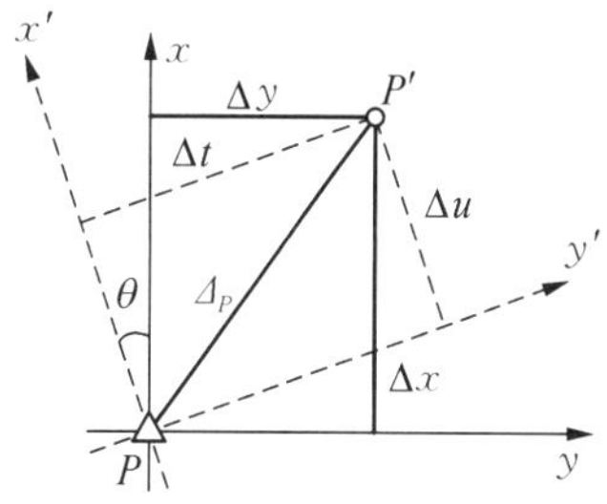

图8-1

由于Δx和Δy的存在而产生的P点与P'点间的距离Δ_P称为P点的**点位真误差**。(此后为叙述方便，在不引起误会的情况下将P'点称为P点)

$(\hat{x},\ \hat{y})$是坐标参数的最小二乘估值，根据7.4.1节中式(7-4-11)的结论，有

$$\left.\begin{aligned}E(\hat{x})&=\tilde{x}\\ E(\hat{y})&=\tilde{y}\end{aligned}\right\}\qquad(8-1-2)$$

即最小二乘估值$(\hat{x},\ \hat{y})$的数学期望等于其真值。再根据方差的定义式及式(8-1-1)，待定点P在纵、横坐标轴方向上的方差为

$$\left.\begin{aligned}\sigma_x^2&=\sigma_{\hat{x}}^2=E[\hat{x}-E(\hat{x})]^2=E(\hat{x}-\tilde{x})^2=E(\Delta x^2)\\ \sigma_y^2&=\sigma_{\hat{y}}^2=E[\hat{y}-E(\hat{y})]^2=E(\hat{y}-\tilde{y})^2=E(\Delta y^2)\end{aligned}\right\}\qquad(8-1-3)$$

此外，由图8-1可知

$$\Delta_P^2 = \Delta x^2 + \Delta y^2$$

等式两边取期望,有

$$E(\Delta_P^2) = E(\Delta x^2) + E(\Delta y^2) = \sigma_x^2 + \sigma_y^2$$

式中,$E(\Delta_P^2)$记为σ_P^2,定义为 P 点的**点位误差**(点位方差),则有

$$\sigma_P^2 = \sigma_x^2 + \sigma_y^2 \tag{8-1-4}$$

P 点的**点位中误差**为

$$\sigma_P = \sqrt{\sigma_x^2 + \sigma_y^2} \tag{8-1-5}$$

从图 8-1 可以看出,当坐标系围绕其原点旋转一个角度 θ,则 P, P'两点间的真误差Δ_P在新的坐标系内又可表示为

$$\Delta_P^2 = \Delta t^2 + \Delta u^2$$

根据与上面类似的推导过程,又可得到 P 点点位误差的另一个表达式:

$$\sigma_P^2 = \sigma_t^2 + \sigma_u^2$$

式中,σ_t, σ_u 为 P 点在 x'轴和 y'轴方向上的位差。于是有

$$\sigma_P^2 = \sigma_x^2 + \sigma_y^2 = \sigma_t^2 + \sigma_u^2 = \cdots \tag{8-1-6}$$

随着 θ 角取值的不同,各方向上的位差 σ_x, σ_y, σ_t, σ_u, …, 会发生变化,但任意两个垂直方向上的位差平方和 σ_P^2 保持不变,即**点位误差 $\boldsymbol{\sigma_P^2}$ 的大小与坐标系的选择无关**。

点位中误差 σ_P 是衡量待定点点位精度的常用指标之一,在应用时,只要求出 P 点在两个相互垂直方向上的中误差,例如 σ_x 和 σ_y 或 σ_t 和 σ_u,就可由式(8-1-6)计算出点位方差,再由式(8-1-5)计算出点位中误差。

8.1.2 用点位中误差表示点位精度的局限性

一般情况下,式(8-1-6)中,$\sigma_x \neq \sigma_y$, $\sigma_t \neq \sigma_u$, 也就是说,点位在各个方向上的位差是有变化的,而点位中误差 σ_P 只表示点位的"平均精度",却不能反映该点在任意指定方向上的位差(中误差)的大小。

有时会对某一指定方向的位差大小很感兴趣。图 8-2 是地下线状隧道贯通测量的示意图。此类工程的控制测量中,要求控制点测量的横向位差小(横向误差影响掘进的方向),而纵向位差可以稍微大一些(纵向误差影响里程),因此在控制测量过程中会采取一些技术手段尽量满足上述要求。所以控制测量中有时需要了解控制点在各方向上位差大小的分布状况,需要研究采用何种测量手段才能使控制点在某指定方向的位差达到最小。因此,仅用点位中误差这一精度指标来衡量点位精度是不够的。

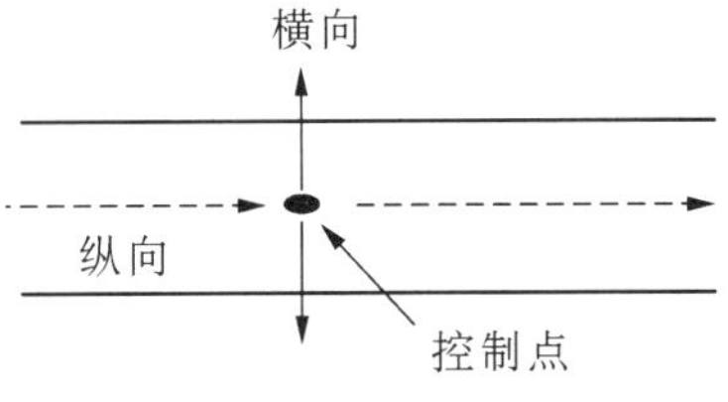

图 8-2

8.2 位差的计算

8.2.1 点位中误差的计算

待定点在纵、横坐标轴方向上的位差计算式：

$$\left.\begin{aligned}\sigma_x &= \sigma_0\sqrt{\frac{1}{p_x}} = \sigma_0\sqrt{Q_{xx}}\\ \sigma_y &= \sigma_0\sqrt{\frac{1}{p_y}} = \sigma_0\sqrt{Q_{yy}}\end{aligned}\right\} \tag{8-2-1}$$

根据式(8－1－4)，可得点位误差为

$$\sigma_P^2 = \sigma_x^2 + \sigma_y^2 = \sigma_0^2(Q_{xx} + Q_{yy}) \tag{8-2-2}$$

进而可得点位中误差为

$$\sigma_P = \sigma_0\sqrt{Q_{xx} + Q_{yy}} \tag{8-2-3}$$

可见，要求点位中误差 σ_P，必须知道单位权中误差 σ_0，以及 Q_{xx}，Q_{yy}。

σ_0 的确定分两种情况：①在平差计算时，用 $\sqrt{\boldsymbol{V}^{\mathrm{T}}\boldsymbol{PV}/r}$ 计算，得到的是 σ_0 的估值；②在控制网设计阶段，σ_0 的值采用先验值，就是使用经验值或按规范规定的相应等级的中误差容许值（例如，四等平面控制网，测角中误差容许值为 $\pm 2.5''$，此时可取 $\sigma_0 = 2.5''$）。以上两种方法得到的都是 σ_0 的估值 $\hat{\sigma}_0$，所以计算点位中误差 $\hat{\sigma}_P$ 的实用公式为

$$\hat{\sigma}_P = \hat{\sigma}_0\sqrt{Q_{xx} + Q_{yy}} \tag{8-2-4}$$

1. 间接平差求参数协因数矩阵

在控制网间接平差中，常将待定点坐标设为参数，于是 Q_{xx}，Q_{yy} 就是参数平差值的协因数，由式(6－3－8)，得到平差后参数协因数阵的计算式为

$$\boldsymbol{Q}_{\hat{x}\hat{x}} = \boldsymbol{N}_{\mathrm{bb}}^{-1} = (\boldsymbol{B}^{\mathrm{T}}\boldsymbol{PB})^{-1} \tag{8-2-5}$$

式中，$\boldsymbol{B}$ 为误差方程的系数阵（设计矩阵），它的构造由控制网的网形决定；$\boldsymbol{P}$ 为观测值的权阵。

当平面控制网中有 m 个待定点（必要观测个数 $t = 2m$）时，有

$$\underset{2m\times 2m}{\boldsymbol{Q}_{\hat{x}\hat{x}}} = (\boldsymbol{B}^{\mathrm{T}}\boldsymbol{PB})^{-1} = \begin{bmatrix} Q_{x_1x_1} & Q_{x_1y_1} & \cdots & Q_{x_1x_i} & Q_{x_1y_i} & \cdots & Q_{x_1x_m} & Q_{x_1y_m}\\ Q_{y_1x_1} & Q_{y_1y_1} & \cdots & Q_{y_1x_i} & Q_{y_1y_i} & \cdots & Q_{y_1x_m} & Q_{y_1y_m}\\ \vdots & \vdots & \vdots & \vdots & \vdots & \vdots & \vdots & \vdots\\ Q_{x_mx_1} & Q_{x_my_1} & \cdots & Q_{x_mx_i} & Q_{x_my_i} & \cdots & Q_{x_mx_m} & Q_{x_my_m}\\ Q_{y_mx_1} & Q_{y_my_1} & \cdots & Q_{y_mx_i} & Q_{y_my_i} & \cdots & Q_{y_mx_m} & Q_{y_my_m} \end{bmatrix} \tag{8-2-6}$$

当要计算待定点 1 的点位中误差时，可以从 $\boldsymbol{Q}_{\hat{x}\hat{x}}$ 阵主对角线上取出关于待定点 1 的协因

数 $Q_{x_1x_1}$，$Q_{y_1y_1}$，并计算得到它的点位中误差为

$$\sigma_{P_1}=\sigma_0\sqrt{Q_{x_1x_1}+Q_{y_1y_1}}$$

其他各待定点的点位中误差计算也以此类推。

通过以上过程可以看出：$(\boldsymbol{B}^{\mathrm{T}}\boldsymbol{P}\boldsymbol{B})^{-1}$由设计矩阵 $\boldsymbol{B}$ 和权阵 $\boldsymbol{P}$ 决定，而当控制网网形可在已有地形图上基本设定、观测值的权阵也可以大致估计出来时，就可以估计出矩阵 $\boldsymbol{B}$ 和 $\boldsymbol{P}$ 的值，并对平差后待定点的点位中误差进行概略估计，这对控制网施测前的网形设计、控制点的精度控制等都很有帮助。

［**例 8－1**］ 测边三角网如图 8－3 所示，A，B 两点已知，观测了两条边长 s_1，s_2。现设单位权观测路线长为 $c=100$ m，由 A，B 两点的已知坐标值及 M 点的近似坐标值，算得两条观测边的坐标增量近似值为

$$\begin{cases}\Delta X_{AM}^0=-86.60\ \text{m}\\ \Delta Y_{AM}^0=50.00\ \text{m}\end{cases},\quad \begin{cases}\Delta X_{BM}^0=-100.00\ \text{m}\\ \Delta Y_{BM}^0=173.21\ \text{m}\end{cases}$$

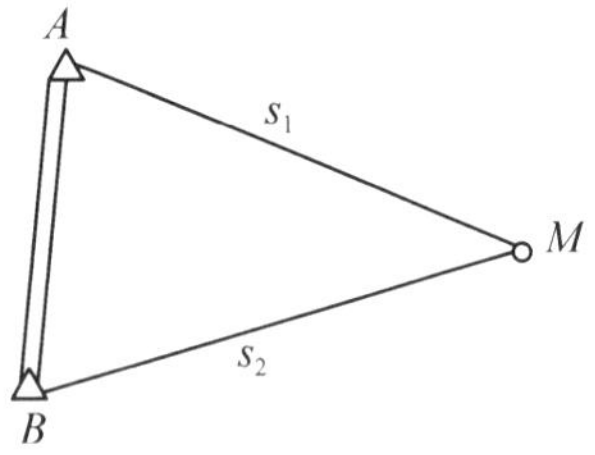

图 8－3

已知单位权中误差 $\sigma_0=1$ cm。试估算 M 点的点位中误差。

解 本题中，观测值个数 $n=2$，必要观测数 $t=2$，多余观测数 $r=n-t=0$，所以，本题没有多余观测，不能平差，但这并不影响利用间接平差的方法来进行精度估算。

由式(6－4－6)，得边长的误差方程为

$$v_{jk}=-\cos\alpha_{jk}^0\,\hat{x}_j-\sin\alpha_{jk}^0\,\hat{y}_j+\cos\alpha_{jk}^0\,\hat{x}_k+\sin\alpha_{jk}^0\,\hat{y}_k-l_{jk}$$

本题设 M 点的坐标平差值为参数，参数的近似值为 X_M^0，Y_M^0，其改正数为 $\hat{x}_M$，$\hat{y}_M$。先计算方位角近似值：

$$\alpha_{AM}^0=\arctan\frac{\Delta Y_{AM}^0}{\Delta X_{AM}^0}=\arctan\frac{50}{-86.60}=149°59'57''$$

$$\alpha_{BM}^0=\arctan\frac{\Delta Y_{BM}^0}{\Delta X_{BM}^0}=\arctan\frac{173.21}{-100.00}=119°59'57''$$

将方位角近似值代入误差方程，考虑到已知点的坐标增量为零，得误差方程为

$$\left.\begin{aligned}v_{s_1}&=-0.8660\,\hat{x}_M+0.5000\,\hat{y}_M-l_1\\ v_{s_2}&=-0.5000\,\hat{x}_M+0.8660\,\hat{y}_M-l_2\end{aligned}\right\}$$

本题列误差方程时注意：虽然边长具体的观测值未给出，但它们只影响误差方程常数项 $[l_1\quad l_2]^{\mathrm{T}}$ 的计算，并不影响精度评定。所以当平差问题只求精度时不必花精力去解算出常数项的值。

利用坐标增量近似值算得边长近似值为

$$s_1^0=\sqrt{(\Delta X_{AM}^0)^2+(\Delta Y_{AM}^0)^2}=100\ \text{m},\ s_2^0=\sqrt{(\Delta X_{BM}^0)^2+(\Delta Y_{BM}^0)^2}=200\ \text{m}$$

因该题未给出观测边的长度，而边长近似值和边长观测值相差不会很大，所以观测值的权可定为

$$p_1=\frac{c}{s_1}=\frac{100}{100}=1,\ p_2=\frac{c}{s_2}=\frac{100}{200}=0.5$$

法矩阵及其逆阵为

$$\boldsymbol{N}_{\mathrm{bb}}=\boldsymbol{B}^{\mathrm{T}}\boldsymbol{P}\boldsymbol{B}=\begin{bmatrix}0.8750 & -0.6495\\ -0.6495 & 0.6250\end{bmatrix},\ \boldsymbol{Q}_{\hat{x}\hat{x}}=\boldsymbol{N}_{\mathrm{bb}}^{-1}=\begin{bmatrix}5.0007 & 5.1969\\ 5.1969 & 7.0009\end{bmatrix}$$

所以 M 点的点位中误差 σ_M 为

$$\sigma_M=\sigma_0\sqrt{Q_{\hat{x}_M\hat{x}_M}+Q_{\hat{y}_M\hat{y}_M}}=1\times\sqrt{5.0007+7.0009}=3.46\ \mathrm{cm}$$

由此例可得出以下结论：**没有多余观测是不能进行平差的，但可以利用间接平差求参数精度的方法进行精度评定。**

2. 条件平差法计算未知数协因数阵

当平面控制网按条件平差时，首先要求出观测值的平差值 $\hat{L}$，再由已知的起算数据和平差值 $\hat{L}$ 计算待定点坐标估值，即坐标估值是观测值平差值的函数，因此要按求平差值函数的协因数的方法进行计算。

设待定点 P 的最或然坐标为 $\hat{X}_P$ 和 $\hat{Y}_P$，计算 $\hat{X}_P$，$\hat{Y}_P$ 使用的已知坐标为 X_0 和 Y_0（认为没有误差），则有以下函数式：

$$\left.\begin{aligned}\hat{X}_P&=X_0+x(\hat{\boldsymbol{L}})\\ \hat{Y}_P&=Y_0+y(\hat{\boldsymbol{L}})\end{aligned}\right\}\tag{8-2-7}$$

对式(8-2-7)求微分，得其权函数式为

$$\left.\begin{aligned}\mathrm{d}\hat{X}_P&=\boldsymbol{f}_x^{\mathrm{T}}\mathrm{d}\hat{\boldsymbol{L}}\\ \mathrm{d}\hat{Y}_P&=\boldsymbol{f}_y^{\mathrm{T}}\mathrm{d}\hat{\boldsymbol{L}}\end{aligned}\right\}\tag{8-2-8}$$

按协因数传播律并顾及 $\boldsymbol{Q}_{\hat{L}\hat{L}}=\boldsymbol{Q}-\boldsymbol{Q}\boldsymbol{A}^{\mathrm{T}}\boldsymbol{N}^{-1}\boldsymbol{A}\boldsymbol{Q}$，得 P 点的协因数为

$$\left.\begin{aligned}\boldsymbol{Q}_{xx}&=\boldsymbol{f}_x^{\mathrm{T}}\boldsymbol{Q}_{\hat{L}\hat{L}}\boldsymbol{f}_x=\boldsymbol{f}_x^{\mathrm{T}}\boldsymbol{Q}\boldsymbol{f}_x-(\boldsymbol{A}\boldsymbol{Q}\boldsymbol{f}_x)^{\mathrm{T}}\boldsymbol{N}^{-1}\boldsymbol{A}\boldsymbol{Q}\boldsymbol{f}_x\\ \boldsymbol{Q}_{yy}&=\boldsymbol{f}_y^{\mathrm{T}}\boldsymbol{Q}_{\hat{L}\hat{L}}\boldsymbol{f}_y=\boldsymbol{f}_y^{\mathrm{T}}\boldsymbol{Q}\boldsymbol{f}_y-(\boldsymbol{A}\boldsymbol{Q}\boldsymbol{f}_y)^{\mathrm{T}}\boldsymbol{N}^{-1}\boldsymbol{A}\boldsymbol{Q}\boldsymbol{f}_y\\ \boldsymbol{Q}_{xy}&=\boldsymbol{f}_x^{\mathrm{T}}\boldsymbol{Q}_{\hat{L}\hat{L}}\boldsymbol{f}_y=\boldsymbol{f}_x^{\mathrm{T}}\boldsymbol{Q}\boldsymbol{f}_y-(\boldsymbol{A}\boldsymbol{Q}\boldsymbol{f}_x)^{\mathrm{T}}\boldsymbol{N}^{-1}\boldsymbol{A}\boldsymbol{Q}\boldsymbol{f}_y\end{aligned}\right\}\tag{8-2-9}$$

式中，$\boldsymbol{Q}$ 为观测值的协因数阵；$\boldsymbol{A}$ 为条件方程系数阵；$\boldsymbol{N}$ 为法方程系数阵，$\boldsymbol{N}=\boldsymbol{A}\boldsymbol{Q}\boldsymbol{A}^{\mathrm{T}}$。

[例 5-6]的第(3)小题就详细演示了条件平差后点位中误差的计算方法，在此不再举例。

从以上介绍可知，若需要计算控制网中所有待定点的点位中误差时，很显然，间接平差法或附有限制条件的间接平差法要比条件平差法更具优势。

若只需要计算控制网中个别待定点的点位中误差，也可以采用附有参数的条件平差法。平差时，可直接假设该待定点的坐标为参数。

8.2.2 任意方向 φ 上的位差

如图 8-4 所示，P 为某点的真实位置，P' 为该点平差后的最或然位置。在 P 点上有一任意方向，它与 x 轴方向的夹角为 φ，则 P' 点的点位真误差 $\overline{PP'}$ 在方向 φ 上的影响为：将 $\overline{PP'}$

在方向 φ 上进行投影，得到的投影长度$\overline{PP'''}$就是点位真误差在该方向上的位置真误差 $\Delta\varphi$。

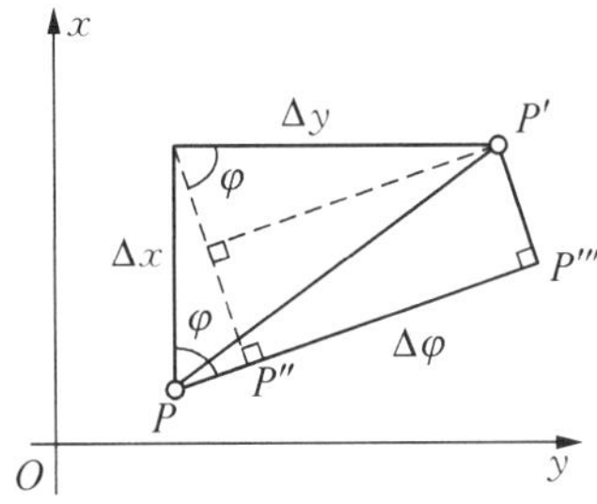

图 8-4

P 点在方向 φ 上的位差 σ_φ 的求取方法：首先应建立 $\Delta\varphi$ 与$\overline{PP'}$在纵、横坐标轴上的真误差 Δx, Δy 的函数关系，若 P 点的协因数阵 $\begin{bmatrix} Q_{xx} & Q_{xy} \\ Q_{xy} & Q_{yy} \end{bmatrix}$ 已知，则可以利用协因数传播律求出方向 φ 上的协因数 $Q_{\varphi\varphi}$，进而求其位差。

由图 8-4 可以看出，$\Delta\varphi$ 与 Δx, Δy 的函数关系为

$$\Delta\varphi = \overline{PP''} + \overline{P''P'''} = \Delta x\cos\varphi + \Delta y\sin\varphi = [\cos\varphi \quad \sin\varphi]\begin{bmatrix} \Delta x \\ \Delta y \end{bmatrix} \tag{8-2-10}$$

根据协因数传播律，有

$$\begin{aligned} Q_{\varphi\varphi} &= [\cos\varphi \quad \sin\varphi]\begin{bmatrix} Q_{xx} & Q_{xy} \\ Q_{yx} & Q_{yy} \end{bmatrix}\begin{bmatrix} \cos\varphi \\ \sin\varphi \end{bmatrix} \\ &= Q_{xx}\cos^2\varphi + Q_{yy}\sin^2\varphi + Q_{xy}\sin 2\varphi \end{aligned} \tag{8-2-11}$$

因此，方向 φ 上的位差为

$$\sigma_\varphi = \sigma_0\sqrt{Q_{\varphi\varphi}} = \sigma_0\sqrt{Q_{xx}\cos^2\varphi + Q_{yy}\sin^2\varphi + Q_{xy}\sin 2\varphi} \tag{8-2-12}$$

实用公式为

$$\hat{\sigma}_\varphi = \hat{\sigma}_0\sqrt{Q_{xx}\cos^2\varphi + Q_{yy}\sin^2\varphi + Q_{xy}\sin 2\varphi} \tag{8-2-13}$$

从式(8-2-12)可以看出：平差后 P 点在任意方向上的中误差(位差) σ_φ 取决于方向值 φ，随着 φ 取值的不同，σ_φ 和 $Q_{\varphi\varphi}$ 也将发生变化。

那么，P 点在任意两个垂直方向上的位差平方之和又等于什么呢？P 点在方向 φ 上的方差 σ_φ^2 由式(8-2-12)可得，与 φ 垂直方向的方差也可由此式得到，即

$$\begin{aligned} \sigma^2_{\varphi\pm90^\circ} &= \sigma_0^2[Q_{xx}\cos^2(\varphi\pm90^\circ) + Q_{yy}\sin^2(\varphi\pm90^\circ) + Q_{xy}\sin 2(\varphi\pm90^\circ)] \\ &= \sigma_0^2(Q_{xx}\sin^2\varphi + Q_{yy}\cos^2\varphi - Q_{xy}\sin 2\varphi) \end{aligned}$$

与式(8-2-12)取平方后相加，整理后有

$$\begin{aligned} \sigma_\varphi^2 + \sigma^2_{\varphi\pm90^\circ} &= \sigma_0^2[Q_{xx}(\cos^2\varphi + \sin^2\varphi) + Q_{yy}(\sin^2\varphi + \cos^2\varphi) + Q_{xy}(\sin 2\varphi - \sin 2\varphi)] \\ &= \sigma_0^2(Q_{xx} + Q_{yy}) = \sigma_P^2 \end{aligned}$$

式中，σ_P^2 是 P 点的点位方差。由于方向 φ 的任意性，这也进一步证明了点位方差总是等于任意两个相互垂直方向上的位差平方之和。所以，点位方差是一个定值，与坐标系的选择无关。

8.2.3 位差的极大值 E 和极小值 F

待定点在不同方向上的位差是有变化的，但任意两个垂直方向上的位差平方之和总是相等的，当位差在某一方向取得极大值 E 时，必在与其垂直的方向上取得极小值 F，与其对应的就是协因数的极大值和极小值，用 Q_{EE} 和 Q_{FF} 表示。

一般而言，待定点位差的极值方向不会正好与 x 轴、y 轴平行，为计算方便，可以待定点位置为原点 O，构成 xOy 坐标系（如图 8－5 所示）。又在原点 O 上，将 xOy 坐标系顺时针旋转一个 φ_E 角，成为 $x'Oy'$ 坐标系，其主轴 x' 轴正好与该点位差极大值 E 的方向重合，y' 轴正好与位差极小值 F 的方向重合。即极大值 E 的方向与 x 轴的顺时针夹角为 φ_E，极小值 F 的方向与 x 轴的顺时针夹角为 φ_F。φ_E，φ_F 的取值范围是 $0°\sim360°$，且 $\varphi_F \equiv \varphi_E + 90°$。

以下介绍求取位差极值（E，F）和极值方向（φ_E，φ_F）的原理和方法。

据 8.2.2 节所述，P 点误差在某一方向 φ 上的影响就是 P 点真误差在方向 φ 上的投影，即

$$\Delta\varphi = \Delta x\cos\varphi + \Delta y\sin\varphi = [\cos\varphi \quad \sin\varphi]\begin{bmatrix}\Delta x\\ \Delta y\end{bmatrix} = \boldsymbol{C}^{\mathrm{T}}\boldsymbol{X} \tag{8-2-14}$$

式中，$\boldsymbol{C}^{\mathrm{T}} = [\cos\varphi \quad \sin\varphi]$，其满足

$$\boldsymbol{C}^{\mathrm{T}}\boldsymbol{C} = \boldsymbol{I} \tag{8-2-15}$$

根据协因数传播律，由式（8－2－14）得到 P 点在方向 φ 上的协因数为

$$Q_{\varphi\varphi} = \boldsymbol{C}^{\mathrm{T}}\boldsymbol{Q}_{XX}\boldsymbol{C} \tag{8-2-16}$$

由于 P 点在任意方向的协因数 $Q_{\varphi\varphi}$ 的值随着 φ 角的变化而变化，现要求在考虑式（8－2－15）的约束条件下，求 $Q_{\varphi\varphi}$ 的极值（极大值和极小值）以及极值的方向。可以用求拉格朗日条件极值的方法进行，组成拉格朗日函数：

$$\Phi = \boldsymbol{C}^{\mathrm{T}}\boldsymbol{Q}_{XX}\boldsymbol{C} - \lambda(\boldsymbol{C}^{\mathrm{T}}\boldsymbol{C} - \boldsymbol{I})$$

式中，$\boldsymbol{Q}_{XX}$ 为 P 点坐标估值在 xOy 坐标系中的协因数阵；λ 为拉格朗日乘常数。式中只有系数阵 $\boldsymbol{C}$ 与待定角 φ 有关，所以，将 Φ 对 $\boldsymbol{C}$ 求导数并令其等于零，有

$$\frac{\partial\Phi}{\partial\boldsymbol{C}} = 2\boldsymbol{C}^{\mathrm{T}}\boldsymbol{Q}_{XX} - 2\lambda\boldsymbol{C}^{\mathrm{T}} = \boldsymbol{0}$$

转置，得

$$(\boldsymbol{Q}_{XX} - \lambda\boldsymbol{I})\boldsymbol{C} = \boldsymbol{0} \tag{8-2-17}$$

由式（8－2－17）可知，λ 是协因数阵 $\boldsymbol{Q}_{XX}$ 的特征值，$\boldsymbol{C}$ 是对应于特征根的特征向量，它们都可以用解特征方程的方法求出。式（8－2－17）是由求极值得到的，所以解出的特征根 λ 及特征向量 $\boldsymbol{C}$ 具有极值性。

因 $\boldsymbol{Q}_{XX}$ 是二阶矩阵，所以应有两个特征根 λ_1，λ_2，特征方程为

$$|\boldsymbol{Q}_{XX} - \lambda\boldsymbol{I}| = \begin{vmatrix} Q_{xx} - \lambda & Q_{xy} \\ Q_{xy} & Q_{yy} - \lambda \end{vmatrix} = 0$$

展开得

$$\lambda^2 - (Q_{xx} + Q_{yy})\lambda + (Q_{xx}Q_{yy} - Q_{xy}^2) = 0$$

解之得特征根为

$$\lambda = \frac{1}{2}(Q_{xx} + Q_{yy}) \pm \frac{1}{2}\sqrt{(Q_{xx} - Q_{yy})^2 + 4Q_{xy}^2}$$

故协因数 $Q_{\varphi\varphi}$ 的极大值和极小值分别为

$$Q_{\max} = Q_{EE} = \lambda_1 = \frac{1}{2}(Q_{xx} + Q_{yy} + K) \tag{8-2-18}$$

$$Q_{\min} = Q_{FF} = \lambda_2 = \frac{1}{2}(Q_{xx} + Q_{yy} - K) \tag{8-2-19}$$

式中，

$$K = \sqrt{(Q_{xx} - Q_{yy})^2 + 4Q_{xy}^2} \tag{8-2-20}$$

P 点位差的极大值 E 和极小值 F 的计算式为

$$\left.\begin{aligned} E &= \sigma_0 \sqrt{Q_{EE}} = \sigma_0 \sqrt{\frac{1}{2}(Q_{xx} + Q_{yy} + K)} \\ F &= \sigma_0 \sqrt{Q_{FF}} = \sigma_0 \sqrt{\frac{1}{2}(Q_{xx} + Q_{yy} - K)} \end{aligned}\right\} \tag{8-2-21}$$

由式(8－2－21)，也可以得到 E^2，F^2 的计算式：

$$\left.\begin{aligned} E^2 &= \frac{1}{2}\left[\sigma_x^2 + \sigma_y^2 + \sqrt{(\sigma_x^2 - \sigma_y^2)^2 + 4\sigma_{xy}^2}\right] \\ F^2 &= \frac{1}{2}\left[\sigma_x^2 + \sigma_y^2 - \sqrt{(\sigma_x^2 - \sigma_y^2)^2 + 4\sigma_{xy}^2}\right] \end{aligned}\right\} \tag{8-2-22}$$

或

$$\left.\begin{aligned} E &= \sigma_{\max} = \sigma_0 \sqrt{Q_{EE}} \\ F &= \sigma_{\min} = \sigma_0 \sqrt{Q_{FF}} \end{aligned}\right\} \tag{8-2-23}$$

将式(8－2－22)中的两式求和，并顾及式(8－2－2)，有

$$E^2 + F^2 = \sigma_x^2 + \sigma_y^2 = \sigma_P^2 \tag{8-2-24}$$

即极大位差的平方与极小位差的平方之和仍然等于该点的点位方差，这又一次证明了点位方差总是等于任意两个相互垂直方向上的方差之和。

现证明极大位差 E 与极小位差 F 的相互垂直性。

将特征值 λ_1，λ_2 分别代入式(8－2－17)中，并求其对应的特征向量 $\boldsymbol{C}$，由特征向量可以推导出 λ_i($i=1$, 2)对应的顺时针旋转角 φ_i(极值方向)的计算公式。因 λ_1 对应的是极大值，将 λ_1 代入式(8－2－17)，有

$$\begin{bmatrix} Q_{xx} - \lambda_1 & Q_{xy} \\ Q_{xy} & Q_{yy} - \lambda_1 \end{bmatrix} \begin{bmatrix} \cos\varphi_E \\ \sin\varphi_E \end{bmatrix} = \mathbf{0}$$

得到两个方程式

$$\left.\begin{aligned} (Q_{xx} - \lambda_1)\cos\varphi_E + Q_{xy}\sin\varphi_E = 0 \\ Q_{xy}\cos\varphi_E + (Q_{yy} - \lambda_1)\sin\varphi_E = 0 \end{aligned}\right\} \tag{8-2-25}$$

根据式(8－2－25)，并顾及 $\lambda_1 = Q_{EE}$，得到位差极大值方向 φ_E 的有关公式：

$$\tan\varphi_E = \frac{Q_{EE} - Q_{xx}}{Q_{xy}} = \frac{Q_{xy}}{Q_{EE} - Q_{yy}} \tag{8-2-26}$$

同理，将 $\lambda_2 = Q_{FF}$ 代入式(8-2-17)，得到位差极小值方向 φ_F 的有关公式：

$$\tan\varphi_F = \frac{Q_{FF} - Q_{xx}}{Q_{xy}} = \frac{Q_{xy}}{Q_{FF} - Q_{yy}} \tag{8-2-27}$$

现证明 Q_{EE} 和 Q_{FF} 方向相互垂直。由式(8-2-26)和式(8-2-27)，有

$$\begin{aligned}\tan(\varphi_F - \varphi_E) &= \frac{\tan\varphi_F - \tan\varphi_E}{1 + \tan\varphi_F \tan\varphi_E} = \frac{\tan\varphi_F - \tan\varphi_E}{1 + \dfrac{Q_{FF} - Q_{xx}}{Q_{xy}} \cdot \dfrac{Q_{xy}}{Q_{EE} - Q_{yy}}} \\ &= \frac{(\tan\varphi_F - \tan\varphi_E)(Q_{EE} - Q_{yy})}{Q_{EE} - Q_{yy} + Q_{FF} - Q_{xx}} \\ &= \frac{(\tan\varphi_F - \tan\varphi_E)(Q_{EE} - Q_{yy})}{0}\end{aligned}$$

式中的分母等于 0，说明 φ_E 和 φ_F 两方向之差为 90°或 270°，是相互垂直的。

此外，还可由式(8-2-26)得到

$$\tan 2\varphi_E = \frac{2\tan\varphi_E}{1 - \tan^2\varphi_E} = \frac{2\dfrac{Q_{xy}}{Q_{EE} - Q_{yy}}}{1 - \dfrac{Q_{xy}}{Q_{EE} - Q_{yy}} \cdot \dfrac{Q_{EE} - Q_{xx}}{Q_{xy}}}$$

化简得

$$\tan 2\varphi_E = \frac{2Q_{xy}}{Q_{xx} - Q_{yy}}$$

由式(8-2-27)进行类似推导，也可得

$$\tan 2\varphi_F = \frac{2Q_{xy}}{Q_{xx} - Q_{yy}}$$

合并上两式，记为

$$\tan 2\varphi_0 = \frac{2Q_{xy}}{Q_{xx} - Q_{yy}} \tag{8-2-28}$$

由式(8-2-28)可求得极值方向 φ_0，φ_0 有两个根，一个是极大值方向 φ_E，一个是极小值方向 φ_F。

当式(8-2-28)的分子、分母同乘一个 σ_0^2 时，有下面的等式产生：

$$\tan 2\varphi_0 = \frac{2D_{xy}}{D_{xx} - D_{yy}} = \frac{2\sigma_{xy}}{\sigma_x^2 - \sigma_y^2} \tag{8-2-29}$$

这种分子分母同乘一个 σ_0^2、将计算元素从协因数变为方差和协方差的方法，同样也可用于式(8-2-26)和式(8-2-27)，在此就不再具体列出。

[例 8-2] 试求出[例 8-1]中待定点 M 的位差极大值和极小值，并求出极值方向。

解 由例[8-1]得 M 点的协因数阵为

$$Q_{\hat{x}\hat{x}} = \begin{bmatrix} 5.0007 & 5.1969 \\ 5.1969 & 7.0009 \end{bmatrix}$$

可算得：

$$K = \sqrt{(Q_{xx} - Q_{yy})^2 + 4Q_{xy}^2} = 10.5845$$

$$Q_{EE} = \frac{1}{2}(Q_{xx} + Q_{yy} + K) = 11.2930$$

$$Q_{FF} = \frac{1}{2}(Q_{xx} + Q_{yy} - K) = 0.7086$$

$$E = \sigma_0 \sqrt{Q_{EE}} = 3.36 \text{ cm}$$

$$F = \sigma_0 \sqrt{Q_{FF}} = 0.84 \text{ cm}$$

$\sigma_M = \sqrt{E^2 + F^2} = \sqrt{11.9952} = 3.46$ cm——M 点点位中误差，与[例 8－1]的计算结果一致。

$$\tan \varphi_E = \frac{Q_{EE} - Q_{xx}}{Q_{xy}} = \frac{11.2930 - 5.0007}{5.1969} = 1.2108$$

位差极大值方向：　　$\varphi_E = 50°26'$ 或 $\varphi_E = 230°26'$

可见位差极大值 E 位于从 x 轴正向顺时针旋转 50°26′(或 230°26′)的方向上。

$$\tan \varphi_F = \frac{Q_{FF} - Q_{xx}}{Q_{xy}} = \frac{0.7086 - 5.0007}{5.1969} = -0.8259$$

位差极小值方向：　　$\varphi_F = 140°26'$ 或 $\varphi_F = 320°26'$

则位差极小值 F 位于从 x 轴正向顺时针旋转 140°26′(或 320°26′)的方向上。

用式(8－2－26)、式(8－2－27)计算 φ_E 和 φ_F 时，判断角值所在象限的方法如下：当 $\tan\varphi$ 的值为正时，算出的角值应该在Ⅰ，Ⅲ象限；当 $\tan\varphi$ 的值为负时，算出的角值应该在Ⅱ，Ⅳ象限。极大值和极小值的取值方向总是相差 90°。

8.2.4　用位差极大值 E 和极小值 F 计算给定方向上的位差

从 8.2.3 节的讨论可知，当 xOy 坐标系顺时针旋转 φ_E 角变成 $x'Oy'$ 坐标系时，将在 x' 轴(E 轴)上取得协因数的极大值 Q_{EE}，而在 y' 轴(F 轴)上取得协因数的极小值 Q_{FF}，即有

$$\left.\begin{aligned} Q_{x'x'} &= Q_{EE} = Q_{\max} \\ Q_{y'y'} &= Q_{FF} = Q_{\min} \end{aligned}\right\} \quad (8-2-30)$$

现在 $x'Oy'$ 坐标系中，从 x' 轴(即最大位差方向 E 轴)正向开始，顺时针旋转 Ψ 角，该方向位差值的协因数又是多少呢？参考式(8－2－11)，有

$$Q_{\Psi\Psi} = Q_{EE}\cos^2\Psi + Q_{FF}\sin^2\Psi + Q_{EF}\sin 2\Psi \quad (8-2-31)$$

式中，Q_{EE} 和 Q_{FF} 可由式(8－2－18)、式(8－2－19)求出。现讨论相关协因数 Q_{EF} 的计算。

由式(8－2－14)，P 点真误差在极值方向 φ_E 和 φ_F 上的投影，$\Delta\varphi_E(=\Delta E)$ 和 $\Delta\varphi_F(=\Delta F)$ 可用 Δx，Δy 线性表示，即

$$\left.\begin{aligned}\Delta E &= \cos\varphi_E \Delta x + \sin\varphi_E \Delta y \\ \Delta F &= \cos\varphi_F \Delta x + \sin\varphi_F \Delta y\end{aligned}\right\} \tag{8-2-32}$$

根据 $\cos\varphi_F = \cos(\varphi_E \pm 90°) = -\sin\varphi_E$，$\sin\varphi_F = \cos\varphi_E$，并变换成矩阵形式,式(8-2-32)变为

$$\Delta E = \begin{bmatrix}\cos\varphi_E & \sin\varphi_E\end{bmatrix}\begin{bmatrix}\Delta x \\ \Delta y\end{bmatrix},\ \Delta F = \begin{bmatrix}-\sin\varphi_E & \cos\varphi_E\end{bmatrix}\begin{bmatrix}\Delta x \\ \Delta y\end{bmatrix} \tag{8-2-33}$$

由式(8-2-33)用协因数传播律求 ΔE，ΔF 的互协因数 Q_{EF}，整理后得

$$\begin{aligned}Q_{EF} &= -\cos\varphi_E \sin\varphi_E Q_{xx} + \cos\varphi_E \sin\varphi_E Q_{yy} + (\cos^2\varphi_E - \sin^2\varphi_E)Q_{xy} \\ &= -\frac{1}{2}\sin 2\varphi_E (Q_{xx} - Q_{yy}) + \cos 2\varphi_E Q_{xy}\end{aligned} \tag{8-2-34}$$

将式(8-2-28)中 $\tan 2\varphi_E = \dfrac{2Q_{xy}}{Q_{xx} - Q_{yy}} = \dfrac{\sin 2\varphi_E}{\cos 2\varphi_E}$ 代入,可见等式右边两项大小相等、符号相反,故有

$$Q_{EF} = 0 \tag{8-2-35}$$

也可写成

$$Q_{EF} = Q_{x'y'} = 0 \tag{8-2-36}$$

将式(8-2-35)的结论代入式(8-2-31),得任意方向 Ψ 的位差协因数为

$$Q_{\Psi\Psi} = Q_{EE}\cos^2\Psi + Q_{FF}\sin^2\Psi \tag{8-2-37}$$

将式(8-2-37)乘以单位权方差 σ_0^2，得方向 Ψ 上的方差公式为

$$\sigma_\Psi^2 = \sigma_0^2 Q_{\Psi\Psi} = \sigma_0^2(Q_{EE}\cos^2\Psi + Q_{FF}\sin^2\Psi) \tag{8-2-38}$$

因此得到用位差极大值和极小值计算的 P 点在**任意方向 Ψ 上的位差公式**为

$$\sigma_\Psi = \sqrt{E^2\cos^2\Psi + F^2\sin^2\Psi} \tag{8-2-39}$$

使用该公式时应注意,Ψ 角是从 x' 轴(E 轴)正向起,顺时针旋转得到的角度,即 $\Psi = \varphi - \varphi_E$，其中 φ 为从 x 轴正向起,顺时针量得的方位角,φ_E 为主轴方向。当 $\varphi - \varphi_E$ 为负值时,角值加 360°。

[例 8-3] 数据同[例 8-2],试计算方位角 $\alpha = 75°$ 处的位差。

解 由[例 8-2]已知 $\boldsymbol{Q}_{\hat{x}\hat{x}} = \begin{bmatrix}5.0007 & 5.1969 \\ 5.1969 & 7.0009\end{bmatrix}$。计算结果为 $E = 3.36$ cm，$F = 0.84$ cm，$\varphi_E = 50°26'$。

方法一 采用式(8-2-12)计算。该公式中的 φ 角是从 x 轴正向顺时针旋转得到,而方位角 $\alpha = 75°$ 也是从 x 轴正方向顺时针旋转得到的,所以此题中,$\varphi = \alpha = 75°$，即

$$\begin{aligned}\sigma_\alpha^2 &= \sigma_0^2 Q_{\alpha\alpha} = \sigma_0^2(Q_{xx}\cos^2\alpha + Q_{yy}\sin^2\alpha + Q_{xy}\sin 2\alpha) \\ &= 1^2 \times (5.0007 \times \cos^2 75° + 7.0009 \times \sin^2 75° + 5.1969 \times \sin 150°) \\ &= 9.46\ \text{cm}^2\end{aligned}$$

即 $\alpha=75°$ 处的位差为 $\sigma_\alpha=3.08$ cm。

方法二 采用式(8-2-39)计算。该式中的 Ψ 角值是从 x' 轴正向顺时针旋转得到的，所以该题中

$$\Psi=\alpha-\varphi_E=75°-50°26'=24°34'$$

则方向 Ψ 处的位差为

$$\begin{aligned}\sigma_\Psi^2&=E^2\cos^2\Psi+F^2\sin^2\Psi\\&=3.36^2\times\cos^2 24°34'+0.84^2\times\sin^2 24°34'\\&=9.46\ \text{cm}^2\end{aligned}$$

即 $\alpha=75°$ 或 $\Psi=24°34'$ 处的位差 $\sigma_\Psi=3.08$ cm。

可见，上面两种方法的计算结果完全相同。

现用图 8-5 对各种关系进行解释。将某待定点的坐标平差值设为原点 O，建立坐标系 xOy。假设单位权方差已知，该点坐标平差值的协因数阵已知，由此可得该待定点在 x 轴和 y 轴上的位差 σ_x，σ_y；再参考[例 8-2]的计算过程，可得到该点在 x' 轴(E 轴)上的位差极大值 E 和在 y'轴(F 轴)上的位差极小值 F。其中，$x'Oy'$ 坐标系是由 xOy 坐标系顺时针旋转 φ_E 角得到。当要计算该待定点在任意方向 Ψ 的位差 σ_Ψ 的大小时，可以用式(8-2-12)或式(8-2-39)代表的两种方法进行计算，即[例 8-3]的计算过程，两种方法的计算结果应该相同。

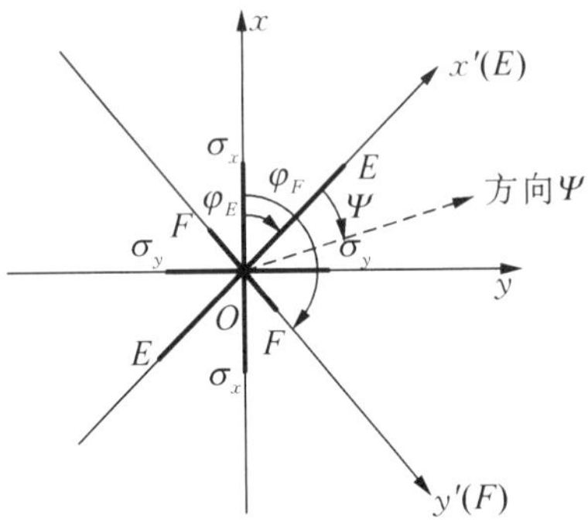

图 8-5

8.3 误差曲线与误差椭圆

8.3.1 误差曲线的概念及应用

当以待定点所在位置 O 为极点、E 轴为极轴、Ψ 角(取值范围 0°～360°)为极角、与 Ψ 相应的位差 σ_Ψ[由式(8-2-39)得到]为极距画图，画出的点的轨迹为一闭合曲线，其形状如图8-6所示。显然，在任意方向 Ψ 上的极径 $\overline{OP}$ 就是该方向上的位差 σ_Ψ，图形关于位差的两个极轴(E 轴和 F 轴)对称。由于该曲线形象地反映了控制点在不同方向上的位差，故被称为**点位误差曲线**(或**点位精度曲线**)。

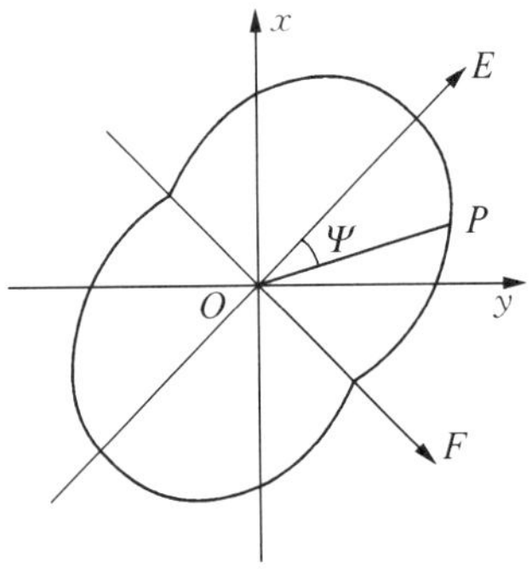

图 8-6

图 8-7 为控制网中 P 点的点位误差曲线图，图中 A，B，C 三点为已知点，P 为待定点，根据平差后的数据得到了 P 点点位误差曲线图。绘图时应注意，图中已知点之间的位置关系是按测图要求用如 1∶500，1∶1 000 等的比例尺确定的，而点位误差曲线若也按此比例尺作图，则图形将会非常小，难以反映各方向上的位差，故一般误差曲线的作图比例尺要大于测图比例尺，常采用 1∶10，1∶1 等，所以图 8-7 中的已知点间相对位置关系和 P 点的误差曲线是用不同的比例尺进

行绘制的。

现以图 8-7 为例，说明在误差曲线图中可图解出如下内容：

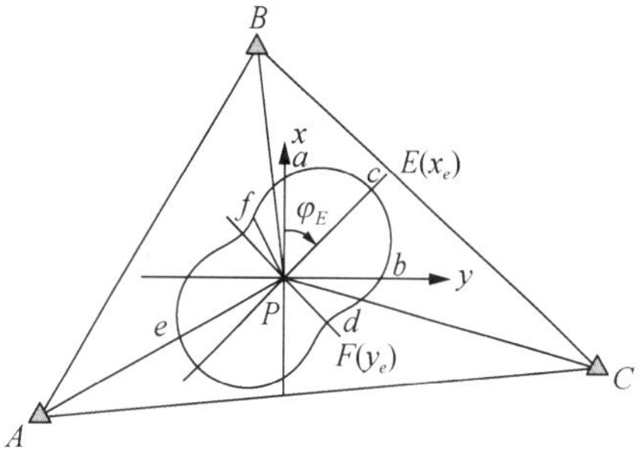

图 8-7

(1) 坐标轴方向上的中误差：

$$\sigma_{x_P} = \overline{Pa},\ \sigma_{y_P} = \overline{Pb} \qquad (8-3-1)$$

(2) P 点位差极大值 E 和极小值 F：

$$E = \overline{Pc},\ F = \overline{Pd} \qquad (8-3-2)$$

(3) 平差后待定点 P 至任一控制点边长的中误差(即该边的纵向误差)。如 PA 边平差后的边长中误差 $\sigma_{s_{PA}}$ 为

$$\sigma_{s_{PA}} = \overline{Pe} \qquad (8-3-3)$$

同理，可沿 PB, PC 方向，量出 s_{PB}，s_{PC} 边平差后的边长中误差。

(4) 平差后待定点 P 至任一控制点的方位角中误差。如 PA 边平差后方位角 α_{PA} 的中误差为 $\sigma_{\alpha_{PA}}$，可先从图中量出垂直于 PA 方向的位差 $\overline{Pf}$，这就是 PA 边的横向误差，一般由角度误差引起。因此，

$$\sigma_{\alpha_{PA}} = \frac{\overline{Pf}}{s_{PA}}\rho'' \qquad (8-3-4)$$

式中，s_{PA} 为 PA 边的实际边长。

8.3.2 误差椭圆的应用

点位误差曲线用处很多，但该曲线不是典型曲线，作图也不方便，因此降低了其实用价值。如图 8-8 所示，以 E 为长半轴、F 为短半轴的椭圆图形，在极大值 E 和极小值 F 处与点位误差曲线完全一致，其他方向上二者相差也不是很大，且这两种图形都以 E 轴和 F 轴为对称轴。因此，可以通过一定的方法，用此椭圆代替点位误差曲线进行任意方向位差的量取，故将此椭圆称为**点位误差椭圆**(简称**误差椭圆**)。

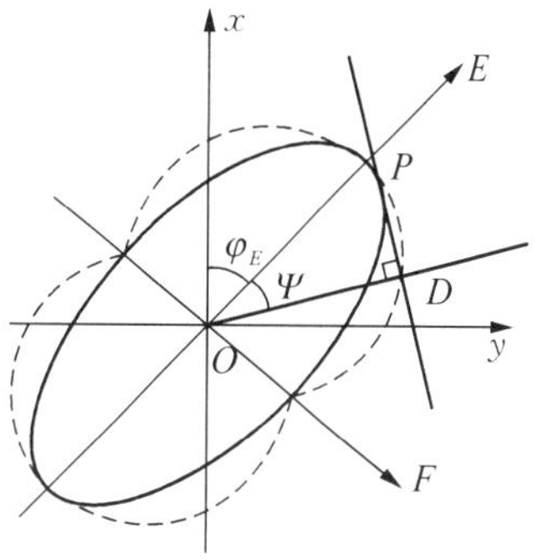

图 8-8

点位误差椭圆由**误差椭圆的三参数** E(长半轴)、F(短半轴)和 φ_E(称为主轴方向，是指从 x 轴顺时针旋转到 E 轴的角度值)确定。

如图 8-8 和图 8-9 所示，可以从误差椭圆图上图解出任意方向 Ψ 的位差 σ_Ψ。其方法是：作 Ψ 方向的正交切线 PD(与 Ψ 方向正交，与误差椭圆相切)，P 为切点，D 为垂足，则有

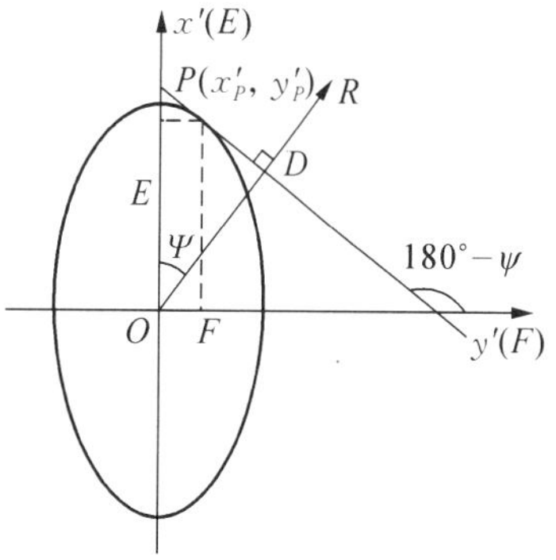

图 8-9

$$\sigma_\Psi = \overline{OD} \qquad (8-3-5)$$

以上利用误差椭圆量取任意方向位差的方法，称为**切线垂足法**。现证明如下。

图 8 - 9 中，以 E 轴和 F 轴为坐标轴，以位差极大值 E 为椭圆长半轴、位差极小值 F 为椭圆短半轴，可写出待定点的误差椭圆方程为

$$\frac{x'^2}{E^2}+\frac{y'^2}{F^2}=1 \tag{8-3-6}$$

对该方程微分，得

$$\frac{2x'}{E^2}\mathrm{d}x'+\frac{2y'}{F^2}\mathrm{d}y'=0$$

作切于椭圆 P 点的切线 PD 与 OR 正交，PD 延长线与 y' 轴的交角为 $180°-\Psi$，考虑上面的微分式以及切线过 P 点的原因，得 PD 的斜率为

$$\frac{\mathrm{d}y'}{\mathrm{d}x'}=-\cot\Psi=-\frac{\cos\Psi}{\sin\Psi}=-\frac{F^2x'_P}{E^2y'_P} \tag{8-3-7}$$

式中，P 点坐标为(x'_P, y'_P)。由式(8 - 3 - 7)得

$$-F^2x'_P\sin\Psi+E^2y'_P\cos\Psi=0 \tag{8-3-8}$$

将式(8 - 3 - 8)平方后再除以 E^2F^2，得

$$\frac{F^2}{E^2}x'^2_P\sin^2\Psi+\frac{E^2}{F^2}y'^2_P\cos^2\Psi-2x'_Py'_P\sin\Psi\cos\Psi=0 \tag{8-3-9}$$

由图 8 - 9，并参考式(8 - 2 - 10)，有

$$\overline{OD}=x'_P\cos\Psi+y'_P\sin\Psi \tag{8-3-10}$$

将式(8 - 3 - 10)平方，有

$$\overline{OD}^2=x'^2_P\cos^2\Psi+y'^2_P\sin^2\Psi+2x'_Py'_P\cos\Psi\sin\Psi$$

与式(8 - 3 - 7)相加，再根据式(8 - 3 - 6)，有

$$\overline{OD}^2=x'^2_P\left(\cos^2\Psi+\frac{F^2}{E^2}\sin^2\Psi\right)+y'^2_P\left(\sin^2\Psi+\frac{E^2}{F^2}\cos^2\Psi\right)$$

即

$$\begin{aligned}\overline{OD}^2&=\frac{x'^2_P}{E^2}(E^2\cos^2\Psi+F^2\sin^2\Psi)+\frac{y'^2_P}{F^2}(F^2\sin^2\Psi+E^2\cos^2\Psi)\\&=(E^2\cos^2\Psi+F^2\sin^2\Psi)\left(\frac{x'^2_P}{E^2}+\frac{y'^2_P}{F^2}\right)=E^2\cos^2\Psi+F^2\sin^2\Psi\end{aligned}$$

与式(8 - 2 - 39)比较可知：

$$\overline{OD}=\sigma_\Psi$$

证毕。

误差椭圆通常用于表现二维相关量(如平差后的坐标 $\hat{x}_P$, $\hat{y}_P$)中误差的分布情况；当变量为三维(如空间点的精度)时，可用误差椭球来描述其点位中误差的分布情况；当变量只有

一维(如高差)时，是不能用误差椭圆来描述其精度的。误差椭圆的主轴线(E 轴)与 xOy 坐标系的坐标轴线的倾斜程度表示了二维量的相关程度，如果 $\hat{x}_P$，$\hat{y}_P$ 之间完全独立，即$Q_{\hat{x}_P\hat{y}_P}=0$，则由式(8-2-28)，有

$$2\varphi_E = \arctan\frac{2Q_{xy}}{Q_{xx}-Q_{yy}} = \arctan\frac{0}{Q_{xx}-Q_{yy}} = 0°(\text{或 } 180°)$$

说明椭圆的长、短半轴与 x，y 轴重合。此时 σ_x，σ_y 就是一对极值方向上的位差。

如果 $Q_{xx}-Q_{yy}$ 也等于零，则说明极值方向不定，此时椭圆变为圆，常称此圆为误差圆，其在各个方向上的投影都等于半径，也是误差曲线的一种。

在前面的讨论中，都是以一个待定点为例来说明如何确定该点点位误差椭圆或点位误差曲线的问题。如果控制网中有多个待定点，一般是将网中所有待定点的误差椭圆绘制在同一幅图中，如图 8-10 所示。该图的绘制步骤是：第一步，根据网中所有已知点的坐标值和待定点的坐标平差值，按一定的比例绘制控制网图；第二步，根据待定点坐标平差值的协因数阵，如式(8-2-6)，分别计算出每一个待定点点位误差椭圆的三个参数 E_i，F_i，φ_{E_i}；第三步，选择一个恰当的比例尺，在各待定点位置上依次绘出各自的点位误差椭圆。

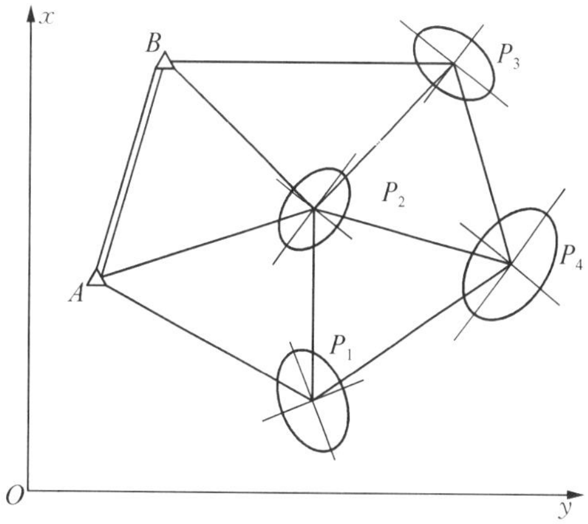

图 8-10

在“误差椭圆图”上，可以直观地看出**在某个基准**(基准问题参考 10.2.5 节)下各待定点点位精度的情况。在图上不仅能图解出各待定点在各方向的位差，还可判断出各点间精度的高低：若甲待定点上的误差椭圆比乙待定点上的误差椭圆大，说明在该基准下甲点的点位精度要低于乙点；一般而言，离已知点距离较近，如图 8-10 中的 P_1，P_2，P_3 三点，精度较高，误差椭圆较小；离已知点较远，如 P_4 点，精度就较低，误差椭圆就较大。利用点位误差椭圆还可以确定已知点与任一待定点之间的边长中误差或方位角中误差[可参考式(8-3-1)—式(8-3-4)]。

误差椭圆的理论和实践，不仅常被用于精度要求较高的各种工程测量(如图 8-2 所示的地下隧道工程)和控制测量中，也被应用在图像检测和模式识别中，并取得了令人满意的效果。

下面例子表明，同样的观测数据采用不同的处理方法，平差结果的精度差异可以用误差椭圆进行比较。

[例 8-4] 如图 8-11 所示，从两个已知点 A，B 观测待定点 P。观测值为边长和方位角，即 s_1，s_2，α_1，α_2，有两个多余观测值。观测值及精度如下：$s_1=150.582\,\text{m}\pm6\,\text{mm}$，$s_2=336.341\,\text{m}\pm8\,\text{mm}$；$\alpha_1=40°36'08''\pm10''$，$\alpha_2=311°59'10''\pm10''$。

现用两种解法来求 P 点的点位误差椭圆并进行比较。

解　方法一　实用算法。

实际作业人员一般会两次计算 P 点坐标，一次由 A 点起算，另一次由 B 点起算，然后取

两次结果的算术平均值，即 P 点坐标平均值为

$$\left.\begin{aligned} X_P &= \frac{1}{2}(X_A + s_1\cos\alpha_1 + X_B + s_2\cos\alpha_2) \\ Y_P &= \frac{1}{2}(Y_A + s_1\sin\alpha_1 + Y_B + s_2\sin\alpha_2) \end{aligned}\right\}$$

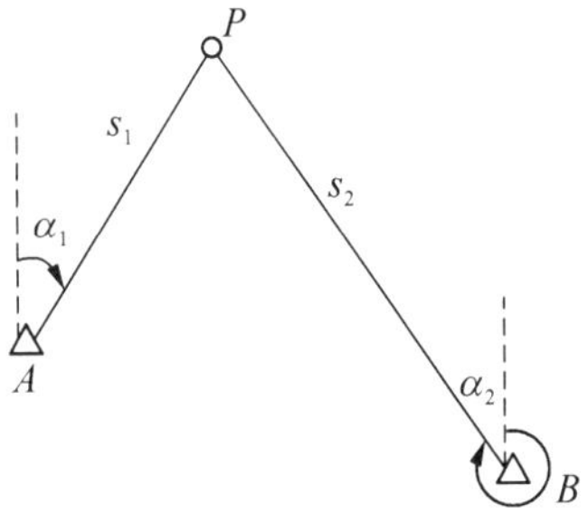

图 8-11

为了求得 P 点坐标值的精度，对上式全微分，有

$$\left.\begin{aligned} \mathrm{d}X_P &= \frac{1}{2}\left(\cos\alpha_1\mathrm{d}s_1 - s_1\sin\alpha_1\frac{\mathrm{d}\alpha_1}{\rho''} + \cos\alpha_2\mathrm{d}s_2 - s_2\sin\alpha_2\frac{\mathrm{d}\alpha_2}{\rho''}\right) \\ \mathrm{d}Y_P &= \frac{1}{2}\left(\sin\alpha_1\mathrm{d}s_1 + s_1\cos\alpha_1\frac{\mathrm{d}\alpha_1}{\rho''} + \sin\alpha_2\mathrm{d}s_2 + s_2\cos\alpha_2\frac{\mathrm{d}\alpha_2}{\rho''}\right) \end{aligned}\right\}$$

代入观测值，得权函数式：

$$\begin{bmatrix} \mathrm{d}X_P \\ \mathrm{d}Y_P \end{bmatrix} = \begin{bmatrix} 0.3796 & 0.3345 & -0.2376 & 0.6060 \\ 0.3254 & -0.3716 & 0.2771 & 0.5454 \end{bmatrix} \begin{bmatrix} \mathrm{d}s_1 \\ \mathrm{d}s_2 \\ \mathrm{d}\alpha_1 \\ \mathrm{d}\alpha_2 \end{bmatrix}$$

已知观测值方差阵为

$$\boldsymbol{D}_{LL} = \mathrm{diag}(\sigma_{s_1}^2 \quad \sigma_{s_2}^2 \quad \sigma_{\alpha_1}^2 \quad \sigma_{\alpha_2}^2) = \mathrm{diag}(36 \quad 64 \quad 100 \quad 100)$$

经协方差传播，得 P 点坐标的协方差阵为

$$\boldsymbol{D}'_{\hat{X}\hat{X}} = \begin{bmatrix} \sigma_{X_P}^2 & \sigma_{X_PY_P} \\ \sigma_{X_PY_P} & \sigma_{Y_P}^2 \end{bmatrix} = \begin{bmatrix} 54.7174 & 22.9589 \\ 22.9589 & 50.0740 \end{bmatrix}\mathrm{mm}^2$$

方法二 平差方法。

可用间接平差法计算。此题中 $n=4$，$t=2$，$r=2$，设参数为 P 点坐标平差值 $\hat{X}_P$，$\hat{Y}_P$。4 个观测方程为

$$\left.\begin{aligned} \hat{s}_1 &= \sqrt{(\hat{X}_P - X_A)^2 + (\hat{Y}_P - Y_A)^2} \\ \hat{s}_2 &= \sqrt{(\hat{X}_P - X_B)^2 + (\hat{Y}_P - Y_B)^2} \\ \hat{\alpha}_1 &= \hat{\alpha}_{AP} = \arctan\frac{\hat{Y}_P - Y_A}{\hat{X}_P - X_A} \\ \hat{\alpha}_2 &= \hat{\alpha}_{BP} = \arctan\frac{\hat{Y}_P - Y_B}{\hat{X}_P - X_B} \end{aligned}\right\}$$

参考式(6-4-6)及式(6-5-8)，将上式线性化后得误差方程为

$$\left.\begin{aligned} v_{\hat{s}_1} &= \cos\alpha_{AP}^0\,\hat{x}_P + \sin\alpha_{AP}^0\,\hat{y}_P - (s_1 - s_{AP}^0) \\ v_{\hat{s}_2} &= \cos\alpha_{BP}^0\,\hat{x}_P + \sin\alpha_{BP}^0\,\hat{y}_P - (s_2 - s_{BP}^0) \\ v_{\hat{\alpha}_1} &= -a_{AP}\,\hat{x}_P - b_{AP}\,\hat{y}_P - (\alpha_1 - \alpha_{AP}^0) \\ v_{\hat{\alpha}_2} &= -a_{BP}\,\hat{x}_P - b_{BP}\,\hat{y}_P - (\alpha_2 - \alpha_{BP}^0) \end{aligned}\right\} \Rightarrow \begin{bmatrix} v_{\hat{s}_1} \\ v_{\hat{s}_2} \\ v_{\hat{\alpha}_1} \\ v_{\hat{\alpha}_2} \end{bmatrix} = \begin{bmatrix} 0.7593 & 0.6508 \\ 0.6690 & -0.7433 \\ 0.8914 & -1.0400 \\ -0.4558 & 0.4102 \end{bmatrix} \begin{bmatrix} \hat{x}_P \\ \hat{y}_P \end{bmatrix} - \begin{bmatrix} l_1 \\ l_2 \\ l_3 \\ l_4 \end{bmatrix}$$

式中，$a_{AP}=\frac{\rho''\sin\alpha_{AP}^{0}}{s_{AP}^{0}}$，$b_{AP}=-\frac{\rho''\cos\alpha_{AP}^{0}}{s_{AP}^{0}}$。上面用到的近似值应与观测值相差不大，所以为计算简便，使用 $\alpha_{AP}^{0}=\alpha_1$，$\alpha_{BP}^{0}=\alpha_2$；$s_{AP}^{0}=s_1$，$s_{BP}^{0}=s_2$。

此外，为了便于与方法一的结果进行比较，将观测值的权阵设为

$$\boldsymbol{P}=\sigma_0^2\boldsymbol{D}^{-1}=\sigma_0^2\operatorname{diag}\left(\frac{1}{36}\quad\frac{1}{64}\quad\frac{1}{100}\quad\frac{1}{100}\right)$$

法方程系数阵为

$$\boldsymbol{N}_{\mathrm{bb}}=\boldsymbol{B}^{\mathrm{T}}\boldsymbol{P}\boldsymbol{B}=\sigma_0^2\boldsymbol{B}^{\mathrm{T}}\boldsymbol{D}^{-1}\boldsymbol{B}=\sigma_0^2\begin{bmatrix}0.0330 & 0.0032\\0.0032 & 0.0222\end{bmatrix}$$

$$\boldsymbol{Q}_{\hat{X}\hat{X}}=\boldsymbol{N}_{\mathrm{bb}}^{-1}=\frac{1}{\sigma_0^2}\begin{bmatrix}30.6923 & -4.3709\\-4.3709 & 45.6908\end{bmatrix}$$

参数 $\hat{x}_P$，$\hat{y}_P$ 的方差-协方差阵为

$$\boldsymbol{D}''_{\hat{X}\hat{X}}=\sigma_0^2\boldsymbol{Q}_{\hat{X}\hat{X}}=\sigma_0^2\boldsymbol{N}_{\mathrm{bb}}^{-1}=\begin{bmatrix}30.6923 & -4.3709\\-4.3709 & 45.6908\end{bmatrix}\mathrm{mm}^2$$

现在有了两种计算方法得到的方差-协方差阵 $\boldsymbol{D}'_{\hat{X}\hat{X}}$ 和 $\boldsymbol{D}''_{\hat{X}\hat{X}}$，分别计算它们的误差椭圆三参数。

由方法一得到的方差-协方差阵 $\boldsymbol{D}'_{\hat{X}\hat{X}}$ 及式(8-2-21)和式(8-2-26)，得误差椭圆三参数为

$$\varphi'_E=42^\circ06'\text{ 或 }\varphi'_E=222^\circ06',E'=8.69\ \mathrm{mm},F'=5.41\ \mathrm{mm}$$

方法一中 P 点点位中误差为

$$\sigma'_P=\sqrt{E'^2+F'^2}=10.24\ \mathrm{mm}$$

用相同的方法计算方法二中 $\boldsymbol{D}''_{\hat{X}\hat{X}}$ 对应的误差椭圆三参数，得：

$$\varphi''_E=105^\circ07'\text{ 或 }\varphi''_E=285^\circ07',$$
$$E''=6.84\ \mathrm{mm},F''=5.43\ \mathrm{mm}$$

方法二中 P 点点位中误差为

$$\sigma''_P=\sqrt{E''^2+F''^2}=8.73\ \mathrm{mm}$$

根据两种方法计算得到的误差椭圆三参数作误差椭圆图，得图 8-12。

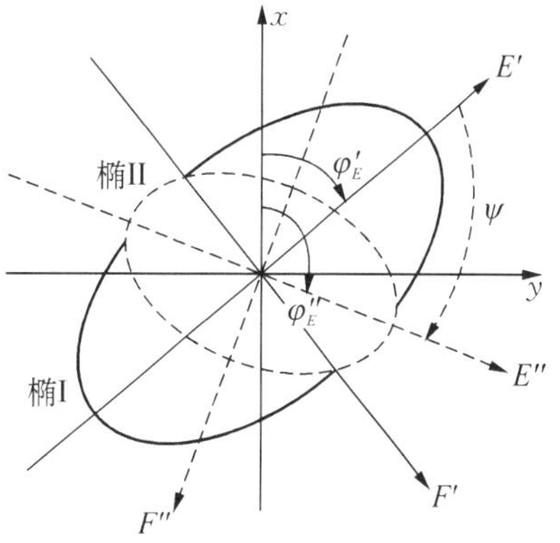

图 8-12

结论如下：

(1) 将方法一得到的误差椭圆简称为椭Ⅰ，方法二得到的误差椭圆简称为椭Ⅱ。讨论：作图时椭Ⅰ是否能完全包含椭Ⅱ？如图 8-12 所示，可计算在椭Ⅱ的极大值处椭Ⅰ位差的大小。

以 E' 轴为起始轴，旋转到 E'' 轴时的旋转角为

$$\Psi = \varphi''_E - \varphi'_E = 105°07' - 42°06' = 63°01'$$

根据式(8-2-39)，得椭Ⅰ在 E'' 轴(也是方向 Ψ)上的位差为

$$\sigma_\Psi = \sqrt{E'^2\cos^2\Psi + F'^2\sin^2\Psi} = \sqrt{38.8211} = 6.23\ \text{mm}$$

而 $E'' = 6.84$ mm，可见在 E'' 轴上，椭Ⅰ的位差要比椭Ⅱ的位差极大值 E'' 小，所以在此处椭Ⅰ是不能完全包含椭Ⅱ的。从图中还可以看到，方法一得到的计算结果是各方向的位差大小不均匀，位差极大值和极小值相差较多，相比之下，方法二的精度分布要均匀一些，误差椭圆更接近于圆，且方法二计算出来的点位精度也更高一些。

(2) 方法一是将两次单独求出的 P 点坐标值取平均作为 P 点的坐标，没有使用最小二乘原理，这种方法称为**近似平差**法；而方法二是严格按照最小二乘原理进行间接平差的，这个过程称为**严密平差**。严密平差的结果是：参数估值是最优估值，参数方差具有方差最小性(第 7.4.2 节)。

(3) 严格按照最小二乘原理 $\boldsymbol{V}^{\mathrm{T}}\boldsymbol{PV} = \min$ 进行的平差都称为严密平差，适用于四等及四等以上精度级的控制网平差计算；而近似平差计算方便快捷，但计算出的参数估值及其精度与实际情况的差异都会大于严密平差的结果，仅适用于四等以下精度级的控制网计算(如测量学中所用的单导线平差法：先将角度闭合差进行分配，然后算出坐标增量闭合差后，再按与边长成比例的原则进行坐标增量闭合差的分配，其实第二次分配会破坏原来角度改正后角值的闭合，但是计算时就忽略不计了。这种算法就是典型的近似平差法，只能用于测图低等级的控制测量)。

8.4 相对误差椭圆

在平差后的控制网中，任一待定点坐标的方差和协方差均是相对于该网的基准(起算数据)而言的，即是相对于已知点的，所以点位误差椭圆描述的是待定点相对于起算点(已知点)的点位误差分布情况。

当需要了解网中任意两待定点间相对位置精度时，就必须引入基于两点坐标差的**相对误差椭圆**的概念。

设两个待定点为 P_j 和 P_k，两点间的相对位置可通过其坐标差来表示，即

$$\left.\begin{aligned}\Delta x_{jk} &= x_k - x_j\\ \Delta y_{jk} &= y_k - y_j\end{aligned}\right\} \Rightarrow \begin{bmatrix}\Delta x_{jk}\\ \Delta y_{jk}\end{bmatrix} = \begin{bmatrix}-1 & 0 & 1 & 0\\ 0 & -1 & 0 & 1\end{bmatrix}\begin{bmatrix}x_j\\ y_j\\ x_k\\ y_k\end{bmatrix} \tag{8-4-1}$$

从平差得到的参数协因数阵[如式(8-2-6)]中取出与 j, k 两点有关的协因数阵：

$$\begin{bmatrix}Q_{x_jx_j} & Q_{x_jy_j} & Q_{x_jx_k} & Q_{x_jy_k}\\ Q_{y_jx_j} & Q_{y_jy_j} & Q_{y_jx_k} & Q_{y_jy_k}\\ Q_{x_kx_j} & Q_{x_ky_j} & Q_{x_kx_k} & Q_{x_ky_k}\\ Q_{y_kx_j} & Q_{y_ky_j} & Q_{y_kx_k} & Q_{y_ky_k}\end{bmatrix} \tag{8-4-2}$$

将式(8-4-1)用协因数传播律,并考虑式(8-4-2),可得

$$\left.\begin{aligned} Q_{\Delta x\Delta x} &= Q_{x_kx_k} + Q_{x_jx_j} - 2Q_{x_kx_j} \\ Q_{\Delta y\Delta y} &= Q_{y_ky_k} + Q_{y_jy_j} - 2Q_{y_ky_j} \\ Q_{\Delta x\Delta y} &= Q_{x_ky_k} - Q_{x_ky_j} - Q_{x_jy_k} + Q_{x_jy_j} \end{aligned}\right\} \tag{8-4-3}$$

由式(8-4-3)给出的协因数可以计算相对误差椭圆三参数。从式(8-4-1)中可看出,如果 P_j 和 P_k 两点中有一点是已知点(假设是 P_j 点),则 $\hat{x}_j$, $\hat{y}_j$ 等于零,它们的方差(协因数)为零,与其他变量间的协方差(相关协因数)也均为零,此时式(8-4-3)变成:$Q_{\Delta x\Delta x}=Q_{x_kx_k}$, $Q_{\Delta y\Delta y}=Q_{y_ky_k}$, $Q_{\Delta x\Delta y}=Q_{x_ky_k}$,即此时两点间坐标差的协因数等于待定点 P_k 的坐标协因数,两点间的相对误差椭圆就退化成为 P_k 点上的点位误差椭圆。由此表明,点位误差椭圆都是待定点相对于已知点的点位误差分布情况。

由式(8-4-3)给出的协因数,根据式(8-2-21)及式(8-2-26),可以得到计算 P_j 与 P_k 两点间**相对误差椭圆三参数**的公式:

$$\left.\begin{aligned} E_{P_jP_k} &= \sigma_0\sqrt{Q_{EE}} = \sigma_0\sqrt{\frac{1}{2}(Q_{\Delta x\Delta x}+Q_{\Delta y\Delta y}+K)} \\ F_{P_jP_k} &= \sigma_0\sqrt{Q_{FF}} = \sigma_0\sqrt{\frac{1}{2}(Q_{\Delta x\Delta x}+Q_{\Delta y\Delta y}-K)} \\ K &= \sqrt{(Q_{\Delta x\Delta x}-Q_{\Delta y\Delta y})^2+4Q_{\Delta x\Delta y}^2} \\ \tan\varphi_{E_{jk}} &= \frac{Q_{EE}-Q_{\Delta x\Delta x}}{Q_{\Delta x\Delta y}} = \frac{Q_{\Delta x\Delta y}}{Q_{EE}-Q_{\Delta y\Delta y}} \end{aligned}\right\} \tag{8-4-4}$$

由此也可以得到 P_j, P_k **两点间的相对点位精度**为

$$\sigma_{P_jP_k} = \sqrt{E_{P_jP_k}^2+F_{P_jP_k}^2} \tag{8-4-5}$$

求得两点间相对误差椭圆三参数后,即可在 P_j, P_k 两点连线的中间位置按比例绘出其相对误差椭圆,它全面地反映了 P_j, P_k 两待定点间的相对位置精度。用切线垂足法也可在此相对误差椭圆上图解出所需要的位差。

[例 8-5] 利用[例 6-6]测边网平差的计算结果,求

(1) 两个待定点 P_1, P_2 的点位误差椭圆和这两点间的相对误差椭圆三参数;

(2) [例 6-6]用求"参数平差值的函数精度"的方法,求得 P_1P_2 边平差后边长中误差为 $\hat{\sigma}_F = 4.24$ cm,现在用求"相对误差椭圆任意方向位差"的方法,来验证这个结果的正确性。

解 [例 6-6]经平差计算,已得到单位权中误差 $\hat{\sigma}_0 = 5.13$ cm, P_1, P_2 点坐标平差值的协因数阵为

$$\boldsymbol{Q}_{\hat{x}\hat{x}} = \begin{bmatrix} 0.3816 & 0.1687 & 0.0482 & 0.1108 \\ 0.1687 & 0.7018 & 0.1386 & 0.3185 \\ 0.0482 & 0.1386 & 0.4452 & 0.1641 \\ 0.1108 & 0.3185 & 0.1641 & 0.5780 \end{bmatrix}$$

该矩阵的意义与式(8-4-2)相同。

(1) P_1 点点位误差椭圆三参数计算。由式(8-2-21)得:

$$E_{P_1} = \hat{\sigma}_0\sqrt{\frac{1}{2}[Q_{x_1x_1}+Q_{y_1y_1}+\sqrt{(Q_{x_1x_1}-Q_{y_1y_1})^2+4Q_{x_1y_1}^2}]} = 4.51\text{ cm}$$

$$F_{P_1} = \hat{\sigma}_0\sqrt{\frac{1}{2}[Q_{x_1x_1}+Q_{y_1y_1}-\sqrt{(Q_{x_1x_1}-Q_{y_1y_1})^2+4Q_{x_1y_1}^2}]} = 2.85\text{ cm}$$

由式(8-2-26)，有

$$\tan\varphi_{E_1} = 2.327\,66，故\ \varphi_{E_1} = 66°45' 或 \varphi_{E_1} = 246°45'$$

检验：P_1 点点位中误差为 $\hat{\sigma}_{P_1}=\sqrt{E_{P_1}^2+F_{P_1}^2}=\sqrt{4.51^2+2.85^2}=5.34$ cm，与[例 6-6]的结果相同。

P_2 点点位误差椭圆三参数计算。与 P_1 点算法相同，得

$$E_{P_2} = 4.26\text{ cm},\ F_{P_2} = 2.97\text{ cm},\ \varphi_{E_2} = 56°01' 或 \varphi_{E_2} = 236°01'$$

检验：P_2 点点位中误差为 $\hat{\sigma}_{P_2}=\sqrt{E_{P_2}^2+F_{P_2}^2}=\sqrt{4.26^2+2.97^2}=5.19$ cm，与[例 6-6]的结果相同。

P_1 与 P_2 点间相对误差椭圆三参数的计算。由式(8-4-3)计算得

$$Q_{\Delta x\Delta x} = Q_{x_1x_1}+Q_{x_2x_2}-2Q_{x_1x_2} = 0.381\,6+0.445\,2-2\times0.048\,2 = 0.730\,4$$
$$Q_{\Delta y\Delta y} = Q_{y_1y_1}+Q_{y_2y_2}-2Q_{y_1y_2} = 0.701\,8+0.578\,0-2\times0.318\,5 = 0.642\,8$$
$$Q_{\Delta x\Delta y} = Q_{x_1y_1}+Q_{x_2y_2}-Q_{x_1y_2}-Q_{x_2y_1} = 0.168\,7+0.164\,1-0.110\,8-0.138\,6 = 0.083\,4$$

按式(8-4-4)，得相对误差椭圆三参数为

$$E_{P_1P_2} = 4.53\text{ cm},\ F_{P_1P_2} = 3.95\text{ cm},\ \varphi_{E_{1,2}} = 31°09' 或 \varphi_{E_{1,2}} = 211°09'$$

由此可以得到 P_1，P_2 两点间的相对点位精度：

$$\sigma_{P_1P_2} = \sqrt{E_{P_1P_2}^2+F_{P_1P_2}^2} = 6.01\text{ cm}$$

误差椭圆图的绘制：根据 P_1，P_2 点平差后的坐标值，按绘图比例尺定出这两点的图上位置；再按绘制误差椭圆的比例尺，将 P_1，P_2 点的点位误差椭圆绘制在 P_1，P_2 点上；将两点间的相对误差椭圆绘制在两点连线的中间点 O 点上，如图 8-13 所示。

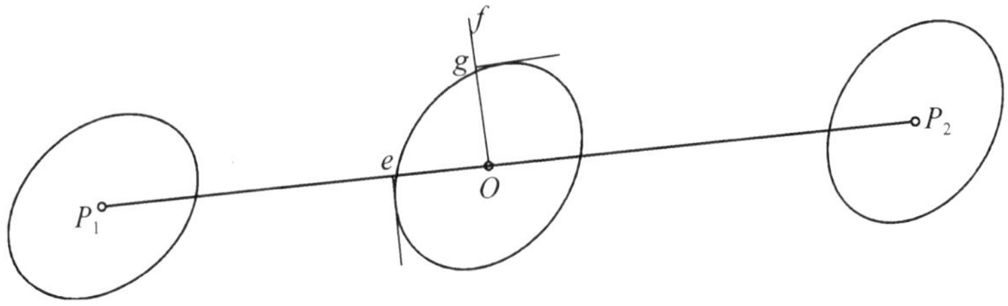

图 8-13

有了 P_1，P_2 两点间的相对误差椭圆，就可以用图解法获取两点之间有关的位差。例如，要确定 P_1，P_2 两点间边长 $s_{P_1P_2}$ 的中误差，则可作 P_1P_2 边与相对误差椭圆的垂切线，则垂足 e 至中心 O 的长度 $\overline{Oe}$ 即为 $\sigma_{s_{P_1P_2}}$。同样，也可以量出与 P_1P_2 相垂直方向 Of 的垂足 g，

则$\overline{Og}$就是P_1P_2边的横向位差，进而可以求出P_1P_2边的方位角中误差。

(2) 用误差椭圆求任意方向位差的方法，求P_1P_2边的边长中误差。

P_1，P_2两点都是待定点，所以两点间的边长中误差要在相对误差椭圆上求取。而P_1P_2边的方位角(从[例 6-6]得到的P_1，P_2两点的坐标平差值算得)为

$$\alpha_{P_1P_2}=\arctan\frac{\hat{Y}_{P_2}-\hat{Y}_{P_1}}{\hat{X}_{P_2}-\hat{X}_{P_1}}=\arctan 4.277\ 336\ 073=76°50'$$

则P_1P_2边在相对误差椭圆中的方向为

$$\Psi=\alpha_{P_1P_2}-\varphi_{E_{12}}=76°50'-31°09'=45°41'$$

由式(8-2-39)，得Ψ方向上的位差为

$$\sigma_{\Psi}=\sqrt{E^2_{P_1P_2}\cos^2\Psi+F^2_{P_1P_2}\sin^2\Psi}=4.24\ \text{cm}$$

与[例 6-6]中算出的P_1P_2边的边长中误差$\hat{\sigma}_{\hat{F}}=4.24$ cm比较，两者结果完全相同，可见两种方法的计算结果均正确。

8.5 点位落入误差椭圆内的概率

由于观测值个数的有限性和观测误差存在的必然性，控制网平差后，网中待定点P的坐标平差值必然具有随机性，即每一点的坐标平差值($\hat{X}_P$，$\hat{Y}_P$)是二维随机变量。

参考式(2-1-12)，二维正态随机变量的联合分布概率密度函数为

$$f(x,\ y)=\frac{1}{2\pi\sigma_x\sigma_y\sqrt{1-\rho^2}}\mathrm{e}^{-\frac{1}{2(1-\rho^2)}\cdot\left[\frac{(x-\mu_x)^2}{\sigma_x^2}-\frac{2\rho(x-\mu_x)(y-\mu_y)}{\sigma_x\sigma_y}+\frac{(y-\mu_y)^2}{\sigma_y^2}\right]}\tag{8-5-1}$$

式中，参数μ_x，μ_y，σ_x^2，σ_y^2和ρ分别是随机变量$\hat{X}_P$，$\hat{Y}_P$的数学期望、方差和相关系数，其中相关系数

$$\rho=\frac{\sigma_{xy}}{\sigma_x\sigma_y}$$

是描述$\hat{X}_P$与$\hat{Y}_P$的相关性的。对于平差得到的$\hat{X}_P$，$\hat{Y}_P$，它们之间是相关的，其相关系数ρ不为零。

以垂直于xOy平面的方向建立函数$z=f(x,\ y)$的三维坐标系，并在给定参数μ_x，μ_y，σ_x^2，σ_y^2，ρ的值后按式(8-5-1)的函数关系作图，则$f(x,\ y)$是一曲面，其形状如图 8-14 所示，此曲面称为正态分布曲面，它的形状如山岗，在点(μ_x，μ_y)处达到最高峰。

用平行于$f(x,\ y)$轴的平面截分布曲面，得到类似于正态分布的曲线；用平行于平面xOy的平面截该分布曲面，并将截线投影到平面xOy上，得到一族同心的椭圆，这些椭圆称为等概率或等密度椭圆。这一族椭圆的圆心坐标为(μ_x，μ_y)，且在同一个椭圆截面上，正态分布概率密度函数$f(x,\ y)$的值为一个常数，从式(8-5-1)可以看出，$f(x,\ y)$取常数也就意味着其指数部分取常数，通过整理指数部分，得到椭圆方程：

$$\frac{(x-\mu_x)^2}{\sigma_x^2}-\frac{2\rho(x-\mu_x)(y-\mu_y)}{\sigma_x\sigma_y}+\frac{(y-\mu_y)^2}{\sigma_y^2}=\lambda^2 \tag{8-5-2}$$

在该平面上，正态分布概率密度函数 $f(x, y)$ 的值为一常数，因此 λ 也为一常数，而仅以 x，y 为变量。

由于在同一个椭圆上的所有点，其分布的概率密度函数 $f(x, y)$ 是相同的，因此这些椭圆称为等密度椭圆。当 $f(x, y)$ 为不同常数时，这族同心椭圆反映了待定点点位分布情况，因此也称为误差椭圆。

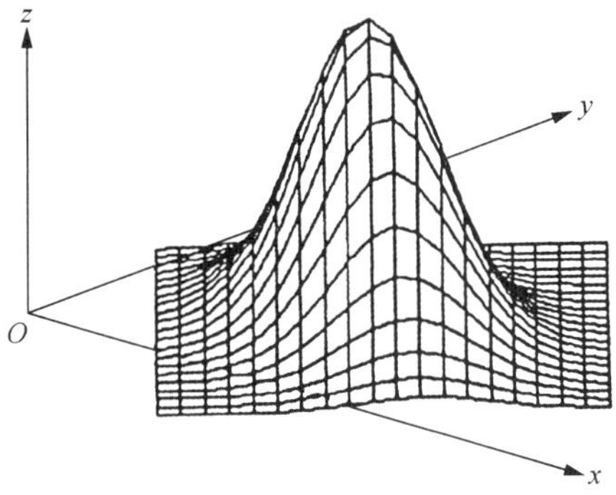

图 8-14

为了将式(8-5-2)化为标准椭圆方程，可采用以下两个步骤：

(1) 平移平面坐标系 xOy，使坐标原点与 (μ_x, μ_y) 重合，则式(8-5-2)成为

$$\frac{x^2}{\sigma_x^2}-\frac{2\rho xy}{\sigma_x\sigma_y}+\frac{y^2}{\sigma_y^2}=\lambda^2 \tag{8-5-3}$$

可改写为

$$\sigma_y^2x^2-2\rho\sigma_x\sigma_yxy+\sigma_x^2y^2=\lambda^2\sigma_x^2\sigma_y^2 \tag{8-5-4}$$

由解析几何知，当方程形式为 $Ax^2+Bxy+Cy^2=R^2$ 时，为了消去方程中的 Bxy 项，使其化为标准形式，需将坐标系旋转一个 θ 角，该 θ 角应由式(8-5-5)确定：

$$\tan 2\theta=\frac{B}{A-C} \tag{8-5-5}$$

将式(8-5-4)中的相应系数代入，则有

$$\tan 2\theta=\frac{-2\rho\sigma_x\sigma_y}{\sigma_y^2-\sigma_x^2}=\frac{2\rho\sigma_x\sigma_y}{\sigma_x^2-\sigma_y^2} \tag{8-5-6}$$

考虑 $\rho\sigma_x\sigma_y=\sigma_{xy}$，且 $\sigma_{xy}=\sigma_0^2Q_{xy}$，同时 $\sigma_x^2=\sigma_0^2Q_{xx}$，$\sigma_y^2=\sigma_0^2Q_{yy}$，则式(8-5-6)可以写成

$$\tan 2\theta=\frac{-2\sigma_{xy}}{\sigma_x^2-\sigma_y^2}=\frac{2Q_{xy}}{Q_{xx}-Q_{yy}} \tag{8-5-7}$$

由此可见，这里的旋转角 θ 实际上就是式(8-2-28)中确定的 φ_0，而 φ_0 是待定点位差取极大值和极小值的方向。

(2) 旋转平面坐标系 xOy，使 x 轴与椭圆长半轴 E 轴的方向重合。

将坐标系 xOy 旋转了 θ 角后，式(8-5-4)中第二项前的系数 $-2\rho\sigma_x\sigma_y=0$，由于 σ_x，σ_y 不为零，所以 $\rho=0$（即在旋转后的坐标系中，$\sigma_{xy}=0$），并且式(8-5-4)中的 σ_x^2 和 σ_y^2 可以分别换写成 E^2 和 F^2。现令 $\lambda=k$，则式(8-5-4)可改写为

$$\frac{x'^2}{E^2}+\frac{y'^2}{F^2}=k^2 \tag{8-5-8}$$

当 k 取不同的值时，就可以得到一族同心的误差椭圆，并记作 B_k。$k=1$ 时的误差椭圆

称为**标准误差椭圆**或**中误差椭圆**。即式(8－5－3)的椭圆方程在经过坐标系的平移、旋转以后，变成了标准的椭圆方程式(8－5－8)。

因此，坐标轴按上面所述的条件平移和旋转后，二维正态分布的概率密度函数变为

$$f(x,\ y)=\frac{1}{2\pi EF}\mathrm{e}^{-\frac{1}{2}\left(\frac{x^2}{E^2}+\frac{y^2}{F^2}\right)} \tag{8-5-9}$$

而待定点落入误差椭圆 B_k[记作$(x,\ y)\subset B_k$]内的概率为

$$\begin{aligned}P\{(x,\ y)\subset B_k\}&=\iint_{B_k}f(x,\ y)\mathrm{d}x\mathrm{d}y\\&=\iint\frac{1}{2\pi EF}\mathrm{e}^{-\frac{1}{2}\left(\frac{x^2}{E^2}+\frac{y^2}{F^2}\right)}\mathrm{d}x\mathrm{d}y\end{aligned} \tag{8-5-10}$$

在上面的积分中作变量代换，令

$$u=\frac{x}{\sqrt{2}E},\quad v=\frac{y}{\sqrt{2}F}$$

代入式(8－5－8)，得

$$u^2+v^2=\frac{k^2}{2} \tag{8-5-11}$$

该方程的图形为一个圆，变量代换就是以半径为 $k/\sqrt{2}$ 的圆代替长、短半轴分别为 E, F 的椭圆 B_k。平面控制点落入误差椭圆内的概率等于落入圆 C_k 内的概率：

$$P\{(x,\ y)\subset B_k\}=\frac{1}{\pi}\iint_{C_k}\mathrm{e}^{-(u^2+v^2)}\mathrm{d}u\mathrm{d}v \tag{8-5-12}$$

为了解决式(8－5－12)的积分问题，令 $u=r\cos\theta$, $v=r\sin\theta$, 则

$$\begin{aligned}P\{(x,\ y)\subset B_k\}&=\frac{1}{\pi}\int_0^{2\pi}\int_0^{k/\sqrt{2}}r\mathrm{e}^{-r^2}\mathrm{d}r\mathrm{d}\theta\\&=2\int_0^{k/\sqrt{2}}r\mathrm{e}^{-r^2}\mathrm{d}r\\&=1-\mathrm{e}^{\frac{k^2}{2}}\end{aligned} \tag{8-5-13}$$

赋予 k 不同的值，就可得到表 8－1 中相应的概率 P。

表 8－1

k	1	2	3	4
$P\{(x,\ y)\subset B_k\}$	0.393 5	0.864 7	0.988 9	0.999 7

从表中可以看出，当 $k=1$ 时，B_k 为中误差椭圆(一般在科研和实用中不加以说明时，均指中误差椭圆)；待定点落入 3 倍中误差椭圆 $(k=3)$ 内的概率约为 99%，因此，3 倍中误差椭圆可以作为极限误差椭圆。

习 题 8

[8-1] 试阐述：

(1) 点位中误差与点位误差椭圆的异同点何在？

(2) 若已知点位误差椭圆三参数，可否计算出点位中误差？反之，有了计算点位中误差的必要元素，能否计算出点位误差椭圆三参数？

(3) 相对误差椭圆主要用来描述什么关系？它与点位误差椭圆的关系是怎样的？

[8-2] 已知某平面控制网经平差后得出待定点 P 的坐标平差值 $\hat{\boldsymbol{X}} = [\hat{X}_P \quad \hat{Y}_P]^{\mathrm{T}}$ 的协因数阵为

$$\boldsymbol{Q}_{\hat{X}} = \begin{bmatrix} 2 & 0 \\ 0 & 1 \end{bmatrix} \qquad [\mathrm{dm}^2/('')^2]$$

单位权中误差为 $\hat{\sigma}_0 = 0.5''$，试求该点的点位中误差。

[8-3] 已知某平面控制网经平差后得出待定点 P 的坐标平差值 $\hat{\boldsymbol{X}} = [\hat{X}_P \quad \hat{Y}_P]^{\mathrm{T}}$ 的协因数阵为

$$\boldsymbol{Q}_{\hat{X}} = \begin{bmatrix} 2.0 & 0.5 \\ 0.5 & 3.0 \end{bmatrix} \qquad [\mathrm{dm}^2/('')^2]$$

单位权中误差为 $\hat{\sigma}_0 = 0.5''$，试求该点在方位角 $\varphi = 30^\circ$ 方向上的位差。

[8-4] 在误差椭圆的元素计算中：

(1) 当 $Q_{xx} = 0$ 时，如何判别极值方向？

(2) 当 $Q_{xx} = Q_{yy}$，$Q_{xy} \neq 0$ 时，如何判别极值方向？

(3) 当 $Q_{xx} = Q_{yy}$，$Q_{xy} = 0$ 时，如何判别极值方向？

(4) 试证明任意待定点的两个极值方向位差的互协因数恒等于零，即 $Q_{EF} \equiv 0$。

[8-5] 已知待定点 P 的坐标协因数阵为

$$\begin{bmatrix} Q_{xx} & Q_{xy} \\ Q_{yx} & Q_{yy} \end{bmatrix} = \begin{bmatrix} 2.10 & -0.25 \\ -0.25 & 1.60 \end{bmatrix} \qquad [\mathrm{dm}^2/('')^2]$$

单位权方差为 $\sigma_0^2 = 1('')^2$。试求误差椭圆元素：

(1) 位差的极大值、极小值方向 φ_E，φ_F；

(2) 位差的极大值、极小值 E，F；

(3) $\Psi = 30^\circ$ 时的位差 σ_Ψ，并用从 X 轴起算的 $\varphi = \varphi_E + \Psi$ 来计算 σ_φ，验算 $\sigma_\Psi = \sigma_\varphi$。

[8-6] 已知 P_1 和 P_2 点的坐标协因数阵为

$$\boldsymbol{Q} = \begin{bmatrix} Q_{x_1x_1} & Q_{x_1y_1} & Q_{x_1x_2} & Q_{x_1y_2} \\ & Q_{y_1y_1} & Q_{y_1x_2} & Q_{y_1y_2} \\ \text{对} & & Q_{x_2x_2} & Q_{x_2y_2} \\ & \text{称} & & Q_{y_2y_2} \end{bmatrix} = \begin{bmatrix} 0.3816 & 0.1686 & 0.0480 & 0.1104 \\ & 0.7048 & 0.1381 & 0.3174 \\ \text{对} & & 0.4437 & 0.1621 \\ & \text{称} & & 0.5759 \end{bmatrix}$$

求：(1) P_1，P_2 点点位误差椭圆三参数；

(2) P_1，P_2 两点间相对误差椭圆三参数；

(3) P_1，P_2 两点间的相对点位精度（设 $\sigma_0^2 = 1\ \mathrm{cm}^2$）。

[8-7] 设已知某 P 点误差椭圆的长半轴为 5 cm，短半轴为 3 cm，主轴方向为 30°，试求该点的点位中误差及在 X 轴、Y 轴方向上的位差。

[8-8] 已知某平面网中有一待定点 P，以其坐标为未知数，经间接平差得法方程为

$$\begin{cases}1.287\hat{x}_P+0.411\hat{y}_P+0.534=0\\0.411\hat{x}_P+1.762\hat{y}_P-0.394=0\end{cases}$$

单位权中误差 $\hat{\sigma}_0=1.0''$，$\hat{x}_P$，$\hat{y}_P$ 以 dm 为单位，试求 P 点上的：

(1) 位差的极大值方向 φ_E 和极小值方向 φ_F；

(2) 位差的极大值 E 和极小值 F；

(3) 坐标中误差 σ_x，σ_y 及点位中误差 σ_P 的值；

(4) $\varphi=60°$时位差 σ_φ 的值。

[8-9] 已知控制点 P 上误差椭圆三参数：$\varphi_E=70°$，长半轴 $E=5\text{ cm}$，短半轴 $F=3\text{ cm}$。已知 P 点到已知点 A 的方位角为 $\alpha_{PA}=140°$，边长为 $s_{PA}=513.20\text{ m}$。问：

(1) P，A 两点间的边长相对中误差是多少？

(2) PA 边的方位角中误差是多少？

[8-10] 某控制网平差后算得其中两个控制点 P_1，P_2 间的相对误差椭圆参数为：主轴方向 $\varphi^0_{1,2}=\varphi^0_E=70°$，长半轴 $E_{1,2}=5\text{ cm}$，短半轴 $F_{1,2}=3\text{ cm}$。已知 P_1 与 P_2 点连线的方位角为 $\alpha_{P_1P_2}=140°$，边长为 $s_{P_1P_2}=513.20\text{ m}$。问：

(1) P_1，P_2 两点间的边长相对中误差是多少？

(2) P_1P_2 边的方位角中误差是多少？

[8-11] 比较习题[8-9]与习题[8-10]的异同之处。

9 统计假设原理在平差中的应用

在前面几章中介绍了经典平差的几种函数模型，应用这几种函数模型并遵循最小二乘原则的约束，是否就能得到平差参数的最优线性无偏估值呢？其实经典平差要得到最优估值，还要满足这些条件：首先，观测值内只含有偶然误差，或偶然误差是观测误差的主要成分；其次，函数模型要具有合理性和精确性；最后，随机模型要正确（定权正确）。如果要对平差成果的正确性进行进一步的分析，还应该对参与平差的观测值的分布、平差所用的数学模型是否正确合理等内容，采用数理统计中假设检验的方法，进行检验。有时可能会发现，已消除几何矛盾、通过了平差后线路检核的平差结果，并不一定就能通得过要求比较严格时的验后模型正确性的检验。所以，对平差结果进行假设检验是保证平差系统质量的一个组成部分。此外，假设检验方法在测量上的应用还包括系统误差的检验、测量精度的比较、观测数据的分布是否符合其理论分布的检验等问题。

本章采用的检验方法在数学上属于数理统计学的内容，将简要介绍统计假设检验的基本原理、四种基本的假设检验方法及其在测量中的应用。

9.1 统计假设检验原理

数理统计的主要内容是由局部观测得到的资料对母体（总体）作出推断，而推断的核心部分为参数估计和统计假设检验。**参数估计**的理论主要解决由有限个子样推断母体的某些数字特征（如期望、方差等），平差中求参数的最优估值及精度评定属于参数估计的内容；而**统计假设检验**是根据子样信息，通过检验来判断母体分布参数或分布形式是否具有指定的特征。统计假设检验通常也简称假设检验。

9.1.1 统计假设检验的主要内容

1. 统计假设

统计假设分为参数假设和非参数假设。

（1）参数假设。假设母体的分布函数是已知的，对分布函数中的参数作出假设。如设已知随机变量 X 服从分布：$X \sim N(\mu, 1.15^2)$，即 X 的分布及方差都是已知的，但期望 μ 未知，现根据具体情况判断，提出假设：$\mu = 100$。

（2）非参数假设。连母体服从的分布也不知道，对母体的分布函数作出假设。

本章将主要讨论与参数假设相关的内容。

2. 统计假设检验

假设提出来之后，就要通过检验判断它是否成立，以决定是接受假设还是拒绝接受假设，这个过程就是假设检验的过程。这种检验过程与数学上的定理证明是不同的，定理证明不带随机性，而假设是否被接受会受到抽样随机性的影响。

假设检验的问题主要有以下类型：正态母体的数学期望 μ 是否等于某已知数值 μ_0；正态母体的方差 σ^2 是否等于某已知数值 σ_0^2；两个正态母体的数学期望或方差是否相等，即检验 $\mu_1=\mu_2$，$\sigma_1^2=\sigma_2^2$；等等。通常在检验前根据具体情况，提出上面某类型的假设，称之为**原假设**，用 H_0 表示，如"正态母体的数学期望 μ 等于某已知数值 μ_0"的内容就可表达为 H_0：$\mu=\mu_0$。而原假设 H_0 的对立面是 H_1：$\mu\neq\mu_0$，H_1 就称为**备选假设**。本章主要讨论是接受还是拒绝原假设 H_0。

假设检验的判断依据是**小概率推断原理**：认为概率很小的事件在一次试验中"实际上是不可能事件"。具体地说，设有某"原假设"需要检验，先假定"原假设"是正确的，在此假定下，设事件 A 出现的概率很小，为 $P(A)=\alpha$（临界概率）。经过一次试验，如果事件 A 出现了，说明小概率事件发生了，这就使人怀疑"原假设"的正确性，于是就有理由拒绝"原假设"。反之，如果事件 A 没有出现，说明没有理由怀疑"原假设"，所以应该接受"原假设"。

根据检验目的，通常取临界概率为 $\alpha=0.01$，$\alpha=0.05$，$\alpha=0.10$ 等，在数理统计中，称临界概率 α 为**显著水平**。

9.1.2 检验统计量的选择

假设检验的关键问题是构造一个适当的**统计量**，要求构造的统计量满足如下条件：

(1) 适合于所作的假设；

(2) 统计量内不能有未知数，它由抽取的子样值及假设值构成，即统计量要能计算出具体数值；

(3) 要知道该统计量的概率分布，从而确定其经常出现的区间（该区域称为接受域，该区域的边界值称为**分位值**），使统计量落入该区间内的概率接近 1。

9.1.3 接受域和拒绝域

以 u 检验为例，设已知统计量 u 服从标准正态分布 $u\sim N(0,1)$，现给定显著水平 $\alpha=0.05$，从标准正态分布表中查取分位值 $u_{\frac{\alpha}{2}}$，则统计量 u 出现在区间 $(-u_{\frac{\alpha}{2}},+u_{\frac{\alpha}{2}})$ 内的概率应为 $1-\alpha$，有接受域概率表达式：

$$P\{|u|<u_{\frac{\alpha}{2}}\}=1-\alpha \text{ 或 } P\{-u_{\frac{\alpha}{2}}<u<u_{\frac{\alpha}{2}}\}=1-\alpha \tag{9-1-1}$$

拒绝域概率表达式为

$$P\{|u|>u_{\frac{\alpha}{2}}\}=\alpha \tag{9-1-2}$$

接受域表达式(9-1-1)中，$1-\alpha=0.95=95\%$，其概率意义是：统计量 u 应以 95% 的概率落入区间 $(-u_{\frac{\alpha}{2}},+u_{\frac{\alpha}{2}})$ 内，所以该区域称为**接受域**；式(9-1-2)为拒绝域表达式，说明统计量 u 以 5% 的概率落入区域 $(-\infty,-u_{\frac{\alpha}{2}})$ 或 $(u_{\frac{\alpha}{2}},+\infty)$ 内，这两个区域称为**拒绝域**。接受域与拒绝域的临界值 $-u_{\frac{\alpha}{2}}$ 和 $u_{\frac{\alpha}{2}}$ 就是分位值，分位值应根据统计量服从的分布、显著水平 α、自由度等，在概率分布表中查取。

如图 9-1(a)所示，式(9-1-1)所示的情况是将拒绝域放在概率密度曲线两侧（也称为双尾）的斜线部分，每一侧上的拒绝概率为 $\frac{\alpha}{2}$，查取分位值时也以 $\frac{\alpha}{2}$ 的概率进行，这种检验法称为**双尾检验法**。根据提出备选假设的不同，拒绝域也会放到分布概率密度曲线的某一侧上，为单尾拒绝域，如图 9－1(b)所示的斜线部分，这种检验法称为**单尾检验法**。单尾拒绝域的使用方法将在后面的 χ^2 检验法中介绍。

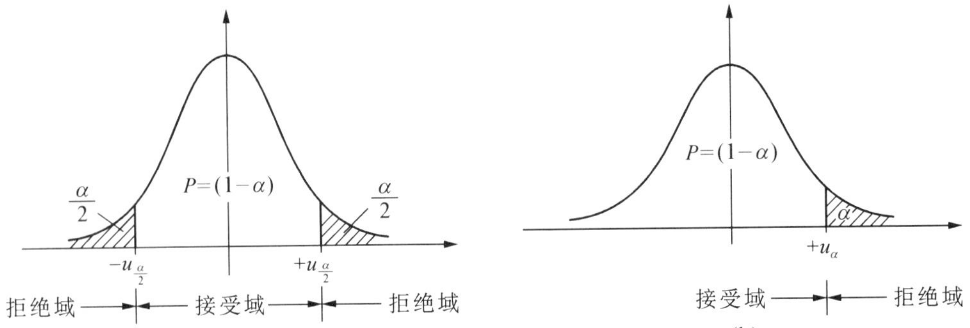

(a) (b)

图 9－1

从图 9－1 可以看出，接受域和拒绝域的大小与给定的显著水平 α 值的大小有关。α 越大，则拒绝域越大，H_0 被拒绝的机会就增多。α 的大小应根据问题的性质来选定，当不应轻易拒绝原假设 H_0 时，应选较小的 α 值。

9.1.4 假设检验的两类错误

假设检验是以小概率事件在一次试验中是不可能发生的这一前提为检验依据的，但是小概率事件仍有发生的可能。因此，依据小概率推断原理得到的检验结果，不能保证其一定是正确的，这是由抽样的随机性所决定的。如前所述，当 $\alpha=0.05$ 时，“统计量 u 应以 95％的概率落入区间($-u_{\frac{\alpha}{2}}$，$+u_{\frac{\alpha}{2}}$)内”，所以即使原假设 H_0 是正确的，也只有 95％的 u 值落入接受域内，而有约 5％的 u 值由于随机性的影响落入了拒绝域，从而作出了拒绝 H_0 的错误判断。这种 H_0 为真而遭到拒绝的错误称为**第一类错误**，也称为**弃真错误**，弃真概率为 α(即为显著水平)。如图 9－2 所示，如果 $H_0:\mu=\mu_0$ 为真，但 μ 却落在了斜线部分(拒绝域)，于是拒绝 H_0，犯了弃真的错误(u_α:将拒绝域放在右尾时的分位值)。α 越大，则拒绝域越大，H_0 被拒绝的机会越多，犯弃真错误的概率也越大。但 α 再大，相对于总的概率 1 而言，α 仍然是小概率，所以总体来说，犯弃真错误的概率还是很小的。

同样地，当 H_0 为假(不正确)时，由于抽样随机性的影响，也有可能接受 H_0，这种错误称为**第二类错误**，或称为**纳伪错误**，犯第二类错误的概率为 β。如图 9－2 所示，若 $H_0:\mu=\mu_0$ 为假，实际情况是 $\mu>\mu_0$，此时统计量 μ 应落入斜线区域(拒绝域)，但受随机性的影响，μ 可能落入阴影部分，则错误的 H_0 被接受，犯了纳伪错误。

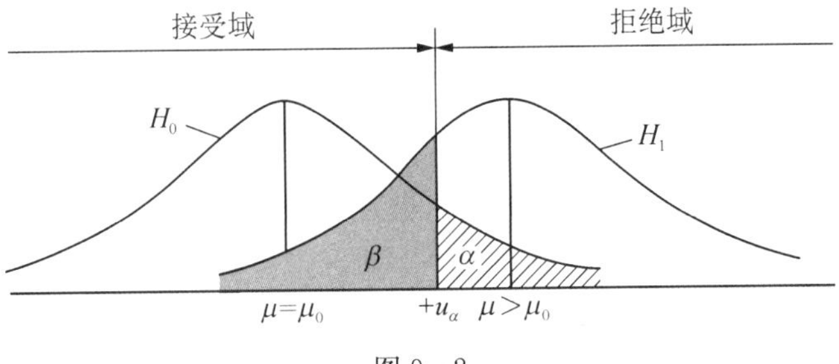

图 9－2

当子样容量 n 确定后，犯这两类错误的概率不可能同时减小。如图 9－2 所示，斜线部分（概率为 α）和阴影部分（概率为 β）的大小分配取决于分位值 u_α。当 α 增大时，β 减小；当 α 减小时，β 增大。检验时，一般都是控制 α 的值，对 β 值一般不作明确规定。

9.1.5 假设检验步骤

（1）根据问题的需要，提出原假设 H_0（如 $H_0: \mu=\mu_0$）和备选假设 H_1（如 $H_1: \mu \neq \mu_0$）；

（2）选择一个适合于检验目的的统计量，在假设原假设 H_0 成立的情况下计算统计量的值；

（3）选定一个显著水平 α，查概率分布表得分位值，从而确定接受域及拒绝域；

（4）由计算结果根据小概率推断原理判断，是拒绝原假设还是接受原假设。

9.2 常用统计量及其检验方法

在以下讨论的四种基本的假设检验方法中，根据已知条件和检验目的的不同，用**服从正态分布的子样值**构造不同类型的统计量，去检验正态母体中的两个参数——数学期望 μ 和方差 σ^2 的值与设定值是否相符。这四种统计量分别服从不同的分布，将这四种检验方法分别称为 u 检验法、χ^2 检验法、t 检验法和 F 检验法。

9.2.1 u 检验法

u 检验法是在已知母体方差 σ^2 的情况下，对正态母体的期望进行检验。设有正态母体 $N(\mu, \sigma^2)$，其方差 σ^2 已知，数学期望 μ 未知。u 检验法是对数学期望 μ 与指定常数 μ_0 是否有显著差异进行检验。

按前面所述的检验步骤，有以下 u 检验法的假设检验过程：

（1）提出原假设 $H_0: \mu=\mu_0$，备选假设 $H_1: \mu \neq \mu_0$。

（2）构造统计量。由于是用有限个子样值对母体的期望值进行推断，从［例 4－1］和［例 4－3］可知，子样均值是母体期望的最优无偏估计量，所以用子样均值作统计量对正态母体的数学期望 μ 进行检验是合适的。子样均值为

$$\bar{x}=\frac{1}{n}\sum_{i=1}^{n} x_i \tag{9-2-1}$$

已知 $\bar{x} \sim N(\mu, \sigma^2/n)$，该正态分布不是标准正态分布，为了便于查标准正态分布表取其分位值，可将 $\bar{x}$ 标准化，得到 ***u* 检验法的统计量**为

$$u=\frac{\bar{x}-\mu}{\sigma/\sqrt{n}} \sim N(0, 1) \tag{9-2-2}$$

可见，u 检验的统计量 u 是服从标准正态分布的。当原假设成立时，$\mu=\mu_0$，此时统计量为 $u=\dfrac{\bar{x}-\mu_0}{\sigma/\sqrt{n}}$，该统计量中已无未知数，可计算出 u 的具体值。

（3）查标准正态分布表取分位值（设已给定显著水平 α 的值）。

当原假设 H_0 成立时，u 检验法的概率公式为

$$P\{-u_{\frac{\alpha}{2}} < u < u_{\frac{\alpha}{2}}\} = 1 - \alpha \tag{9-2-3}$$

式(9－2－3)是根据原假设 H_0，将拒绝域以每侧 $\alpha/2$ 的概率平均分放在 u 分布曲线(即标准正态分布概率密度曲线)的两个尾端，称为**双尾检验法公式**。

分位值 $u_{\frac{\alpha}{2}}$ 的查表法：由式(9－2－3)，有

$$P\{-u_{\frac{\alpha}{2}} < u < u_{\frac{\alpha}{2}}\} = \Phi(u_{\frac{\alpha}{2}}) - \Phi(-u_{\frac{\alpha}{2}}) = 2\Phi(u_{\frac{\alpha}{2}}) - 1 = 1 - \alpha$$

即

$$\Phi(u_{\frac{\alpha}{2}}) = 1 - \frac{\alpha}{2}$$

所以，查分位值 $u_{\frac{\alpha}{2}}$ 时，要用概率值 $1-\frac{\alpha}{2}$ 来查正态分布表。当显著水平 $\alpha = 0.05$ 时，$1-\frac{\alpha}{2} = 0.975$，查表得分位值 $u_{\frac{\alpha}{2}} = u_{0.025} = 1.96$。常用的 u 检验法的分位值还有：$\alpha = 0.01$ 时，$u_{\frac{\alpha}{2}} = u_{0.005} = 2.58$；$\alpha = 0.10$ 时，$u_{\frac{\alpha}{2}} = u_{0.05} = 1.65$。

(4) 判断。设显著水平 $\alpha = 0.05$，若 $|u| < u_{\frac{\alpha}{2}} = 1.96$，即统计量 u 落入接受域$(-1.96, 1.96)$内，则接受原假设 $\mu = \mu_0$；否则，拒绝原假设。

［**例 9－1**］　对某地区的三角网中 421 个三角形测角闭合差进行统计，得闭合差的平均值 $\overline{x} = 0.06''$，已知闭合差的中误差为 $\sigma = 0.62''$，若取显著水平 $\alpha = 0.01$，问该地区的角度测量中是否存在系统误差？

解　三角形的闭合差是真误差，若其中不存在系统误差或系统误差的影响很小时，根据偶然误差的特性，其数学期望应为零，所以提出原假设和备选假设：

$$H_0: \mu_{\overline{x}} = 0; \qquad H_1: \mu_{\overline{x}} \neq 0。$$

原假设成立时，计算统计量

$$u = \frac{\overline{x} - \mu_{\overline{x}}}{\sigma/\sqrt{n}} = \frac{0.06}{0.62/\sqrt{421}} = 1.98$$

当 $\alpha = 0.01$ 时，查正态分布表，得分位值 $u_{0.005} = 2.58$，现 $|u| < u_{\frac{\alpha}{2}}$，故接受原假设 H_0，说明在 $\alpha = 0.01$ 的显著水平下，从三角形闭合差的平均值来看，系统误差不显著。

如果该例的显著水平取为 $\alpha = 0.05$，查表得分位值 $u_{0.025} = 1.96$，则有 $|u| > u_{\frac{\alpha}{2}}$，此时就应该拒绝原假设 H_0，认为在 $\alpha = 0.05$ 的显著水平下，系统误差显著。

从以上接受原假设和拒绝原假设的两个结论来看，显著水平 α 的选择很重要，当 α 的值选得较大时，接受原假设的条件就较为严格，原假设被拒绝的可能性就增大，所以 α 有时又称为**风险度**。

下面介绍 u 检验法的适用条件及该法在检验两个母体期望是否有显著差异上的应用。

1. 对子样容量的要求

当母体服从正态分布时，对子样容量 n 的大小不作要求，可**小子样**(小子样容量)。

当母体为非正态分布时，根据中心极限定理，当 n 的值很大时，独立随机变量之和渐近于正态分布，即 $\overline{x} \sim N(\mu, \frac{\sigma^2}{n})$。所以母体为非正态分布时，要求**大子样**。理论上大子样的子

样容量要求 $n \geqslant 200$,但在工程应用上,一般 $n>30$ 就可认为是大子样了。

2. 要已知母体方差 σ^2

当母体方差 σ^2 未知时,可用实测的子样无偏方差 $\hat{\sigma}^2$ 代替 σ^2,但前提条件是要大子样。

总结以上两点,得出结论:当母体为非正态分布或母体方差 σ^2 未知时,必须是大子样观测值,这种情况下如果是小子样的话就不能用 u 检验法进行检验。

3. 检验两个正态母体的数学期望是否相等

设在相互独立的两个正态母体 $X \sim N(\mu_1, \sigma_1^2)$, $Y \sim N(\mu_2, \sigma_2^2)$ 中分别抽取了子样容量为 n_1 和 n_2 的两组子样 $x_1, x_2, \cdots, x_{n_1}$ 和 $y_1, y_2, \cdots, y_{n_2}$,计算得到子样均值分别为$\bar{x} \sim N\left(\mu_1, \frac{\sigma_1^2}{n_1}\right)$, $\bar{y} \sim N\left(\mu_2, \frac{\sigma_2^2}{n_2}\right)$。

原假设 $H_0: \mu_1=\mu_2$,备选假设 $H_1: \mu_1 \neq \mu_2$。

均值之差的期望和方差分别为

$$E(\bar{x}-\bar{y})=E(\bar{x})-E(\bar{y})=\mu_1-\mu_2$$

$$D(\bar{x}-\bar{y})=D(\bar{x})+D(\bar{y})=\frac{\sigma_1^2}{n_1}+\frac{\sigma_2^2}{n_2}$$

根据正态分布的可加性定理,线性函数 $(\bar{x}-\bar{y})$ 仍然服从正态分布,即有

$$\bar{x}-\bar{y} \sim N\left(\mu_1-\mu_2, \frac{\sigma_1^2}{n_1}+\frac{\sigma_2^2}{n_2}\right)$$

标准化后构造成统计量为

$$u=\frac{(\bar{x}-\bar{y})-(\mu_1-\mu_2)}{\sqrt{\frac{\sigma_1^2}{n_1}+\frac{\sigma_2^2}{n_2}}}=\frac{\bar{x}-\bar{y}}{\sqrt{\frac{\sigma_1^2}{n_1}+\frac{\sigma_2^2}{n_2}}} \sim N(0, 1) \qquad (9-2-4)$$

给定显著水平 α,并查取分位值 $u_{\frac{\alpha}{2}}$,若 $|u|<u_{\frac{\alpha}{2}}$,则接受原假设 H_0;反之,则拒绝原假设 H_0。

[例 9-2] 设有甲、乙两人用某种经纬仪观测水平角,根据两人以往进行类似观测的大量资料,知此两人观测水平角一次的中误差 σ 均为 0.63″,今两人观测同一角度,分别观测了 12 次和 16 次,算得平均值(秒数)分别为 1.36″和 1.15″,问两人观测结果的差异是否显著(取 $\alpha=0.05$)?

解 (1) $H_0: \mu_1=\mu_2$; $H_1: \mu_1 \neq \mu_2$。

(2) 当 H_0 成立时,统计量计算值为

$$u=\frac{(\bar{x}-\bar{y})-(\mu_1-\mu_2)}{\sqrt{\frac{\sigma_1^2}{n_1}+\frac{\sigma_2^2}{n_2}}}=\frac{\bar{x}-\bar{y}}{\sqrt{\frac{\sigma_1^2}{n_1}+\frac{\sigma_2^2}{n_2}}}=\frac{1.36-1.15}{0.63 \times \sqrt{\frac{1}{12}+\frac{1}{16}}}=0.87$$

(3) 查表得 $u_{\frac{\alpha}{2}}=u_{0.025}=1.96$,而此题 $|u|<u_{\frac{\alpha}{2}}$。所以接受原假设 H_0,认为在 $\alpha=0.05$ 的显著水平下,两人的观测结果没有显著差异(无系统误差存在)。

9.2.2 χ^2 检验法

9.2.1 节介绍的 u 检验法是检验正态母体的数学期望 μ 是否与已知常数 μ_0 相等。当要

检验母体的方差 σ^2 是否与已知常数 σ_0^2 相等时，用的是 χ^2 检验法。

1. χ^2 变量

设 $x_1, x_2, \cdots, x_n$ 是相互独立且均服从 $N(0, 1)$ 的随机变量，即 $\sigma_{x_i x_j}=0\ (i \neq j)$，$x_i \sim N(0, 1)\ (i=1, 2, \cdots, n)$，这些随机变量 x_i 的平方和也是一个随机变量，用 Z 表示，即

$$Z = x_1^2 + x_2^2 + \cdots + x_n^2 \tag{9-2-5}$$

式中，Z 称为 χ^2 变量，它是一个连续型随机变量，服从 χ^2 分布，用 $Z \sim \chi^2(n)$ 表示，n 称为 χ^2 分布的自由度，它表示 χ^2 变量中含有独立变量的个数，是 χ^2 分布的唯一参数。由式(9－2－5)可以看出，Z 变量的值永远大于或等于零，即 χ^2 分布的概率密度函数曲线永远位于第Ⅰ象限，且曲线形状不对称。

2. χ^2 分布的可加性及 χ^2 分布表

可加性：设有相互独立的两个随机变量 $Y_1 \sim \chi^2(n_1)$，$Y_2 \sim \chi^2(n_2)$，则有

$$Y_1 + Y_2 \sim \chi^2(n_1 + n_2) \tag{9-2-6}$$

即两个服从 χ^2 分布且相互独立的变量之和仍服从 χ^2 分布，和函数的自由度等于两个独立变量的自由度之和。

χ^2 分布表：χ^2 变量取值超过某一定值 χ_α^2 的概率为

$$P\{\chi^2 > \chi_\alpha^2\} = \int_{\chi_\alpha^2}^{\infty} K(x)\mathrm{d}x = \alpha \tag{9-2-7}$$

式中，χ_α^2 称为 χ^2 变量的分位值；$K(x)$是 χ^2 分布的概率密度函数。

将不同的自由度 n 代入 $K(x)$中，并将显著水平 α 取不同的值，就制成了 χ^2 分布表。由式(9－2－7)可知，由该式制作的 χ^2 分布表是将概率值 α 放在 χ^2 分布曲线的右尾上的，所以式(9－2－7)称为右尾制表式(也有左尾制表式)。如当自由度 $n=15$，显著水平 $\alpha=0.05$ 时，可从该表中查得 $\chi_\alpha^2=24.996$，它表示 χ^2 分布曲线下与横轴之间，横轴上从 $\chi_\alpha^2=24.996$ 到 $+\infty$ 所包含的面积(概率值) 为 0.05。

3. χ^2 检验法的应用

设在正态母体 $N(\mu, \sigma^2)$中，母体方差 σ^2 未知。现从母体中随机独立抽取容量为 n 的子样，可求得子样方差 s^2 或子样无偏方差 $\hat{\sigma}^2$，利用它们对母体方差 σ^2 进行假设检验，即有

原假设 H_0：$\sigma^2=\sigma_0^2$；备选假设 H_1：$\sigma^2 \neq \sigma_0^2$

根据 χ^2 变量的定义式(9－2－5)，构造出 χ^2 **检验法的统计量**(证明过程略)：

$$Z = \frac{(n-1)\hat{\sigma}^2}{\sigma^2} = \frac{ns^2}{\sigma^2} \sim \chi^2(n-1) \tag{9-2-8}$$

即由子样无偏方差 $\hat{\sigma}^2$ 或子样方差 s^2 构成的统计量 Z 服从自由度为 $n-1$ 的 χ^2 分布。其中，

$$\hat{\sigma}^2 = \frac{1}{n-1}\sum_{i=1}^{n}(x_i - \overline{x})^2,\ s^2 = \frac{1}{n}\sum_{i=1}^{n}(x_i - \overline{x})^2 \tag{9-2-9}$$

式中，x_i 为第 i 个子样观测值；$\bar{x}$为子样均值。

4. 单、双尾检验法的适用范围

根据检验问题的不同，利用 χ^2 检验法对母体方差进行检验时，可选用双尾检验法或单尾检验法（右尾检验法或左尾检验法）。

（1）双尾检验法

原假设 H_0：$\sigma^2=\sigma_0^2$；备选假设 H_1：$\sigma^2\neq\sigma_0^2$。

当 H_0 成立时，有如下的检验概率表达式：

$$P\left\{\chi^2_{1-\frac{\alpha}{2}}<\frac{(n-1)\,\hat{\sigma}^2}{\sigma_0^2}<\chi^2_{\frac{\alpha}{2}}\right\}=1-\alpha \tag{9-2-10}$$

如图 9-3 所示，由于 χ^2 分布曲线不对称且分布在第Ⅰ象限，所以双尾分位值 $\chi^2_{1-\frac{\alpha}{2}}$ 和 $\chi^2_{\frac{\alpha}{2}}$ 均为正数，它们分别用概率值 $1-\dfrac{\alpha}{2}$，$\dfrac{\alpha}{2}$和自由度 $n-1$，在 χ^2 分布表中查取。当统计量 Z 的值落在区间（$\chi^2_{1-\frac{\alpha}{2}}$，$\chi^2_{\frac{\alpha}{2}}$）内时，接受原假设 H_0；否则，拒绝原假设，接受备选假设 H_1。双尾检验法是将拒绝域平均分放在 χ^2 分布概率密度曲线的两个尾端，统计量的值过大或过小都会使原假设遭到拒绝。

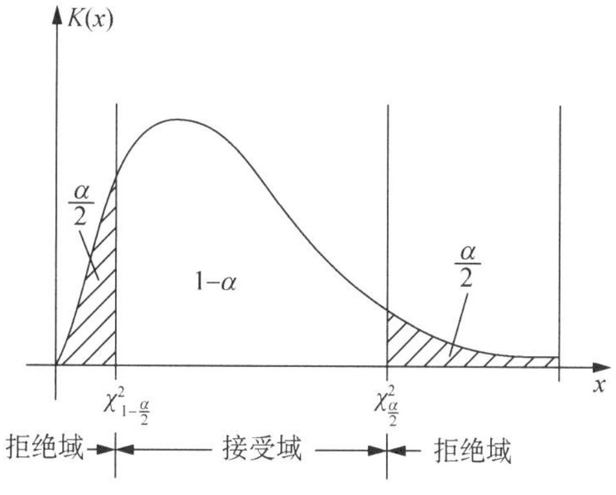

图 9-3

（2）右尾检验法（更关心 σ^2 是否大于 σ_0^2 时使用，可参考[例 9-4]）

原假设 H_0：$\sigma^2=\sigma_0^2$；备选假设 H_1：$\sigma^2>\sigma_0^2$。拒绝域概率为

$$P\left\{\frac{(n-1)\,\hat{\sigma}^2}{\sigma_0^2}>\chi^2_\alpha\right\}=\alpha \tag{9-2-11}$$

即以 χ^2_α 为临界值，接受域为（$-\infty$，χ^2_α），拒绝域为（χ^2_α，$+\infty$）。拒绝域放在 χ^2 分布概率密度曲线的右尾。

（3）左尾检验法（更关心 σ^2 是否小于 σ_0^2 时使用）

原假设 H_0：$\sigma^2=\sigma_0^2$；备选假设 H_1：$\sigma^2<\sigma_0^2$。拒绝域概率为

$$P\left\{\frac{(n-1)\,\hat{\sigma}^2}{\sigma_0^2}<\chi^2_{1-\alpha}\right\}=\alpha \tag{9-2-12}$$

即以 χ^2_α 为临界值，接受域为（χ^2_α，$+\infty$），拒绝域为（$-\infty$，χ^2_α）。拒绝域放在 χ^2 分布概率密度

度曲线的左尾。

[**例 9-3**]　用某类型的经纬仪测水平角，由大量的角度观测值求得一测回测角中误差为 $\sigma_0=1.5''$。今用试制的同类型经纬仪测角9个测回，得一测回测角中误差为 $\hat{\sigma}=2.4''$，问新旧两种仪器的测角精度是否有显著差异($\alpha=0.05$)?

解　提出原假设，认为新仪器的方差与常数 $\sigma_0^2=1.5^2$ 无显著差异。这个检验适合采用双尾检验法。

(1) 原假设 H_0：$\sigma^2=\sigma_0^2=1.5^2$；备选假设 H_1：$\sigma^2\neq\sigma_0^2$

(2) 原假设成立时，由公式(9-2-8)算得统计量为

$$Z=\frac{(n-1)\hat{\sigma}^2}{\sigma^2}=\frac{(9-1)\times 2.4^2}{1.5^2}=20.4$$

(3) 以自由度 $n-1=8$，概率值 $1-\frac{\alpha}{2}=0.975$ 和 $\frac{\alpha}{2}=0.025$ 分别查 χ^2 分布表，得两个分位值为 $\chi^2_{1-\frac{\alpha}{2}}(8)=2.18$，$\chi^2_{\frac{\alpha}{2}}(8)=17.53$，由于统计量的值20.4不在区间(2.18, 17.53)内，故拒绝原假设。即认为在 $\alpha=0.05$ 的显著水平下，新仪器测角的方差 σ^2 与 1.5^2 有显著差异，或者说 $2.4''>1.5''$ 已不仅仅是由观测误差的随机性引起的差异了。

[**例 9-4**]　同[例 9-3]，问新仪器的精度是否低于原仪器($\alpha=0.05$)?

解　本题是要判断，新仪器的精度是仍然服从 $\sigma^2=1.5^2$ 还是服从 $\sigma^2>1.5^2$ 的正态分布，因此可提出原假设 H_0:$\sigma^2=1.5^2$；备选假设 H_1:$\sigma^2>1.5^2$，应采用右尾检验。

由于数据相同，所以统计量的计算值与[例 9-3]的结果相同，即 $Z=\frac{(n-1)\hat{\sigma}^2}{\sigma^2}=20.4$。

以自由度 $n-1=8$，概率值 $\alpha=0.05$，查 χ^2 分布表，得右尾分位值为 $\chi^2_{0.05}(8)=15.51$。由于

$$Z=20.4>\chi^2_\alpha=15.51$$

故在 $\alpha=0.05$ 水平下应拒绝 H_0，接受 H_1，即新仪器的方差显著大于旧仪器方差(新仪器精度较低)。

在本章讨论的四种基本的假设检验方法中，都可以使用单、双尾检验法，其他三种假设检验方法中的单、双尾检验法的适用情况类似于本节内容，所以将不再单独介绍。

下面介绍一种常用的服从 χ^2 分布的统计量(证明过程略)。

平差中，用于计算单位权方差估值的残差加权平方和 $\boldsymbol{V}^{\mathrm{T}}\boldsymbol{PV}$ 被称为二次型函数，其除以单位权方差后，服从 χ^2 分布，即

$$Z=\frac{\boldsymbol{V}^{\mathrm{T}}\boldsymbol{PV}}{\sigma_0^2}\sim\chi^2(r)\tag{9-2-13}$$

式中，自由度 r 即为平差中的多余观测数。

9.2.3　t 检验法

t 检验法是在正态母体方差 σ^2 未知的情况下，对母体的数学期望 μ 与指定常数 μ_0 是否有显著差异进行检验。t 检验法与 u 检验法的区别在于：u 检验法是在正态母体方差 σ^2 已知

的情况下，对母体的数学期望μ进行检验的。而在需要假设检验的大多数案例中，母体方差都是未知的，所以t检验法比u检验法的应用范围更广泛。

1. t 变量

t变量定义为

$$t=\frac{u}{\sqrt{\frac{Z}{n}}}\sim t(n) \qquad (9-2-14)$$

式中，u服从标准正态分布，即$u\sim N(0,\ 1)$；Z为服从自由度为n的χ^2分布，即$Z\sim\chi^2(n)$。

要求t变量中的两个变量u和Z相互独立。式(9－2－14)构成的t变量服从自由度为n的t分布，即$t\sim t(n)$。t分布的概率密度函数曲线以$t=0$为对称轴，并且类似于正态分布曲线。

2. t分布表和t检验法的统计量

t变量取值超过某一定值t_α的概率为

$$P\{t>t_\alpha\}=\int_{t_\alpha}^{\infty}g(t)\mathrm{d}t=\alpha \qquad (9-2-15)$$

式中，$g(t)$为t分布的概率密度函数。

将不同的自由度n和概率值α代入式(9－2－15)，就可制得t分布表。从该制表公式可以看出，t分布表是将拒绝概率α放在了t分布曲线的右尾上。所以用右尾检验法时，可用自由度和概率值α直接在表中查取分位值t_α；用双尾检验法时，可用自由度n和概率值$\frac{\alpha}{2}$查表得分位值$t_{\frac{\alpha}{2}}$，由于t分布曲线对称于$t=0$轴，所以双尾的分位值大小相等、符号相反；而左尾检验时只需按右尾分位值的查表法并将其取负号就可以了，即分位值为$-t_\alpha$。

现按照t变量的定义式(9－2－14)来构造t检验法的统计量。用子样均值对正态母体的数学期望μ进行检验。子样均值为

$$\bar{x}=\frac{1}{n}\sum_{i=1}^{n}x_i\sim N\left(\mu,\ \frac{\sigma^2}{n}\right)$$

式中，$x_i\sim N(\mu,\ \sigma^2)$，$x_i$之间两两独立。

将$\bar{x}$标准化，就得到了t变量的分子：

$$u=\frac{\bar{x}-\mu}{\sigma/\sqrt{n}}\sim N(0,\ 1) \qquad (9-2-16)$$

式(9－2－16)其实就是u检验法的统计量，如果母体方差σ^2已知，用u检验法来检验母体期望就可以了。

而t变量分母中的Z变量，按定义式(9－2－9)有

$$Z=\frac{(n-1)\hat{\sigma}^2}{\sigma^2}=\frac{ns^2}{\sigma^2}\sim\chi^2(n-1) \qquad (9-2-17)$$

式中，子样无偏方差$\hat{\sigma}^2$和子样方差s^2由式(9－2－9)可得[注：构成$\hat{\sigma}^2$(和s^2)与构成$\bar{x}$的是同一组子样，当子样母体服从正态分布时，$\hat{\sigma}^2$(和s^2)与$\bar{x}$相互独立]。

将μ，Z的定义式代入t变量的定义式(9－2－14)，有

$$t=\frac{u}{\sqrt{Z/(n-1)}}=\frac{\dfrac{\bar{x}-\mu}{\sigma/\sqrt{n}}}{\sqrt{\dfrac{(n-1)\hat{\sigma}^2}{\sigma^2}/(n-1)}}$$

式中，分母之所以除以 $n-1$，是因为式中 χ^2 变量 Z 的自由度为 $n-1$。

整理后得 **t 检验法的统计量**为

$$t=\frac{\bar{x}-\mu}{\hat{\sigma}/\sqrt{n}}=\frac{\bar{x}-\mu}{s/\sqrt{n-1}}\sim t(n-1) \tag{9-2-18}$$

可见 t 统计量服从自由度为 $n-1$ 的 t 分布。t 统计量和 u 统计量的区别在于：t 统计量含有子样中误差 $\hat{\sigma}$，$\hat{\sigma}$ 是一个随机变量，只有当子样容量 n 很大时，才能在应用中近似地代替母体标准差 σ，所以当 $n-1>30$ 时，t 检验法和 u 检验法的检验结果实际相同。

当 n 较大时 $(n>30)$，t 分布接近于标准正态分布 $N(0, 1)$；当 n 较小时，t 分布与标准正态分布相差较大。而且从式(9-2-18) 可以看出，t 统计量中母体标准差 σ 已经消除，所以构造 t 统计量时小子样也是可以的(用小子样估计出 $\hat{\sigma}$)。

3. t 检验法的检验步骤

与 u 检验法类似，先提出原假设和备选假设：

$$H_0: \mu=\mu_0; \quad H_1: \mu\neq\mu_0$$

再构成统计量式(9-2-18)。当 H_0 成立时，有检验的概率表达式为

$$P\left\{\left|\frac{\bar{x}-\mu_0}{\hat{\sigma}/\sqrt{n}}\right|<t_{\frac{\alpha}{2}}\right\}=1-\alpha \tag{9-2-19}$$

或

$$P\left\{-t_{\frac{\alpha}{2}}<\frac{\bar{x}-\mu_0}{\hat{\sigma}/\sqrt{n}}<t_{\frac{\alpha}{2}}\right\}=1-\alpha \tag{9-2-20}$$

当显著水平 α 给定后，用自由度 $n-1$、概率值 $\frac{\alpha}{2}$ 在 t 分布表中查得分位值 $t_{\frac{\alpha}{2}}$，位于 t 分布曲线两尾的分位值大小相等，符号相反。如果 $|t|<t_{\frac{\alpha}{2}}$ 成立，则接受原假设 H_0，认为 $\mu=\mu_0$；否则拒绝原假设 H_0，接受备选假设 H_1。

[例 9-5] 在一条基线上检验某全站仪的测距功能，已知基线长 $L_0=4\,816.124$ m，设该基线长无误差，用全站仪测距 9 个测回，得平均值为 $L=4\,816.128$ m，一测回中误差为 0.006 m，问 L 与 L_0 之间的差异是否显著($\alpha=0.05$)?

解 本例要求检验母体的数学期望 μ 是否与 L_0 无显著差异，由于已知子样中误差，所以采用 t 检验法。

(1) 原假设 $H_0: \mu=L_0$；备选假设 $H_1: \mu\neq L_0$。

(2) 在 H_0 成立的条件下，按式(9-2-18)，计算 t 统计量的值为

$$t=\frac{\bar{x}-\mu}{\hat{\sigma}/\sqrt{n}}=\frac{4\,816.128-4\,816.124}{0.006/\sqrt{9}}=2$$

(3) 以概率 $\frac{\alpha}{2}=0.025$、自由度 $n-1=8$ 查 t 分布表，得 $t_{\frac{\alpha}{2}}=2.31$，由于 $|t|=2<t_{\frac{\alpha}{2}}=2.31$，故接受原假设 H_0，认为在显著水平 $\alpha=0.05$ 时，μ 与 L_0 之间无显著差异，因此可认为全站仪的测距部分不含系统误差。

4. 检验两个正态母体的数学期望是否相等

与 u 检验法相似，t 检验法不仅可以检验单个正态母体数学期望的特性，还可以对两个正态母体的均值是否存在显著性差异进行检验。

设在两个相互独立的正态母体 $X\sim N(\mu_1,\sigma_1^2)$，$Y\sim N(\mu_2,\sigma_2^2)$ 中，分别独立抽取了子样容量为 n_1 和 n_2 的两组子样 $x_1,x_2,\cdots,x_{n_1}$ 和 $y_1,y_2,\cdots,y_{n_2}$，已知两母体的方差存在 $\sigma_1^2=\sigma_2^2=\sigma^2$ 的关系，用两组子样值构成的子样均值分别为 $\bar{x}\sim N\left(\mu_1,\frac{\sigma^2}{n_1}\right)$，$\bar{y}\sim N\left(\mu_2,\frac{\sigma^2}{n_2}\right)$。

原假设 $H_0:\mu_1=\mu_2$；备选假设 $H_1:\mu_1\neq\mu_2$。

参照式(9-2-4)，$\bar{x}-\bar{y}\sim N\left(\mu_1-\mu_2,\frac{\sigma_1^2}{n_1}+\frac{\sigma_2^2}{n_2}\right)$，标准化后得

$$u=\frac{(\bar{x}-\bar{y})-(\mu_1-\mu_2)}{\sqrt{\frac{\sigma^2}{n_1}+\frac{\sigma^2}{n_2}}}=\frac{(\bar{x}-\bar{y})-(\mu_1-\mu_2)}{\sigma\sqrt{\frac{n_1+n_2}{n_1n_2}}}\sim N(0,1) \qquad (9-2-21)$$

再参照式(9-2-9)，由抽取的两组子样值构成子样无偏方差 $\hat{\sigma}_1^2$，$\hat{\sigma}_2^2$ 或子样方差 s_1^2，s_2^2，并且参照式(9-2-8)构成服从 χ^2 分布的 χ^2 变量为

$$Z_1=\frac{(n_1-1)\hat{\sigma}_1^2}{\sigma^2}=\frac{n_1s_1^2}{\sigma^2}\sim\chi^2(n_1-1)$$

$$Z_2=\frac{(n_2-1)\hat{\sigma}_2^2}{\sigma^2}=\frac{n_2s_2^2}{\sigma^2}\sim\chi^2(n_2-1)$$

按 χ^2 分布的可加性，有

$$Z=Z_1+Z_2=\frac{1}{\sigma^2}[(n_1-1)\hat{\sigma}_1^2+(n_2-1)\hat{\sigma}_2^2]=\frac{1}{\sigma^2}(n_1s_1^2+n_2s_2^2)\sim\chi^2(n_1+n_2-2) \qquad (9-2-22)$$

将式(9-2-21)、式(9-2-22)代入 t 变量定义式(9-2-14)，构造出检验两个正态母体的数学期望是否相等的 t 统计量：

$$t=\frac{(\bar{x}-\bar{y})-(\mu_1-\mu_2)}{\sqrt{(n_1-1)\hat{\sigma}_1^2+(n_2-1)\hat{\sigma}_2^2}}\sqrt{\frac{n_1n_2(n_1+n_2-2)}{n_1+n_2}} \qquad (9-2-23)$$

或

$$t=\frac{u}{\sqrt{\frac{Z}{n_1+n_2-2}}}=\frac{(\bar{x}-\bar{y})-(\mu_1-\mu_2)}{\sqrt{n_1s_1^2+n_2s_2^2}}\sqrt{\frac{n_1n_2(n_1+n_2-2)}{n_1+n_2}} \qquad (9-2-24)$$

以上两个统计量 t 的自由度都是 n_1+n_2-2。

[**例 9-6**] 为了研究外界条件变化对水平角观测的影响，在两个不同时间段内用同一

架全站仪测角，一个是在日间测角12测回，得角度平均值为40°30′12.6″，测角中误差为0.81″；另一个是在夜间测角9个测回，得角度平均值为40°30′13.7″，测角中误差为0.84″，问日、夜的观测结果是否存在系统误差（$\alpha=0.05$）？

解 （1）提出原假设 H_0：$\mu_1=\mu_2$；备选假设 H_1：$\mu_1\neq\mu_2$。

（2）当 H_0 成立时，t 统计量计算值为

$$t=\frac{40°30'12.6''-40°30'13.7''}{\sqrt{(12-1)\times 0.81^2+(9-1)\times 0.84^2}}\sqrt{\frac{12\times 9\times(12+9-2)}{12+9}}=-3.03$$

（3）以自由度 $n_1+n_2-2=19$，$\frac{\alpha}{2}=0.025$ 查表得 $t_{\frac{\alpha}{2}}=t_{0.025}=2.09$，由于 $|t|=3.03>2.09$，故拒绝原假设，认为在 $\alpha=0.05$ 的显著水平下，日、夜观测结果有显著差异，或者说存在系统误差。

[例9-6]检验两个正态母体数学期望是否相同的 t 检验法中，必须两个母体的方差相同。

如果两个正态母体的方差 σ_1^2 与 σ_2^2 不同，但两个母体的子样值是成对抽取的，则仍可应用 t 检验法检验两个母体的期望值是否相同（见[例9-7]）。

[例9-7] 设在两幅不同比例尺地形图的手工数字化数据中，获得 n 个同名点坐标数据序列为

$$\{w_i\}=(x_{11}\quad y_{11}\quad x_{12}\quad y_{12}\quad\cdots\quad x_{1n}\quad y_{1n})$$
$$\{z_i\}=(x_{21}\quad y_{21}\quad x_{22}\quad y_{22}\quad\cdots\quad x_{2n}\quad y_{2n})$$

式中，$i=1, 2, \cdots, n$；$\{w_i\}$和$\{z_i\}$为不同比例尺地形图中同名点坐标的两个序列。有

$$w_1=x_{11},\ w_2=y_{11},\ \cdots,\ w_{2n-1}=x_{1n},\ w_{2n}=y_{1n}$$
$$z_1=x_{21},\ z_2=y_{21},\ \cdots,\ z_{2n-1}=x_{2n},\ z_{2n}=y_{2n}$$

一般假设$\{w_i\}$，$\{z_i\}$序列中的值均服从正态分布，并且$\{w_i\}$和$\{z_i\}$中，同一比例尺数据的方差相同，不同比例尺数据的方差不同，即

$$w_i\sim N(\mu_i,\ \sigma_w^2),\quad z_i\sim N(\xi_i,\ \sigma_z^2),\ i=1,\ 2,\ \cdots,\ 2n$$

式中，σ_w^2 与 σ_z^2 未知，也是需要估计的。$\{w_i\}$和$\{z_i\}$的权比，在制图学中常用

$$P_w=\frac{c}{M_w},\quad P_z=\frac{c}{M_z}$$

式中，c 为任意常数；M 为数字化原图比例尺分母。

令 σ_0^2 为单位权方差，则有

$$\sigma_w^2=\sigma_0^2P_w^{-1},\quad \sigma_z^2=\sigma_0^2P_z^{-1}$$

为了求出叠置输出图上各同名点坐标值，可取各同名点坐标加权平均值，但其前提是各同名点坐标的数学期望相同。因此，可以采用 t 检验法进行检验。

作同名点坐标的差值：

$$d_i=w_i-z_i\sim N(\mu_i-\xi_i,\ \sigma_w^2+\sigma_z^2),\ i=1,\ 2,\ \cdots,\ 2n$$

检验的原假设及备选假设为

$$H_0:E(d_i)=\mu_i-\xi_i=0;\quad H_1:E(d_i)\neq 0$$

当 H_0 成立时，有 $d_i \sim N(0,\sigma^2)$，其中，$\sigma^2=\sigma_w^2+\sigma_z^2$，则同名点坐标差 d_i 的最优估值(平均值)为

$$\hat{d}=\frac{1}{2n}\sum_{i=1}^{2n}d_i \sim N\left(0,\frac{\sigma^2}{2n}\right)$$

标准化后，有

$$u=\frac{\hat{d}}{\sigma}\sqrt{2n}\sim N(0,1)$$

式中，中误差 σ 未知，用 $2n$ 个坐标差值 d_i 计算得到方差估值为

$$\hat{\sigma}_d^2=\frac{1}{2n}\sum_{i=1}^{2n}d_i^2$$

参考式(9-2-13)，有

$$Z=\frac{1}{\sigma^2}\sum_{i=1}^{2n}d_i^2=2n\frac{\hat{\sigma}_d^2}{\sigma^2}\sim\chi^2(2n)$$

由构造 t 统计量的式(9-2-14)，并顾及 $\hat{d}$ 与 Z 相互独立，得 t 检验的统计量为

$$t=\frac{u}{\sqrt{\frac{Z}{2n}}}=\frac{\frac{\hat{d}}{\sigma}\sqrt{2n}}{\sqrt{\frac{2n\hat{\sigma}_d^2}{\sigma^2}/(2n)}}=\frac{\hat{d}}{\hat{\sigma}_d}\sqrt{2n}\sim t(2n)$$

检验拒绝域为 $|t|>t_{\frac{\alpha}{2}}$。分位值 $t_{\frac{\alpha}{2}}$ 用概率 $\frac{\alpha}{2}$ 和自由度 $2n$ 查 t 分布表获取。若检验通过，则接受 H_0，就可计算各同名点坐标的加权平均值作为叠置后输出的坐标值。

9.2.4 F 检验法

F 检验法是检验两个正态母体的方差是否相等，即检验两种精度是否相等。例如，9.2.3节用 t 检验法检验两个正态母体的数学期望是否相等时，其前提条件是 $\sigma_1^2=\sigma_2^2=\sigma^2$，因此在做 t 检验时，应确认该前提条件是成立的，若有怀疑，应先做 F 检验。

1. F 变量

F 变量的定义式为

$$F=\frac{\chi_1^2/m}{\chi_2^2/n}\sim F(m,n) \tag{9-2-25}$$

式中，χ_1^2 是自由度为 m 的 χ^2 变量；χ_2^2 是自由度为 n 的 χ^2 变量，χ_1^2 与 χ_2^2 相互独立。

F 变量服从 F 分布，即 $F\sim F(m,n)$，其中 m 为 F 分布的第一自由度，n 为第二自由度。从定义式可以看出，F 变量永远大于或等于零，与 χ^2 分布相似，F 分布的概率密度函数曲线永远位于第Ⅰ象限，且曲线形状不对称。

2. *F* 分布表及查表法

F 变量取值超过某一定值 F_α 的概率为(右尾制表式)

$$P\{F > F_\alpha\} = \int_{F_\alpha}^{\infty} f(x)\mathrm{d}x = \alpha \tag{9-2-26}$$

式中,F_α 称为 *F* 变量的分位值;$f(x)$是 *F* 分布的概率密度函数,将不同的自由度 m 和 n 代入$f(x)$中,并将显著水平 α 取不同的值,就制成了 *F* 分布表。由式(9-2-26)可知,*F* 分布表将概率值 α 放在 *F* 分布曲线的右尾上。该分布表中查取的分位值,其右尾分位值永远大于 1,左尾分位值永远小于 1。

F 分布表的构成形式和前面介绍的几种分布表不太相同,如 χ^2 分布表,它既有概率值很小(等于 α)时的分位值可查,也能查到概率值接近于 1 (即 $1-\alpha$) 时的分位值,这对于不对称分布的概率密度函数曲线是必要的。而对于 *F* 分布而言,虽然其分布曲线也不对称,但因其有两个自由度,所以 *F* 分布表通常只有小概率部分的分位值是可以直接查取的,而概率为 $1-\alpha$ 那一部分的分位值查取需要通过一些变通方法。

现以双尾检验法为例。在 *F* 检验法的双尾检验中,拒绝域概率公式为

$$\text{左尾公式:} P\{F < f'_{\frac{\alpha}{2}}\} = \frac{\alpha}{2};\text{右尾公式:} P\{F > f_{\frac{\alpha}{2}}\} = \frac{\alpha}{2} \tag{9-2-27}$$

式中,$f'_{\frac{\alpha}{2}}$ 和 $f_{\frac{\alpha}{2}}$ 分别为左尾分位值和右尾分位值。

右尾分位值 $f_{\frac{\alpha}{2}}$ 因其概率公式与制表公式(9-2-26)相同,所以 $f_{\frac{\alpha}{2}}$ 可用第一自由度 m、第二自由度 n 和概率值$\frac{\alpha}{2}$在表中直接查取。而左尾分位值可先用第一自由度为 n、第二自由度为 m 及概率值$\frac{\alpha}{2}$来查 *F* 分布表,查得的分位值设为 $F_{\frac{\alpha}{2}}(n, m)$,则左尾分位值 $f'_{\frac{\alpha}{2}}$ 为

$$f'_{\frac{\alpha}{2}} = \frac{1}{F_{\frac{\alpha}{2}}(n, m)} \tag{9-2-28}$$

所以左尾分位值 $f'_{\frac{\alpha}{2}}$ 的查表法可总结为"二倒"——自由度颠倒、查出的分位值 $F_{\frac{\alpha}{2}}(n, m)$再取其倒数。

3. *F* 检验法的统计量

设有两个相互独立的正态母体 $N(\mu_1, \sigma_1^2)$、$N(\mu_2, \sigma_2^2)$,现提出 *F* 检验法的原假设 H_0:$\sigma_1^2 = \sigma_2^2$,即两个正态母体的方差相同。检验方法是分别从这两个正态母体中提取子样容量为 m 和 n 的两组子样,并利用这两组子样算出子样无偏方差 $\hat{\sigma}_1^2$ 和 $\hat{\sigma}_2^2$,再构成 *F* 统计量进行检验。

参考式(9-2-8),得到由 $\hat{\sigma}_1^2$ 和 $\hat{\sigma}_2^2$ 参与构成的 χ^2 统计量为

$$\chi_1^2 = \frac{(m-1)\hat{\sigma}_1^2}{\sigma_1^2} \sim \chi^2(m-1)$$

$$\chi_2^2 = \frac{(n-1)\hat{\sigma}_2^2}{\sigma_2^2} \sim \chi^2(n-1)$$

代入式(9-2-25)的 *F* 变量定义式,得 *F* **检验法的统计量**为

$$F=\frac{\chi_1^2/(m-1)}{\chi_2^2/(n-1)}=\frac{\frac{(m-1)\hat{\sigma}_1^2}{\sigma_1^2}/(m-1)}{\frac{(n-1)\hat{\sigma}_2^2}{\sigma_2^2}/(n-1)}=\frac{\hat{\sigma}_1^2/\sigma_1^2}{\hat{\sigma}_2^2/\sigma_2^2}\sim F(m-1,\ n-1)$$

(9-2-29)

式中，变量 χ_1^2 和 χ_2^2 的自由度分别为 $m-1$ 和 $n-1$，所以用它们构成 F 变量时必须分别除以 $m-1$ 和 $n-1$，即 F 统计量是服从第一自由度为 $m-1$、第二自由度为 $n-1$ 的 F 分布。

式(9-2-29)中，当原假设 H_0：$\sigma_1^2=\sigma_2^2$ 成立时，F 统计量为

$$F=\frac{\hat{\sigma}_1^2}{\hat{\sigma}_2^2}\sim F(m-1,\ n-1) \tag{9-2-30}$$

为方便起见，检验时可以选择其中较大的一个子样无偏方差作为 $\hat{\sigma}_1^2$，另一个作为 $\hat{\sigma}_2^2$，这样就可以使 F 统计量 $\frac{\hat{\sigma}_1^2}{\hat{\sigma}_2^2}$ 永远大于 1，于是对双尾检验的原假设 H_0：$\sigma_1^2=\sigma_2^2$ 而言，就可以不用考虑统计量 F 可能落入左尾拒绝域的情况，这样也就不必查取左尾分位值 $f'_{\frac{\alpha}{2}}$，但在查表求右尾分位值 $f_{\frac{\alpha}{2}}$ 时要用 $\frac{\alpha}{2}$ 的概率值。

[例 9-8] 用两台同类型全站仪测角，第一台观测 9 测回，得一测回中误差估值为 1.5″；第二台也观测了 9 个测回，得一测回中误差估值为 2.4″，问这两台仪器的测角精度是否有显著差异（$\alpha=0.10$）？

解 (1) 提出原假设 H_0:$\sigma_1^2=\sigma_2^2$；备选假设 H_1:$\sigma_1^2\neq\sigma_2^2$。

(2) 选择 $\hat{\sigma}_1=2.4''$，$\hat{\sigma}_2=1.5''$，在 H_0 成立的条件下，按式(9-2-30)，得到 F 统计量的值为

$$F=\frac{\hat{\sigma}_1^2}{\hat{\sigma}_2^2}=\frac{2.4^2}{1.5^2}=2.56$$

(3) 按第一、第二自由度都是 8，$\frac{\alpha}{2}=0.05$ 查表得 $f_{\frac{\alpha}{2}}=3.44$，由于 $F=2.56<3.44$，故接受原假设，认为在 $\alpha=0.10$ 的显著水平下，两台仪器的测角精度无显著差异。

4. F 变量和 t 变量的关系

设变量 $X\sim t(n)$，即 X 服从自由度为 n 的 t 分布，则 $X^2\sim F(1,\ n)$，即变量 X^2 服从第一自由度为 1、第二自由度为 n 的 F 分布。

因 $X\sim t(n)$，则 X 可表达为

$$X=\frac{Y}{\sqrt{Z/n}}$$

式中，$Y\sim N(0,\ 1)$，$Z\sim\chi^2(n)$，且 Y 与 Z 相互独立，于是

$$X^2=\frac{Y^2}{Z/n} \tag{9-2-31}$$

注意到 $Y^2\sim\chi^2(1)$，根据 F 分布的定义知，$X^2\sim F(1,\ n)$。

9.3 误差分布的假设检验

9.2 节介绍的四种基本的假设检验方法，都是基于母体的分布是已知（正态分布）的情况下进行的，在这种前提下对母体的参数进行假设检验。但是在许多实际问题中，母体服从何种分布并不知道，这就需要对母体的分布先作某种假设，然后用样本（观测值）来检验此项假设是否成立，这种检验就是分布假设检验。

在前面的学习中已知，用经典平差方法处理的观测数据，要求其观测误差中仅含有偶然误差或偶然误差应占据主要成分，即要求观测误差是服从正态分布的随机变量，只有这样，才能应用经典平差的数学模型，并在最小二乘原则的作用下，得到未知参数的最优无偏估值。为此需要对误差分布的正态性进行检验。

9.3.1 偶然误差特性的假设检验

由于观测误差出现的随机性，使得实际出现的误差分布（以频率为基础的经验分布）不可能与其理论分布（以概率为极限的理论分布）完全吻合，总是会有不同程度的随机漂移。这种漂移在一定范围内是容许的，而超过了这个范围就认为观测误差中除了偶然误差之外还存在系统误差或粗差。如果是这样，再用经典平差的方法来处理这些数据就不合适了，所以，如果对某组观测误差的分布是否具有偶然误差的特性持有怀疑，可以用本节介绍的假设检验的方法来进行鉴别。

在第 2.2 节中，已讨论了偶然误差的几个特性，即偶然误差应该服从的理论分布（正态分布）的统计特性。而统计假设检验方法则可进一步判断，误差的实际分布与理论分布之间的差异是否显著。

通过下面几项检验基本上可以判断观测误差是否服从正态分布。

1. 误差正负号个数的检验

设总个数为 n 的观测列中第 $i(i\leqslant n)$ 个误差 Δ_i 的符号为 x_i，当第 i 个误差为正时，取 $x_i=+1$；当第 i 个误差为负时，取 $x_i=0$，用 S_x 表示误差列中正误差的个数（若恰好有等于零的误差，则不把它包括在误差列中），有

$$S_x=x_1+x_2+\cdots+x_n \tag{9-3-1}$$

由概率论知，S_x 是服从二项分布的变量，该变量的数学期望和方差分别为 np 和 npq，即 $S_x\sim B(n,\ p)$。其中，p 表示正误差出现的概率，q 表示负误差出现的概率，且 $p+q=1$。当 $n\to\infty$ 时，S_x 标准化后的极限分布服从标准正态分布，即

$$u_x=\frac{S_x-np}{\sqrt{npq}}\overset{n\to\infty}{\sim}N(0,\ 1) \tag{9-3-2}$$

由偶然误差第三特性知，绝对值相等的正误差与负误差出现的概率相等，即有

$$P(+\Delta)=P(-\Delta)=0.5\quad 或写成\quad p=q=0.5$$

可作出如下假设：

$$H_0:p=q=0.5;\ H_1:p\neq0.5$$

如果 H_0 成立，则式(9-3-2)表示的统计量为

$$u_x = \frac{S_x - 0.5n}{0.5\sqrt{n}} \sim N(0,\ 1) \tag{9-3-3}$$

即有

$$P\left\{-u_{\frac{\alpha}{2}} < \frac{S_x - 0.5n}{0.5\sqrt{n}} < u_{\frac{\alpha}{2}}\right\} = 1 - \alpha \tag{9-3-4}$$

由式(2-3-18)可知，服从标准正态分布的随机变量 u_x 落在区间(−2, +2)内的概率等于 0.954，即当 $1-\alpha = 0.954$ 时，对应的分位值 $u_{\frac{\alpha}{2}} = 2$，于是由式(9-3-4)有

$$P\left\{-\sqrt{n} < S_x - 0.5n < \sqrt{n}\right\} = 0.954 \tag{9-3-5}$$

所以，若检验结果为

$$|S_x - 0.5n| < \sqrt{n} \tag{9-3-6}$$

则表示式(9-3-3)中的统计量落入接受域，应接受 H_0 的假设，即认为正负误差出现的概率为 $p = q = 0.5$；若拒绝 H_0，则认为误差中可能存在某种系统误差的影响。

2. 正、负误差分配顺序的检验

在实践中，观测误差列有时在某一时间段内误差大多出现正号，而在另一时间段内又大多出现负号，若正负号个数基本相等的话，用上面介绍的“误差正、负号个数的检验”的检验方法是不能发现问题的，但显然误差列是受到系统误差的影响的，所以，还要作误差符号顺序的检验。

将误差按某一因素(如时间因素)的顺序排列，由偶然误差特性知，误差的符号取正或取负也是随机性的，即相邻两个误差符号之间完全是独立的，因此，可以利用相邻两个误差的符号顺序来检验观测列中是否仅含偶然误差。

设相邻两误差 Δ_i 和 Δ_{i+1} 之间的符号关系用 y_i 表示，当 Δ_i 和 Δ_{i+1} 的符号相同时，取 $y_i = +1$；符号相反时，取 $y_i = 0$。如果有 n 个误差，就应该有$(n-1)$ 个 y 值，取其和为

$$S_y = y_1 + y_2 + \cdots + y_{n-1} \tag{9-3-7}$$

式(9-3-7)表示相邻两误差符号相同的个数(不包括数值为零的误差)。y_i 取 1 和 0 的概率应相等(设 y_i 取值 1 的概率为 p，取值 0 的概率为 q)，即假设为

$$H_0: p = q = 0.5;\ H_1: p \neq 0.5$$

S_y 仍服从二项分布，即 $S_y \sim B(n-1,\ p)$。期望为 $E(S_y) = (n-1)p$，方差为 $D(S_y) = (n-1)pq$。将 S_y 标准化后的极限分布服从标准正态分布，即

$$u_y = \frac{S_y - (n-1)p}{\sqrt{(n-1)pq}} \overset{n\to\infty}{\sim} N(0,\ 1) \tag{9-3-8}$$

当原假设 H_0 成立时，有

$$u_y = \frac{S_y - 0.5\times(n-1)}{0.5\times\sqrt{n-1}} \sim N(0,\ 1) \tag{9-3-9}$$

按照式(9-3-4)—式(9-3-6)的方法,若检验结果满足

$$|S_y - 0.5 \times (n-1)| < \sqrt{n-1} \tag{9-3-10}$$

则应接受 H_0;否则,拒绝 H_0,有理由认为误差中可能存在着某种系统误差的影响。

3. 误差数值总和的检验

该检验的基本思想:按照偶然误差的第三、第四特性,如果观测误差中仅含有偶然误差,则绝对值相等的正误差和负误差应成对出现,因此,其代数和应互相抵消。

取某观测列误差值的和为

$$S_\Delta = \Delta_1 + \Delta_2 + \cdots + \Delta_n \tag{9-3-11}$$

根据偶然误差的第三特性知,S_Δ 的理论值应为零,即 S_Δ 的数学期望为零,所以此项检验的假设为

$$H_0: E(S_\Delta) = 0;\ H_1: E(S_\Delta) \neq 0$$

如果该误差列中的各误差值是相互独立的,即使这些误差的分布有些偏离正态分布,但根据中心极限定理,该误差列的算术平均值 $\overline{\Delta} = \frac{1}{n}(\Delta_1 + \Delta_2 + \cdots + \Delta_n) = \frac{1}{n}S_\Delta$ 在 n 较大的情况下,有 $\overline{\Delta} \sim N\left(0, \frac{\sigma^2}{n}\right)$,将其标准化后得检验统计量:

$$u = \frac{\overline{\Delta}}{\sigma}\sqrt{n} = \frac{S_\Delta}{\sqrt{n}\sigma} \sim N(0, 1) \tag{9-3-12}$$

若母体中误差 σ 已知,用上面的统计量进行 u 检验就可以。但通常情况下,母体中误差是未知的,所以要用下面的 t 检验法构造出 t 统计量进行检验。

由 χ^2 分布的统计量公式(9-2-8)知:

$$Z = \frac{(n-1)\hat{\sigma}^2}{\sigma^2} \sim \chi^2(n-1) \tag{9-3-13}$$

将式(9-3-12)、式(9-3-13)代入 t 变量的定义式(9-2-14),构成 t 检验法的统计量:

$$t_\Delta = \frac{u}{\sqrt{Z/(n-1)}} = \frac{\dfrac{S_\Delta}{\sqrt{n}\sigma}}{\sqrt{\dfrac{(n-1)\hat{\sigma}^2}{\sigma^2}\Big/(n-1)}} = \frac{S_\Delta}{\sqrt{n}\,\hat{\sigma}} \sim t(n-1) \tag{9-3-14}$$

检验的概率公式为

$$P\{|t_\Delta| < t_{\frac{\alpha}{2}}\} = 1-\alpha \tag{9-3-15}$$

式中,$t_{\frac{\alpha}{2}}$ 为 t 变量的分位值,可按 $n-1$ 的自由度和 $\frac{\alpha}{2}$ 的概率值查 t 分布表得到。若 $|t_\Delta| < t_{\frac{\alpha}{2}}$,则接受 H_0,可认为误差值的总和趋近于零。

4. 单个误差的检验

根据偶然误差的第一特性,在一定的观测条件下,单个偶然误差的绝对值不会超过一定

的限值。如果某一个误差很大，超过了一定的限值，就认为这个误差含有粗差的成分。可对误差列中绝对值最大的误差$|\Delta_i|$进行检验。

原假设和备选假设分别为

$$H_0:E(\Delta_i)=0;\ H_1:E(\Delta_i)\neq 0$$

当 H_0 成立时，观测误差有

$$\Delta_i \sim N(0,\ \sigma^2) \tag{9-3-16}$$

标准化后，得统计量为

$$u_\Delta=\frac{\Delta_i}{\sigma}\sim N(0,\ 1) \tag{9-3-17}$$

检验的概率公式为

$$P\{|u_\Delta|<u_{\frac{\alpha}{2}}\}=1-\alpha \tag{9-3-18}$$

当 $1-\alpha=0.9545$ 时，$u_{\frac{\alpha}{2}}=2$，代入式(9-3-18)后得

$$P\left\{\left|\frac{\Delta_i}{\sigma}\right|<2\right\}=0.9545$$

或

$$P\{|\Delta_i|<2\sigma\}=0.9545 \tag{9-3-19}$$

由式(9-3-19)知，某一误差绝对值大于 2σ 的概率为 4.55%，这是小概率事件，所以可取 2σ 作为极限误差。当某一误差的绝对值超过这一界限时，就把该误差作为粗差处理，并将对应的观测值舍弃不用。有时也可放宽要求，将 3σ 作为极限误差，即

$$P\{|\Delta_i|<3\sigma\}=0.9974 \tag{9-3-20}$$

［**例 9-9**］ 某三角网中的 24 个三角形闭合差(单位：秒)如下，试对该列闭合差作偶然误差特性检验。

−0.7	0.6	1.1	−1.2	1.1	0.3	1.7	−0.3
0.2	−0.3	−2.0	−2.1	1.4	−0.5	2.9	−0.1
0.2	−0.1	−0.1	0.8	0.1	0.5	−0.1	0.2

解 (1) 正负误差个数的检验(取 $1-\alpha=0.9545$)

正误差的个数 $S_x=13$。由式(9-3-3)计算得

$$u_x=\frac{S_x-0.5n}{0.5\sqrt{n}}=\frac{13-0.5\times 24}{0.5\sqrt{24}}=0.41$$

因为 $|u_x|=0.41<u_{\frac{\alpha}{2}}=2$，故可以认为正负误差出现的概率各为 0.5。

(2) 正负误差顺序的检验(取 $1-\alpha=0.9545$)

相邻两误差符号相同的个数 $S_y=8$。由式(9-3-9)计算得

$$u_y=\frac{S_y-0.5\times(n-1)}{0.5\times\sqrt{n-1}}=\frac{8-0.5\times 23}{0.5\times\sqrt{23}}=-1.46$$

因为 $|u_y| = 1.46 < u_{\frac{\alpha}{2}} = 2$，故可以认为相邻误差符号相同与相异的概率各为 0.5。

(3) 误差数值总和的检验(取 $\alpha = 0.05$)

由 24 个闭合差值计算得到 $S_\Delta = 3.6$。中误差估值为

$$\hat{\sigma} = \sqrt{\frac{1}{n-1}\sum_{i=1}^{n}(x_i - \overline{x})^2} = \sqrt{\frac{[vv]}{n-1}} = \sqrt{\frac{27.96}{23}} = 1.10$$

代入式(9-3-14)，得

$$t_\Delta = \frac{S_\Delta}{\sqrt{n}\,\hat{\sigma}} = \frac{3.6}{\sqrt{24} \times 1.10} = 0.668$$

以自由度 $n-1 = 23$，显著水平 $\alpha = 0.05$，查 t 分布表，得临界值 $t_{\frac{\alpha}{2}} = 2.069$，因为 $|t_\Delta| = 0.668 < t_{\frac{\alpha}{2}}$，故可以认为误差数值总和的理论值为零。

(4) 最大误差值检验(取 $\Delta_{限} = 2\sigma$)

最大闭合差为 $\Delta_i = 2.9''$，由式(9-3-19)知

$$|\Delta_i| = 2.9'' > 2\hat{\sigma} = 2.2''$$

可以认为该闭合差超限，该三角形的三个内角应当重测，直到 $|\Delta_i| < 2\hat{\sigma}$ 为止。否则，可以认为该误差列不服从正态分布。

9.3.2 误差分布的假设检验

9.3.1 节对偶然误差特性的假设检验，是根据偶然误差服从正态分布这一事实为根据的，也就是说，母体的分布形式是已知的。

但在许多实际问题中，对母体分布的类型不一定知道，这就需要事先对母体服从的分布作某种假设，然后用子样(观测值)来检验所作假设是否成立，这就是**分布假设检验**。

进行分布假设检验的方法有多种，本节只介绍比较常用的 χ^2 检验法。设**母体 X 的分布函数** $F(x)$ 为未知，且有 n 个样本观测值 $x_1, x_2, \cdots, x_n$。又设预先给定的**理论分布函数**为 $F_0(x)$，现要求根据样本观测值 x_i 来检验 $F(x)$ 与 $F_0(x)$ 是否相同。即有原假设和备选假设为

$$H_0: F(x) = F_0(x);\ H_1: F(x) \neq F_0(x) \tag{9-3-21}$$

这种假设检验的问题也可表达为：如果用理论分布函数 $F_0(x)$ 去拟合样本观测值 $x_1, x_2, \cdots, x_n$，要检验其拟合的优良程度如何。所以，要设法确定一个能反映实际观测数据与理论分布间偏差的统计量，如果该统计量超过了某个界限，则认为理论分布与实际观测数据不相符而否定原假设 H_0。

检验方法：先将子样观测值按一定的组距分成 k 组，再统计子样落入各组内的**实际频(个)数** $v_i(i = 1, 2, \cdots, k)$。由于理论分布函数 $F_0(x)$ 已知，则母体 X 落入上述各组内的概率值 $p_i(i = 1, 2, \cdots, k)$ 也可计算出来，p_i 称为**理论频率**。用 p_i 与子样容量 n 相乘，就可得到子样落在上述 k 个组内的**理论频数**为 $np_1, np_2, \cdots, np_k$，有 $E(v_i) = np_i$。

由于子样总是带有随机性，因而落入各组内的实际频数 v_i 总是不会和理论频数 np_i 完全相等。一般而言，若 H_0 为真，则这种差异并不显著；若 H_0 为假，则这种差异就会显

著。这样就必须找出一个能够描述它们之间偏离程度的一个统计量，从而通过此统计量的大小来判断它们之间的差异是由子样抽样的随机性引起的，还是由 $F(x) \neq F_0(x)$ 引起的。

由大数定律知，当 H_0 成立时，频率$\frac{v_i}{n}$与概率 p_i 相差不应太大。皮尔逊(K. Pearson)据此给出了描述偏离程度的统计量：

$$\chi^2 = \sum_{i=1}^{k} \frac{(v_i - np_i)^2}{np_i} \tag{9-3-22}$$

从理论上已经证明，不论母体服从什么分布，当子样容量 n 充分大 $(n \geqslant 50)$ 时，上述统计量总是趋于服从自由度为 $(k-r-1)$ 的 χ^2 分布。其中，k 为分组的组数，r 是在假设的某种理论分布中用实际子样值估计出的参数的个数。有时理论分布函数 $F_0(x)$的形式已知，但其中具体的参数值可能是未知的，要用子样观测值来估计出 $F_0(x)$中未知的参数值。如假设已知 $F_0(x)$是正态分布函数，但其数学期望和方差的值是未知的，要用子样观测值估计出来，这时 $r=2$。

检验时，对于事先给定的显著水平 α，在 H_0 成立时，应有

$$P\{\chi^2 > \chi_\alpha^2\} = \alpha \tag{9-3-23}$$

成立。即当 $\chi^2 < \chi_\alpha^2$时，接受 H_0；否则，拒绝 H_0。

注意：式(9-3-23)中的统计量只有观测数 n 足够大时才能成立，而且 np_i 也不应太小，一般要求 $n \geqslant 50$，$np_i > 5$。如果 $np_i < 5$，则应将某些组并成一组，使得 $np_i > 5$。

［**例 9-10**］ 某地震形变台站在两个固定点之间进行重复水准测量，测得 100 个高差观测值，取显著水平 $\alpha = 0.05$，试检验该列观测高差是否服从正态分布。

解 (1) 分组并求频数。为了简化计算，将 100 个高差观测值按等间隔分组，根据经验，当观测值个数多于 50 个时，分成 10～25 组为宜。现按 0.01 dm 的间隔(或称组距)将其分为 10 组(此例 $k=10$)，并求出各组的频数，见表 9-1。

表 9-1

高差分组/dm	频数 v_i	频率 $\frac{v_i}{100}$	累计频率 $\frac{\sum_1^i v_i}{100}$
6.881～6.890	1	0.01	0.01
6.890～6.900	4	0.04	0.05
6.900～6.910	7	0.07	0.12
6.910～6.920	22	0.22	0.34
6.920～6.930	23	0.23	0.57
6.930～6.940	25	0.25	0.82
6.940～6.950	10	0.10	0.92
6.950～6.960	6	0.06	0.98
6.960～6.970	1	0.01	0.99
6.970～6.980	1	0.01	1.00
Σ	$n = 100$	1.00	

注：观测高差等于组上限的数值算入该组内。

(2) 估计理论分布函数 $F_0(x)$ 中的参数。因为要检验观测高差是否服从正态分布，即 $F_0(x) \sim N(\hat{\mu}, \hat{\sigma}^2)$，要先根据观测值计算参数 $\hat{\mu}$, $\hat{\sigma}^2$。计算可以按照下面的公式进行：

$$\left.\begin{aligned} \hat{\mu} &= \frac{1}{n}\sum_{i=1}^{n} h_i = \frac{1}{n}\sum_{j=1}^{k} v_j \bar{h}_j \\ \hat{\sigma}^2 &= \frac{1}{n}\sum_{i=1}^{n}(h_i - \hat{\mu})^2 = \frac{1}{n}\sum_{j=1}^{k}(v_j \bar{h}_j^2 - n\hat{\mu}^2) \end{aligned}\right\} \tag{1}$$

式中，n 为观测值个数，本题中 $n = 100$；h_i 为观测高差值；k 为分组数，本题中 $k = 10$；$\bar{h}_i$ 为每组中值，即每组高差数据上下限的平均值，如 $\bar{h}_1 = \frac{1}{2}(6.881 + 6.890) = 6.885$。

由于观测误差的尾数均在 6.900 左右，为了计算方便，先取 $\bar{x}_0 = 6.900$，再利用表 9-1 中每组的组中值和式(1)，得

$$\begin{aligned} \hat{\mu} &= \bar{x} \\ &= 6.900 + \frac{1}{100}(1 \times 6.885 + 4 \times 6.895 + 7 \times 6.905 + 22 \times 6.915 + 23 \times 6.925 + \\ &\quad 25 \times 6.935 + 10 \times 6.945 + 6 \times 6.955 + 1 \times 6.965 + 1 \times 6.975) \\ &= 6.927 \end{aligned}$$

$$\begin{aligned} \sum v_j \bar{h}_j^2 &= 1 \times 6.885^2 + 4 \times 6.895^2 + 7 \times 6.905^2 + 22 \times 6.915^2 + 23 \times 6.925^2 + \\ &\quad 25 \times 6.935^2 + 10 \times 6.945^2 + 6 \times 6.955^2 + 1 \times 6.965^2 + 1 \times 6.975^2 \\ &= 4\,798.358\,7 \end{aligned}$$

$$n\hat{\mu}^2 = 100 \times 6.927^2 = 4\,798.332\,9$$

$$\hat{\sigma}^2 = \frac{1}{n}\left(\sum v_j \bar{h}_j^2 - n\hat{\mu}^2\right) = \frac{1}{100} \times (4\,798.358\,7 - 4\,798.332\,9) = 0.000\,258$$

$$\hat{\sigma} = \sqrt{0.000\,258} = 0.016 \text{ dm}$$

由此可得：$F_0(x) \sim N(6.927, 0.000\,258)$。

(3) 在 H_0 成立的条件下计算理论频率：

$$p_i = \Phi\left(\frac{h_i' - \hat{\mu}}{\hat{\sigma}}\right) - \Phi\left(\frac{h_{i-1}' - \hat{\mu}}{\hat{\sigma}}\right) \tag{2}$$

式中，h_i' 和 h_{i-1}' 分别为表 9-1 中每个高差分组中的高差下限值，如第 1 组中，$h_1' = 6.890$；第 2 组中，$h_2' = 6.900$；等等。

$$p_1 = \Phi\left(\frac{6.890 - 6.927}{0.016}\right) = \Phi(-2.31) = 0.010\,4,\ p_2 = \Phi\left(\frac{6.900 - 6.927}{0.016}\right) - 0.010\,4 = 0.035\,1$$

$$p_3 = \Phi\left(\frac{6.910 - 6.927}{0.016}\right) - (p_1 + p_2) = 0.099\,1,\ p_4 = \Phi\left(\frac{6.920 - 6.927}{0.016}\right) - \sum_{j=1}^{3} p_j = 0.185\,4$$

$$p_5 = \Phi\left(\frac{6.930 - 6.927}{0.016}\right) - \sum_{j=1}^{4} p_j = 0.245\,3,\ p_6 = \Phi\left(\frac{6.940 - 6.927}{0.016}\right) - \sum_{j=1}^{5} p_j = 0.215\,7$$

$$p_7 = \Phi\left(\frac{6.950 - 6.927}{0.016}\right) - \sum_{j=1}^{6} p_j = 0.134\,1,\ p_8 = \Phi\left(\frac{6.960 - 6.927}{0.016}\right) - \sum_{j=1}^{7} p_j = 0.055\,2$$

$$p_9=\Phi\left(\frac{6.970-6.927}{0.016}\right)-\sum_{j=1}^{8}p_j=0.0161$$

$$p_{10}=\Phi\left(\frac{6.980-6.927}{0.016}\right)-\sum_{j=1}^{9}p_j=1-\sum_{j=1}^{9}p_j=0.0036$$

因为 $np_1=100\times0.0104=1.04<5$，$np_2=3.51<5$，且 $np_1+np_2=4.55<5$，所以可以将高差分组中的前三组并成一组，同理，将最后三组也并为一组，于是得表 9-2。

表 9-2

高差分组/dm	v_i	p_i	np_i	v_i-np_i	$(v_i-np_i)^2$	$\frac{(v_i-np_i)^2}{np_i}$
6.881～6.910	12	0.1446	14.46	−2.46	6.0516	0.4185
6.910～6.920	22	0.1854	18.54	3.46	11.9716	0.6457
6.920～6.930	23	0.2453	24.53	−1.53	2.3409	0.0954
6.930～6.940	25	0.2157	21.57	3.43	11.7649	0.5454
6.940～6.950	10	0.1341	13.41	−3.41	11.6281	0.8671
6.950～6.980	8	0.0749	7.49	0.51	0.2601	0.0347
Σ	100					2.6068

由此可知，$k=6$，$r=2$，于是自由度 $k-r-1=3$。

由 χ^2 分布表可查得 $\chi^2_{0.05}(3)=7.815$。而由式(9-3-23)计算得到的统计量 $\chi^2=2.6068$，因为 $\chi^2_{0.05}(3)=7.815>\chi^2=2.6068$，所以，在 $\alpha=0.05$ 的显著水平下，应接受 H_0，即认为该观测高差列是服从正态分布的。

9.4 后验方差的检验

平差模型正确性的检验法也称为后验方差检验法。测量平差是在给定的函数模型和随机模型下进行的，如果给定的函数模型或随机模型本身与实际情况差异较大，就不能保证参数估值的最优性，因此，高等级的控制网平差应该在平差后进行模型正确性的检验。

模型误差的存在，将会反映到平差后得到的一组残差上。残差是平差系统中一个重要的统计量，模型误差的识别和估计主要基于残差的大小及其统计性质。

模型误差中，函数模型不完善的原因有很多，如函数线性化时近似值取得太差，使得用泰勒公式展开并舍弃二次及二次以上项时带来较大的模型误差影响；起始数据与实际情况有较大差异；观测值有系统误差或粗差；观测值定权不正确；等等，均会影响平差结果。而随机模型的模型误差主要是观测值定权不正确造成的。如果模型误差的数量级不超过最大偶然误差，则认为平差模型正确；否则，平差结果不能认为是最优，甚至可能是歪曲的结果。在这种情况下，必须查明原因，改进和完善平差模型，重新进行平差，以保证平差成果的正确性和最优性。

平差模型正确性检验是一种对平差模型的总体检验方法。**该检验的基本思想**是：观测值定权时所用的先验单位权方差为 σ_0^2，通过平差可求得其估值 $\hat{\sigma}_0^2$(后验方差)，这两者应该统计一致，即应满足原假设：$E(\hat{\sigma}_0^2)=\sigma_0^2$。如果统计量满足此原假设，则可认为在一定的显著水平 α 下平差模型是正确的；若拒绝此假设，则可认为采用的平差模型是不正确的。

因此，后验方差检验的假设为

$$H_0:E(\hat{\sigma}_0^2)=\sigma_0^2;\ H_1:E(\hat{\sigma}_0^2)\neq\sigma_0^2 \tag{9-4-1}$$

统计量为

$$Z=\frac{\boldsymbol{V}^{\mathrm{T}}\boldsymbol{PV}}{\sigma_0^2}=r\times\frac{\hat{\sigma}_0^2}{\sigma_0^2}\sim\chi^2(n-t) \tag{9-4-2}$$

式(9-4-2)是参考式(9-2-13)和式(3-5-22)得到，统计量 Z 服从自由度为 r ($r=n-t$) 的 χ^2 分布，故采用 χ^2 检验法。给定显著水平 α，以自由度 r 查取分位值，原假设的接受域为($\chi^2_{1-\frac{\alpha}{2}}$，$\chi^2_{\frac{\alpha}{2}}$)。如果统计量 Z 不在此区间内，则拒绝 H_0，认为平差模型不正确[在用式(9-4-2)作为统计量进行检验时要注意：$\hat{\sigma}_0^2$ 与 σ_0^2 的单位应该统一]。

[例 9-11] 试用后验方差检验的方法对[例 5-1]水准网的平差结果进行检验($\alpha=0.01$)。

解 该例定权时，是以 1 km 水准路线长的观测高差为单位权观测值，即取观测值的权为 $p_i=1/s_i$。此时的先验单位权方差 σ_0^2 的值由该水准网的测量精度等级而定，根据国家水准测量规范，有如下标准：

每公里水准测量的高差中误差应限制为：二等水准测量，$\sigma_0=1.0$ mm；三等水准测量，$\sigma_0=3.0$ mm。

现进行后验方差检验。原假设 $H_0:E(\hat{\sigma}_0^2)=\sigma_0^2$。

设该水准网为三等观测精度的水准网，即 $\sigma_0=3.0$ mm。根据[例 5-1]的平差结果，得到 $\boldsymbol{V}^{\mathrm{T}}\boldsymbol{PV}=94.45$，自由度 $r=n-t=3$，则由式(9-4-2)，得到检验统计量的值为

$$Z=\frac{\boldsymbol{V}^{\mathrm{T}}\boldsymbol{PV}}{\sigma_0^2}=\frac{94.45}{9}=10.49$$

用 $\alpha=0.01$，$r=3$，查 χ^2 分布表，得分位值 $\chi^2_{1-\frac{\alpha}{2}}=\chi^2_{0.995}(3)=0.072$；$\chi^2_{\frac{\alpha}{2}}=\chi^2_{0.005}(3)=12.838$。由此可见，统计量 Z 落在区间(0.072 6，12.838)内，所以对三等水准的测量精度而言，在显著水平 $\alpha=0.01$ 下，可认为该水准网的平差模型是合格的，即接受原假设。

[例 9-12] 试对[例 6-6]的测边网进行后验方差检验($\alpha=0.01$)。

解 设该例测边网所用全站仪的测距标称精度为 $\sigma_i=(5+2\cdot s_i)$ mm，平差时因观测边长相差不大，所以采用等权平差。平均边长约为 1 390.822 m，按标称精度计算公式得 $\sigma_0=5+2\times1.39=7.78$ mm，所以，先验单位权方差 $\sigma_0^2=60.528\,4$ mm^2。现检验

$$H_0:E(\hat{\sigma}_0^2)=\sigma_0^2;\ H_1:E(\hat{\sigma}_0^2)\neq\sigma_0^2$$

由[例 6-6]已知：$\hat{\sigma}_0^2=(0.513\ \text{dm})^2=2\,631.69\ \text{mm}^2$；自由度 $r=n-t=5$。统计量为

$$Z=r\cdot\frac{\hat{\sigma}_0^2}{\sigma_0^2}=5\times\frac{2\,631.69}{60.528\,4}=217.39$$

由显著水平 $\alpha=0.01$、自由度 $r=5$ 查 χ^2 分布表得接受域为：($\chi^2_{1-\frac{\alpha}{2}}$，$\chi^2_{\frac{\alpha}{2}}$)=(0.412，16.750)。可见，统计量 $Z=217.39$ 没有落入该接受域内。这说明[例 6-6]的平差模型在显著水平 $\alpha=0.01$ 下是不正确的。不正确的主要原因可能是定权不正确，边长不应视为等权处理；也可能起始数据误差较大或测边过程中存在系统误差；也可能是[例 9-12]检验时假设的全站

仪测距标称精度不正确；等等，需要进一步查明原因。

[例 6-6]作为教科书中一例，主要用来说明测边网的平差过程，在实际工作中，如果测边网等级较高，不应采用等权平差；如果等级较低，由于边长 5～8 km 的范围不算大，可以用等权平差，但最后必须通过平差模型正确性检验，平差成果才有效。

9.5 平差参数的区间估计

第 6 章间接平差中介绍了参数点估计的方法。那么通过平差得到的参数估值 $\hat{X}$ 究竟与参数真值 $\widetilde{X}$ 相差多少？估值的可靠程度如何？这就是本节“参数的区间估计”所要解决的问题。

参数的区间估计，即估计出参数真值所在的范围以及这个范围包含真值的可靠程度。简而言之，就是给出确定真值的某一范围，而这个范围是与置信概率 $1-\alpha$ 相联系的。

现对参数真值出现的区间进行估计。

由间接平差法，可得到参数的最小二乘估值为

$$\hat{\boldsymbol{X}} = (\boldsymbol{B}^{\mathrm{T}}\boldsymbol{P}\boldsymbol{B})^{-1}\boldsymbol{B}^{\mathrm{T}}\boldsymbol{P}\boldsymbol{L} \tag{9-5-1}$$

式中，观测值向量 $\boldsymbol{L}$ 前面的矩阵均为常数阵，所以，当 $\boldsymbol{L}$ 服从正态分布时，由其计算出的参数向量 $\hat{\boldsymbol{X}}$ 也服从正态分布，即 $\hat{\boldsymbol{X}} \sim N(\widetilde{\boldsymbol{X}}, \boldsymbol{D}_{\hat{X}\hat{X}})$，其中，$E(\hat{\boldsymbol{X}}) = \widetilde{\boldsymbol{X}}$，参数估值是其真值的无偏估值[参考式(7-4-11)]。所以，对于每一个参数平差值 $\hat{X}_i$，有 $\hat{X}_i \sim N(\widetilde{X}_i, \sigma^2_{\hat{X}_i})$。

将参数平差值 $\hat{X}_i$ 服从的正态分布标准化，得统计量：

$$u = \frac{\hat{X}_i - \widetilde{X}_i}{\sigma_{\hat{X}_i}} = \frac{\hat{X}_i - \widetilde{X}_i}{\sigma_0\sqrt{Q_{\hat{X}_i\hat{X}_i}}} \sim N(0, 1) \tag{9-5-2}$$

当单位权方差 σ_0^2 已知时，利用 u 检验的概率公式，得到统计量的接受域概率：

$$P\left\{-u_{\frac{\alpha}{2}} < \frac{\hat{X}_i - \widetilde{X}_i}{\sigma_{\hat{X}_i}} < u_{\frac{\alpha}{2}}\right\} = 1-\alpha$$

由此得

$$P\{\hat{X}_i - u_{\frac{\alpha}{2}}\sigma_{\hat{X}_i} < \widetilde{X}_i < \hat{X}_i + u_{\frac{\alpha}{2}}\sigma_{\hat{X}_i}\} = 1-\alpha \tag{9-5-3}$$

由式(9-5-3)可知，假设给定的显著水平为 $\alpha = 0.05$，则分位值 $u_{\frac{\alpha}{2}} = 1.96$，参数平差值 $\hat{X}_i$ 的真值 $\widetilde{X}_i$ 将以 $1-\alpha = 0.95 = 95\%$ 的概率落入区间 $(\hat{X}_i - 1.96\sigma_{\hat{X}_i}, \hat{X}_i + 1.96\sigma_{\hat{X}_i})$ 内，此区间称为**置信区间**。式(9-5-3)就是真值 $\widetilde{X}_i$ 出现区间的估计公式。

在此应说明，真值 $\widetilde{X}_i$ 为常数，而参数估值 $\hat{X}_i$ 是随机变量，所以式(9-5-3)中的置信区间也是随机区间。

如果单位权方差 σ_0^2 未知，对参数的数学期望进行区间估计时可以借用 t 检验法的公式。参照式(9-2-14)，得 t 变量的定义式为

$$t=\frac{u}{\sqrt{\frac{Z}{n}}}\sim t(n) \tag{9-5-4}$$

t 变量的分子——服从标准正态分布的 u 统计量，已由式(9－5－2)给出；分母中服从 χ^2 分布的统计量 Z 的构成，由式(9－4－2)得

$$Z=\frac{\boldsymbol{V}^{\mathrm{T}}\boldsymbol{PV}}{\sigma_0^2}\sim\chi^2(n-t) \tag{9-5-5}$$

将式(9－5－2)、式(9－5－5)代入式(9－5－4)，得到 t 检验的统计量：

$$t=\frac{\dfrac{\hat{X}_i-\widetilde{X}_i}{\sigma_{\hat{X}_i}}}{\sqrt{\dfrac{\boldsymbol{V}^{\mathrm{T}}\boldsymbol{PV}}{\sigma_0^2}/(n-t)}}=\frac{\dfrac{\hat{X}_i-\widetilde{X}_i}{\sigma_0\sqrt{Q_{\hat{X}_i\hat{X}_i}}}}{\dfrac{1}{\sigma_0}\sqrt{\dfrac{\boldsymbol{V}^{\mathrm{T}}\boldsymbol{PV}}{n-t}}}=\frac{\hat{X}_i-\widetilde{X}_i}{\hat{\sigma}_0\sqrt{Q_{\hat{X}_i\hat{X}_i}}}=\frac{\hat{X}_i-\widetilde{X}_i}{\hat{\sigma}_{\hat{X}_i}}\sim t(n-t) \tag{9-5-6}$$

概率公式为

$$P\left\{-t_{\frac{\alpha}{2}}<\frac{\hat{X}_i-\widetilde{X}_i}{\hat{\sigma}_{\hat{X}_i}}<t_{\frac{\alpha}{2}}\right\}=1-\alpha \tag{9-5-7}$$

由此得

$$P\{\hat{X}_i-t_{\frac{\alpha}{2}}\hat{\sigma}_{\hat{X}_i}<\widetilde{X}_i<\hat{X}_i+t_{\frac{\alpha}{2}}\hat{\sigma}_{\hat{X}_i}\}=1-\alpha \tag{9-5-8}$$

由式(9－5－8)就可以得到参数真值 $\widetilde{X}_i$ 的置信区间了。

使用参数置信区间估计式(9－5－3)和式(9－5－8)时，要注意区分这两个公式的适用条件，以及公式内不同类型的分位值和不同来源的参数中误差的值。

现讨论母体单位权方差 σ_0^2 出现的置信区间。由式(9－2－13)可知：

$$Z=\frac{\boldsymbol{V}^{\mathrm{T}}\boldsymbol{PV}}{\sigma_0^2}\sim\chi^2(r)$$

由式(9－2－10)可得 χ^2 统计量的概率表达式：

$$P\left\{\chi^2_{1-\frac{\alpha}{2}}<\frac{\boldsymbol{V}^{\mathrm{T}}\boldsymbol{PV}}{\sigma_0^2}<\chi^2_{\frac{\alpha}{2}}\right\}=1-\alpha \tag{9-5-9}$$

由式(9－5－9)可得

$$P\left\{\frac{\boldsymbol{V}^{\mathrm{T}}\boldsymbol{PV}}{\chi^2_{\frac{\alpha}{2}}}<\sigma_0^2<\frac{\boldsymbol{V}^{\mathrm{T}}\boldsymbol{PV}}{\chi^2_{1-\frac{\alpha}{2}}}\right\}=1-\alpha \tag{9-5-10}$$

故母体单位权方差的置信区间为 $\left(\dfrac{\boldsymbol{V}^{\mathrm{T}}\boldsymbol{PV}}{\chi^2_{\frac{\alpha}{2}}},\ \dfrac{\boldsymbol{V}^{\mathrm{T}}\boldsymbol{PV}}{\chi^2_{1-\frac{\alpha}{2}}}\right)$。

习　题　9

[9-1]　填空题

(1) u, χ^2, t, F 四种检验法中, u, t 两种检验法是检验________的,而 χ^2, F 检验法是用来检验________的。检验的大致步骤为____。

(2) 统计假设检验中,使用 u 检验法必须知道________,若未知,当子样容量很大时,可用________替代。在用 t 检验法检验两个正态母体的数学期望是否相等时,需先用________检验法对________进行检验,这是因为________________。

(3) F 检验法的双尾检验实用公式为______________,但仍可用单尾检验法,这是因为____________。

(4) 假设检验的结果能否保证一定正确? ________。显著水平 α 的选择,会对接受域带来什么样的影响____________________。

[9-2]　设有某一等锁的 32 个三角形闭合差为

−0.82	−0.07	1.36	−0.60	0.13	0.37	−1.55	0.17	−0.88	−0.24	−0.20
−0.60	0.11	−0.58	−1.34	0.83	0.89	−1.28	−1.29	−0.45	0.41	0.59
0.71	−1.20	0.19	−0.16	0.15	1.68	0.92	0.62	1.89	−2.21	

它们的母体服从正态分布,设已知 $\sigma = 1.0''$,试在显著水平 $\alpha = 0.05$ 下作 $\mu = 0$ 的假设检验。

[9-3]　某一等锁的 32 个三角形闭合差与题[9-2]相同,设母体标准差 σ 未知,试在显著水平 $\alpha = 0.05$ 下作 $\mu = 0$ 的假设检验。

[9-4]　在一条基线场上检验激光测距仪,已知基线长 $L_0 = 1\,524.444$ m(无误差),用激光测距仪测距9 个测回,平均值为 $L = 1\,524.448$ m,一测回的中误差为 0.006 m,问 L 与 L_0 之间是否存在显著差异($\alpha = 0.05$)?

[9-5]　设有甲、乙两人观测某地纬度各 8 次,算得平均值各为 24°11′12.33″和 24°11′12.38″,根据以往两人进行类似观测的大量资料,得知他们观测纬度的中误差均为 0.63″,问两人所得结果的差异是否显著($\alpha = 0.05$)?

[9-6]　为了研究外界条件变化对测角的影响,在两个不同时间段内测角,一个是在日间测角 12 测回,得角度平均值为 80°12′22.7″,测角中误差为 0.81″;另一个是在夜间测角 9 测回,得角度平均值为80°12′23.8″,测角中误差为 0.84″,问日、夜间的观测结果是否存在显著差异 ($\alpha = 0.05$)?

[9-7]　某一等锁的 32 个三角形闭合差的数据与题[9-2]相同,试在显著水平 $\alpha = 0.05$ 下,作 $\sigma = 1.2''$ 的检验。

[9-8]　用设有测微器的精密水准仪在水准尺上读得 15 个读数(单位:mm)如下:

1 412.80	1 412.85	1 412.87	1 413.09	1 412.50	1 412.80	1 412.86	1 412.84
1 412.66	1 412.80	1 412.84	1 412.84	1 412.78	1 413.02	1 412.72	

试以 $\alpha = 0.05$ 的显著水平检验如下假设:

(1) 原假设 $H_0: \sigma = 0.08$ mm,备选假设 $H_1: \sigma \neq 0.08$ mm;

(2) 原假设 $H_0: \sigma = 0.20$ mm,备选假设 $H_1: \sigma \neq 0.20$ mm。

问:应该接受(1),(2)中哪一个原假设?

[9-9]　用两台测距仪测定某一距离的测回数和子样无偏方差分别为 $n_1 = 6$, $\hat{\sigma}_1^2 = 0.12\ \text{dm}^2$; $n_2 = 10$, $\hat{\sigma}_2^2 = 0.08\ \text{dm}^2$,试在 $\alpha = 0.05$ 的显著水平下检验两个母体方差是否相等。

[9-10]　为了检定 20 m 钢尺存在系统误差,用该钢尺在检定基线上进行了 20 次测量。基线真长为 507.410 m,检定结果为

507.35	507.38	507.35	507.44	507.31	507.40	507.47	507.47	507.43	507.37
507.39	507.39	507.40	507.37	507.48	507.41	507.40	507.33	507.36	507.32

试检验这 20 次的测定误差是否符合偶然误差的特性($\alpha=0.05$)。

[9-11] 某一测边网是用标称精度为 $\sigma_s=(5+2\cdot s)$ mm的测距仪进行测距的，该网平均边长为6.5 km，平差定权时按等权处理，即取单位权中误差为 $\sigma_0=(5+2\times 6.5)$ mm $=0.18$ dm。平差后算得单位权方差的估值 $\hat{\sigma}_0^2=0.1222$ dm^2(多余观测数为 5)，试检验平差模型是否正确($\alpha=0.05$)。

[9-12] 设有两个测角三角网，经各自独立平差后的单位权方差估值分别为

$$\hat{\sigma}_{01}^2=\frac{\boldsymbol{V}_1^{\mathrm{T}}\boldsymbol{P}_1\boldsymbol{V}_1}{r_1}=\frac{4.3928}{31}=0.1417$$

$$\hat{\sigma}_{02}^2=\frac{\boldsymbol{V}_2^{\mathrm{T}}\boldsymbol{P}_2\boldsymbol{V}_2}{r_2}=\frac{8.7152}{49}=0.1779$$

现欲知这两个测角网精度是否相同($\alpha=0.05$)。试问：

(1) 用什么方法进行检验？原假设是什么？

(2) 统计量等于多少？

(3) 用单尾检验还是用双尾检验？用什么自由度和概率值查取分位值？是否接受原假设 H_0？

10　近代测量平差概论

20 世纪六七十年代以来，随着测绘科学与技术及其相关学科的迅速发展和生产实践高精度的要求，所研究的观测误差特性已从偶然误差扩展到系统误差和粗差，数据处理对象已从局限于静态估计扩展到随时间变化的动态估计，等等。由此出现的新的理论与方法极大地丰富和充实了测量数据统计处理的内容。

为了区别起见，通常将本教材前面主要介绍的几种平差模型和算法称为经典平差法，包括：条件平差法，附有参数的条件平差法，间接平差法，附有限制条件的间接平差法。而将近几十年发展的平差理论和算法称为近代平差理论。

本章仅阐述部分近代平差方法的基本原理，详细的讨论和研究将在后续有关的课程中进一步展开。

10.1　序贯平差

序贯平差也称为逐次相关间接平差。当观测值个数很多时，为避免高阶矩阵求逆，达到简化计算的目的，可以将观测值分为两组或多组，按组的顺序逐次进行平差，最后得到的平差结果与所有观测值一起平差的结果相同。此外，如果某控制网已经通过平差得到了平差值，但因需要在同一个控制网上再增加观测值，并想把新增加的观测值和原有观测值共同平差，则只需把前期平差的结果用序贯平差的方法进行修改即可。

序贯平差的递推公式有明显的规律性，特别适合计算机编程计算，所以用途广泛。

本节介绍的序贯平差，所设参数不变（参数不增加、不减少），所以又称为静态卡尔曼滤波。下面以观测值分为两组为例说明平差原理，在此基础上，再总结出递推公式。

10.1.1　参数估值及其协因数阵的递推计算式

设有 k 期参数不变的误差方程式以及对应的观测值的权（**权或权阵 $\boldsymbol{P}_i$ 间必须独立**）为

$$\left.\begin{aligned} \boldsymbol{v}_1 &= \boldsymbol{B}_1\hat{\boldsymbol{x}} - \boldsymbol{l}_1, & \boldsymbol{P}_1 &= \boldsymbol{Q}_1^{-1} = \sigma^2\boldsymbol{D}_1^{-1} \\ \boldsymbol{v}_2 &= \boldsymbol{B}_2\hat{\boldsymbol{x}} - \boldsymbol{l}_2, & \boldsymbol{P}_2 &= \boldsymbol{Q}_2^{-1} = \sigma^2\boldsymbol{D}_2^{-1} \\ &\vdots & &\vdots \\ \boldsymbol{v}_k &= \boldsymbol{B}_k\hat{\boldsymbol{x}} - \boldsymbol{l}_k, & \boldsymbol{P}_k &= \boldsymbol{Q}_k^{-1} = \sigma^2\boldsymbol{D}_k^{-1} \end{aligned}\right\} \tag{10-1-1}$$

式(10－1－1)的第一个误差方程用间接平差法解得

$$\hat{\boldsymbol{x}}_{\mathrm{I}} = (\boldsymbol{B}_1^{\mathrm{T}}\boldsymbol{P}_1\boldsymbol{B}_1)^{-1}\boldsymbol{B}_1^{\mathrm{T}}\boldsymbol{P}_1\boldsymbol{l}_1 = \boldsymbol{Q}_{\hat{x}_{\mathrm{I}}}\boldsymbol{B}_1^{\mathrm{T}}\boldsymbol{P}_1\boldsymbol{l}_1 \tag{10-1-2}$$

式中，$\boldsymbol{Q}_{\hat{x}_{\mathrm{I}}} = (\boldsymbol{B}_1^{\mathrm{T}}\boldsymbol{P}_1\boldsymbol{B}_1)^{-1} = \boldsymbol{P}_{\hat{x}_{\mathrm{I}}}^{-1}$（下标“I”表示第一次的平差结果）。

由式(10－1－1)的第一、第二个误差方程联合求解，得

$$
\left.\begin{aligned}
\hat{\boldsymbol{x}}_{\mathrm{II}} &= (\boldsymbol{B}_1^{\mathrm{T}}\boldsymbol{P}_1\boldsymbol{B}_1+\boldsymbol{B}_2^{\mathrm{T}}\boldsymbol{P}_2\boldsymbol{B}_2)^{-1}(\boldsymbol{B}_1^{\mathrm{T}}\boldsymbol{P}_1\boldsymbol{l}_1+\boldsymbol{B}_2^{\mathrm{T}}\boldsymbol{P}_2\boldsymbol{l}_2)=\boldsymbol{Q}_{\hat{x}_{\mathrm{II}}}(\boldsymbol{B}_1^{\mathrm{T}}\boldsymbol{P}_1\boldsymbol{l}_1+\boldsymbol{B}_2^{\mathrm{T}}\boldsymbol{P}_2\boldsymbol{l}_2)\\
&= \boldsymbol{Q}_{\hat{x}_{\mathrm{II}}}(\boldsymbol{P}_{\hat{x}_{\mathrm{I}}}\hat{\boldsymbol{x}}_{\mathrm{I}}+\boldsymbol{B}_2^{\mathrm{T}}\boldsymbol{P}_2\boldsymbol{l}_2)\\
\boldsymbol{Q}_{\hat{x}_{\mathrm{II}}} &= (\boldsymbol{B}_1^{\mathrm{T}}\boldsymbol{P}_1\boldsymbol{B}_1+\boldsymbol{B}_2^{\mathrm{T}}\boldsymbol{P}_2\boldsymbol{B}_2)^{-1}=(\boldsymbol{P}_{\hat{x}_{\mathrm{I}}}+\boldsymbol{B}_2^{\mathrm{T}}\boldsymbol{P}_2\boldsymbol{B}_2)^{-1}
\end{aligned}\right\}
\tag{10-1-3}
$$

式中,下标“II”表示由第一、第二个误差方程联合求解得到的结果。由式(10-1-3)的第二式,有

$$
\boldsymbol{P}_{\hat{x}_{\mathrm{I}}}=\boldsymbol{Q}_{\hat{x}_{\mathrm{I}}}^{-1}=\boldsymbol{Q}_{\hat{x}_{\mathrm{II}}}^{-1}-\boldsymbol{B}_2^{\mathrm{T}}\boldsymbol{P}_2\boldsymbol{B}_2 \tag{10-1-4}
$$

代入式(10-1-3)的第一式,有

$$
\begin{aligned}
\hat{\boldsymbol{x}}_{\mathrm{II}} &= \boldsymbol{Q}_{\hat{x}_{\mathrm{II}}}(\boldsymbol{P}_{\hat{x}_{\mathrm{I}}}\hat{\boldsymbol{x}}_{\mathrm{I}}+\boldsymbol{B}_2^{\mathrm{T}}\boldsymbol{P}_2\boldsymbol{l}_2)\\
&= \boldsymbol{Q}_{\hat{x}_{\mathrm{II}}}[(\boldsymbol{Q}_{\hat{x}_{\mathrm{II}}}^{-1}-\boldsymbol{B}_2^{\mathrm{T}}\boldsymbol{P}_2\boldsymbol{B}_2)\hat{\boldsymbol{x}}_{\mathrm{I}}+\boldsymbol{B}_2^{\mathrm{T}}\boldsymbol{P}_2\boldsymbol{l}_2]\\
&= \hat{\boldsymbol{x}}_{\mathrm{I}}+\boldsymbol{Q}_{\hat{x}_{\mathrm{II}}}\boldsymbol{B}_2^{\mathrm{T}}\boldsymbol{P}_2(\boldsymbol{l}_2-\boldsymbol{B}_2\hat{\boldsymbol{x}}_{\mathrm{I}})
\end{aligned}
\tag{10-1-5}
$$

式(10-1-5)就是在 $\hat{\boldsymbol{x}}_{\mathrm{I}}$ 上作调整得到的第二次参数解 $\hat{\boldsymbol{x}}_{\mathrm{II}}$的关系式。

现介绍**矩阵求逆反演公式**。设有满秩的 p 阶方阵 $\boldsymbol{P}$ 及任意两个 $q\times p$ 阶矩阵 $\boldsymbol{H}$ 和 $\boldsymbol{R}^{-1}\boldsymbol{H}$,矩阵$(\boldsymbol{P}^{-1}+\boldsymbol{H}^{\mathrm{T}}\boldsymbol{R}^{-1}\boldsymbol{H})$也是满秩的,则有下列求逆反演公式:

$$
(\boldsymbol{P}^{-1}+\boldsymbol{H}^{\mathrm{T}}\boldsymbol{R}^{-1}\boldsymbol{H})^{-1}=\boldsymbol{P}-\boldsymbol{P}\boldsymbol{H}^{\mathrm{T}}(\boldsymbol{R}+\boldsymbol{H}\boldsymbol{P}\boldsymbol{H}^{\mathrm{T}})^{-1}\boldsymbol{H}\boldsymbol{P} \tag{10-1-6}
$$

公式中假定各个必要的逆阵都存在。

将该求逆反演公式用于式(10-1-3)的第二式,有

$$
\begin{aligned}
\boldsymbol{Q}_{\hat{x}_{\mathrm{II}}} &= (\boldsymbol{P}_{\hat{x}_{\mathrm{I}}}+\boldsymbol{B}_2^{\mathrm{T}}\boldsymbol{P}_2\boldsymbol{B}_2)^{-1}\\
&= \boldsymbol{Q}_{\hat{x}_{\mathrm{I}}}-\boldsymbol{Q}_{\hat{x}_{\mathrm{I}}}\boldsymbol{B}_2^{\mathrm{T}}(\boldsymbol{Q}_2+\boldsymbol{B}_2\boldsymbol{Q}_{\hat{x}_{\mathrm{I}}}\boldsymbol{B}_2^{\mathrm{T}})^{-1}\boldsymbol{B}_2\boldsymbol{Q}_{\hat{x}_{\mathrm{I}}}
\end{aligned}
\tag{10-1-7}
$$

式中,$\boldsymbol{Q}_{\hat{x}_{\mathrm{II}}}$ 表示第二次参数 $\hat{\boldsymbol{x}}_{\mathrm{II}}$ 的协因数阵;$\boldsymbol{Q}_2$ 表示观测值 L_2 的协因数阵。

式(10-1-7)即为在第一次平差得到的参数协因数阵 $\boldsymbol{Q}_{\hat{x}_{\mathrm{I}}}$ 上作调整后得到的第二次参数协因数阵 $\boldsymbol{Q}_{\hat{x}_{\mathrm{II}}}$ 的关系式。现在做进一步整理。

用 $\boldsymbol{Q}_{\hat{x}_{\mathrm{II}}}$ 左乘式(10-1-4),有

$$
\boldsymbol{Q}_{\hat{x}_{\mathrm{II}}}\boldsymbol{Q}_{\hat{x}_{\mathrm{I}}}^{-1}=\boldsymbol{Q}_{\hat{x}_{\mathrm{II}}}\boldsymbol{Q}_{\hat{x}_{\mathrm{II}}}^{-1}-\boldsymbol{Q}_{\hat{x}_{\mathrm{II}}}\boldsymbol{B}_2^{\mathrm{T}}\boldsymbol{P}_2\boldsymbol{B}_2=\boldsymbol{I}-\boldsymbol{Q}_{\hat{x}_{\mathrm{II}}}\boldsymbol{B}_2^{\mathrm{T}}\boldsymbol{P}_2\boldsymbol{B}_2
$$

再右乘 $\boldsymbol{Q}_{\hat{x}_{\mathrm{I}}}$,得

$$
\boldsymbol{Q}_{\hat{x}_{\mathrm{II}}}=\boldsymbol{Q}_{\hat{x}_{\mathrm{I}}}-\boldsymbol{Q}_{\hat{x}_{\mathrm{II}}}\boldsymbol{B}_2^{\mathrm{T}}\boldsymbol{P}_2\boldsymbol{B}_2\boldsymbol{Q}_{\hat{x}_{\mathrm{I}}} \tag{10-1-8}
$$

比较式(10-1-7)和式(10-1-8),有

$$
\boldsymbol{Q}_{\hat{x}_{\mathrm{II}}}\boldsymbol{B}_2^{\mathrm{T}}\boldsymbol{P}_2=\boldsymbol{Q}_{\hat{x}_{\mathrm{I}}}\boldsymbol{B}_2^{\mathrm{T}}(\boldsymbol{Q}_2+\boldsymbol{B}_2\boldsymbol{Q}_{\hat{x}_{\mathrm{I}}}\boldsymbol{B}_2^{\mathrm{T}})^{-1} \tag{10-1-9}
$$

将式(10-1-9)代入式(10-1-5),得

$$
\hat{\boldsymbol{x}}_{\mathrm{II}}=\hat{\boldsymbol{x}}_{\mathrm{I}}+\boldsymbol{Q}_{\hat{x}_{\mathrm{I}}}\boldsymbol{B}_2^{\mathrm{T}}(\boldsymbol{Q}_2+\boldsymbol{B}_2\boldsymbol{Q}_{\hat{x}_{\mathrm{I}}}\boldsymbol{B}_2^{\mathrm{T}})^{-1}(\boldsymbol{l}_2-\boldsymbol{B}_2\hat{\boldsymbol{x}}_{\mathrm{I}}) \tag{10-1-10}
$$

同样作为计算 $\hat{\boldsymbol{x}}_{\mathrm{II}}$的计算式,式(10-1-5)与式(10-1-10)的区别在于:前者要用到本次的计算结果 $\boldsymbol{Q}_{\hat{x}_{\mathrm{II}}}$,而后者用的是前次的平差结果 $\hat{\boldsymbol{x}}_{\mathrm{I}}$ 和 $\boldsymbol{Q}_{\hat{x}_{\mathrm{I}}}$。

参照参数估计量的计算式(10-1-10)和参数协因数阵的计算式(10-1-7),可得**第 k 次平差的递推公式**为

$$\hat{\boldsymbol{x}}_k = \hat{\boldsymbol{x}}_{k-1} + \boldsymbol{Q}_{\hat{x}_{k-1}} \boldsymbol{B}_k^{\mathrm{T}} (\boldsymbol{Q}_k + \boldsymbol{B}_k \boldsymbol{Q}_{\hat{x}_{k-1}} \boldsymbol{B}_k^{\mathrm{T}})^{-1} (\boldsymbol{l}_k - \boldsymbol{B}_k \hat{\boldsymbol{x}}_{k-1}) \tag{10-1-11}$$

$$\boldsymbol{Q}_{\hat{x}_k} = \boldsymbol{Q}_{\hat{x}_{k-1}} - \boldsymbol{Q}_{\hat{x}_{k-1}} \boldsymbol{B}_k^{\mathrm{T}} (\boldsymbol{Q}_k + \boldsymbol{B}_k \boldsymbol{Q}_{\hat{x}_{k-1}} \boldsymbol{B}_k^{\mathrm{T}})^{-1} \boldsymbol{B}_k \boldsymbol{Q}_{\hat{x}_{k-1}} \tag{10-1-12}$$

这两个公式的特点为:只要在第($k-1$)次平差值$\hat{\boldsymbol{x}}_{k-1}$, $\boldsymbol{Q}_{\hat{x}_{k-1}}$ 的基础上进行调整,就可得到第 k 次的平差值 $\hat{\boldsymbol{x}}_k$, $\boldsymbol{Q}_{\hat{x}_k}$,从而达到两次一起平差的结果。特别是每次一般都只增加一个观测值的误差方程(所以称为逐次递推间接平差),式中的 $(\boldsymbol{Q}_k + \boldsymbol{B}_k \boldsymbol{Q}_{\hat{x}_{k-1}} \boldsymbol{B}_k^{\mathrm{T}})^{-1}$ 就是一个标量,从而避免了矩阵求逆计算。

在式(10-1-1)的第一个误差方程单独平差(一次平差)后,由参数 $\hat{\boldsymbol{x}}_{\mathrm{I}}$ 算得了观测值 $\boldsymbol{L}_1$ 的一次改正数$\boldsymbol{V}_1'$,与第二个误差方程联合平差(二次平差)后,参数平差值变成了 $\hat{\boldsymbol{x}}_{\mathrm{II}} = \hat{\boldsymbol{x}}_{\mathrm{I}} + \Delta\hat{\boldsymbol{x}}$,则 $\boldsymbol{L}_1$ 的改正数也变成了$(\boldsymbol{V}'_1 + \boldsymbol{V}''_1)$,将$(\boldsymbol{V}'_1 + \boldsymbol{V}''_1)$ 和$(\hat{\boldsymbol{x}}_{\mathrm{I}} + \Delta\hat{\boldsymbol{x}})$ 代入第一个误差方程,得

$$\boldsymbol{V}_1' + \boldsymbol{V}_1'' = \boldsymbol{B}_1 (\hat{\boldsymbol{x}}_{\mathrm{I}} + \Delta\hat{\boldsymbol{x}}) - \boldsymbol{l}_1$$

由于经过第一次平差已使得 $\boldsymbol{V}_1' = \boldsymbol{B}_1 \hat{\boldsymbol{x}}_{\mathrm{I}} - \boldsymbol{l}_1$, 所以有 $\boldsymbol{L}_1$ 的二次改正数为

$$\boldsymbol{V}_1'' = \boldsymbol{B}_1 \Delta\hat{\boldsymbol{x}} \tag{10-1-13}$$

式中,$\Delta\hat{\boldsymbol{x}}$ 为两次平差的参数增量,参考式(10-1-10)有

$$\Delta\hat{\boldsymbol{x}} = \hat{\boldsymbol{x}}_{\mathrm{II}} - \hat{\boldsymbol{x}}_{\mathrm{I}} = \boldsymbol{Q}_{\hat{x}_1} \boldsymbol{B}_2^{\mathrm{T}} (\boldsymbol{Q}_2 + \boldsymbol{B}_2 \boldsymbol{Q}_{\hat{x}_1} \boldsymbol{B}_2^{\mathrm{T}})^{-1} (\boldsymbol{l}_2 - \boldsymbol{B}_2 \hat{\boldsymbol{x}}_{\mathrm{I}}) = \boldsymbol{Q}_{\hat{x}_1} \boldsymbol{B}_2^{\mathrm{T}} (\boldsymbol{Q}_2 + \boldsymbol{B}_2 \boldsymbol{Q}_{\hat{x}_1} \boldsymbol{B}_2^{\mathrm{T}})^{-1} \bar{\boldsymbol{l}}_2 \tag{10-1-14}$$

式中,$\bar{\boldsymbol{l}}_2 = \boldsymbol{l}_2 - \boldsymbol{B}_2 \hat{\boldsymbol{x}}_{\mathrm{I}}$。

在二次平差后,由第二个误差方程单独产生的关于 $\boldsymbol{L}_2$ 的改正数设为 $\boldsymbol{V}''_2$,它由参数增量 $\Delta\hat{\boldsymbol{x}}$ 引起,即

$$\boldsymbol{V}_2'' = \boldsymbol{B}_2 \hat{\boldsymbol{x}}_{\mathrm{II}} - \boldsymbol{l}_2 = \boldsymbol{B}_2 (\hat{\boldsymbol{x}}_I + \Delta\hat{\boldsymbol{x}}) - \boldsymbol{l}_2 = \boldsymbol{B}_2 \Delta\hat{\boldsymbol{x}} - (\boldsymbol{l}_2 - \boldsymbol{B}_2 \hat{\boldsymbol{x}}_{\mathrm{I}}) = \boldsymbol{B}_2 \Delta\hat{\boldsymbol{x}} - \bar{\boldsymbol{l}}_2 \tag{10-1-15}$$

$\boldsymbol{V}''_2$ 的计算思路是,将一次平差得到的 $\hat{\boldsymbol{X}}_{\mathrm{I}} = \boldsymbol{X}^0 + \hat{\boldsymbol{x}}_{\mathrm{I}}$ 作为参数近似值代入二次平差,故将 $\hat{\boldsymbol{x}}_{\mathrm{I}}$ 放到 $\bar{\boldsymbol{l}}_2$ 中,而 $\boldsymbol{V}''_2$ 的产生仅由于 $\Delta\hat{\boldsymbol{x}}$ 的存在。

最后的平差值为

$$\hat{\boldsymbol{L}}_1 = \hat{\boldsymbol{L}}_1' + \boldsymbol{V}_1'' = \boldsymbol{L}_1 + \boldsymbol{V}_1, \ (\boldsymbol{V}_1 = \boldsymbol{V}_1' + \boldsymbol{V}_1'') \tag{10-1-16}$$

$$\hat{\boldsymbol{L}}_2 = \hat{\boldsymbol{L}}_2' + \boldsymbol{V}_2'' = \boldsymbol{L}_2 + \boldsymbol{V}_2, \ (\boldsymbol{V}_2 = \boldsymbol{V}_2'', \ \boldsymbol{V}_2' = \boldsymbol{0}) \tag{10-1-17}$$

$$\hat{\boldsymbol{X}} = \boldsymbol{X}^0 + \hat{\boldsymbol{x}}_{\mathrm{I}} + \Delta\hat{\boldsymbol{x}} = \hat{\boldsymbol{X}}_{\mathrm{I}} + \Delta\hat{\boldsymbol{x}} \tag{10-1-18}$$

10.1.2 单位权方差计算

单位权方差估计式为

$$\hat{\sigma}_0^2 = \frac{\boldsymbol{V}^{\mathrm{T}} \boldsymbol{P} \boldsymbol{V}}{n_1 + n_2 - t} = \frac{\boldsymbol{V}^{\mathrm{T}} \boldsymbol{P} \boldsymbol{V}}{n - t} \tag{10-1-19}$$

式(10-1-19)涉及两次观测值的个数 $n_1 + n_2$,且有

$$V^{T}PV = V'^{T}PV' + V''^{T}PV'' \qquad (10-1-20)$$

式中，$V'^{T}PV' = V_1'^{T}P_1V_1'$，即为用第一次平差后的改正数算得。而

$$V''^{T}PV'' = \bar{l}_2^{T}P_2\bar{l}_2 - (B_2^{T}P_2\bar{l}_2)^{T}\Delta\hat{x} \qquad (10-1-21)$$

式(10-1-21)参考了式(6-3-3)。所以有

$$V^{T}PV = V_1'^{T}P_1V_1' + \bar{l}_2^{T}P_2\bar{l}_2 - (B_2^{T}P_2\bar{l}_2)^{T}\Delta\hat{x} \qquad (10-1-22)$$

［**例 10-1**］ 试将［例 6-8］的测角网间接平差的算例用序贯平差的方法做一遍。

解 该题的 14 个观测角值是假设等权独立的，符合序贯平差要求观测值相互独立的条件。现可利用［例 6-8］已列出的误差方程，将 $v_1 \sim v_{10}$ 这前 10 个误差方程作为第一次(1 期)平差内容进行平差，后面的 4 个误差方程 $v_{11} \sim v_{14}$ 可逐次递推上去，然后看最后一次(2 期)的平差结果与［例 6-8］的一次性整体平差的结果是否符合。

一次平差的误差方程为

$$\left.\begin{aligned}
v_1 &= 16.456\hat{x}_1 - 3.126\hat{y}_1 - 15.922\hat{x}_2 - 7.951\hat{y}_2 - 2.59''\\
v_2 &= 14.599\hat{x}_1 + 12.727\hat{y}_1 + 1.75\\
v_3 &= -22.676\hat{x}_1 + 8.215\hat{y}_1 + 2.76\\
v_4 &= -8.379\hat{x}_1 - 17.816\hat{y}_1 + 15.922\hat{x}_2 + 7.951\hat{y}_2 - 1.92\\
v_5 &= -15.922\hat{x}_1 - 7.951\hat{y}_1 + 8.340\hat{x}_2 + 16.966\hat{y}_2 + 1.37\\
v_6 &= 15.922\hat{x}_1 + 7.951\hat{y}_1 - 15.751\hat{x}_2 + 3.270\hat{y}_2 - 2.21\\
v_7 &= -0.171\hat{x}_2 - 11.221\hat{y}_2 + 0.09\\
v_8 &= -7.543\hat{x}_1 + 9.865\hat{y}_1 + 1.84\\
v_9 &= 7.543\hat{x}_1 - 9.865\hat{y}_1 - 2.11\\
v_{10} &= 15.133\hat{x}_1 + 1.650\hat{y}_1 - 2.45
\end{aligned}\right\}$$

权阵为 $P = I_{10}$。用间接平差的方法将上面的误差方程进行平差，得**第一次平差结果**：

$$\hat{x}_{\mathrm{I}} = \begin{bmatrix} 0.0898\\ -0.1617\\ -0.0714\\ 0.0094 \end{bmatrix},\ Q_{\hat{x}_{\mathrm{I}}} = \begin{bmatrix} 0.9009 & 0.2552 & 0.8871 & 0.2284\\ 0.2552 & 1.5982 & 0.9636 & 0.2436\\ 0.8871 & 0.9636 & 2.8493 & -0.7210\\ 0.2284 & 0.2436 & -0.7210 & 2.5391 \end{bmatrix}\times 10^{-3}$$

$V_{\mathrm{I}}'^{T}P_1V_{\mathrm{I}}' = 5.8180$

$V_{\mathrm{I}}' = [0.4570\quad 1.0038\quad -0.6055\quad -0.8552\quad 0.7882\quad -0.9091\quad -0.0029\quad -0.4327\quad 0.1627\quad -1.3572]^{T}('')$

代入第 11 个误差方程 $v_{11} = -15.133\hat{x}_1 - 1.650\hat{y}_1 + 2.35$，它的系数阵为 $B_{\mathrm{II}} = [-15.133\quad -1.650\quad 0\quad 0]$，常数项为 $l_{\mathrm{II}} = -2.35$，参照序贯平差的有关公式［式(10-1-11)—式(10-1-22)］，得**二次平差结果**为

$$\hat{x}_{\mathrm{II}} = \begin{bmatrix} 0.1043\\ -0.1550\\ -0.0560\\ 0.0133 \end{bmatrix},\ Q_{\hat{x}_{\mathrm{II}}} = \begin{bmatrix} 0.7394 & 0.1806 & 0.7146 & 0.1841\\ 0.1806 & 1.5636 & 0.8838 & 0.2232\\ 0.7146 & 0.8838 & 2.6650 & -0.7684\\ 0.1841 & 0.2232 & -0.7684 & 2.5269 \end{bmatrix}\times 10^{-3}$$

$V_{11}' = B_{\mathrm{II}} \times \hat{x}_{\mathrm{II}} + 2.35 = 1.0274$

以上为增加了观测值 L_{11} 的误差方程后，得到的参数向量、参数协因数阵及 L_{11} 的第一次改正数。

同理，代入第 12 个误差方程，用序贯平差递推公式，得**三次平差结果**为

$$\hat{\boldsymbol{x}}_{\mathrm{III}}=\begin{bmatrix}0.1080\\-0.1149\\-0.0341\\0.0189\end{bmatrix},\ \boldsymbol{Q}_{\hat{x}_{\mathrm{III}}}=\begin{bmatrix}0.7373&0.1573&0.7019&0.1809\\0.1573&1.3143&0.7476&0.1888\\0.7019&0.7476&2.5906&-0.7872\\0.1809&0.1888&-0.7872&2.5222\end{bmatrix}\times10^{-3}$$

$$\boldsymbol{V}'_{12}=\boldsymbol{B}_{\mathrm{III}}\times\hat{\boldsymbol{x}}_{\mathrm{III}}+1.00=2.3304$$

代入第 13 个误差方程，用序贯平差递推公式，得**四次平差结果**为

$$\hat{\boldsymbol{x}}_{\mathrm{IV}}=\begin{bmatrix}0.1093\\-0.1016\\-0.0269\\0.0207\end{bmatrix},\ \boldsymbol{Q}_{\hat{x}_{\mathrm{IV}}}=\begin{bmatrix}0.7357&0.1405&0.6927&0.1786\\0.1405&1.1336&0.6489&0.1639\\0.6927&0.6489&2.5367&-0.8008\\0.1786&0.1639&-0.8008&2.5187\end{bmatrix}\times10^{-3}$$

$$\boldsymbol{V}'_{13}=\boldsymbol{B}_{\mathrm{IV}}\times\hat{\boldsymbol{x}}_{\mathrm{IV}}+1.00=-0.9138$$

代入第 14 个误差方程，用序贯平差递推公式，得**五次平差结果**为

$$\hat{\boldsymbol{x}}_{\mathrm{V}}=\begin{bmatrix}0.1101\\-0.1008\\-0.0207\\0.0140\end{bmatrix},\ \boldsymbol{Q}_{\hat{x}_{\mathrm{V}}}=\begin{bmatrix}0.7266&0.1319&0.6267&0.2504\\0.1319&1.1255&0.5866&0.2317\\0.6267&0.5866&2.0575&-0.2794\\0.2504&0.2317&-0.2794&1.9515\end{bmatrix}\times10^{-3}$$

$$\boldsymbol{V}'_{14}=\boldsymbol{B}_{\mathrm{V}}\times\hat{\boldsymbol{x}}_{\mathrm{V}}+0.05=-0.2331$$

根据序贯平差理论，得[例 6-8]中 14 个误差方程一起平差的参数平差值及其参数协因数阵分别为 $\hat{\boldsymbol{x}}_{\mathrm{V}}$，$\boldsymbol{Q}_{\hat{x}_{\mathrm{V}}}$，与[例 6-8]的平差结果完全相同，即 $\hat{\boldsymbol{x}}_{\mathrm{V}}=\hat{\boldsymbol{x}}$，$\boldsymbol{Q}_{\hat{x}_{\mathrm{V}}}=\boldsymbol{Q}_{\hat{x}\hat{x}}$（$\hat{\boldsymbol{x}}$，$\boldsymbol{Q}_{\hat{x}\hat{x}}$ 为[例 6-8]计算所得）。

观测值的改正数计算：

对于第一次平差，平差结束时其参数值共改变了 $\Delta\hat{\boldsymbol{x}}_{\mathrm{a}}=\hat{\boldsymbol{x}}_{\mathrm{V}}-\hat{\boldsymbol{x}}_{\mathrm{I}}=[0.0203\quad 0.0609\quad 0.0507\quad 0.0046]^{\mathrm{T}}$，所以对于第一次平差的 10 个观测值的再一次改正为

$$\begin{aligned}\boldsymbol{V}''_{\mathrm{I}}&=\boldsymbol{B}_{\mathrm{I}}\Delta\hat{\boldsymbol{x}}_{\mathrm{a}}\\&=[-0.7001\quad 1.0714\quad 0.0400\quad -0.4113\quad -0.3066\quad 0.02390\\&\qquad -0.0603\quad 0.4477\quad -0.4477\quad 0.4077]^{\mathrm{T}}('')\end{aligned}$$

其中，$\boldsymbol{B}_{\mathrm{I}}$ 为第一次平差时前 10 个误差方程的系数阵。所以，观测值 $L_1\sim L_{10}$ 的最终改正数为

$$\begin{aligned}\boldsymbol{V}_{\mathrm{I}}&=\boldsymbol{V}'_{\mathrm{I}}+\boldsymbol{V}''_{\mathrm{I}}\\&=[-0.24\quad 2.07\quad -0.57\quad -1.26\quad 0.48\quad -0.89\quad -0.06\quad 0.015\quad -0.28\quad -0.95]^{\mathrm{T}}('')\end{aligned}$$

与[例 6-8]的结果一致（同[例 6-8]，改正数只取到小数点后两位）。

而第二次平差到平差结束，其参数共改变了 $\Delta\hat{\boldsymbol{x}}_{\mathrm{b}}=\hat{\boldsymbol{x}}_{\mathrm{V}}-\hat{\boldsymbol{x}}_{\mathrm{II}}=[0.0058\quad 0.0542\quad 0.0353\quad 0.0007]^{\mathrm{T}}$，平差后观测值 L_{11} 的最终改正数为

$$V_{11} = V'_{11} + V''_{11} = 1.0274 + B_{\text{II}}\Delta\hat{x}_b = 0.85$$

同理，$\Delta\hat{x}_c = \hat{x}_{\text{V}} - \hat{x}_{\text{III}} = [0.0021 \quad 0.0141 \quad 0.0689 \quad -0.0049]^{\text{T}}$，平差后观测值 L_{12} 的最终改正数为

$$V_{12} = V'_{12} + V''_{12} = 2.3304 + B_{\text{III}}\Delta\hat{x}_c = 2.18$$

$\Delta\hat{x}_d = \hat{x}_{\text{V}} - \hat{x}_{\text{IV}} = [0.0008 \quad 0.0008 \quad 0.0062 \quad -0.0067]^{\text{T}}$，平差后观测值 L_{13} 的最终改正数为

$$V_{13} = V'_{13} + V''_{13} = -0.9138 + B_{\text{IV}}\Delta\hat{x}_d = -0.91$$

最后一个观测值的最终改正数为

$$V_{14} = V'_{14} + V''_{14} = -0.23 + 0 = -0.23$$

对比[例 6-8]，可见序贯平差得到的改正数的值与 14 个误差方程一起平差的结果完全相等。现计算 $V^{\text{T}}PV$ 的值。将[例 6-8]的 14 个误差方程中的第 1～10 个方程作为序贯平差法的第 1 期，而第 11～14 个方程作为序贯平差法的第 2 期，则有第 2 期误差方程的系数阵 B_2、常数项向量 l_2 及第 1 期参数解 $\hat{x}_1$ 分别为

$$B_2 = \begin{bmatrix} -15.133 & -1.655 & 0 & 0 \\ 0.534 & -11.077 & 0 & 0 \\ -0.534 & 11.077 & 0 & 0 \\ 0 & 0 & 7.582 & -9.015 \end{bmatrix},\ l_2 = \begin{bmatrix} -2.35 \\ -1.00 \\ -0.27 \\ -0.05 \end{bmatrix},\ \hat{x}_1 = \begin{bmatrix} 0.0898 \\ -0.1617 \\ -0.0714 \\ 0.0094 \end{bmatrix}$$

将上面矩阵代入计算式 $\bar{l}_2 = l_2 - B_2\hat{x}_1$，得 $\bar{l}_2 = [-1.2579 \quad -2.8391 \quad 1.5691 \quad 0.5761]^{\text{T}}$。由式(10-1-21)，再考虑第 2 期误差方程的权阵为 $P_2 = I_4$，则有

$$V''^{\text{T}}_{\text{II}} P_{\text{II}} V''_{\text{II}} = \bar{l}_2^{\text{T}} P_2 \bar{l}_2 - (B_2^{\text{T}} P_2 \bar{l}_2)^{\text{T}} \Delta\hat{x}_a = 8.8004('')^2$$

式中，$\Delta\hat{x}_a = \hat{x}_{\text{V}} - \hat{x}_1 = [0.0203 \quad 0.0609 \quad 0.0507 \quad 0.0046]^{\text{T}}$，即参数的最终解与第 1 期解之差。

现根据式(10-1-20)，可计算得到 $V^{\text{T}}PV$：

$$V^{\text{T}}PV = V'^{\text{T}}_{\text{I}} P_{\text{I}} V'_{\text{I}} + V''^{\text{T}}_{\text{II}} P_{\text{II}} V''_{\text{II}} = 5.818 + 8.8004 = 14.618('')^2$$

对比后可知，计算得到的 $V^{\text{T}}PV$ 也与[例 6-8]的结果完全一致。这样，单位权方差估值 $\hat{\sigma}_0^2$ 也就相等，再利用与[例 6-8]相同的参数协因数阵 $Q_{\hat{x}\hat{x}}$，就可以计算出平差后各参数的方差估值了。

从以上示例可以看出，序贯平差依次递推的误差方程个数，可以是一个，也可以是多个，递推公式都能适用。示例也表明，如果不要求观测值的改正数，只求取参数向量、参数协因数阵及单位权方差，即只需求 $\hat{x}$, $Q_{\hat{x}\hat{x}}$ 和 $V^{\text{T}}PV$ 时，序贯平差法是非常有规律性且简单易行的。

10.2 秩亏自由网(秩亏网)平差

10.2.1 经典自由网和秩亏自由网

经典自由网又称为独立网(参考第 5.4.1 节)，即网中的已知数据个数为必要起算数据

个数 d 个。用经典平差方法平差这种网，可称为经典自由网平差。用间接平差时，参数个数设为 t 个，误差方程为

$$\boldsymbol{V} = \boldsymbol{B}\hat{\boldsymbol{x}} - \boldsymbol{l}$$

其中，$R(\underset{n\times t}{\boldsymbol{B}}) = t$，即设计矩阵 $\boldsymbol{B}$ 是一个列满秩阵，法方程系数阵的秩 $R(\underset{t\times t}{\boldsymbol{N}_{\mathrm{bb}}}) = t$，由于矩阵 $\boldsymbol{B}$ 为列满秩，导致 $\boldsymbol{N}_{\mathrm{bb}} = \boldsymbol{B}^{\mathrm{T}}\boldsymbol{P}\boldsymbol{B}$ 是一个满秩方阵（观测值的权阵 $\boldsymbol{P}$ 为满秩方阵），其有唯一逆阵 $\boldsymbol{N}_{\mathrm{bb}}^{-1}$ 存在，所以法方程有唯一解。因此，间接平差法也是**满秩平差法**（经典平差都是满秩平差）。

但经典自由网平差在某些情况下也存在着**缺陷**：在控制网中没有起算数据或起算点有可能不可靠时，按经典平差法，需要假设网中某些数据是已知的，但假设的已知点选择的不同，会导致不同的平差结果，这对实际工作不方便且可能歪曲实际情况。

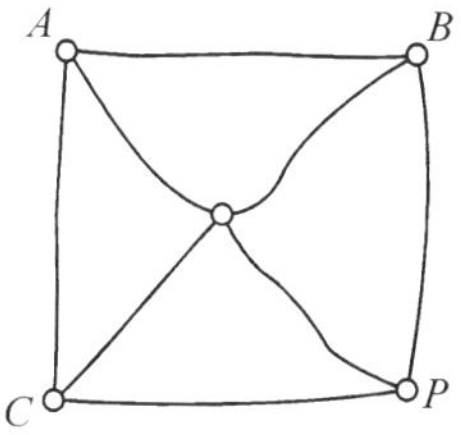

图 10 - 1

图 10 - 1 是一个简单的水准网，图中 5 个水准点都是待定点。若进行经典平差必须假设其中一点的高程已知。因为是假设，所以可以选择任意点，但从图中可看出，假设 A 点已知或假设 B 点已知，对 P 点高程的平差值和精度的影响将是不同的。

在控制网中没有起算数据或起算点不可靠时，可以考虑选择秩亏自由网平差法（常称为**秩亏平差法**）。

秩亏平差法参数选择原则：将控制网中所有控制点都视为待定点进行平差，即参数个数 u=网中所有待定点数（水准网），或 u=网中所有待定点数×2（平面控制网）。所有控制点都视为待定点进行平差的结果，是平差后每个点的高程或坐标的近似值数据上都会产生微小而随机的改正量。

秩亏平差法在变形测量分析、大地控制网平差前的观测质量分析及近景摄影测量数据处理等方面得到广泛应用。

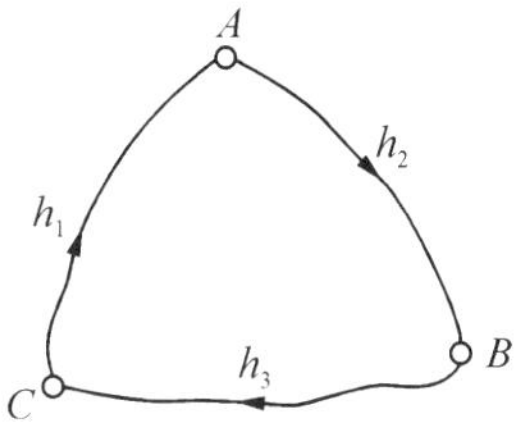

图 10 - 2

如图 10 - 2 所示的水准网，设各条水准路线等长且网中没有任何已知高程的点，按秩亏网参数选择原则，有参数个数 $u = 3$，分别将 A，B，C 三点的高程平差值设为参数，即

$$\hat{X}_1 = H_A,\ \hat{X}_2 = H_B,\ \hat{X}_3 = H_C$$

误差方程为

$$\begin{bmatrix} v_1 \\ v_2 \\ v_3 \end{bmatrix} = \begin{bmatrix} 1 & 0 & -1 \\ -1 & 1 & 0 \\ 0 & -1 & 1 \end{bmatrix}\begin{bmatrix} \hat{x}_1 \\ \hat{x}_2 \\ \hat{x}_3 \end{bmatrix} - \begin{bmatrix} l_1 \\ l_2 \\ l_3 \end{bmatrix}$$

误差方程系数阵的秩 $R(\underset{3\times 3}{\boldsymbol{B}})=2$，矩阵 $\boldsymbol{B}$ 是秩亏的。

法方程系数阵为

$$\boldsymbol{N} = \boldsymbol{B}^{\mathrm{T}}\boldsymbol{P}\boldsymbol{B} = \begin{bmatrix} 2 & -1 & -1 \\ -1 & 2 & -1 \\ -1 & -1 & 2 \end{bmatrix}$$

秩亏平差法的法方程系数阵用符号 $\boldsymbol{N}$ 表示。上面矩阵 $\boldsymbol{N}$ 的行列式的值 $|\boldsymbol{N}|=0$，即矩阵 $\boldsymbol{N}$ 是秩亏的，如该水准网秩亏数等于 1，它没有唯一逆阵 $\boldsymbol{N}^{-1}$ 存在。矩阵 $\boldsymbol{N}$ 的秩亏是由矩阵 $\boldsymbol{B}$ 秩亏引起的，且秩亏数也是相同的。从实用上来说，产生秩亏的原因是不设起算数据，故**秩亏数等于网中的必要起算数据个数**，即

$$\boldsymbol{N} \text{ 的秩亏数} = u - R(\boldsymbol{N}) = u - t = d$$

式中，u 为参数个数；$R(\boldsymbol{N})$ 为矩阵 $\boldsymbol{N}$ 的秩；d 为必要起算数据个数；$R(\boldsymbol{N})=R(\boldsymbol{B})=t$。

总结上例，秩亏平差法的误差方程矩阵形式为

$$\underset{n\times1}{\boldsymbol{V}} = \underset{n\times u}{\boldsymbol{B}}\ \underset{u\times1}{\hat{\boldsymbol{x}}} - \underset{n\times1}{\boldsymbol{l}} \tag{10-2-1}$$

式中，$R(\underset{u\times u}{\boldsymbol{B}})=t<u$。

用最小二乘原理作用于误差方程，得法方程为

$$\underset{u\times u}{\boldsymbol{N}}\ \underset{u\times1}{\hat{\boldsymbol{x}}} - \underset{u\times n}{\boldsymbol{B}^{\mathrm{T}}}\ \underset{n\times n}{\boldsymbol{P}}\ \underset{n\times1}{\boldsymbol{l}} = \boldsymbol{0} \tag{10-2-2}$$

式中，$R(\underset{u\times u}{\boldsymbol{N}})=t<u$，秩亏数 $d=u-t$，故矩阵 $\boldsymbol{N}$ 没有 $\boldsymbol{N}^{-1}$ 存在，法方程作为相容方程，虽然有解，但没有唯一的确定解。换言之，仅仅根据最小二乘原理，仍然无法得到未知参数的唯一解。这一点正是秩亏网平差与经典间接平差的一个原则性区别。

因此，为得到参数的唯一解，除了遵循最小二乘准则之外，还需增加新的约束条件。新增加的约束条件也称为基准条件，有以下三种类型。

(1) 最小范数条件，即

$$\|\hat{\boldsymbol{x}}\| = \sqrt{\hat{\boldsymbol{x}}^{\mathrm{T}}\hat{\boldsymbol{x}}} = \min \tag{10-2-3}$$

与式(10-2-3)能取得相同约束力的公式为

$$\hat{\boldsymbol{x}}^{\mathrm{T}}\hat{\boldsymbol{x}} = \hat{x}_1^2 + \hat{x}_2^2 + \cdots + \hat{x}_u^2 = \min \tag{10-2-4}$$

由于式(10-2-4)更易运用，最小范数条件通常采用该式。所以最小范数条件是指参数改正数的平方和为最小。

(2) 加权最小范数条件，即

$$\hat{\boldsymbol{x}}^{\mathrm{T}}\boldsymbol{P}_x\hat{\boldsymbol{x}} = \min \tag{10-2-5}$$

式中，$\boldsymbol{P}_x$ 为参数的先验权。平差时可根据控制点的稳定情况及测绘人员的工作经验，选择参数先验权的值。此法又称为加权秩亏网平差法。

(3) 拟稳平差法，将网中的坐标参数 $\hat{\boldsymbol{x}}$ 按控制点的稳定程度分为两类：$\hat{\boldsymbol{x}}=\begin{bmatrix}\hat{\boldsymbol{x}}_{\mathrm{I}}\\ \hat{\boldsymbol{x}}_{\mathrm{II}}\end{bmatrix}$。其中，$\hat{\boldsymbol{x}}_{\mathrm{I}}$ 为网中相对不稳定点的坐标参数，其个数为 u_1 个；$\hat{\boldsymbol{x}}_{\mathrm{II}}$ 为网中相对稳定点的坐标参数，其个数为 u_2 个。总体参数个数 $u=u_1+u_2$，要求 $u_2>d$(必要起算数据个数)。拟稳平差法增加的约束条件为

$$\hat{\boldsymbol{x}}_{\mathrm{II}}^{\mathrm{T}}\hat{\boldsymbol{x}}_{\mathrm{II}} = \min \tag{10-2-6}$$

式(10-2-6)的约束条件也称为局部解向量范数最小条件。相较于加权最小范数条件

法，只要将参数的先验权 $\boldsymbol{P}_x$ 设置为

$$\boldsymbol{P}_x = \begin{bmatrix} \boldsymbol{0} & \boldsymbol{0} \\ \boldsymbol{0} & \boldsymbol{I} \end{bmatrix} \tag{10-2-7}$$

即将相对于参数 $\hat{\boldsymbol{x}}_{\mathrm{I}}$ 的权阵设置为 $\boldsymbol{0}$，相对于 $\hat{\boldsymbol{x}}_{\mathrm{II}}$ 的权阵设置为单位阵 $\boldsymbol{I}_{u_2}$，将以上 $\boldsymbol{P}_x$ 代入式(10－2－5)，就可以得到拟稳平差法的约束条件式(10－2－6)，即加权最小范数条件法变成了拟稳平差法；当设 $\boldsymbol{P}_x=\boldsymbol{I}_u$ 并代入式(10－2－5)时，加权最小范数条件法变成了最小范数条件法。即最小范数条件法和拟稳平差法都是加权最小范数条件法的特殊情况。

上述三种形式的秩亏平差虽然各自有不同的基准条件，但并不影响最小二乘准则 $\boldsymbol{V}^{\mathrm{T}}\boldsymbol{PV}=\min$。具体地说，经典平差的解和秩亏平差的解都满足法方程 $\hat{\boldsymbol{N}}\boldsymbol{x}-\boldsymbol{U}=\boldsymbol{0}$，所以各方法的参数估值都是一种最小二乘解的特解，特解之间的不同是由于各自对解向量 $\hat{\boldsymbol{x}}$ 所加的约束条件不同而引起的，所以不同的基准条件下会得到不同的 $\hat{\boldsymbol{x}}$ 及 $\boldsymbol{Q}_{\hat{x}\hat{x}}$。但这几种平差法求得的改正数向量 $\boldsymbol{V}$ 是相同的，它不会随着所选基准条件的不同而变化。

本教材只针对最小范数条件介绍秩亏平差的三种常用解法，即广义逆法、附加条件法和相似变换法。

10.2.2 广义逆法

定义：设有矩阵 $\underset{n\times m}{\boldsymbol{A}}$ 的秩$R(\boldsymbol{A})=r<\min(n,m)$，即 $\boldsymbol{A}$ 为秩亏阵，而矩阵 $\boldsymbol{A}^-$ 满足下列矩阵方程：

$$\underset{n\times m}{\boldsymbol{A}}\ \underset{m\times n}{\boldsymbol{A}^-}\ \underset{n\times m}{\boldsymbol{A}} = \underset{n\times m}{\boldsymbol{A}} \tag{10-2-8}$$

则称 $\boldsymbol{A}^-$ 为秩亏阵 $\boldsymbol{A}$ 的**广义逆**，也称为 g 逆。

广义逆的性质：

(1) 广义逆 $\boldsymbol{A}^-$ 不唯一；

(2) $(\boldsymbol{A}^-)^{\mathrm{T}}=(\boldsymbol{A}^{\mathrm{T}})^-$［其中之一，即$(\boldsymbol{A}^-)^{\mathrm{T}}\subset(\boldsymbol{A}^{\mathrm{T}})^-$］；

(3) 一般情况下，$(\boldsymbol{A}^-)^-\neq\boldsymbol{A}$；

(4) $\boldsymbol{A}(\boldsymbol{A}^{\mathrm{T}}\boldsymbol{A})^-(\boldsymbol{A}^{\mathrm{T}}\boldsymbol{A})=\boldsymbol{A}$；

(5) $(\boldsymbol{A}^{\mathrm{T}}\boldsymbol{A})(\boldsymbol{A}^{\mathrm{T}}\boldsymbol{A})^-\boldsymbol{A}^{\mathrm{T}}=\boldsymbol{A}^{\mathrm{T}}$。

1. 降阶法（“零＋边”法）构造广义逆矩阵

将式(10－2－2)中秩亏的法方程系数阵 $\boldsymbol{N}$ 按阶数分块为

$$\underset{u\times u}{\boldsymbol{N}} = \begin{bmatrix} \underset{t\times t}{\boldsymbol{N}_{11}} & \underset{t\times d}{\boldsymbol{N}_{12}} \\ \underset{d\times t}{\boldsymbol{N}_{21}} & \underset{d\times d}{\boldsymbol{N}_{22}} \end{bmatrix} \tag{10-2-9}$$

式中，u 为控制网的参数个数；t 为必要观测个数；d 为必要起算数据个数，且 $R(\boldsymbol{N})=R(\boldsymbol{N}_{11})=t<u$，即 $\boldsymbol{N}$ 阵的秩亏数为$d=u-t$，子块 $\boldsymbol{N}_{11}$ 为满秩方阵。用降阶法求得 $\boldsymbol{N}$ 阵的广义逆阵 $\boldsymbol{N}^-$ 可为

$$\underset{u\times u}{\boldsymbol{N}^-} = \begin{bmatrix} \boldsymbol{N}_{11}^{-1} & \boldsymbol{0} \\ \boldsymbol{0} & \boldsymbol{0} \end{bmatrix} \tag{10-2-10}$$

在证明 $\boldsymbol{N}^{-}$ 为 $\boldsymbol{N}$ 的广义逆之前，先证明以下等式成立：

$$\boldsymbol{N}_{22}=\boldsymbol{N}_{21}\boldsymbol{N}_{11}^{-1}\boldsymbol{N}_{12} \tag{10-2-11}$$

根据秩亏阵 $\boldsymbol{N}$ 满足 $R(\boldsymbol{N})=R(\boldsymbol{N}_{11})=t$ 的特性，可知式(10－2－9)矩阵中的元素满足

$$[\boldsymbol{N}_{21}\quad \boldsymbol{N}_{22}]=\boldsymbol{M}[\boldsymbol{N}_{11}\quad \boldsymbol{N}_{12}] \tag{10-2-12}$$

即 $\boldsymbol{N}$ 阵中的 d 行元素 $[\boldsymbol{N}_{21}\quad \boldsymbol{N}_{22}]$ 是其 t 行元素 $[\boldsymbol{N}_{11}\quad \boldsymbol{N}_{12}]$ 的线性组合，$\boldsymbol{M}$ 为任意的 $d\times t$ 阶矩阵。令 $\boldsymbol{M}=\boldsymbol{N}_{21}\boldsymbol{N}_{11}^{-1}$ 并代入式(10－2－12)，则式(10－2－11)成立。按广义逆的定义式(10－2－8)，有

$$\boldsymbol{N}\boldsymbol{N}^{-}\boldsymbol{N}=\begin{bmatrix}\boldsymbol{N}_{11} & \boldsymbol{N}_{12}\\ \boldsymbol{N}_{21} & \boldsymbol{N}_{22}\end{bmatrix}\begin{bmatrix}\boldsymbol{N}_{11}^{-1} & \boldsymbol{0}\\ \boldsymbol{0} & \boldsymbol{0}\end{bmatrix}\begin{bmatrix}\boldsymbol{N}_{11} & \boldsymbol{N}_{12}\\ \boldsymbol{N}_{21} & \boldsymbol{N}_{22}\end{bmatrix}=\begin{bmatrix}\boldsymbol{N}_{11} & \boldsymbol{N}_{12}\\ \boldsymbol{N}_{21} & \boldsymbol{N}_{21}\boldsymbol{N}_{11}^{-1}\boldsymbol{N}_{12}\end{bmatrix}=\begin{bmatrix}\boldsymbol{N}_{11} & \boldsymbol{N}_{12}\\ \boldsymbol{N}_{21} & \boldsymbol{N}_{22}\end{bmatrix}=\boldsymbol{N}$$

因此，式(10－2－10)得到的 $\boldsymbol{N}^{-}$ 是 $\boldsymbol{N}$ 的一个广义逆，$\boldsymbol{N}^{-}$ 不唯一。$\boldsymbol{N}^{-}$ 的构造方法参考式(10－2－10)，即在 $\boldsymbol{N}$ 阵中以矩阵主元为起点，消除它所在的行和列，共消除 d 行和 d 列(d 为秩亏数)，得到一个满秩方阵 $\boldsymbol{N}_{11}$，求出 $\boldsymbol{N}_{11}$ 的逆阵 $\boldsymbol{N}_{11}^{-1}$ 并放在它原来的位置上，并在 $\boldsymbol{N}$ 阵中消除行和列元素的位置上用零填满，这种求广义逆的方法就称为降阶法或“零＋边”法，它适用于任意的 $n\times m$ 阶秩亏阵求广义逆。

2. 广义逆法平差原理

按秩亏平差原理，将控制网中所有待定点都设为参数，参数个数为 u，独立参数个数仍为 t，根据式(10－2－1)，有误差方程为

$$\underset{n\times 1}{\boldsymbol{V}}=\underset{n\times u}{\boldsymbol{B}}\,\underset{u\times 1}{\hat{\boldsymbol{x}}}-\underset{n\times 1}{\boldsymbol{l}} \tag{10-2-13}$$

对此误差方程施加最小二乘约束，得法方程为

$$\underset{u\times u}{\boldsymbol{N}}\,\underset{u\times 1}{\hat{\boldsymbol{x}}}-\underset{u\times n}{\boldsymbol{B}^{\mathrm{T}}}\,\underset{n\times n}{\boldsymbol{P}}\,\underset{n\times 1}{\boldsymbol{l}}=\boldsymbol{0} \tag{10-2-14}$$

因法方程系数阵 $\boldsymbol{N}$ 秩亏，无法得到参数的唯一解。为得到唯一解，再设置最小范数条件如下：

$$\hat{\boldsymbol{x}}^{\mathrm{T}}\hat{\boldsymbol{x}}=\hat{x}_1^2+\hat{x}_2^2+\cdots+\hat{x}_u^2=\min \tag{10-2-15}$$

组成求条件极值的拉格朗日函数：

$$\Phi=\hat{\boldsymbol{x}}^{\mathrm{T}}\hat{\boldsymbol{x}}-2\boldsymbol{K}^{\mathrm{T}}(\boldsymbol{N}\hat{\boldsymbol{x}}-\boldsymbol{B}^{\mathrm{T}}\boldsymbol{P}\boldsymbol{l}) \tag{10-2-16}$$

将函数 Φ 对 $\hat{\boldsymbol{x}}$ 求导并令其等于零，转置后得

$$\hat{\boldsymbol{x}}=\boldsymbol{N}^{\mathrm{T}}\boldsymbol{K} \tag{10-2-17}$$

代入原方程式(10－2－14)，解得

$$\boldsymbol{K}=(\boldsymbol{N}\boldsymbol{N}^{\mathrm{T}})^{-}\boldsymbol{B}^{\mathrm{T}}\boldsymbol{P}\boldsymbol{l} \tag{10-2-18}$$

将式(10－2－18)代入式(10－2－17)，得广义逆法秩亏网平差的参数解为

$$\hat{\boldsymbol{x}}=\boldsymbol{N}^{\mathrm{T}}(\boldsymbol{N}\boldsymbol{N}^{\mathrm{T}})^{-}\boldsymbol{B}^{\mathrm{T}}\boldsymbol{P}\boldsymbol{l}=\boldsymbol{N}_m^{-}\boldsymbol{U} \tag{10-2-19}$$

式中，$\boldsymbol{N}_m^{-}=\boldsymbol{N}^{\mathrm{T}}(\boldsymbol{N}\boldsymbol{N}^{\mathrm{T}})^{-}$，称为**最小范数逆**；$\boldsymbol{U}=\boldsymbol{B}^{\mathrm{T}}\boldsymbol{P}\boldsymbol{l}$；$\hat{\boldsymbol{x}}$ 称为**最小二乘最小范数解**，简称最小

范数解。

广义逆法秩亏平差的特点：**最小范数逆 $\boldsymbol{N}_m^-$ 不唯一，参数的最小范数解 $\hat{\boldsymbol{x}} = \boldsymbol{N}_m^-\boldsymbol{U}$ 唯一。**

最小范数解唯一性的证明：假设有两个不同的最小范数逆 $\boldsymbol{N}_{m1}^-$，$\boldsymbol{N}_{m2}^-$，导致产生了两个最小范数解 $\hat{\boldsymbol{x}}_1 = \boldsymbol{N}_{m1}^-\boldsymbol{U}$ 和 $\hat{\boldsymbol{x}}_2 = \boldsymbol{N}_{m2}^-\boldsymbol{U}$，现证明 $\hat{\boldsymbol{x}}_1 = \hat{\boldsymbol{x}}_2$。

证：用 $\boldsymbol{N}\boldsymbol{N}^{\mathrm{T}}$ 右乘最小范数逆 $\boldsymbol{N}_m^-$，并参照广义逆特性(4)，有

$$\boldsymbol{N}_m^-\boldsymbol{N}\boldsymbol{N}^{\mathrm{T}} = \boldsymbol{N}^{\mathrm{T}}(\boldsymbol{N}\boldsymbol{N}^{\mathrm{T}})^-\boldsymbol{N}\boldsymbol{N}^{\mathrm{T}} = \boldsymbol{N}^{\mathrm{T}} \tag{10-2-20}$$

用 $\boldsymbol{N}_{m1}^-$，$\boldsymbol{N}_{m2}^-$ 代替式(10－2－20)中的 $\boldsymbol{N}_m^-$，有

$$\boldsymbol{N}_{m1}^-\boldsymbol{N}\boldsymbol{N}^{\mathrm{T}} = \boldsymbol{N}^{\mathrm{T}},\ \boldsymbol{N}_{m2}^-\boldsymbol{N}\boldsymbol{N}^{\mathrm{T}} = \boldsymbol{N}^{\mathrm{T}}$$

将两式相减，得

$$(\boldsymbol{N}_{m1}^- - \boldsymbol{N}_{m2}^-)\boldsymbol{N}\boldsymbol{N}^{\mathrm{T}} = \boldsymbol{0} \tag{10-2-21}$$

再将式(10－2－21)右乘 $(\boldsymbol{N}_{m1}^- - \boldsymbol{N}_{m2}^-)^{\mathrm{T}}$，得

$$(\boldsymbol{N}_{m1}^- - \boldsymbol{N}_{m2}^-)\boldsymbol{N}\boldsymbol{N}^{\mathrm{T}}(\boldsymbol{N}_{m1}^- - \boldsymbol{N}_{m2}^-)^{\mathrm{T}} = \boldsymbol{0}$$

即

$$(\boldsymbol{N}_{m1}^- - \boldsymbol{N}_{m2}^-)\boldsymbol{N}[(\boldsymbol{N}_{m1}^- - \boldsymbol{N}_{m2}^-)\boldsymbol{N}]^{\mathrm{T}} = \boldsymbol{0} \tag{10-2-22}$$

式(10－2－22)若成立，必须有

$$(\boldsymbol{N}_{m1}^- - \boldsymbol{N}_{m2}^-)\boldsymbol{N} = \boldsymbol{0} \quad \text{或} \quad \boldsymbol{N}_{m1}^-\boldsymbol{N} = \boldsymbol{N}_{m2}^-\boldsymbol{N} \tag{10-2-23}$$

式(10－2－23)右乘某个参数解 $\hat{\boldsymbol{y}}$，有

$$\boldsymbol{N}_{m1}^-\boldsymbol{N}\hat{\boldsymbol{y}} = \boldsymbol{N}_{m2}^-\boldsymbol{N}\hat{\boldsymbol{y}} \tag{10-2-24}$$

参数解 $\hat{\boldsymbol{y}}$ 必满足法方程，即 $\boldsymbol{N}\hat{\boldsymbol{y}} = \boldsymbol{B}^{\mathrm{T}}\boldsymbol{P}\boldsymbol{l} = \boldsymbol{U}$，所以由式(10－2－24)可得出结论：

$$\boldsymbol{N}_{m1}^-\boldsymbol{U} = \boldsymbol{N}_{m2}^-\boldsymbol{U}$$

即

$$\hat{\boldsymbol{x}}_1 = \hat{\boldsymbol{x}}_2$$

证毕。

3. 广义逆法参数精度计算

单位权方差的计算式为

$$\hat{\sigma}_0^2 = \frac{\boldsymbol{V}^{\mathrm{T}}\boldsymbol{P}\boldsymbol{V}}{n-t} = \frac{\boldsymbol{V}^{\mathrm{T}}\boldsymbol{P}\boldsymbol{V}}{n-R(\boldsymbol{B})} \tag{10-2-25}$$

由式(10－2－19)，用协因数传播律得到广义逆法参数解的协因数阵计算式：

$$\begin{aligned}\boldsymbol{Q}_{\hat{x}\hat{x}} &= \boldsymbol{N}^{\mathrm{T}}(\boldsymbol{N}\boldsymbol{N}^{\mathrm{T}})^-\boldsymbol{B}^{\mathrm{T}}\boldsymbol{P}\boldsymbol{Q}\boldsymbol{P}\boldsymbol{B}[(\boldsymbol{N}\boldsymbol{N}^{\mathrm{T}})^-]^{\mathrm{T}}\boldsymbol{N} \\ &= \boldsymbol{N}_m^-\boldsymbol{N}(\boldsymbol{N}_m^-)^{\mathrm{T}}\end{aligned} \tag{10-2-26}$$

考虑到 $\boldsymbol{N} = \boldsymbol{N}^{\mathrm{T}}$，以及 $\boldsymbol{N}_m^- = \boldsymbol{N}^{\mathrm{T}}(\boldsymbol{N}\boldsymbol{N}^{\mathrm{T}})^-$，$\boldsymbol{Q}_{\hat{x}\hat{x}}$ 的计算式也可为

$$\begin{aligned} \boldsymbol{Q}_{\hat{x}\hat{x}} &= \boldsymbol{N}(\boldsymbol{N}\boldsymbol{N}^{\mathrm{T}})^{-}\boldsymbol{N}(\boldsymbol{N}\boldsymbol{N}^{\mathrm{T}})^{-}\boldsymbol{N} \\ &= \boldsymbol{N}_m^{-}\boldsymbol{N}_m^{-}\boldsymbol{N} \end{aligned} \tag{10-2-27}$$

计算 $\boldsymbol{Q}_{\hat{x}\hat{x}}$ 时注意两点：①虽然 $\boldsymbol{N}_m^{-}$ 不唯一，但 $\boldsymbol{Q}_{\hat{x}\hat{x}}$ 却是唯一的；②$\boldsymbol{N}_m^{-}$ 不是对称阵，即 $(\boldsymbol{N}_m^{-})^{\mathrm{T}} \neq \boldsymbol{N}_m^{-}$。

10.2.3 附加条件法

1. 附加条件法平差原理

在秩亏网平差中，由于所选的 u 个参数中只有 t 个（平差的必要观测数）是独立的，即 u 个参数之间存在 d 个（$d=u-t$，是平差的必要起算数据个数）约束条件。**附加条件平差法的基本思想是**：在平差的函数模型式(10-2-1)中加入 d 个满足最小范数条件 $\hat{\boldsymbol{x}}^{\mathrm{T}}\hat{\boldsymbol{x}}=\min$ 且相互独立的约束条件方程，再按附有限制条件的间接平差法（遵循最小二乘准则）求得参数唯一解。

等价于最小范数条件 $\hat{\boldsymbol{x}}^{\mathrm{T}}\hat{\boldsymbol{x}}=\min$ 的限制条件方程为

$$\underset{d\times u}{\boldsymbol{G}^{\mathrm{T}}}\ \underset{u\times 1}{\hat{\boldsymbol{x}}} = \boldsymbol{0} \tag{10-2-28}$$

式中，要求 $\boldsymbol{G}$ 阵满足：$\boldsymbol{BG}=\boldsymbol{0}$，且 $R(\boldsymbol{G})=d$，即 $\boldsymbol{G}^{\mathrm{T}}$ 为行满秩阵。$\boldsymbol{G}$ 阵称为**附加阵**。所以附加条件法秩亏网平差的函数模型为

$$\left.\begin{aligned} &\underset{n\times 1}{\boldsymbol{V}} = \underset{n\times u}{\boldsymbol{B}}\ \underset{u\times 1}{\hat{\boldsymbol{x}}} - \underset{n\times 1}{\boldsymbol{l}},\ R(\boldsymbol{B})=t<u \\ &\underset{d\times u}{\boldsymbol{G}^{\mathrm{T}}}\ \underset{u\times 1}{\hat{\boldsymbol{x}}} = \boldsymbol{0},\ R(\boldsymbol{G})=d \end{aligned}\right\} \tag{10-2-29}$$

对以上函数模型用“附有限制条件的间接平差法”进行求解。遵循最小二乘原理，构造拉格朗日函数：

$$\Phi = \boldsymbol{V}^{\mathrm{T}}\boldsymbol{PV} + 2\boldsymbol{K}^{\mathrm{T}}(\boldsymbol{G}^{\mathrm{T}}\hat{\boldsymbol{x}}) = \min \tag{10-2-30}$$

参考式(6-8-9)，得法方程为

$$\left.\begin{aligned} &\boldsymbol{B}^{\mathrm{T}}\boldsymbol{PB}\hat{\boldsymbol{x}} + \boldsymbol{GK} - \boldsymbol{B}^{\mathrm{T}}\boldsymbol{Pl} = \boldsymbol{0} \\ &\boldsymbol{G}^{\mathrm{T}}\hat{\boldsymbol{x}} = \boldsymbol{0} \end{aligned}\right\} \tag{10-2-31}$$

式中，令 $\boldsymbol{N}=\boldsymbol{B}^{\mathrm{T}}\boldsymbol{PB}$，$\boldsymbol{U}=\boldsymbol{B}^{\mathrm{T}}\boldsymbol{Pl}$，$R(\underset{u\times u}{\boldsymbol{N}})=R(\underset{n\times u}{\boldsymbol{B}})=t<u$。用 $\boldsymbol{G}^{\mathrm{T}}$ 左乘式(10-2-31)的第一式，得

$$\boldsymbol{G}^{\mathrm{T}}\boldsymbol{N}\hat{\boldsymbol{x}} + \boldsymbol{G}^{\mathrm{T}}\boldsymbol{GK} - \boldsymbol{G}^{\mathrm{T}}\boldsymbol{U} = \boldsymbol{0}$$

考虑 $\boldsymbol{BG}=\boldsymbol{0}$，则 $\boldsymbol{G}^{\mathrm{T}}\boldsymbol{GK}=\boldsymbol{0}$，由于 $\boldsymbol{G}^{\mathrm{T}}\boldsymbol{G}\neq\boldsymbol{0}$，所以得

$$\boldsymbol{K} = \boldsymbol{0} \tag{10-2-32}$$

$\boldsymbol{K}=\boldsymbol{0}$ 的现象是秩亏网附加条件法平差所具有的特性。将 $\boldsymbol{K}=\boldsymbol{0}$ 代入式(10-2-30)，有

$$\Phi = \boldsymbol{V}^{\mathrm{T}}\boldsymbol{PV} + 2\boldsymbol{K}^{\mathrm{T}}(\boldsymbol{G}^{\mathrm{T}}\hat{\boldsymbol{x}}) = \boldsymbol{V}^{\mathrm{T}}\boldsymbol{PV} = \min$$

可见，秩亏平差的最小二乘准则与附加的约束条件（基准条件）无关，即无论何种基准下的参数解都是一种最小二乘解。这再次说明，平差（包括经典平差和秩亏平差）所得到的**改正数**

向量 V 不因所取的基准条件不同而变化，这是一个重要性质。

现讨论如何求解法方程式(10－2－31)。用 G 阵左乘法方程式(10－2－31)的第二式，然后将其代入第一式，再考虑 $K=0$，可得

$$(N+GG^{\mathrm{T}})\hat{x}-U=0 \tag{10-2-33}$$

系数阵$(N+GG^{\mathrm{T}})$是满秩矩阵，令

$$Q_G=(N+GG^{\mathrm{T}})^{-1} \tag{10-2-34}$$

故附加条件法参数解为

$$\hat{x}=(N+GG^{\mathrm{T}})^{-1}U=Q_GB^{\mathrm{T}}Pl \tag{10-2-35}$$

2. 附加条件法参数精度计算

单位权方差估计式同式(10－2－25)。

现求参数估值的协因数阵。由式(10－2－35)，有

$$\begin{aligned}Q_{\hat{x}\hat{x}}&=Q_GNQ_G=Q_G(Q_G^{-1}-GG^{\mathrm{T}})Q_G\\&=Q_G-Q_GGG^{\mathrm{T}}Q_G\end{aligned} \tag{10-2-36}$$

式(10－2－36)推导中顾及了式(10－2－34)，即

$$Q_G(N+GG^{\mathrm{T}})=I \tag{10-2-37}$$

实际应用时，对附加矩阵 G 有进一步的要求：$G^{\mathrm{T}}G=I$，即对 G 阵要进行标准化处理。用 G 阵右乘式(10－2－37)，考虑 $GB=0$，得

$$Q_GG=G \tag{10-2-38}$$

将此关系式代入式(10－2－36)，得

$$Q_{\hat{x}\hat{x}}=Q_G-GG^{\mathrm{T}} \tag{10-2-39}$$

3. G 阵的具体形式

附加矩阵 G 的构造，必须满足 $BG=0$，即 $NG=0$ 的要求。因为法方程系数阵 N 为秩亏方阵，其秩亏数为 d，按照线性代数中有关特征值和特征向量的理论可知，N 阵中将会有 d 个特征值等于零，即 $NG=0$ 可写成：

$$(N-\lambda_iI)G=0 \tag{10-2-40}$$

式中，λ_i 为 N 阵的特征值，当 λ_i 取零特征值时，式(10－2－40)与 $NG=0$ 是等价的。因为每一个特征值对应着一个特征向量(列向量)，现在有 d 个零特征值，于是对应有 d 个特征向量，这 d 个相互独立的特征向量组成的矩阵，就是 G 阵。附加阵 **G 阵的定义**：法方程系数阵 N 的零特征值所对应的特征向量所组成的矩阵。

下面直接给出常见控制网的标准化后的附加阵(一般都要求对 G 阵进行标准化处理，这样产生的法方程系数阵中的元素大小比较均匀，不容易产生病态方程)。

(1) 水准网的 G 阵($d=1$)

$$\underset{1\times m}{G^{\mathrm{T}}}=\frac{1}{\sqrt{m}}\begin{bmatrix}1 & 1 & \cdots & 1\end{bmatrix} \tag{10-2-41}$$

(2) 测边网、边角网的 $\boldsymbol{G}$ 阵($d=3$)

$$\underset{3\times 2m}{\boldsymbol{G}^{\mathrm{T}}}=\begin{bmatrix}\dfrac{1}{\sqrt{m}}\begin{bmatrix}1 & 0 & 1 & 0 & \cdots & 1 & 0\\ 0 & 1 & 0 & 1 & \cdots & 0 & 1\end{bmatrix}\\ \dfrac{1}{\sqrt{\sum R^2}}\begin{bmatrix}-Y_1' & X_1' & -Y_2' & X_2' & \cdots & -Y_m' & X_m'\end{bmatrix}\end{bmatrix} \tag{10-2-42}$$

式中,X_i', Y_i'为网中控制点的**中心化近似坐标值**,其计算如下:

$$X_i'=X_i^0-\frac{1}{m}\sum_{j=1}^{m}X_j^0,\ Y_i'=Y_i^0-\frac{1}{m}\sum_{j=1}^{m}Y_j^0,\ i=1,\ 2,\ \cdots,\ m \tag{10-2-43}$$

式中,X_i^0, Y_i^0为控制点的近似坐标值。

近似坐标值的中心化过程是为了满足 $\boldsymbol{G}$ 阵的标准化公式 $\boldsymbol{G}^{\mathrm{T}}\boldsymbol{G}=I$。

$$\sum R^2=\sum_{i=1}^{m}[(X_i')^2+(Y_i')^2] \tag{10-2-44}$$

(3) 测角网的 $\boldsymbol{G}$ 阵($d=4$)

$$\underset{4\times 2m}{\boldsymbol{G}^{\mathrm{T}}}=\begin{bmatrix}\dfrac{1}{\sqrt{m}}\begin{bmatrix}1 & 0 & 1 & 0 & \cdots & 1 & 0\\ 0 & 1 & 0 & 1 & \cdots & 0 & 1\end{bmatrix}\\ \dfrac{1}{\sqrt{\sum R^2}}\begin{bmatrix}-Y_1' & X_1' & -Y_2' & X_2' & \cdots & -Y_m' & X_m'\\ X_1' & Y_1' & X_2' & Y_2' & \cdots & X_m' & Y_m'\end{bmatrix}\end{bmatrix} \tag{10-2-45}$$

式中,X_i', Y_i'及 $\sum R^2$ 的计算分别同式(10-2-43)和式(10-2-44)。

(4) 三维 GPS 控制网的 $\boldsymbol{G}$ 阵($d=3$)

$$\underset{3\times 3m}{\boldsymbol{G}}{}^{\mathrm{T}}=\frac{1}{\sqrt{m}}[\boldsymbol{I}_3\quad \boldsymbol{I}_3\quad \cdots\quad \boldsymbol{I}_3] \tag{10-2-46}$$

式中,$\boldsymbol{I}_3$ 为 3 阶单位阵。

以上各类型控制网均假设网中总点数为 m。d 为经典控制网平差的必要起算数据个数,也是秩亏网平差的秩亏数。

10.2.4 相似变换法

由附加条件法可得结论:无论何种基准下的参数解都是一种最小二乘解,这是各类自由网平差的基本特点。具体地说,各类自由网的解都满足法方程 $\boldsymbol{N}\hat{\boldsymbol{x}}=\boldsymbol{U}$,且求得的改正数向量 $\boldsymbol{V}$ 也不因所选基准的不同而变化,即平差后,各种基准下得到的控制网相对网形相似,故可采用相似变换的方法进行基准变换,得到不同基准下的参数解和参数精度。

设有满足法方程的两个不同的最小二乘解 $\hat{\boldsymbol{x}}_1$ 和 $\hat{\boldsymbol{x}}_2$,即满足:

$$\left.\begin{aligned}\boldsymbol{N}\hat{\boldsymbol{x}}_1&=\boldsymbol{U}\\ \boldsymbol{N}\hat{\boldsymbol{x}}_2&=\boldsymbol{U}\end{aligned}\right\} \tag{10-2-47}$$

两式相减,得

$$\boldsymbol{N}(\hat{\boldsymbol{x}}_2-\hat{\boldsymbol{x}}_1)=\boldsymbol{0} \tag{10-2-48}$$

已知 $\boldsymbol{NG}=\boldsymbol{B}^{\mathrm{T}}\boldsymbol{PBG}=\boldsymbol{0}$，$\boldsymbol{G}$ 为 $u\times d$ 阶矩阵，$R(\boldsymbol{G})=d$，故有

$$\hat{\boldsymbol{x}}_2-\hat{\boldsymbol{x}}_1=\boldsymbol{GD} \tag{10-2-49}$$

或

$$\hat{\boldsymbol{x}}_2=\hat{\boldsymbol{x}}_1+\boldsymbol{GD} \tag{10-2-50}$$

式中，$\boldsymbol{D}$ 为 d 维向量。如 $d=4$，$\boldsymbol{D}$ 中元素为纵、横坐标平移量，坐标轴旋转因子和尺度缩放因子。$\boldsymbol{D}$ 中元素都是微小量。

设有一个最小二乘解 $\hat{\boldsymbol{x}}$，协因数阵为 $\boldsymbol{Q}_{\hat{x}\hat{x}}$，现要求变换成满足最小范数约束 $\hat{\boldsymbol{x}}^{\mathrm{T}}\hat{\boldsymbol{x}}=\min$ 的最小二乘最小范数解 $\hat{\boldsymbol{x}}_{\mathrm{P}}$。利用式(10-2-50)，可写成

$$\hat{\boldsymbol{x}}_{\mathrm{P}}=\hat{\boldsymbol{x}}+\boldsymbol{GD} \tag{10-2-51}$$

向量 $\boldsymbol{D}$ 是由 $\hat{\boldsymbol{x}}$ 变换成 $\hat{\boldsymbol{x}}_{\mathrm{P}}$ 时的转换因子，是未知向量，为此要求满足：

$$\frac{\partial\hat{\boldsymbol{x}}_{\mathrm{P}}^{\mathrm{T}}\hat{\boldsymbol{x}}_{\mathrm{P}}}{\partial\boldsymbol{D}}=2\hat{\boldsymbol{x}}_{\mathrm{P}}^{\mathrm{T}}\boldsymbol{G}=\boldsymbol{0}$$

转置后得

$$\boldsymbol{G}^{\mathrm{T}}\hat{\boldsymbol{x}}_{\mathrm{P}}=\boldsymbol{0} \tag{10-2-52}$$

将式(10-2-51)代入，有

$$\boldsymbol{G}^{\mathrm{T}}\hat{\boldsymbol{x}}_{\mathrm{P}}=\boldsymbol{G}^{\mathrm{T}}(\hat{\boldsymbol{x}}+\boldsymbol{GD})=\boldsymbol{0} \tag{10-2-53}$$

由式(10-2-53)得转换因子向量 $\boldsymbol{D}$ 为

$$\boldsymbol{D}=-(\boldsymbol{G}^{\mathrm{T}}\boldsymbol{G})^{-1}\boldsymbol{G}^{\mathrm{T}}\hat{\boldsymbol{x}} \tag{10-2-54}$$

式(10-2-54)就是由 $\hat{\boldsymbol{x}}$ 变换成 $\hat{\boldsymbol{x}}_{\mathrm{P}}$ 时的转换因子计算式。

再将式(10-2-54)代入式(10-2-51)，得

$$\hat{\boldsymbol{x}}_{\mathrm{P}}=\hat{\boldsymbol{x}}-\boldsymbol{G}(\boldsymbol{G}^{\mathrm{T}}\boldsymbol{G})^{-1}\boldsymbol{G}^{\mathrm{T}}\hat{\boldsymbol{x}}=[\boldsymbol{I}-\boldsymbol{G}(\boldsymbol{G}^{\mathrm{T}}\boldsymbol{G})^{-1}\boldsymbol{G}^{\mathrm{T}}]\hat{x}=\boldsymbol{H}_{\mathrm{P}}\hat{\boldsymbol{x}} \tag{10-2-55}$$

令变换矩阵：

$$\boldsymbol{H}_{\mathrm{P}}=\boldsymbol{I}-\boldsymbol{G}(\boldsymbol{G}^{\mathrm{T}}\boldsymbol{G})^{-1}\boldsymbol{G}^{\mathrm{T}} \tag{10-2-56}$$

于是 $\hat{\boldsymbol{x}}_{\mathrm{P}}$ 的协因数阵为

$$\boldsymbol{Q}_{\hat{x}_{\mathrm{P}}\hat{x}_{\mathrm{P}}}=\boldsymbol{H}_{\mathrm{P}}\boldsymbol{Q}_{\hat{x}\hat{x}}\boldsymbol{H}_{\mathrm{P}}^{\mathrm{T}} \tag{10-2-57}$$

以上就是相似变换法，即用经典平差的结果 $\hat{\boldsymbol{x}}$ 和 $\boldsymbol{Q}_{\hat{x}\hat{x}}$，变换出秩亏平差的结果 $\hat{\boldsymbol{x}}_{\mathrm{P}}$ 和 $\boldsymbol{Q}_{\hat{x}_{\mathrm{P}}\hat{x}_{\mathrm{P}}}$。

由相似变换法的公式推导，还可以解决另外一个问题。

广义逆法和附加条件法的平差模型分别为

$$\left.\begin{aligned}\boldsymbol{V}&=\boldsymbol{B}\hat{\boldsymbol{x}}-\boldsymbol{l}\\ \boldsymbol{V}^{\mathrm{T}}\boldsymbol{PV}&=\min\\ \hat{\boldsymbol{x}}^{\mathrm{T}}\hat{\boldsymbol{x}}&=\min\end{aligned}\right\},\quad \left.\begin{aligned}\boldsymbol{V}&=\boldsymbol{B}\hat{\boldsymbol{x}}-\boldsymbol{l}\\ \boldsymbol{G}^{\mathrm{T}}\hat{\boldsymbol{x}}&=\boldsymbol{0}\\ \boldsymbol{V}^{\mathrm{T}}\boldsymbol{PV}&=\min\end{aligned}\right\} \tag{10-2-58}$$

如果式中的 $\hat{\boldsymbol{x}}^{\mathrm{T}}\hat{\boldsymbol{x}}=\min$ 与 $\boldsymbol{G}^{\mathrm{T}}\hat{\boldsymbol{x}}=\boldsymbol{0}$ 等价，则广义逆法与附加条件法的平差结果必然相同。而由相似变换法中的式(10-2-52)，从理论上证明了最小范数准则 $\hat{\boldsymbol{x}}^{\mathrm{T}}\hat{\boldsymbol{x}}=\min$ 与基准约束条件 $\boldsymbol{G}^{\mathrm{T}}\hat{\boldsymbol{x}}=\boldsymbol{0}$ 是等价的，即广义逆法和附加条件法的平差结果是相同的。

［**例 10-2**］ 如图 10-3 所示的水准网，各段的高差观测值及水准路线长如下：

$$
\begin{aligned}
h_1 &= 1.628\ \mathrm{m}, & s_1 &= 2.0\ \mathrm{km}\\
h_2 &= 0.821\ \mathrm{m}, & s_2 &= 2.0\ \mathrm{km}\\
h_3 &= 0.715\ \mathrm{m}, & s_3 &= 3.0\ \mathrm{km}\\
h_4 &= 1.502\ \mathrm{m}, & s_4 &= 2.5\ \mathrm{km}\\
h_5 &= -2.331\ \mathrm{m}, & s_5 &= 3.5\ \mathrm{km}
\end{aligned}
$$

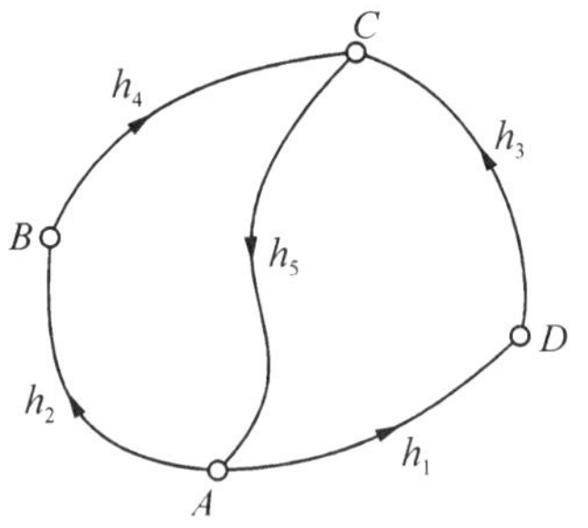

图 10-3

试分别用广义逆法、附加阵法和相似变换法求解参数的平差值及其协因数阵。

解 在该水准网中，先设 A 点为已知点进行经典平差，这样可以得到所有待定点高程的最优估值，再将这些高程估值作为秩亏平差时的参数近似值，这是秩亏平差取参数近似值的常用方法(特别是平面网平差时，为了得到较好的参数近似值，更应如此操作)。

经典平差。设 A 点高程已知：$H_A=10\ \mathrm{m}$，将 B, C, D 三点高程平差值设为参数 $\hat{X}_2$, $\hat{X}_3$, $\hat{X}_4$($\hat{X}_1$ 留作秩亏平差时表示 A 点高程)，参数近似值：$X_2^0=10.821\ \mathrm{m}$, $X_3^0=12.331\ \mathrm{m}$, $X_4^0=11.628\ \mathrm{m}$。观测值的权阵 $\boldsymbol{P}=\mathrm{diag}(0.50\quad 0.50\quad 0.33\quad 0.40\quad 0.29)$。间接平差(过程略)结果为

$$
\left.
\begin{aligned}
&\hat{\boldsymbol{x}}=\begin{bmatrix}\hat{x}_2\\ \hat{x}_3\\ \hat{x}_4\end{bmatrix}=\begin{bmatrix}3.9\\ 0.9\\ -4.4\end{bmatrix}\mathrm{mm},\quad \begin{bmatrix}\hat{X}_2\\ \hat{X}_3\\ \hat{X}_4\end{bmatrix}=\begin{bmatrix}X_2^0\\ X_3^0\\ X_4^0\end{bmatrix}+\begin{bmatrix}\hat{x}_2\\ \hat{x}_3\\ \hat{x}_4\end{bmatrix}=\begin{bmatrix}10.8249\\ 12.3319\\ 11.6236\end{bmatrix}\mathrm{m}\\
&\boldsymbol{Q}_{\hat{x}\hat{x}}=\begin{bmatrix}1.3901 & 0.6278 & 0.2511\\ 0.6278 & 1.4126 & 0.5650\\ 0.2511 & 0.5650 & 1.4260\end{bmatrix}\\
&\boldsymbol{V}=[-4.4\quad 3.9\quad -6.7\quad 4.9\quad -0.9]^{\mathrm{T}}\ \mathrm{mm},\ \hat{\sigma}_0=4.6\ \mathrm{mm}
\end{aligned}
\right\}
\tag{1}
$$

秩亏平差。将 A, B, C, D 四点均视为待定点，其高程平差值设为参数 $\hat{X}_1$, $\hat{X}_2$, $\hat{X}_3$, $\hat{X}_4$，高程近似值为 $X_1^0=10.0000\ \mathrm{m}$, $X_2^0=10.8249\ \mathrm{m}$, $X_3^0=12.3319\ \mathrm{m}$, $X_4^0=11.6236\ \mathrm{m}$。

误差方程为

$$
\boldsymbol{V}=\begin{bmatrix}-1 & 0 & 0 & 1\\ -1 & 1 & 0 & 0\\ 0 & 0 & 1 & -1\\ 0 & -1 & 1 & 0\\ 1 & 0 & -1 & 0\end{bmatrix}\begin{bmatrix}\hat{x}_1\\ \hat{x}_2\\ \hat{x}_3\\ \hat{x}_4\end{bmatrix}-\begin{bmatrix}4.4\\ -3.9\\ 6.7\\ -5.0\\ 0.9\end{bmatrix}\mathrm{mm}
\tag{2}
$$

观测值的权阵为

$$
\boldsymbol{P}=\mathrm{diag}(0.50\quad 0.50\quad 0.33\quad 0.40\quad 0.29)
$$

法方程为

$$\begin{bmatrix} 1.2857 & -0.5000 & -0.2857 & -0.5000 \\ -0.5000 & 0.9000 & -0.4000 & 0.0000 \\ -0.2857 & -0.4000 & 1.0190 & -0.3333 \\ -0.5000 & 0.0000 & -0.3333 & 0.8333 \end{bmatrix} \begin{bmatrix} \hat{x}_1 \\ \hat{x}_2 \\ \hat{x}_3 \\ \hat{x}_4 \end{bmatrix} - \begin{bmatrix} 0.0071 \\ 0.0500 \\ -0.0240 \\ -0.0331 \end{bmatrix} = \mathbf{0} \tag{3}$$

(1) 广义逆法求解

由法方程系数阵 $\boldsymbol{N}$，有：

$$\boldsymbol{N}\boldsymbol{N}^{\mathrm{T}} = \begin{bmatrix} 2.2346 & -0.9786 & -0.2918 & -0.9643 \\ -0.9786 & 1.2200 & -0.6248 & 0.3833 \\ -0.2918 & -0.6248 & 1.3911 & -0.4745 \\ -0.9643 & 0.3833 & -0.4745 & 1.0555 \end{bmatrix}$$

取矩阵 $\boldsymbol{N}\boldsymbol{N}^{\mathrm{T}}$ 中秩不为零的子块 $(\boldsymbol{N}\boldsymbol{N}^{\mathrm{T}})_{11}$，并求得其逆阵 $(\boldsymbol{N}\boldsymbol{N}^{\mathrm{T}})_{11}^{-1}$ 为

$$(\boldsymbol{N}\boldsymbol{N}^{\mathrm{T}})_{11} = \begin{bmatrix} 2.2346 & -0.9786 & -0.2918 \\ -0.9786 & 1.2200 & -0.6248 \\ -0.2918 & -0.6248 & 1.3911 \end{bmatrix}, \quad (\boldsymbol{N}\boldsymbol{N}^{\mathrm{T}})_{11}^{-1} = \begin{bmatrix} 1.1591 & 1.3691 & 0.8580 \\ 1.3691 & 2.6816 & 1.4915 \\ 0.8580 & 1.4915 & 1.5687 \end{bmatrix}$$

参考式(10－2－10)，得 $\boldsymbol{N}\boldsymbol{N}^{\mathrm{T}}$ 阵的广义逆矩阵为

$$(\boldsymbol{N}\boldsymbol{N}^{\mathrm{T}})^{-} = \begin{bmatrix} (\boldsymbol{N}\boldsymbol{N}^{\mathrm{T}})_{11}^{-1} & \mathbf{0} \\ \mathbf{0} & \mathbf{0} \end{bmatrix} = \begin{bmatrix} 1.1591 & 1.3691 & 0.8580 & 0 \\ 1.3691 & 2.6816 & 1.4915 & 0 \\ 0.8580 & 1.4915 & 1.5687 & 0 \\ 0 & 0 & 0 & 0 \end{bmatrix}$$

由式(10－2－19)，得参数改正数为

$$\hat{\boldsymbol{x}} = \boldsymbol{N}^{\mathrm{T}}(\boldsymbol{N}\boldsymbol{N}^{\mathrm{T}})^{-}\boldsymbol{U} = [-0.0058 \quad 0.0520 \quad -0.0154 \quad -0.0424]^{\mathrm{T}}\ \mathrm{mm} \tag{4}$$

将 $\hat{\boldsymbol{x}}$ 代入误差方程式(2)，得观测值的改正数为

$$\boldsymbol{V} = [-4.4 \quad 3.9 \quad -6.7 \quad 4.9 \quad -0.9]^{\mathrm{T}}\ \mathrm{mm} \tag{5}$$

参数平差值及观测值平差值为

$$\begin{bmatrix} \hat{X}_1 \\ \hat{X}_2 \\ \hat{X}_3 \\ \hat{X}_4 \end{bmatrix} = \begin{bmatrix} X_1^0 \\ X_2^0 \\ X_3^0 \\ X_4^0 \end{bmatrix} + \begin{bmatrix} \hat{x}_1 \\ \hat{x}_2 \\ \hat{x}_3 \\ \hat{x}_4 \end{bmatrix} = \begin{bmatrix} 9.9999 \\ 10.8248 \\ 12.3318 \\ 11.6235 \end{bmatrix}\mathrm{m}, \quad \begin{bmatrix} \hat{h}_1 \\ \hat{h}_2 \\ \hat{h}_3 \\ \hat{h}_4 \\ \hat{h}_5 \end{bmatrix} = \begin{bmatrix} h_1 \\ h_2 \\ h_3 \\ h_4 \\ h_5 \end{bmatrix} + \begin{bmatrix} v_1 \\ v_2 \\ v_3 \\ v_4 \\ v_5 \end{bmatrix} = \begin{bmatrix} 1.6236 \\ 0.8249 \\ 0.7083 \\ 1.5069 \\ -2.3319 \end{bmatrix}\mathrm{m} \tag{6}$$

经水准路线检核，以上平差值均能相互吻合。从以上的平差结果也可以看出，秩亏网平差中每个水准点上的高程值都是有变动的。

单位权中误差估值：

$$\hat{\sigma}_0 = \sqrt{\frac{\boldsymbol{V}^{\mathrm{T}}\boldsymbol{P}\boldsymbol{V}}{n-t}} = \sqrt{\frac{42.3292}{5-3}} = 4.6\ \mathrm{mm} \tag{7}$$

由式(10-2-27),得参数的协因数阵为

$$\boldsymbol{Q}_{\hat{x}\hat{x}} = \boldsymbol{N}(\boldsymbol{N}\boldsymbol{N}^{\mathrm{T}})^{-}\boldsymbol{N}(\boldsymbol{N}\boldsymbol{N}^{\mathrm{T}})^{-}\boldsymbol{N} = \begin{bmatrix} 0.4448 & -0.1225 & -0.2066 & -0.1157 \\ -0.1225 & 0.7004 & -0.1460 & -0.4319 \\ -0.2066 & -0.1460 & 0.5547 & -0.2021 \\ -0.1157 & -0.4319 & -0.2021 & 0.7498 \end{bmatrix} \tag{8}$$

比较式(1)和式(4)—式(8),可知,经典平差与广义逆法平差得到的参数平差值 $\hat{\boldsymbol{X}}$ 和参数协因数阵 $\boldsymbol{Q}_{\hat{x}\hat{x}}$ 是不同的;但改正数向量 $\boldsymbol{V}$ 和单位权中误差估值 $\hat{\sigma}_0$ 是相同的。

(2) 附加条件法求解

该水准网有 4 个待定点,由式(10-2-41),得标准化后的附加阵 $\boldsymbol{G}$ 为

$$\underset{4\times1}{\boldsymbol{G}^{\mathrm{T}}} = \frac{1}{2}[1 \quad 1 \quad 1 \quad 1] \tag{9}$$

由式(3)的法方程系数阵 $\boldsymbol{N}$ 及附加阵 $\boldsymbol{G}$,参考式(10-2-34),有

$$\boldsymbol{Q}_G = (\boldsymbol{N}+\boldsymbol{G}\boldsymbol{G}^{\mathrm{T}})^{-1} = \left\{\begin{bmatrix} 1.2857 & -0.5000 & -0.2857 & -0.5000 \\ -0.5000 & 0.9000 & -0.4000 & 0.0000 \\ -0.2857 & -0.4000 & 1.0190 & -0.3333 \\ -0.5000 & 0.0000 & -0.3333 & 0.8333 \end{bmatrix} + \frac{1}{4}\begin{bmatrix} 1 & 1 & 1 & 1 \\ 1 & 1 & 1 & 1 \\ 1 & 1 & 1 & 1 \\ 1 & 1 & 1 & 1 \end{bmatrix}\right\}^{-1}$$

$$= \begin{bmatrix} 0.6948 & 0.1275 & 0.0434 & 0.1343 \\ 0.1275 & 0.9504 & 0.1040 & -0.1819 \\ 0.0434 & 0.1040 & 0.8047 & 0.0479 \\ 0.1343 & -0.1819 & 0.0479 & 0.9998 \end{bmatrix}$$

参考式(10-2-35)和式(10-2-39),并顾及法方程式(3),得参数解向量及其协因数阵为

$$\hat{\boldsymbol{x}} = \boldsymbol{Q}_G\boldsymbol{U} = [-0.0058 \quad 0.0520 \quad -0.0154 \quad -0.0424]^{\mathrm{T}}\ \mathrm{mm}$$

$$\boldsymbol{Q}_{\hat{x}\hat{x}} = \boldsymbol{Q}_G - \boldsymbol{G}\boldsymbol{G}^{\mathrm{T}} = \begin{bmatrix} 0.4448 & -0.1225 & -0.2066 & -0.1157 \\ -0.1225 & 0.7004 & -0.1460 & -0.4319 \\ -0.2066 & -0.1460 & 0.5547 & -0.2021 \\ -0.1157 & -0.4319 & -0.2021 & 0.7498 \end{bmatrix} \tag{10}$$

可见平差结果与广义逆法的结果完全一致。

(3) 相似变换法

由式(1)得到了经典平差的结果,即

$$\hat{\boldsymbol{x}} = \begin{bmatrix} \hat{x}_1 \\ \hat{x}_2 \\ \hat{x}_3 \\ \hat{x}_4 \end{bmatrix} = \begin{bmatrix} 0 \\ 3.9 \\ 0.9 \\ -4.4 \end{bmatrix}\mathrm{mm},\ \boldsymbol{Q}_{\hat{x}\hat{x}} = \begin{bmatrix} 0 & 0 & 0 & 0 \\ 0 & 1.3901 & 0.6278 & 0.2511 \\ 0 & 0.6278 & 1.4126 & 0.5650 \\ 0 & 0.2511 & 0.5650 & 1.4260 \end{bmatrix} \tag{11}$$

经典平差中,图 10-3 中的 A 点是已知点,相当于参数 $\hat{X}_1 \sim \hat{X}_4$ 中 $\hat{X}_1$ 是不变量,即 $\hat{x}_1=0$,为使相似变换法中的式(10-2-55)—式(10-2-57)能正常使用,将经典平差结果中有关 $\hat{x}_1$ 的部分都用零填充。$\boldsymbol{G}$ 阵由式(9)可得。由式(10-2-56),得

$$
\boldsymbol{H}_{\mathrm{P}}=\boldsymbol{I}-\boldsymbol{G}(\boldsymbol{G}^{\mathrm{T}}\boldsymbol{G})^{-1}\boldsymbol{G}^{\mathrm{T}}=\begin{bmatrix}0.7500 & -0.2500 & -0.2500 & -0.2500\\ -0.2500 & 0.7500 & -0.2500 & -0.2500\\ -0.2500 & -0.2500 & 0.7500 & -0.2500\\ -0.2500 & -0.2500 & -0.2500 & 0.7500\end{bmatrix}
$$

则 $$\hat{\boldsymbol{x}}_{\mathrm{P}}=\boldsymbol{H}_{\mathrm{P}}\hat{\boldsymbol{x}}=[-0.0001\quad 0.0039\quad 0.0008\quad -0.0045]^{\mathrm{T}}\ \mathrm{m}$$

式中，$\hat{\boldsymbol{x}}$ 由式(11)所得。

因此，由经典平差结果转换成秩亏平差时，参数解为(注意：参数近似值要使用经典平差实施前的值)

$$
\begin{bmatrix}\hat{X}_1\\ \hat{X}_2\\ \hat{X}_3\\ \hat{X}_4\end{bmatrix}=\boldsymbol{X}^0+\hat{\boldsymbol{x}}_{\mathrm{P}}=\begin{bmatrix}X_1^0\\ X_2^0\\ X_3^0\\ X_4^0\end{bmatrix}+\begin{bmatrix}\hat{x}_{\mathrm{P}_1}\\ \hat{x}_{\mathrm{P}_2}\\ \hat{x}_{\mathrm{P}_3}\\ \hat{x}_{\mathrm{P}_4}\end{bmatrix}=\begin{bmatrix}10.000\\ 10.821\\ 12.331\\ 11.628\end{bmatrix}+\begin{bmatrix}-0.0001\\ 0.0039\\ 0.0008\\ -0.0045\end{bmatrix}=\begin{bmatrix}9.9999\\ 10.8249\\ 12.3318\\ 11.6235\end{bmatrix}\mathrm{m} \qquad (12)
$$

式(12)是用相似变换法得到的秩亏平差的参数解向量，可见与式(6)秩亏平差的结果相同。再参考式(10-2-57)及式(11)中的 $\boldsymbol{Q}_{\hat{x}\hat{x}}$，得相似变换法的参数协因数阵为

$$
\boldsymbol{Q}_{\hat{x}_{\mathrm{P}}\hat{x}_{\mathrm{P}}}=\boldsymbol{H}_{\mathrm{P}}\boldsymbol{Q}_{\hat{x}\hat{x}}\boldsymbol{H}_{\mathrm{P}}^{\mathrm{T}}=\begin{bmatrix}0.4448 & -0.1225 & -0.2066 & -0.1157\\ -0.1225 & 0.7004 & -0.1460 & -0.4319\\ -0.2066 & -0.1460 & 0.5547 & -0.2021\\ -0.1157 & -0.4319 & -0.2021 & 0.7498\end{bmatrix}
$$

可见与广义逆法的结果[式(8)]和附加条件法的结果[式(10)]相同。

以上示例再次证明：秩亏网用广义逆法或附加条件法平差，或者已经有了经典平差的结果，用相似变换法将其转换成秩亏平差，这三种方法得出的秩亏平差的各项计算结果是相同的。

10.2.5 秩亏网平差法的基准条件

在经典平差中，因为具有必要的起算数据，平差后的网形就以此为**基准**(或称参考系)，从而确定其他各点的绝对位置，即对整个控制网进行了所谓的外部配置。例如，水准网是根据某点的已知高程(国家统一系统或局部系统)来推算其他点的高程。三角网则是根据某两点的已知坐标(国家坐标系或局部坐标系)来推求其他点的坐标。但是在无起算数据的秩亏网平差中，它没有外部配置，那么它平差的基准又是什么呢？下面就这个问题进行讨论。

1. 水准网

在用附加条件法平差过程中，需要加入基准条件式(10-2-28)：

$$
\boldsymbol{G}^{\mathrm{T}}\hat{\boldsymbol{x}}=\boldsymbol{0} \qquad (10-2-59)
$$

而据式(10-2-41)知，水准网附加阵为 $\underset{u\times 1}{\boldsymbol{G}^{\mathrm{T}}}=\frac{1}{\sqrt{u}}[1\quad 1\quad \cdots\quad 1]$，将其代入式(10-2-59)，得基准条件的具体形式为

$$\boldsymbol{G}^{\mathrm{T}}\hat{\boldsymbol{x}}=\frac{1}{\sqrt{u}}\sum_{i=1}^{u}\hat{x}_i=0\Rightarrow\sum_{i=1}^{u}\hat{x}_i=0 \tag{10-2-60}$$

即秩亏水准网平差的基准条件为平差后的参数改正数之和等于零。这也可以作为水准网秩亏平差后的检核条件对平差结果进行检核。

所以，水准网高程平差值的平均值(或称为**重心值**)为

$$\frac{1}{u}\sum_{i=1}^{u}\hat{X}_i=\frac{1}{u}\sum_{i=1}^{u}(X_i^0+\hat{x}_i)=\frac{1}{u}\sum_{i=1}^{u}X_i^0 \tag{10-2-61}$$

由式(10－2－61)得出秩亏水准网平差基准(也称为重心基准)：**平差前后水准网的重心点高程保持不变**。

2. 测边网和边角网

参考式(10－2－42)关于测边网和边角网的附加阵的构造，得到测边网和测角网的基准条件的具体形式为

$$\boldsymbol{G}^{\mathrm{T}}\hat{\boldsymbol{x}}=\boldsymbol{0}\Rightarrow\begin{cases}\sum_{i=1}^{m}\hat{x}_i=0\\ \sum_{i=1}^{m}\hat{y}_i=0\\ \sum_{i=1}^{m}(-Y_i^0\hat{x}_i+X_i^0\hat{y}_i)=0\end{cases} \tag{10-2-62}$$

由式(10－2－62)的前两个条件式，并参考水准网重心基准的论证方法，可得出测边网和边角网的重心基准：**平差前后重心点的平面坐标值保持不变**。

由式(10－2－62)的第三式产生的基准条件本节不作深入讨论。

3. 测角网

参考式(10－2－45)关于测角网的附加阵的构造，得到测角网基准条件的具体形式为

$$\boldsymbol{G}^{\mathrm{T}}\hat{\boldsymbol{x}}=\boldsymbol{0}\Rightarrow\begin{cases}\sum_{i=1}^{m}\hat{x}_i=0\\ \sum_{i=1}^{m}\hat{y}_i=0\\ \sum_{i=1}^{m}(-Y_i^0\hat{x}_i+X_i^0\hat{y}_i)=0\\ \sum_{i=1}^{m}(X_i^0\hat{x}_i+Y_i^0\hat{y}_i)=0\end{cases} \tag{10-2-63}$$

由式(10－2－63)的前两个条件式，可得出测角网的重心基准：**平差前后重心点的平面坐标值保持不变**。由式(10－2－63)的第三、第四式产生的基准条件本节不作深入讨论。

关于平面控制网的重心基准条件，也都可以作为平差后的成果检核的条件来使用。

因此规定，经典平差的基准称为**固定基准**，该平差方法适用于控制网中固定点(已知点)稳定不变的情况；秩亏平差基准称为**重心基准**，其平差方法适用于控制网中所有点都具有微小的随机变动且变化均匀的情况。若平差时选择不同的平差基准，将会得到不同的变形量

(即参数改正数) $\hat{\boldsymbol{x}}$ 及其不同的协因数阵 $\boldsymbol{Q}_{\hat{x}\hat{x}}$，所以选择平差基准要慎重，要充分考虑平差问题的实际情况，若基准选择错误，则意味着平差的函数模型出错，这时平差结果产生的误差也称为模型误差。

秩亏网平差是以参数近似值为基础的，如果近似值取的不同，则未知参数的平差值也就不同。所以秩亏平差时，为了获得较优的参数近似值，应先利用观测资料并按经典平差法对控制网进行处理，得出参数的平差值，再以此平差值作为参数近似值，进行秩亏平差。变形分析时，每期秩亏平差的参数近似值都应该相同，这样才能在统一的基础上对变形情况进行分析。与经典平差不同的是，秩亏平差若参数近似值取得不够好，它不能像经典平差一样通过迭代的方法来改善近似值的取值。

10.2.6 参数估计量的统计性质

1. 参数估计量 $\hat{\boldsymbol{x}}$ 的有偏性

由描述真误差与参数真值关系的式(4-2-18)可得

$$\boldsymbol{\Delta} = \boldsymbol{B}\tilde{\boldsymbol{x}} - \boldsymbol{l} \tag{10-2-64}$$

对式(10-2-64)取数学期望，并顾及 $E(\boldsymbol{\Delta})=\boldsymbol{0}$ 及 $\boldsymbol{B}\tilde{\boldsymbol{x}}$ 为常数向量，则有

$$E(\boldsymbol{l}) = \boldsymbol{B}\tilde{\boldsymbol{x}} \tag{10-2-65}$$

根据式(10-2-19)，秩亏平差的最小二乘最小范数解为

$$\hat{\boldsymbol{x}} = \boldsymbol{N}_m^- \boldsymbol{B}^{\mathrm{T}} \boldsymbol{P} \boldsymbol{l} \tag{10-2-66}$$

对式(10-2-66)取数学期望，并将式(10-2-65)代入，得

$$E(\hat{\boldsymbol{x}}) = \boldsymbol{N}_m^- \boldsymbol{B}^{\mathrm{T}} \boldsymbol{P} E(\boldsymbol{l}) = \boldsymbol{N}_m^- \boldsymbol{N}\tilde{\boldsymbol{x}} \tag{10-2-67}$$

因为式中 $\boldsymbol{N}_m^-\boldsymbol{N} \neq \boldsymbol{I}$，则

$$E(\hat{\boldsymbol{x}}) \neq \tilde{\boldsymbol{x}} \tag{10-2-68}$$

即秩亏平差法参数估计量 $\hat{\boldsymbol{x}}$ 是其真值 $\tilde{\boldsymbol{x}}$ 的有偏估计。

2. 最小范数准则 $\hat{\boldsymbol{x}}^{\mathrm{T}}\hat{\boldsymbol{x}}=\min$ 等价于 $tr(\boldsymbol{Q}_{\hat{x}\hat{x}})=\min$

$tr(\boldsymbol{Q}_{\hat{x}\hat{x}})=\min$ 是指参数估计量 $\hat{\boldsymbol{x}}$ 的协因数阵的迹最小，即 $\hat{\boldsymbol{x}}$ 具有最小方差性。现予以证明。

对 $\hat{\boldsymbol{x}}^{\mathrm{T}}\hat{\boldsymbol{x}}$ 取数学期望，并考虑矩阵迹的特性之一[式(7-4-45)]，有

$$E(\hat{\boldsymbol{x}}^{\mathrm{T}}\hat{\boldsymbol{x}}) = E[tr(\hat{\boldsymbol{x}}^{\mathrm{T}}\hat{\boldsymbol{x}})] = tr[E(\hat{\boldsymbol{x}}\hat{\boldsymbol{x}}^{\mathrm{T}})] \tag{10-2-69}$$

由于

$$\boldsymbol{D}_{\hat{x}\hat{x}} = E(\hat{\boldsymbol{x}}\hat{\boldsymbol{x}}^{\mathrm{T}}) - E(\hat{\boldsymbol{x}})[E(\hat{\boldsymbol{x}})]^{\mathrm{T}} \tag{10-2-70}$$

将式(10-2-70)代入式(10-2-69)，可得

$$E(\hat{\boldsymbol{x}}^{\mathrm{T}}\hat{\boldsymbol{x}}) = tr\{\boldsymbol{D}_{\hat{x}\hat{x}} + E(\hat{\boldsymbol{x}})[E(\hat{\boldsymbol{x}})]^{\mathrm{T}}\} = \sigma_0^2 tr(\boldsymbol{Q}_{\hat{x}\hat{x}}) + [E(\hat{\boldsymbol{x}})]^{\mathrm{T}}E(\hat{\boldsymbol{x}}) \tag{10-2-71}$$

式中，$[E(\hat{\boldsymbol{x}})]^{\mathrm{T}}E(\hat{\boldsymbol{x}})$ 为常量。

故 $\hat{\boldsymbol{x}}^{\mathrm{T}}\hat{\boldsymbol{x}}=\min$ 与 $tr(\boldsymbol{Q}_{\hat{x}\hat{x}})=\min$ 的等价性得以证明。

本小节的内容表明，秩亏网在重心基准下，其参数估计量 $\hat{\boldsymbol{x}}$ 有偏但具有最小方差。

10.3 附加系统参数的平差

经典平差法的适用范围是假设观测误差中不含有系统误差，但测量实践证明，尽管在观测过程中会采用各种措施减少系统误差的影响，并在观测后对观测数据进行一些处理，但难以避免观测值中仍会含有一些残余的系统误差。附加系统参数的平差方法，就是借助于平差的手段，对经典平差的函数模型进行扩展，由此来消除或减弱系统误差对平差结果的影响。

10.3.1 附加系统参数法的平差原理

推广的 G－M 平差模型为

$$\left.\begin{aligned}&\underset{n\times 1}{\boldsymbol{L}}=\underset{n\times t}{\boldsymbol{B}}\underset{t\times 1}{\widetilde{\boldsymbol{X}}}+\underset{n\times m}{\boldsymbol{A}}\underset{m\times 1}{\widetilde{\boldsymbol{S}}}+\underset{n\times 1}{\boldsymbol{\Delta}},\ E(\boldsymbol{\Delta})=\boldsymbol{0}\\&\boldsymbol{D}(\boldsymbol{L})=\boldsymbol{D}(\boldsymbol{\Delta})=\sigma_0^2\boldsymbol{Q}=\sigma_0^2\boldsymbol{P}^{-1}\end{aligned}\right\}\qquad(10-3-1)$$

式中，$\widetilde{\boldsymbol{X}}$为主参数，$\widetilde{\boldsymbol{S}}$为系统参数，这两类参数相互独立，$\boldsymbol{A}$ 为系统参数 $\widetilde{\boldsymbol{S}}$ 的系数阵，且 $R(\boldsymbol{A})=m$，$R(\boldsymbol{B})=t$，$t+m<n$。

以上模型也称为**附加系统参数的平差模型**。由其函数模型可得误差方程为

$$\boldsymbol{V}=\boldsymbol{B}\hat{\boldsymbol{x}}+\boldsymbol{A}\hat{\boldsymbol{s}}-\boldsymbol{l}\qquad(10-3-2)$$

将最小二乘准则 $\boldsymbol{V}^{\mathrm{T}}\boldsymbol{PV}=\min$ 作用于以上误差方程（推导方法与间接平差相同），可得法方程为

$$\begin{bmatrix}\boldsymbol{B}^{\mathrm{T}}\boldsymbol{PB} & \boldsymbol{B}^{\mathrm{T}}\boldsymbol{PA}\\\boldsymbol{A}^{\mathrm{T}}\boldsymbol{PB} & \boldsymbol{A}^{\mathrm{T}}\boldsymbol{PA}\end{bmatrix}\begin{bmatrix}\hat{\boldsymbol{x}}\\\hat{\boldsymbol{s}}\end{bmatrix}-\begin{bmatrix}\boldsymbol{B}^{\mathrm{T}}\boldsymbol{Pl}\\\boldsymbol{A}^{\mathrm{T}}\boldsymbol{Pl}\end{bmatrix}=\boldsymbol{0}\qquad(10-3-3)$$

令 $\boldsymbol{B}^{\mathrm{T}}\boldsymbol{PB}=\boldsymbol{N}_{11}$，$\boldsymbol{B}^{\mathrm{T}}\boldsymbol{PA}=\boldsymbol{N}_{12}=\boldsymbol{N}_{21}^{\mathrm{T}}$，$\boldsymbol{A}^{\mathrm{T}}\boldsymbol{PA}=\boldsymbol{N}_{22}$，则法方程的解可写为

$$\begin{bmatrix}\hat{\boldsymbol{x}}\\\hat{\boldsymbol{s}}\end{bmatrix}=\begin{bmatrix}\boldsymbol{N}_{11} & \boldsymbol{N}_{12}\\\boldsymbol{N}_{21} & \boldsymbol{N}_{22}\end{bmatrix}^{-1}\begin{bmatrix}\boldsymbol{B}^{\mathrm{T}}\boldsymbol{Pl}\\\boldsymbol{A}^{\mathrm{T}}\boldsymbol{Pl}\end{bmatrix}\qquad(10-3-4)$$

按矩阵分块求逆公式：

$$\left.\begin{aligned}&\begin{bmatrix}\boldsymbol{N}_{11} & \boldsymbol{N}_{12}\\\boldsymbol{N}_{21} & \boldsymbol{N}_{22}\end{bmatrix}^{-1}=\begin{bmatrix}\boldsymbol{N}_{11}^{-1}+\boldsymbol{N}_{11}^{-1}\boldsymbol{N}_{12}\boldsymbol{M}^{-1}\boldsymbol{N}_{21}\boldsymbol{N}_{11}^{-1} & -\boldsymbol{N}_{11}^{-1}\boldsymbol{N}_{12}\boldsymbol{M}^{-1}\\-\boldsymbol{M}^{-1}\boldsymbol{N}_{21}\boldsymbol{N}_{11}^{-1} & \boldsymbol{M}^{-1}\end{bmatrix}\\&\boldsymbol{M}=\boldsymbol{N}_{22}-\boldsymbol{N}_{21}\boldsymbol{N}_{11}^{-1}\boldsymbol{N}_{12}\end{aligned}\right\}\qquad(10-3-5)$$

将式(10－3－5)代入式(10－3－4)，得参数解为

$$\hat{\boldsymbol{s}}=\boldsymbol{M}^{-1}\boldsymbol{A}^{\mathrm{T}}\boldsymbol{Pl}-\boldsymbol{M}^{-1}\boldsymbol{N}_{21}\boldsymbol{N}_{11}^{-1}\boldsymbol{B}^{\mathrm{T}}\boldsymbol{Pl}=\boldsymbol{M}^{-1}(\boldsymbol{A}^{\mathrm{T}}\boldsymbol{Pl}-\boldsymbol{N}_{21}\hat{\boldsymbol{x}}_1)\qquad(10-3-6)$$

$$\begin{aligned}\hat{\boldsymbol{x}}&=(\boldsymbol{N}_{11}^{-1}+\boldsymbol{N}_{11}^{-1}\boldsymbol{N}_{12}\boldsymbol{M}^{-1}\boldsymbol{N}_{21}\boldsymbol{N}_{11}^{-1})\boldsymbol{B}^{\mathrm{T}}\boldsymbol{Pl}-\boldsymbol{N}_{11}^{-1}\boldsymbol{N}_{12}\boldsymbol{M}^{-1}\boldsymbol{A}^{\mathrm{T}}\boldsymbol{Pl}\\&=\hat{\boldsymbol{x}}_1+\boldsymbol{N}_{11}^{-1}\boldsymbol{N}_{12}\boldsymbol{M}^{-1}(\boldsymbol{N}_{21}\boldsymbol{N}_{11}^{-1}\boldsymbol{B}^{\mathrm{T}}\boldsymbol{Pl}-\boldsymbol{A}^{\mathrm{T}}\boldsymbol{Pl})\\&=\hat{\boldsymbol{x}}_1+\boldsymbol{N}_{11}^{-1}\boldsymbol{N}_{12}\boldsymbol{M}^{-1}(\boldsymbol{N}_{21}\hat{\boldsymbol{x}}_1-\boldsymbol{A}^{\mathrm{T}}\boldsymbol{Pl})\\&=\hat{\boldsymbol{x}}_1-\boldsymbol{N}_{11}^{-1}\boldsymbol{N}_{12}\hat{\boldsymbol{s}}\end{aligned}\qquad(10-3-7)$$

式中，$\hat{\boldsymbol{x}}_1 = \boldsymbol{N}_{11}^{-1}\boldsymbol{B}^{\mathrm{T}}\boldsymbol{P}\boldsymbol{l}$，为不存在系统参数$\hat{\boldsymbol{s}}$时的参数解。

平差后参数的协因数阵为

$$\begin{bmatrix} \boldsymbol{Q}_{\hat{x}\hat{x}} & \boldsymbol{Q}_{\hat{x}\hat{s}} \\ \boldsymbol{Q}_{\hat{s}\hat{x}} & \boldsymbol{Q}_{\hat{s}\hat{s}} \end{bmatrix} = \begin{bmatrix} \boldsymbol{N}_{11}^{-1} + \boldsymbol{N}_{11}^{-1}\boldsymbol{N}_{12}\boldsymbol{M}^{-1}\boldsymbol{N}_{21}\boldsymbol{N}_{11}^{-1} & -\boldsymbol{N}_{11}^{-1}\boldsymbol{N}_{12}\boldsymbol{M}^{-1} \\ -\boldsymbol{M}^{-1}\boldsymbol{N}_{21}\boldsymbol{N}_{11}^{-1} & \boldsymbol{M}^{-1} \end{bmatrix} \tag{10-3-8}$$

单位权中误差估值为

$$\hat{\sigma}_0 = \sqrt{\frac{\boldsymbol{V}^{\mathrm{T}}\boldsymbol{P}\boldsymbol{V}}{r}} = \sqrt{\frac{\boldsymbol{V}^{\mathrm{T}}\boldsymbol{P}\boldsymbol{V}}{n-(t+m)}} \tag{10-3-9}$$

10.3.2 线性假设检验法

系统参数$\hat{\boldsymbol{s}}$用式(10-3-6)求出来后，应对它进行检验，如果它对平差的影响是显著的，就应保留在函数模型中，否则，应予以剔除，将平差的函数模型恢复为间接平差模型。观测值中如果有显著的系统误差却用了普通间接平差的函数模型，或没有显著的系统误差却用了附加系统参数平差的函数模型，都会因为模型误差而影响平差结果的正确性。解决这个问题的方法就是平差后采用**线性假设检验法**进行检验。

线性假设检验法的误差方程及原假设为

$$\left.\begin{aligned} &\boldsymbol{V} = \boldsymbol{B}\hat{\boldsymbol{x}} + \boldsymbol{A}\hat{\boldsymbol{s}} - \boldsymbol{l} \\ &H_0: \hat{\boldsymbol{s}} = \boldsymbol{0} \end{aligned}\right\} \tag{10-3-10}$$

可将原假设H_0看作约束条件。若考虑H_0，并将其代入式(10-3-10)的第一式，得误差方程为

$$\boldsymbol{V} = \boldsymbol{B}\hat{\boldsymbol{x}}_1 - \boldsymbol{l} \tag{10-3-11}$$

式(10-3-11)的参数解为$\hat{\boldsymbol{x}}_1 = (\boldsymbol{B}^{\mathrm{T}}\boldsymbol{P}\boldsymbol{B})^{-1}\boldsymbol{B}^{\mathrm{T}}\boldsymbol{P}\boldsymbol{l} = \boldsymbol{N}_{11}^{-1}\boldsymbol{B}^{\mathrm{T}}\boldsymbol{P}\boldsymbol{l}$，改正数加权平方和为$\boldsymbol{\Omega} = \boldsymbol{V}^{\mathrm{T}}\boldsymbol{P}\boldsymbol{V}$。

相应地，若不考虑约束条件H_0，单独由式(10-3-10)的第一式得误差方程为

$$\boldsymbol{V}_A = \boldsymbol{B}\hat{\boldsymbol{x}} + \boldsymbol{A}\hat{\boldsymbol{s}} - \boldsymbol{l} \tag{10-3-12}$$

式(10-3-12)的参数解$\hat{\boldsymbol{s}}$和$\hat{\boldsymbol{x}}$分别由式(10-3-6)和式(10-3-7)给出。此时，改正数加权平方和为$\boldsymbol{\Omega}_A = \boldsymbol{V}_A^{\mathrm{T}}\boldsymbol{P}\boldsymbol{V}_A$。现讨论式(10-3-10)中，两式一起平差得到的$\boldsymbol{\Omega}$和单独平差第一式得到的$\boldsymbol{\Omega}_A$之间的关系。

$$\boldsymbol{\Omega} = \boldsymbol{V}^{\mathrm{T}}\boldsymbol{P}\boldsymbol{V} = [\boldsymbol{V}_A - (\boldsymbol{V}_A - \boldsymbol{V})]^{\mathrm{T}}\boldsymbol{P}[\boldsymbol{V}_A - (\boldsymbol{V}_A - \boldsymbol{V})] \tag{10-3-13}$$

考虑式(10-3-11)和式(10-3-12)，可以得到

$$\boldsymbol{V}_A - \boldsymbol{V} = \boldsymbol{B}(\hat{\boldsymbol{x}} - \hat{\boldsymbol{x}}_1) + \boldsymbol{A}\hat{\boldsymbol{s}} = (\boldsymbol{A} - \boldsymbol{B}\boldsymbol{N}_{11}^{-1}\boldsymbol{N}_{12})\hat{\boldsymbol{s}} \tag{10-3-14}$$

而且，由于推导式(10-3-12)的法方程时，有$\boldsymbol{A}^{\mathrm{T}}\boldsymbol{P}\boldsymbol{V}_A = \boldsymbol{0}$，$\boldsymbol{B}^{\mathrm{T}}\boldsymbol{P}\boldsymbol{V}_A = \boldsymbol{0}$，所以

$$\boldsymbol{V}_A^{\mathrm{T}}\boldsymbol{P}(\boldsymbol{V}_A - \boldsymbol{V}) = (\boldsymbol{V}_A^{\mathrm{T}}\boldsymbol{P}\boldsymbol{A} - \boldsymbol{V}_A^{\mathrm{T}}\boldsymbol{P}\boldsymbol{B}\boldsymbol{N}_{11}^{-1}\boldsymbol{N}_{12})\hat{\boldsymbol{s}} = \boldsymbol{0} \tag{10-3-15}$$

$$(\boldsymbol{V}_A - \boldsymbol{V})^{\mathrm{T}}\boldsymbol{P}\boldsymbol{V}_A = \boldsymbol{0} \tag{10-3-16}$$

则式(10-3-13)可写为

$$\boldsymbol{\Omega} = \boldsymbol{V}^{\mathrm{T}}\boldsymbol{PV} = \boldsymbol{V}_A^{\mathrm{T}}\boldsymbol{PV}_A + (\boldsymbol{V}_A - \boldsymbol{V})^{\mathrm{T}}\boldsymbol{P}(\boldsymbol{V}_A - \boldsymbol{V}) = \boldsymbol{\Omega}_A + \boldsymbol{R} \tag{10-3-17}$$

式中,$\boldsymbol{R}$ 为考虑了约束条件后,对 $\boldsymbol{\Omega}_A$ 的影响项,且有

$$\begin{aligned}\boldsymbol{R} &= (\boldsymbol{V}_A - \boldsymbol{V})^{\mathrm{T}}\boldsymbol{P}(\boldsymbol{V}_A - \boldsymbol{V}) = \hat{\boldsymbol{s}}^{\mathrm{T}}(\boldsymbol{A} - \boldsymbol{BN}_{11}^{-1}\boldsymbol{N}_{12})^{\mathrm{T}}\boldsymbol{P}(\boldsymbol{A} - \boldsymbol{BN}_{11}^{-1}\boldsymbol{N}_{12})\hat{\boldsymbol{s}} \\ &= \hat{\boldsymbol{s}}^{\mathrm{T}}\boldsymbol{M}\hat{\boldsymbol{s}} = \hat{\boldsymbol{s}}^{\mathrm{T}}\boldsymbol{Q}_{\hat{s}\hat{s}}^{-1}\hat{\boldsymbol{s}}\end{aligned} \tag{10-3-18}$$

可见,$\boldsymbol{R}$ 与 $\boldsymbol{\Omega}$, $\boldsymbol{\Omega}_A$ 一样,也是一个二次型。

线性假设检验法基本思想:若式(10-3-10)的两式联合平差(间接平差法)得到的单位权方差估值与单独平差其第一式(附加系统参数平差法)得到的单位权方差估值无显著差异,则认为原假设 H_0 可以接受,平差时不用考虑系统误差影响;若差异显著,则 H_0 不成立,平差时应采用附加系统参数平差的函数模型。

由式(10-3-17),有 $\boldsymbol{\Omega}=\boldsymbol{\Omega}_A+\boldsymbol{R}$,且可证 $\boldsymbol{\Omega}_A$ 与 $\boldsymbol{R}$ 相互独立。将式中各项除以单位权方差 σ_0^2,参考式(9-2-13),再考虑 χ^2 分布的可加性原则,可得到 $\dfrac{\boldsymbol{\Omega}}{\sigma_0^2} \sim \chi^2(n-t)$, $\dfrac{\boldsymbol{\Omega}_A}{\sigma_0^2} \sim \chi^2(n-t-m)$, $\dfrac{\boldsymbol{R}}{\sigma_0^2} \sim \chi^2(m)$,其中,$t$ 为参数 $\hat{x}$ 的个数,m 为系统参数 $\hat{s}$ 的个数。

原假设 H_0 成立时,构成 F 检验的统计量:

$$F = \frac{\boldsymbol{R}/m}{\boldsymbol{\Omega}_A/(n-t-m)} \sim F(m,\ n-t-m) \tag{10-3-19}$$

式(10-3-19)的拒绝域为 $F > F_\alpha$,将拒绝域放在右尾。

[例 10-3] 试用附加系统参数平差法平差[例 6-1]。在高精度的水准网平差中,应考虑水准标尺在刻度印制时的系统误差问题。设水准测量中前后视两把标尺的每米系统误差是相同的,均用 $\hat{s}$ 表示。现观测了两点间的高差 h_{ij},并设 i, j 两点的高程平差值为参数 $\hat{X}_i$, $\hat{X}_j$,即观测方程为

$$h_{ij} + h_{ij}\hat{s} + v_{ij} = \hat{X}_j - \hat{X}_i$$

误差方程为

$$v_{ij} = \hat{x}_j - \hat{x}_i - h_{ij}\hat{s} - (h_{ij} - X_i^0 + X_j^0) = \hat{x}_j - \hat{x}_i - h_{ij}\hat{s} - l_{ij}$$

以上即为附加系统参数平差法的高差观测值的误差方程。

设[例 6-1]中所有的高差观测值中都含有系统误差 $\hat{\boldsymbol{s}}$,得到[例 6-1]用附加系统参数平差时的误差方程为

$$\begin{bmatrix} v_1 \\ v_2 \\ v_3 \\ v_4 \\ v_5 \end{bmatrix} = \begin{bmatrix} 1 & 0 \\ 1 & 0 \\ -1 & 1 \\ 0 & 1 \\ 0 & 1 \end{bmatrix} \begin{bmatrix} \hat{x}_1 \\ \hat{x}_2 \end{bmatrix} + \begin{bmatrix} -1\,413.5 \\ -497.0 \\ 247.0 \\ 1\,179.3 \\ 1\,611.6 \end{bmatrix} \hat{\boldsymbol{s}} - \begin{bmatrix} 0 \\ 1.9 \\ -3.0 \\ 0 \\ -1.2 \end{bmatrix} \text{(常数项单位:cm)}$$

由[例 6-1]给出的观测值权阵,再参考式(10-3-5),得

$$M = N_{22} - N_{21}N_{11}^{-1}N_{12} = A^{T}PA - A^{T}PB(B^{T}PB)^{-1}B^{T}PA = 7.1257 \times 10^{5}$$

由[例 6-1]得参数解为 $\hat{x}_1 = [1.51 \quad -0.90]^{T}$ cm，再由式(10-3-6)和式(10-3-7)，得附加系统参数平差法的参数解为

$$\hat{s} = M^{-1}(A^{T}Pl - A^{T}PB\hat{x}_1) = 0.0008$$

$$\hat{x} = \hat{x}_1 - N_{11}^{-1}N_{12}\hat{s} = \hat{x}_1 - (B^{T}PB)^{-1}B^{T}PA\hat{s} = \begin{bmatrix} 1.82 \\ -1.52 \end{bmatrix}\text{cm}$$

现用线性假设检验法检验该题是否有必要用附加系统参数平差法进行平差，即系统误差的影响是否明显。由[例 6-2]得到间接平差法的改正数加权平方和为

$$\Omega = V^{T}PV = 0.9445$$

再由式(10-3-18)及上面的计算结果，得

$$R = \hat{s}^{T}M\hat{s} = 0.4560$$

由式(10-3-17)，得附加系统参数平差法的改正数加权平方和为

$$\Omega_A = \Omega - R = 0.9445 - 0.4560 = 0.4885$$

由式(10-3-19)，得 F 统计量的值为

$$F = \frac{R/m}{\Omega_A/(n-t-m)} = \frac{0.4560/1}{0.4885/(5-2-1)} = 1.87$$

现设显著水平 $\alpha=0.05$，得分位值 $F_{0.05}(1, 2)=[t_{0.025}(2)]^2=4.3027^2=18.513$[$F$ 分布表中，有时第一自由度为 1 的 F 分位值不会给出，此时可参考 F 变量和 t 变量的关系式(9-2-31)，利用 t 分位值转换出 F 分位值]。

可见统计量 $F=1.87<F_\alpha=18.513$，所以应该接受原假设 $H_0: \tilde{s}=\mathbf{0}$。根据线性假设检验法原理，认为在 $\alpha=0.05$ 的显著水平下，[例 6-1]这个水准网的观测值中系统误差的影响不显著，用间接平差法进行平差就可以了(此题仅作示例演示计算过程，因自由度太小，所以结论不一定正确)。

10.4 赫尔墨特方差分量估计法

平差依据的高斯-马尔柯夫数学模型中，包括了函数模型式(4-2-34)和随机模型式(4-2-35)。在经典平差理论中，主要内容都是对平差的函数模型进行研究和探讨，而且要求在随机模型中，观测量的方差 $\boldsymbol{D}(\boldsymbol{\Delta})$ 是验前得到的，在精确地知道验前方差后准确地对观测值定权。

在近代平差处理的数据中，观测对象从单一种类的观测量扩展到不同种类、不同精度级别的观测量，如不同等级的三角网联合平差、卫星网与地面网联合平差、航测网与大地测量数据联合处理等，这样，验前得到的方差就有一定的局限性，特别是确定各类观测量之间的权比很可能不合理。为了合理地确定各观测量之间的权比，可以用赫尔墨特方差分量估计法，利用预平差后得到的信息，依据一定的原则对各类观测量的方差分量 σ_{0i}^2 作出估计，并据此重新定权和平差，重复迭代，直至各类观测值的方差分量估值 $\hat{\sigma}_{0i}^2$ 相等为止。从而得出各类

观测值之间较为客观的权比。

赫尔墨特方差分量估计法要求各类观测量之间相互独立，即观测量的方差阵是拟对角阵。赫尔墨特方差分量估计法还与多余观测数有关，只有在数据处理要求高、平差网形大、多余观测数多的情况下，进行方差分量估计是必要和有利的。此外，两类精度相差悬殊的观测量不应该放在一起使用赫尔墨特分量估计法，否则会形成用低精度观测值修改高精度观测值的不合理现象。

1. 赫尔墨特方法

设有两类独立观测值，分别为 $\underset{n_1\times 1}{\boldsymbol{L}_1}$ 和 $\underset{n_2\times 1}{\boldsymbol{L}_2}$，误差方程及权阵为

$$\boldsymbol{V}_1=\boldsymbol{B}_1\hat{\boldsymbol{X}}-\boldsymbol{L}_1,\ \boldsymbol{P}_1=\sigma_{01}^2\boldsymbol{D}_{L_1}^{-1} \tag{10-4-1}$$

$$\boldsymbol{V}_2=\boldsymbol{B}_2\hat{\boldsymbol{X}}-\boldsymbol{L}_2,\ \boldsymbol{P}_2=\sigma_{02}^2\boldsymbol{D}_{L_2}^{-1} \tag{10-4-2}$$

观测向量 $\boldsymbol{L}_1$ 和 $\boldsymbol{L}_2$ 的观测方差为

$$\boldsymbol{D}=\begin{bmatrix}\boldsymbol{D}_{L_1} & \boldsymbol{0}\\ \boldsymbol{0} & \boldsymbol{D}_{L_2}\end{bmatrix}=\begin{bmatrix}\sigma_{01}^2\boldsymbol{P}_1^{-1} & \boldsymbol{0}\\ \boldsymbol{0} & \sigma_{02}^2\boldsymbol{P}_2^{-1}\end{bmatrix} \tag{10-4-3}$$

式中，$\boldsymbol{P}_1$，$\boldsymbol{P}_2$ 分别是 $\boldsymbol{L}_1$，$\boldsymbol{L}_2$ 初次平差时的权阵。只有 $\sigma_{01}^2=\sigma_{02}^2=\sigma_0^2$ 时才认为定权合理，$\boldsymbol{P}_1:\boldsymbol{P}_2$ 的权比正确。现利用平差，计算出 σ_{01}^2 和 σ_{02}^2 的估值。

由式(10-4-1)和式(10-4-2)的误差方程及观测值的权阵 $\boldsymbol{P}=\begin{bmatrix}\boldsymbol{P}_1 & \boldsymbol{0}\\ \boldsymbol{0} & \boldsymbol{P}_2\end{bmatrix}$，得法方程系数阵为

$$\boldsymbol{N}=\boldsymbol{B}_1^{\mathrm{T}}\boldsymbol{P}_1\boldsymbol{B}_1+\boldsymbol{B}_2^{\mathrm{T}}\boldsymbol{P}_2\boldsymbol{B}_2=\boldsymbol{N}_1+\boldsymbol{N}_2 \tag{10-4-4}$$

初次平差后的参数解为

$$\hat{\boldsymbol{X}}=\boldsymbol{N}^{-1}(\boldsymbol{B}_1^{\mathrm{T}}\boldsymbol{P}_1\boldsymbol{L}_1+\boldsymbol{B}_2^{\mathrm{T}}\boldsymbol{P}_2\boldsymbol{L}_2) \tag{10-4-5}$$

将 $\hat{\boldsymbol{X}}$ 代入误差方程式(10-4-1)和式(10-4-2)中，整理后以 $\boldsymbol{L}_1$ 和 $\boldsymbol{L}_2$ 归项，得改正数向量为

$$\boldsymbol{V}_1=(\boldsymbol{B}_1\boldsymbol{N}^{-1}\boldsymbol{B}_1^{\mathrm{T}}\boldsymbol{P}_1-\boldsymbol{I})\boldsymbol{L}_1+\boldsymbol{B}_1\boldsymbol{N}^{-1}\boldsymbol{B}_2^{\mathrm{T}}\boldsymbol{P}_2\boldsymbol{L}_2 \tag{10-4-6}$$

$$\boldsymbol{V}_2=\boldsymbol{B}_2\boldsymbol{N}^{-1}\boldsymbol{B}_1^{\mathrm{T}}\boldsymbol{P}_1\boldsymbol{L}_1+(\boldsymbol{B}_2\boldsymbol{N}^{-1}\boldsymbol{B}_2^{\mathrm{T}}\boldsymbol{P}_2-\boldsymbol{I})\boldsymbol{L}_2 \tag{10-4-7}$$

由式(10-4-6)，根据协方差传播律得 $\boldsymbol{V}_1$ 的方差为

$$\begin{aligned}\boldsymbol{D}_{V_1}&=(\boldsymbol{B}_1\boldsymbol{N}^{-1}\boldsymbol{B}_1^{\mathrm{T}}\boldsymbol{P}_1-\boldsymbol{I})\sigma_{01}^2\boldsymbol{P}_1^{-1}(\boldsymbol{B}_1\boldsymbol{N}^{-1}\boldsymbol{B}_1^{\mathrm{T}}\boldsymbol{P}_1-\boldsymbol{I})^{\mathrm{T}}+(\boldsymbol{B}_1\boldsymbol{N}^{-1}\boldsymbol{B}_2^{\mathrm{T}}\boldsymbol{P}_2)\sigma_{02}^2\boldsymbol{P}_2^{-1}(\boldsymbol{B}_1\boldsymbol{N}^{-1}\boldsymbol{B}_2^{\mathrm{T}}\boldsymbol{P}_2)^{\mathrm{T}}\\&=(\boldsymbol{P}_1^{-1}+\boldsymbol{B}_1\boldsymbol{N}^{-1}\boldsymbol{N}_1\boldsymbol{N}^{-1}\boldsymbol{B}_1^{\mathrm{T}}-2\boldsymbol{B}_1\boldsymbol{N}^{-1}\boldsymbol{B}_1^{\mathrm{T}})\sigma_{01}^2+\boldsymbol{B}_1\boldsymbol{N}^{-1}\boldsymbol{N}_2\boldsymbol{N}^{-1}\boldsymbol{B}_1^{\mathrm{T}}\sigma_{02}^2\end{aligned} \tag{10-4-8}$$

参考式(7-4-46)，并顾及矩阵迹的性质[式(7-4-45)]，由式(10-4-8)得：

$$\begin{aligned}E(\boldsymbol{V}_1^{\mathrm{T}}\boldsymbol{P}_1\boldsymbol{V}_1)&=tr(\boldsymbol{P}_1\boldsymbol{D}_{V_1})\\&=tr[\boldsymbol{P}_1(\boldsymbol{P}_1^{-1}-2\boldsymbol{B}_1\boldsymbol{N}^{-1}\boldsymbol{B}_1^{\mathrm{T}}+\boldsymbol{B}_1\boldsymbol{N}^{-1}\boldsymbol{N}_1\boldsymbol{N}^{-1}\boldsymbol{B}_1^{\mathrm{T}})\sigma_{01}^2+\boldsymbol{P}_1\boldsymbol{B}_1\boldsymbol{N}^{-1}\boldsymbol{N}_2\boldsymbol{N}^{-1}\boldsymbol{B}_1^{\mathrm{T}}\sigma_{02}^2]\\&=[n_1-2tr(\boldsymbol{N}^{-1}\boldsymbol{N}_1)+tr(\boldsymbol{N}^{-1}\boldsymbol{N}_1\boldsymbol{N}^{-1}\boldsymbol{N}_1)]\sigma_{01}^2+tr(\boldsymbol{N}^{-1}\boldsymbol{N}_2\boldsymbol{N}^{-1}\boldsymbol{N}_1)\sigma_{02}^2\end{aligned} \tag{10-4-9}$$

同理，由式(10-4-7)有

$$E(\boldsymbol{V}_2^{\mathrm{T}}\boldsymbol{P}_2\boldsymbol{V}_2)=tr(\boldsymbol{P}_2\boldsymbol{D}_{V_2})$$
$$=tr(\boldsymbol{N}^{-1}\boldsymbol{N}_1\boldsymbol{N}^{-1}\boldsymbol{N}_2)\sigma_{01}^2+[n_2-2tr(\boldsymbol{N}^{-1}\boldsymbol{N}_2)+tr(\boldsymbol{N}^{-1}\boldsymbol{N}_2\boldsymbol{N}^{-1}\boldsymbol{N}_2)]\sigma_{02}^2 \tag{10-4-10}$$

方差分量估计的目的是，利用各次平差后各类改正数加权平方和 $\boldsymbol{V}_1^{\mathrm{T}}\boldsymbol{P}_1\boldsymbol{V}_1$ 和 $\boldsymbol{V}_2^{\mathrm{T}}\boldsymbol{P}_2\boldsymbol{V}_2$ 来估计 σ_{01}^2 及 σ_{02}^2，故必须建立它们之间的关系式。

去掉式(10-4-9)和式(10-4-10)前面的数学期望符号，并将式中 σ_{0i}^2 改成相应的估值 $\hat{\sigma}_{0i}^2$，得

$$\boldsymbol{V}_1^{\mathrm{T}}\boldsymbol{P}_1\boldsymbol{V}_1=[n_1-2tr(\boldsymbol{N}^{-1}\boldsymbol{N}_1)+tr(\boldsymbol{N}^{-1}\boldsymbol{N}_1\boldsymbol{N}^{-1}\boldsymbol{N}_1)]\hat{\sigma}_{01}^2+tr(\boldsymbol{N}^{-1}\boldsymbol{N}_2\boldsymbol{N}^{-1}\boldsymbol{N}_1)\hat{\sigma}_{02}^2 \tag{10-4-11}$$

$$\boldsymbol{V}_2^{\mathrm{T}}\boldsymbol{P}_2\boldsymbol{V}_2=tr(\boldsymbol{N}^{-1}\boldsymbol{N}_1\boldsymbol{N}^{-1}\boldsymbol{N}_2)\hat{\sigma}_{01}^2+[n_2-2tr(\boldsymbol{N}^{-1}\boldsymbol{N}_2)+tr(\boldsymbol{N}^{-1}\boldsymbol{N}_2\boldsymbol{N}^{-1}\boldsymbol{N}_2)]\hat{\sigma}_{02}^2 \tag{10-4-12}$$

若平差问题中有 m 类观测值，即 $i=1, 2, \cdots, m$，则有

$$\boldsymbol{V}_i^{\mathrm{T}}\boldsymbol{P}_i\boldsymbol{V}_i=[n_i-2tr(\boldsymbol{N}^{-1}\boldsymbol{N}_i)+tr(\boldsymbol{N}^{-1}\boldsymbol{N}_i\boldsymbol{N}^{-1}\boldsymbol{N}_i)]\hat{\sigma}_{0i}^2+\sum_{j=1,j\neq i}^{m}tr(\boldsymbol{N}^{-1}\boldsymbol{N}_i\boldsymbol{N}^{-1}\boldsymbol{N}_j)\hat{\sigma}_{0j}^2 \tag{10-4-13}$$

式(10-4-11)和式(10-4-12)表示只有两类观测值的残差平方和，即 $m=2$，可用矩阵形式表示这两式为

$$\underset{m\times m}{\boldsymbol{S}}\ \underset{m\times 1}{\hat{\boldsymbol{\theta}}}=\underset{m\times 1}{\boldsymbol{W}} \tag{10-4-14}$$

式中，

$$\hat{\boldsymbol{\theta}}=[\hat{\sigma}_{01}^2\quad \hat{\sigma}_{02}^2]^{\mathrm{T}},\ \boldsymbol{W}=[\boldsymbol{V}_1^{\mathrm{T}}\boldsymbol{P}_1\boldsymbol{V}_1\quad \boldsymbol{V}_2^{\mathrm{T}}\boldsymbol{P}_2\boldsymbol{V}_2]^{\mathrm{T}}$$

$$\boldsymbol{S}=\begin{bmatrix} n_1-2tr(\boldsymbol{N}^{-1}\boldsymbol{N}_1)+tr(\boldsymbol{N}^{-1}\boldsymbol{N}_1\boldsymbol{N}^{-1}\boldsymbol{N}_1) & tr(\boldsymbol{N}^{-1}\boldsymbol{N}_2\boldsymbol{N}^{-1}\boldsymbol{N}_1) \\ tr(\boldsymbol{N}^{-1}\boldsymbol{N}_1\boldsymbol{N}^{-1}\boldsymbol{N}_2) & n_2-2tr(\boldsymbol{N}^{-1}\boldsymbol{N}_2)+tr(\boldsymbol{N}^{-1}\boldsymbol{N}_2\boldsymbol{N}^{-1}\boldsymbol{N}_2) \end{bmatrix}$$

解式(10-4-14)，得唯一解为

$$\hat{\boldsymbol{\theta}}=\boldsymbol{S}^{-1}\boldsymbol{W} \tag{10-4-15}$$

若观测值有 m 类，则

$$\hat{\boldsymbol{\theta}}=[\hat{\sigma}_{01}^2\quad \hat{\sigma}_{02}^2\quad \cdots\quad \hat{\sigma}_{0m}^2]^{\mathrm{T}},\ \boldsymbol{W}=[\boldsymbol{V}_1^{\mathrm{T}}\boldsymbol{P}_1\boldsymbol{V}_1\quad \boldsymbol{V}_2^{\mathrm{T}}\boldsymbol{P}_2\boldsymbol{V}_2\quad \cdots\quad \boldsymbol{V}_m^{\mathrm{T}}\boldsymbol{P}_m\boldsymbol{V}_m]^{\mathrm{T}}$$

$$\boldsymbol{S}=\begin{bmatrix} n_1-2tr(\boldsymbol{N}^{-1}\boldsymbol{N}_1)+tr(\boldsymbol{N}^{-1}\boldsymbol{N}_1\boldsymbol{N}^{-1}\boldsymbol{N}_1) & tr(\boldsymbol{N}^{-1}\boldsymbol{N}_1\boldsymbol{N}^{-1}\boldsymbol{N}_2) & \cdots & tr(\boldsymbol{N}^{-1}\boldsymbol{N}_1\boldsymbol{N}^{-1}\boldsymbol{N}_m) \\ tr(\boldsymbol{N}^{-1}\boldsymbol{N}_1\boldsymbol{N}^{-1}\boldsymbol{N}_2) & n_2-2tr(\boldsymbol{N}^{-1}\boldsymbol{N}_2)+tr(\boldsymbol{N}^{-1}\boldsymbol{N}_2\boldsymbol{N}^{-1}\boldsymbol{N}_2) & \cdots & tr(\boldsymbol{N}^{-1}\boldsymbol{N}_2\boldsymbol{N}^{-1}\boldsymbol{N}_m) \\ \vdots & \vdots & & \vdots \\ tr(\boldsymbol{N}^{-1}\boldsymbol{N}_1\boldsymbol{N}^{-1}\boldsymbol{N}_m) & tr(\boldsymbol{N}^{-1}\boldsymbol{N}_2\boldsymbol{N}^{-1}\boldsymbol{N}_m) & \cdots & n_m-2tr(\boldsymbol{N}^{-1}\boldsymbol{N}_m)+tr(\boldsymbol{N}^{-1}\boldsymbol{N}_m\boldsymbol{N}^{-1}\boldsymbol{N}_m) \end{bmatrix}$$

由式(10-4-15)，就可以解得各方差分量的估值 $\hat{\sigma}_{01}^2, \hat{\sigma}_{02}^2, \cdots, \hat{\sigma}_{0m}^2$。

因为赫尔墨特方差分量估计法的严密公式的计算工作量很大，所以也有将严密公式进行

简化，建立近似的、快速的计算方法。

2. 赫尔墨特方法近似公式

(1) 近似公式一

在式(10－4－13)中舍去所有求矩阵迹的项，得到$\boldsymbol{V}_i^{\mathrm{T}}\boldsymbol{P}_i\boldsymbol{V}_i=n_i\hat{\sigma}_{0i}^2$，所以有近似估计式：

$$\hat{\sigma}_{0i}^2=\frac{\boldsymbol{V}_i^{\mathrm{T}}\boldsymbol{P}_i\boldsymbol{V}_i}{n_i} \tag{10-4-16}$$

(2) 近似公式二

在式(10－4－13)中假定$\hat{\sigma}_{01}^2=\hat{\sigma}_{02}^2=\cdots=\hat{\sigma}_{0m}^2=\hat{\sigma}_{0i}^2(\neq\sigma_0^2)$，则有

$$\begin{aligned}\boldsymbol{V}_i^{\mathrm{T}}\boldsymbol{P}_i\boldsymbol{V}_i&=\left[n_i-2tr(\boldsymbol{N}^{-1}\boldsymbol{N}_i)+tr(\boldsymbol{N}^{-1}\boldsymbol{N}_i\boldsymbol{N}^{-1}\sum_{i=1}^{m}\boldsymbol{N}_i)\right]\hat{\sigma}_{0i}^2\\&=\left[n_i-2tr(\boldsymbol{N}^{-1}\boldsymbol{N}_i)+tr(\boldsymbol{N}^{-1}\boldsymbol{N}_i\boldsymbol{N}^{-1}\boldsymbol{N})\right]\hat{\sigma}_{0i}^2\\&=\left[n_i-tr(\boldsymbol{N}^{-1}\boldsymbol{N}_i)\right]\hat{\sigma}_{0i}^2\end{aligned}$$

则有近似估计式：

$$\hat{\sigma}_{0i}^2=\frac{\boldsymbol{V}_i^{\mathrm{T}}\boldsymbol{P}_i\boldsymbol{V}_i}{n_i-tr(\boldsymbol{N}^{-1}\boldsymbol{N}_i)} \tag{10-4-17}$$

3. 赫尔墨特方法计算步骤(以边角网为例)

(1) 确定观测值的权。设$\sigma_0^2=\sigma_\beta^2$，则观测值角和边的初权为

$$\boldsymbol{P}_\beta(1)=\boldsymbol{I},\ \boldsymbol{P}_{s_i}(1)=\frac{\sigma_\beta^2}{\sigma_{s_i}^2} \tag{10-4-18}$$

(2) 第一次平差后，得两类观测值的单位权方差估值$\hat{\sigma}_{01}^2$，$\hat{\sigma}_{02}^2$，则观测角和观测边的方差估值为

$$\hat{\sigma}_\beta^2=\hat{\sigma}_{01}^2\cdot[\boldsymbol{P}_\beta(1)]^{-1}=\hat{\sigma}_{01}^2,\ \hat{\sigma}_{s_i}^2=\hat{\sigma}_{02}^2\cdot[\boldsymbol{P}_{s_i}(1)]^{-1} \tag{10-4-19}$$

(3) 若$\hat{\sigma}_{01}^2\neq\hat{\sigma}_{02}^2$，说明初始定权不准确，需重新定权，进行第二次平差。第二次定权时设$\sigma_0^2=\hat{\sigma}_{01}^2$，则第二次定权为

$$\boldsymbol{P}_\beta(2)=\frac{\sigma_0^2}{\hat{\sigma}_\beta^2}=\frac{\hat{\sigma}_{01}^2}{\hat{\sigma}_\beta^2}=\boldsymbol{I},\ \boldsymbol{P}_{s_i}(2)=\frac{\sigma_0^2}{\hat{\sigma}_{s_i}^2}=\frac{\hat{\sigma}_{01}^2}{\hat{\sigma}_{02}^2}\cdot\boldsymbol{P}_{s_i}(1) \tag{10-4-20}$$

可见第二次平差时，因角度的权阵仍为单位阵，故其矩阵$\boldsymbol{N}_1$的内容不变；观测边长的权阵与第一次平差时相比，增加了一个系数$\dfrac{\hat{\sigma}_{01}^2}{\hat{\sigma}_{02}^2}$。

(4) 第二次平差后，再得单位权方差估值$\hat{\sigma}_{01}^2$，$\hat{\sigma}_{02}^2$，若两者相差还是较大，则进行第三次定权，定权方法同步骤(2)，(3)。

(5) 最后，当$\hat{\sigma}_{01}^2$，$\hat{\sigma}_{02}^2$趋于一致时，迭代结束。此时得到的参数平差值$\hat{\boldsymbol{X}}$和改正数向量$\boldsymbol{V}$就作为平差的最终结果。

4. 赫尔墨特方法单位权方差估值

赫尔墨特方法迭代终止时，可认为$\hat{\sigma}_{01}^2=\hat{\sigma}_{02}^2=\hat{\sigma}_0^2$，将式(10－4－11)和式(10－4－12)相加，有

$$\boldsymbol{V}_1^{\mathrm{T}}\boldsymbol{P}_1\boldsymbol{V}_1+\boldsymbol{V}_2^{\mathrm{T}}\boldsymbol{P}_2\boldsymbol{V}_2=[n_1-tr(\boldsymbol{N}^{-1}\boldsymbol{N}_1)]\hat{\sigma}_0^2+[n_2-tr(\boldsymbol{N}^{-1}\boldsymbol{N}_2)]\hat{\sigma}_0^2 \\ =(n_1+n_2-t)\hat{\sigma}_0^2 \tag{10-4-21}$$

由式(10-4-21)得单位权方差估计公式：

$$\hat{\sigma}_0^2=\frac{\boldsymbol{V}_1^{\mathrm{T}}\boldsymbol{P}_1\boldsymbol{V}_1+\boldsymbol{V}_2^{\mathrm{T}}\boldsymbol{P}_2\boldsymbol{V}_2}{n_1+n_2-t}=\frac{\boldsymbol{V}^{\mathrm{T}}\boldsymbol{P}\boldsymbol{V}}{n-t} \tag{10-4-22}$$

式中，t 为必要观测数。

此外，赫尔墨特方法迭代终止时，参数的协因数阵为

$$\boldsymbol{Q}_{\hat{X}\hat{X}}=\boldsymbol{N}^{-1} \tag{10-4-23}$$

式中，$\boldsymbol{N}$ 为迭代到最后一次时的法方程系数阵。

习　题　10

[10-1]　试将水准网间接平差的[例 6-1]，用序贯平差的方法做一次。将用序贯平差法得到的参数平差值、观测值的平差值及参数精度与算例结果相比较(应该是相同的)。

[10-2]　填空

秩亏自由网平差法与间接平差法不同，它是将网中________设为参数，列出误差方程，然后在________原理的作用下，产生了法方程。但由于________秩亏，无法得到参数唯一解，故必须增加________条件，使法方程的解唯一。其平差结果与间接平差结果相比较，________是完全相同的，而________则是不一样的。此外，在用附加条件法平差秩亏网的过程中，$\boldsymbol{G}^{\mathrm{T}}\hat{\boldsymbol{x}}=\boldsymbol{0}$ 的约束条件，等价于________，而对附加阵 $\boldsymbol{G}^{\mathrm{T}}$ 的要求，有________阵与 $\boldsymbol{G}$ 阵相乘应为 $\boldsymbol{0}$，而 $\boldsymbol{G}$ 阵的秩应等于________。最后，秩亏网平差重心基准的原则体现在______________________。

[10-3]　如图 10-4 所示水准网，观测高差分别为 $h_1=3.589\ \mathrm{m}$，$h_2=5.327\ \mathrm{m}$，$h_3=-5.321\ \mathrm{m}$。试按广义逆法作秩亏网平差，求平差后的高差值(设水准路线等长)。

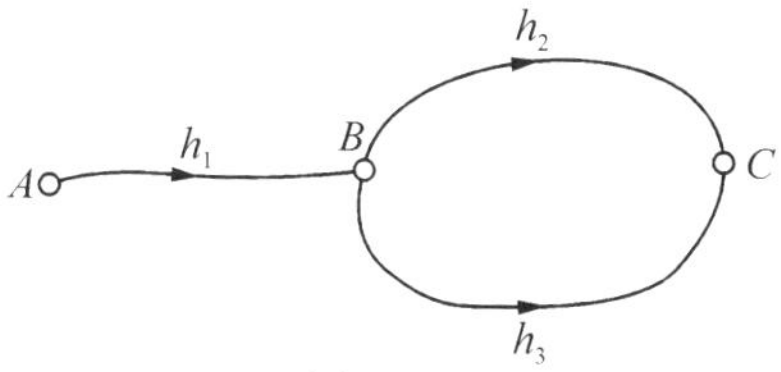

图 10-4

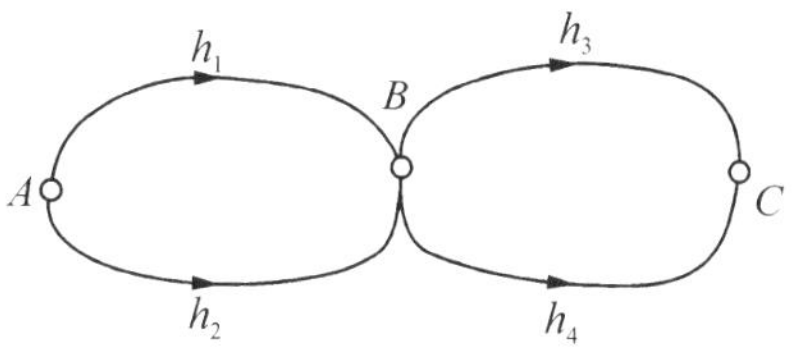

图 10-5

[10-4]　如图 10-5 所示水准网中，各高差观测值分别为 $h_1=2.95\ \mathrm{m}$，$h_2=2.97\ \mathrm{m}$，$h_3=2.08\ \mathrm{m}$，$h_4=2.06\ \mathrm{m}$，设各路线等长。试按附加条件法进行秩亏网平差，求 A，B，C 三点高程的最或然值及观测值的平差值(设各点高程近似值分别为 $H_A^0=5\ \mathrm{m}$，$H_B^0=7.95\ \mathrm{m}$，$H_C^0=10.03\ \mathrm{m}$)。

[10-5]　图 10-6 为测边秩亏网，设各边观测值等权，观测边长分别为

$s_1=22\ 141.335\ \mathrm{m}$，$s_2=27\ 908.063\ \mathrm{m}$

$s_3=20\ 044.592\ \mathrm{m}$，$s_4=36\ 577.034\ \mathrm{m}$

$s_5=20\ 480.046\ \mathrm{m}$，$s_6=29\ 402.438\ \mathrm{m}$

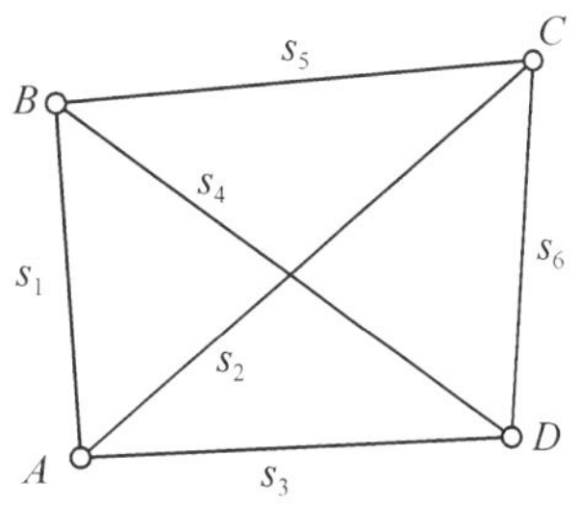

图 10-6

设各点近似坐标值(单位:m)为

$$X_A^0 = 0 \qquad Y_A^0 = 0$$
$$X_B^0 = 22\,141.335 \qquad Y_B^0 = 0$$
$$X_C^0 = 19\,187.335 \qquad Y_C^0 = 20\,265.887$$
$$X_D^0 = -10\,068.386 \qquad Y_D^0 = 17\,332.434$$

试求:

(1) 观测值的平差值;

(2) 各控制点坐标平差值及其点位精度。

参考答案

习题 1

[1-9] (1) 系统误差。当尺长大于标准尺长时，观测值小，符号为"+"；当尺长小于标准尺长时，观测值大，符号为"−"。

(2) 系统误差，符号为"−"。

(3) 偶然误差，符号为"+"或"−"。

(4) 系统误差，符号为"−"。

(5) 系统误差，符号为"−"。

[1-10] (1) 系统误差。当 i 角为正时，符号为"−"；当 i 角为负时，符号为"+"。

(2) 系统误差，符号为"+"。

(3) 偶然误差，符号为"+"或"−"。

(4) 系统误差，符号为"−"。

习题 2

[2-5] $\hat{\sigma}=3.62''$。根据平均误差的定义式：$\hat{\theta}=\frac{1}{n}\sum_{i=1}^{n}|\Delta_i|=3.08''$。根据或然误差的定义式，将真误差按绝对值大小及出现频率排列，取其 1/2 处的值为$\hat{\rho}$，所以$\hat{\rho}=3.00''$。

[2-6] $\hat{\theta}_1=2.4$，$\hat{\theta}_2=2.4$，$\hat{\sigma}_1=2.7$，$\hat{\sigma}_2=3.6$，$\hat{\sigma}_{12}=-1.5$

两组观测值的平均误差相同，而中误差不同，由于中误差对大的误差反应灵敏，故通常采用中误差作为衡量精度的指标。本题中 $\hat{\sigma}_1<\hat{\sigma}_2$，所以第一组观测值精度高。

[2-7] (1) $\hat{\sigma}=\sqrt{\frac{42.1526}{43}}=0.99''$，$\hat{\theta}=\frac{[|\Delta|]}{43}=\frac{32.7}{43}=0.76''$，$\Delta_{限}=3\hat{\sigma}=2.97''$

(2) 该组最大误差为 $2.37''<\Delta_{限}$；有正误差 21 个，负误差 22 个；小于$\hat{\sigma}$的误差个数为 29 个，小于 2$\hat{\sigma}$的误差个数 11 个；误差数学期望估值 $E(\Delta)=\frac{[\Delta]}{43}=0.03$。从以上结果分析，基本符合偶然误差特性。

[2-8] 这两段长度的真误差不一定相等，最大限差相等，中误差相等，相对精度不等。

习题 3

[3-2] $\underset{2\times2}{\boldsymbol{D}_{XX}}=\begin{bmatrix}4 & -2\\ -2 & 9\end{bmatrix}('')^2$

[3-3] $\sigma_{L_1}=2$，$\sigma_{L_2}=3$，$\sigma_{L_3}=4$，$\sigma_{L_1L_2}=-2$，$\sigma_{L_1L_3}=0$，$\sigma_{L_2L_3}=-3$

[3-4] $\boldsymbol{D}_{XY}=\boldsymbol{D}_{XX}\boldsymbol{A}^{\mathrm{T}}$，$\boldsymbol{D}_{YZ}=\boldsymbol{A}\boldsymbol{D}_{XX}\boldsymbol{A}^{\mathrm{T}}\boldsymbol{B}^{\mathrm{T}}$，$\boldsymbol{D}_{XZ}=\boldsymbol{D}_{XX}\boldsymbol{A}^{\mathrm{T}}\boldsymbol{B}^{\mathrm{T}}$，$\boldsymbol{D}_{YR}=\boldsymbol{A}\boldsymbol{D}_{XX}\boldsymbol{A}^{\mathrm{T}}\boldsymbol{B}^{\mathrm{T}}\boldsymbol{C}^{\mathrm{T}}$

[3-5] $\boldsymbol{D}_{RR}=(\boldsymbol{CA}+\boldsymbol{GBA})\boldsymbol{D}_{XX}(\boldsymbol{A}^{\mathrm{T}}\boldsymbol{C}^{\mathrm{T}}+\boldsymbol{A}^{\mathrm{T}}\boldsymbol{B}^{\mathrm{T}}\boldsymbol{G}^{\mathrm{T}})$

$\boldsymbol{D}_{RZ}=(\boldsymbol{C}+\boldsymbol{GB})\boldsymbol{A}\boldsymbol{D}_{XX}\boldsymbol{A}^{\mathrm{T}}\boldsymbol{B}^{\mathrm{T}}$

$\boldsymbol{D}_{RW}=(\boldsymbol{C}+\boldsymbol{GB})\boldsymbol{A}\boldsymbol{D}_{XX}\boldsymbol{A}^{\mathrm{T}}\boldsymbol{B}^{\mathrm{T}}\boldsymbol{F}^{\mathrm{T}}+(\boldsymbol{C}+\boldsymbol{GB})\boldsymbol{A}\boldsymbol{D}_{XX}\boldsymbol{A}^{\mathrm{T}}(\boldsymbol{C}^{\mathrm{T}}+\boldsymbol{B}^{\mathrm{T}}\boldsymbol{G}^{\mathrm{T}})\boldsymbol{H}^{\mathrm{T}}$

[3-6] (1) $\sigma_x=\sqrt{\sigma_1^2+4\sigma_2^2}$；　(2) $\sigma_y=\sqrt{(L_1+L_2)^2\sigma_1^2+L_1^2\sigma_2^2}$；

(3) $\sigma_z = \sqrt{\dfrac{\sin^2 L_2}{\sin^4(L_1+L_2)}\sigma_1^2 + \dfrac{\sin^2 L_1 \cos^2(L_1+L_2)}{\sin^4(L_1+L_2)}\sigma_2^2}$

[3-7] $\sigma_{\psi_1}^2 = 10.8$, $\sigma_{\psi_2}^2 = 371.2$, $\sigma_{\psi_1\psi_2} = 6.4$

[3-8] (1) $\sigma_a = 1.41''$; (2) $\dfrac{1}{75\ 000}$

[3-9] $Q_{x_1} = Q_{x_2} = \dfrac{2}{3}$, $Q_{x_1 x_2} = -\dfrac{1}{3}$

[3-10] $\boldsymbol{D}_{YY} = \begin{bmatrix} \sigma_{y_1}^2 & \sigma_{y_1 y_2} \\ \sigma_{y_2 y_1} & \sigma_{y_2}^2 \end{bmatrix} = \begin{bmatrix} 12 & -1 \\ -1 & 45 \end{bmatrix}$

[3-11] $\sigma_{x_1 y} = 314$, $\sigma_y^2 = 5\ 196$

[3-12] (1) 三个观测值均不独立。 (2) $\boldsymbol{P}_{L'} = \dfrac{1}{8}\begin{bmatrix} 4 & -2 \\ -2 & 3 \end{bmatrix}$, $P_{L_1} = \dfrac{1}{3}$

[3-13] $p_B = \dfrac{16}{9}$

[3-14] (1) $\sigma_{闭} = 63.2''$; (2) $n = 4$ 测回; (3) $\hat{\sigma}_{\hat{\beta}_i} = 25.3''$

[3-15] (1) F_1 与 F_2 统计不相关; (2) $p_{F_1} = \dfrac{1}{4}$, $p_{F_2} = \dfrac{1}{28}$

[3-16] $Q_{\hat{X}h_1} = Q_{\hat{X}h_2} = \dfrac{s_1 s_2}{s_1 + s_2}$

[3-17] 路线最长可达 16 km。

[3-18] 上底、下底、高的平均值的中误差为 $\sigma_1 = \dfrac{\sigma_{上}}{\sqrt{n}}$, $\sigma_2 = \dfrac{\sigma_{下}}{\sqrt{n}}$, $\sigma_3 = \dfrac{\sigma_{高}}{\sqrt{n}}$

$\sigma_{\bar{S}}^2 = \dfrac{1}{4n}[H^2\sigma_{上}^2 + H^2\sigma_{下}^2 + (A+B)^2\sigma_{高}^2]$

[3-19] (1) 单位权为观测$\angle A$二测回平均值的权; (2) $\sigma_0 = 1.70''$; (3) $n = 12$ 次

[3-20] $\hat{\sigma}_\beta = \sqrt{\dfrac{[ww]}{30}}$; $\hat{\sigma}_0 = \sqrt{\dfrac{[P_{ww}]}{10}}$; $\hat{\sigma}_{w_i} = \hat{\sigma}_0\sqrt{p_i^{-1}}$

习题 5

[5-1] 条件方程个数为 $r = n - t$,法方程个数为 $n - t$,改正数方程个数为 n。

[5-2] $n = 6$, $t = 3$, $r = 3$

观测方程: $\left.\begin{aligned} \hat{L}_1 - \hat{L}_2 + \hat{L}_4 &= 0 \\ \hat{L}_1 - \hat{L}_3 + \hat{L}_5 &= 0 \\ \hat{L}_4 - \hat{L}_5 + \hat{L}_6 &= 0 \end{aligned}\right\}$

条件方程: $\left.\begin{aligned} v_1 - v_2 + v_4 - w_a &= 0 \\ v_1 - v_3 + v_5 - w_b &= 0 \\ v_4 - v_5 + v_6 - w_c &= 0 \end{aligned}\right\}$

闭合差: $\left.\begin{aligned} w_a &= -(L_1 - L_2 + L_4) \\ w_b &= -(L_1 - L_3 + L_5) \\ w_c &= -(L_4 - L_5 + L_6) \end{aligned}\right\}$

[5-3] $n = 9$, $t = 5$, $r = 4$。改正数条件方程及闭合差分别为

$$\left.\begin{aligned} v_2 - v_6 + v_7 - w_a &= 0 \\ v_3 - v_7 + v_8 - w_b &= 0 \\ v_4 + v_8 - v_9 - w_c &= 0 \\ v_5 - v_6 + v_9 - w_d &= 0 \end{aligned}\right\}, \quad \left.\begin{aligned} w_a &= -(h_2 - h_6 + h_7) \\ w_b &= -(h_3 - h_7 + h_8) \\ w_c &= -(h_4 + h_8 - h_9) \\ w_d &= -(h_5 - h_6 + h_9) \end{aligned}\right\}$$

[5-4] $\hat{\gamma}=\frac{1}{5}(900^\circ-\alpha-\beta+2\gamma-2\delta)$

[5-5] (1) $\left.\begin{array}{l}v_1+v_3+v_5-w_a=0\\v_2+v_4+v_5-w_b=0\end{array}\right\}$, $\left.\begin{array}{l}w_a=-(h_1+h_3+h_5)=-12\ \text{mm}\\w_b=-(h_2+h_4+h_5)=+8\ \text{mm}\end{array}\right\}$

(2) $\boldsymbol{V}=[-5.5\quad 4.5\quad -5.5\quad 4.5\quad -1.0]^{\mathrm{T}}\ \text{mm}$

$\hat{\boldsymbol{h}}=[1.622\,5\quad 0.825\,5\quad 0.709\,5\quad 1.506\,5\quad -2.332\,0]^{\mathrm{T}}\ \text{m}$

[5-6] $n=6$, $t=4$, $r=2$，图形条件和极条件各1个。平差值条件方程为(极条件以C点为极点)

$$\left.\begin{array}{l}\hat{L}_1+\hat{L}_2+\hat{L}_3+\hat{L}_4+\hat{L}_5+\hat{L}_6-360^\circ=0\\ \dfrac{\overline{CA}}{\overline{CD}}\cdot\dfrac{\overline{CB}}{\overline{CA}}\cdot\dfrac{\overline{CD}}{\overline{CB}}=\dfrac{\sin\hat{L}_5\sin\hat{L}_1\sin\hat{L}_3}{\sin\hat{L}_6\sin(\hat{L}_2+\hat{L}_3)\sin(\hat{L}_3+\hat{L}_4)}=1\end{array}\right\}$$

[5-7] $n=11$, $t=6$, $r=5$，其中图形条件3个，极条件2个。平差值条件方程为

$$\left.\begin{array}{l}\hat{L}_8+\hat{L}_9+\hat{L}_{10}-180^\circ=0\\ \hat{L}_5+\hat{L}_6+\hat{L}_7-180^\circ=0\\ \hat{L}_1+\hat{L}_2+\hat{L}_3+\hat{L}_4+\hat{L}_5+\hat{L}_6+\hat{L}_8+\hat{L}_{10}+\hat{L}_{11}-360^\circ=0\\ \dfrac{\overline{EB}}{\overline{EA}}\cdot\dfrac{\overline{EC}}{\overline{EB}}\cdot\dfrac{\overline{ED}}{\overline{EC}}\cdot\dfrac{\overline{EA}}{\overline{ED}}=\dfrac{\sin\hat{L}_{11}\sin(\hat{L}_2+\hat{L}_3)\sin\hat{L}_5\sin\hat{L}_8}{\sin\hat{L}_1\sin\hat{L}_4\sin\hat{L}_6\sin\hat{L}_{10}}=1\\ \dfrac{\overline{DB}}{\overline{DE}}\cdot\dfrac{\overline{DC}}{\overline{DB}}\cdot\dfrac{\overline{DE}}{\overline{DC}}=\dfrac{\sin(\hat{L}_2+\hat{L}_3+\hat{L}_4+\hat{L}_7)\sin\hat{L}_3\sin\hat{L}_5}{\sin\hat{L}_2\sin(\hat{L}_4+\hat{L}_5)\sin\hat{L}_7}=1\end{array}\right\}$$

因为

$$\hat{s}_{CD}=\overline{AB}\,\frac{\sin\hat{L}_1\sin\hat{L}_{10}\sin\hat{L}_7}{\sin(\hat{L}_1+\hat{L}_{11})\sin\hat{L}_8\sin\hat{L}_5}$$

所以$\hat{s}_{CD}$边长的权函数式为

$$\frac{\mathrm{d}\hat{s}_{CD}}{s_{CD}}=\frac{1}{\rho''}\{[\cot L_1-\cot(L_1+L_{11})]\mathrm{d}\hat{L}_1-\cot L_5\mathrm{d}\hat{L}_5+\cot L_7\mathrm{d}\hat{L}_7-\cot L_8\mathrm{d}\hat{L}_8+$$
$$\cot L_{10}\mathrm{d}\hat{L}_{10}-\cot(L_1+L_{11})\mathrm{d}\hat{L}_{11}\}=\frac{1}{\rho''}\boldsymbol{f}^{\mathrm{T}}\mathrm{d}\hat{\boldsymbol{L}}$$

[5-8] $n=4$, $t=2$, $r=2$

条件方程：$\left.\begin{array}{l}v_{x_1}-v_{x_2}-w_a=0\\v_{y_1}-v_{y_2}-w_b=0\end{array}\right\}$, $\boldsymbol{W}=\begin{bmatrix}9\\-4\end{bmatrix}\text{mm}$

$\boldsymbol{V}=[v_{x_1}\quad v_{y_1}\quad v_{x_2}\quad v_{y_2}]^{\mathrm{T}}=[3.86\quad -1.77\quad -5.14\quad 2.23]^{\mathrm{T}}\ \text{mm}$

该点坐标最佳估值：$\hat{x}=1\,220.331\,9$ m, $\hat{y}=3\,637.892\,2$ m

[5-9] $n=8$, $t=4$, $r=4$

(1) 图形条件略。以AC, BD两直线交汇点为极，得平差值极条件和线性化后的闭合差：

$$\frac{\sin\hat{L}_2\sin\hat{L}_8\sin\hat{L}_6\sin\hat{L}_4}{\sin\hat{L}_1\sin\hat{L}_7\sin\hat{L}_5\sin\hat{L}_3}=1,\quad W=-\left(1-\frac{\sin L_1\sin L_7\sin L_5\sin L_3}{\sin L_2\sin L_8\sin L_6\sin L_4}\right)\rho''$$

极条件线性化后，得所有条件方程系数阵及闭合差为

$$\boldsymbol{A}=\begin{bmatrix}1&1&1&1&0&0&0&0\\0&0&0&0&1&1&1&1\\0&0&1&1&1&1&0&0\\-0.504\,3&2.302\,0&-2.296\,9&0.368\,8&-0.538\,9&2.140\,7&-1.929\,0&0.447\,8\end{bmatrix},$$

$$\boldsymbol{W}=\begin{bmatrix}-5.13\\4.54\\-1.66\\17.37\end{bmatrix}''$$

组成法方程，解得联系数和改正数：

$$\boldsymbol{K}=\boldsymbol{N}^{-1}\boldsymbol{W}=[-0.9821\quad 1.3818\quad -0.5451\quad 0.8551]^{\mathrm{T}}$$
$$\boldsymbol{V}=\boldsymbol{Q}\boldsymbol{A}^{\mathrm{T}}\boldsymbol{K}=[-1.41\quad 0.98\quad -3.49\quad -1.21\quad 0.38\quad 2.67\quad -0.27\quad 1.76]''^{\mathrm{T}}$$

单位权中误差估值为

$$\hat{\sigma}_0=\sqrt{\frac{\boldsymbol{V}^{\mathrm{T}}\boldsymbol{V}}{n-t}}=\sqrt{\frac{27.0699}{4}}=2.60''$$

(2) 平差后各角中误差为 $\hat{\sigma}_{\hat{L}_1}=\hat{\sigma}_{\hat{L}_4}=\hat{\sigma}_{\hat{L}_5}=\hat{\sigma}_{\hat{L}_8}=2.0''$，$\hat{\sigma}_{\hat{L}_2}=\hat{\sigma}_{\hat{L}_3}=\hat{\sigma}_{\hat{L}_6}=\hat{\sigma}_{\hat{L}_7}=1.6''$

(3) 平差后 BD 边长值为

$$\hat{s}_{BD}=\overline{AC}\,\frac{\sin\hat{L}_4\sin(\hat{L}_1+\hat{L}_8)}{\sin(\hat{L}_2+\hat{L}_3)\sin\hat{L}_7}$$

BD 边长相对中误差的权函数式为

$$\frac{\mathrm{d}\hat{s}_{BD}}{s_{BD}}=\frac{1}{\rho''}(-0.8132\mathrm{d}\hat{L}_1-0.9323\mathrm{d}\hat{L}_2-0.9323\mathrm{d}\hat{L}_3+0.3688\mathrm{d}\hat{L}_4-1.9290\mathrm{d}\hat{L}_7-0.8132\mathrm{d}\hat{L}_8)$$
$$=\frac{1}{\rho''}\boldsymbol{f}^{\mathrm{T}}\mathrm{d}\hat{\boldsymbol{L}}$$

$$\boldsymbol{f}^{\mathrm{T}}=[-0.8132\quad -0.9323\quad -0.9323\quad 0.3688\quad 0\quad 0\quad -1.9290\quad -0.8132]$$
$$\boldsymbol{f}^{\mathrm{T}}\boldsymbol{Q}_{\hat{L}\hat{L}}\boldsymbol{f}=\boldsymbol{f}^{\mathrm{T}}\boldsymbol{Q}\boldsymbol{f}-\boldsymbol{f}^{\mathrm{T}}\boldsymbol{Q}\boldsymbol{A}^{\mathrm{T}}\boldsymbol{N}^{-1}\boldsymbol{A}\boldsymbol{Q}\boldsymbol{f}=0.6945$$

BD 边长的相对中误差为

$$\frac{\sigma_{\hat{s}_{BD}}}{s_{BD}}=\frac{\hat{\sigma}_0\sqrt{\boldsymbol{f}^{\mathrm{T}}\boldsymbol{Q}_{\hat{L}\hat{L}}\boldsymbol{f}}}{\rho''}=\frac{2.60''\times\sqrt{0.6945}}{206265''}=\frac{1}{84700}$$

[5-10] $n=5$, $t=3$, $r=2$

$$\hat{\boldsymbol{\beta}}=[40°00'00.00''\quad 100°00'13.33''\quad 50°00'00.00''\quad 119°59'43.33''\quad 50°00'03.34'']^{\mathrm{T}}$$

$$\boldsymbol{Q}_{\hat{\beta}\hat{\beta}}=\frac{1}{6}\times\begin{bmatrix}3&0&-3&0&0\\0&4&0&-2&-2\\-3&0&3&0&0\\0&-2&0&4&-2\\0&-2&0&-2&4\end{bmatrix}$$

[5-11] $n=6$, $t=2$, $r=4$，共有 2 个图形条件，1 个方位角条件和 1 个边长条件。

(1) 平差值条件方程为

$$\left.\begin{aligned}&\hat{L}_1+\hat{L}_2+\hat{L}_3-180°=0\\&\hat{L}_4+\hat{L}_5+\hat{L}_6-180°=0\\&\hat{\alpha}_1-\hat{L}_2+\hat{L}_5-\hat{\alpha}_2=0\\&\frac{\hat{s}_{CD}}{\hat{s}_{AB}}=\frac{\sin\hat{L}_1\sin\hat{L}_4}{\sin\hat{L}_3\sin\hat{L}_6}\end{aligned}\right\}$$

观测值的权逆阵：$\boldsymbol{Q}=\mathrm{diag}(1\quad 1\quad 0.5\quad 0.5\quad 1\quad 0.5)$。

(2) 略。

[5-12] (1) 必要起算数据不够，应该还要知道一条边的长度，如已知 s_{AB}。

(2) $n=23$，$t=6\times2-1=11$，$r=12$，共有 12 个条件方程，其中图形条件 8 个，圆周角条件 1 个，极条件 2 个，方位角条件 1 个。

非线性条件为极条件。其中之一为

以 P_2 点为极：$\dfrac{\overline{BP_2}}{\overline{AP_2}}\cdot\dfrac{\overline{P_1P_2}}{\overline{BP_2}}\cdot\dfrac{\overline{P_3P_2}}{\overline{P_1P_2}}\cdot\dfrac{\overline{AP_2}}{\overline{P_3P_2}}=\dfrac{\sin(\hat{L}_3+\hat{L}_4)\sin\hat{L}_1\sin\hat{L}_6\sin\hat{L}_{12}}{\sin\hat{L}_2\sin\hat{L}_5\sin(\hat{L}_{12}+\hat{L}_{13})\sin\hat{L}_4}=1$

[5-13] (1) $n=14$，$t=6$，$r=8$，共有 8 个条件方程。其中图形条件 4 个，极条件 2 个，边长条件 1 个，方位角条件 1 个。

(2) AB 边到 s_0 边的平差值边长条件为

$$s_0=\overline{AB}\ \frac{\sin(\hat{L}_1+\hat{L}_2)\sin\hat{L}_4\sin\hat{L}_{12}\sin\hat{L}_7}{\sin\hat{L}_{14}\sin\hat{L}_5\sin\hat{L}_{11}\sin(\hat{L}_8+\hat{L}_9)}$$

(3) $\hat{\alpha}_{P_1P_4}=\alpha_{AB}+(\hat{L}_1+\hat{L}_2)+(\hat{L}_{13}+\hat{L}_{14})\pm180°$， $\hat{s}_{P_1P_4}=\overline{AB}\ \dfrac{\sin(\hat{L}_1+\hat{L}_2)\sin\hat{L}_4}{\sin\hat{L}_{14}\sin\hat{L}_5}$

[5-14] (1) 条件方程

$$\left.\begin{aligned}&v_1+v_2+v_3+v_4+v_5-19''=0\\&2.668v_2+1.364v_3+0.205v_4-0.730v_{s_1}+0.063v_{s_2}+0.481v_{s_3}+0.995v_{s_4}-11\text{ mm}=0\\&2.850v_2+2.767v_3+2.131v_4+0.683v_{s_1}-0.998v_{s_2}-0.877v_{s_3}-0.096v_{s_4}-45\text{ mm}=0\end{aligned}\right\}$$

测角权值：$p_\beta=1$， 测边权值：$p_{s_1}=\dfrac{\sigma_\beta^2}{\sigma_{s_1}^2}=\dfrac{(5'')^2}{(3+2\times0.8)^2}=1.181[('')/\text{mm}]^2$

观测值权阵：$\boldsymbol{P}=\text{diag}(1\quad1\quad1\quad1\quad1\quad1.18\quad1.99\quad1.99\quad1.66)$

(2) 改正数：$\boldsymbol{V}_\beta=[1.62\quad2.54\quad5.93\quad7.29\quad1.62]^{\mathrm{T}}('')$

$\boldsymbol{V}_s=[3.43\quad-1.55\quad-1.97\quad-1.84]^{\mathrm{T}}\text{ mm}$

平差值：$\hat{\boldsymbol{\beta}}=[92°49'44''\quad316°44'00''\quad205°08'22''\quad235°44'45''\quad229°33'08'']^{\mathrm{T}}$

$\hat{\boldsymbol{S}}=[805.194\quad269.484\quad272.716\quad441.594]^{\mathrm{T}}$

(3) 导线点坐标平差值及点位中误差：

$\hat{X}_2=1\,684.140\text{ m}$，$\hat{Y}_2=5\,621.517\text{ m}$；$\hat{\sigma}_{\hat{X}_2}=14.0\text{ mm}$，$\hat{\sigma}_{\hat{Y}_2}=14.0\text{ mm}$；$\hat{\sigma}_{\hat{P}_2}=19.8\text{ mm}$

$\hat{X}_3=1\,701.210\text{ m}$，$\hat{Y}_3=5\,352.573\text{ m}$；$\hat{\sigma}_{\hat{X}_3}=8.2\text{ mm}$，$\hat{\sigma}_{\hat{Y}_3}=13.5\text{ mm}$；$\hat{\sigma}_{\hat{P}_3}=15.7\text{ mm}$

$\hat{X}_4=1\,832.471\text{ m}$，$\hat{Y}_4=5\,113.524\text{ m}$；$\hat{\sigma}_{\hat{X}_4}=4.8\text{ mm}$，$\hat{\sigma}_{\hat{Y}_4}=10.4\text{ mm}$；$\hat{\sigma}_{\hat{P}_4}=11.46\text{ mm}$

[5-15] 此题共有三个独立的直角条件：

$$\left.\begin{aligned}\angle1&=\hat{\alpha}_{14}-\hat{\alpha}_{12}=90°\\\angle2&=\hat{\alpha}_{21}-\hat{\alpha}_{23}=90°\\\angle3&=\hat{\alpha}_{43}-\hat{\alpha}_{41}=90°\end{aligned}\right\}$$

$\angle1$ 的方程线性化为

$$(a_{14}-a_{12})v_{x_1}+(b_{14}-b_{12})v_{y_1}-a_{14}v_{x_4}-b_{14}v_{y_4}+a_{12}v_{x_2}+b_{12}v_{y_2}-[-(\alpha_{14}^0-\alpha_{12}^0)-90°]=0$$

其中，$a_{14}=\dfrac{\rho''\sin\alpha_{14}^0}{s_{14}^0}$，$b_{14}=-\dfrac{\rho''\cos\alpha_{14}^0}{s_{14}^0}$，$\alpha_{14}^0=\arctan\dfrac{y_4-y_1}{x_4-x_1}$，$s_{14}^0=\sqrt{(x_4-x_1)^2-(y_4-y_1)^2}$

式中 s_{ij}^0 都以 mm 为单位，这样得到的坐标改正数单位也是 mm。

条件方程系数阵及闭合差为

$$A=\begin{bmatrix}-62.67 & -0.19 & 54.58 & 21.64 & 0 & 0 & 8.09 & -21.45\\ 54.58 & 21.64 & -46.40 & -43.40 & -8.18 & 21.76 & 0 & 0\\ 8.09 & -21.45 & 0 & 0 & -55.19 & -19.65 & 47.10 & 41.10\end{bmatrix},$$

$$W=\begin{bmatrix}3\,507.6''\\ -3\,682.6''\\ 3\,803.0''\end{bmatrix}$$

其中，$V=[v_{x_1}\quad v_{y_1}\quad v_{x_2}\quad v_{y_2}\quad v_{x_3}\quad v_{y_3}\quad v_{x_4}\quad v_{y_4}]^T$

平差后，得坐标改正数为

$$V=[-27.74\quad -13.28\quad 27.89\quad 12.90\quad -29.23\quad -12.23\quad 29.09\quad 12.61]^T\ \text{mm}$$

(1) 坐标平差值为

$$\left.\begin{matrix}\hat{x}_1=89\,539.374\ \text{m}\\ \hat{y}_1=23\,013.726\ \text{m}\end{matrix}\right\},\ \left.\begin{matrix}\hat{x}_2=89\,538.134\ \text{m}\\ \hat{y}_2=23\,017.018\ \text{m}\end{matrix}\right\},\ \left.\begin{matrix}\hat{x}_3=89\,529.772\ \text{m}\\ \hat{y}_3=23\,013.870\ \text{m}\end{matrix}\right\},\ \left.\begin{matrix}\hat{x}_4=89\,531.011\ \text{m}\\ \hat{y}_4=23\,010.578\ \text{m}\end{matrix}\right\}$$

(2) 单位权方差为

$$\hat{\sigma}_0^2=\frac{V^TV}{r}=\frac{3\,899.33}{3}=1\,300\ \text{mm}^2=13\ \text{cm}^2$$

平差后各点坐标平差值的方差和协方差为

$$D_{1点}=\hat{\sigma}_0^2Q_{\hat{L}_1\hat{L}_1}=\begin{bmatrix}\hat{\sigma}^2_{\hat{x}_1\hat{x}_1} & \sigma_{\hat{x}_1\hat{y}_1}\\ \sigma_{\hat{y}_1\hat{x}_1} & \hat{\sigma}^2_{\hat{y}_1\hat{y}_1}\end{bmatrix}=\begin{bmatrix}6.54 & 0\\ 0 & 9.75\end{bmatrix}\text{cm}^2$$

同理，$D_{2点}=\begin{bmatrix}7.99 & -1.64\\ -1.64 & 8.22\end{bmatrix}\text{cm}^2$，$D_{3点}=\begin{bmatrix}6.46 & 0.10\\ 0.10 & 9.74\end{bmatrix}\text{cm}^2$，

$D_{4点}=\begin{bmatrix}7.93 & -1.59\\ -1.59 & 8.35\end{bmatrix}\text{cm}^2$

(3) 平差后面积为 $A=\frac{1}{2}\sum_{i=1}^{n}\hat{x}_i(\hat{y}_{i+1}-\hat{y}_{i-1})$

全微分后得：

$$dA=f^Td\hat{L}=[3.22\quad -3.56\quad 0.07\quad 4.80\quad -3.22\quad 3.56\quad -0.07\quad -4.80]d\hat{L}$$

$$d\hat{L}=[d\hat{x}_1\quad d\hat{y}_1\quad d\hat{x}_2\quad d\hat{y}_2\quad d\hat{x}_3\quad d\hat{y}_3\quad d\hat{x}_4\quad d\hat{y}_4]^T$$

平差后矩形面积的方差为 $D_{\hat{A}}=f^TD_{\hat{L}\hat{L}}f=0.12\ \text{m}^4$

[5-16] (1) $n=4,\ t=2,\ r=2,\ u=1,\ c=r+u=3$

(2) 法方程为 $\begin{bmatrix}2 & 1 & 0 & -1\\ 1 & 2 & 0 & 0\\ 0 & 0 & 1 & 1\\ -1 & 0 & 1 & 0\end{bmatrix}\begin{bmatrix}k_a\\ k_b\\ k_c\\ \hat{x}\end{bmatrix}-\begin{bmatrix}-2\\ -3\\ 3\\ 0\end{bmatrix}=\mathbf{0}$

解得 $\hat{x}=2,\ V=[v_1\quad v_2\quad v_3\quad v_4]^T=[1\quad 1\quad -1\quad 2]^T$

[5-17] $n=4,\ t=1,\ r=3,\ u=1,\ c=r+u=4$

(1) $V=[-0.5\quad -2.5\quad -2.5\quad -0.5]^T$ cm

$\hat{h}=[2.945\quad 2.945\quad 2.055\quad 2.055]^T$ m

$\hat{X}=55.945$ m

(2) $Q_{\hat{X}\hat{X}}=\frac{1}{4}$

[5-18] (1) $n=8$, $t=4$, $r=4$, $u=1$, $c=r+u=5$,条件方程数为5个。其中图形条件3个,极条件1个,正弦条件1个。

(2) 正弦条件:$\overline{AB}\dfrac{\sin(\hat{L}_3+\hat{L}_4)\sin\hat{L}_1}{\sin\hat{L}_5\sin(\hat{L}_7+\hat{L}_8)}-\hat{X}=0$ 或$\overline{AB}\dfrac{\sin(\hat{L}_1+\hat{L}_2)\sin\hat{L}_4}{\sin\hat{L}_8\sin(\hat{L}_5+\hat{L}_6)}-\hat{X}=0$

(3) 参数近似值:$X^0=\overline{AB}\dfrac{\sin(L_1+L_2)\sin L_4}{\sin L_8\sin(L_5+L_6)}$

习题 6

[6-1] 不正确。因为常数项 $\boldsymbol{l}$ 中也有协因数阵:$\boldsymbol{Q}_{ll}=\boldsymbol{Q}_{LL}=\boldsymbol{Q}$,即为观测值的协因数阵,协因数传播时也应该考虑进去,所以 $\boldsymbol{V}=\boldsymbol{B}\hat{\boldsymbol{x}}-\boldsymbol{l}=(\boldsymbol{B}\boldsymbol{N}_{bb}^{-1}\boldsymbol{B}^{\mathrm{T}}\boldsymbol{P}-\boldsymbol{I})\boldsymbol{l}$,协因数传播后有

$$\boldsymbol{Q}_{VV}=(\boldsymbol{B}\boldsymbol{N}_{bb}^{-1}\boldsymbol{B}^{\mathrm{T}}\boldsymbol{P}-\boldsymbol{I})\boldsymbol{Q}(\boldsymbol{B}\boldsymbol{N}_{bb}^{-1}\boldsymbol{B}^{\mathrm{T}}\boldsymbol{P}-\boldsymbol{I})^{\mathrm{T}}=\boldsymbol{Q}-\boldsymbol{B}\boldsymbol{N}_{bb}^{-1}\boldsymbol{B}^{\mathrm{T}}=\boldsymbol{Q}-\boldsymbol{B}\boldsymbol{Q}_{\hat{X}\hat{X}}\boldsymbol{B}^{\mathrm{T}}$$

[6-2] $\boldsymbol{Q}_{\hat{F}\hat{G}}=\boldsymbol{f}^{\mathrm{T}}(\boldsymbol{B}^{\mathrm{T}}\boldsymbol{P}\boldsymbol{B})^{-1}\boldsymbol{B}^{\mathrm{T}}\boldsymbol{g}$

[6-3] $\hat{h}_1=1.337\ \mathrm{m}$, $\hat{h}_2=1.057\ \mathrm{m}$, $\hat{h}_3=-2.393\ \mathrm{m}$

[6-4] $\hat{\alpha}=78°23'16''$, $\hat{\beta}=85°30'08''$, $\hat{\gamma}=16°06'36''$, $\hat{\delta}=343°53'24''$

[6-5] $\hat{L}_1=43°18'11.62''$, $\hat{L}_2=81°43'20.25''$, $\hat{L}_3=116°03'49.13''$,
$\hat{L}_4=38°25'08.62''$, $L_5=34°20'28.87''$

[6-6] 经间接平差得到每段高差的平差值为 $\hat{h}_i=h_i-\dfrac{w}{[s]}\cdot s_i$,其中 w 为高差闭合差,$w=h_1+h_2+h_3-h_{AB}$,$[s]=s_1+s_2+s_3$。可见测量学中将“高差闭合差用相反的符号、与边长成比例进行分配”的原则,是符合最小二乘原则的。

[6-7] $Q_{\hat{X}_1}=1.5676$, $Q_{\hat{X}_2}=1.7996$, $Q_{\hat{X}_3}=3.8054$

[6-8] 设 $X_1^0=L_1$, $X_2^0=L_3$; $\hat{X}_1=X_1^0+\hat{x}_1$, $\hat{X}_2=X_2^0+\hat{x}_2$

误差方程:$\begin{cases}v_1=\hat{x}_1-l_1\\ v_2=\dfrac{X_1^0}{\sqrt{(X_1^0)^2+(X_2^0)^2}}\hat{x}_1+\dfrac{X_2^0}{\sqrt{(X_1^0)^2+(X_2^0)^2}}\hat{x}_2-l_2\\ v_3=\hat{x}_2-l_3\end{cases}$

常数项:$\begin{cases}l_1=0\\ l_2=L_2-\sqrt{(X_1^0)^2+(X_2^0)^2}\\ l_3=0\end{cases}$

[6-9] 设单三角形的三个观测内角为 α, β, γ,设参数为 $\hat{X}_1=\hat{\alpha}$, $\hat{X}_2=\hat{\beta}$,近似值为 $X_1^0=\alpha$, $X_2^0=\beta$,则有误差方程:

$$\begin{cases}v_1=\hat{x}_1\\ v_2=\hat{x}_2\\ v_3=-\hat{x}_1-\hat{x}_2-(\gamma+X_1^0+X_2^0-180°)=-\hat{x}_1-\hat{x}_2-w\end{cases}$$

w 就是三角形的闭合差。

经计算,得 $\hat{\boldsymbol{x}}=\begin{bmatrix}\hat{x}_1\\ \hat{x}_2\end{bmatrix}=-\dfrac{1}{3}\begin{bmatrix}w\\ w\end{bmatrix}$,代入误差方程,得观测角改正数为

$$\boldsymbol{V}=[v_\alpha\quad v_\beta\quad v_\gamma]^{\mathrm{T}}=-\frac{1}{3}[w\quad w\quad w]^{\mathrm{T}}$$

所以原命题得证。

[6-10] (1) $\hat{L}_1=50.30\ \mathrm{cm}$, $\hat{L}_2=30.50\ \mathrm{cm}$, $\hat{L}_3=\hat{L}_1\times\hat{L}_2=1534.15\ \mathrm{cm}^2$

(2) 实际面积为 0.61 km^2，实际面积的中误差为 0.002 3 km^2。

[6-11] (1) 误差方程为

$$\boldsymbol{V}=\begin{bmatrix}0.025 & 1 & 0 & 0\\ 0.888 & 0.460 & 0 & 0\\ 0.976 & -0.216 & -0.976 & 0.216\\ 0 & 0 & 0.300 & 0.954\\ 0 & 0 & -0.744 & 0.668\end{bmatrix}\begin{bmatrix}\hat{x}_C\\ \hat{y}_C\\ \hat{x}_D\\ \hat{y}_D\end{bmatrix}-\begin{bmatrix}0\\ 0\\ -4.9\\ 0\\ 0\end{bmatrix}\text{cm}$$

(2) $\boldsymbol{V}=[0.47\quad -1.57\quad 1.00\quad 0.49\quad -1.41]^{\mathrm{T}}$ cm

$\hat{\boldsymbol{x}}=[-2.04\quad 0.52\quad 1.83\quad -0.07]^{\mathrm{T}}$ cm

单位权中误差：$\hat{\sigma}_0=0.03$ cm

$$\begin{cases}\hat{X}_C=6\,822.773\,6\text{ m}, & \hat{\sigma}_{\hat{X}_C}=2.38\text{ cm}\\ \hat{Y}_C=3\,537.991\,2\text{ m}, & \hat{\sigma}_{\hat{Y}_C}=1.73\text{ cm}\end{cases};\quad \begin{cases}\hat{X}_D=1\,483.908\,3\text{ m}, & \hat{\sigma}_{\hat{X}_D}=2.44\text{ cm}\\ \hat{Y}_D=4\,719.659\,4\text{ m}, & \hat{\sigma}_{\hat{Y}_D}=1.91\text{ cm}\end{cases}$$

(3) $\hat{F}_{CD}=\sqrt{(\hat{X}_D-\hat{X}_C)^2-(\hat{Y}_D-\hat{Y}_C)^2}$

$\boldsymbol{f}^{\mathrm{T}}=[0.976\quad -0.216\quad -0.976\quad 0.216]$，$\hat{\sigma}_{\hat{F}}=\hat{\sigma}_0\sqrt{Q_{\hat{F}\hat{F}}}=1.97$ cm，$\dfrac{\hat{\sigma}_{\hat{F}}}{s_3}=\dfrac{1}{277\,000}$

[6-12] (1) 根据坐标值及边长误差方程构成原理，可得该题的误差方程为

$$\left.\begin{aligned}v_1&=0.543\,3\,\hat{x}_P-0.839\,5\,\hat{y}_P-l_1\\ v_2&=-0.392\,0\,\hat{x}_P-0.920\,0\,\hat{y}_P-l_2\\ v_3&=-0.962\,9\,\hat{x}_P-0.270\,0\,\hat{y}_P-l_3\end{aligned}\right\}$$

由权 $\boldsymbol{P}=\boldsymbol{I}$ 及误差方程系数阵，得 $\boldsymbol{Q}_{\hat{x}\hat{x}}=\boldsymbol{N}_{bb}^{-1}=(\boldsymbol{B}^{\mathrm{T}}\boldsymbol{P}\boldsymbol{B})^{-1}=\begin{bmatrix}0.735\,6 & -0.074\,5\\ -0.074\,5 & 0.623\,3\end{bmatrix}$

观测边长的平均值：$\bar{s}=\dfrac{1}{3}(s_1+s_2+s_3)=212.6\text{ m}=0.213\text{ km}$，所以全站仪观测一次时的测距中误差(也是单位权中误差)为

$$\sigma_0=\sigma_s=3\text{ mm}+2\times 0.213\text{ mm}=3.4\text{ mm}$$

P 点点位中误差 $\sigma_P=\sigma_0\sqrt{Q_{\hat{x}_P}+Q_{\hat{y}_P}}=3.4\times\sqrt{0.735\,6+0.623\,3}=3.96$ mm

(2) 当网形不变，边长观测 n 次且取平均时，要求 P 点点位中误差

$$\sigma_{\bar{P}}=\frac{\sigma_P}{\sqrt{n}}=\frac{3.96}{\sqrt{n}}<3\text{ mm}$$

算得 $n=1.74$，即要求 P 点点位中误差小于 3 mm 时，每条边至少要观测 2 次取平均值。

[6-13] (1) $\begin{cases}\hat{X}_1=855.062\,5\text{ m}\\ \hat{Y}_1=491.053\,7\text{ m}\end{cases}$，$\begin{cases}\hat{\sigma}_{\hat{X}_1}=0.88\text{ cm}\\ \hat{\sigma}_{\hat{Y}_1}=0.72\text{ cm}\\ \hat{\sigma}_{P_1}=1.14\text{ cm}\end{cases}$；$\begin{cases}\hat{X}_2=634.233\,6\text{ m}\\ \hat{Y}_2=222.844\,8\text{ m}\end{cases}$，$\begin{cases}\hat{\sigma}_{\hat{X}_2}=0.80\text{ cm}\\ \hat{\sigma}_{\hat{Y}_2}=0.80\text{ cm}\\ \hat{\sigma}_{P_2}=1.13\text{ cm}\end{cases}$

(2) $\boldsymbol{V}=[6.13''\quad 3.94''\quad 1.31''\quad 4.38''\quad 1.31''\quad 3.94'']^{\mathrm{T}}$，$\hat{\sigma}_0=5.39''$

$\hat{L}_1=94°15'25.7''\quad \hat{L}_2=43°22'46.7''\quad \hat{L}_3=38°26'02.3''$

$\hat{L}_4=102°35'54.3''\quad \hat{L}_5=38°58'03.3''\quad \hat{L}_6=42°21'47.7''$

(3) $d_{s_{12}}=-\dfrac{\Delta X_{12}^0}{s_{12}^0}\hat{x}_1-\dfrac{\Delta Y_{12}^0}{s_{12}^0}\hat{y}_1+\dfrac{\Delta X_{12}^0}{s_{12}^0}\hat{x}_2+\dfrac{\Delta Y_{12}^0}{s_{12}^0}\hat{y}_2=\boldsymbol{f}^{\mathrm{T}}\hat{\boldsymbol{x}}$

$\boldsymbol{f}^{\mathrm{T}}=[0.635\,6\quad 0.772\,0\quad -0.635\,6\quad -0.772\,0]$

$\hat{\sigma}_{s_{12}} = \hat{\sigma}_0 \sqrt{Q_{\hat{s}_{12}}} = 0.65\ \text{cm}$

$\hat{s}_{12}$ 边的相对精度：$\dfrac{1}{53\,300}$。

[6-14] (1) $n=4$，$t=3$，$r=1$。(注：$t=3$，P 点坐标及方向观测值平差时，P 点应设一个定向角参数)

(2) 间接平差。坐标参数设为$\hat{X}_P$，$\hat{Y}_P$，定向角参数设为$\hat{Z}_P$，有如下 4 个观测方程：

$$\hat{s}_1 = \sqrt{(\hat{X}_P - X_A)^2 + (\hat{Y}_P - Y_A)^2}$$

$$\hat{s}_2 = \sqrt{(\hat{X}_P - X_B)^2 + (\hat{Y}_P - Y_B)^2}$$

$$\hat{\gamma}_1 = -\hat{Z}_P + \arctan\frac{Y_A - \hat{Y}_P}{X_A - \hat{X}_P}$$

$$\hat{\gamma}_2 = -\hat{Z}_P + \arctan\frac{Y_B - \hat{Y}_P}{X_B - \hat{X}_P}$$

(3) 条件平差。有 1 个余弦条件：

$$\hat{\gamma}_2 - \hat{\gamma}_1 - \arccos\frac{\hat{s}_1^2 + \hat{s}_2^2 - \overline{AB}^2}{2\hat{s}_1\hat{s}_2} = 0$$

(4) 观测值的权阵：

$$\boldsymbol{P} = \text{diag}\begin{pmatrix}\dfrac{\sigma_\gamma^2}{\sigma_{s_1}^2} & \dfrac{\sigma_\gamma^2}{\sigma_{s_2}^2} & 1 & 1\end{pmatrix}$$

[6-15] (1) $\hat{y}_i = \sqrt{\hat{a}x_i}$，$v_i = \dfrac{\sqrt{x_i}}{2\sqrt{a^0}}\text{d}a - (y_i - \sqrt{a^0 x_i})$得：$\hat{a} = a^0 + \text{d}a = 3.681\ \text{cm}$

(2) $\hat{\sigma}_0 = 1.85\ \text{cm}$，$\sigma_{\hat{a}} = 1.83\ \text{cm}$

[6-16] (1) $n=10$，$t=6$，$r=4$。条件方程式：$\boldsymbol{AV} - \boldsymbol{W} = \boldsymbol{0}$

其中，$\boldsymbol{A} = \begin{bmatrix} 1 & 0 & -1 & 0 & -1 & 0 & 0 & 0 & 0 & 0 \\ 0 & 1 & 0 & -1 & 0 & -1 & 0 & 0 & 0 & 0 \\ 0 & 0 & 0 & 0 & 1 & 0 & -1 & 0 & -1 & 0 \\ 0 & 0 & 0 & 0 & 0 & 1 & 0 & -1 & 0 & -1 \end{bmatrix}$，$\boldsymbol{W} = \begin{bmatrix} -6 \\ -4 \\ 9 \\ 7 \end{bmatrix}$mm

$\boldsymbol{V} = \begin{bmatrix} v_{\Delta X_1} & v_{\Delta Y_1} & v_{\Delta X_2} & v_{\Delta Y_2} & v_{\Delta X_3} & v_{\Delta Y_3} & v_{\Delta X_4} & v_{\Delta Y_4} & v_{\Delta X_5} & v_{\Delta Y_5} \end{bmatrix}^{\mathrm{T}}$

经平差得：

$\boldsymbol{V} = [-1.1\ \ -0.6\ \ 1.1\ \ 0.6\ \ 3.7\ \ 2.7\ \ -2.6\ \ -2.1\ \ -2.6\ \ -2.1]^{\mathrm{T}}$ mm

(2) 间接平差后，得坐标参数平差值为

$\hat{X} = [\hat{X}_B\ \ \hat{Y}_B\ \ \hat{X}_C\ \ \hat{Y}_C\ \ \hat{X}_D\ \ \hat{Y}_D]^{\mathrm{T}}$

$= [1\,478.346\,1\ \ 2\,023.246\,6\ \ 1\,524.453\,5\ \ 2\,476.801\,5\ \ 2\,064.236\,9\ \ 2358.149\,4]^{\mathrm{T}}$ m

$\hat{\sigma}_0^2 = \dfrac{37.390\,1}{4} = 9.35\ \text{mm}^2$

$\hat{\sigma}_B = \hat{\sigma}_0\sqrt{0.625\times 2} = 3.42\ \text{mm}$，$\hat{\sigma}_C = \hat{\sigma}_0\sqrt{1\times 2} = 4.32\ \text{mm}$，

$\hat{\sigma}_D = \hat{\sigma}_0\sqrt{0.625\times 2} = 3.42\ \text{mm}$

[6-18] (1) 法方程为

$$\begin{bmatrix} 3 & 1 & 1 \\ 1 & 2 & 2 \\ 1 & 2 & 0 \end{bmatrix}\begin{bmatrix} \hat{x}_1 \\ \hat{x}_2 \\ k \end{bmatrix} - \begin{bmatrix} 1 \\ -3 \\ -3 \end{bmatrix} = 0$$

参数解：$\hat{x} = [1 \quad -2]^{\mathrm{T}}$

(2) $Q_{FF} = f^{\mathrm{T}} Q_{\hat{x}\hat{x}} f = 12.1$

[6-19] (1) $\boldsymbol{B}=\begin{bmatrix} 1 & 0 & 0 \\ -1 & 0 & 0 \\ 0 & 0 & -1 \\ 0 & 0 & 1 \\ 0 & 1 & 0 \end{bmatrix}$, $\boldsymbol{l}=\begin{bmatrix} 0 \\ -2 \\ -4 \\ 0 \\ 0 \end{bmatrix}$ cm, $\boldsymbol{C}=[1 \quad 1 \quad 1]$, $W_x=7$ cm

$\boldsymbol{V}=[2 \quad 0 \quad 1 \quad 3 \quad 2]^{\mathrm{T}}$ cm, $\hat{\sigma}_0^2=\frac{18}{3}=6\ \mathrm{cm}^2$

(2) 平差后，$H_{P_1}=H_A+\hat{X}_1=4.60$ m, $H_{P_2}=H_B-\hat{X}_3=5.12$ m

$$\mathrm{d}\hat{\boldsymbol{F}}=\begin{bmatrix} \mathrm{d}H_{P_1} \\ \mathrm{d}H_{P_2} \end{bmatrix}=\begin{bmatrix} 1 & 0 & 0 \\ 0 & 0 & -1 \end{bmatrix}\begin{bmatrix} \hat{x}_1 \\ \hat{x}_2 \\ \hat{x}_3 \end{bmatrix}=\boldsymbol{f}^{\mathrm{T}}\hat{\boldsymbol{x}},\ \boldsymbol{D}_{\hat{F}\hat{F}}=\hat{\sigma}_0^2\boldsymbol{f}^{\mathrm{T}}\boldsymbol{Q}_{\hat{x}\hat{x}}\boldsymbol{f}=\begin{bmatrix} 2.25 & 0.75 \\ 0.75 & 2.25 \end{bmatrix}\mathrm{cm}^2$$

[6-20] (1) 该题参数可设为：$\hat{X}_1=\hat{L}_1$, $\hat{X}_2=\hat{L}_2$, $\hat{X}_3=\hat{L}_4$，平差后有：

$$\hat{S}_1=5.969\ \mathrm{m}^2,\ \hat{S}_2=2.029\ \mathrm{m}^2,\ Q_{\hat{S}_1\hat{S}_1}=7.178,\ Q_{\hat{S}_2\hat{S}_2}=3.118$$

(2) 约束条件：$\hat{X}_1\hat{X}_2-3\hat{X}_1\hat{X}_3=0$，即 $\hat{X}_2-3\hat{X}_3=0$

平差后得：$\hat{S}_1=6.000\ \mathrm{m}^2$, $\hat{S}_2=2.000\ \mathrm{m}^2$

习题 7

[7-4] 本题 $n=15$, $t=8$, $u=8$, $s=2$。应列出 13 个条件方程，2 个限制条件方程，组成的法方程有 15 个。

[7-5] 本题 $n=6$, $t=3$, $u=3$, $s=1$。

条件方程数 $c=r+u-s=5$，平差值条件方程为

$$\left.\begin{aligned} \hat{L}_1-\hat{X}_1&=0 \\ \hat{L}_2-\hat{X}_2&=0 \\ \hat{L}_4-\hat{X}_3&=0 \\ \hat{L}_3-\hat{L}_6-\hat{X}_2&=0 \\ \hat{L}_3-\hat{L}_5-\hat{X}_1&=0 \end{aligned}\right\}$$

限制条件方程数为 1，即 $\hat{X}_1-\hat{X}_2+\hat{X}_3=0$。

[7-6] 此题：$n=9$, $t=6$, $u=3$, $s=1$。

条件方程数 $c=r+u-s=5$，平差值条件方程（3 个图形条件，1 个方位角条件和 1 个边条件）为

$$\hat{L}_1+\hat{L}_2+\hat{L}_3-180^\circ=0,\ \hat{L}_4+\hat{L}_5+\hat{L}_6-180^\circ=0,\ \hat{L}_7+\hat{L}_8+\hat{L}_9-180^\circ=0$$

$$\hat{L}_1+\hat{L}_4+\arctan\frac{\hat{Y}_D-Y_A}{\hat{X}_D-X_A}-\alpha_{AB}=0$$

$$s_{AB}\frac{\sin\hat{L}_2\sin\hat{L}_5}{\sin\hat{L}_3\sin\hat{L}_6}-\hat{X}_s=0$$

限制条件方程数为 1，即

$$\sqrt{(\hat{X}_D-X_A)^2+(\hat{Y}_D-Y_A)^2}-\hat{X}_s=0$$

习题 8

[8-2] $\hat{\sigma}_P = 0.87$ dm

[8-3] $\hat{\sigma}_\varphi = 0.82$ dm

[8-5] (1) $\varphi_E = 157°30'$ 或 $\varphi_E = 337°30'$；$\varphi_F = 247°30'$ 或 $\varphi_F = 67°30'$

(2) $E = 1.48$ dm，$F = 1.22$ dm

(3) $\sigma_\Psi = 1.42$ dm

[8-6] (1) P_1 点：$\varphi_E = 66°53'34''$ 或 $\varphi_E = 246°53'34''$，$E = 0.88$ cm，$F = 0.56$ cm

P_2 点：$\varphi_E = 56°05'32''$ 或 $\varphi_E = 236°05'32''$，$E = 0.83$ cm，$F = 0.58$ cm

(2) P_1 和 P_2 点间的相对误差椭圆三参数：

$\varphi_{E_{1,2}} = 31°33'02''$ 或 $\varphi_{E_{1,2}} = 211°33'02''$，$E_{1,2} = 0.88$ cm，$F_{1,2} = 0.77$ cm

(3) P_1 与 P_2 点间的相对点位精度：

$$\sigma_{1,2} = \sqrt{E_{1,2}^2 + F_{1,2}^2} = 1.17 \text{ cm}$$

[8-7] $\sigma_P = 5.83$ cm，$\sigma_x = 4.58$ cm，$\sigma_y = 3.61$ cm

[8-8] (1) $\varphi_E = 150°00'$ 或 $\varphi_E = 330°00'$，$\varphi_F = 240°00'$ 或 $\varphi_F = 60°00'$

(2) $E = 0.98$ dm，$F = 0.71$ dm

(3) $\sigma_P = 1.21$ dm，$\sigma_x = 0.92$ dm，$\sigma_y = 0.78$ dm

(4) $\sigma_\varphi = 0.71$ dm

[8-9] (1) 纵向位差：$\sigma_{s_{PA}} = 3.3$ cm，$\dfrac{\sigma_{s_{PA}}}{s_{PA}} = \dfrac{1}{15\,500}$

(2) 横向位差：$\sigma_u = 4.8$ cm，$\sigma_\alpha = \dfrac{\sigma_u}{s_{PA}}\rho'' = 19.3''$

[8-10] (1) $\dfrac{\sigma_s}{s_{P_1P_2}} = \dfrac{1}{15\,500}$； (2) $\sigma_\alpha = 19.3''$

习题 9

[9-2] u 检验法统计量：$u = -0.433$。在 $\alpha = 0.05$ 水平下接受原假设，认为该组闭合差内无显著系统误差。

[9-3] t 检验。统计量：$t = -0.44$。在 $\alpha = 0.05$ 水平下接受原假设，认为该组闭合差内无显著系统误差。

[9-4] t 检验。统计量：$t = 2$。在 $\alpha = 0.05$ 水平下接受原假设，认为 L 与 L_0 之间无显著差异存在。

[9-5] u 检验。统计量 $u = 0.16$。接受原假设，无系统误差。

[9-6] t 检验。统计量 $t = 3.03$，$t_{0.025}(19) = 2.09$，所以拒绝原假设，认为日、夜观测值之间系统误差显著。

[9-7] χ^2 检验。统计量 $\chi^2 = 19.84$，分位值 $\chi^2_{0.975}(31) = 17.54$，$\chi^2_{0.025}(31) = 48.23$，所以接受原假设。

[9-8] χ^2 检验。子样无偏方差 $\hat{\sigma}^2 = 0.018\,6$ mm^2

(1) 统计量 $\chi^2 = 40.69$； (2) 统计量 $\chi^2 = 6.51$

以上(1)，(2)两小题的接受域均为 $\{\chi^2_{0.975}(14) = 5.63,\ \chi^2_{0.025}(14) = 26.12\}$，可见对(1)的原假设应予以拒绝，而对(2)的原假设应该接受。

[9-9] F 检验。统计量 $F = 1.5$，右尾分位值 $F_{0.025}(5, 9) = 4.48$，因为 $F = 1.5 < F_{0.025}(5, 9)$，所以接受原假设，认为两台仪器的精度相等。

[9-10] 符合偶然误差特性。

［9－11］ χ^2 检验。统计量 $\chi^2=18.86$。接受域为$\{\chi^2_{0.975}(5)=0.831, \chi^2_{0.025}(5)=12.833\}$，可见应拒绝原假设，认为平差模型不正确。

［9－12］ (1) F 检验。原假设：$H_0: \sigma_{01}^2=\sigma_{02}^2$。

(2) 统计量：$F=1.26$。

(3) 双尾检验。

用自由度：$m=r_2=49$，$n=r_1=31$，概率值$\frac{\alpha}{2}=0.025$ 查 F 分布表，得 $F_{0.025}(49, 31)=1.97$，故应接受原假设。

习题 10

［10－3］ $\hat{h}_1=3.589\ \text{m}$，$\hat{h}_2=5.324\ \text{m}$，$\hat{h}_3=-5.324\ \text{m}$

［10－4］ 平差后高程值：$\hat{H}_A=4.997\ \text{m}$，$\hat{H}_B=7.957\ \text{m}$，$\hat{H}_C=10.027\ \text{m}$

平差后高差值：$\hat{h}_1=2.96\ \text{m}$，$\hat{h}_2=2.97\ \text{m}$，$\hat{h}_3=2.07\ \text{m}$，$\hat{h}_4=2.07\ \text{m}$

［10－5］ (1) $\boldsymbol{V}=[-1.2\quad 3.8\quad -1.5\quad 0\quad 7.6\quad -0.3\quad -7.3\quad -3.5]^{\mathrm{T}}\ \text{mm}$

$\hat{s}_1=22\,141.332\,0\ \text{m}$，$\hat{s}_2=27\,908.065\,9\ \text{m}$，$\hat{s}_3=20\,044.589\,1\ \text{m}$，

$\hat{s}_4=36\,577.036\,5\ \text{m}$，$\hat{s}_5=20\,480.044\,6\ \text{m}$，$\hat{s}_6=29\,402.436\,3\ \text{m}$

(2) $\hat{\boldsymbol{x}}=[1.2\quad 3.8\quad -1.5\quad 0\quad 7.6\quad -0.3\quad -7.3\quad -3.5]^{\mathrm{T}}\ \text{mm}$

$\begin{cases}\hat{X}_A=0.001\ \text{m}\\ \hat{Y}_A=0.004\ \text{m}\end{cases}$，$\begin{cases}\hat{X}_B=22\,141.333\ \text{m}\\ \hat{Y}_B=0\ \text{m}\end{cases}$，$\begin{cases}\hat{X}_C=19\,187.343\ \text{m}\\ \hat{Y}_C=20\,265.887\ \text{m}\end{cases}$，$\begin{cases}\hat{X}_D=-10\,068.394\ \text{m}\\ \hat{Y}_D=17\,332.430\ \text{m}\end{cases}$

$$\hat{\sigma}_0=\sqrt{\frac{\boldsymbol{V}^{\mathrm{T}}\boldsymbol{PV}}{n-t}}=\sqrt{\frac{36.92}{6-5}}=6.08\ \text{mm}$$

平差后点位精度：

$$\hat{\sigma}_A=\hat{\sigma}_0\sqrt{0.276+0.434}=5.1\ \text{mm},\ \hat{\sigma}_B=\hat{\sigma}_0\sqrt{0.272+0.289}=4.6\ \text{mm}$$

$$\hat{\sigma}_C=\hat{\sigma}_0\sqrt{0.305+0.281}=4.7\ \text{mm},\ \hat{\sigma}_D=\hat{\sigma}_0\sqrt{0.282+0.245}=4.4\ \text{mm}$$

参 考 文 献

[1] 於宗俦,于正林.测量平差原理[M].武汉:武汉科技大学出版社,1990.

[2] 武汉大学测绘学院测量平差学科组.误差理论与测量平差基础[M].3版.武汉:武汉大学出版社,2015.

[3] 郭禄光,樊功瑜.最小二乘法与测量平差[M].上海:同济大学出版社,1985.

[4] P.迈塞尔.最小二乘平差近代方法[M].北京:测绘出版社,1985.

[5] 樊功瑜.误差理论与测量平差[M].上海:同济大学出版社,1998.

[6] 游祖吉,樊功瑜.测量平差教程[M].北京:测绘出版社,1991.

[7] 吴俊昶,刘大杰,于正林.控制网测量平差[M].北京:测绘出版社,1985.

[8] 崔希璋,於宗俦,陶本藻,等.广义测量平差[M].2版.北京:测绘出版社,1992.

[9] 陶本藻.测量数据处理的统计理论和方法[M].北京:测绘出版社,2007.

[10] 王松桂,张忠占,程维虎,等.概率论与数理统计[M].北京:科学出版社,2008.

[11] 刘丁酉.矩阵分析[M].武汉:武汉大学出版社,2004.

[12] 陶本藻.自由网平差与变形分析(新版)[M].武汉:武汉大学出版社,2001.

[13] 刘国林,赵长胜,张书毕,等.近代平差理论与方法[M].中国矿业大学出版社,2012.

[14] 施一民.现代大地控制测量[M].北京:测绘出版社,2003.

[15] 武汉大学测绘学院测量平差学科组.误差理论与测量平差基础习题集[M].武汉:武汉大学出版社,2005.

[16] Guass C F. Theoria motus corporum coelestium[M]. Hamburg, 1809.

[17] Teunissen P J G. Adjustment theory: an introduction[M]. VSSD, Delft University Press, 2006.